全国水利行业“十三五”规划教材
“十四五”时期水利类专业重点建设教材

水电站（第3版）

主　编　天　津　大　学　徐国宾
副主编　华北水利水电大学　张　丽
　　　　西北农林科技大学　李　凯

中国水利水电出版社
www.waterpub.com.cn
·北京·

内 容 提 要

本书除绪论外，共分为三篇十三章。第一篇水轮机，内容包括：水轮机的类型、结构及工作原理，水轮机蜗壳、尾水管及空化与空蚀，水轮机特性及选型，水轮机调节；第二篇水电站输水系统，内容包括：水电站布置型式及其组成建筑物，水电站进水口及防沙、防污和防冰措施，水电站渠道、压力前池及隧洞，水电站压力管道，水电站水击及调节保证计算，调压室；第三篇水电站厂房，内容包括：水电站厂区及岸边式厂房布置设计，其他类型厂房布置及设计特点，厂房结构设计。此外，本书还附有多媒体数字资源，如图片、视频、知识点微课、拓展资料等；以及与之配套的辅助教学资料，是一本新形态一体化教材。

本书主要供本科院校水利水电工程专业师生使用，授课时数为55～70学时。同时也可供农业水利工程、水利水电工程管理、动力工程等专业使用，授课内容和时数各专业可根据具体情况进行删减。此外，本书对于专业技术人员也具有一定的参考价值。

图书在版编目（CIP）数据

水电站 / 徐国宾主编. -- 3版. -- 北京 : 中国水利水电出版社, 2023.5
全国水利行业“十三五”规划教材 “十四五”时期水利类专业重点建设教材
ISBN 978-7-5226-1387-1

Ⅰ. ①水… Ⅱ. ①徐… Ⅲ. ①水力发电站－高等学校－教材 Ⅳ. ①TV7

中国国家版本馆CIP数据核字(2023)第015444号

书　　名	全国水利行业“十三五”规划教材 “十四五”时期水利类专业重点建设教材 **水电站**（第3版） SHUIDIANZHAN
作　　者	主　编　天　津　大　学　徐国宾 副主编　华北水利水电大学　张　丽 　　　　西北农林科技大学　李　凯
出版发行	中国水利水电出版社 （北京市海淀区玉渊潭南路1号D座　100038） 网址：www.waterpub.com.cn E-mail：sales@mwr.gov.cn 电话：(010) 68545888（营销中心）
经　　售	北京科水图书销售有限公司 电话：(010) 68545874、63202643 全国各地新华书店和相关出版物销售网点
排　　版	中国水利水电出版社微机排版中心
印　　刷	清淞永业（天津）印刷有限公司
规　　格	184mm×260mm　16开本　28.25印张　687千字
版　　次	2012年8月第1版第1次印刷 2023年5月第3版　2023年5月第1次印刷
印　　数	0001—4000册
定　　价	**78.00**元

第3版前言

本书第1版于2012年8月由中国水利水电出版社出版，2017年8月又作为全国水利行业“十三五”规划教材出版了第2版。通过多年教学使用，并考虑到当今教学的实际需要，现再次改版。本版教材除了保留原教材的主要内容体系以外，主要修订如下：

(1) 在传统纸质教材基础上，增加了多媒体数字资源，如图片、视频、知识点微课、拓展资料等，以及与本书配套的辅助教学资料，如课程课件、思考题参考答案、厂房课程设计课件、厂房课程设计任务书、水电站虚拟仿真实验等，为一本新形态一体化教材。

(2) 近几十年来我国水电站建设迅猛发展，建成了一大批举世瞩目的大型和巨型水电站工程，许多新技术在工程中得到应用。因此，本教材除了在内容上满足教学大纲要求，突出基本概念和基本原理外，为了反映出我国水电站建设的新技术、新发展、新成就，以图片、视频等多媒体形式对这些水电站工程进行了介绍。

(3) 修订了在使用过程中发现的不当或错误之处，并对书中部分内容进行了调整补充。

本书各章节撰写及修订分工如下：绪论、第六章和第九章由天津大学徐国宾教授编写；第一章、第二章由天津大学马超教授编写；第三章、第四章由西北农林科技大学李凯副教授编写；第五章、第七章和第十二章由河北农业大学吴现兵副教授编写；第八章、第十三章由天津大学王海军教授编写；第十章、第十一章由华北水利水电大学张丽教授编写。其中水电站虚拟仿真实验由天津大学姚烨、郭耀华两位老师负责编辑。全书由徐国宾教授校核定稿。

受编者水平所限，本书难免有不当之处，敬请读者批评指正。

编者

2023年1月

第2版前言

本书第1版出版后，承蒙许多兄弟院校使用，并在2014年获得教育部高等学校水利类专业教学指导委员会、中国水利教育协会和中国水利水电出版社联合主办的第一届高等学校水利类专业优秀教材奖，但是在使用过程中也发现了一些错误。为此，第2版在第1版基础上进行了修改，主要修改了第1版中的一些错误，同时与时俱进地增删了书中的一些内容，并更新了书中引用的一些设计规范或规程。

本书各章节仍由第1版相应章节的作者撰写：绪论、第六章和第九章由天津大学徐国宾教授编写；第一章、第二章由华北水利水电大学王玲花教授编写；第三章、第四章由西北农林科技大学李凯副教授编写；第五章、第七章由天津大学武永新教授编写；第八章、第十三章由天津大学王海军副教授编写；第十章、第十一章由华北水利水电大学张丽教授编写；第十二章由河北农业大学吴现兵副教授编写。

本书如有错误或不当之处，欢迎大家批评指正，请发电子邮件至xuguob@tju.edu.cn，以便下次再版时订正。

编者

2017年4月

第1版前言

“水电站”是高等院校水利水电类的一门专业课。本书主要供本科院校水利水电工程专业师生使用，授课时数为55～70学时。同时也兼顾农业水利工程、水利水电工程管理、动力工程等专业使用，授课内容和时数各专业可根据具体情况进行删减。此外，本书对于专业技术人员也具有一定的参考价值。

本书除绪论外，共分三篇十三章。第一篇水轮机，内容包括：第一章水轮机类型、结构及工作原理；第二章水轮机蜗壳、尾水管及空化与空蚀；第三章水轮机特性及选型；第四章水轮机调节。第二篇水电站输水系统，内容包括：第五章水电站布置型式及其组成建筑物；第六章水电站进水口及防沙、防污和防冰措施；第七章水电站渠道、压力前池及隧洞；第八章水电站压力管道；第九章水电站水击及调节保证计算；第十章调压室。第三篇水电站厂房，内容包括：第十一章水电站厂区及岸边式厂房布置设计；第十二章其他类型厂房布置及设计特点；第十三章厂房结构设计。书中带有星号（※）的章节，各校可根据具体情况安排是否在课堂上讲授，如果不讲授可作为学生课外阅读资料。

在编写过程中，考虑到教材的科学性、系统性、经典性、实践性和先进性，在内容的编排上既保持本课程的主要内容，同时结合我国水电建设的新进展，以及现行的有关规范、规程，与时俱进地增加了一些新的内容，包括新理论、新方法等。为便于学生对理论知识的理解和掌握，在每章的始末分别给出了学习提示和思考题，在各章节也注重给出一些计算例题来帮助学生提高解决工程实际问题的能力。

本书由天津大学曹楚生院士担任技术顾问，天津大学徐国宾教授担任主编，华北水利水电大学张丽教授、西北农林科技大学李凯副教授担任副主编。各章编写分工如下：绪论由天津大学曹楚生院士和徐国宾教授合编；第一章、第二章由华北水利水电大学王玲花教授编写；第三章、第四章由西北农林科技大学李凯副教授编写；第五章、第七章由天津大学武永新教授编写；第六章、第九章由天津大学徐国宾教授编写；第八章、第十三章由天津大学王海军副教授编写；第十章、第十一章由华北水利水电大学张丽教授编写；第十二章由河北农业大学吴现兵讲师编写。全书各章初稿完成后由上述编写人员对各章节相互审核，最后由徐国宾教授修改统稿，再由张丽教授和李凯副教授分别校核。

本书在编写过程中咨询了许多在设计院工作的同行的意见，并参考了大量的国内外文献资料及教材，在此一并表示衷心的感谢！限于编者的水平，书中难免有错误与不当之处，敬请广大读者批评指正。

编者

2012 年 2 月

数字资源清单

序号	资源名称	资源类型	页码
资源0-1	三峡水电站	视频	1
资源0-2	白鹤滩水电站	视频	1
资源0-3	水能开发方式	微课	2
资源0-4	水力发电原理	微课	4
资源0-5	抽水蓄能电站工作原理	微课	4
资源0-6	水力发电的特点	微课	4
资源0-7	我国水能资源的特点	微课	7
资源0-8	我国大陆第一座水电站——石龙坝水电站	拓展资料	9
资源1-1	水轮机的主要类型	微课	16
资源1-2	混流式水轮机	图片组	17
资源1-3	白鹤滩水电站混流式水轮机转轮加工	视频	17
资源1-4	轴流式水轮机	图片组	17
资源1-5	斜流式水轮机	图片	18
资源1-6	灯泡贯流式水轮机	图片	19
资源1-7	轴伸贯流式水轮机	图片	19
资源1-8	竖井贯流式水轮机	图片	20
资源1-9	水斗式水轮机	图片	20
资源1-10	斜击式水轮机	图片	21
资源1-11	水轮机的中国和世界之最	拓展资料	22
资源1-12	水轮机特征水头	微课	24
资源1-13	水轮机转速	微课	25
资源1-14	水轮机出力	微课	25
资源1-15	水轮机座环安装实例	图片组	27
资源1-16	水轮机导水机构	图片组	28
资源1-17	水轮机的标称直径及型号	微课	34
资源1-18	水轮机最优工况	微课	44

续表

续表

续表

序号	资 源 名 称	资源类型	页码
资源 6-18	沉沙池的类型	微课	175
资源 7-1	水电站输水渠道功用及类型	微课	178
资源 7-2	水电站输水渠道工程案例	图片组	178
资源 7-3	输水渠道纵坡及横断面设计	微课	180
资源 7-4	压力前池工程案例	图片组	184
资源 7-5	压力前池主要尺寸确定	微课	185
资源 7-6	调节池工程案例	图片	186
资源 7-7	日调节池作用及布置原则	微课	186
资源 7-8	水电站输水隧洞特点及类型	微课	186
资源 7-9	TBM 隧道掘进机	图片	187
资源 7-10	锦屏二级水电站有压引水隧洞	图片	187
资源 7-11	输水隧洞断面尺寸确定	微课	187
资源 7-12	输水隧洞断面型式工程案例	图片	188
资源 8-1	水电站压力管道类型	微课	192
资源 8-2	压力管道的供水方式	微课	194
资源 8-3	压力管道进入厂房方式	微课	195
资源 8-4	压力管道直径确定	微课	197
资源 8-5	钢管材料的屈服点强度及允许应力	微课	198
资源 8-6	蝴蝶阀	图片	200
资源 8-7	球阀	图片	200
资源 8-8	伸缩节	图片组	201
资源 8-9	明钢管敷设方式	微课	203
资源 8-10	明钢管敷设工程案例	图片组	203
资源 8-11	支墩和镇墩作用	微课	203
资源 8-12	支墩	图片组	204
资源 8-13	镇墩	图片组	205
资源 8-14	作用在明钢管身上的外力	微课	208
资源 8-15	明钢管管身应力计算	微课	209
资源 8-16	明钢管管壁强度及抗外压稳定校核	微课	215
资源 8-17	例题 8-1 支承环附近②-②断面应力计算	拓展资料	219

续表

序号	资 源 名 称	资源类型	页码
资源 8-18	压力钢管地下埋管布置型式	微课	219
资源 8-19	地下埋管敷设工程案例	图片组	219
资源 8-20	地下埋管设计	微课	220
资源 8-21	坝身压力钢管布置形式	微课	225
资源 8-22	坝内埋管设计	微课	226
资源 8-23	李家峡水电站坝后背管	图片	229
资源 8-24	钢衬钢筋混凝土管设计	微课	229
资源 8-25	三峡水电站坝后钢衬钢筋混凝土管施工	图片	229
资源 8-26	分岔管焊接安装	图片	231
资源 8-27	分岔管类型及适用条件	微课	231
资源 9-1	压力钢管中的水击现象及其危害	微课	238
资源 9-2	水电站不稳定工况	微课	238
资源 9-3	水击计算简单公式	微课	240
资源 9-4	水击波传播速度	微课	241
资源 9-5	水击基本微分方程组推导	拓展资料	250
资源 9-6	水击计算的基本方程组	微课	250
资源 9-7	水击计算连锁方程	微课	252
资源 9-8	水击计算的初始条件和边界条件	微课	254
资源 9-9	水击波在阀门处的反射特性	微课	256
资源 9-10	水击波类型	微课	259
资源 9-11	水击计算通用公式	微课	261
资源 9-12	水击计算近似公式	微课	263
资源 9-13	水击计算特征线方程	微课	268
资源 9-14	特征方程数值计算	微课	270
资源 9-15	串联管和分岔管的水击简化计算	微课	272
资源 9-16	反击式水轮机管道系统的水击简化计算	微课	274
资源 9-17	调节保证计算的概念及任务	微课	275
资源 9-18	机组转速变化率计算	微课	276
资源 9-19	减小水击压力的措施	微课	279
资源 9-20	减压阀	图片	280

续表

续表

序号	资　源　名　称	资源类型	页码
资源 11-13	副厂房的布置	微课	349
资源 11-14	主厂房各层高程的确定	微课	350
资源 11-15	主厂房平面尺寸的确定	微课	354
资源 12-1	坝后式厂房布置及设计特点	微课	363
资源 12-2	安康坝后式厂房水电站	拓展资料	364
资源 12-3	河床式厂房布置及设计特点	微课	368
资源 12-4	龙口河床式水电站	拓展资料	370
资源 12-5	沙坡头贯流式机组河床式水电站	图片	377
资源 12-6	地下式厂房布置型式及设计特点	微课	379
资源 12-7	鲁布革水电站及其冲击波	拓展资料	381
资源 12-8	溢流式厂房布置及设计特点	微课	388
资源 12-9	坝内式厂房布置及设计特点	微课	391
资源 12-10	我国第一座坝内式厂房水电站——上犹江水电站	拓展资料	393
资源 12-11	冲击式水轮机厂房布置及设计特点	微课	393
资源 12-12	冲击式水轮发电机厂房布置案例	图片	393
资源 12-13	抽水蓄能电站厂房布置及设计特点	微课	396
资源 12-14	广州抽水蓄能电站	拓展资料	396
资源 13-1	水电站厂房的结构组成	微课	399
资源 13-2	厂房的传力途径	微课	401
资源 13-3	厂房的整体稳定和地基应力计算	微课	402
资源 13-4	发电机支承结构计算	微课	406
资源 13-5	蜗壳结构计算	微课	412
资源 13-6	尾水管结构计算	微课	417
资源 13-7	吊车梁受力分析及内力计算	微课	422
资源 13-8	排架柱受力分析及内力计算	微课	424

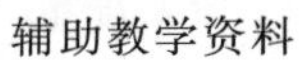

辅助教学资料

虚拟仿真实验

目 录

第二篇 水电站输水系统

第三篇 水电站厂房

绪　论

学习提示

内容： 介绍水能利用发展概况，水能开发方式及水力发电的基本原理，水力发电的特点，我国的水能资源及其开发利用，水电站课程的任务和主要内容。

重点： 水能开发方式及水力发电的基本原理，水力发电的特点，我国的水能资源及其开发利用情况，本课程的任务及主要内容。

要求： 建立水力发电的概念，了解水能开发方式及水力发电的特点、我国水能资源的特点及水电事业发展状况；理解本课程的性质，明确本课程的任务。

第一节　水能利用发展概况

人类在很早以前就开始利用水流能量（简称“水能”）。据文字记载，公元前2世纪希腊就出现了水磨，利用水力代替人力，以减轻人们的体力劳动。我国在东汉、魏晋时期就有关于水碓、水排、水磨等的记载，利用水流的动力冲动木制水车来带动石碓、石碾、石磨等进行农产品加工。这些都是水力原动机的雏形。16世纪，英国制成铁质水轮，借水力冲动桨叶汲水上岸，供城市用水。18世纪，欧洲进行产业革命，水力机械作为原动机在工业生产中得到较大的发展。19世纪人们在水车和旧式水轮机的基础上制成了第一台水轮机。1878年，世界上第一座水电站在法国建成。此后随着机械制造业和电气技术的迅速发展，相继出现了高效率的水轮机和发电机，特别是高压输电技术的出现，为水能利用开辟了广阔的道路。现在水能利用的主要形式是利用水能生产电能，即水力发电。

进入20世纪后，水力发电有了更大的发展，尤其是在20世纪中后期之后，国内外在建设水电站方面的趋势是：提高单机容量和扩大水电站规模；广泛采用计算机技术，提高水电站自动化程度和运行管理水平；大力发展抽水蓄能电站等。据统计，20世纪末，世界上共建成装机容量在100万kW以上的常规水电站120座（其中装机容量400万kW以上的有10座），抽水蓄能电站39座，合计159座。这其中包括我国17座常规水电站，2座抽水蓄能电站。2021年年底，我国抽水蓄能电站装机容量，无论是单座电站装机容量还是全国总装机容量均位居世界首位。目前，世界上已建成的最大水电站总装机容量达2250万kW，即我国的三峡水电站；第二大水电站是我国的白鹤滩水电站，总装机容量1600万kW；第三大水电站是巴西与巴拉圭共建的伊泰普水电站，总装机容量1400万kW。世界上已建成运行的单机容量70万kW以上的特大型水轮发电机组主要有：伊泰普水电站，委内瑞拉古里水电站，美国大古力水电站和中国三峡、龙滩、小湾、拉西瓦水电站，这些水电站的单机容量均为70万

资源0-1

资源0-2

kW；我国完全自主建造的单机容量为77万kW、80万kW和85万kW的水轮发电机组已分别在溪洛渡、向家坝和乌东德水电站运行；我国研发的单机容量100万kW的水轮发电机组，也已在白鹤滩水电站运行。从三峡水电站，到溪洛渡、向家坝和乌东德水电站，再到白鹤滩水电站，国产特大型水轮发电机组的单机容量屡屡刷新世界纪录。

水力发电在世界各国的能源结构中扮演了重要角色。这是因为水力发电应用时间超过百年，技术已十分成熟，并且具有效率高、成本低、运行灵活、管理简单、适于调峰和调频、对环境不造成污染等优点。所以，世界各国的水电容量都在不断增加，水电容量在电力系统中的比重不断提高。截至20世纪末，世界上有24个国家90%的电力来自水电，有1/3的国家水电比重超过50%。发达国家水能资源开发利用程度较高，平均在70%～80%，法国和瑞士的水能资源开发利用程度已达到90%以上。欧洲和日本等地区和国家，在建设大型水电站的同时，也很重视中小型水电站的建设，特别是从20世纪70年代石油危机以来，过去认为不经济的小型水电站也被大力提倡。发展中国家更为重视中小型水电站的建设。因为中小型水电站的投资少、工期短、收效快，技术也比较简单，因而得到普遍重视。在全球日益关注能源和环境问题的今天，水力发电在调整能源结构、降低二氧化碳排放、减少温室效应、实现可持续发展方面，将会扮演更重要的角色。

第二节　水能开发方式及水力发电的基本原理

资源0-3

水能资源是河川径流所具有的天然资源，水力发电就是利用河流中蕴藏的水能资源来生产电能。河道中水流蕴藏着巨大能量，表现为河水流量Q和河段落差H，其能量为$E=\gamma QH$。在天然情况下，这些能量消耗在冲刷河床、推移泥沙及克服摩擦阻力中。为了利用天然水能发电，必须首先设法获得足够的水头和流量。但天然河道的落差，除了在瀑布或急滩的河段比较集中外，落差一般是沿河分散的，不便于利用。天然河道的流量是经常变化的，洪水期流量很大，常常用之有余，枯水期流量很小，又不能满足所需。因此，为了最充分、最有效地利用天然水能发电，就必须采取适当的工程技术措施去集中落差和调节径流，尤其是集中落差更为重要。所谓水能开发方式，通常是指采用哪种技术措施来集中落差。就技术措施而言，有坝式、引水式和混合式三种开发方式。

（1）坝式开发。在河流峡谷处拦河筑坝，坝前壅水，在坝址处形成集中落差，这种水能开发方式称为坝式开发。图0-1和图0-2分别为坝后厂房式水电站和河床式水电站，这两种水电站是坝式开发常见的布置型式。坝式开发的基本原理在于筑坝挡水，聚集水量，形成水库，将分散在天然河段的落差集中起来，在坝址处形成发电水头，再通过压力管道将水流引至水电站厂房内的水轮机，发电后将尾水引至坝下游河道，上、下游水位差即是水电站的发电水头。坝式水电站的水头取决于坝高。显然，坝越高，发电水头就越大。但坝高常常受地形、地质、水库淹没、工程投资等条件的限制。所以，与其他开发方式相比，坝式水电站的发电水头相对较小。目前，坝式水电站的最大发电水头在300m左右。坝式开发的显著优点是由于形成容水量较大的水库可以用来调节流量，故坝式水电站引用流量最大，电站规模也大，水能利用程度较充分。目前世界上装机规模超过200万kW的巨型水电站大都是坝式水电站。

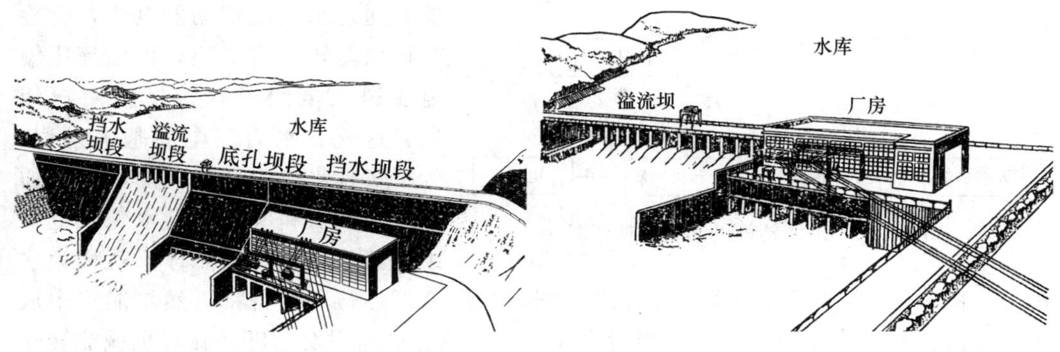

图0-1　坝后厂房式水电站

图0-2　河床式水电站

（2）引水式开发。在河流坡降陡的河段上游修筑拦河闸或低坝，通过人工修建的引水道（渠道或隧洞）引水到河段下游，集中落差，再经压力管道引水至厂房。这种用引水道集中水头的电站称为引水式水电站。引水道可以是无压的，也可以是有压的。图0-3和图0-4分别为无压和有压引水式水电站。与坝式水电站相比，引水式水电站的水头相对较高，目前最大发电水头已达2000m以上。但引水式水电站水库不具备相应的调节库容，没有能力调节径流，水量利用率较低，综合利用价值较差。然而，因水库淹没损失小，工程量又较小，所以单位造价也往往较低。引水式开发适用于河道坡降较陡的山区河段，或通过截弯取直引水和跨河流引水来集中落差。

图0-3　无压引水式水电站

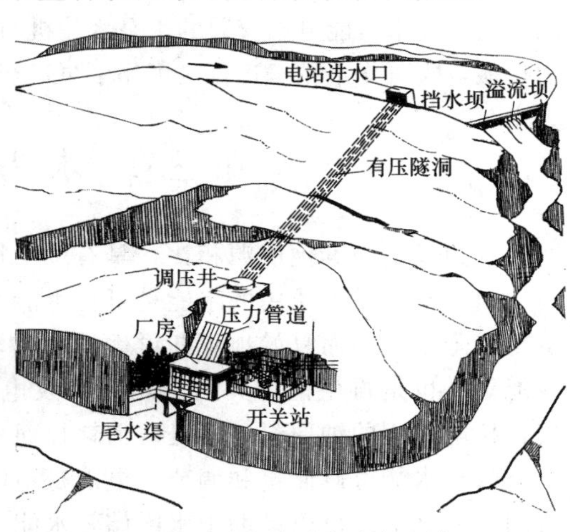

图0-4　有压引水式水电站

（3）混合式开发。在一个河段上同时采用坝和有压引水道共同集中落差的开发方式称为混合式开发。坝集中一部分落差后，再通过有压引水道集中坝后河段的另一部分落差，形成电站总水头。这种开发方式的水电站称为混合式水电站。混合式开发因有水库调节径流，具有坝式开发和引水式开发的优点，但必须具备适合的条件。一般来说，河段前部有筑坝建库条件，后部坡降大（如有急滩或大河湾），宜用混合式开发。

资源 0-4

利用上述三种开发方式，集中落差形成水头，然后将水流引入水轮机，驱动水轮机转动，将水能转换成旋转机械能，通过水轮机带动发电机，将旋转机械能转换成电能，再用高压输电线送入电网或直接送给用户使用，这就是水力发电的基本过程。为了实现水能转换成电能而修建的水工建筑物和所安装的水轮发电机组及其附属设备的总体，就称为水电站。图 0-5 为水能转换成电能原理框图。利用水工建筑和设备将天然水能集中成可用水能；利用水轮机将可用水能转换成旋转机械能；利用发电机将旋转机械能转化为电能。

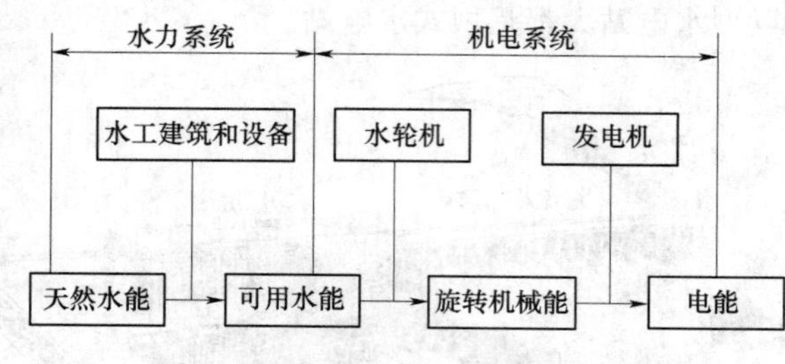

图 0-5　水能转换成电能原理框图

资源 0-5

除了上述三种常规的水力发电开发方式外，抽水蓄能发电是水能开发利用的另一种形式。它不是为了开发水能资源向电力系统提供电能，而是以水体为储能介质，起调节电能的作用。抽水蓄能水电站包括抽水蓄能和放水发电两个过程。其建筑物的组成中必须有上、下两个具有一定落差的水库，与有压输水系统相连。电站厂房位于下水库处。在电力系统负荷低谷时，利用电力系统内其他电厂多余电量，带动水泵水轮机，将下水库中的水抽送到上水库，以水的势能形式储存起来（抽水蓄能过程）；在电力系统负荷高峰时，将上水库中的水放下来带动水轮机发电，以补充电力系统出力的不足（放水发电过程）。抽水蓄能电站宜建在离负荷中心较近的地方，以减少输电线路的投资及电能的损失。抽水蓄能电站安装的水泵水轮机与常规水电站的水轮机不同，是一种可逆式水力机械，既可作水轮机运行又可作水泵运行。

第三节　水力发电的特点

水力发电与其他能源相比，具有以下特点：

资源 0-6

（1）水力发电所用的水能是可再生能源。水能资源是随水文循环（降水—径流—蒸发—降水）周而复始地不断再生的能源，取之不尽，用之不竭。太阳能、风能、潮汐能等，也是再生能源，但成本高，发电不稳定。而火电所用的煤炭、石油和天然气，核电所用的铀原料，都是要消耗掉而不能再生的。

（2）水能可以储蓄和调节。电能是不能大量储存的，电能的生产与消费是同时完成的。而水电站可以借助于水库储蓄水能，代替储蓄电能，有利于电力系统电量的供求平衡，提高供电的灵活性和经济性。

（3）水电站综合利用效益大。水是一种资源，具有多方面的使用价值，可以综合利用。如果水电站枢纽具有容量较大的水库，除发电外，还可以兼顾防洪、灌溉、航运、供水、水产养殖、旅游等，发挥综合利用效益。所以，水电站综合利用效益，是任何能源都不可替代的，建设水电站可一举多得。河流的水资源还可以梯级开发利用，上游水电站发电后的水流，仍可为下游各级水电站再利用发电。

（4）水电站运行具有灵活性。水轮发电机组具有设备简单，运行操作灵活，易于实现自动化等优点。机组可以在几分钟内就能从停机状态达到满负荷运行、并网供电，增、减负荷十分方便。因此，水电站最适于承担电力系统的调峰、调频任务和用作负荷、事故备用容量。火电站虽然也可承担这些任务，但因其设备复杂，启动不太灵活，要经常处于热备用状态，浪费一定燃料。

（5）水电站电能是廉价能源。水电站的生产成本低，效率高。水电站不耗用燃料，运行人员常为火电站的1/20～1/10，又由于水电站的机组设备简单，年维护费用较低，所以通常水电站的电能成本只有火电站的1/10～1/5。水电站的能源利用率也比较高，火电站烧煤的热能效率一般只有40%左右，而水电站的水能效率可达85%以上。所以，水电站电能是廉价能源。

（6）水力发电具有可逆性。位于高处的水可以通过水轮发电机组，使水能转变为电能；位于低处的水也可以通过抽水机组提送到高处，使电能转变成水能。利用这种可逆性，可以在电力系统内建造抽水蓄能水电站，达到储蓄和调节电能的目的，改善电力系统电能生产的供求关系，提高供电质量和经济效益。

（7）水电站电能是清洁能源。水电站在生产过程中对环境无污染，既不产生酸雨、烟雾和粉尘，又无废渣、废水，实现了废物的零排放。所以，水电站电能是一种无废物排放的清洁能源。

（8）水电站电能生产具有不均衡性。由于河川径流年内及年际间的变化很大，使水电站的电能生产具有不均衡性。加上水文预报尚不够准确，也影响水电站的计划生产。这些因素都给水电站和电力系统的运行带来一定困难。为了有效利用水能资源和较好地满足用电要求，最好建具有一定调节能力的水库调节径流，以缓和水电站电能生产的不均衡性。

（9）水电站的建设受自然条件的限制。水电站必须建设在具有一定条件的河段上，受地质、地形、径流等条件限制，有时要造成一定的淹没损失。所以水电站建筑物往往比较复杂，施工也较困难。水电与火电相比，具有工程量大、工期长、投资大的特点。但是实际上，建设水电站是同时完成一次能源（水能）与二次能源（电力）的开发，故应将水电站的投资同建设火电站与相应的开发煤矿、修建铁路等投资、工期计算在内。这样，水电站投资大、工期长的结论便不存在了。

（10）需要修建昂贵的输变电工程。水电站电能只能就地开发生产，不少地区的水能资源很丰富，但由于当地经济不发达，水电站生产的电能难以充分利用。大部分水电站至负荷中心或与电网连接点有相当远的距离，需要修建昂贵的输变电工程。

第四节　我国的水能资源及其开发利用

一、我国地形与河川径流概述

构成河川径流水能资源的基本条件是地形（水头落差）与河川径流（流量）。流量大，落差大，所包含的能量就大，即蕴藏的水能资源大。

1. 地形

我国地势的特征是西高东低，大致呈阶梯状分布。自西向东按高程明显分为三个阶梯。第一阶梯：青藏高原，海拔4000m以上；第二阶梯：大兴安岭、太行山脉、巫山、武陵山及云贵高原东缘以西，海拔1000～2000m；第三阶梯：大兴安岭、太行山、巫山、武陵山及云贵高原东缘以东，海拔1000m以下。地势决定了我国的大部分河流都由西往东流，落差也较大。

2. 河川径流

我国河川径流主要集中在七大水系，分别是长江、黄河、珠江、淮河、海河、松花江和辽河。

(1) 长江。我国第一长河，发源于青藏高原的唐古拉山脉各拉丹冬峰西南侧。干流流经青海、西藏、四川、云南、重庆、湖北、湖南、江西、安徽、江苏、上海11个省（自治区、直辖市），于崇明岛注入东海，年均径流量9760亿m^3，流域面积为180万km^2。干流全长6380km，长度仅次于非洲的尼罗河和南美洲的亚马孙河，是世界第三长河。长江干流自宜昌以上为上游，长约4500km，落差大，峡谷深，蕴藏着丰富的水能资源。长江水系庞大，流域面积1万km^2以上的支流就有49条，其中雅砻江、岷江、嘉陵江、乌江、沅江、湘江、汉江和赣江等支流的流域面积超过5万km^2，这些支流年均径流量均超过500亿m^3。长江水系是我国水能资源最富有的河流。

(2) 黄河。我国第二长河，发源于青藏高原巴颜喀拉山北麓，流经青海、四川、甘肃、宁夏、内蒙古、山西、陕西、河南及山东9省（自治区），于山东省垦利县注入渤海，年均径流量535亿m^3，流域总面积79.5万km^2（含内流区面积4.2万km^2），干流全长5464km，水面落差4480m，沿途汇集了76条流域面积大于0.1万km^2的支流。其中，河口镇以上为黄河上游，干流长约3472km，区间总落差3464m，水能资源蕴藏量占全河的61.6%。黄河以水少沙多而闻名于世。

(3) 珠江。由西江、北江、东江及珠江三角洲诸河等4个水系所组成，其中西江是珠江水系的干流，全长2214km。流域面积为45.4万km^2，我国境内面积44.2万km^2，另有1.2万km^2在越南境内。珠江流域水系河流众多，流域面积在1万km^2以上的支流有8条。共有8个口门注入南海，年均径流量3360亿m^3，仅次于长江，位列全国第二。珠江还是我国各大河流中含沙量最小的河流。

(4) 淮河。发源于河南省桐柏山，干流全长1000km，总落差200m，流经河南、安徽、江苏3省，在三江营注入长江。淮河流域地处我国中东部，介于长江和黄河两流域之间。淮河流域以废黄河为界，分淮河及沂沭泗河两大独立水系，流域面积分别为19万km^2和8万km^2。淮河流域年均径流量为621亿m^3，其中淮河水系453亿m^3，沂沭泗水系168亿m^3。自古以来，淮河就是我国南北方的一条自然分界线。

(5) 海河。干流全长约70km。海河流域包括海河、滦河和徒骇马颊河3大水系、7大河系、10条骨干河流。其中，海河水系是主要水系，由北部的蓟运河、潮白河、北运河、永定河和南部的大清河、子牙河、漳卫河组成；滦河水系包括滦河及冀东沿海诸河；徒骇马颊河水系位于流域最南部，为单独入海的平原河道。海河流域年均径流量为209亿m^3。

(6) 松花江。黑龙江的最大支流，有南北两源，南源为第二松花江，发源于长白山主峰白头山天池，在扶余县三岔河口与嫩江汇合；北源为嫩江，发源于大兴安岭山脉的伊勒呼里山南麓，在三岔河口与第二松花江汇合后称松花江，在同江市附近注入黑龙江，年均径流量 735 亿 m^3。松花江自南源计，全长 1897km；自北源计，全长 2308km。流域总面积 55.68 万 km^2，占东北三省总面积的 60%。松花江流域可开发的水能资源主要分布在第二松花江、牡丹江和嫩江。

(7) 辽河。发源于河北平泉县七老图山脉，全长 1345km，流经河北、内蒙古、吉林、辽宁 4 省（自治区），沿途有多条支流汇入，在辽宁盘山县注入辽东湾，年均径流量为 150 亿 m^3，流域面积 21.9 万 km^2。辽河流域分为辽河水系和太子河水系。松花江、辽河均属松辽流域。松辽流域主要河流有松花江、辽河、黑龙江、乌苏里江、绥芬河、图们江、鸭绿江以及独流入海河流等。其中黑龙江、乌苏里江、绥芬河、图们江、鸭绿江为国际河流。松辽流域总面积 123.80 万 km^2。

除了上述七大水系之外，还有东南沿海诸河、西南国际诸河、雅鲁藏布江及西藏其他河流、北方内陆及新疆诸河，也都蕴藏着丰富的水能资源。

二、我国水能资源的特点

资源 0-7

(1) 水能资源蕴藏量极为丰富。我国幅员辽阔，河流众多，径流丰沛、落差巨大，水能蕴藏量极为丰富。据 2005 年公布的水力资源普查统计资料，我国大陆水能资源理论蕴藏量约为 6.94 亿 kW，折合年发电量约为 6.08 万亿 kW·h，居世界第一位。其中技术可开发的水电总装机容量为 5.42 亿 kW，折合年发电量 2.47 万亿 kW·h；经济可开发 4.02 亿 kW，相应的年发电量 1.75 万亿 kW·h，均名列世界首位。表 0-1 为世界上主要国家技术可开发和经济可开发的水能资源。

表 0-1　主要国家技术可开发和经济可开发的水能资源　单位：亿 kW·h

国　别	技术可开发	经济可开发	国　别	技术可开发	经济可开发
中国	24740	17534	委内瑞拉	2607	1035
巴西	13000	7635	瑞典	1300	900
俄罗斯	16700	6000	墨西哥	1600	800
加拿大	9810	5360	法国	720	715
刚果	7740	4192	意大利	690	540
印度	6600	4436	奥地利	7537	537
美国	5285	3760	西班牙	700	410
挪威	2000	1796	印度尼西亚	4016	400
哥伦比亚	2000	1400	瑞士	410	355
阿根廷	1720	1300	罗马尼亚	400	300
土耳其	2150	1230	德国	250	200
日本	1356	1143			

注　本表根据经济可开发水能资源由大到小排列。有些国家技术可开发水能资源与经济可开发水能资源差距很小，如法国、意大利、瑞士和德国，这是由于这些国家的开发条件好；而有些国家技术可开发水能资源与经济可开发水能资源差距很大，如奥地利和印度尼西亚两者相差 10 倍以上。表中中国数据不包括台湾地区。

(2) 水能资源地区和流域分布不均匀。由于受地形、地势与河川径流量的影响，我国水能资源在地区和流域上分布极不均衡。总体趋势是，华北、东北和华东少，西南、中南和西北多，见表0-2。在全国技术可开发的水能资源中，经济比较发达的华北、东北和华东3个地区按年发电量计分别占全国总量的0.94%、1.68%、2.91%，相对较少。华北地区可开发水能资源最少，而且开发的主要任务是满足防洪和供水需求。东北地区可开发的水能资源中有相当一大部分位于国际河流上，其开发需要通过国际协商才能确定。华东地区人口密度大，水能资源的开发受到水库淹没制约，不能充分开发利用。中南地区技术可开发水能资源较东部丰富，占12.12%，经济也比较发达，对水电开发比较有利。西南地区集中了全国技术可开发水能资源的72.85%，其中四川、西藏、云南水能资源技术可开发量分别名列全国第一、第二、第三位，绝大多数巨型水电站都位于这个地区。西北地区技术可开发的水能资源占全国的9.5%，其中黄河干流上游是水电富矿区。由于各流域河川径流量相差悬殊，其水能资源分布也很不均衡，见表0-3。长江技术可开发的水能资源按年发电量计，占全国总量的48.02%，居全国第一位；雅鲁藏布江及西藏其他河流的水能资源技术可开发量占全国18.12%，居全国第二位；包括怒江、澜沧江的西南国际诸河等河流的水能资源也较丰富，技术可开发量占全国的15.08%，居全国第三位；海河、淮河的水能资源技术可开发量最小，分别占全国总量的0.19%和0.08%。

表0-2　　按地区分布的水能资源理论蕴藏量及技术可开发的水能资源

地区	水能资源理论蕴藏量			技术可开发的水能资源		
	平均功率/万kW	年发电量/(亿kW·h)	占全国比例/%	装机容量/万kW	年发电量/(亿kW·h)	占全国比例/%
华北地区(5省、直辖市、自治区)	1372.16	1202.01	1.97	839.62	231.12	0.94
东北地区(3省)	1305.28	1143.42	1.87	1504.47	416.63	1.68
华东地区(7省、直辖市)	2776.71	2432.35	4.00	2298.25	718.76	2.91
中南地区(6省、自治区)	5973.34	5232.70	8.60	7551.77	2997.46	12.12
西南地区(5省、直辖市、自治区)	49030.96	44951.12	73.90	36127.98	18023.86	72.85
西北地区(5省、自治区)	8981.13	7867.51	12.93	5841.29	2351.47	9.5
全国	69440	60829	100	54164	24740	100

注　表中数据为2005年水力资源普查统计，不包括台湾地区。该表源自《中国水力发电年鉴》第10卷。需要说明，表中"水能资源理论蕴藏量年发电量"一栏个别数据可能有误，合计起来大于60829亿kW·h。

表0-3　　按流域分布的水能资源理论蕴藏量及技术可开发的水能资源

水系	水能资源理论蕴藏量			技术可开发的水能资源		
	平均功率/万kW	年发电量/(亿kW·h)	占全国比例/%	装机容量/万kW	年发电量/(亿kW·h)	占全国比例/%
长江	27780.80	24335.98	40.00	25627.29	11878.99	48.02
黄河	4331.21	3794.13	6.24	3734.25	1360.96	5.50
珠江	3223.67	2823.94	4.64	3128.80	1353.75	5.47

续表

水　系	水能资源理论蕴藏量			技术可开发的水能资源		
	平均功率/万 kW	年发电量/(亿 kW·h)	占全国比例/%	装机容量/万 kW	年发电量/(亿 kW·h)	占全国比例/%
海河	283.03	247.94	0.41	202.95	47.63	0.19
淮河	111.85	98.00	0.16	65.60	18.64	0.08
东北诸河	1660.74	1454.80	2.39	1682.08	465.23	1.88
东南沿海诸河	2027.53	1776.11	2.92	1907.49	593.39	2.40
西南国际诸河	9851.68	8630.07	14.19	7501.48	3731.82	15.08
雅鲁藏布江及西藏其他河流	16021.48	14034.82	23.07	8466.36	4483.11	18.12
北方内陆及新疆诸河	4147.91	3633.57	5.98	1847.16	805.86	3.26
全国	69440	60829	100	54164	24740	100

注　表中数据为2005年水力资源普查统计，不包括台湾地区。

（3）水能资源时间分布不均匀。我国季风气候显著，对降水产生巨大影响，因此大多数河流年内、年际径流分布不均，丰、枯季节流量相差悬殊。年内一般集中在夏秋季6—9月4个月中，其集中程度视流域面积的大小和地理位置而有所不同。如华北平原和辽宁沿海地区，最大连续4个月径流量占全年径流量的80%以上，大部分地区出现时间在6—9月；长江以南、云贵高原以东大部分地区，最大连续4个月径流量占全年径流量的60%左右，一般出现在4—7月；西南大部分地区最大连续4个月径流量占全年径流量的60%～70%，出现时间在6—9月或7—10月。但应指出，在我国最大连续4个月径流量中，洪水流量占很大比例，而其中一部分洪水流量难以利用。

（4）水能资源相对集中，大型电站比重大，开发难度大。我国水能资源相对集中，有利于集中开发和规模外送，但由于大都位于高山峡谷地区，交通不便，建造、生活、输电困难相对多。大型和巨型电站所占比重大，这些大型和巨型电站的特点是水头高、容量大、单机容量也大、技术复杂。在人口较密地区，建水库往往受淹没损失的限制。在深山峡谷河流上建水库，虽然可减少淹没损失，但需建高坝，工程较艰巨。

三、我国水电建设的发展

1910年，我国第一座水电站——石龙坝水电站在云南省昆明市螳螂川上游开工修建。1912年，两台240kW水轮发电机组安装完毕并开始发电（图0-6）。石龙坝水电站的兴建开启了我国水电站建设的征程，但由于当时战事连年，包括水电建设在内的国民经济建设都坎坷艰难，截至1949年

图0-6　石龙坝水电站中的水轮发电机组

资源0-8

全国水电装机容量仅为 36 万 kW。

1950 年以后水电建设有了较大发展。20 世纪 50 年代初在对永定河、古田溪、龙溪河、以礼河等中小河流进行开发规划的基础上，修建了狮子滩、古田一级、黄坛口、上犹江、流溪河、官厅、大伙房、佛子岭、梅山、响洪甸等一批中型水电站以及新疆乌拉泊、西藏拉萨和海南东方等小水电站。至 1957 年年底，全国水电装机容量达到 101.9 万 kW，年发电量 48.2 亿 kW·h。1949—1957 年这 8 年内，装机容量和年发电量年增长率分别达到 14%和 19%，世界排名分别上升至第 16 位和第 17 位。这一时期是我国水电建设史上的第一次高潮。1957 年开始建设新安江和三门峡两座大型水电站。新安江水电站装机容量 66.25 万 kW，坝高 105m，是我国自行设计施工和制造机电设备的第一座大型水电站。之后陆续开工的水电站有 40 余座，其中包括刘家峡、盐锅峡、新丰江、柘溪、丹江口等大型水电站。刘家峡水电站是我国自行设计、制造、施工的第一座装机容量超过 100 万 kW 的大型水电站。50 年代末至 60 年代，包括水电建设在内的整个电力工业受国民经济的影响，发展速度减缓。70 年代水电装机容量有所增加，但中小型水电占了较大比重。至 1976 年年底，全国水电装机容量达到 1465.5 万 kW，年发电量 456.4 亿 kW·h。从数字上看，这一时期可以说是我国水电建设史上的第二次高潮，但许多投产工程是在 50 年代末至 60 年代动工兴建或做了大量的前期工作。这个时期的建设比例是失调的。80 年代大型水电有一定增长，而中小型水电的增长值有所降低。1988 年 12 月葛洲坝水电站全部竣工。葛洲坝水电站总装机容量 271.5 万 kW，年均发电量 140 亿 kW·h，是当时我国最大的水电站，也是 20 世纪世界上最大的低水头大流量、径流式水电站。

进入 20 世纪 90 年代以来，一些大型和巨型水电站，如二滩、天生桥一级、天生桥二级、小浪底、万家寨、大朝山、三峡等水电站，相继开工建设，并陆续投产。1992—1999 年，我国水电装机连续 7 年平均增长 300 万 kW，1999 年年底，全国水电装机容量达 7297 万 kW，年发电量 2129 亿 kW·h，分别居世界第二位和第四位。90 年代是我国水电建设史上的第三次高潮。

进入 21 世纪后，我国水电建设持续稳定地快速发展，迎来了我国水电建设史上的第 4 次高潮。龙滩、小湾、景洪、构皮滩、水布垭、三板溪、公伯峡、拉西瓦、向家坝、溪洛渡等大型和巨型水电站相继开工建设，其中溪洛渡水电站总装机容量 1386 万 kW，是当时我国第二、世界第三大水电站。2004 年，我国水电装机容量突破 1 亿 kW，超过美国，成为世界水电第一大国。2005 年，我国水电年发电量也跃居世界第一。2009 年世界上最大的水电站——三峡水电站（除地下厂房外）全部完工（图 0-7）。三峡水电站于 1994 年开工兴建，总装机容量 2250 万 kW，

图 0-7　三峡水电站枢纽全貌

年发电量约1000亿kW·h。2010年，是我国发展水电的第100个年头，我国水电装机容量已经突破了2亿kW，水电装机容量和年发电量连续多年双双位居世界第一。

2010年之后，总装机容量超过千万千瓦的乌东德水电站（1020万kW），白鹤滩水电站（1600万kW）又相继开工建设并投入运行。截至2020年年底，我国水电装机容量已达到3.70亿kW，年发电量13553亿kW·h，占电力系统比重17.77%，可经济开发的水能资源已开发利用达77.30%。

四、我国十三大水电基地

从我国能源构成的战略出发，为了加快水电建设，逐步改变水电比重偏低的局面，1979年，原电力工业部在水力资源普查基础上，组织全国水电勘测设计和有关单位编写了《十大水电基地开发设想》，对金沙江、雅砻江、大渡河、乌江、长江上游（包括清江）、南盘江红水河、澜沧江干流、黄河上游、湘西、闽浙赣10个大型水电基地进行了规划布局。

1989年，水利水电规划设计总院在各水电勘测设计单位大量工作的基础上，又编制了《十二大水电基地》的规划性文件。这个新编制的文件除对原拟定的十大水电基地作了修改增订外，还增加了黄河北干流及东北两个水电基地。

2005年水力资源普查结果表明，怒江水电装机容量排在第六位，水能资源极为丰富。在综合考虑怒江建设条件的前提下，十二大水电基地又纳入了怒江，形成十三大水电基地。我国水能资源主要分布在这十三大水电基地，十三大水电基地技术可开发装机容量为2.78亿kW，年发电量11897亿kW·h，分别占全国的51%和49%。

十三大水电基地如下：

（1）金沙江水电基地。金沙江系长江干流上游河段，上起青海省玉树（巴塘河口），下至四川省宜宾，河道长约2326km，落差3279m。宜宾以上流域面积约50万km^2，多年平均流量4600m^3/s，年均径流量1450亿m^3。玉树至云南省石鼓为上游河段，长994km，落差约1722m，规划8级开发方案，装机容量898万kW；石鼓至雅砻江河口为中游河段，长约564km，落差838m，规划“一库八级”开发方案，装机容量2096万kW，龙盘为控制水库电站，具有多年调节能力；雅砻江河口至宜宾为下游河段，长约768km，落差719m，规划乌东德、白鹤滩、溪洛渡和向家坝4级开发方案，装机容量4781万kW。金沙江是我国最大的水电基地，总装机容量达7775万kW，年发电量约5000亿kW·h。

（2）雅砻江水电基地。雅砻江除上游少部分河段在青海省境内外，干流绝大部分位于四川省境内西部，是金沙江的最大支流。干流全长1571km，落差3830m，流域面积近13万km^2，多年平均流量1870m^3/s，年均径流量600亿m^3。干流自呷衣寺至河口段规划了21级开发方案，装机容量2917万kW，年发电量1516.36亿kW·h。呷衣寺至两河口为上游河段，长688km，规划10个梯级电站，装机容量约325万kW；两河口至卡拉为中游河段，长268km，规划6个梯级电站，装机容量约1122万kW，其中两河口为中游控制水库电站；卡拉至河口段为下游河段，长412km，规划5级开发方案，装机容量1470万kW，其中锦屏一级为下游控制水库电站。

（3）大渡河水电基地。大渡河是岷江的最大支流，全长1062km，天然落差

4175m，流域面积7.74万km^2（不包括青衣江），多年平均流量1490m^3/s。大渡河的水能资源主要蕴藏在双江口至铜街子河段，该段河道长593km，天然落差1837m，规划“3库22级”开发方案，下尔呷水库为规划河段的“龙头”水库，双江口水库为上游控制水库电站，瀑布沟水库为下游控制水库电站。该基地总装机容量2605万kW，年发电量约1136亿kW·h。

（4）乌江水电基地。乌江是长江上游右岸最大的一条支流，流域面积8.79万km^2；有南北两源，从南源至河口全长1037km，天然落差2124m，河口多年平均流量1690m^3/s，年均径流量533亿m^3。南北两源共拟定了11级开发方案，总装机容量1086万kW，年发电量约418亿kW·h。

（5）长江上游水电基地。长江上游宜宾至宜昌段（通称川江），全长1040km，落差220m，宜昌以上流域面积约100万km^2，多年平均流量14300m^3/s，年均径流量4510亿m^3。规划装机容量3571万kW，年发电量1438亿kW·h。其中，宜宾至宜昌段规划5级开发；支流清江规划3级开发。

（6）南盘江红水河水电基地。红水河为珠江水系西江上游干流，其上游南盘江在贵州省望谟蔗香村与北盘江汇合后称红水河。红水河干流在广西石龙三江口与柳江汇合后称黔江。南盘江全长927km，总落差1854m。红水河全长659km，落差254m。黔江长123km，有著名的大藤峡谷，大藤峡以上流域面积19.04万km^2，年均径流量1300亿m^3。南盘江、红水河规划拟重点开发南盘江的天生桥到黔江的大藤峡河段，长1050km，落差760m。该河段水量丰沛、落差集中、地质条件好。规划全河段按10级开发，加上西江支流上的长洲和南盘江支流上的鲁布革，总装机容量1571万kW，年发电量635亿kW·h。

（7）澜沧江干流水电基地。澜沧江发源于青海省，流经西藏后入云南，在西双版纳州南腊河口处流出国境后称湄公河。澜沧江在我国境内长2000km，落差约5000m，流域面积17.4万km^2。澜沧江云南境内河段被分为上游段和中下游段。滇藏边界至苗尾为上游河段，河长约440km，落差约938m，规划7级开发，其中古水作为龙头梯级水库电站，具有年调节能力。苗尾至中缅国界为中下游河段，河长约800km，落差约842m，规划“二库八级”开发，其中小湾和糯扎渡两座大型水库电站均具有多年调节能力。规划澜沧江云南境内河段总装机容量2582万kW，年发电量1203亿kW·h。

（8）黄河上游水电基地。黄河上游茨哈峡—龙羊峡—青铜峡河段，全长918km，落差1324m，区间流域面积14.36万km^2，青铜峡年平均流量1060m^3/s，年均径流量334亿m^3。该河段规划28个梯级开发，总装机容量2093万kW，年发电量750亿kW·h。

（9）湘西水电基地。湘西水电基地包括湖南省境内湘江、沅水、资水和澧水干流及主要支流。规划大中型水电站51座，总装机容量1082万kW，年发电量378亿kW·h。

（10）闽浙赣水电基地。闽浙赣水电基地包括福建、浙江和江西3省，可开发总装机容量约1220万kW，年发电量315亿kW·h。其中福建省可开发大中型水电站32座，总装机容量527万kW；浙江省可开发大中型水电站14座，装机容量411万

kW；江西省可开发大中型水电站 19 座，装机容量 282 万 kW。

（11）黄河北干流水电基地。黄河北干流是指中游河口镇至禹门口（龙门）干流河段，通常又称托龙段。北干流全长 1000km，落差约 700m，是黄河干流最长的峡谷段，具有建高坝大库的地形、地质条件，且淹没损失较小。该河段规划 6 个梯级，总装机容量 641 万 kW，年发电量 178 亿 kW·h。

（12）东北水电基地。东北水电基地包括黑龙江干流界河段、牡丹江干流、第二松花江上游、鸭绿江流域（含浑江干流）和嫩江流域，规划大中型水电站 62 座，总装机容量 1326 万 kW，年发电量 355 亿 kW·h。

（13）怒江水电基地。在我国境内，怒江干流全长约 2018km，落差 4840m，流域面积 13.6 万 km^2。其中，云南境内长 617km，落差 1116m，流域面积 3 万 km^2，国境处多年平均流量 $2250m^3/s$。怒江干流水电基地是指怒江中下游河段，规划“两库十三级”开发方案，总装机容量 2072 万 kW，年发电量 1037 亿 kW·h。

上述十三大水电基地所包括的主要水电站见表 0-4。

表 0-4　十三大水电基地所包括的主要水电站

基地名称	已建、在建和待建主要水电站名称及装机容量/万 kW
金沙江	岗托（110）、岩比（30）、波罗（96）、叶巴滩（198）、拉哇（168）、巴塘（74）、苏哇龙（116）、昌波（106）、龙盘（420）、两家人（300）、梨园（240）、阿海（200）、金安桥（240）、龙开口（180）、鲁地拉（216）、观音岩（300）、乌东德（1020）、白鹤滩（1600）、溪洛渡（1386）、向家坝（775）
雅砻江	温波寺（15）、仁青岭（30）、热巴（25）、阿达（25）、格尼（20）、通哈（20）、英达（50）、新龙（50）、共科（40）、龚坝沟（50）、两河口（270）、牙根（140）、楞古（270）、孟底沟（184）、杨房沟（150）、卡拉（108）、锦屏一级（360）、锦屏二级（480）、官地（240）、二滩（330）、桐子林（60）
大渡河	下尔呷（54）、巴拉（70）、达维（27）、卜寺沟（36）、双江口（200）、金川（86）、巴底（78）、丹巴（200）、猴子岩（170）、长河坝（260）、黄金坪（85）、泸定（92）、硬梁包（120）、大岗山（260）、龙头石（70）、老鹰岩（64）、瀑布沟（426）、深溪沟（66）、枕头坝（95）、沙坪（16）、龚嘴（70）、铜街子（60）
乌江	洪家渡（60）、普定（7.5）、引子渡（36）、东风（57）、索风营（60）、乌江渡（125）、构皮滩（300）、思林（105）、沙陀（100）、彭水（175）、银盘（60）、白马（0.33）
长江上游	石棚（213）、朱杨溪（300）、小南海（176.4）、三峡（2250）、葛洲坝（271.5）、水布垭（184）、隔河岩（151.1）、高坝洲（25.2）
南盘江 红水河	天生桥一级（120）、天生桥二级（132）、平班（40.5）、龙滩（630）、岩滩（181）、大化（60）、百龙滩（19.2）、恶滩（60）、桥巩（45.6）、大藤峡（160）、长洲（63）、鲁布革（60）
澜沧江干流	古水（260）、乌弄龙（99）、里底（42）、托巴（125）、黄登（190）、大华桥（90）、苗尾（140）、功果桥（90）、小湾（420）、漫湾（155）、大朝山（135）、糯扎渡（585）、景洪（175）、橄榄坝（15.5）、勐松（60）

续表

基地名称	已建、在建和待建主要水电站名称及装机容量/万 kW
黄河上游	茨哈峡（200）、班多（36）、羊曲（120）、龙羊峡（128）、拉西瓦（420）、尼那（16）、山坪（/）、李家峡（200）、直岗拉卡（19）、康扬（28.4）、公伯峡（150）、苏只（22.5）、黄丰（22.5）、积石峡（102）、大河峡（/）、寺沟峡（25）、刘家峡（135）、盐锅峡（45.2）、八盘峡（22）、河口（7.4）、柴家峡（9.6）、小峡（23）、大峡（30）、乌金峡（14）、小观音（40）、大柳树（200）、沙坡头（12.03）、青铜峡（30.2）
湘西	包括：三板溪（100）、托口（83）、洪江（22.5）、安江（14）、虎皮溪（/）、大伏潭（19.5）、五强溪（120）、凌津滩（27）、凤滩（70）、凉水口（12）、鱼潭（7）、岩泊渡（3）、茶林河（5.4）、三江口（6.25）、艳洲（3.03）、淋溪河（17）、江垭（30）、关门岩（3.3）、长潭河（8）、皂市（12）、柘溪（44.75）、犬木塘（4）、筱溪（13.5）、敷溪口（30）、金塘冲（22）、马迹塘（5.5）、白竹洲（4.5）、修山（6.5）等各类电站51座
闽浙赣	共规划各类电站 65 座。其中，包括福建的古田溪（27.1）、水口（140）、安砂（11.5）、池潭（10）、沙溪口（30）、良浅（3）、水东（8）、棉花滩（60）、金山（4）、尤溪县街面（30）、涌口（2.5）、高砂（5）、芹山（7）、周宁（25）等 32 座；浙江的新安江（66.25）、富春江（29.72）、湖南镇（17）、黄坛口（8.2）、紧水滩（30）、石塘（7.8）、枫树岭（3.2）、珊溪（20）、滩坑（60）等 14 座；江西的上犹江（7.2）、柘林（18）、万安（50）、泰和（13.8）、石虎塘（12）、峡江（36）等 19 座
黄河北干流	万家寨（108）、龙口（42）、天桥（12.8）、碛口（180）、古贤（256）、甘泽坡（44）
东北	共规划各类电站 62 座。其中，黑龙江干流界河 9 个梯级，总装机容量 820/2 万 kW；牡丹江干流 3 个梯级莲花、二道沟、长江屯，总装机容量 82 万 kW；第二松花江上游可开发的水电装机容量 381.24 万 kW，现已开发丰满（100.4）、红石（20）、白山（150）3 座水电站；鸭绿江流域 12 个梯级开发，即南尖头、上崴子、十三道沟、十二道湾、九道沟、临江、云峰、黄柏、渭源、水丰、太平湾、义州，总装机容量 253.3/2 万 kW；嫩江流域初步规划卧都河、窝里河、固固河、库莫屯 4 级开发方案
怒江	松塔（360）、丙中洛（160）、马吉（420）、鹿马登（200）、福贡（40）、碧江（150）、亚碧罗（180）、泸水（240）、六库（18）、石头寨（44）、赛格（100）、岩桑树（100）、光坡（60）

注　括号内数字为实际或规划装机容量。

五、西电东送工程

我国水电基地大都位于西部经济欠发达地区，而东部经济较发达地区却缺少水电能源，于是就提出了“西电东送”。“西电东送”工程对促进西部水电能源、东部经济的优势互补和东西部地区经济共同发展，以及推动我国大容量、远距离、超高电压甚至特高电压输电技术发展，乃至全国电网联网都具有深远的意义。根据全国电网发展规划，西部水电能源大体上将从北、中、南 3 条线路东送至东、中部各电网。

（1）北线主要是将黄河上游和中游北干流的水电基地生产的电能东送至华北电网，形成西北、华北两大区联网。

（2）中线主要是将金沙江、雅砻江、大渡河和长江上游的水电基地生产的电能东送至华中、华东电网，形成西南、华中、华东 3 大区联网。

（3）南线主要是将南盘江红水河、乌江、澜沧江和怒江水电基地生产的电能东送至华南，形成广东、广西、云南、贵州4省（自治区）的南方电网。

第五节　水电站课程的任务和主要内容

“水电站”是水利水电工程专业的一门专业必修课。其任务是让学生在掌握水利水电规划内容的基础上，学习水电站的机电设备（主要是水轮机）和水电站主要输水建筑物组成、作用、工作原理和一般构造，水电站厂房布置等。初步掌握这方面的分析设计方法，以便毕业后，能够从事水电站工程的规划、设计、运行和管理工作。

本课程内容共分三部分。第一部分水轮机，包括：水轮机类型、结构及工作原理；水轮机蜗壳、尾水管及空化与空蚀；水轮机特性及选型；水轮机调节。第二部分水电站输水系统，包括：水电站布置型式及其组成建筑物；水电站进水口及防沙、防污和防冰措施；水电站渠道、压力前池及隧洞；水电站压力管道；水电站水击及调节保证计算；调压室；第三部分水电站厂房，包括：水电站厂区及岸边式厂房布置设计；其他类型厂房的布置及设计特点；地面厂房结构设计。

思　考　题

0-1　水能开发方式主要有几种？各有什么特点？
0-2　水力发电的基本原理是什么？
0-3　什么是抽水蓄能发电？
0-4　水力发电的特点都有哪些？
0-5　构成河川径流水能资源的基本条件有哪些？
0-6　我国水能资源在世界上的地位如何？
0-7　我国水能资源的特点有哪些？
0-8　我国十三大水电基地都包括哪些？
0-9　西电东送工程3条线路指哪3条？都分别包括哪些水电基地？
0-10　本课程的任务和主要内容都包括哪些？

第一篇　水　轮　机

第一章　水轮机的类型、结构及工作原理

学习提示

内容：介绍水轮机的主要类型，水轮机的基本工作参数，水轮机的基本结构及装置方式，水轮机的标称直径及型号，水流在反击式水轮机转轮中的运动，水轮机工作的基本方程，水轮机的效率及最优工况。

重点：水轮机的工作参数，水轮机速度三角形和基本方程式，水轮机最优工况。

要求：了解各种水轮机的基本类型、特点及其适用情况；熟悉各种水轮机的基本结构；掌握水轮机的基本工作参数，水轮机的标称直径及型号，水轮机速度三角形和基本方程式，水轮机最优工况。

第一节　水轮机的主要类型

资源 1-1

水轮机是一种将水能转换成旋转机械能的水力原动机，也是当今效率最高的原动机。水轮机利用水流驱动转轮旋转实现水能转换为旋转机械能，又通过水轮机主轴带动发电机将旋转机械能转换为电能。水轮机与发电机所连接的整体称为水轮发电机组，简称为机组，它是水电站的主要动力设备。

水能的形式有动能和势能之分，而势能又包括位能（位置势能）和压能（压力势能）。水轮机的转轮是将水能转换为旋转机械能的核心部分。如图 1-1 所示，取转轮上某一流线 AB，则转轮所利用的单位水重的能量 H，即为转轮进口 A 点与出口 B 点的能量之差。当忽略其间的水力损失时，H 可表示为

$$H=\left(z_A+\frac{p_A}{\gamma}+\frac{\alpha_A v_A^2}{2g}\right)-\left(z_B+\frac{p_B}{\gamma}+\frac{\alpha_B v_B^2}{2g}\right) \quad (1-1)$$

式（1-1）可改写为

$$\frac{\left(z_A+\frac{p_A}{\gamma}\right)-\left(z_B+\frac{p_B}{\gamma}\right)}{H}+\frac{\alpha_A v_A^2-\alpha_B v_B^2}{2gH}=1 \quad (1-2)$$

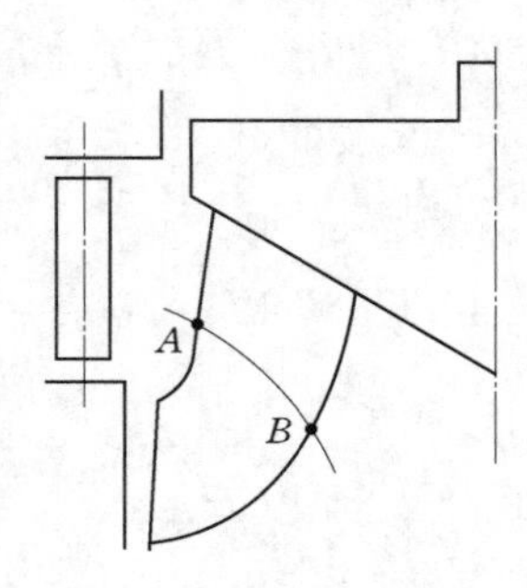

图 1-1　混流式水轮机转轮

式中：z 为相对于基准面的位置高度（位置势能），m；γ 为水体重度，N/m^3；g 为重力加速度，m/s^2；p 为压强，Pa；v 为断面平均流速，m/s；α 为断面动能不均匀系数。

令$\frac{\left(z_A+\frac{p_A}{\gamma}\right)-\left(z_B+\frac{p_B}{\gamma}\right)}{H}=E_p$，为水流势能；$\frac{\alpha_A v_A^2-\alpha_B v_B^2}{2gH}=E_v$，为水流动能。则式（1-2）可写成

$$E_p+E_v=1 \tag{1-3}$$

式（1-3）表明水轮机所利用的水能为水流势能 E_p 与水流动能 E_v 的总和。

不同类型的水轮机，水能转换的特征也不同。根据转轮内水流运动特征和转轮转换水能形式的不同，现代水轮机可分为反击式水轮机和冲击式水轮机两大类。

一、反击式水轮机

对于满足 $0<E_p<1$ 且 $E_p+E_v=1$ 的水轮机，即同时利用水流动能和势能工作的水轮机称为反击式水轮机。这种水轮机在工作过程中水流的压能和动能均有改变，但主要是压能的转换。水流在转轮空间曲面型叶片的约束下，连续不断地改变流速的大小和方向，同时水流给转轮叶片反作用力并形成旋转力矩，驱动转轮旋转。该类水轮机内的水流流动特点为有压流动，转轮全周进水，从转轮进口至出口水流压力逐渐降低；其结构特点为转轮叶片呈空气动力翼型，有尾水管。根据转轮区的水流相对于水轮机主轴的方向不同，反击式水轮机又可分为混流式、轴流式、斜流式和贯流式。

（一）混流式水轮机

混流式水轮机，曾被称为辐向轴流式水轮机，又因是美国弗朗西斯（Francis）发明的，亦称为弗郎西斯水轮机，如图 1-2 所示。这种水轮机的转轮由叶片、上冠、下环与泄水锥组成。一般有 9～22 个固定叶片。转轮区水流沿四周近似径向流入，然后近似轴向流出。这种水轮机结构简单紧凑，运行稳定，最高效率较高，但平均效率要低些。适用水头范围较广（20～700m），单机容量由几十兆瓦到 1000 兆瓦，是现代应用最广泛的一种水轮机。如小浪底、二滩、三峡、向家坝、白鹤滩等水电站采用的就是这种型式的水轮机。

资源 1-2

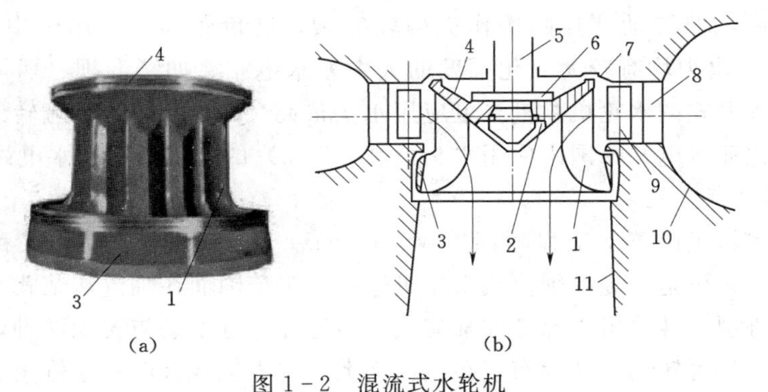

图 1-2　混流式水轮机

（a）转轮；（b）整体结构

1—转轮叶片；2—泄水锥；3—下环；4—上冠；5—主轴；6—主轴下法兰；7—顶盖；8—固定导叶；9—活动导叶；10—蜗壳；11—尾水管

资源 1-3

资源 1-4

（二）轴流式水轮机

轴流式水轮机的转轮由叶片、轮毂、泄水锥组成，叶片数（3～8 片）较混流式

少，如图1-3所示。水流在导叶与转轮间由径向变为轴向流动，而在转轮区内保持轴向流动。这种水轮机的适用水头为3～80m，主要应用于中低水头、大流量水电站。按其转轮叶片在运行中能否调节转动，又分为轴流定浆式和轴流转浆式两种。

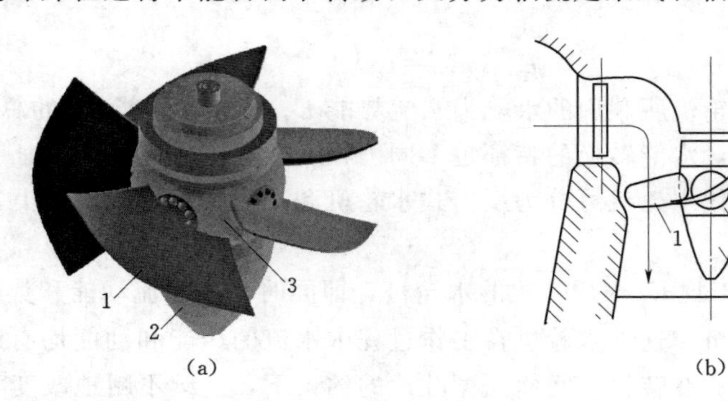

图1-3 轴流式水轮机

(a) 转轮；(b) 整体结构

1—转轮叶片；2—泄水锥；3—轮毂；4—活动导叶；5—固定导叶

1. 轴流定桨式水轮机

轴流定桨式水轮机转轮叶片不能在运行中随工况变化而转动，因而结构简单，造价较低。但它在偏离设计工况运行时，由于只能通过改变导叶开度对流量进行调节，故调节性能较差，因而效率会急剧下降。多用于水头较低（3～50m），出力较小，以及水头、流量变化幅度较小（工况较稳）的小型水电站。

2. 轴流转桨式水轮机

轴流转桨式水轮机，因由奥地利卡普兰（Kaplan）发明，所以又称卡普兰水轮机。这种水轮机的转轮叶片可以在运行中绕叶片枢轴转动，能随工况变化进行导叶与转轮叶片双重协联调节，以适应水头和负荷的变化，因而高效率区较宽广，且运行稳定性得到提高，但转动叶片的操作机构较复杂，造价较高。多用于中低水头（3～80m）、水头与出力均有较大变化幅度的大中型水电站，如葛洲坝、西霞院水电站采用的就是这种型式的水轮机。世界上应用水头最高（88.4m）的轴流转桨式水轮机是意大利那姆比亚水电站，国内应用水头最高（77m）的是陕西石门水电站。

（三）斜流式水轮机

资源1-5

斜流式水轮机由瑞士工程师德里亚（Deriaz）于1956年发明，又称德里亚水轮机。该类型水轮机是为提高轴流式水轮机适用水头范围而在轴流转桨式水轮机基础上改进提出的机型。转轮组成部件同轴流式。转轮叶片分不动与转动两种，大多数斜流式水轮机的叶片可转动。叶片布置在圆锥面上，与主轴成30°～60°锥角。叶片数较轴流式多，一般为8～12片，如图1-4所示。转轮区水流沿着与主轴成某个角度的方向斜向流入，斜向流出。因叶片能随工况变化而转动，能进行导叶、叶片双重调节，因此，具有较宽的高效率区。适用水头范围在轴流式与混流式水轮机之间，为40～200m。

斜流式水轮机结构形式及性能特征与轴流转桨式水轮机类似，但其倾斜桨叶操作机构的结构特别复杂，加工工艺要求和造价均较高，所以一般只在大中型水电站中使用，目前这种水轮机应用并不普遍。

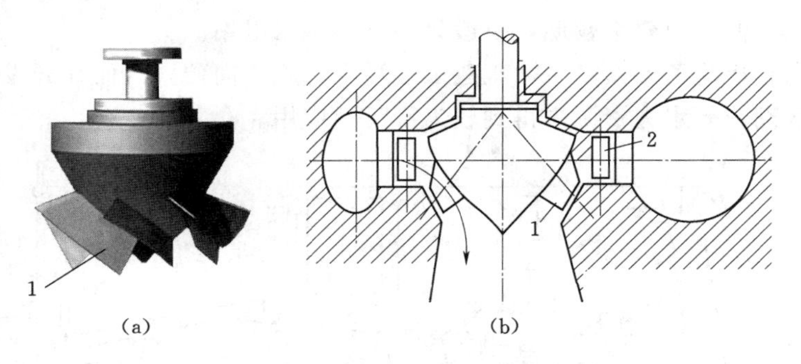

图1-4　斜流式水轮机

(a) 转轮；(b) 整体结构

1—转轮叶片；2—活动导叶

（四）贯流式水轮机

贯流式水轮机的主轴呈水平或倾斜布置，流道近似为直筒状，不设蜗壳，叶片可做成固定的和可转动的两种。适用于水头为2～30m的低水头、大流量水电站。按发电机装置形式的不同，分为全贯流式和半贯流式。

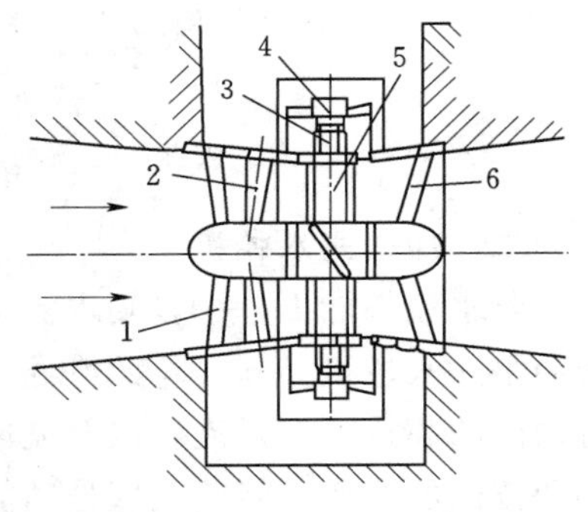

图1-5　全贯流式水轮机

1—前固定导叶；2—活动导叶；3—发电机转子；4—发电机定子；5—转轮叶片；6—后固定导叶

全贯流式水轮机，其发电机转子直接安装在转轮叶片的外缘（图1-5），流道平直、过流量大、水力损失小、效率高，结构紧凑。但转轮叶片外缘的线速度大、周线长，因而旋转密封困难，已很少使用。

半贯流式水轮机，其发电机采用灯泡贯流式（图1-6）、轴伸贯流式（图1-7）、竖井贯流式（图1-8）等装置形式。其中灯泡贯流式应用较

资源1-6

资源1-7

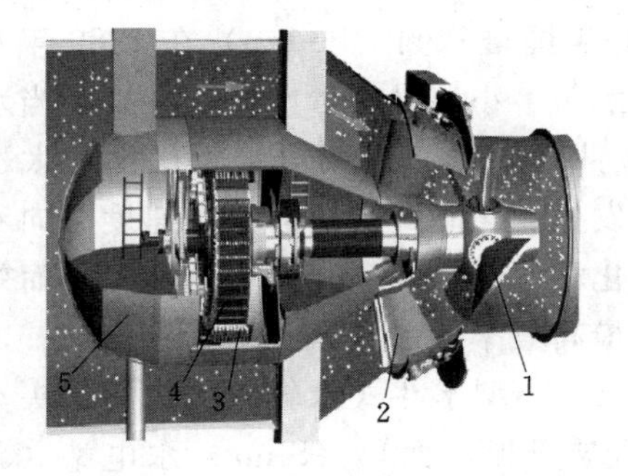

图1-6　灯泡贯流式水轮机

1—转轮；2—导叶；3—发电机定子；4—发电机转子；5—灯泡体

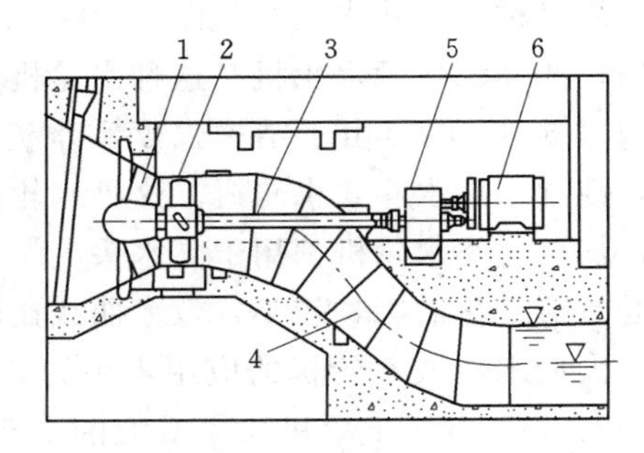

图1-7　轴伸贯流式水轮机

1—导叶；2—转轮叶片；3—主轴；4—尾水管；5—齿轮传动机构；6—发电机

广，其发电机装在被水绕流的灯泡体内，并与水轮机直接连接（也可通过增速装置连接），结构紧凑、流道平直、稳定性好、水力效率较高。轴伸贯流式和竖井贯流式结构简单、维护方便，但效率较低，一般只用于小型水电站。

贯流式水轮机流道形式简单，土建工程量少，施工简便，因而在开发平原地区河道和沿海地区潮汐等水力资源中得到较为广泛的应用。

资源 1-8

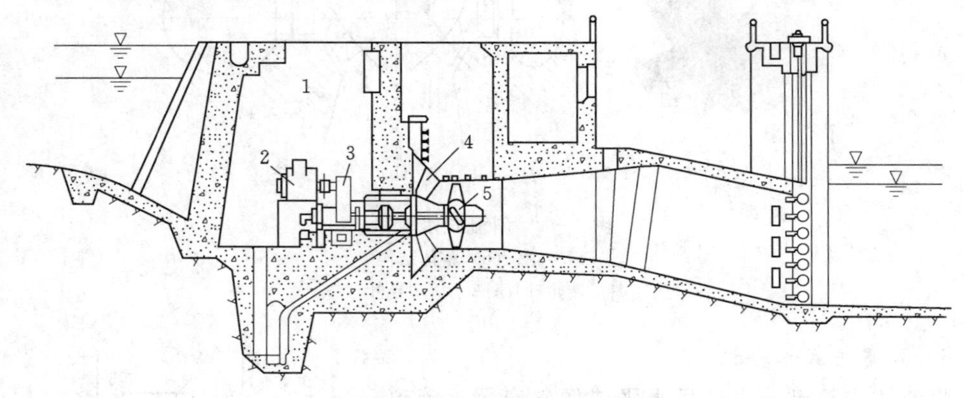

图 1-8　竖井贯流式水轮机

1—竖井；2—发电机；3—传动装置；4—导叶；5—水轮机转轮

二、冲击式水轮机

若水流势能 $E_p=0$，则水流动能 $E_v=1$，这种只利用水流动能工作的水轮机，称为冲击式水轮机。其转轮始终处于大气中，来自压力管道的高压水流通过喷嘴变为具有动能的高速自由射流，该射流冲击转轮的部分叶片，并在叶片的约束下发生流速大小和方向的改变，将其大部分动能传递给叶片，驱动转轮旋转。这种类型水轮机内的水流流动特点为无压流动，转轮外周叶片部分进水，恒压水流（近似为大气压）由喷嘴以射流形式冲击叶片；其结构特点为转轮叶片呈水斗状，有喷嘴，无尾水管。冲击式水轮机按射流冲击转轮叶片方式的不同，分为水斗式、斜击式和双击式。

（一）水斗式水轮机

资源 1-9

由于从水斗式水轮机喷嘴出来的高速自由射流，是沿转轮圆周切线方向冲击叶片，故又称切击式水轮机（图 1-9）。该水轮机是美国培尔顿（Pelton）在 1889 年发明的，亦称培尔顿水轮机。这种水轮机适用于高水头、小流量的水电站，特别是当水头超过 600m 时，由于结构强度和水流空化等条件的限制，混流式水轮机已不太适用，则常采用水斗式水轮机。这种水轮机在负荷发生变化时，转轮的进水速度方向不变，加之这类水轮机都用于高水头电站，水头变化相对较小，速度变化不大，因而效率受负荷变化的影响较小，效率曲线比较平缓，最高效率超过 91%。

大型水斗式水轮机的应用水头为 300～1700m，小型水斗式水轮机的应用水头为 40～250m。世界上单机功率最大的水斗式水轮机装于挪威西玛（Sima）水电站（单机容量为 315MW，水头为 885m，转速为 300r/min），于 1980 年投入运行。世界上水头最高的水斗式水轮机为奥地利的莱塞克（Lascek）水电站（单机功率 22.8MW，水头达 1767m），于 1959 年投入运行。我国广西天湖水电站为亚洲第一高水头电

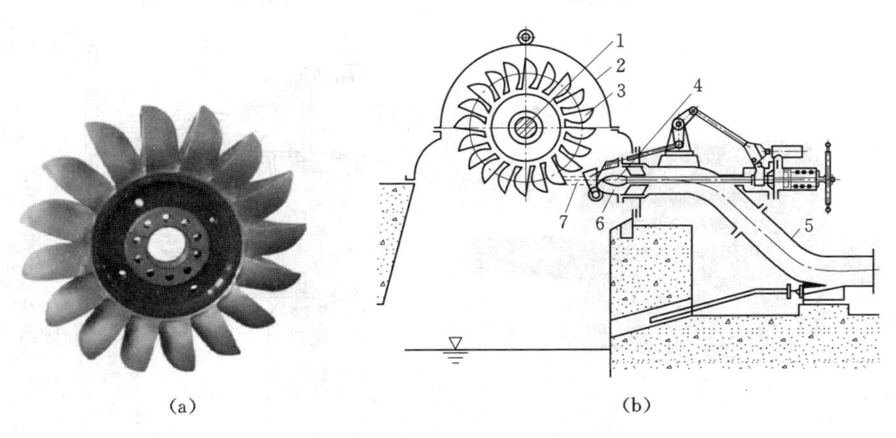

图 1-9　水斗式水轮机

(a) 转轮；(b) 整体结构

1—主轴；2—机壳；3—转轮；4—喷针；5—压力管道；6—喷嘴；7—射流

站（单机功率 15MW，水头 1074m）。

（二）斜击式水轮机

斜击式水轮机（图 1-10），从喷嘴出来的自由射流沿着与转轮旋转平面成某一角度的方向，从转轮的一侧进入叶片再从另一侧流出叶片。与水斗式相比，其过流量较大，但效率较低，因此这种水轮机一般多用于中小型水电站，适用水头一般为 20～300m。

资源 1-10

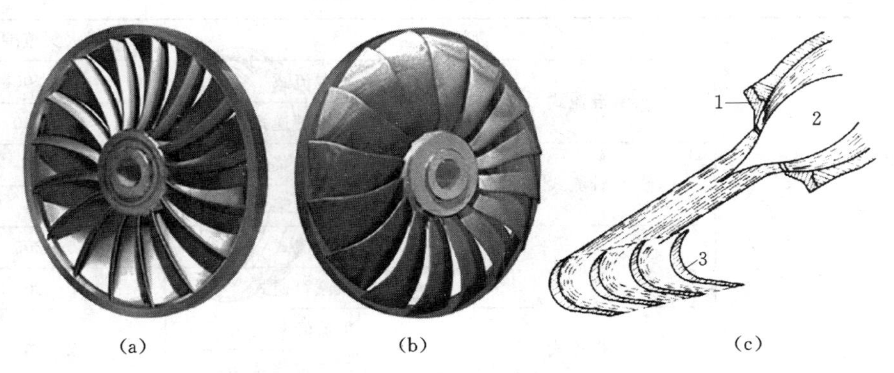

图 1-10　斜击式水轮机

(a) 转轮进口侧；(b) 转轮出口侧；(c) 射流冲击转轮

1—管帽；2—针阀；3—叶片

（三）双击式水轮机

双击式水轮机（图 1-11），从喷嘴出来的射流先后两次冲击在转轮叶片上。这种水轮机结构简单、制作方便，但效率低、转轮叶片强度差，仅适用于单机出力不超过 1000kW 的小型水电站，其适用水头一般为 5～100m。

除上面介绍的一些常见类型的水轮机外，还有一种既可作水轮机运行又可作水泵运行，称为可逆式水泵水轮机，适用于抽水蓄能电站和潮汐电站。根据适用水头不

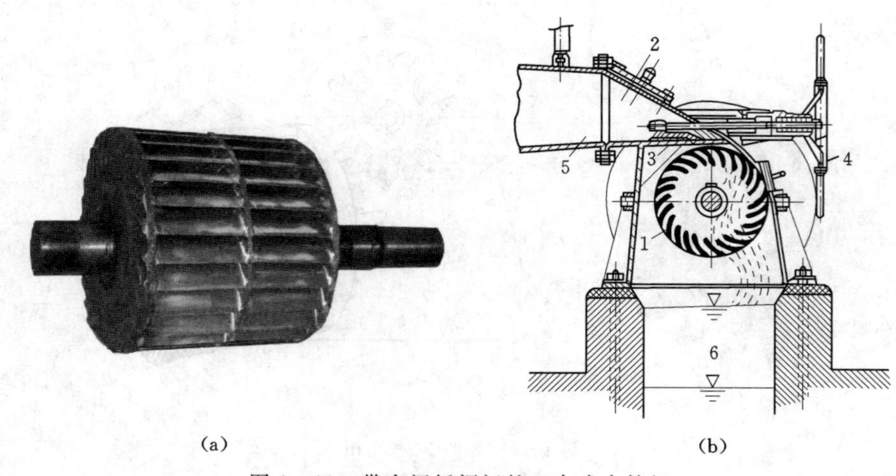

图 1-11　带有闸板阀门的双击式水轮机

(a) 转轮；(b) 整体结构

1—转轮；2—喷嘴；3—调节闸板；4—舵轮；5—压力管道；6—尾水槽

同，可分为混流式、斜流式、轴流式及贯流式。适用水头：混流式为 50～600m，斜流式为 20～200m，轴流式为 15～40m，贯流式小于 20m。

资源 1-11

目前各种类型水轮机及应用水头范围见表 1-1。需要指出的是，水轮机的应用范围随着科技发展与设计水平、加工精度及材料性能的提高而不断扩大。

表 1-1　　水轮机类型及应用水头范围

类　型	型　式		应用水头范围/m
反击式	混流式	混流式	20～700
		混流可逆式	50～600
	轴流式	轴流转桨式	3～80
		轴流定桨式	3～50
	斜流式	斜流式	40～200
		斜流可逆式	20～200
	贯流式	贯流转桨式	2～30
		贯流定桨式	
冲击式	水斗式		300～1700
	斜击式		20～300
	双击式		5～100

此外，在生产管理中有时按转轮标称直径 D_1 和额定出力 P_r 大小，把水轮机大体上分为小、中、大型，见表 1-2。随着水轮机技术的发展，单机容量和结构尺寸不断增大，出现了特大型和巨型水轮机，如三峡、小湾、龙滩、向家坝、溪洛渡、乌东德、白鹤滩等水电站单机额定出力在 700～1000MW，转轮标称直径在 6～10m。

表1-2　小、中、大型水轮机的分类

类　型	转轮标称直径 D_1/m		额定出力 P_r/MW	备　注
	混流式	轴流式		
小型	<1.0	<1.2	<12	
中型	1.0～2.25	1.2～3.0	$12 \leqslant P_r < 100$	
大型	>2.25	>3.0	≥100	
特大型或巨型				尚无确切定义

第二节　水轮机的基本工作参数

水轮机的任意工作状况（简称工况）以及在该工况下的工作性能，可用水轮机的工作参数及这些参数之间的关系来描述。水轮机工作参数表示了水流通过水轮机时水流能量转换为旋转机械能的工作过程特性。水轮机的基本工作参数主要有水头、流量、转速、出力与效率等。

（一）水头

1. 水轮机工作水头

水轮机工作水头定义为水轮机进口和出口断面处单位重量的水流能量之差，单位为m。反击式水轮机进口断面取在蜗壳进口Ⅰ—Ⅰ断面处，出口取在尾水管出口Ⅱ—Ⅱ断面处，如图1-12所示，从而可得到反击式水轮机工作水头H为

$$H=E_{\mathrm{I}}-E_{\mathrm{II}}=\left(z_{\mathrm{I}}+\frac{p_{\mathrm{I}}}{\gamma}+\frac{\alpha_{\mathrm{I}} v_{\mathrm{I}}^{2}}{2g}\right)-\left(z_{\mathrm{II}}+\frac{p_{\mathrm{II}}}{\gamma}+\frac{\alpha_{\mathrm{II}} v_{\mathrm{II}}^{2}}{2g}\right) \qquad (1-4)$$

式中：E为单位重量水体的能量，m；z为相对某一基准面的位置高度，m；p为相对压强，$\mathrm{N/m^2}$或Pa；v为断面平均流速，m/s；α为断面动能不均匀系数；γ为水体重度，$\mathrm{N/m^3}$；g为重力加速度，$\mathrm{m/s^2}$。

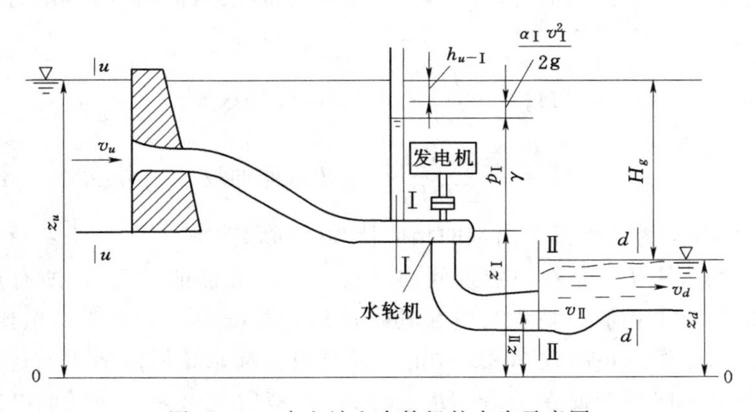

图1-12　水电站和水轮机的水头示意图

实际计算水轮机工作水头H时，常取$\alpha_{\mathrm{I}}=\alpha_{\mathrm{II}}=1$，$\frac{\alpha v^2}{2g}$称为某断面的水流单位动

能，即比动能，m；p/γ 称为某断面的水流单位压力势能，即比压能，m；z 称为某断面的水流单位位置势能，即比位能，m。$\frac{\alpha v^2}{2g}$、p/γ 与 z 的 3 项之和为某断面水流的总比能。

水轮机工作水头 H 表明水轮机利用水流单位机械能的多少，是水轮机最重要的基本工作参数之一，其大小直接影响着水电站的开发方式、机组类型以及电站的经济效益等技术经济指标。

水轮机工作水头 H 又称净水头，即水轮机做功的有效水头。上、下游水位差值称为水电站的毛水头 H_g。若忽略断面Ⅱ—Ⅱ至断面 $d-d$ 之间的水头损失，水轮机的工作水头又可表示为

$$H=H_g-h_{u-\mathrm{I}} \tag{1-5}$$

式中：H_g 为水电站的毛水头，m；$h_{u-\mathrm{I}}$ 为水电站引水建筑物中的水头损失，m。

由式（1-5）可以看出，水轮机工作水头 H 随着水电站的毛水头 H_g 的变化而变化。

资源 1-12

2. 水轮机特征水头

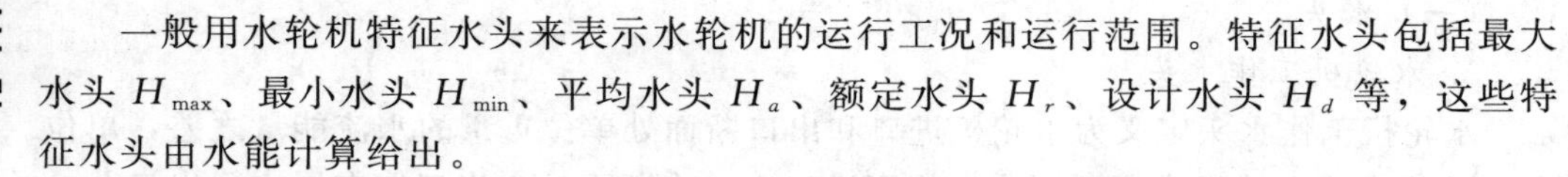

一般用水轮机特征水头来表示水轮机的运行工况和运行范围。特征水头包括最大水头 H_{max}、最小水头 H_{min}、平均水头 H_a、额定水头 H_r、设计水头 H_d 等，这些特征水头由水能计算给出。

（1）水轮机最大水头 H_{max}。它为水电站最大水头减去 1 台机空载运行时引水系统所有水头损失后的水轮机水头，是允许水轮机运行的最大水头。

（2）水轮机最小水头 H_{min}。它为水电站最小水头减去水轮机输出允许功率时引水系统所有水头损失后的水轮机水头，是保证水轮机安全、稳定运行的最小水头。

（3）水轮机平均水头 H_a。一般以算术平均水头表示，有时也用电能加权平均水头表示。前者是水库径流调节后各时段的水头累计值除以总时段数；后者是将径流调节后各时段的水头，乘以相应时段的出力，累计后再除以计算期的总出力。它们的表达式如下：

$$H_a=\frac{\sum H_i T_i}{\sum T_i} \quad （按时间加权） \tag{1-6}$$

$$H_a=\frac{\sum H_i T_i P_i}{\sum T_i P_i} \quad （按电能加权） \tag{1-7}$$

式中：T_i、P_i 分别为各水头下出现的相应持续时间和功率。

水轮机平均水头 H_a 是在一定期间内（视水库调节性能而定），所有可能出现的水轮机水头的加权平均值，是水轮机在其附近运行时间最长的水头。选择水轮机时，应使 H_a 通过水轮机的最高效率区的中心，这样可保证水轮机以最大的运行小时数在高效率区运行，同时还应使在 $H_a \sim H_{max}$ 与 $H_{min} \sim H_a$ 之间累计所发的电能相近。

（4）水轮机额定水头 H_r。它是水轮机在额定转速下，发出额定出力时所需要的最小水头。在运转综合特性曲线上，H_r 对应的是水轮机和发电机功率限制线的交点。运行时若水轮机的实际水头低于 H_r，则水轮机功率受阻。额定水头宜在平均水

头的 0.90～1.0 的范围内选取。一般引水式电站取 $H_r=(0.95\sim1.0)H_a$，河床式电站取 $H_r=0.90H_a$，坝后式电站取 $H_r=(0.90\sim0.95)H_a$。在我国现行水电站设计中，H_r 常用于确定水轮机吸出高度、蜗壳设计和水轮机选型等。

(5) 水轮机设计水头 H_d。它是水轮机在最高效率点运行时的净水头。水轮机设计水头宜接近或略大于平均水头，这样有利于水轮机在较高水头运行时的水力稳定性，可提高水轮机加权平均效率，增加年平均发电量。

（二）流量

水轮机的流量是指单位时间内通过水轮机某一既定过流断面的水流体积，常用符号 Q 表示，常用的单位为 m^3/s。Q 会随着水头和出力的变化而变化。在额定水头下，水轮机以额定转速、额定出力运行时所对应的流量，称为额定流量，它是水轮机发出额定出力时所需要的最大流量。

（三）转速

资源 1-13

水轮机转速 n 是水轮机转轮在单位时间内的旋转的次数，单位 r/min。一般水轮机主轴与发电机主轴直接连接，两者转速相等。水轮机额定转速必须符合发电机同步转速的要求，即满足：

$$f=\frac{np}{60} \tag{1-8}$$

式中：f 为电网规定的电流频率，我国电网采用的标准频率为 $f=50\text{Hz}$；p 为发电机磁极对数。

因而水轮机额定转速为

$$n_0=\frac{3000}{p} \tag{1-9}$$

根据水轮发电机磁极对数的不同，可得一系列同步转速值，机组的额定转速就从这些同步转速值中选取。

（四）出力与效率

资源 1-14

(1) 水轮机的输入功率，即水流出力。它为单位时间内通过水轮机的水流的总能量，常用符号 P_w 表示，单位为 kW。其表达式为

$$P_w=\gamma QH=9.81QH \tag{1-10}$$

式中：γ 为水体重度，$\gamma=9810\text{N/m}^3$。

式 (1-10) 说明 H 和 Q 是构成水电站发电能力的两个主要动力因素。

(2) 水轮机的输出功率，即水轮机出力。它为水轮机轴端输出的功率，常用符号 P 表示。

(3) 水轮机效率。输出功率 P 和输入功率 P_w 的比值，称为水轮机的效率，以 η 表示。

$$\eta=\frac{P}{P_w} \tag{1-11}$$

因水流通过水轮机时总存在一定的能量损耗，故水轮机出力 P 总小于其输入功率 P_w，则有 $\eta<1$，它表示了水流能量的有效利用程度。水轮机效率 η 与运行工况有

关，在最优工况时水轮机效率最高。一般 $\eta=80\%\sim95\%$，现代大中型水轮机的最高效率可达 90%～96%。

根据式（1-11），水轮机的出力可写成

$$P=P_w\eta=9.81QH\eta \tag{1-12}$$

水轮机将水能转换为旋转机械能，产生旋转力矩 M，用来克服机组的阻力矩，并以角速度 ω 旋转。根据动量矩定理，水轮机出力还可表示为

$$P=M\omega=M\frac{2\pi n}{60}(\mathrm{W})=\frac{nM}{9550} \tag{1-13}$$

式中：n 为水轮机转速，r/min；ω 为旋转角速度，$\omega=2\pi n/60$，rad/s；M 为主轴输出的旋转力矩，N·m。

(4) 水轮机额定出力。当发电机发出额定功率时相应的水轮机轴输出功率，称为水轮机额定出力，常用符号 P_r 表示，即

$$P_r=\frac{P_g}{\eta_g} \tag{1-14}$$

式中：P_g 为发电机额定功率，kW；η_g 为发电机效率（小型取 0.92～0.95，大中型取 0.96～0.98）。

(5) 水轮发电机组出力，即发电机额定功率。它为发电机将旋转机械能转换为电能的功率，常用符号 P_g 表示，有

$$P_g=P_w\eta\eta_g=9.81QH\eta_u\quad(\mathrm{kW}) \tag{1-15}$$

式中：η_u 为水轮发电机组效率，有 $\eta_u=\eta\eta_g$。

【例 1-1】 某电站在设计水头下，上游水位 $z_u=60\mathrm{m}$，下游水位 $z_d=40.5\mathrm{m}$，单机流量 $Q=500\mathrm{m^3/s}$，水轮机效率 $\eta=0.90$，发电机效率 $\eta_g=0.968$。若忽略引水建筑物中的水力损失，试求水轮机输入功率 P_w、水轮机出力 P 和机组出力 P_g。

解： 忽略引水建筑物中的水力损失即 $h_{u-\mathrm{I}}\approx0$，由式（1-5）得水轮机工作水头为

$$H\approx H_g=z_u-z_d=60-40.5=19.5(\mathrm{m})$$

水轮机输入功率　　$P_w=9.81QH=9.81\times500\times19.5=95647.5(\mathrm{kW})$

水轮机出力　　$P=P_w\eta=95647.5\times0.90=86082.75(\mathrm{kW})$

机组出力　　$P_g=P\eta_g=86082.75\times0.968\approx83328.10(\mathrm{kW})$

第三节　水轮机的基本结构及装置方式

一、反击式水轮机的基本结构

（一）混流式水轮机的基本结构

图 1-13 为一大型混流式水轮机结构图（图中蜗壳、尾水管未全部画出），包括过流部件与非过流部件。

1. 过流部件

水流通道为：压力管道→蜗壳→座环→导叶→转轮→尾水管→下游。一般把引水部件、导水机构、转轮和泄水部件统称为过流部件。对各部件的作用及结构说明如下：

（1）引水部件。包括引水室和座环，是水流进入水轮机的第一个过流部件。不同类型的水轮机，引水部件的结构和型式也不完全相同。

引水室：其作用是以最小水力损失把水流引向导叶，并使水流均匀且轴对称地进入导叶，同时让水流具有一定的速度环量。引水室有多种型式，按其特征分为蜗壳式、明槽式、罐式、灯泡式、竖井式、虹吸式和轴伸式等。大中型水轮机主要应用蜗壳式，而小型水轮机多应用明槽式和罐式。灯泡式、竖井式、虹吸式和轴伸式适用于贯流式水轮机，其中灯泡式应用最多。图 1-13 中混流式水轮机采用的是蜗壳式引水室。

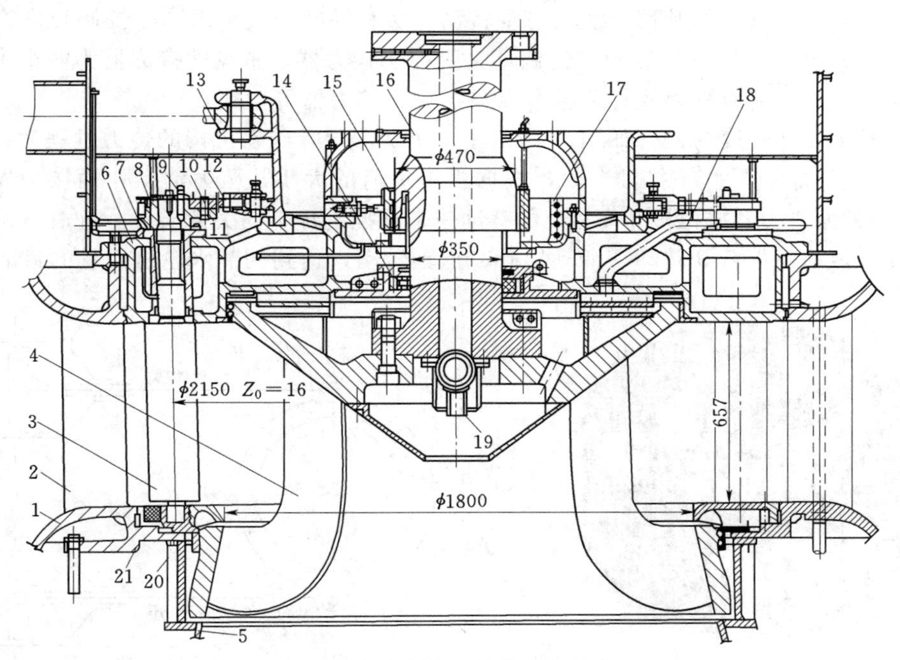

图 1-13　混流式水轮机结构图（单位：mm）

1—蝶形边座环；2—固定导叶；3—活动导叶；4—转轮叶片；5—尾水管；6—顶盖；7—上轴套；8—连接板；9—分半键；10—剪断销；11—拐臂；12—连杆；13—控制环；14—密封装置；15—导轴承；16—主轴；17—油冷却器；18—顶盖排水管；19—补气装置；20—基础环；21—底环

座环：为承重部件，将垂直荷载传至基础，也是其他零部件的安装基础，应有足够的强度与刚度。座环由上环、下环和固定导叶组成，固定导叶（即立柱）沿圆周均匀分布在蜗壳与活动导叶之间的环形空间内，如图 1-14 所示。为减少水力损失，固定导叶采用翼型断面。为保证均匀入流，在蜗壳的蜗形与非蜗形区，固定导叶的翼型曲度不同，但其出口角相同。固定导叶的个数通常为活动导叶个数的一半（非蜗形区可增加一些固定导叶数以改变应力状况）。蜗壳的断面内侧留有开口

资源 1-15

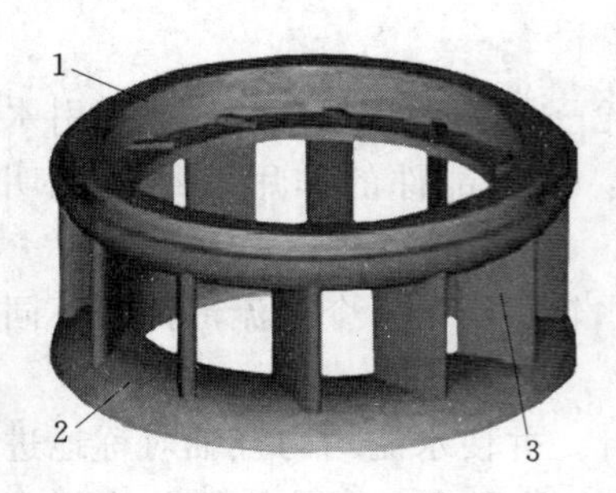

图 1－14　座环空间示意图
1—上环；2—下环；3—固定导叶

资源 1－16

与座环相连，蜗壳引入的水流先经开口进入座环再进入活动导叶。对于整体铸造蜗壳来说，其座环和蜗壳铸造成一个整体；对焊接蜗壳来说，座环分带蝶形边和不带蝶形边两种，如图 1－13 中的 1 即蝶形边座环。

（2）导水机构。其作用是调节进入转轮的流量，形成和改变进入转轮的水流速度环量，引导水流按一定方向进入转轮。通过改变流量可调节水轮机出力，实现开停机，当外负荷不变时也可调节转速，保证机组的频率不变。

如图 1－13 所示，导水机构由活动导叶 3 及其操纵机构 7～13 组成。活动导叶沿圆周均匀分布在座环与转轮之间的环形空间内，其上、下端轴颈分别支承在顶盖与底环上的轴套内，每个导叶都可绕自身轴转动。所有导叶一般都由同一控制环来完成开关动作，如图 1－15（a）所示。控制环又受控于接力器。常见的接力器为两个推拉杆直缸式接力器（还有柱塞式环形接力器与摇摆式接力器等型式）。

以减小导叶开度为例，如图 1－15（b）所示，导叶传动机构的传力过程为：当压力油管 10 进油（同时 11 排油）时，根据机组负荷的大小，压力油操作两接力器活塞 9 移动→使两接力器推拉杆 8 作相反的移动→带动控制环 7 向关侧转动→连杆 6 转动→连接板 4 转动→拐臂 5 转动→活动导叶 2 枢轴转动，达到调节水轮机流量的目的。

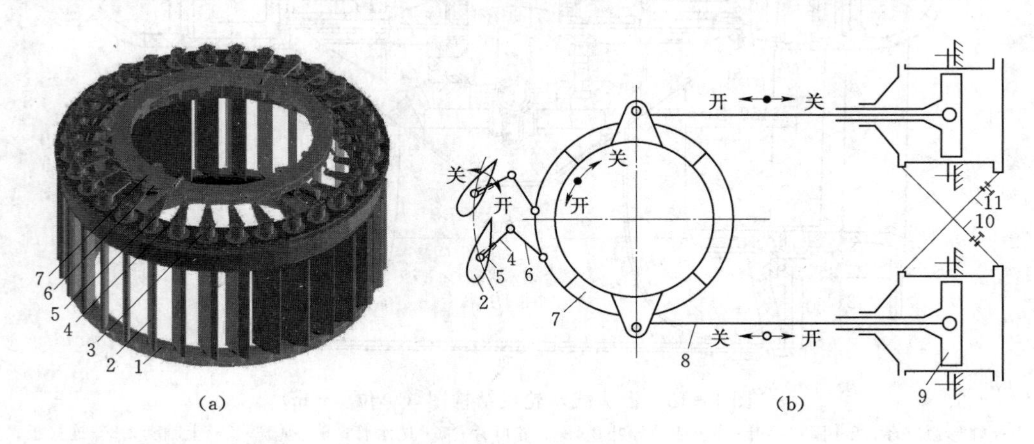

图 1－15　导水机构
（a）导叶空间位置；（b）导叶操作机构传动原理图
1—底环；2—活动导叶；3—顶盖；4—连接板；5—拐臂；6—连杆；7—控制环；
8—推拉杆；9—接力器活塞；10、11—接力器压力油管

当导叶间卡住异物（如木头、杂树根等）而不能正常关闭时，由接力器传到卡住导叶连杆上的力增加，使连接拐臂与连接板的剪断销剪断，卡住的导叶保持开启位置，而其他导叶可以照常关闭，这样不损坏传动部件，仅更换易坏的连接件剪断销即可。

为了减小水力损失，导叶断面设计为翼型。导叶的主要参数如下：

1）导叶绝对开度 a_0：表征水轮机在调节过程中导叶所处位置的参数，是任一导叶与相邻导叶出口边之间的最短距离，单位 mm，如图 1－16 所示。导叶最大开度 a_{0max} 表示导叶位于径向位置的开度。

2）导叶相对开度 $\bar{a}_0$：导叶绝对开度 a_0 与最大开度 a_{0max} 的比值。有

$$\bar{a}_0=\frac{a_0}{a_{0max}} \tag{1-16}$$

3）导叶数 Z_0：导叶数影响进入转轮水流的均匀度，数目多则叶栅稠密度大，出水流速分布均匀。导叶数一般与水轮机转轮标称直径有关，见表1－3。

表 1－3　　活动导叶数

转轮标称直径 D_1/m	导叶数 Z_0
＜1.0	12
1.0～2.25	16
2.5～8.5	24
＞9	32

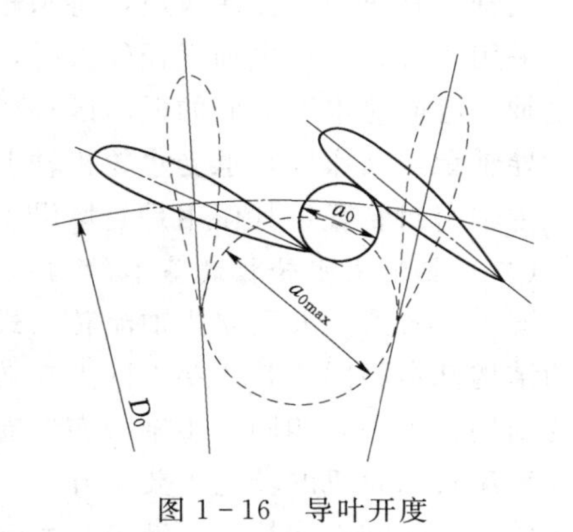

图 1－16　导叶开度

4）导叶相对高度 $\bar{b}_0$：导叶高度 b_0 与转轮标称直径 D_1 的比值，即 b_0/D_1。$\bar{b}_0$ 是与水轮机过水流量有关的参数，对混流式水轮机 $\bar{b}_0=0.1\sim0.39$；对轴流式水轮机 $\bar{b}_0=0.35\sim0.45$。

5）导叶轴分布圆直径 D_0：此直径应满足导叶在最大开度时不至于碰到转轮叶片。一般 $D_0=(1.13\sim1.30)D_1$。

（3）转轮。直接将水流能量转换为主轴旋转机械能的部件。它对水轮机的性能、结构、尺寸等都起着决定性的作用，是水轮机的核心部件。水轮机的型式就是由转轮的型式决定的。转轮的叶片数一般用 Z_1 表示。

对于混流式水轮机，其转轮的叶片、上冠与下环组成坚固的整体刚性连接。叶片为空间扭曲型，断面为翼型，不能改变叶片安放角。上冠与主轴的下法兰连接；法兰四周开有几个减压孔，以便将漏到上冠上面的积水向下排入尾水管；上冠下面安装有泄水锥，以消除水流的撞击与漩涡。另外，在上冠、下环处分别设有止漏环，转轮四周的漏水经过止漏环空间时受到突然扩大和缩小的局部水力阻挡，产生压力损失，流速减小，漏水流量减少。止漏环包括动环和静环，上止漏环的动环固定在上冠侧面或顶面，静环固定在顶盖内侧面上；下止漏环的动环固定在下环的侧面，静环固定在转轮室内壁上。止漏环主要有间隙式、迷宫式、梳齿式和阶梯式（图 1－17），其中以迷宫式、梳齿式最为常见。

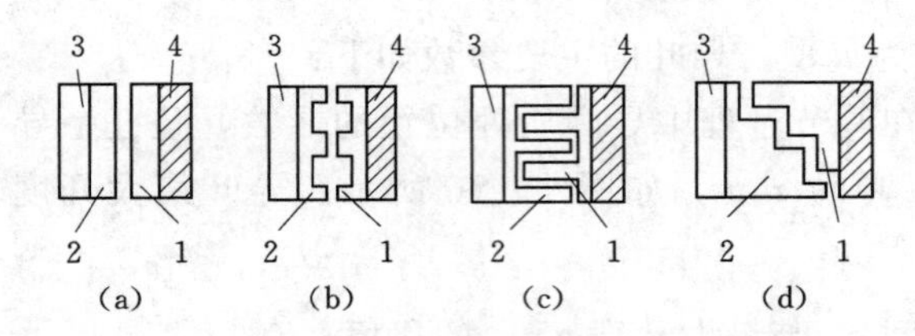

图 1-17 转轮上漏环结构示意图

(a) 间隙式；(b) 迷宫式；(c) 梳齿式；(d) 阶梯式
1—动环；2—静环；3—固定部件；4—转轮

(4) 泄水部件，一般称为尾水管。它装在转轮的下面，是最后一个过流部件。其作用为：引导水流到下游；利用转轮出口到下游尾水位间的位能；回收转轮出口部分损失的动能（详见第二章）。

2. 非过流部件

非过流部件包括主轴、导轴承和主轴密封装置等。

主轴：其作用是传递扭矩，将水轮机转轮的机械能传递给发电机。主轴直径较小时，采用实心结构；主轴直径较大时，为节省材料和减轻重量，并且当混流式机组采用主轴中心向泄水锥下面的低压区补气时，主轴采用空心结构。

导轴承：其作用是承受水轮机轴上的径向力，布置在顶盖上。

主轴密封装置：其作用是封堵沿主轴和固定部件之间的间隙漏水。

（二）轴流式水轮机的基本结构

图 1-18 为一大型立式轴流转桨式水轮机的结构图。轴流式水轮机与混流式水轮机的结构基本相同，其主要不同点在转轮和转轮室上，相应的调速器、接力器与主轴等的结构也不完全相同，主轴内布置有叶片接力器的操作油管。

轴流式水轮机的转轮主要由叶片、轮毂、轮叶接力器和泄水锥组成。转轮上部通过法兰与主轴刚性连接，下部与泄水锥相连。叶片沿轮毂径向均匀布置，叶片略有扭曲且断面为翼型，叶片数比混流式的要少（水头高时可适当增加叶片数）。

定桨式转轮的叶片按一定角度采用铸造、焊接或螺旋结构固定在轮毂上，有的定桨式水轮机可以在停机时人工改变叶片安放角。

转桨式转轮的叶片在 $\varphi=-15^\circ\sim20^\circ$ 范围内转动，定义设计工况下叶片安放角 $\varphi=0^\circ$，如图 1-19 所示。叶片用球面法兰与轮毂连接，叶片转动的操作机构安装在轮毂内，其传动结构示意图如图 1-20 所示。主轴中心内的操作油管直通轮叶接力器活塞的上、下油腔，当上、下腔油压变化时，活塞 7 上、下移动→活塞杆 6 上、下移动→操作架 5 上、下移动→连杆 4 转动→转臂 3 转动→枢轴 2 转动→叶片 1 转动。

转轮叶片的转动与导叶的转动由调速器的协联机构实现协联，这种调速器称为双调节调速器。在发电机轴的最上面还有一个受油器，将来自调速器的压力油路（静）转换到主轴内的油管（动）中。而混流式水轮机采用单调节调速器，与轴流转桨式不同。

由于轮毂上的叶片转动操作机构比较复杂，安装困难，轮毂直径过大又会影响过流量，所以转桨式转轮一般用于大中型机组，取轮毂比 $d_g/D_1=0.33\sim0.55$（d_g 为转轮轮毂直径）。

转轮外是转轮室（图 1-18），其内壁有钢板里衬，用拉筋、拉紧器与千斤顶固定在外围混凝土内。转轮室叶片转轴线以上部分一般做成圆柱形，以便于安装和拆卸；叶片转轴线以下部分做成球面形，以保证转动时转轮外缘间隙值较小，减小漏水

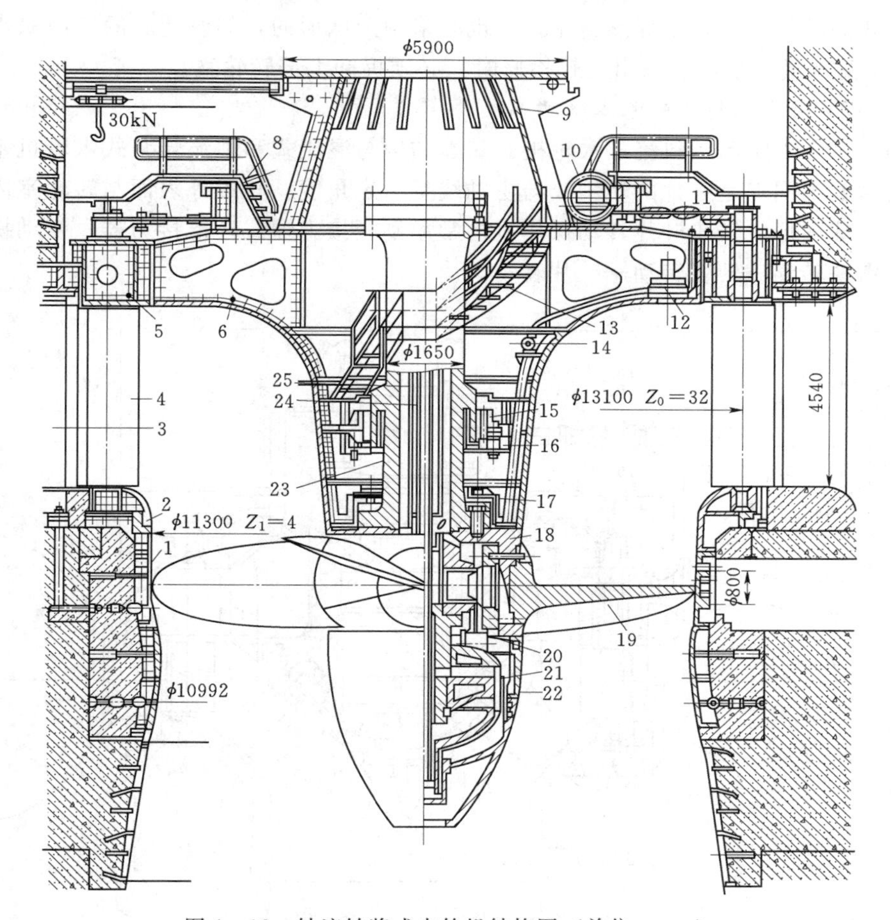

图 1-18 轴流转桨式水轮机结构图（单位：mm）

1—转轮室；2—底环；3—固定导叶；4—活动导叶；5—顶盖；6—支持盖；7—连杆；8—控制环；9—轴承支架；10—导叶接力器；11—剪断销；12—真空破坏阀；13—扶梯；14—排水泵；15—水轮机导轴承；16—冷却器；17—主轴密封；18—转轮体；19—叶片；20—叶片连杆；21—叶片接力器活塞；22—泄水锥；23—主轴；24、25—操作油管

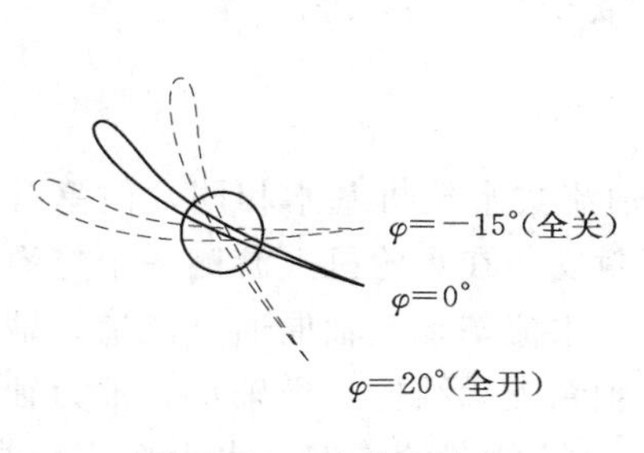

图 1-19 叶片安放角

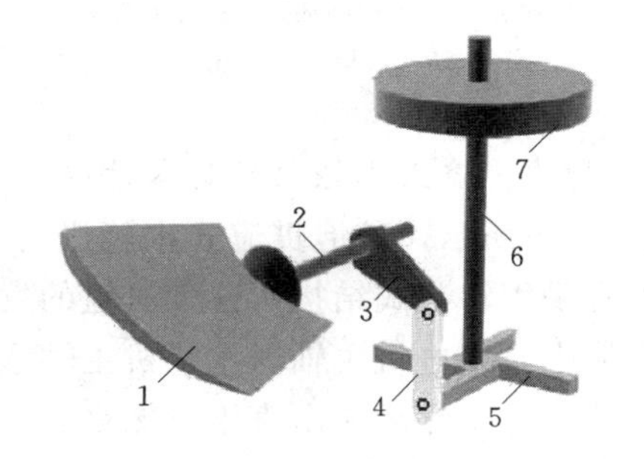

图 1-20 叶片转动操作机构示意图

1—叶片；2—枢轴；3—转臂；4—连杆；5—操作架；6—活塞杆；7—转轮接力器活塞

量。上述的转轮室称为半球形转轮室。也有采用全球形的，如改造后的三门峡水电站1号机，漏水量很小，但吊出转轮检修时，必须拆卸上部转轮室。

（三）斜流式水轮机的基本结构

如图1-21所示，斜流式水轮机的基本结构与混流式和轴流转桨式水轮机基本相同。其主要不同点是叶片的转轴线与主轴线呈一定角度，轮毂外表面与转轮室内表面基本上呈球面形。转轮叶片转动操作机构常用刮板接力器或环形接力器，带动操作盘转动→滑块转动→转臂转动→叶片转动。

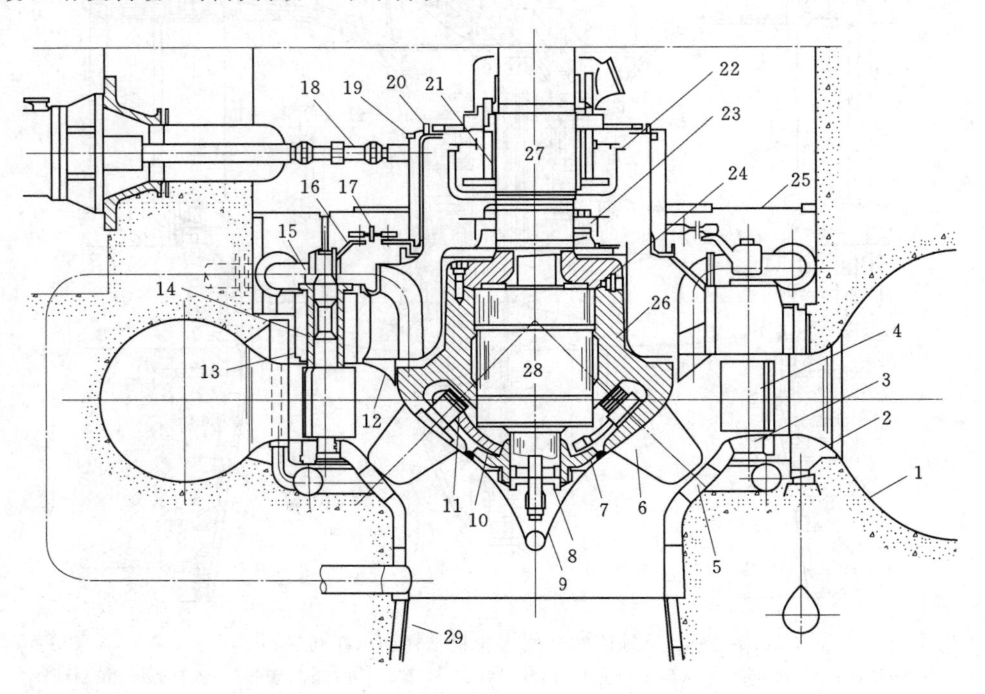

图1-21　斜流式水轮机结构图

1—蜗壳；2—座环；3—底环；4—导叶；5—转轮室；6—叶片；7—操作盘；8—下端盖；9—泄水锥；10—滑块；11—转臂；12—顶盖；13—定环；14—轴套；15—水压平衡块；16—拐臂；17—连杆；18—推拉杆；19—控制环；20—支承架；21—导轴承；22—油盆；23—主轴密封；24—键；25—盖板；26—轮毂；27—主轴；28—刮板接力器；29—尾水管

（四）灯泡贯流式水轮机的基本结构

如图1-6所示，灯泡贯流式水轮机的结构与轴流式水轮机基本相同，但呈卧轴布置，通常采用转桨式结构。这种机组的发电机密封安装在水轮机上游侧一个灯泡形的金属壳体中，发电机主轴与水轮机主轴水平连接，水流基本上轴向通过流道，轴对称流过转轮叶片，然后流出直锥形尾水管。机组的轴系支承结构、导轴承、推力轴承都布置在灯泡体内。灯泡贯流式水轮机流道顺直，流场分布较均匀，水力效率较高，高效率区平坦宽阔，与同容量立轴机组相比，其尺寸要小得多。

灯泡贯流式机组的结构比较复杂，从受力情况看，与立轴机组最大的不同点是：立轴机组的转动部分重量和轴向水推力均由推力轴承承受，径向轴承仅承受不平衡径向力；而灯泡贯流式机组的推力轴承仅承受轴向水推力，其转动部分重量由导轴承承受。从总体布置来看，大致有两种布置方式：一是以管形壳为主要支撑的布置方式；二是以水轮机固定导叶（座环）为主要支撑的布置方式，灯泡机组主要通过固定导叶（座环）将转动部分、定子等的受力传至厂房基础。以固定导叶（座环）为主要支撑的布置方式，其受力方式较为复杂，而且结构比较笨重，目前的灯泡式机组的布置，均推荐采用管形壳为主要支撑方式。

二、冲击式水轮机的基本结构

以水斗（切击）式水轮机为例，水斗式装置方式有卧轴（图 1-9）和立轴（图 1-22）两种，喷嘴数 1～6 个。其工作原理：由压力管道来的高压水流经喷嘴形成高速自由射流，射流冲击到斗叶上，水流沿分水刃分成两股绕流斗叶，由于斗叶迫使水流速度的大小和方向发生改变，水流给斗叶一个反作用力，形成对转轮轴心的旋转力矩，使转轮旋转并带动发电机发电。流量调节通过移动喷针位置来实现，喷针的移动由调速器控制的接力器操纵。

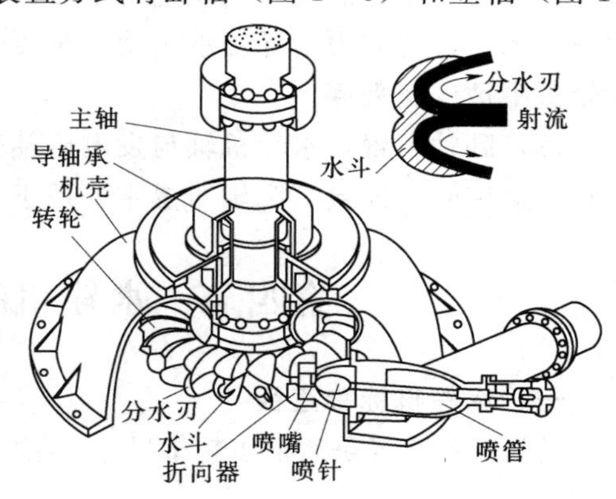

图 1-22　水斗（切击）式水轮机

当机组甩负荷时，由于机组转速上升要尽快关闭喷嘴减小流量，但关闭速度过快会在压力管道中产生水击现象，使压力上升。为了避免这种现象，可在转轮与喷嘴间安装折向器来偏转射流，减小流量，使喷针有时间缓慢关闭，折向器和喷针由调速器控制，这样可避免转速上升，同时又降低了水击压力，称为双重调节。

主要部件如下：

(1) 喷嘴。起着导水机构的作用，水流由压力管道流经喷嘴后形成冲向转轮的一股射流。在喷嘴里将水流的压能转换为动能。

(2) 喷针。借助喷针的前后移动，改变喷嘴出口的环形过流面积，使射流直径相应变化，从而改变流量和出力。

(3) 转轮。由圆盘和许多水斗组成，水斗固定在圆盘上，射流冲向水斗中央的分水刃上，然后沿着分水刃两侧的凹槽流出，通过水斗与射流的相互作用，将水流能量转换为转轮的旋转机械能。

(4) 折向器。位于喷嘴和转轮之间，能偏转射流。

(5) 机壳。将工作后的水流引向下游，避免水流溅落在转轮和射流上而造成能量损失，同时也用来支承水轮机的轴承。

三、水轮机的装置方式

水轮机的装置方式是指机组主轴的连接方式和主轴的装置方向。

1. 主轴的连接方式

水轮机的主轴一端用法兰和螺栓与转轮相连接，另一端与发电机轴相连接，共同组成水轮发电机组。主轴与发电机轴的连接方式分直接连接和间接连接两种。

(1) 直接连接：指水轮机轴与发电机轴通过法兰盘用螺栓直接连在一起，这是目前应用最广泛的连接方式。

(2) 间接连接：指水轮机轴与发电机轴通过传动装置连接的方式。这种连接方式由于结构复杂，效率低，现在很少采用。

2. 主轴的装置方向

有立轴布置和卧轴布置两种。

(1) 立轴布置：水轮机轴和发电机轴布置在同一垂直平面内，发电机在上，水轮机在下。这种布置的优点是发电机不易受潮，轴与轴承受力良好，所有轴向力均由推力轴承承受，径向力由导轴承承受，主要受力轴承为推力轴承。立轴布置在大、中型水轮机中被广泛采用。

(2) 卧轴布置：水轮机轴与发电机轴横向布置，两者可以直接连接，也可以通过齿轮、皮带间接连接。卧轴布置主要用于小型水轮机，如水斗式与贯流式水轮机。

第四节　水轮机的标称直径及型号

一、水轮机标称直径

资源 1-17

转轮标称直径是表征水轮机尺寸大小的参数，用字母 D_1 表示，D_1 的规定如图 1-23 所示。

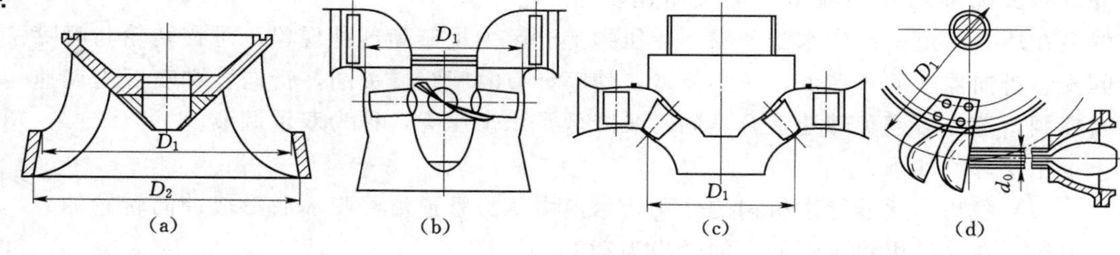

图 1-23　转轮标称直径

(a) 混流式；(b) 轴流式；(c) 斜流式；(d) 水斗式

(1) 对于混流式转轮，D_1 指转轮叶片进水边正面与下环交点处的直径（转轮进口直径），D_2 指转轮叶片出水边正面与下环交点处的直径（转轮出口直径）。由于应用水头不同，其形状亦不相同，有以下 3 种情况：

1) 转轮进口直径 D_1 大于出口直径 D_2 ($D_1>D_2$)，一般应用于高水头。

2) 转轮进口直径 D_1 近似等于出口直径 D_2 ($D_1=D_2$)，通常应用于中水头。

3) 转轮进口直径 D_1 小于出口直径 D_2 ($D_1<D_2$)，应用于中低水头。

(2) 对于轴流式、斜流式和贯流式转轮，D_1 指与转轮叶片轴线相交处的转轮室内径。

(3) 对于冲击式转轮，D_1 指转轮水斗与射流中心线相切处的节圆直径。

二、水轮机型号

水轮机型号也称水轮机牌号，用来表示水轮机的类型、编排序号、装置方式及转

轮标称直径等基本特征。我国水轮机型号由三部分组成，各部分之间用一短横线分开，表示为

类型和转轮代号 - 结构特征 - 尺寸大小（转轮标称直径 cm）

第一部分代表水轮机的类型和转轮代号，由两个汉语拼音字母和阿拉伯数字组成，前者代表水轮机类型，其代号见表 1-4（对于水泵水轮机，在水轮机类型代号后增加汉语拼音“B”）；后者是转轮代号（当用比转速代号表示时，其代号统一由归口单位编制，用阿拉伯数字表示；当用转轮代号表示时可由制造厂自行编号）。

第二部分由两个汉语拼音字母组成，前者表示水轮机主轴的装置方式，L 代表立轴布置，W 代表卧轴布置（主轴非垂直布置均用“W”表示）；后者表示引水室特征，其代号见表 1-5。

表 1-4　水轮机类型代号

类　型	代　号	类　型	代　号
混流式	HL	贯流调桨式	GT
斜流式	XL	贯流定桨式	GD
轴流转桨式	ZZ	冲击（水斗）式	CJ
轴流调桨式	ZT	双击式	SJ
轴流定桨式	ZD	斜击式	XJ
贯流转桨式	GZ		

表 1-5　水轮机结构型式代号

结构型式	代　号	结构型式	代　号
金属蜗壳	J	全贯流式	Q
混凝土蜗壳	H	灯泡式	P
明槽式	M	竖井式	S
有压明槽式	MY	虹吸式	X
罐式	G	轴伸式	Z

第三部分用阿拉伯数字表示水轮机转轮标称直径 D_1（cm）。

对于水斗式和斜击式水轮机，第三部分表示为

$$\frac{\text{水轮机转轮标称直径(cm)}}{\text{作用在每一个转轮上的射流数目}\times\text{射流直径(cm)}}$$

举例说明如下：

(1) HL200-LJ-550：表示混流式水轮机，转轮代号为 200，立轴、金属蜗壳，转轮标称直径为 550cm。

(2) ZZ560-LH-1130：表示轴流转桨式水轮机，转轮代号为 560，立轴、混凝土蜗壳，转轮标称直径为 1130cm。

(3) XLB195-LJ-250：表示斜流式水泵水轮机，转轮代号为 195，立轴、金属蜗壳，转轮标称直径为 250cm。

(4) GD600-WP-250：表示贯流定桨式水轮机，转轮代号为 600，卧轴，灯泡

式引水室，转轮标称直径为250cm。

(5) 2CJ20-W-120/(2×10)：表示一根轴上具有两个转轮的水斗式水轮机，转轮代号为20，卧轴，转轮标称直径为120cm，每个转轮具有两个喷嘴，射流直径为10cm。

第五节　水流在反击式水轮机转轮中的运动

一、基本假定

水轮机转轮内的水流运动，是一种非常复杂的空间非恒定流，主要表现如下：

(1) 水头、流量在不断变化。

(2) 叶片形状为空间扭曲面，水流在两叶片之间的流道内为复合运动，流速的大小、方向在不断地变化，而且转轮本身也在运动。

为简化问题，假定如下：

(1) 转轮叶片与导叶无限薄、叶片数无限多。可认为转轮中的水流运动是均匀且轴对称的，其相对运动轨迹与叶片翼型断面的中线（即骨线）相重合。

(2) 水流在进入转轮之前的运动是均匀的、轴对称的。

(3) 工况不变，即在水头、流量和转速一定的情况下，水流在引水室、导水机构、尾水管中的流动以及在转轮中相对于叶片的流动均为恒定流。

二、径面、轴面和流面

根据转轮内的水流运动特点，为了便于分析问题，一般采用圆柱坐标系（z，r，φ）来分析转轮内的水流运动，如图1-24所示。图1-24中z为水轮机轴线方向（简称轴向），r为垂直于水轮机轴线的半径方向（简称径向），φ角为径面对起始面的夹角（简称圆周方向或切向），由任一φ角的r轴和z轴所构成的平面称为子午面或径面。一般取纸面为辐角$\varphi=0°$的径面作为起始面，通常把$\varphi=0°$和$\varphi=180°$的径面称为轴面。

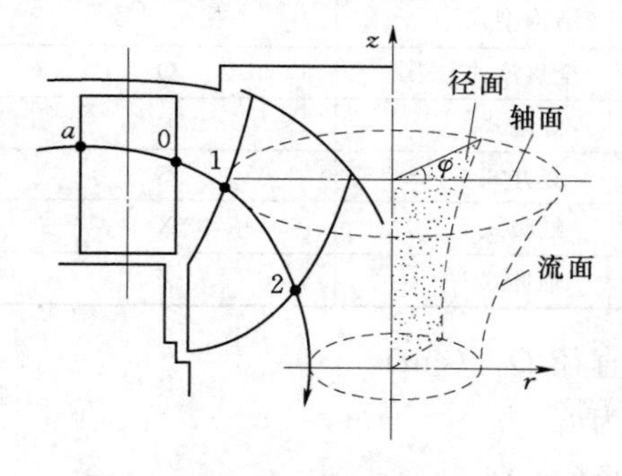

图1-24　混流式水轮机转轮内的径面、轴面和流面

水流质点在轴面流道内运动所形成的流线，称为轴面流线。以轴面流线为母线，绕主轴线所形成的回转面，称为流面。

对于混流式水轮机，这种旋转面为花篮形或喇叭形空间曲面，如图1-24所示。这是由于在转轮流道内水流由径向转变为轴向的结果。

在轴流式水轮机中，当忽略径向流速时，轴面流线为一条近似平行于轴线的直线，它所形成的流面为一圆柱形或腰鼓形。

三、水流在转轮内的运动

水流在转轮中的流动特点是：一方面沿着弯曲的叶片做相对运动；另一方面又随转轮旋转。所以，水流在转轮内的运动是一种复合运动。

根据理论力学中的运动学有关理论，对于复合运动的水流质点，它在某一点的绝对速度 $\vec{v}$ 可由相对速度 $\vec{w}$ 和圆周速度 $\vec{u}$（即牵连速度）合成，即

$$\vec{v}=\vec{w}+\vec{u} \tag{1-17}$$

绝对速度矢量 $\vec{v}$ 为在静止的地面上看到的水流速度；相对速度矢量 $\vec{w}$ 为随转轮一起运动时看到的水流速度；牵连速度矢量 $\vec{u}$ 为水流质点随转轮转动时的线速度。由于水流沿着叶片运动，所以相对速度 $\vec{w}$ 的方向必与叶片骨线相切，因牵连速度 $\vec{u}$ 就是转轮的圆周速度，所以牵连速度的方向必与转轮的圆周相切。

$\vec{v}$、$\vec{w}$、$\vec{u}$ 之间的关系可由速度三角形（或速度平行四边形）确定，如图 1-25 所示。这里规定相对速度 $\vec{w}$ 与圆周速度 $\vec{u}$ 之间的夹角用 β 表示，称为相对速度的方向角；绝对速度 $\vec{v}$ 与圆周速度 $\vec{u}$ 之间的夹角用 α 表示，称为绝对速度的方向角。

在实际应用中，为了便于分析，常把绝对速度 $\vec{v}$ 分解为（图 1-26）

$$\vec{v}=\vec{v}_r+\vec{v}_z+\vec{v}_u=\vec{v}_m+\vec{v}_u \tag{1-18}$$

式中：$\vec{v}_r$ 为绝对速度的径向分量；$\vec{v}_z$ 为绝对速度的轴向分量；$\vec{v}_u$ 为绝对速度的周向（切向）分量；$\vec{v}_m$ 为绝对速度的径面分量（由于 $\vec{v}_m$ 在径面上，故称径面速度）。

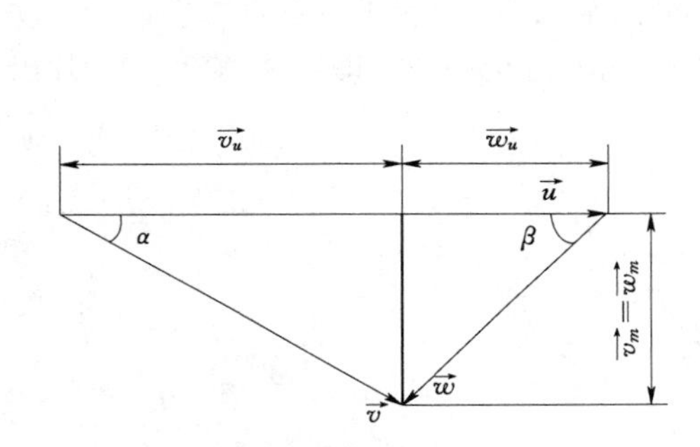

图 1-25　水流速度三角形

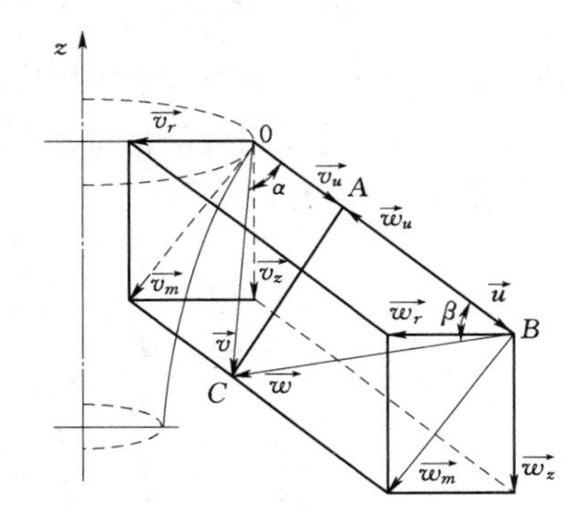

图 1-26　速度三角形各速度分量的关系

同理，相对速度 $\vec{w}$ 也可分解为

$$\vec{w}=\vec{w}_r+\vec{w}_z+\vec{w}_u=\vec{w}_m+\vec{w}_u \tag{1-19}$$

由此可知，速度三角形表达了水流质点在转轮中的运动状态，它是分析水轮机中水流运动的主要方法之一。

水轮机运行工况，可用速度三角形来分析。在转轮内，每个水流质点都有自己的速度三角形，但人们在分析研究水轮机运行工况时，并不能对所有点都一一进行分析，而主要是研究对转轮起主要作用的进、出口运行工况。因此，一般只绘制转轮进、出口速度三角形。

对于图 1-24 中的混流式水轮机，其转轮进、出口速度三角形如图 1-27 所示（俯视示意图）。图 1-27 中某一流线在导叶尾部为 0 点（流速 $\vec{v}_0$ 可分解为 $\vec{v}_0=\vec{v}_{r0}+\vec{v}_{u0}$，出流角为 α_0），在转轮进口边上为 1 点（流速 $\vec{v}_1$ 由 $\vec{u}_1$ 与 $\vec{w}_1$ 合成，绝对出流角为 α_1），在转轮出口边上为 2 点（流速 $\vec{v}_2$ 由 $\vec{u}_2$ 与 $\vec{w}_2$ 合成，绝对出流角为 α_2）。

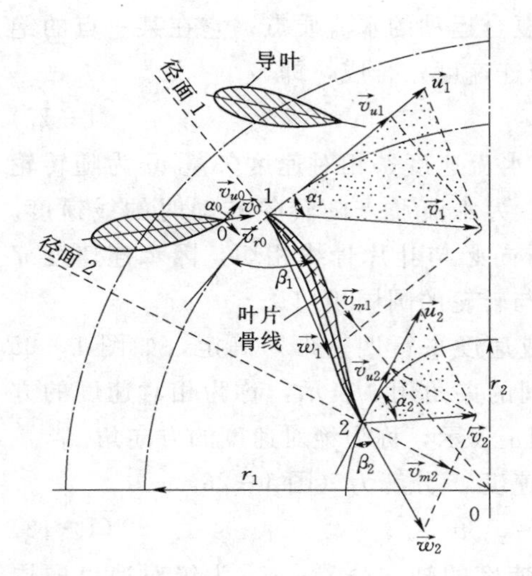

图 1-27 混流式转轮进、出口速度三角形

对于轴流式水轮机，其转轮进、出口速度三角形如图 1-28 所示。图 1-28（a）为轮转纵剖面。在转轮区内，水流径向流速 $\vec{v}_r$ 很小，可忽略不计（$\vec{v}_r \approx 0$），则 $\vec{v}_m = \vec{v}_r + \vec{v}_z = \vec{v}_z$，水流质点沿与主轴同心的圆柱面流动，转轮区流面上任一水流质点的径面速度相等，圆周速度也相等（$\vec{v}_{m1} = \vec{v}_{m2} = \vec{v}_m$，$\vec{u}_1 = \vec{u}_2 = \vec{u}$）。图 1-28（b）是转轮直径为 D_i 的圆柱面展开图及其进、出口速度三角形。进、出口速度三角形也可叠加绘制在一张图中，如图1-28（c）所示。

需指出，按叶片无限薄、无限多假定，相对速度 $\vec{w}_2$ 的方向角 β_2 应等于叶片出口边骨线与圆周切线的夹角 β_{b2}（称叶片出口安放角）。实际上叶片数是有限的，因水流自身的惯性，水流质点只有紧贴叶片才符合上述假设，而其余部分的水流并不按照叶片扭曲方向改变运动方向。因而在转轮出口处的相对速度方向与叶片方向不完全一致，即出流角 β_2 与叶片出口安放角 β_{b2} 总是有些差别的。

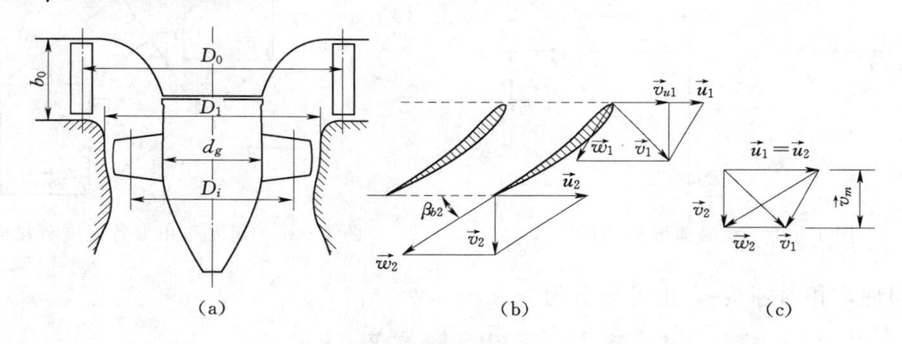

图 1-28 轴流式转轮的进、出口速度三角形

（a）转轮纵剖面；（b）转轮圆柱面展开及进、出口速度三角形；（c）转轮进、出口速度三角形叠加图

第六节 水轮机工作的基本方程

水轮机基本方程，是能量守恒方程式的一种特殊形式，是研究水轮机如何将水流能量转换为旋转机械能的能量平衡方程。它通常是根据水流运动的动量矩定理进行推导的，也可根据水流运动的相对运动伯努利（Bernoulli）方程进行推导。下面根据动量矩定理推导水轮机基本方程。

如图 1-29 所示，由理论力学知识可知，动量即指物体的质量 m 与其运动速度 $\vec{v}$ 的乘积（即 $m\vec{v}$）；动量矩即指物体的动量 $m\vec{v}$ 与到某点的距离 $\vec{r}$ 的矢量积。动量矩定理即指物体在单位时间内对某一点的动量矩变化，等于作用在该物体上所有外力 $\vec{F}$ 对同一点的力矩 $\vec{M}_w$ 之和，即

$$\frac{\mathrm{d}}{\mathrm{d}t}(m\vec{v}\times\vec{r})=\sum\vec{M}_w \tag{1-20}$$

其中 $$\vec{M}_w=\vec{r}\times\vec{F}$$

由式（1-18）知，转轮中任意一点的水流绝对速度 $\vec{v}$ 可分解为 $\vec{v}_r$、$\vec{v}_z$ 与 $\vec{v}_u$，其中 $\vec{v}_r$ 与轴线相交，$\vec{v}_z$ 与轴线平行，而只有圆周分速度 $\vec{v}_u$（与轴线垂直）对水轮机轴线产生动量矩（图 1-29），即 $m\vec{v}\times\vec{r}=m\vec{v}_u\times\vec{r}$。对于水轮机转轮内的水流，单位时间内转轮流道上全部水流对水轮机轴线的动量矩变化，等于作用在水流上所有外力对同一轴线的力矩之和，根据式（1-20）得

$$\frac{\mathrm{d}}{\mathrm{d}t}(\sum m\vec{v}_u\times\vec{r})=\sum\vec{M}_w \tag{1-21}$$

式中：$\sum m\vec{v}_u\times\vec{r}$ 为动量矩总和，m、$\vec{v}_u$、$\vec{r}$ 分别为任一水流质点的质量、圆周分速度和所处的半径；t 为时间；$\sum\vec{M}_w$ 为外力矩总和。

一、水流在水轮机转轮内的动量矩变化

设在任意 $\mathrm{d}t$ 时段内流道内的水流呈均匀、轴对称的恒定流动。为了研究方便，取两个叶片之间的一个流道来分析，如图 1-30 所示。在任意时刻该流道内沿流线的微小流束 $a—b$，经 $\mathrm{d}t$ 时间后运动到 $c—d$。由于该流束内各水流质点的 $\vec{v}_u$ 和 r 值在 $\mathrm{d}t$ 时间内发生了变化，导致该流束动量矩变化，其变化量为该流束在 $c—d$ 位置的动量矩 $\vec{M}_{c-d}$ 减去其在 $a—b$ 位置的动量矩 $\vec{M}_{a-b}$。根据恒定流假设知，$c—d$ 和 $a—b$ 的重合部分 $c—b$ 段的水流在 $\mathrm{d}t$ 时间内动量矩不变，所以 $\vec{M}_{c-d}-\vec{M}_{a-b}=\vec{M}_{b-d}-\vec{M}_{a-c}$。设该流束的流量为 q，根据水流连续方程知 $b-d$ 和 $a-c$ 段的质量均为$\frac{\gamma q\mathrm{d}t}{g}$。令 $\mathrm{d}t\rightarrow 0$，则流束 $a-c$ 段和 $b-d$ 段水流质点的速度矩可分别用转轮进、出口水流质点的速度矩 $\vec{v}_{u1}\times\vec{r}_1$ 和 $\vec{v}_{u2}\times\vec{r}_2$ 来表示。从而可得该流束在任意 $\mathrm{d}t$ 时段内对 z 轴动量矩的变化量，以标量表示为

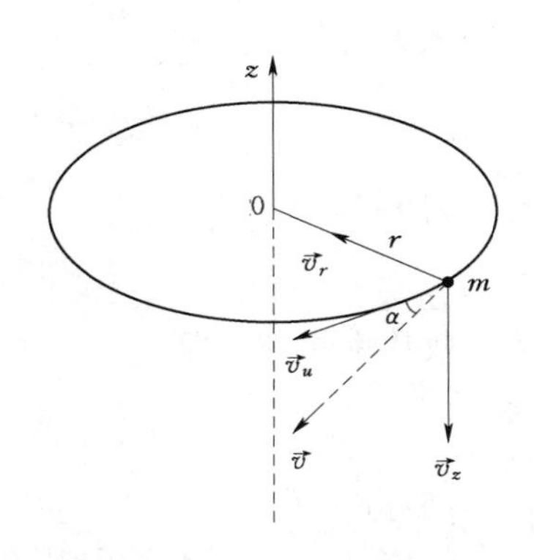

图 1-29　绕轴运动物体的矢量示意图

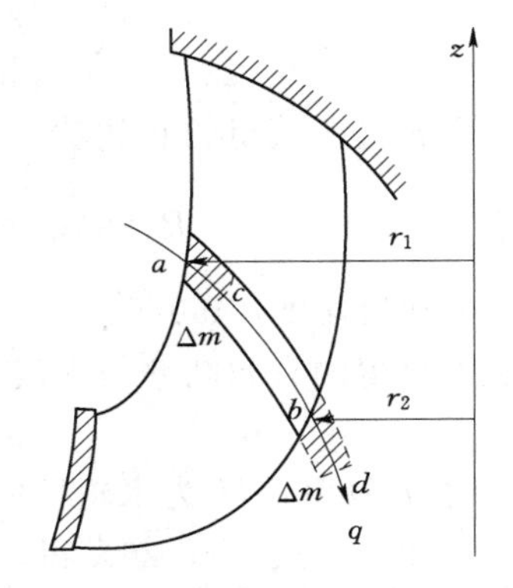

图 1-30　水流在转轮内的动量矩变化

$$\frac{M_{c-d}-M_{a-b}}{\mathrm{d}t}=\frac{M_{b-d}-M_{a-c}}{\mathrm{d}t}=\frac{\gamma q}{g}(v_{u2}r_2-v_{u1}r_1) \tag{1-22}$$

设在任意时刻通过整个转轮流道的有效流量为 Q_e，并设整个转轮流道内任一流束在转轮进出口边的流体质点的速度矩大小均为 $v_{u1}r_1$ 和 $v_{u2}r_2$，则整个转轮流道内的水流在 $\mathrm{d}t$ 时段内动量矩的变化量以标量表示为

$$\frac{\mathrm{d}(\sum mv_u r)}{\mathrm{d}t}=\frac{\gamma\sum q}{g}(v_{u2}r_2-v_{u1}r_1)=\frac{\gamma Q_e}{g}(v_{u2}r_2-v_{u1}r_1) \tag{1-23}$$

二、作用于水流的外力及其形成的力矩

式（1-23）所表示的水流动量矩的变化，是由 $\mathrm{d}t$ 时段内作用在水流上的全部外力对水轮机旋转轴线的力矩所引起的。这些外力有：

（1）重力。重力的合力与水轮机轴线重合（立轴）或相交（卧轴），不产生力矩。

（2）转轮上冠与下环的内表面对水流的压力。因上冠与下环均为旋转面，其压力轴对称，压力的合力与水轮机轴相交，不产生力矩。

（3）转轮外的水流在转轮进、出口处对转轮流道内水流的水压力。此压力的作用面也为旋转面，压力的合力与轴相交，不产生力矩。

（4）转轮流道固体边界对水流的摩擦力。此摩擦力对水轮机轴线的力矩很小，可略去不计（摩擦力的影响是使水流在转轮内产生摩阻水头损失，这将在水力效率中体现）。

（5）转轮叶片对水流的作用力。此作用力迫使水流改变运动速度的大小和方向，对水轮机轴将产生力矩 $\vec{M}'$。

综上所述，所有外力对转轮流道内水流的总作用力矩为转轮叶片对水流的作用力矩，即

$$\sum\vec{M}_w=\vec{M}'$$

同时，水流对转轮叶片的反作用力矩为

$$\vec{M}=-\vec{M}'$$

根据动量矩定理式（1-21），由式（1-23）得力矩 $\vec{M}$ 的标量形式为

$$M=\frac{\gamma Q_e}{g}(v_{u1}r_1-v_{u2}r_2) \tag{1-24}$$

因此，水轮机所获得的有效功率为

$$P_e=M\omega=\frac{\gamma Q_e}{g}(v_{u1}r_1-v_{u2}r_2)\omega \tag{1-25}$$

式中：ω 为主轴角速度，rad/s。

水轮机所获得的有效功率与水流传给转轮的有效功率相等，即

$$P_e=\gamma Q_e H\eta_h \tag{1-26}$$

式中：η_h 为水力效率；H 为水轮机的工作水头。

由式（1-25）、式（1-26）得，水轮机的基本方程式为

$$H\eta_h=\frac{\omega}{g}(v_{u1}r_1-v_{u2}r_2) \tag{1-27}$$

或

$$H\eta_h=\frac{1}{g}(v_{u1}u_1-v_{u2}u_2) \tag{1-28}$$

式中：u_1、u_2 分别为转轮进、出口的牵连速度，m/s。

水轮机的基本方程式也可用环量形式表示，为

$$H\eta_h=\frac{\omega}{2\pi g}(\Gamma_1-\Gamma_2) \tag{1-29}$$

式中：Γ_1 为进口环量，$\Gamma_1=2\pi v_{u1}r_1$；Γ_2 为出口环量，$\Gamma_2=2\pi v_{u2}r_2$。

水轮机方程又称水轮机欧拉方程。它是一个由水流能量转换为旋转机械能的平衡方程。方程左边表示作用于水轮机转轮单位重量水流所具有的有效水能，也就是单位重量水流传给转轮的有效能量；方程右边则表示转轮进、出口处水流速度矩的变化（即水流本身运动状态的变化）。因此，水轮机基本方程式给出了水轮机能量参数与运动参数的关系。

水轮机基本方程表明，水轮机所转换的有效能量，是靠转轮进、出口的速度矩差或环量差来实现的，没有此差值，水轮机便不能做功。水流对转轮做功的必要条件是当它通过转轮时，其速度矩或环量发生变化。若转轮进、出口速度矩变化不充分，则水流对转轮作用力矩就要减少，水流的能量就得不到充分利用，表现为效率很低。对于大中型反击式水轮机，基本方程式右边所需的转轮进口速度矩 $v_{u1}r_1$ 均是由水轮机蜗壳和导水机构形成。对于无蜗壳或导水机构的水轮机，进口水流速度环量只有靠转轮本身形成。

由基本方程还可知，水流流经转轮后，速度矩从转轮进口的 $v_{u1}r_1$ 减小到出口的 $v_{u2}r_2$ 时，每单位重量的水流传给转轮的能量为 $H\eta_h$，并使转轮以 ω 角速度旋转。因此，为使水轮机具有较高效率，要使转轮叶片具有合理的形状。

此外，根据转轮进、出口速度三角形（图 1-27、图 1-28）和余弦定理，式（1-27）还可表示为

$$H\eta_h=\frac{v_1^2-v_2^2}{2g}+\frac{u_1^2-u_2^2}{2g}-\frac{w_1^2-w_2^2}{2g} \tag{1-30}$$

第七节　水轮机的效率及最优工况

一、水轮机效率

（一）水轮机中的能量损失

水轮机在工作时，将水流的绝大部分能量转换成主轴的旋转机械能并传给发电机发电。被有效利用的能量，称为有效能量或有效功率。在能量转换过程中损失掉的小部分能量被称为能量损失或功率损失。根据能量守恒原理，输入给水轮机的水流总能量必等于有效能量与能量损失之和。

水轮机的损失总功率为

$$\Delta P=P_w-P \tag{1-31}$$

式中：P_w 为输入功率；P 为输出功率。

水轮机损失总功率 ΔP 一般包括水力损失功率 ΔP_h、容积损失功率 ΔP_V、机械损失功率 ΔP_m 三部分，即

$$\Delta P=\Delta P_h+\Delta P_V+\Delta P_m \tag{1-32}$$

1. 水力损失及水力效率

水力损失是指水轮机工作时，在引水室、导水机构、转轮和尾水管等过流部件所产生的水头损失。这种水力损失 $\sum\Delta h$ 包括转轮进口的漩涡损失、转轮出口的旋转损失和出口动能损失等，可分为两部分：一部分为沿程摩擦损失；另一部分为局部损失，可表示为

$$\sum\Delta h=\sum\Delta h_j+\sum\Delta h_l \tag{1-33}$$

式中：$\sum\Delta h_j$ 为局部水头损失之和，m；$\sum\Delta h_l$ 为沿程摩擦损失之和，m。

则水力损失功率为

$$\Delta P_h=\gamma Q_e\sum\Delta h \tag{1-34}$$

式中：Q_e 为水轮机的有效流量。

水轮机有效水头 H_e 为

$$H_e=H-\sum\Delta h \tag{1-35}$$

式中：H 为水轮机工作水头，m。

则水力效率为

$$\eta_h=\frac{\gamma Q_e H_e}{\gamma Q_e H}=\frac{H_e}{H}=\frac{H-\sum\Delta h}{H}=1-\frac{\sum\Delta h}{H} \tag{1-36}$$

水力效率表示水头的有效利用程度，要提高水轮机的水力效率，应尽可能减少过流部件的水力损失，即过流表面应光滑并符合流线形状，同时要控制运行工况，减小局部损失等。

2. 容积损失及容积效率

容积损失是指水轮机中的流量损失。进入水轮机的流量绝大部分经转轮做功而流入下游，但其中有一小部分经固定部分与转动部分之间的间隙流走，未对转轮做功，从而产生容积损失。

容积损失功率 ΔP_V 为

$$\Delta P_V=\gamma H\sum q \tag{1-37}$$

式中：$\sum q$ 为容积损失流量之和。

水轮机的有效流量 Q_e 为

$$Q_e=Q-\sum q \tag{1-38}$$

则容积效率为

$$\eta_V=\frac{\gamma Q_e H}{\gamma Q H}=\frac{Q_e}{Q}=1-\frac{\sum q}{Q} \tag{1-39}$$

由此可知，要提高容积效率，就要减小容积损失。为此，在混流式水轮机中安装止漏环；对轴流式水轮机，应尽量减小叶片与转轮室和转轮体间的间隙，则转轮体和转轮室表面宜采用球面。

3. 机械损失及机械效率

机械损失是指与水轮机轴及转轮的旋转有关的摩擦损失，主要包括导轴承及主轴密封中的摩擦损失和转轮上冠、下环与水流之间的摩擦损失。前者与轴承尺寸、结构型式、润滑条件及主轴密封材料等有关；后者一般称为圆盘损失，与水轮机转速及直径大小有关。

在扣除水力损失和容积损失后，得出水流作用在转轮上的有效功率为

$$P_e=\gamma Q_e H_e=\gamma(Q-\sum q)(H-\sum \Delta h) \tag{1-40}$$

有效功率在转换为转轮出力时，有一部分消耗在机械损失上，水轮机实际出力为

$$P=P_e-\Delta P_m \tag{1-41}$$

式中：P_e 为有效功率；ΔP_m 为机械损失功率。

则机械效率为

$$\eta_m=\frac{P}{P_e}=1-\frac{\Delta P_m}{P_e} \tag{1-42}$$

要提高水轮机的机械效率，就应设法减少轴承、主轴密封的摩擦损失和圆盘损失。在上述3部分损失中，水力损失是主要损失，可以近似认为等于总损失。

（二）水轮机效率与能量损失关系

下面讨论水轮机效率 η 与水力效率 η_h、容积效率 η_V、机械效率 η_m 之间的关系。

在扣除水力损失和容积损失后，作用在转轮上的有效功率为

$$P_e=\gamma Q_e H_e=\gamma Q\eta_V H\eta_h \tag{1-43}$$

其中
$$Q_e=Q\eta_V;\quad H_e=H\eta_h$$

水流有效功率在转换为转轮出力时，有一部分消耗在机械损失上，实际出力为

$$P=P_e-\Delta P_m=P_e\left(1-\frac{\Delta P_m}{P_e}\right)=P_e\eta_m=\gamma QH\eta_h\eta_V\eta_m=P_w\eta_h\eta_V\eta_m \tag{1-44}$$

将式（1-11）代入式（1-44），得

$$\eta=\eta_h\eta_V\eta_m \tag{1-45}$$

可见，水轮机效率 η 等于水轮机容积效率、水力效率与机械效率之积。水轮机效率的高低代表水轮机能量特性的好坏，η 越高，说明水轮机转换的有效能量越多。水轮机效率以水力效率为主，它近似等于总效率。

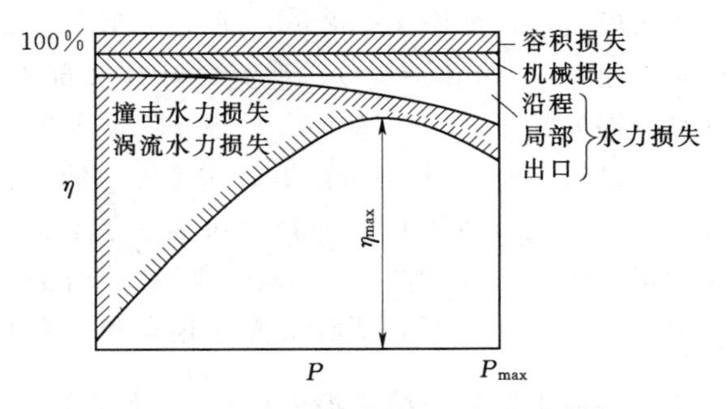

图1-31　水轮机效率与出力关系曲线

图1-31为反击式水轮机在一定的转轮直径、转速和水头下，改变

其流量时效率与出力的关系曲线，各种损失随出力变化情况如图中曲线所示。由图可看出，水轮机效率有一最高区域。所以，在设计水电站时，应尽量使其出力变化范围在水轮机最高效率区，使水轮机经常处于高效率区运行。

资源 1-18

二、水轮机的最优工况

水轮机运行的工作条件称为水轮机的工况，一般用水轮机的工作参数（工作水头、流量、转速、出力与效率等）来表征。对于实际水电站，在水轮机运行过程中，除过渡过程外，应经常保持在额定转速下运行。可以认为在各种工况下水轮机转速不变，但流量、出力和效率等工作参数经常随外界条件（水头和负荷）的变化而改变，所以水轮机的运行工况是不断变化的，其流道中的水流流态也随之变化。

在水轮机全部运行工况中，水力损失最小、效率最高的工况，称为最优工况，而其余的工况则均称为非最优工况。在反击式水轮机中，水力损失最小的条件是转轮进口为无撞击进口、出口为法向出口。

1. 无撞击进口

所谓无撞击进口，是指转轮进口水流相对速度 $\vec{w}_1$ 的方向与叶片进口处的骨线切线方向一致。这里，叶片骨线为叶片剖面型线内一系列内切圆圆心的连线，如图 1-32（a）所示；叶片进口安放角 β_{b1}，为叶片骨线在进口处的切线方向与该点圆周切线方向（$\vec{u}_1$）的夹角；转轮进口水流角 β_1，为转轮进口处水流相对速度 $\vec{w}_1$ 与该点圆周切线方向（$\vec{u}_1$）的夹角。应注意它们的区别。

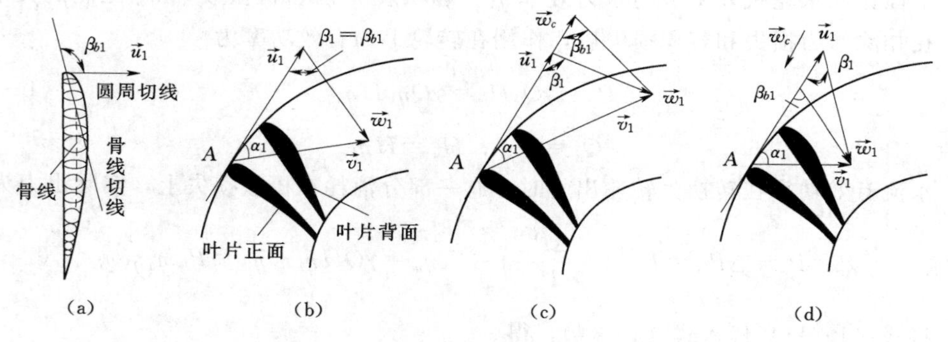

图 1-32 转轮进口处的水流运动状况

(a) 叶片骨线；(b) 无撞击进口；(c) 正撞击进口；(d) 负撞击进口

无撞击进口如图 1-32（b）所示，叶片头部流体质点 A 的进口水流角 β_1 等于叶片安放角 β_{b1}（即 $\beta_1=\beta_{b1}$），水流对叶片头部不发生撞击和脱流，进口绕流平顺，进口水力损失最小。

如果转轮叶片进口水流相对速度 $\vec{w}_1$ 的方向与叶片进口处的骨线切线方向不一致，则会形成所谓的水流冲角，可表示为：$\alpha=\beta_1-\beta_{b1}$。当 $\alpha>0$（即 $\beta_1>\beta_{b1}$）时，称为正撞击进口，如图 1-32（c）所示；当 $\alpha<0$（即 $\beta_1<\beta_{b1}$）时，称为负撞击进口，如图 1-32（d）所示。无论 α 是正还是负，在叶片进口区域就会出现脱流和漩涡，产生脱流和撞击损失。撞击损失可用 $\frac{w_c^2}{2g}$ 来估算（$\vec{w}_c$ 为撞击速度分量）。一般 α 越大则

撞击损失也越大。对于翼型叶片当 α 较小时，撞击损失是微小的，所以实际设计时，一般使叶片安放角 β_{b1} 略小于水流角 β_1，通常取 $\alpha=3°\sim10°$。

2. 法向出口

转轮出口处水流的绝对出流角 $\alpha_2=90°$（即 $\vec{v}_2\perp\vec{u}_2$）时，称为法向出口。如图 1-33（a）所示，此时，圆周分速 $v_{u2}=0$，转轮出口水流无旋转。由水轮机基本方程 $H\eta_h=(v_{u1}u_1-v_{u2}u_2)/g$ 可知，在水流无撞击进口情况下，当 $v_{u2}u_2=0$ 时，则 $\eta_h=\eta_{h\max}$ 水力效率最大，水轮机转换的有效能量最多。

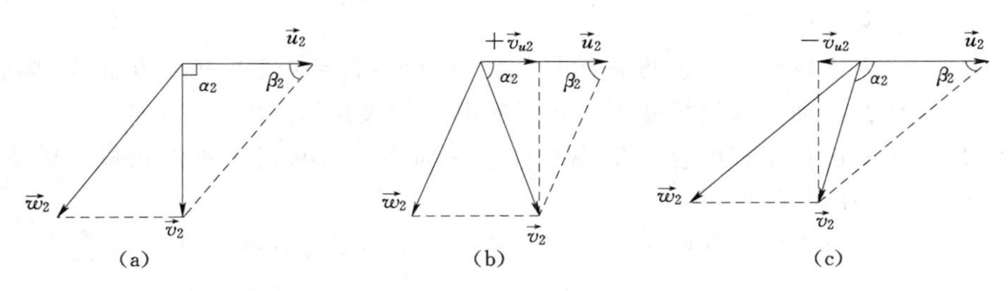

图 1-33　法向出口速度三角形

（a）出流角 $\alpha_2=90°$；（b）出流角 $\alpha_2<90°$；（c）出流角 $\alpha_2>90°$

试验研究表明，对于高水头混流式水轮机，其能量损失主要发生在引水部件内，最优转轮出流应为法向出口。但对于中、低水头混流式水轮机和轴流式水轮机，它们的能量损失主要发生在尾水管和转轮内，出口角 α_2 略小于 90°是有益的，水流在转轮出口略有正向（即与转轮旋转方向相同）的圆周分速度 $\vec{v}_{u2}$，如图 1-33（b）所示，则水流在离心力的作用下紧贴尾水管管壁流动，不易发生脱流及滞水区，可减小尾水管内的水力损失，使水轮机效率略有提高。

当水流在转轮出口呈负向（即与转轮旋转方向相反）的圆周分速度 $\vec{v}_{u2}$ 时，如图 1-33（c）所示，由于转轮出口固壁的影响，在转轮出口处，形成两股方向相反的旋转水流，相互碰撞，消耗能量，增加该处及尾水管中的能量损失。

总之，对于形状和尺寸一定的水轮机，其最优工况只会在某些水头、流量和转速条件下才能形成，而且要同时满足无撞击进口和法向出口这两个条件。但实际运行中的水轮机，水头、流量总是变化的，不可避免地要偏离最优工况。因此，应尽量避免水轮机在不利工况下长期运行，实际上对水轮机的运行工况范围均有一定的限制。

思　考　题

1-1　水轮机有哪些类型？划分水轮机类型的依据是什么？各类型水轮机的适用范围是什么？

1-2　混流式与轴流式水轮机主要不同点有哪些？其适用范围有什么不同？

1-3　简述各类型水轮机转轮区水流的流动与转轮的结构特点。

1-4　水轮机的基本参数有哪些？有何含义？

1-5　反击式与冲击式水轮机各有哪些过流部件？各有何作用？

1-6　抽水蓄能电站水轮机与常规水电站水轮机有何不同？它又分为哪些类型？

1-7　水轮机的型号如何表示？各部分代表什么意义？

1-8　水电站和水轮机的特征水头都有哪些？它们之间有何区别？

1-9　在分析水轮机转轮内的水流运动时，做了哪些假定？

1-10　什么叫径面？什么叫轴面？什么叫流面？混流式、轴流式、斜流式水轮机的流面是何形状？

1-11　什么是水轮机的水流速度三角形？研究转轮进、出口水流速度三角形的意义是什么？

1-12　研究水轮机基本方程式的目的是什么？推导水轮机基本方程式时利用了什么定理？水轮机基本方程式有哪几种表达形式？

1-13　水轮机在运行中会产生哪几种能量损失？这些损失对水轮机总效率的影响程度如何？

1-14　水轮机最优工况的定义如何？最优工况应满足什么条件？

第二章　水轮机蜗壳、尾水管及空化与空蚀

学习提示

内容：介绍蜗壳的型式及其主要尺寸的确定，尾水管的作用、型式及其主要尺寸的确定，水轮机的空化与空蚀及空化系数，水轮机的吸出高度和安装高程，水轮机的磨蚀及抗磨蚀措施。

重点：蜗壳和尾水管主要尺寸的确定，水轮机的吸出高度和安装高程的确定。

要求：了解蜗壳中水流的运动规律，尾水管回收转轮出口动能的原理，水轮机的空化空蚀类型及其防治措施，空化系数的概念；熟悉蜗壳和尾水管的型式、结构；掌握蜗壳和尾水管主要尺寸的确定，水轮机的吸出高度和安装高程的确定原则。

第一节　蜗壳的型式及其主要尺寸的确定

一、对蜗壳的基本要求

蜗壳是大中型反击式水轮机中应用最普遍的一种引水室。为了保证沿外围圆周均匀地向水轮机的导水机构和转轮进水，同时形成一定的环量（周向流动），蜗壳的过水断面必须设计成逐渐减小的形状（图 2－1）。

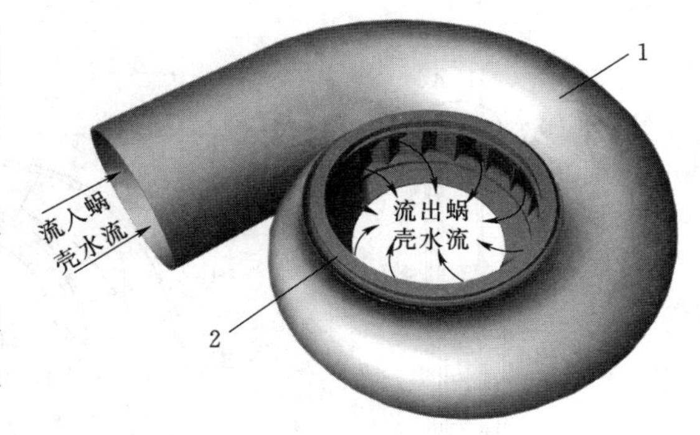

图 2－1　蜗壳形状
1—蜗壳；2—座环

为提高水轮机的效率和运行稳定性，蜗壳需满足下列基本要求：

（1）过流表面应光滑、平顺，尽可能地减少蜗壳水力损失，以提高水轮机效率。

（2）保证水流均匀、轴对称地进入导水机构，以提高机组运行的稳定性。

（3）水流进入导水机构前应具有一定的环量，以保证在主要运行工况下导叶处于不大的冲角下被绕流，减小导水机构中的水力损失。

（4）具有合理的断面形状和尺寸，以降低电站厂房投资，便于导水机构接力器及其传动机构的布置。

（5）采用合适的材料具有必要的强度，以保证结构上的可靠性及抵抗水流的冲刷。

二、蜗壳的型式及其主要尺寸的确定

(一) 蜗壳的型式

水轮机蜗壳可分为金属蜗壳和混凝土蜗壳两种。因混凝土结构不能承受过大的水压力，所以混凝土蜗壳多用于低水头、大流量的水轮机。金属蜗壳适用于中、高水头的水轮机。当水头 $H\leqslant 40$m 时采用混凝土蜗壳；当水头 $H>40$m 时采用金属蜗壳。当水头 $H>40$m 时，也可采用混凝土蜗壳，但需在蜗壳内壁加钢板里衬以防渗（H 可达 80m）。

1. 金属蜗壳

资源 2-1

金属蜗壳按其制造方法有焊接、铸造和铸焊三种类型。其结构和类型与水轮机的水头、尺寸关系密切。对于尺寸较大的中、低水头混流式水轮机（适于 $H=40\sim 200$m），一般都应用钢板焊接结构（蜗壳及座环全部焊接）。对于直径 $D_1<3$m 的高水头混流式水轮机（适于 $H>200$m），因钢板太厚不易焊接，一般采用铸焊和铸造蜗壳。为了节约钢材，钢板厚度应根据蜗壳断面受力不同而异，通常蜗壳进口断面厚度较大，沿流向越接近末端则厚度越小。

(1) 焊接蜗壳：该类蜗壳由多节焊成，每节又由几块钢板拼成，蜗壳和座环间也靠焊接连接，焊接蜗壳的节数不应太少，否则会影响其水力性能，但若为使蜗壳线型尽量光滑及改善其水力性能而采用过多的节数，则又会给制造和安装带来困难且不经济。如图 2-2 中的蜗壳为 31 节，进口断面的最大厚度为 30mm，而在沿流向接近末端处厚度为 15mm。此外，即使在同一断面上钢板的厚度也不应相同，如接近座环上、下端的钢板较断面中间的厚些，具体数值由强度计算确定。

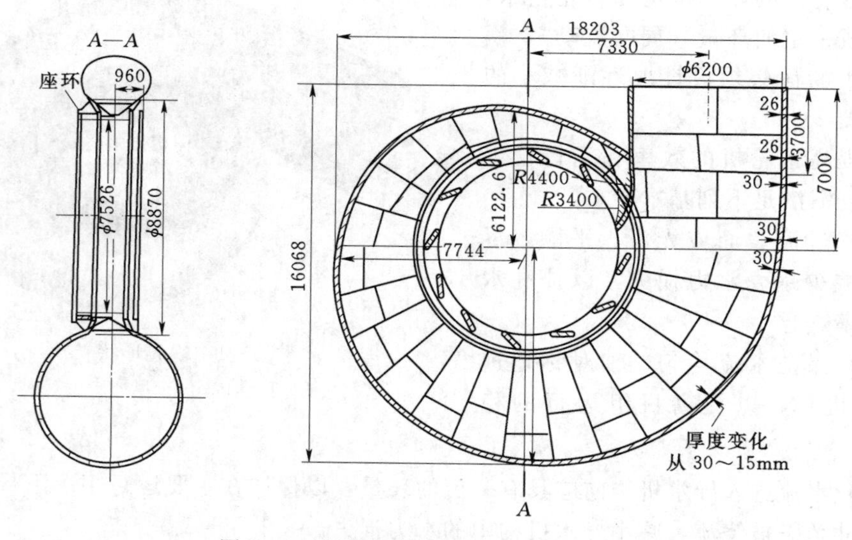

图 2-2 焊接蜗壳结构图（单位：mm）

金属蜗壳的受力情况较复杂，除了内水压力所引起的环应力外，还有蜗壳与座环连接处及同一轴截面内不同厚度钢板连接处因刚度不同而引起的局部应力。关于蜗壳的应力分布，国内一些试验资料表明：

1）同一个圆断面上应力最高点发生在接近座环的边缘处，离开此点应力下降。整个蜗壳应力较高点发生在进口断面附近座环边缘处。

2）靠近座环侧的蜗壳应力和座环的刚性关系很大，其应力值随着固定导叶的位置沿圆周做周期性的变化（蜗壳各节钢板厚度是按等强度设计的），与固定导叶进口端相对应的部位应力较高，而固定导叶间应力较低。

（2）铸造蜗壳：如图2-3所示，其刚度较大，能承受一定的外压，常作为水轮机的支承点并在它上面直接布置导水机构及其传动装置。铸造蜗壳一般不全部埋入混凝土。根据应用水头不同，铸造蜗壳可采用不同的材料，水头小于120m的机组一般用铸铁件，水头大于120m时则多用铸钢制作。

（3）铸焊蜗壳：与铸造蜗壳一样，适用于尺寸不大的高水头混流式水轮机。铸焊蜗壳的外壳用钢板压制而成，固定导叶的支柱和座环一般是铸造，然后用焊接方法把它们连成整体。焊接后需进行必要的热处理以消除焊接应力。

在大、中型机组的蜗壳上，一般还设有进人孔和排水孔。

2. 混凝土蜗壳

混凝土蜗壳又称钢筋混凝土蜗壳，多用于低水头、大流量的水轮机，如图2-4所示，它是直接在厂房下部大体积混凝土中做成的蜗形空腔。浇筑厂房下部分时预先装好蜗形的模板，模板拆除后即成蜗壳。混凝土蜗壳与座环或固定导叶的连接要有足够的拉筋。

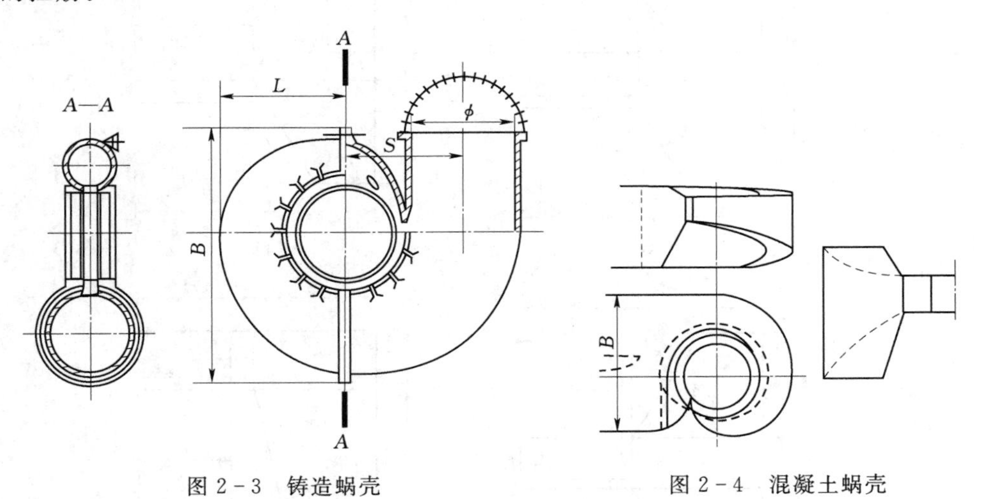

图2-3　铸造蜗壳　　　　图2-4　混凝土蜗壳

（二）蜗壳的断面形状及包角

1. 金属蜗壳

金属蜗壳采用圆形断面，便于铸造和焊接，水力性能好，强度高。断面面积和半径随着由进口到尾部流量的减小而减小，约在最后90°的尾部，由于圆形断面面积小到不能和座环蝶形边连接，因此这部分断面形状由圆过渡到椭圆。

蜗壳的末端（称为鼻端），通常和座环的某个固定导叶连接在一起。从鼻端到蜗壳进口断面之间的中心角φ_0，称为蜗壳的包角（逆时针），如图2-5所示，图中D_a、

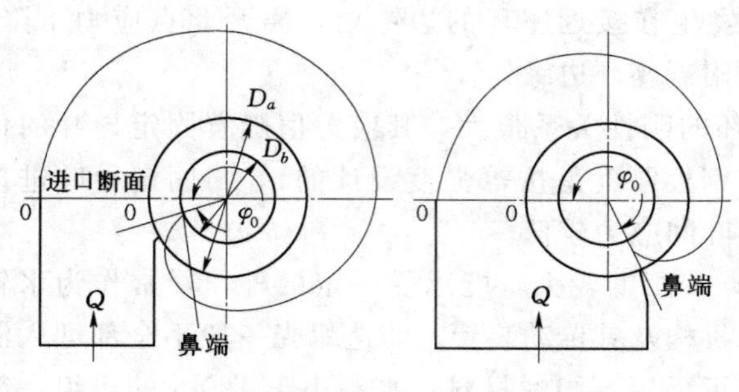

图 2-5　蜗壳包角

D_b 分别为座环固定导叶外径和内径。

金属蜗壳包角较大，一般 $\varphi_0=340°\sim350°$。为了保证良好的水力性能并考虑其结构和加工工艺条件的限制，常取 $\varphi_0=345°$（另 $0°\sim15°$ 为蜗壳鼻端）。金属蜗壳过流量较小，允许的流速较大，因此其外形尺寸对厂房造价影响较小。金属蜗壳与座环的连接方式要根据座环的上、下结构型式不同而异。

2. 混凝土蜗壳

混凝土蜗壳断面形状，一般采用 T 形或 Γ 形，如图 2-6 所示，以便于制作模板、施工及减少径向尺寸，降低厂房土建投资。T 形蜗壳又分为对称式（$m=n$）、下伸式（$m>n$）、上伸式（$m<n$）；Γ 形蜗壳又称平顶式蜗壳（$n=0$）。其断面尺寸见表 2-1。

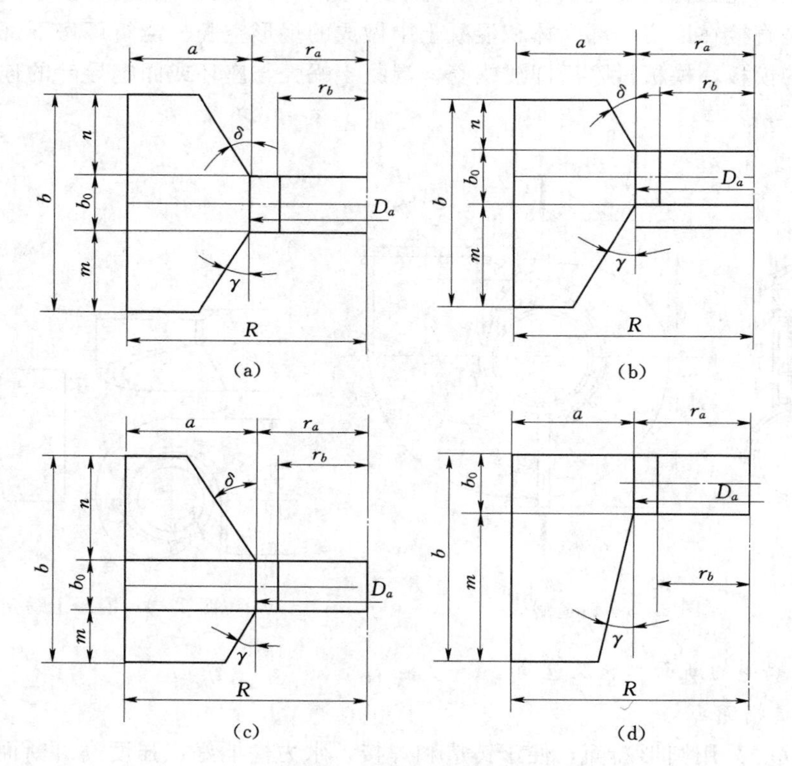

图 2-6　混凝土蜗壳断面形状

(a) $m=n$；(b) $m>n$；(c) $m<n$；(d) $n=0$

混凝土蜗壳包角一般为 $\varphi_0=135°\sim270°$（比转速高时取小值）。包角越大则水力性能越好，但蜗壳的宽度增大，机组间距增大，常取 $\varphi_0=180°$。混凝土蜗壳过流量较

表 2-1　混凝土蜗壳断面尺寸

混凝土蜗壳形式	对称式 ($m=n$)	下伸式 ($m>n$)	上伸式 ($m<n$)	平顶式 ($n=0$)
断面尺寸参数	$b/a=1.20\sim1.85$；$\gamma=20°\sim35°$	$(b-n)/a=1.20\sim1.85$；$\gamma=10°\sim20°$	$(b-m)/a=1.20\sim1.85$；$b/a=2.00\sim2.20$（需缩短机组间距时取大值）；$\gamma=20°\sim35°$	$b/a=1.50\sim1.85$；$\gamma=10°\sim15°$
	$\delta=20°\sim30°$（常取 $\delta=30°$）			
特点	水力性能好，常采用	可降低水轮机层地面高程，应用最多	可抬高水轮机层地面高程；妨碍上方接力器及其传动机构的布置，一般只用于低尾水管的情况	可降低水轮机层地面高程；便于上方接力器及其传动机构的布置；下部易形成滞水区产生漩涡，对水流进入导水机构不利，很少采用

大，允许的流速较小，其外形尺寸常成为厂房大小的控制尺寸，直接影响厂房的土建投资。在非蜗形流道部分，水流直接进入固定导叶，为非对称入流，对转轮稳定运行不利。

（三）蜗壳进口断面的平均流速

当蜗壳断面形状和包角确定后，蜗壳进口断面面积主要取决于进口断面的平均流速 v_0。对于相同的过流量，v_0 选得大，则蜗壳断面面积就小，但水力损失增大。v_0 值可根据下列方法选取。

（1）金属蜗壳进口断面平均流速为

$$v_0=K_v\sqrt{H_r}\quad(\text{m/s})\tag{2-1}$$

式中：H_r 为水轮机的额定水头，m；K_v 为流速系数，查图 2-7 中推荐曲线确定。

在水力损失允许条件下，应尽可能提高断面流速，以减小断面尺寸。随着技术步进，近年来蜗壳流速取值有增大的趋势。

（2）混凝土蜗壳进口断面平均流速 v_0，可根据水轮机的额定水头 H_r 按图 2-8 确定，一般限制在 7m/s 以下。

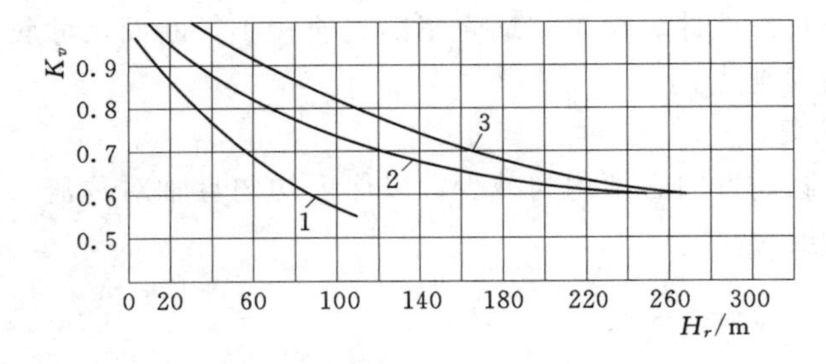

图 2-7　金属蜗壳流速系数 $K_v=f(H_r)$

1—1960 年前国内产品的统计曲线；2—1960—1970 年国内产品的统计曲线；3—推荐曲线

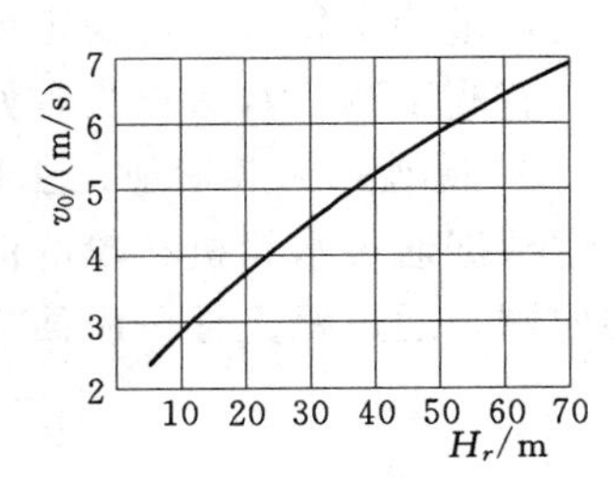

图 2-8　混凝土蜗壳进口断面平均流速曲线

三、蜗壳的水力计算

资源 2-2

蜗壳水力计算的目的，是确定蜗壳各断面的几何形状和尺寸，并绘制蜗壳平面和断面单线图。这是水电站厂房布置设计中的一项重要工作。

蜗壳设计是在已知水轮机额定水头 H_r 及其相应的最大引用流量 Q、导叶高度 b_0、座环固定导叶外径 D_a 和内径 D_b，以及选定蜗壳进口断面形状、包角 φ_0 和平均流速 v_0 的情况下进行的。根据这些已知参数，可求出进口断面的尺寸，但其他断面尺寸的计算尚需依据水流在蜗壳中的运动规律才能进行。

（一）蜗壳中水流的运动规律

水流进入蜗壳后，受到蜗壳内壁的约束而做旋转运动。可将蜗壳内水流速度 $\vec{v}$ 分解为圆周切向流速 $\vec{v}_u$ 和径向流速 $\vec{v}_r$，如图 2-9 所示。

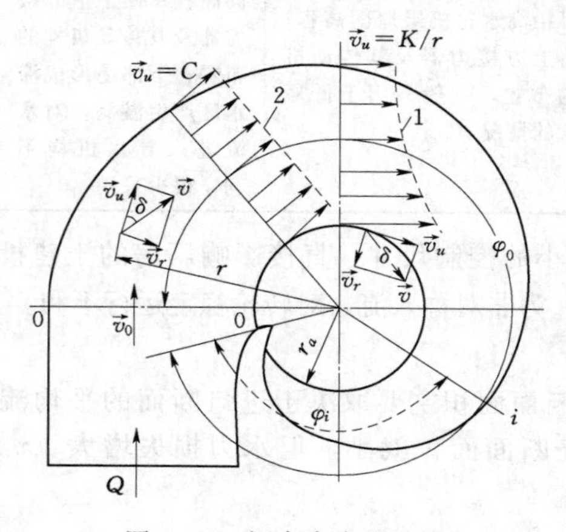

图 2-9　蜗壳中水流运动

1. 蜗壳中圆周切向流速 $\vec{v}_u$ 的变化规律

常用的有以下两种假设：

（1）蜗壳中任一点的水流遵循等速度矩规律（即蜗壳中各点的水流速度矩均相等），有

$$\vec{v}_u r=K=\text{const} \tag{2-2}$$

则

$$\vec{v}_u=\frac{K}{r} \tag{2-3}$$

式中：r 为蜗壳内任一点半径；K 为常数，称为蜗壳常数。

式（2-3）表明：在同一断面上 $\vec{v}_u$ 与半径 r 成反比（图 2-9 中曲线 1）；在同一半径圆周上 $\vec{v}_u$ 相等，则进入导水机构的水流环量均匀且轴对称。

（2）蜗壳任一断面上沿径向各点的水流，$\vec{v}_u$ 均为同一常数 C，即

$$\vec{v}_u=C \tag{2-4}$$

显然，式（2-4）中 $\vec{v}_u$ 等于蜗壳进口断面平均流速 $\vec{v}_0$（图 2-9 中曲线 2）。这种设计规律不能保证进入导水机构的水流环量均匀且轴对称，可能导致转轮径向受力不平衡，影响水轮机运行稳定性。但其设计计算简单，蜗壳尾部流速较小，断面尺寸较大，有利于减小水头损失，便于加工制造。

2. 通过蜗壳各断面流量的变化规律

根据通过水轮机转轮的流量沿圆周方向必须均匀减少，以保证均匀且轴对称流入的原则，通过蜗壳任一断面 i 的流量为

$$Q_i=\frac{\varphi_i}{360°}Q \tag{2-5}$$

式中：Q 为水轮机最大引用流量；φ_i 为从蜗壳鼻端至任一断面 i 的包角（逆时针），如图 2-9 所示。

3. 蜗壳中径向流速 $\vec{v}_r$ 的变化规律

设水流速度沿蜗壳断面高度方向均匀分布，为保证进入导叶的水流必须均匀且轴

对称，则蜗壳内任一半径 r 处的径向流速为

$$\vec{v}_r=\frac{Q}{2\pi rb} \tag{2-6}$$

式中：b 为蜗壳内任一半径 r 处蜗壳的高度。

水流在座环进口处的径向流速，也满足式（2-6），即

$$\vec{v}_r=\frac{Q}{2\pi r_a b_0}=\text{const} \tag{2-7}$$

式中：r_a 为座环固定导叶外半径，$r_a=D_a/2$；b_0 为导叶高度。

设蜗壳内流速 v 与圆周方向夹角为 δ（图 2-9），由式（2-3）、式（2-6）得

$$\tan\delta=\frac{\vec{v}_r}{\vec{v}_u}=\frac{\dfrac{Q}{2\pi rb}}{\dfrac{K}{r}}=\frac{Q}{2\pi bK} \tag{2-8}$$

由式（2-8）可看出，在一定的流量和水头下，若蜗壳各断面高度 b 相同，显然 $\tan\delta=\text{const}$，则蜗壳内的水流流线呈等角对数螺线状。而实际上，蜗壳各断面大多不等高。

（二）金属蜗壳的水力计算

为了确定蜗壳 i 断面的半径 ρ_i 和包角 φ_i 间的关系，初步设计时常采用式（2-4）的假定，可满足厂房布置设计的精度要求。

1. 座环尺寸

座环固定导叶外径的相对值：

$$\frac{D_a}{D_1}=1.55\sim1.64 \tag{2-9}$$

座环固定导叶内径的相对值：

$$\frac{D_b}{D_1}=1.33\sim1.37 \tag{2-10}$$

式中：D_1 为水轮机转轮标称直径，m。

当 $D_1<3.2$m 时，上两式中取上限值。蜗壳与座环连接部位的几何尺寸由座环设计给定，可参阅有关设计手册。

2. 任一断面 i 的断面尺寸

取金属蜗壳任一圆形断面 i，如图 2-10 所示，根据式（2-4）、式（2-5）得

断面半径

$$\rho_i=\sqrt{\frac{Q_i}{\pi v_0}}=\sqrt{\frac{Q\varphi_i}{360°\pi v_0}} \tag{2-11}$$

断面中心距

$$a_i=r_a+\rho_i \tag{2-12}$$

断面外半径

$$R_i=r_a+2\rho_i \tag{2-13}$$

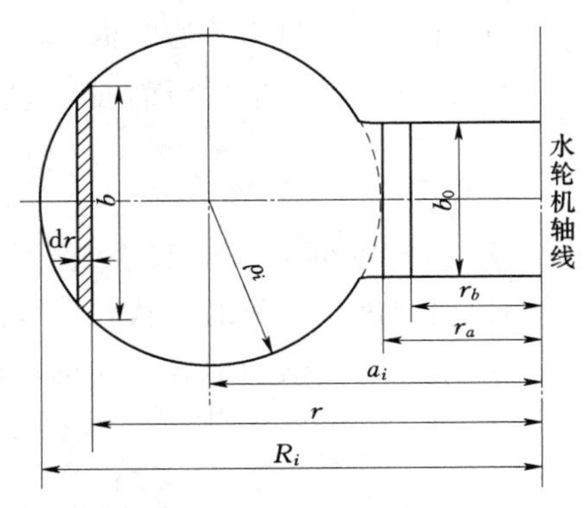

图 2-10　金属蜗壳断面尺寸

则第 $i+1$ 断面的包角为

$$\varphi_{i+1}=\varphi_i-\Delta\varphi \quad (i=0,1,2,3,\cdots) \tag{2-14}$$

式中：$\Delta\varphi$ 为包角增量，一般取 $\Delta\varphi=15°$或 $30°$（注意 i 值编号从蜗壳进口顺时针到鼻端递增）。

3. 进口断面（$i=0$）的断面尺寸

将 $\varphi_i=\varphi_0$ 代入式（2-5）、式（2-11）、式（2-12）、式（2-13），可求得进口断面的 Q_0、ρ_0、a_0、R_0 值。

4. 绘制蜗壳断面单线图和平面单线图

从蜗壳进口断面到鼻端，按上述公式列表计算，然后根据表中数据绘制蜗壳断面单线图（图 2-11）和平面单线图（图 2-12）。注意上述计算公式求出的是圆形断面尺寸，在蜗壳接近尾部处需按等面积法将其近似修正成椭圆断面的尺寸。

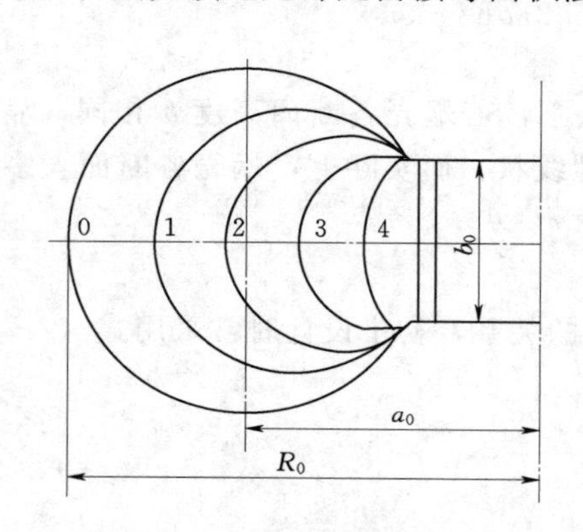

图 2-11 金属蜗壳断面单线图

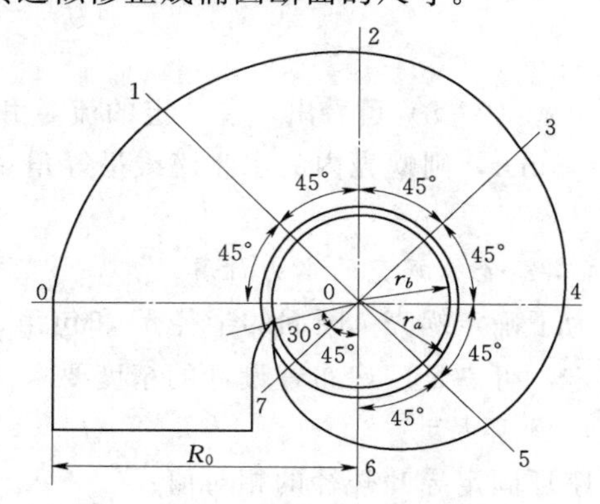

图 2-12 金属蜗壳平面单线图

另外，目前生产中多应用水流在蜗壳中遵循等速度矩的规律，多采用带蝶形边的金属蜗壳，其具体设计方法可参考有关设计手册。

（三）混凝土蜗壳的水力计算

混凝土蜗壳的水力计算，是为了确定混凝土蜗壳外壁半径 R_i 和包角 φ_i 间的关系 $R_i=f(\varphi_i)$。

1. 进口断面计算

（1）确定蜗壳包角。通常取 $\varphi_0=180°$。

（2）按下式计算进口断面面积 F_0：

$$F_0=\frac{Q_0}{v_0}=\frac{\varphi_0 Q}{360° v_0} \tag{2-15}$$

式中：v_0 可根据额定水头 H_r 查图 2-8 得到。

（3）确定进口断面的形状和尺寸。先根据水电站机组性能的要求和厂房布置的需要，合理选择蜗壳断面形式，如选下伸式（$m>n$）如图 2-6（b）所示，即可求出参数 a、b、m、n 及 R_i。其次，根据已定的尺寸，再次计算进口断面的面积 F_0'，进而求出其平均流速 $v_0'=\dfrac{Q_0}{F_0'}$，若 v_0' 比较接近图 2-8 中查得的 v_0，则满足要求。

2. 确定蜗壳其余各断面顶角连线 AG、CH 的变化规律

如图 2-13（a）所示，将蜗壳各断面重叠绘在一张图上时，将各断面顶点连接起来的 AG、CH 曲线，一般为直线或抛物线。

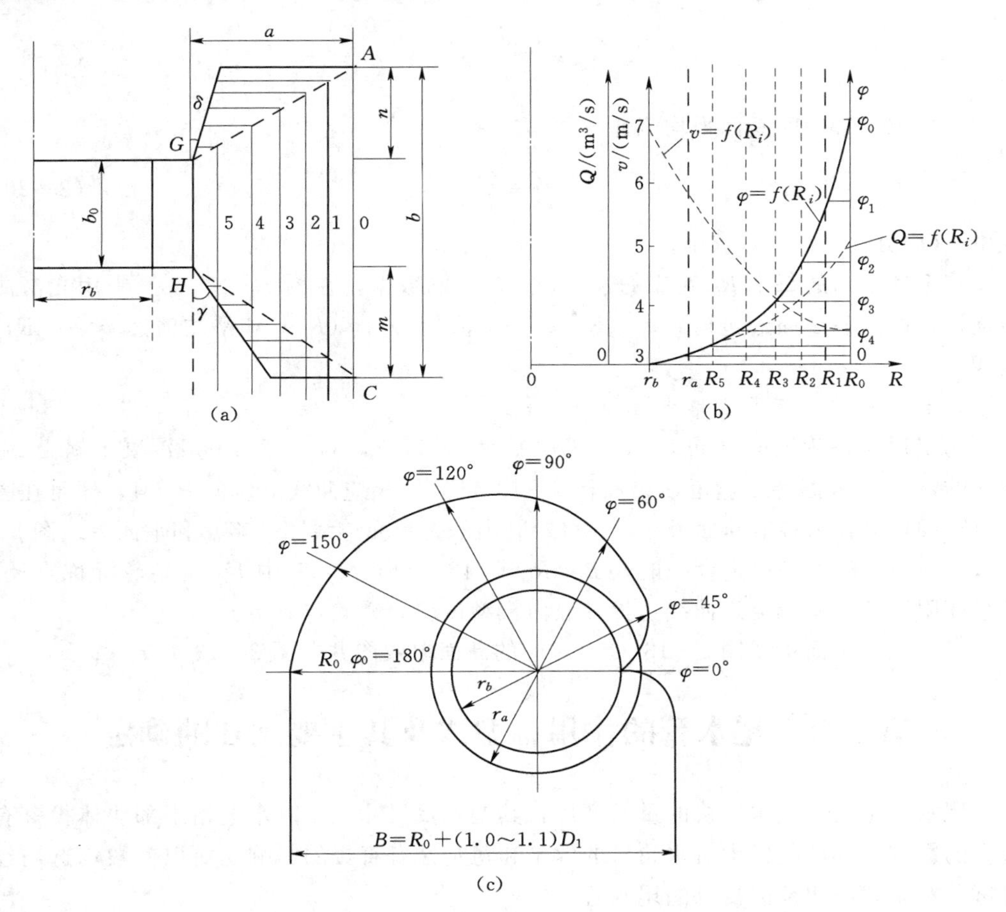

图 2-13　混凝土蜗壳的水力计算

（a）蜗壳断面尺寸；（b）蜗壳辅助曲线；（c）蜗壳平面单线图

若 AG、CH 采用直线变化规律，则有

AG 线　　$$n_i = k_1 a_i \tag{2-16}$$

CH 线　　$$m_i = k_2 a_i \tag{2-17}$$

其中　　$$k_1 = n/a \quad k_2 = m/a$$

式中：k_1、k_2 为常数，可由进口断面尺寸求出。

3. 绘制 $\varphi = f(R_i)$ 辅助线

（1）求出各中间断面包角 φ_i。如图 2-13（a）所示，在进口断面内作出若干中间断面，各断面的编号为 0、1、2、…、i、…。则 i 断面的外半径为 R_i，$a_i = R_i - r_a$，由式（2-16）、式（2-17）可求出每个中间断面的尺寸：a_i、n_i、m_i、$b_i = b_0 + n_i + m_i$，由此可求出各中间断面的面积，为

$$F_i = a_i b_i - \frac{1}{2}m_i^2 \tan\gamma - \frac{1}{2}n_i^2 \tan\delta \quad (i=1,2,3,\cdots) \tag{2-18}$$

进一步可求出任一断面面积与包角的关系，为

$$\varphi_i = \frac{F_i}{F_0}\varphi_0 \tag{2-19}$$

（2）求出各中间断面平均流速 v_i：

$$v_i = \frac{Q_i}{F_i} \tag{2-20}$$

式中：Q_i 由式（2-5）求出。

将上述求出的每个 R_i 对应的 φ_i、Q_i 和 v_i 的数据，在图 2-13（b）中用光滑曲线连接，即得各断面的包角 $\varphi=f(R_i)$、平均流量 $Q=f(R_i)$ 和平均流速 $v=f(R_i)$ 曲线。

4. 绘制蜗壳各节断面单线图和平面单线图

选定蜗壳各节包角为 $\varphi_{i+1}=\varphi_i-\Delta\varphi$（$i=0$，1，2，3，…），一般混凝土蜗壳 $\Delta\varphi$ 取 30°或 45°。根据各节包角 φ_{i+1} 查图 2-13（b）中相应曲线对应的 R_i 值，便可在图 2-13（a）上查出各节断面尺寸，就可绘制出蜗壳断面单线图（略）和平面单线图 2-13（c），图中蜗壳进口宽度一般取 $B=R_0+(1\sim1.1)D_1$，其中 D_1 为转轮标称直径；其鼻端附近的非蜗形流道曲线边界一般由模型试验研究确定。

需注意，平面单线图 2-13（c）对应的断面单线图并非图 2-13（a）。

第二节　尾水管的作用、型式及其主要尺寸的确定

尾水管是反击式水轮机的重要部件，其型式及尺寸大小对水电站下部块体投资有很大的影响，其性能优劣对水轮机的效率和稳定性有直接的影响。所以一般均选用经过试验和实践证明性能良好的尾水管。

一、尾水管的作用

为了说明尾水管的作用，下面进行比较分析。图 2-14 表示无尾水管、具有圆柱形尾水管、具有扩散形尾水管三种水轮机工作情况。在水轮机工作参数相同的情况下，这三种水轮机的转轮所能利用的单位水流能量，均可表示为

$$\Delta E = E_1 - E_2 = \left(H_1 + \frac{p_a}{\gamma}\right) - \left(\frac{p_2}{\gamma} + \frac{\alpha_2 v_2^2}{2g}\right) \tag{2-21}$$

式中：E_1、E_2 分别为转轮进、出口单位重量水流的能量；H_1 为转轮进口处的静水头；p_a 为大气压力；p_2 为转轮出口处压力；v_2 为转轮出口处水流速度；α_2 为出口断面动能不均匀系数。

在这三种情况下，由于转轮出口处的 p_2 与 v_2 不同，转轮出口处的水流能量是不同的，从而引起转轮前后能量差的变化。

（1）无尾水管时，如图 2-14（a）所示。转轮出口压能为 $p_2/\gamma=p_a/\gamma$，代入

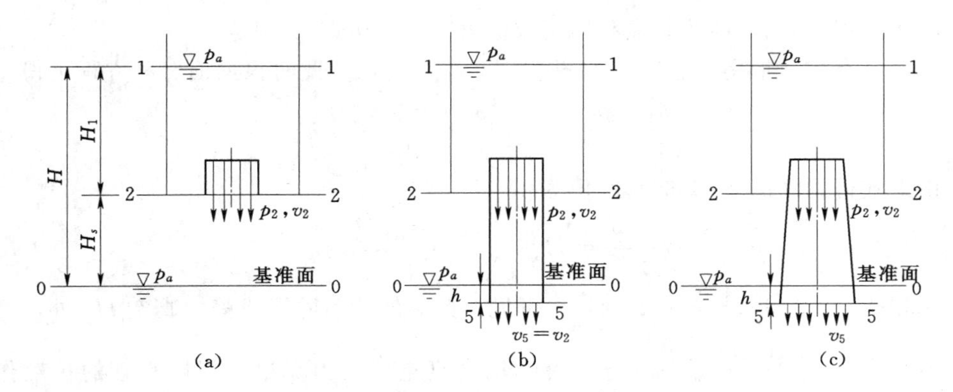

图 2-14　尾水管作用分析示意图

(a) 无尾水管；(b) 具有圆柱形尾水管；(c) 具有扩散形尾水管

式（2-21）得转轮所能利用的水流能量为

$$\Delta E'=H_1-\frac{\alpha_2 v_2^2}{2g} \tag{2-22}$$

式（2-22）说明，当无尾水管时，转轮只利用了电站总水头中的 H_1 部分，转轮出口至下游水面高差 H_s 没有利用，同时损失掉转轮出口水流的全部动能 $\alpha_2 v_2^2/(2g)$。

（2）具有圆柱形尾水管时，如图 2-14（b）所示。为了求得转轮出口处的压能 p_2/γ，列出转轮出口断面 2—2 及尾水管出口断面 5—5 的伯努利方程如下：

$$H_s+\frac{p_2}{\gamma}+\frac{\alpha_2 v_2^2}{2g}=-h+\left(\frac{p_a}{\gamma}+h\right)+\frac{\alpha_5 v_5^2}{2g}+h_w \tag{2-23}$$

式中：h_w 为尾水管内的水头损失；α_5 为出口断面 5—5 动能不均匀系数。

对于圆柱形尾水管，因 $v_2=v_5$，式（2-23）可进一步变为

$$\frac{p_a-p_2}{\gamma}=H_s-h_w \tag{2-24}$$

式中：$(p_a-p_2)/\gamma$ 为断面 2—2 处的真空值，是在圆柱形尾水管作用下利用了 H_s（称静力真空）所形成的。

将式（2-24）代入式（2-21），得到采用圆柱形尾水管时转轮利用的水流能量 $\Delta E''$为

$$\Delta E''=\left(H_1+\frac{p_a}{\gamma}\right)-\left(\frac{p_a}{\gamma}-H_s+h_w+\frac{\alpha_2 v_2^2}{2g}\right)$$

即

$$\Delta E''=(H_1+H_s)-\left(h_w+\frac{\alpha_2 v_2^2}{2g}\right) \tag{2-25}$$

比较式（2-22）与式（2-25），可看出，圆柱形尾水管比无尾水管时多利用了静力真空 H_s（也称吸出高度），但动能 $\alpha_2 v_2^2/(2g)$ 仍然损失掉了，而且增加了尾水

管内的水头损失 h_w，即此时多利用了数值为（H_s-h_w）的能量。

（3）具有扩散形尾水管时，如图 2-14（c）所示。此时根据伯努利方程可得

$$\frac{p_2}{\gamma}=\frac{p_a}{\gamma}-H_s-\frac{\alpha_2 v_2^2-\alpha_5 v_5^2}{2g}+h_w$$

由上式得到断面 2—2 的真空值为

$$\frac{p_a-p_2}{\gamma}=H_s+\left(\frac{\alpha_2 v_2^2-\alpha_5 v_5^2}{2g}-h_w\right) \tag{2-26}$$

比较式（2-26）与式（2-24），可见，此时转轮后除形成静力真空 H_s 外，又增加数值为$\frac{\alpha_2 v_2^2-\alpha_5 v_5^2}{2g}-h_w$的真空，称为动力真空。动力真空是因尾水管的扩散作用而使转轮出口流速由 v_2 减小到 v_5 形成的。

将式（2-26）代入式（2-21），得到扩散形尾水管条件下转轮利用的水流能量 $\Delta E'''$ 为

$$\Delta E'''=\left(H_1+\frac{p_a}{\gamma}\right)-\left(\frac{p_a}{\gamma}-H_s-\frac{\alpha_2 v_2^2-\alpha_5 v_5^2}{2g}+h_w+\frac{\alpha_2 v_2^2}{2g}\right)=(H_1+H_s)-\left(h_w+\frac{\alpha_5 v_5^2}{2g}\right) \tag{2-27}$$

比较式（2-27）与式（2-25），可见，当用扩散形尾水管代替圆柱形尾水管后，出口动能损失由$\frac{\alpha_2 v_2^2}{2g}$减少到$\frac{\alpha_5 v_5^2}{2g}$，多利用了数值为$\frac{\alpha_2 v_2^2-\alpha_5 v_5^2}{2g}$的能量，此值又称为断面 2—2 的附加动力真空，但同时扩散形尾水管中的水头损失也有所增加。实际上在断面 2—2 处所恢复的动能为$\frac{\alpha_2 v_2^2-\alpha_5 v_5^2}{2g}-h_w$。

为了估计扩散形尾水管的恢复动能的效能，不妨设扩散形尾水管内没有水力损失（$h_w=0$），且出口断面为无穷大，无动能损失$\left[\frac{\alpha_5 v_5^2}{2g}=0\right]$，则此时断面 2—2 处的理想动力真空就等于转轮出口的全部功能$\frac{\alpha_2 v_2^2}{2g}$。

实际恢复的动能与理想恢复的动能的比值，称为尾水管的动能恢复系数 η_w。其表达式为

$$\eta_w=\frac{\frac{\alpha_2 v_2^2}{2g}-\left(h_w+\frac{\alpha_5 v_5^2}{2g}\right)}{\frac{\alpha_2 v_2^2}{2g}} \tag{2-28}$$

式（2-28）表明，尾水管内的水头损失与出口动能越小，则尾水管的动能恢复系数 η_w 越高。η_w 是尾水管回收利用的转轮出口的动能的相对值，η_w 越大表示尾水管回收利用的转轮出口的动能越好。故 η_w 有时也称尾水管的效率。

根据以上分析，水流流经尾水管总的能量损失 Δh 为内部水力损失与出口动能损失之和，即

$$\Delta h = h_w + \frac{\alpha_5 v_5^2}{2g}$$

将式（2-28）代入上式，变换得

$$\Delta h = \frac{\alpha_2 v_2^2}{2g}(1-\eta_w) \tag{2-29}$$

设尾水管相对水力损失为 ζ（即能量损失 Δh 与水轮机水头 H 之比值），有

$$\zeta = \frac{\Delta h}{H} = (1-\eta_w)\frac{\alpha_2 v_2^2}{2gH} \tag{2-30}$$

由式（2-30）可见，尾水管的恢复系数 η_w 不是尾水管的相对损失，它只反映其转换动能的效果。两个不同比转速的水轮机即使具有相同的尾水管恢复系数 η_w，而由于它们的转轮出口动能 $\frac{\alpha_2 v_2^2}{2g}$ 所占总水头的比重不同，其实际相对水力损失也不同。高比转速水轮机的 $\frac{\alpha_2 v_2^2}{2g}$ 占总水头的40%左右，而低比转速水轮机却不到1%。以尾水管的恢复系数都等于75%来估算，则高比转速水轮机尾水管的相对水力损失达 $\zeta=10\%$，而低比转速的仅为 $\zeta=0.25\%$ 左右。由此可见，尾水管对高比转速水轮机起着十分重要的作用。由此也可看出，尾水管对低水头轴流式水轮机比对混流式水轮机更为重要。

需要说明的是，上述分析中，转轮出口平均流速 v_2 是其法向平均流速。在非最优工况下，$\frac{\alpha_2 v_2^2}{2g} = \frac{\alpha_{u2} v_{u2}^2}{2g} + \frac{\alpha_{m2} v_{m2}^2}{2g}$，动能 $\frac{\alpha_{u2} v_{u2}^2}{2g}$ 难于回收，并且当 v_{u2} 达到某一数值时，旋转水流进入尾水管中会出现涡带，旋转涡带作用在尾水管内壁上时会产生空腔空蚀，甚至引起机组振动。所以尾水管虽有回收动能作用，但同时还可能带来空腔空蚀和机组振动等问题。

综上所述，水轮机的尾水管有以下作用：

（1）将转轮出口水流引向下游。

（2）利用转轮高出下游水面的那一段位能，形成转轮出口处的静力真空（如转轮安装高程低于下游水位，则此项作用不存在）。

（3）回收转轮出口水流部分动能，将其转换成为转轮出口处的动力真空。

二、尾水管的型式及其主要尺寸

1. 尾水管的型式

尾水管有多种型式，最常用的主要有直锥形、弯锥形、弯肘形三种。

（1）直锥形尾水管。如图2-15所示，其母线多为直线，也有曲线的。它结构简单，易于制造。内部水流均匀、阻力小，所以水力损失较小，动能恢复系数 η_w 较高，一般可达83%以上。广泛用于中小型水电站（$D_1<0.8$m）。

（2）弯锥形尾水管。如图2-16所示，比直锥形尾水管多了一段圆形等直径的弯管，弯管转弯90°后与竖直的圆锥管段相连。但由于弯管段水流速度较大且分布不均匀，拐弯后使水流在直锥扩散管中流动状态恶化，致使水力损失较大，其 η_w 为

40%～60%，性能较差。常用于小型卧式机组。

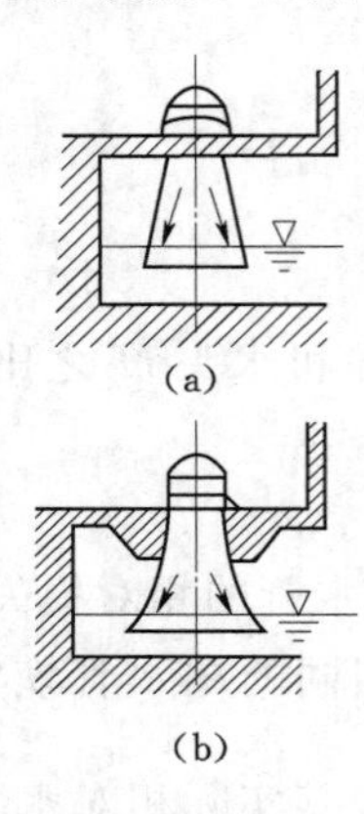

图 2-15　直锥形尾水管

（a）母线为直线；（b）母线为曲线

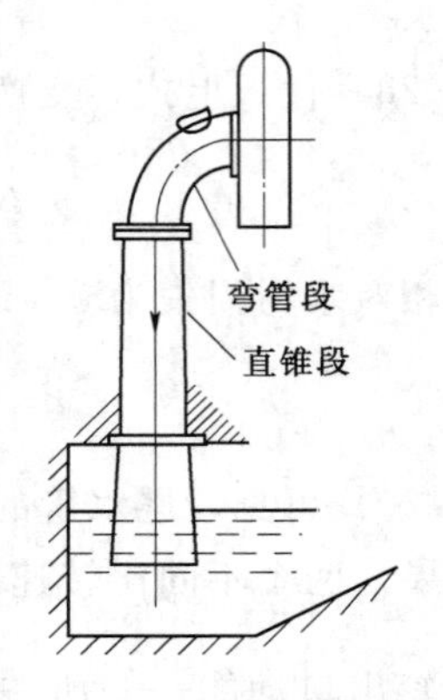

图 2-16　弯锥形尾水管

资源 2-3

（3）弯肘形尾水管。如图 2-17 所示，它由进口直锥段、中间肘管段及出口扩散段 3 部分组成，弯肘形尾水管用钢筋混凝土浇筑而成，常用于大中型机组。进口直锥段是一个竖直的圆锥形扩散管，内壁设金属里衬（由制造厂提供），以防旋转水流和涡带压力脉动对管壁的破坏。肘管是一个 90°的变截面弯管，其进口断面为圆形，出口断面为矩形，如图 2-18 所示，进口由斜圆锥面 1 形成，然后向水平圆柱面 2 过渡；斜圆锥面 1 到圆环面 6 由斜平面 5 过渡；肘管的侧面为垂直面 4 和垂直圆柱面 3。出口扩散段是一个水平放置、两侧平行、顶板上翘、底部为水平面、断面为矩形的扩散管。

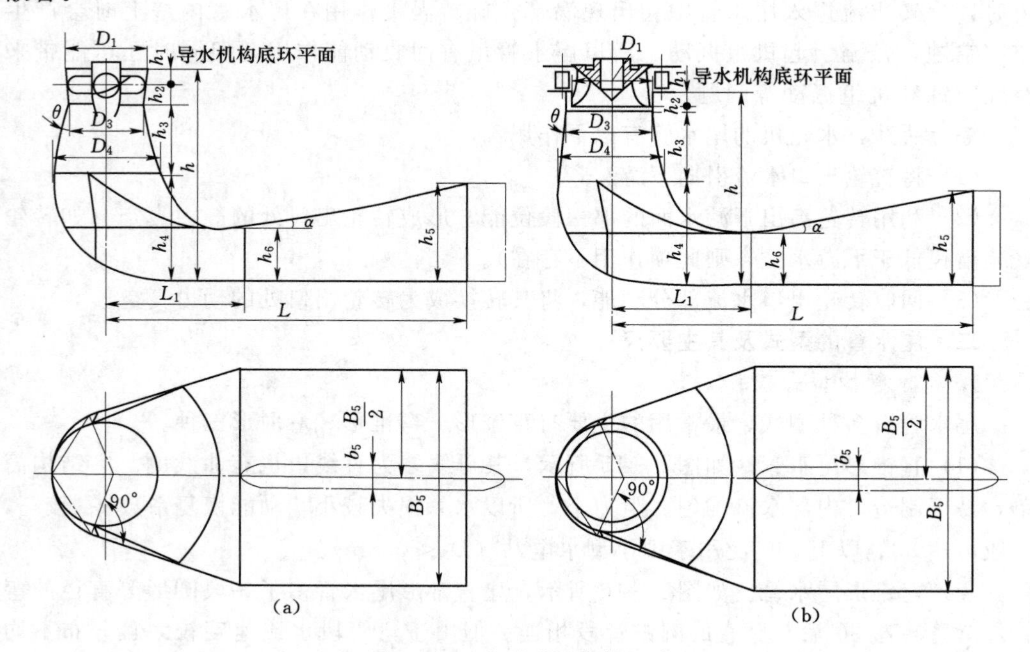

图 2-17　弯肘形尾水管尺寸

（a）轴流式水轮机；（b）混流式水轮机

在大中型电站的立式水轮机中，如采用直锥形尾水管，由于管子长，机组下游需开挖很深，大大增加了土建工程量，以致实际上不可能实现，所以必须采用弯肘形尾水管。这种尾水管中的水流经过一段不长的直锥管后进入肘管，使水流变为水平方向，再经过水平扩散段流到下游，因而增加了转弯的附加水力损失及出口水流不均匀性的水力损失，这种尾水管的恢复系数较直锥形尾水管要低，其 η_w 为60%～75%。

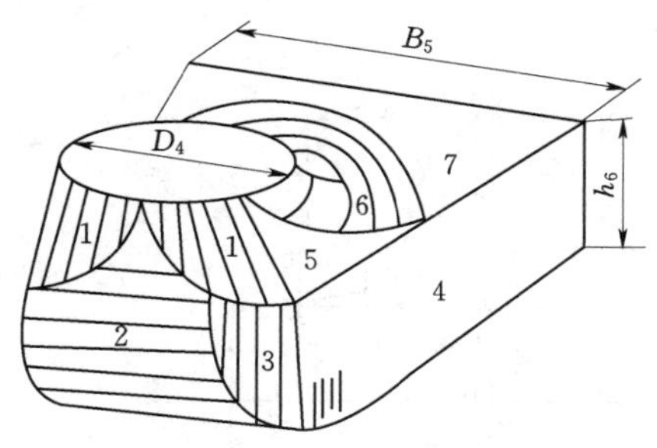

图 2-18　肘管结构

1—斜圆锥面；2—水平圆柱面；3—垂直圆柱面；4—垂直面；5—斜平面；6—圆环面；7—上翘面

2. 弯肘形尾水管主要尺寸的确定

弯肘形尾水管的性能主要受以下几方面因素的影响，选择时应着重加以考虑。

资源 2-4

（1）尾水管高度。尾水管高度 h，是指水轮机导水机构底环平面至尾水管底板平面之间的距离（图 2-17），它包括 h_1、h_2、h_3、h_4 四部分。h_1 和 h_2 由转轮结构确定。肘管型式是经过多次试验才能确定的，其尺寸 h_4 不能轻易更改。所以增大 h，一般是指增大直锥段的高度 h_3。增大 h 可降低肘管段进口流速，这对减小肘管中的水力损失较有利；增大 h 还可改善尾水管偏心涡带所引起的振动，特别是混流式水轮机因叶片角度不能调整而容易产生偏心涡带及振动，因此常常需要限制 h 的最小值；增大 h 虽可提高水轮机的效率，但会增大工程开挖量，增加厂房土建投资。水下部分的开挖和施工常很困难而且牵涉面较广，甚至由于地质条件的限制而要求尾水管高度必须小于某一数值，会出现施工和运行两者的矛盾。需指出，当尾水管的高度采用小于正常推荐范围的数值时，必须事先进行充分的论证或试验研究，以确保安全运行。

根据实践经验，一般高水头混流式水轮机（$D_1>D_2$），取 $h\geqslant2.2D_1$；低水头混流式水轮机（$D_1<D_2$），取 $h\geqslant2.6D_1$，最低不得小于 $2.3D_1$；转桨式水轮机，取 $h\geqslant2.3D_1$，最低不得小于 $2.0D_1$。

其单边扩散角 θ 一般为：$\theta=7°\sim9°$（混流式）；$\theta=8°\sim10°$（转桨式），轮毂比 $d_g/D_1>0.45$ 时取下限值。

（2）肘管型式。肘管形状十分复杂，其内水流流速和压力分布很不均匀，水力损失较大。肘管对整个尾水管的性能影响很大，通常经过多次试验才能选到性能良好的肘管。为了便于实际工程设计应用，目前常采用推荐使用的标准混凝土肘管，如图 2-19 所示，此肘管 $h_4=D_4=1000$mm，图中各线性尺寸列于表 2-2 和表 2-3。定义比例系数 k_4＝实际肘管高度（mm）/1000mm，应用时将表 2-3 中所有数值乘以 k_4，可换算出实际值。

此外，当水头高于 200m 时，由于水流流速过大，此时可采用金属肘管，如图 2-20 所示，其型式与混凝土肘管不同，其线性尺寸可参阅有关设计手册。

（3）水平长度。水平长度 L 是机组中心到尾水管出口的距离，如图 2-17 所示。增加 L 可使尾水管出口面积增大，从而降低出口动能，提高水轮机效率。但过多增大 L

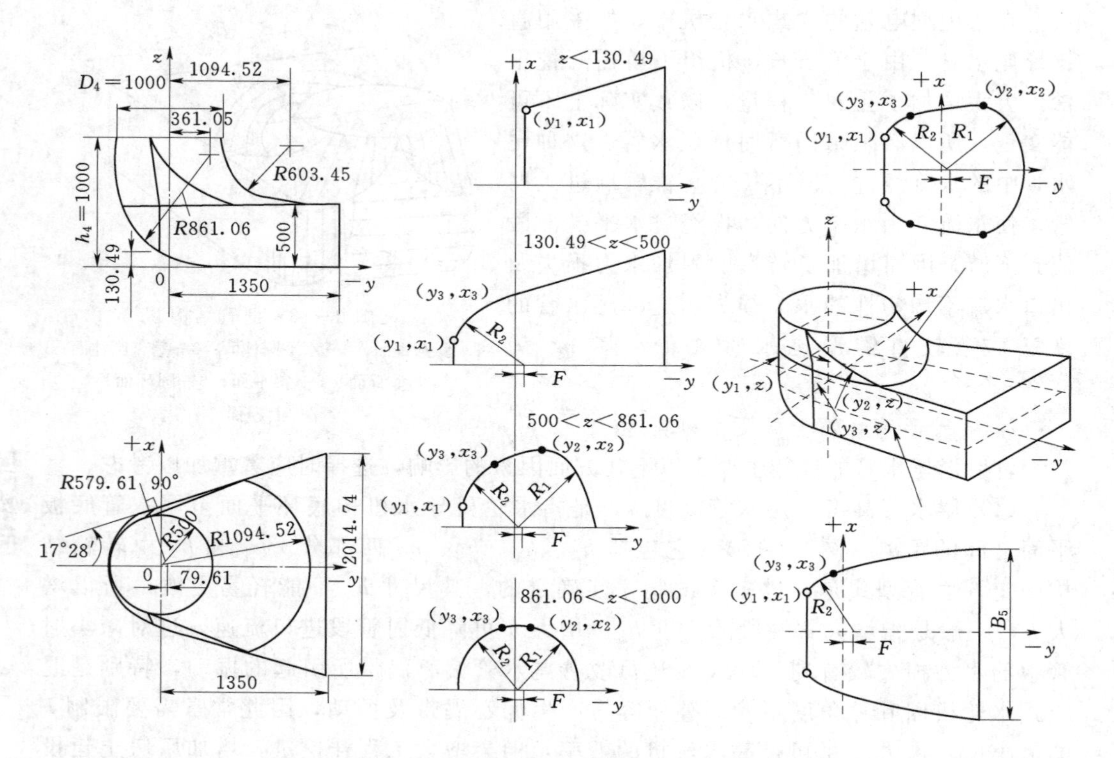

图 2-19　标准混凝土肘管（单位：mm）

图 2-20　金属肘管

将增加沿程水力损失和增大厂房水下部分尺寸，常取 $L=(3.5\sim4.5)D_1$。水平扩散段的两侧平行，顶板向上翘，倾角取 $\alpha=10°\sim13°$；底板一般水平；水平段宽度，转桨式水轮机取 $B_5=(2.3\sim2.7)D_1$，混流式取 $B_5=(2.7\sim3.3)D_1$，当 $B_5>10$m 时允许在出口段中加单支墩，并考虑尾水门槽布置的要求，支墩厚度为 $b_5=(0.1\sim0.15)B_5$。出口段最好不要加双支墩，试验表明双支墩会引起效率显著下降。

表 2-2　　推荐的尾水管尺寸

h/D_1	L/D_1	B_5/D_1	D_4/D_1	h_4/D_1	h_6/D_1	L_1/D_1	h_5/D_1	肘管型式	适用范围
2.20	4.50	1.808	1.10	1.10	0.574	0.94	1.300	金属里衬肘管 $h_4/D_1=1.10$	混流式 $D_1>D_2$
2.30	4.50	2.420	1.20	1.20	0.600	1.62	1.270	标准混凝土肘管	轴流式
2.60	4.50	2.720	1.35	1.35	0.675	1.82	1.220	标准混凝土肘管	混流式 $D_1<D_2$

表 2-3 标准肘管尺寸 单位：mm

z	y_1	x_1	y_2	x_2	y_3	x_3	R_1	R_2	F
50	-71.90	605.200							
100	41.70	569.450							
150	124.56	542.450			94.36	552.89		579.61	79.61
200	190.69	512.720			94.36	552.89		579.61	79.61
250	245.60	479.770			94.36	552.89		579.61	79.61
300	292.12	444.700			94.36	552.89		579.61	79.61
350	331.94	408.130			94.36	552.89		579.61	79.61
400	366.17	370.440			94.36	552.89		579.61	79.61
450	395.57	331.910			94.36	552.89		579.61	79.61
500	420.65	292.720	-732.66	813.12	94.36	552.89	1094.52	579.61	79.61
550	441.86	251.180	-457.96	720.84	99.93	545.79	854.01	571.65	71.65
600	459.48	209.850	-344.72	679.36	105.50	537.70	761.82	563.69	63.69
650	473.74	168.800	-258.78	646.48	111.07	530.10	696.36	555.73	55.73
700	484.81	128.090	-187.07	618.07	116.65	522.51	645.77	547.77	47.77
750	492.81	87.764	-124.36	592.50	122.22	514.92	605.41	539.80	39.80
800	497.84	47.859	-67.85	568.80	127.79	507.32	572.92	531.84	31.84
850	499.94	7.996	-15.75	546.65	133.36	499.73	546.87	523.88	23.88
900	500.00	0.000	33.40	525.33	138.93	492.13	526.40	515.92	15.92
950	500.00	0.000	81.50	504.36	144.50	484.54	510.90	507.96	7.96
1000	500.00	0.000	150.07	476.95	150.07	476.95	500.00	500.00	0.00

三、局部尺寸变动尾水管

为了满足施工方便、厂房布置紧凑及适应地形、地质条件等实际工程要求，有时需要对上述推荐的尾水管尺寸作适当的变动，但这些变动不可对尾水管的性能指标造成严重影响，有些尺寸的变动（如高度 h 小于推荐值下限）需经过水轮机制造厂家同意，并需经过充分的论证或试验研究后才可确定。

（1）底板向上倾斜型尾水管。当厂房底部岩石开挖受到限制，又要保持尾水管高度时，允许将出口扩散段底板向上倾斜，如图 2-21 所示，一般向上倾斜角 $\beta \leqslant 6° \sim 12°$（低比转速水轮机取上限）。试验证明，这种变动对尾水管性能影响不大。

（2）偏离机组中心线型尾水管。即尾水管出口扩散段的中心线偏向蜗壳进口一侧（图 2-22）。其宽度在机组中心线两边不对称，其偏心距 e 由水工建筑设计要求决定，肘管的水平长度 L_1 和各断面形状保持标准值，使肘管两侧面夹角（为 2θ）的角平分线过机组中心线，这样水平扩散段

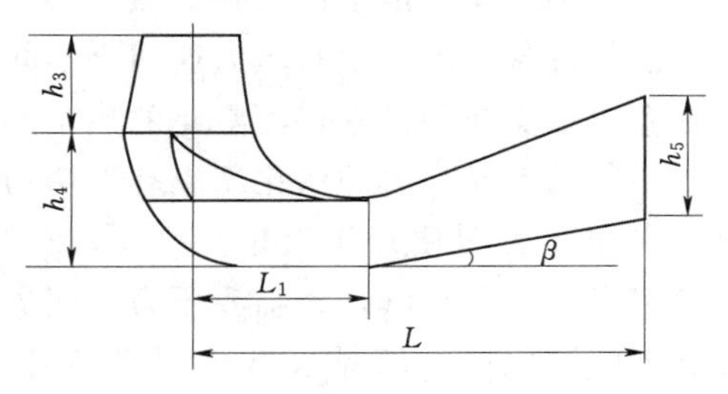

图 2-21 底板向上倾斜型尾水管

两侧的长度就不相等了。有些大中型反击式水轮机的蜗壳尺寸较大，其厂房在水工建筑方面要求采用这种尾水管。

(3) 窄高型尾水管。对于地下厂房，厂房的挖深一般不是主要矛盾，为了保持岩石的稳定性，常将尾水管的水平扩散段做成窄高形状，即窄高型尾水管（其肘管出口截面面积不变，水平扩散段的宽度适当减小、高度适当增加），用加大深度来弥补因宽度缩小带来的不利影响。窄高型尾水管还可用于要求减小尾水管宽度的地面厂房。窄高型尾水管主要适用于混流式水轮机，如图 2－23 所示，其直锥管为直锥形扩散管，肘管采用圆形或椭圆形断面，水平扩散管从椭圆形断面过渡到圆角矩形断面。一般宽度取 $B_5/D_1=1.5\sim2.4$（B_5 沿 L 保持不变），高度取 $h/D_1=3.0\sim4.5$，长度取 $L/D_1=6.0\sim7.0$ 或更长。

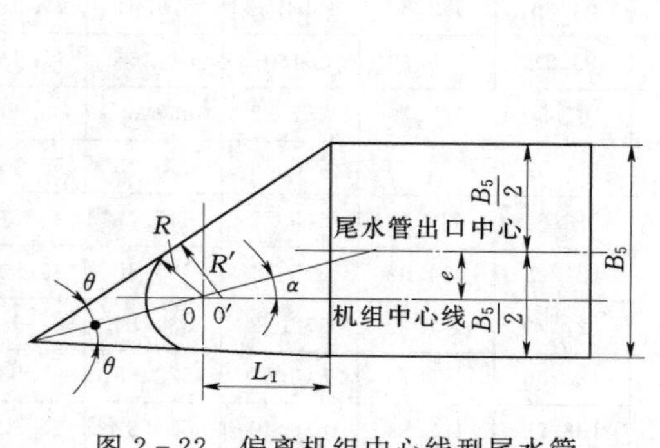

图 2－22　偏离机组中心线型尾水管

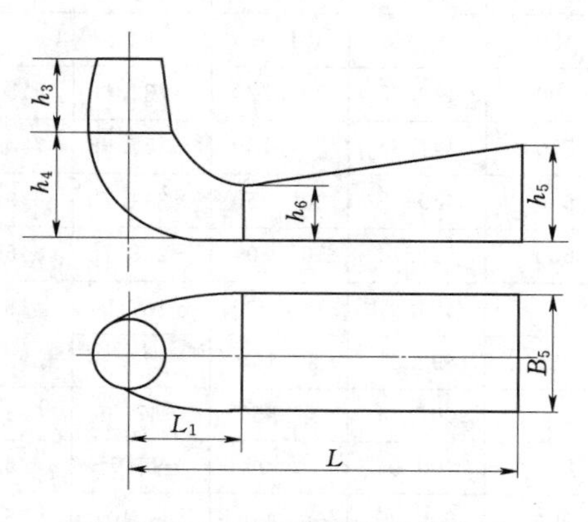

图 2－23　窄高型尾水管单线图

第三节　水轮机的空化与空蚀及空化系数

一、空化与空蚀的基本概念

任何一种液体在温度一定时，当压力降低到某一临界值之下时，液体就会汽化成气泡（或溶解于液体中的空气发育形成空穴），然后气泡被流体带到压力高于临界值的区域，气泡将溃灭，这个过程称为空化。

由于液体具有汽化特性，则当液体在恒压下加热，或在恒温下用静力或动力方法降低其周围环境压力，都能使液体达到汽化状态。沸腾也是一种液体汽化现象，它是指任何一种液体在恒定压力下加热，当液体温度高于某一温度时，液体开始汽化而形成气泡的现象。由温度和压力这两个不同条件形成的液体汽化现象是不同的。沸腾主要是个热量交换的过程，而空化的热交换极小，可以看成是一个冷过程。

空化的形成与水的汽化现象有密切的联系。试验表明，当气压降低到 $0.24mH_2O$ 时，水在 20℃时便开始汽化。可见，水开始汽化的温度与环境压力有关。通常把水在给定温度下开始汽化的临界压力，叫做水的汽化压力，用符号 p_v 表示。水在各种温度下的汽化压力值见表 2－4。为应用方便，汽化压力的单位用 mH_2O（米水柱）表示（$1mH_2O=9806.65Pa$）。

表 2-4　水的汽化压力值

水的温度 t/℃	0	5	10	20	30	40	50	60	70	80	90	100
汽化压力 $(p_v/\gamma)/mH_2O$	0.06	0.09	0.12	0.24	0.43	0.75	1.26	2.03	3.17	4.83	7.15	10.33

空化过程可以发生在液体内部，也可以发生在固体边界上，在气泡溃灭过程中还会伴随着机械、电化、热力、化学等过程的作用。若发生在固体边界上，则气泡的溃灭将引起固体过流表面材料的损坏，即发生了所谓的空蚀。如人们最早发现轮船的螺旋桨运行时间不长就遭空蚀破坏，后来又发现水轮机转轮叶片也遭空蚀破坏等，空化与空蚀逐渐引起人们的重视。我们以前所说的“汽蚀”现象，实际上包括了空化和空蚀两个过程。空化是现象，空蚀是空化在固体材料表面产生的直接后果，空蚀只发生在固体边界上。

二、空化与空蚀的机理

1. 空化机理

发生空化的内因，是液体中存在空化核（空化核包括不溶于水的微小游离气泡、固体颗粒上附着的微小气泡、过流表面缝隙中残存的微小气泡）。发生空化的外因，是液体中低压的形成，如环境压力的降低（如抽气）、物体（如翼型）的高速绕流、狭窄缝隙中的流动、涡心的低压、高频振动等。

有人曾做过试验，试验结果表明：不同大小的气核，其空化的压力不同；气泡越大，其溃灭时间越长；液体内压力越大，其溃灭时间则越短。空化发生的基本过程可表述为下列 3 个阶段：

气核 —压力降低↓→ 气泡生成 —压力降低↓↓→ 气泡长大 —压力回升↑→ 气泡缩小 —压力回升↑↑→ 气泡溃灭

①初生阶段（气核→气泡生成）　②发育阶段（气泡生成→气泡长大）　③溃灭阶段（气泡长大→气泡溃灭）

由于水力机械中的水流是比较复杂的，空化现象可以出现在不同部位，在不同条件下形成空化初生。根据对各种类型的水力机械空化区的观察和室内试验成果可知，空化经常在绕流物体表面的低压区或流向急变部位出现，而最大空蚀区位于平均空穴长度的下游端，但整个空蚀区是由最大空蚀点在上下游延伸相对宽的一个范围内。所以，物体过流表面的空蚀部分并非是引起空化观察现象的低压点，而低压点在空蚀区的上游。

2. 空蚀机理

实践表明，任何固体材料，在任何液体的一定动力条件作用下，都能引起空蚀破坏。空蚀的机理比较复杂，目前还没有统一的看法，比较一致的看法是：空蚀很可能是多种因素综合作用的结果，空蚀对金属材料表面的侵蚀破坏主要有机械、化学和电化作用，其中以机械作用为主。

（1）机械作用。水流在运动过程中，可能发生局部的压力降低，当局部压力降低到汽化压力时，水就开始汽化，而原来溶解在水中的极微小的（直径为 10^{-5} ～ 10^{-4}mm）空气泡也同时开始聚集、逸出。从而就在水中出现了大量的由空气及水蒸气混合形成的气泡（直径在 0.1～2.0mm）。这些气泡随着水流进入压力高于汽化压力的区域时，一方面由于气泡外动水压力的增大，另一方面由于气泡内水蒸气迅速凝结使压力变得很低，从而使气泡内外的动水压差远大于维持气泡成球状的表面张力，导致气泡瞬时溃裂（溃裂时间约为几百分之一或几千分之一秒）。在气泡溃裂的瞬间，其周围的水流质点便在极高的压差作用下产生极大的流速向气泡中心冲击，形成巨大的冲击压力（其值可达几十甚至几百个大气压）。在此冲击压力作用下，原来气泡内的气体全部溶于水中，并与一小股水体一起急剧收缩形成聚能高压“水核”。而后水核迅速膨胀冲击周围水体，并一直传递到过流部件表面，致使过流部件表面受到一小股高速射流的撞击。这种撞击现象是伴随着运动水流中气泡的不断生成与溃裂而产生的，它具有高频脉冲的特点，从而对过流部件表面造成材料的破坏，这种破坏作用称为空蚀的“机械作用”。

（2）化学作用。发生空化和空蚀时，气泡使金属材料表面局部出现高温，这种局部出现的高温可能是气泡在高压区被压缩时放出的热量，或者是由于高速射流撞击过流部件表面而释放出的热量。据试验测定，在气泡凝结时，局部瞬时高温可过300℃，在这种高温和高压作用下，促进气泡对金属材料表面的氧化腐蚀作用。

（3）电化作用。在发生空化和空蚀时，局部受热的材料与四周低温材料之间，会产生局部温差，形成热电偶，材料中有电流流过，引起热电效应，产生电化腐蚀，破坏金属材料的表面层，使它发暗变毛糙，加快了机械侵蚀作用。

根据对水轮机空蚀的多年观测，认为空蚀破坏主要是机械破坏，化学和电化作用是次要的。在机械作用的同时，化学和电化腐蚀加速了机械破坏过程。空蚀破坏开始时，一般是金属表面失去光泽而变暗，接着是变毛糙而发展成麻点，一般呈针孔状，深度在1～2mm以内；再进一步使金属表面十分疏松成海绵状，也称为蜂窝状，深度为3mm到几十毫米。空蚀严重时，甚至可能造成水轮机叶片的穿孔破坏。对于多泥沙河流上的水轮机，空蚀与泥沙磨损联合作用，会进一步加剧过流部件表面的破坏作用。

资源2-5

三、水轮机空化与空蚀类型

运行中的水轮机发生空化现象，会产生振动和噪声，甚至引起机组出力摆动，效率下降等。经过一段时间的运行后，在过流部件（主要是转轮、转轮室、尾水管、导叶、上下止漏环）表面出现麻坑，严重时出现蜂窝状组织或成块的金属脱落，即水轮机发生了空蚀。空化和空蚀的存在对水轮机运行极为不利。

根据水轮机空化和空蚀发生的条件和部位的不同，一般可分为以下四种基本类型。

1. 翼型空化和空蚀

翼型空化和空蚀是由于水流绕流叶片引起压力降低而产生的。叶片背面的压力往往为负压，其压力分布如图2-24所示。当背面低压区的压力降低到环境汽化压力 p_v 以下时，便发生空化和空蚀。这种空化和空蚀与叶片翼型断面的几何形状密切相关，所以称为翼型空化和空蚀。翼型空化和空蚀是

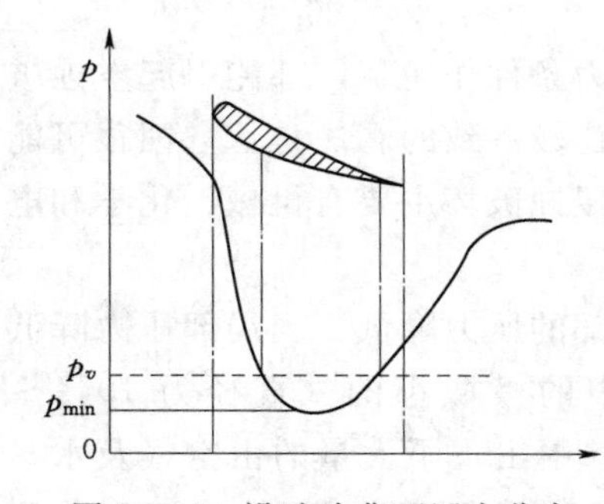

图2-24 沿叶片背面压力分布

反击式水轮机主要的空化和空蚀形态。翼型空化和空蚀的程度与水中杂质含量、叶片的材质、水轮机的运行工况有关，尤其当水轮机长时间处于非最优工况区运行时，则会诱发或加剧翼型空化和空蚀。当然设计不良、制造质量不高都会扩大翼型背面的低压区，导致大面积的翼型空化和空蚀。

根据对国内许多水电站水轮机的调查显示，混流式水轮机的翼型空化和空蚀主要可能发生在图 2-25（a）所示的 $A \sim D$ 四个区域：A 区为叶片背面下半部出水边；B 区为叶片背面与下环靠近处；C 区为下环立面内侧；D 区为转轮叶片背面与上冠交界处。轴流式轮机的翼型空化和空蚀主要发生在叶片背面的出水边和叶片与轮毂的连接处附近，如图 2-25（b）所示。

2. 间隙空化和空蚀

间隙空化和空蚀是当水流通过狭小通道或间隙时引起局部流速升高，压力降低到一定程度时所发生的一种空化和空蚀形态，如图 2-26 所示。间隙空化和空蚀主要发生在轴流转桨式水轮机叶片端部外缘、端部附近的背面、转轮室内壁，叶片根部与轮毂间隙处也常发生较严重的间隙空化和空蚀。此外，间隙空化和空蚀也常发生在导叶上下端面附近及导叶关闭时的立面接合处附近；混流式水轮机转轮上、下止漏环间隙处；水斗式水轮机的喷嘴和喷针之间间隙处。

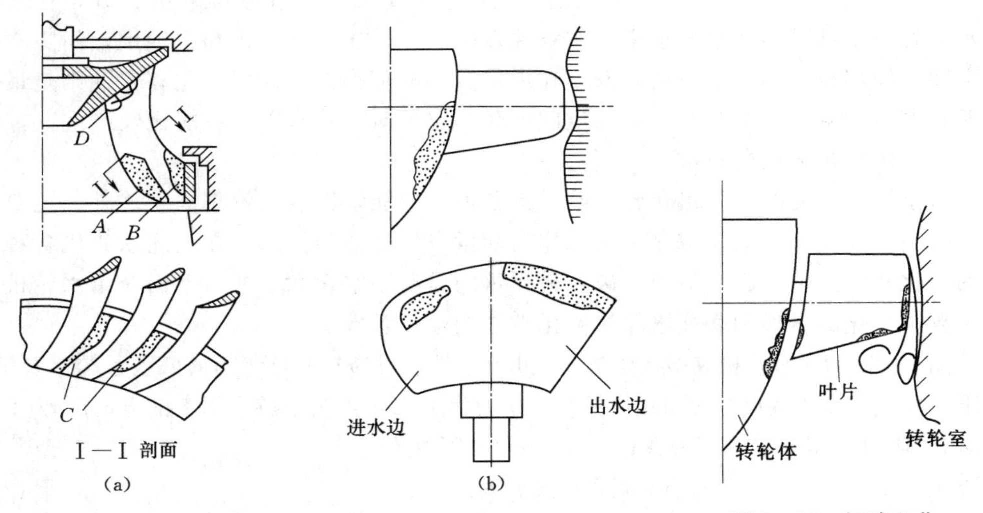

图 2-25　水轮机翼型空蚀的主要部位

（a）混流式转轮翼型空蚀主要部位；（b）轴流式转轮翼型空蚀主要部位

图 2-26　间隙空化和空蚀

3. 局部空化和空蚀

局部空化和空蚀，主要是由于铸造和加工缺陷形成表面不平整、砂眼、气孔等所引起的局部流态突然变化而造成的。例如，转桨式水轮机的局部空化和空蚀，一般发生在转轮室连接的不光滑台阶处或局部凹坑处的后方，还可能发生在叶片固定螺钉及密封螺钉处，这是因螺钉的凹入或凸出造成的；混流式水轮机往往发生在转轮上冠减压孔的后面。

4. 空腔空化和空蚀

空腔空化和空蚀是反击式水轮机所特有的一种漩涡空化，尤以混流式水轮机最为突出。当反击式水轮机在非最优工况运行时，转轮出口水流总有一定的圆周分速度，使水流在尾水管内产生旋转，形成真空涡带。当涡带中心出现的负压小于汽化压力时，水流会产生空化现象。这种涡带一般以低于水轮机转速频率在尾水管中旋转，造成尾水管中的流速场和压力场也发生周期性变化，并引起相关部件的振动和噪声，严重时将引起运行不稳定及在尾水管进口段边壁处引起空蚀。

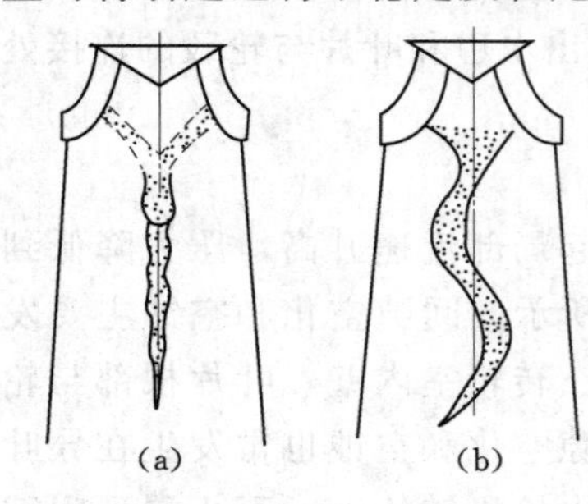

图 2-27 空腔空蚀涡带的形状
(a) 柱状形；(b) 螺旋形

空腔空化和空蚀的发生一般与运行工况有关。在较大负荷时，尾水管中涡带形状呈柱状形，如图 2-27 (a) 所示，几乎与尾水管中心线同轴，直径较小也较为稳定；在最优工况时，涡带甚至可消失；在低负荷时，空腔涡带较粗，呈螺旋形，而且自身也在旋转，这种偏心的螺旋形涡带，在空间极不稳定，将发生强烈的空腔空化和空蚀，如图 2-27 (b) 所示。

综上所述，混流式水轮机以翼型空化和空蚀为主，转桨式水轮机以间隙空化和空蚀为主，冲击式水轮机的空化和空蚀主要发生在喷嘴和喷针处，在水斗分水刃处由于承受高速水流也常常有空蚀发生。在上述 4 种空化和空蚀中，间隙空化和空蚀、局部空化和空蚀一般只发生在局部较小的范围内，翼型空化和空蚀则是最为普遍和严重的空化和空蚀类型，而空腔空化和空蚀对某些水电站可能比较严重。

四、水轮机的空化系数

对于性能优良的水轮机转轮，除了具备良好的能量性能（效率高）之外，还要有良好的空化性能。一般用空化系数来作为衡量空化性能的指标。在上述水轮机各种类型的空化和空蚀中，影响最大、破坏最严重的是翼型空化和空蚀。下面介绍水轮机不发生翼型空化的条件和表征水轮机空化性能的空化系数。

图 2-28 为一水轮机翼型空化条件分析示意图，设转轮叶片背面最低压力点为 K 点，其压力为 p_K，2 点为叶片出口边上的点，压力为 p_2，a 点为下游水面上的点，p_a 为下游水面上的压力，若下游为开敞式，则 p_a 为大气压力。列写 K 点至 2 点水流相对运动的伯努利方程式如下：

$$z_K+\frac{p_K}{\gamma}+\frac{w_K^2-u_K^2}{2g}=z_2+\frac{p_2}{\gamma}+\frac{w_2^2-u_2^2}{2g}+h_{K-2} \tag{2-31}$$

式中：z_K、z_2 分别为 K 点和 2 点相对于基准面 0—0 的高程；w_K、u_K 分别为 K 点的相对速度和圆周速度；w_2、u_2 分别为 2 点的相对速度和圆周速度；h_{K-2} 为由 K 点到 2 点的水力损失。

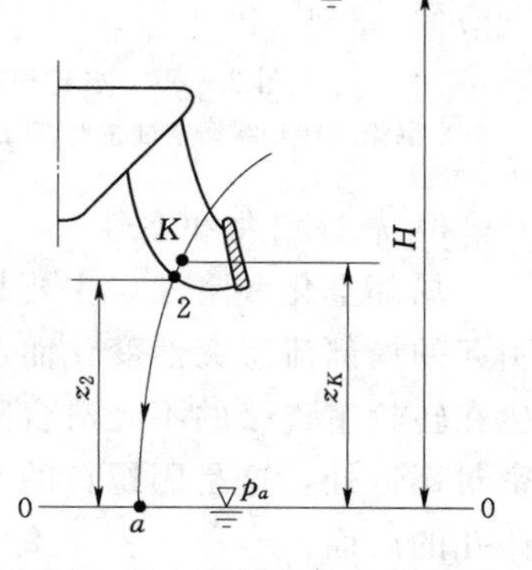

图 2-28 翼型空化条件分析

因 K 点和 2 点非常接近，故可取 $u_K\approx u_2$，$h_{K-2}\approx 0$，则式 (2-31) 变为

$$\frac{p_K}{\gamma}=(z_2-z_K)+\frac{p_2}{\gamma}+\frac{w_2^2-w_K^2}{2g} \tag{2-32}$$

为求出 p_2/γ，列出 2 点至 a 点间水流的绝对运动的伯努利方程式，并取断面动能不均匀系数 $\alpha=1$，有

$$z_2+\frac{p_2}{\gamma}+\frac{v_2^2}{2g}=\frac{p_a}{\gamma}+\frac{v_a^2}{2g}+h_{2-a} \tag{2-33}$$

式中：h_{2-a} 为由 2 点到 a 点的水力损失。

由于下游水流行进流速很小，可取 $v_a\approx 0$，则式（2-33）可写成

$$\frac{p_2}{\gamma}=\frac{p_a}{\gamma}-z_2-\frac{v_2^2}{2g}+h_{2-a} \tag{2-34}$$

将式（2-34）代入式（2-32），得 K 点的压力为

$$\frac{p_K}{\gamma}=\frac{p_a}{\gamma}-z_K-\left(\frac{w_K^2-w_2^2}{2g}+\frac{v_2^2}{2g}-h_{2-a}\right) \tag{2-35}$$

式（2-35）中的 h_{2-a} 为尾水管内总的水力损失，即式（2-29）中的 Δh，则 h_{2-a} 可表示为

$$h_{2-a}=\frac{v_2^2}{2g}(1-\eta_w) \tag{2-36}$$

式中：η_w 为尾水管的动能恢复系数，见式（2-28）。

将式（2-36）代入式（2-35），得

$$\frac{p_K}{\gamma}=\frac{p_a}{\gamma}-z_K-\left(\frac{w_K^2-w_2^2}{2g}+\eta_w\frac{v_2^2}{2g}\right) \tag{2-37}$$

当取下游水面 0—0 为基准面时，K 点相对于基准面 0—0 的高程 z_K 即为静力真空 H_s，则 K 点的真空值为

$$\frac{p_a}{\gamma}-\frac{p_K}{\gamma}=H_s+\left(\frac{w_K^2-w_2^2}{2g}+\eta_w\frac{v_2^2}{2g}\right) \tag{2-38}$$

由式（2-38）可知，K 点的真空值由两部分组成：第一部分 H_s 为静力真空，它与水轮机安装高程有关，而与水轮机型式无关；第二部分 $h_v=\frac{w_K^2-w_2^2}{2g}+\eta_w\frac{v_2^2}{2g}$ 称为动力真空值，可看出 h_v 由水轮机转轮和尾水管所形成，它与水轮机各流速水头（工况）、转轮叶片形状和尾水管性能有关。

将式（2-38）等号两边同时减去汽化压力 p_v/γ，并各除以水头 H 后可得

$$\frac{p_K-p_v}{\gamma H}=\frac{\frac{p_a}{\gamma}-\frac{p_v}{\gamma}-H_s}{H}-\left(\frac{w_K^2-w_2^2}{2gH}+\eta_w\frac{v_2^2}{2gH}\right) \tag{2-39}$$

令

$$\sigma_p=\frac{\frac{p_a}{\gamma}-\frac{p_v}{\gamma}-H_s}{H} \tag{2-40}$$

$$\sigma=\frac{w_K^2-w_2^2}{2gH}+\eta_w\frac{v_2^2}{2gH} \tag{2-41}$$

则式（2－39）可写成

$$\frac{p_K-p_v}{\gamma H}=\sigma_p-\sigma \tag{2-42}$$

式中：σ_p 为水电站空化系数，无量纲；σ 为水轮机空化系数，无量纲。

式（2－40）中的 σ_p 与 H_s/H 有关，即当下游水面为大气压力时，σ_p 仅取决于转轮相对于下游水面的相对高度，而与水轮机本身和运行工况无关，是水轮机的一个非相似准则。

式（2－41）中的 σ 是动力真空的相对值。σ 值越大，表明水轮机越易发生空化，其空化性能越差。σ 与水轮机转轮翼型形状、水轮机工况和尾水管的性能有关。相似水轮机（包括尾水管相似）在相似工况下其速度三角形相似，各速度的相对值相等，尾水管动能恢复系数亦相等，所以其 σ 值相同。可见，σ 是反映水轮机空化的一个相似准则。一般用模型试验方法来求取 σ 值。

由式（2－42）可知，当 $\sigma_p=\sigma$ 时，则 K 点压力 $p_K=p_v$，水轮机处于临界空化状态；当 $\sigma_p\geqslant\sigma$ 时，则转轮叶片轮上压力最低点 $p_K\geqslant p_v$，不会发生翼型空化；当 $\sigma_p<\sigma$ 时，则转轮叶片上压力最低点 $p_K<p_v$，将发生翼型空化。因此，可通过选择适当的 H_s 值，以保证水轮机在无空化的条件下运行。

五、水轮机空蚀危害及其防治措施

在水轮机中，当空化发展到一定阶段时，叶片的绕流情况将变坏，从而减小了水力矩，促使水轮机功率下降，效率降低。随着空化的产生，不可避免地在水轮机过流部件上形成空蚀。轻微的只有少量蚀点，在严重的情况下，空蚀区的金属材料被大量剥蚀，致使表面成蜂窝状，甚至使叶片穿孔或掉边。伴随着空化和空蚀的发生，还会产生噪声和压力脉动，尤其是尾水管中的脉动涡带，当其频率一旦与相关部件的自振频率相吻合，则必然引起共振，造成机组的振动、出力的摆动等，严重威胁着机组的安全运行。因此，改善水轮机的空蚀性能已成为水力机械设计及运行人员的重要任务。

目前已取得了较成熟的预防和减轻空化空蚀的经验及措施，但尚未从根本上解决，还需从水轮机的水力、结构、材料、设计等各方面进行全面研究。我国经过多年的水轮机运行实践，对空化空蚀进行了大量的观测和试验，已总结出一些预防空蚀发生的经验措施。

1. 改善水轮机的水力设计

翼型空化空蚀是水轮机空化空蚀的主要类型之一，它与多种因素有关，如翼型本身的参数、组成转轮翼栅的参数以及水轮机的运行工况等。转轮叶片背面常是低压区，该区极易发生空化而产生大量气泡，气泡瞬时溃灭对叶片表面产生空蚀破坏，故翼型空化和空蚀大多产生在叶片背面的中后部。理论计算表明，空化系数明显地受翼型厚度及最大厚度位置的影响，翼型越厚，空化系数越大，所以，在满足强度和刚度要求的条件下，叶片要尽量薄。另外，翼型挠度的增大在其他条件相同的情况下，会引起翼型上速度的上升，所以翼型最大挠度点移向进口边并减小出口边附近的挠度，可降低由于转轮翼栅收缩引起的最大真空度，因而导致空化系数的下降。其次，叶片进水边的绕流条件对翼型空化性能也有很大影响。进水边修圆，使得在宽阔的工作范围内负压尖峰的数值和变化幅度减小，能延迟空化的发生，所以，进水边应具有半径为（0.2～0.3）δ_{max}（最大厚度）的圆弧，与叶片正背面型线的连接要光滑，以获得良好的绕流条件。叶栅稠密度的增加，可改善其空化和空蚀性能，降低空化系数。有人研究了一种能较大幅度降低水轮机空化系数的襟翼结构，这种翼型结构表面的压力及速度分布和普通翼型有很大区别，其临界冲角增加且具有相当高的升力系数。另外，若改变叶型设计，使叶片背面压力的最低点尽量靠近叶片出口边，使气泡的溃灭发生在叶片区以外，这就是所谓的超空化设计，也可避免叶片发生翼型空蚀破坏，但在转轮出口附近的尾水管就有可能遭到严重的空蚀损害。

为了减小间隙空化的有害影响，尽可能采用小而均匀的间隙。我国采用的间隙标准为 $0.001D_1$，而多瑙河铁门水电站水轮机叶片与转轮室的间隙为 $0.0005D_1$，取得了良好效果。为了改善轴流式水轮机叶片端部间隙的流动条件，可在叶片端部背面装设防蚀片。

试验研究表明，改进尾水管及转轮上冠的设计能有效减轻空腔空化，提高运行稳定性。主要改进方面：加长尾水管的直锥管部分和加大扩散角，因为这样有利于提高转轮下部锥管上方的压力，以削弱涡带的形成；加长转轮的泄水锥，试验表明，它对于控制转轮下部尾水管进口的流速也起到重要作用，并显著地影响涡带在尾水管内的形成以及压力脉动。

在水轮机选型设计时，要合理确定吸出高度 H_s、比转速 n_s 及空化系数 σ，这 3 个参数应最优配合选择。n_s、σ 越大，则要求转轮埋置越深（即 H_s 越小）。但对于工作在多泥沙水流中的水轮机，宜选择较低 n_s、较大 D_1 转轮，降低 H_s 值，有利于减轻空蚀和磨损的联合作用。

2. 提高加工工艺水平，采用抗蚀材料

加工工艺水平直接影响着水轮机的空化和空蚀性能。提高叶片母材的制造质量，选用性能优良的材质，减少母材夹砂、气孔及裂缝等问题；应用数控机床加工转轮叶片翼型，保证翼型加工后达到设计要求，变形量尽量小；叶片翼型表面的粗糙度、波浪度应达到标准，应避免叶片出水边厚薄不均匀、相邻叶片开口不等等问题。如我国有些水电站的水轮机空蚀破坏严重，其重要原因之一即是加工制造质量较差，普遍存在头部型线不良（常为方头）、叶片开口相差较大、出口边厚度不匀、局部鼓包、波浪度大等制造质量问题，因此局部空蚀破坏较严重。

水轮机转轮采用优良抗磨蚀材料，在其过流表面喷涂抗磨涂层，也是非常有效的抗磨蚀措施之一。一般不锈钢比碳钢抗空蚀性能优越，如奥氏体不锈钢对于抗空蚀特别成功，但造价较高；一些非常软和有弹性的材料也具有良好的抗空蚀性能，如橡胶和其他高弹性体等。抗蚀材料应具有韧性强、硬度高、抗拉力强、疲劳极限高、应变硬化好、晶格细、可焊性好等综合性能。目前从冶金和金属材料情况看，只有不锈钢和铝铁青铜近似地兼有这些特性。所以，目前倾向于采用以镍铬为基础的各类高强度合金不锈钢，并采用不锈钢整体浇铸或铸焊结构，或以普通碳钢或低合金钢为母材，堆焊或喷焊镍铬不锈钢作表面保护层，后者方案比较经济。此外，目前碳化钨作为表面涂层材料，采用纳米技术进行喷涂，性能较好，但价格较贵。

3. 改善运行条件并采用适当的运行措施

水轮机的空化和空蚀与水轮机的运行条件有着密切的关系，而人们在翼型设计时，只能保证在设计工况附近不发生严重空化。在这种情况下，一般而言，不会发生严重的空蚀现象。但在偏离设计工况较多时，翼型的绕流条件、转轮的出流条件等均将发生较大的改变，并在不同程度上加剧翼型空化和尾水管的空腔空化，尾水管内产生的周期性旋转的偏心涡带会引起尾水管内压力脉动，产生很大危害。当涡带频率与发电机的自振频率接近时会发生共振，导致机组振动，出力摆动；当涡带频率与压力钢管中水体自振频率或压力钢管本身的固有频率接近时，就会使压力钢管中的水流产生很大波动或振动；当涡带频率与厂房结构的固有频率接近时，就会引起厂房振动。

在水轮机运行过程中，初期空蚀一般发展缓慢，这是因为转轮材料一般是富有弹性的金属，要经过一定时间的冲击作用才会疲劳，在此之前材料不会失重。当发生疲劳后，破坏将加速，空蚀量随发电时间延长而急剧增加，因此，一般应在空蚀加剧来临前进行大修，以减少检修工作量和效率下降造成的损失。

负荷对水轮机空化空蚀强度有影响。试验表明：同型号水轮机在相同水头下运行时，承担大负荷的机组，其空化空蚀强度大；在高水头、大负荷下运行时，叶片进口产生过大正冲角，背面会出现脱流，形成负压峰值，导致叶片进口背面的空化空蚀；而在低水头、小负荷下运行时，叶片进口产生过大负冲角，甚至会引起叶片正面的空化空蚀，同时还会引起尾水管内空腔空蚀。

运行水头对水轮机空化空蚀也有影响。总的来说，运行水头较高的水轮机，其空化空蚀强度较大。同一水轮机，偏离额定水头越远，其空化空蚀强度越大。

空腔空化空蚀，采用在转轮下部补气的方法对减轻空化空蚀引起的振动有一定作用。常采用自然补气和强制补气两种方式，自然补气包括主轴中心补气和尾水管补气两种方法。

第四节　水轮机的吸出高度和安装高程

一、水轮机的吸出高度

资源 2-6

1. 吸出高度 H_s 的确定

在某一工况下，水轮机动力真空 h_v 是一定的，但其静力真空 H_s 却与水轮机的安装高程有关。因此，可通过选择合适的 H_s 来控制 K 点的真空值，以达到避免空化和空蚀发生的目的。

由式（2-42）知，要保证水轮机不发生翼型空化，在转轮叶片上 K 点的压力必须不小于该水温下的汽化压力，即 $p_K \geqslant p_v$，也可写成

$$\sigma_p \geqslant \sigma \tag{2-43}$$

将式（2-40）代入式（2-43）得

$$\frac{\dfrac{p_a}{\gamma}-\dfrac{p_v}{\gamma}-H_s}{H} \geqslant \sigma$$

将上式整理为

$$H_s \leqslant \frac{p_a}{\gamma} - \frac{p_v}{\gamma} - \sigma H \tag{2-44}$$

式中：p_a/γ 为水轮机安装处的大气压；p_v/γ 为该处相应于平均水温下的汽化压力；σ 为相应工况点的水轮机空化系数；H 为对应的水轮机工作水头。

考虑到标准海平面的平均大气压为 10.33mH_2O，在海拔 3000m 以内，每升高 900m 大气压降低 1mH_2O，则当水轮机安装位置的海拔高程为∇时，有 $p_a/\gamma=10.33-\nabla/900$（m$H_2O$）。另外，考虑到水电站的水温一般为 5～20℃，相应的饱和汽化压力为 $p_v/\gamma=0.09\sim0.24$（mH_2O）。综合上述因素之后，式（2-44）可修正为

$$H_s \leqslant 10 - \frac{\nabla}{900} - \sigma H \tag{2-45}$$

实际上，原型水轮机的 σ 不易直接获得，通常由试验获得模型空化系数 σ_M，然后修正而得。因水轮机模型空化试验的误差及模型与原型之间尺寸不同的影响，取 $\sigma=\sigma_M+\Delta\sigma$ 或 $\sigma=K_\sigma\sigma_M$，则式（2-45）改写为

$$H_s \leqslant 10 - \frac{\nabla}{900} - (\sigma_M + \Delta\sigma) H \tag{2-46}$$

或

$$H_s \leqslant 10 - \frac{\nabla}{900} - K_\sigma \sigma_M H \tag{2-47}$$

式中：∇为水轮机安装位置的海拔高程，m，在初步计算中可取水电站下游尾水位平均高程；σ_M 为模型空化系数，各种工况的 σ_M 值可从该型号水轮机的模型综合特性曲线中查取；$\Delta\sigma$ 为空化系数的修正值，可根据水轮机工作水头 H 由图 2-29 中查取；H 一般取额定水头 H_r，轴流式水轮机还应用最小水头 H_{min}，混流式水轮机还应用最大水头 H_{max} 及对应工况的 σ_M 进行校核计算，从中取最小值作为最终计算结果；K_σ 称为水轮机的空化安全系数，转桨式水轮机取 $K_\sigma=1.1$，混流式水轮机可采用表 2-5 中的数据。

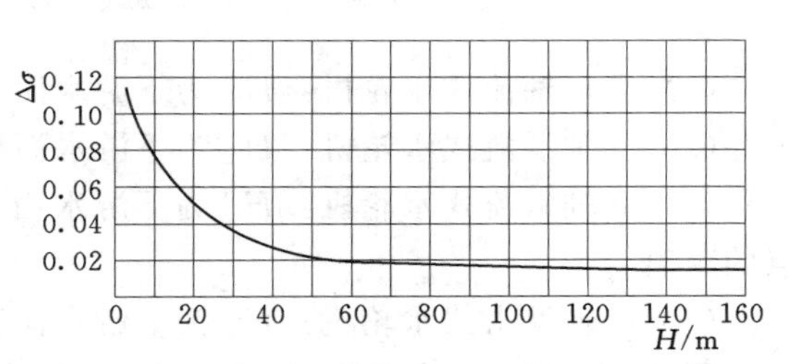

图 2-29　空化系数修正值 $\Delta\sigma$ 与水头 H 的关系

表 2-5　　水轮机水头与空化安全系数 K_σ 关系

水头 H/m	30～100	100～250	250 以上
安全系数 K_σ	1.15	1.20	1

当然，最终确定吸出高度 H_s 时，还必须考虑基建条件、投资大小和运行条件等，进行方案的技术经济比较。如水中含沙量较大，为了避免空蚀和泥沙磨损的相互影响和联合作用，吸出高度 H_s 值应取得安全一些。

2. 工程上对吸出高度 H_s 的规定

水轮机的吸出高度 H_s 的准确定义是从叶片背面压力最低点 K 到下游水面的垂直

高度。但实际计算时 K 点的位置很难确定，且在不同工况时 K 点的位置也有所不同。所以，工程上为了便于统一，对不同类型和不同装置型式的水轮机的吸出高度作了如下的规定（图 2-30）：

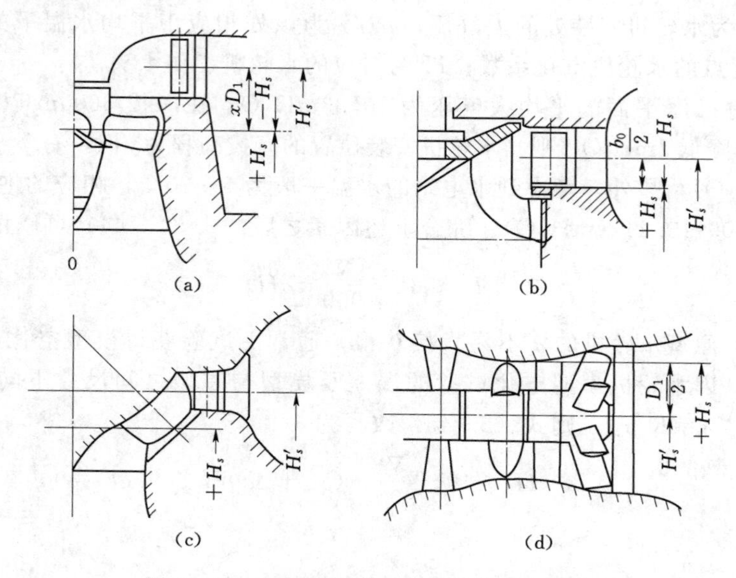

图 2-30 各种不同型式水轮机的吸出高度

（a）轴流式；（b）混流式；（c）斜流式；（d）卧轴反击式

（1）立轴轴流式水轮机：H_s 为下游水面至转轮叶片旋转中心线的距离。

（2）立轴混流式水轮机：H_s 为下游水面至导水机构的下环平面的距离。

（3）立轴斜流式水轮机：H_s 为下游水面至转轮叶片旋转轴线与转轮室内表面交点的距离。

（4）卧轴反击式水轮机：H_s 为下游水面至转轮叶片最高点的距离。

图 2-30 中 H_s 为正值表示转轮位于下游水面之上；H_s 为负值表示转轮位于下游水面之下，其绝对值常称为淹没深度。

二、水轮机的安装高程

水轮机安装高程，是厂房设计的一个控制性标高，用 z_s 表示。设计时，首先需要确定水轮机安装高程，然后才可以确定相应的其他高程。通常规定：立轴反击式水轮机，z_s 是指导叶水平中心线高程；卧轴反击式水轮机，z_s 是指主轴中心线高程；立轴水斗式水轮机，z_s 是指喷嘴中心线高程。不同装置方式的水轮机安装高程（图 2-31）的计算方法如下：

（1）立轴混流式水轮机：

$$z_s = \nabla_w + H_s + \frac{b_0}{2} \tag{2-48}$$

式中：∇_w 为设计尾水位，m；b_0 为导叶高度，m。

（2）立轴轴流式水轮机：

$$z_s = \nabla_w + H_s + xD_1 \tag{2-49}$$

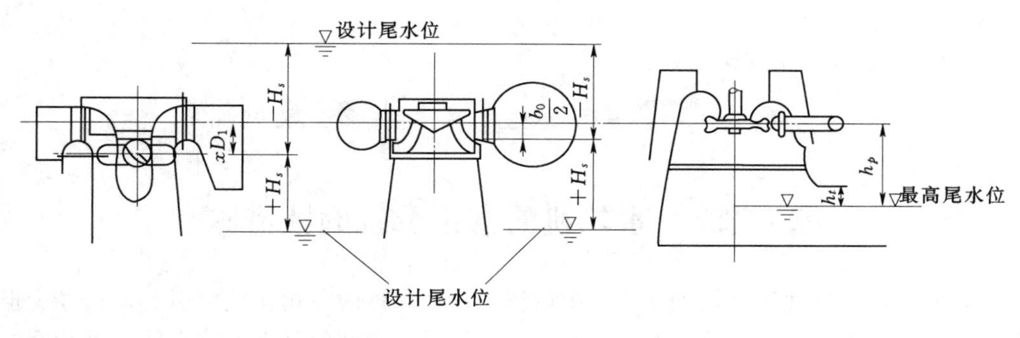

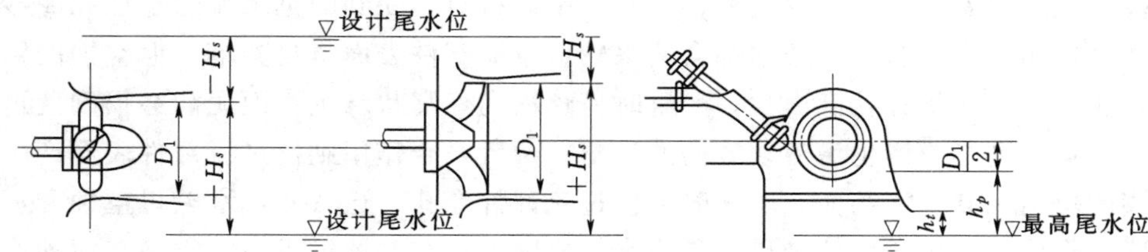

图 2-31　水轮机安装高程示意图

式中：D_1 为转轮标称直径，m；x 为轴流式水轮机结构高度系数，一般取 0.41。

（3）卧轴反击式水轮机：

$$z_s = \nabla_w + H_s - D_1/2 \tag{2-50}$$

（4）水斗式水轮机：

立轴
$$z_s = \nabla_{w\max} + h_p \tag{2-51}$$

卧轴
$$z_s = \nabla_{w\max} + h_p + D_1/2 \tag{2-52}$$

式中：$\nabla_{w\max}$为最高尾水位，m；h_p 为排出高度，$h_p = (0.1 \sim 0.15)D_1$，立轴机组取大值，卧轴机组取小值，一般要求 $h_p \geqslant 0.1$m。

确定水轮机安装高程的尾水位通常称为设计尾水位。设计尾水位可根据水轮机的过流量从下游水位与流量关系曲线中查得。一般情况下水轮机的过流量可按电站装机台数从表 2-6 中选用。

表 2-6　　确定设计尾水位的水轮机过流量

电站装机台数	水轮机过流量
1 台或 2 台	1 台水轮机 50%的额定流量
3 台或 4 台	1 台水轮机的额定流量
5 台以上	1.5～2 台水轮机的额定流量

【例 2-1】　某水电站为混流式水轮机，额定水头 $H_r = 100$m，模型空化系数 $\sigma_M = 0.18$，空化安全系数 $K_\sigma = 1.20$，下游设计尾水位$\nabla_w = 100$m，转轮标称直径 $D_1 = 6$m，导叶高度$b_0 = 0.21D_1$，试求其吸出高度及安装高程。

解： 由式（2-47）求吸出高度：

$$H_s \leqslant 10 - \frac{\nabla_w}{900} - K_\sigma \sigma_M H = 10 - \frac{100}{900} - 1.20 \times 0.18 \times 100 \approx -11.71(\text{m})$$

则 H_s 最大可取－11.71m。

由式（2-48）求安装高程：

$$z_s=\nabla_w+H_s+\frac{b_0}{2}=100-11.71+\frac{0.21\times 6}{2}=88.92(\text{m})$$

第五节※　水轮机的磨蚀及抗磨蚀措施

资源 2-7

如前所述，空蚀是水轮机在清水中运行时，受水体的空化作用而引起的损坏。但实际水流常含有泥沙，水轮机在含沙水流中运行时，受到的是水流的空蚀和泥沙磨损的联合作用。空蚀和泥沙磨损都会使水轮机过流部件表面材料剥落，但空蚀的结果会使过流部件表面呈针孔麻面状，严重时呈疏松的蜂窝状麻坑；而泥沙磨损则使过流部件表面均匀磨光或产生沿流动方向的沟槽；两者联合作用则使过流部件表面产生光滑密实的坑槽，其危害甚大，严重时会使过流部件穿孔。通常，把水轮机空蚀和泥沙磨损联合作用所产生的破坏结果，称为水轮机磨蚀。在磨蚀过程中，空蚀与泥沙磨损两种作用不是孤立的，而是互相关联和互相促进的。

一、水轮机磨损

运行中的水轮机，如果过机水流中含有大量坚硬的泥沙颗粒，这些颗粒撞击和磨损过流部件的表面，从而使机件发生疲劳破坏，这种单纯的泥沙磨损称为水轮机的泥沙磨损。自然界的河流中都或多或少含有泥沙，尤其是洪水季节，泥沙含量更高。含沙水流长时间以较大水流速度通过水轮机后，水轮机过流部件会遭到泥沙磨损而破坏。

泥沙磨损是一种强烈的破坏形式。水轮机过流部件均会遭到不同程度的破坏，而尤以水轮机的转轮、叶片、转轮室等流速较高的零部件为甚，从而导致水轮机效率下降，机组振动加剧，破坏非常严重的水轮机甚至无法修复。因此，多泥沙河流水电站机组大修周期差不多完全由水轮机泥沙磨损的破坏程度来决定，而检修的工作量是很大的。我国很多河流含沙量大，水轮机的泥沙磨损问题比较突出，如黄河干流上的刘家峡、青铜峡、万家寨、三门峡等水电站水轮机的泥沙磨损问题较为突出，严重时一个洪水季节后就需检修。

泥沙磨损的破坏强度与含沙量、泥沙硬度、泥沙颗粒大小及形状、水流流态、水轮机过流部件的材料特性、水轮机工作条件和运行工况有关。具有很高运动速度的挟沙水流撞击固体壁面，有时一次撞击产生的应力可能超过材料的屈服极限而使材料发生塑性变形，即使产生较小的冲击应力，由于作用频繁也会使材料疲劳破坏。

泥沙磨损的危害很大。除了引起转轮叶片磨损外，水轮机的导水机构磨损严重时，漏水量将增大，从而影响正常停机；水轮机调相运行时，还会增加调相功率损失，严重时甚至无法进行调相运行；有时泥沙磨损和空化空蚀同时发生，还会导致一种更为复杂的联合破坏过程。

二、水轮机磨蚀

空蚀和泥沙磨损联合作用所产生的磨蚀将使水轮机的表面产生更快速的局部破

坏。众多的试验表明，磨蚀破坏的速度比单纯的空蚀或单纯磨损破坏速度高很多。

1. 空蚀和泥沙磨损的联合作用

在含沙水流中产生空蚀时，空蚀作用与泥沙磨损作用互相影响。水轮机过流部件表面的破坏是空蚀和泥沙磨损共同作用的结果。在含沙水流空蚀条件下，空蚀和磨损的相互影响与含沙量、粒径、流速和工作条件等有关。

通常认为空蚀和磨损有以下区别：

(1) 单纯磨损破坏与流速的2～3次方成正比，而单纯空蚀破坏与流速的5～8次方成正比。

(2) 清水的空蚀破坏与时间的关系很复杂，而磨损则与时间呈线性关系。

(3) 在空蚀破坏过程中存在着一段潜伏期，在潜伏期不产生空蚀破坏，而磨损过程则不存在潜伏期。

(4) 空蚀破坏主要是由大量周期性荷载引起的材料疲劳所致；而磨损则与冲角有关。在大冲击角时，磨损是由较小的冲击荷载引起的；在小冲击角时，磨损是由微切削造成的。

2. 空蚀和磨损的联合作用特征

(1) 当空蚀和磨损联合作用的时间小于材料的空蚀潜伏期时，过流部件的破坏主要表现为磨损破坏，其破坏程度仅与水流速度、泥沙含量、沙粒大小、形状和硬度有关。

(2) 当联合作用的时间显著超过材料的空蚀潜伏期时，空蚀破坏作用将明显增大。

(3) 当材料空蚀潜伏期很短，空蚀破坏程度显著超过磨损强度时，过流部件的破坏主要是由空蚀造成的；当泥沙磨损强度显著超过空蚀破坏程度时，过流部件的损坏主要是由泥沙磨损造成的。

水轮机磨蚀后，将使水轮机的工作效率下降，检修周期缩短，停机检修时间增加，运行成本增加，并使厂房和设备的安全性降低。因此，提高水轮机的抗磨蚀能力，一直是世界各国水力机械领域的重要研究方向。

三、抗磨蚀措施

防止水轮机的磨蚀需要采取多方面的措施方能奏效：一方面应减少流过水轮机的泥沙数量；另一方面需采用合适的机型、合理的运行方式以及水力设计、加工工艺和抗磨材料等，综合起来可分为如下几个方面。

1. 减少过机含沙量

防止水轮机遭受沙粒磨损的最根本措施就是拦截泥沙，不使其进入水轮机流道，在多泥沙河流上修建电站，电站进水口应考虑尽可能防止泥沙进入水轮机。

2. 合理选择水轮机的型式及工作参数

多泥沙河流上的高水头水电站，由于水轮机过流部件内流速相当高，为减轻水轮机泥沙磨损的危害性，水轮机选型应综合考虑各种因素，合理选择水轮机的型式及工作参数，经动能经济技术比较后选定最佳方案。

3. 控制水轮机运行工况

机组的负荷分配和工况控制由电力系统及水电站本身的经济运行要求确定，但对泥沙磨损情况严重的电站，应该更多地从运行工况安排上考虑减轻水轮机的磨损，以延长机组的检修周期。机组带有功负荷运转时，在其偏离最优工况运转时，对于遭受泥沙磨损的水轮机某一过流部件，其流道水流平均相对速度可能比最优效率工况大为降低。由于磨损程度与平均流速的2～3次方成正比，因此，通过控制运行工况，以降低流道水流平均流速和磨损程度是可行的措施。

4. 采用合理的水力设计、加工工艺和抗磨材料

水力设计、加工工艺和抗磨材料基本上与空蚀的防护措施相同，在此不再赘述。但特别要注意导水机构的结构，如导叶密封不能采用橡胶，在密封面处要铺焊抗磨材料，导叶上、下轴承也要采用密封，以防沙粒进入导叶轴承而磨损轴颈。

综上所述，对于水轮机的磨蚀问题，应采取必要的防护措施。如采用新的抗磨蚀材料与新的防护技术；合理拟定水电厂的运行方式；尽量保持机组在最优工况区运行，对于空化严重的运行工况区域应尽量避开，以保证水轮机的稳定运行；对机组实行状态检修等。

思 考 题

2-1 蜗壳的作用是什么？对蜗壳的基本要求有哪些？它有哪些类型及其各自的特点？

2-2 蜗壳水力计算的目的是什么？计算的步骤如何？

2-3 尾水管有哪些作用？哪些类型？

2-4 增大尾水管的高度和水平长度，对水轮机的效率有何影响？

2-5 什么叫尾水管的静力真空？什么叫尾水管的动力真空？

2-6 什么叫尾水管的动能恢复系数？有何意义？

2-7 解释空化空蚀现象。空化空蚀的机理是什么？

2-8 水轮机空化空蚀有哪几种类型？翼型空化空蚀和空腔空化空蚀是怎样产生的？

2-9 写出水轮机装置空化系数公式，说明各符号意义。

2-10 水轮机空化系数的基本意义是什么？

2-11 什么是水轮机的吸出高度？写出带有空化安全系数的允许吸出高度计算公式，并说明各符号的意义。

2-12 水轮机的安装高程是如何确定的？

2-13 减轻水轮机空蚀破坏通常有哪些措施？

2-14 尾水管中的旋转涡带是怎样形成的？其运动特点怎样？

2-15 水轮机抗磨蚀措施都有哪些？

第三章　水轮机特性及选型

学习提示

内容：介绍水轮机的相似理论及单位参数，水轮机的效率换算及单位参数修正，水轮机的比转速，水轮机的模型试验，水轮机的特性曲线及其绘制，水轮机的选型，计算机辅助水轮机选型设计。

重点：水轮机的效率换算及单位参数修正，水轮机特性曲线的使用，水轮机选型方法。

要求：了解水轮机的相似理论，水轮机的模型试验，水轮机的特性曲线及其绘制；熟悉水轮机单位参数、水轮机比转速的概念；掌握水轮机的效率和单位参数的修正方法，水轮机特性曲线的使用，水轮机选型的方法。

第一节　水轮机的相似理论及单位参数

由于水流在水轮机内的运动规律异常复杂，在理论研究时，不得不引入一些假设条件，这会带来计算误差；另外，水轮机的某些过流部件，其水流运动目前尚没有精确的计算方法。因此，试验的方法目前仍是研究水轮机性能和校核理论计算结果的重要手段。

水轮机试验分为原型（真机）试验和模型试验。原型试验是在原型水轮机上直接进行试验。但对于直径大于 1m 的水轮机来说，原型试验既不经济又很困难，甚至不可能实现。为研究问题方便，常将原型水轮机按比例缩小成模型，进行模型试验，获得试验数据后再设法换算成原型水轮机的特性参数。模型试验由于模型制作快、费用低、试验测量简单方便，同时可做多方案试验，因此在水轮机设计与研究中广泛应用。而原型试验主要用于校核实际运行机组的一些主要运行状况或性能是否符合原设计要求。模型试验在应用中要解决两个问题：一是怎么制作水轮机模型才能模拟原型水轮机；二是如何将水轮机模型的试验结果应用于原型水轮机。第一个问题是原型水轮机、模型水轮机相似条件问题；第二个问题是原型水轮机、模型水轮机相似定律问题。

资源 3－1

将原型水轮机按不同比例可缩小成一系列模型水轮机，这些水轮机称为同系列水轮机。把研究同系列水轮机的几何尺寸及特性参数间相互关系的理论，称为水轮机相似理论。水轮机相似理论包括相似条件、相似定律两个方面。

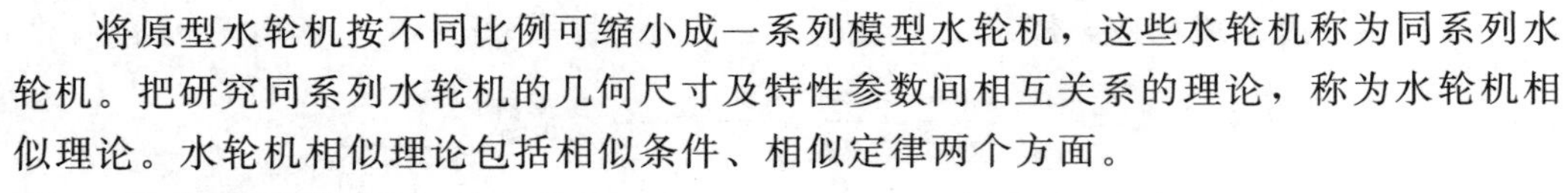

一、相似条件

要使原型水轮机与模型水轮机相似，必须具备三个相似条件，即几何相似、运动相似和动力相似。

资源 3－2

1. 几何相似

几何相似是指原型与模型水轮机过流部件几何形状相同，并且一切相应的线性尺寸成相同比例。如图 3-1 所示，原型、模型水轮机的几何相似应满足下列条件：

（1）叶片对应角度相等，即

$$\beta_{b1}=\beta_{b1M},\beta_{b2}=\beta_{b2M},\varphi=\varphi_M,\cdots$$

式中：β_{b1}、β_{b2}、φ 分别为转轮叶片的进口安放角、出口安放角和叶片转角。

（2）相应线性尺寸成比例，即

$$\frac{D_1}{D_{1M}}=\frac{b_0}{b_{0M}}=\frac{a_0}{a_{0M}}=L=\text{常数}$$

式中：D_1、b_0、a_0 分别为水轮机转轮标称直径、导叶高度和导叶开度。

以上公式中符号加下标“M”者，均表示模型水轮机参数；不带下标“M”者，均表示原型水轮机参数；以下同此。

事实上，同系列的水轮机就是指几何相似的所有水轮机。

2. 运动相似

运动相似是指原型与模型水轮机过流部件相应点的水流速度三角形相似。速度三角形相似要求对应点的速度方向相同，大小成常数比例，如图 3-2 所示。

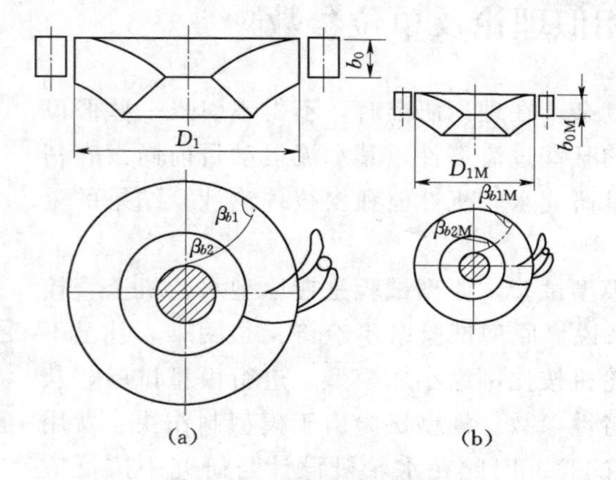

图 3-1　几何相似水轮机

(a) 原型水轮机；(b) 模型水轮机

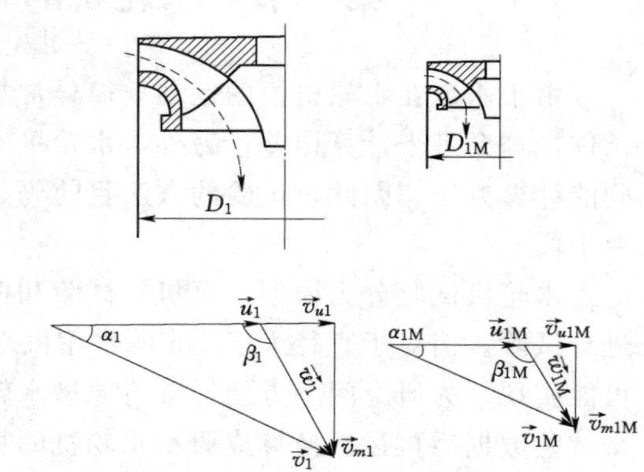

图 3-2　速度三角形（运动相似）

（1）三角形的对应角度相等，即

$$\beta_1=\beta_{1M},\alpha_1=\alpha_{1M},\cdots$$

式中：β_1、α_1 分别为转轮进口速度三角形内角。

（2）相应速度成比例，即

$$\frac{v_1}{v_{1M}}=\frac{w_1}{w_{1M}}=\frac{u_1}{u_{1M}}=\frac{v_2}{v_{2M}}=\cdots=\text{常数}$$

式中：v_1、w_1、u_1 分别为转轮进口绝对速度、相对速度和牵连速度（圆周速度）；v_2 为转轮出口绝对速度。

同一系列水轮机保持运动相似的工作状况称为水轮机的相似工况。需要说明的是，运动相似的水轮机前提是几何相似，但几何相似的水轮机由于工况不同可以运动不相似。

3. 动力相似

动力相似是指作用在原型与模型水轮机流道相应点的作用力数量相同，且是同名力（压力、惯性力、重力、黏滞力、摩擦力、表面张力等），同名力方向必须相同，大小成比例，且具有相同的边界条件。显然，几何相似是运动相似和动力相似的前提，要保持运动相似，必须满足动力相似。

动力相似即满足

$$\frac{\vec{p}}{\vec{p}_M}=\frac{\vec{F}}{\vec{F}_M}=\frac{\vec{G}}{\vec{G}_M}=\frac{\vec{\tau}}{\vec{\tau}_M}=L=\text{常数}$$

式中：$\vec{p}$ 为压力；$\vec{F}$ 为惯性力；$\vec{G}$ 为重力；$\vec{\tau}$ 为黏滞力。

需要说明的是，在水轮机模型试验时，要完全做到上述 3 个条件相似是困难的，有时是不可能的。例如，几何相似很难保证原型、模型过流通道表面粗糙度的相似；动力相似也难以保证原型、模型在流动介质均为水体时的黏滞力相似。因此在研究具体问题时，必须根据情况分清主次矛盾，抓住主要矛盾，忽略次要矛盾。一般先得出近似的相似关系，待由模型参数推算原型参数时，再设法修正。

二、相似定律

资源 3－3

水轮机的相似定律又叫相似律，是指水轮机在相似工况下运行时各工作参数（如水头 H、流量 Q、转速 n 等）之间关系的规律。通常包括转速相似律、流量相似律和出力相似律。

1. 转速相似律

转速相似律是指原型、模型水轮机的转速 n 与原型、模型水轮机的工作水头 H 及直径 D_1 之间的关系。

根据水力学，水轮机流道内任意点的流速或分速度与水轮机有效水头 $H\eta_h$ 间的关系为

$$v_x=K_{vx}\sqrt{2gH\eta_h} \tag{3-1}$$

式中：v_x 为水轮机流道内任意点的流速或分速度，m/s；K_{vx} 为流速系数；H 为水轮机的工作水头，m；η_h 为水力效率。

水流在转轮进口的圆周速度为

$$u_1=\frac{\pi D_1 n}{60}=K_{u1}\sqrt{2gH\eta_h}$$

即

$$n=\frac{60K_{u1}\sqrt{2gH\eta_h}}{\pi D_1} \tag{3-2}$$

按式（3－2）分别写出原型与模型水轮机转速表达式，两式相比，并令原型与模型的流速系数相等，即 $K_{u1}=K_{u1M}$，可得转速相似律：

$$\frac{n}{n_M}=\frac{D_{1M}}{D_1}\sqrt{\frac{H}{H_M}\frac{\eta_h}{\eta_{hM}}}=\alpha_n \tag{3-3}$$

式中：D_1 为转轮标称直径；α_n 称为转速比尺（α_n＝常数）。

2. 流量相似律

流量相似律是指原型、模型水轮机的有效流量 $Q\eta_V$ 与原型、模型水轮机的直径 D_1 及工作水头 H 之间的关系。

通过水轮机转轮的有效流量为

$$Q\eta_V = v_{m1}F_1 \tag{3-4}$$

式中：η_V 为容积效率；v_{m1} 为转轮进口处的水流径面流速；F_1 为转轮进口处的过水断面面积。

水轮机流道内任意点的流速与水轮机有效水头的关系为

$$v_{m1} = K_{vm1}\sqrt{2gH\eta_h} \tag{3-5}$$

而 F_1 可写成

$$F_1 = \alpha D_1^2 \tag{3-6}$$

式中：α 为综合系数。

将式（3-5）、式（3-6）代入式（3-4）中，整理得

$$Q = \frac{K_{vm1}\alpha D_1^2\sqrt{2gH\eta_h}}{\eta_V} \tag{3-7}$$

由式（3-7）可写出模型水轮机的流量表达式，原型水轮机与模型水轮机的流量表达式相比，并令 $\alpha=\alpha_M$，$K_{vm1}=K_{vm1M}$，可得流量相似律：

$$\frac{Q}{Q_M} = \frac{\eta_{VM}}{\eta_V}\frac{D_1^2}{D_{1M}^2}\sqrt{\frac{H}{H_M}\frac{\eta_h}{\eta_{hM}}} = \alpha_Q \tag{3-8}$$

式中：α_Q 为流量比尺（α_Q＝常数）。

3. 出力相似律

出力相似律是指原型水轮机、模型水轮机的出力 P 与原型水轮机、模型水轮机的直径 D_1 及有效水头 $H\eta_h$ 之间的关系。

将流量表达式 $Q=\dfrac{K_{vm1}\alpha D_1^2\sqrt{2gH\eta_h}}{\eta_V}$ 代入水轮机的出力公式 $P=9.81QH\eta$，并令 $C=K_{vm1}\alpha$，得

$$P = 9.81\frac{CD_1^2\sqrt{2gH\eta_h}}{\eta_V}H\eta_h\eta_V\eta_m = 9.81CD_1^2\eta_m\sqrt{2g}\,(H\eta_h)^{\frac{3}{2}} \tag{3-9}$$

注意到：水轮机效率 $\eta=\eta_V\eta_h\eta_m$，其中 η_m 为机械效率。

由式（3-9）可写出模型出力表达式，原型与模型出力表达式相比，并令 $C=C_M$，可得出力相似律：

$$\frac{P}{P_M} = \frac{\eta_m}{\eta_{mM}}\frac{D_1^2}{D_{1M}^2}\left(\frac{\eta_h H}{\eta_{hM}H_M}\right)^{\frac{3}{2}} = \alpha_P \tag{3-10}$$

式中：α_P 为出力比尺（α_P＝常数）。

从相似律的推导知，相似律描述了同系列水轮机在满足相似条件时相关参数之间的关系。但由于水轮机的总效率 η 事先未知，加上水力效率 η_h、容积效率 η_V、机械效率 η_m 很难从总效率 η 中划分出来（即无法单独测量出来），所以从上述相似律中只

能得出近似结果。

【例 3-1】 已知模型水轮机直径 $D_{1M}=0.25$m，模型水头 $H_M=3.5$m，模型效率$\eta_M=90\%$，相应的模型转速 $n_M=500$r/min，流量 $Q_M=0.15\text{m}^3/\text{s}$。求 $D_1=5$m，$H=87.5$m 的同系列原型水轮机的 n、Q 和 P 各为多少？

解： 假定 $\eta_h=\eta_{hM}$，$\eta_V=\eta_{VM}$，$\eta_m=\eta_{mM}$。

(1) 转速计算。由转速相似律$\frac{n}{n_M}=\frac{D_{1M}}{D_1}\sqrt{\frac{H}{H_M}\frac{\eta_h}{\eta_{hM}}}$，得

$$n=n_M\frac{D_{1M}}{D_1}\sqrt{\frac{H}{H_M}\frac{\eta_h}{\eta_{hM}}}=500\times\frac{0.25}{5}\times\sqrt{\frac{87.5}{3.5}}=125(\text{r/min})$$

(2) 流量计算。由流量相似律$\frac{Q}{Q_M}=\frac{\eta_{VM}}{\eta_V}\frac{D_1^2}{D_{1M}^2}\sqrt{\frac{H}{H_M}\frac{\eta_h}{\eta_{hM}}}$，得

$$Q=Q_M\frac{\eta_{VM}}{\eta_V}\frac{D_1^2}{D_{1M}^2}\sqrt{\frac{H}{H_M}\frac{\eta_h}{\eta_{hM}}}=0.15\times\left(\frac{5}{0.25}\right)^2\times\sqrt{\frac{87.5}{3.5}}=300(\text{m}^3/\text{s})$$

(3) 出力计算。模型水轮机的出力 P_M 为

$$P_M=9.81Q_MH_M\eta_M=9.81\times0.15\times3.5\times0.9\approx4.64(\text{kW})$$

由出力相似律$\frac{P}{P_M}=\frac{\eta_m}{\eta_{mM}}\frac{D_1^2}{D_{1M}^2}\left(\frac{\eta_hH}{\eta_{hM}H_M}\right)^{\frac{3}{2}}$，可得原型水轮机的出力

$$P=P_M\frac{\eta_m}{\eta_{mM}}\frac{D_1^2}{D_{1M}^2}\left(\frac{\eta_hH}{\eta_{hM}H_M}\right)^{\frac{3}{2}}=4.64\times\left(\frac{5}{0.25}\right)^2\times\left(\frac{87.5}{3.5}\right)^{\frac{3}{2}}=232000(\text{kW})$$

三、单位参数

资源 3-4

根据相似律可对同系列的水轮机进行参数换算，但对同系列水轮机若用不同尺寸进行模型试验，可绘出不同的特性曲线。这造成实际中既不便于应用相似律，也不便于不同系列水轮机之间的性能比较。为统一比较标准，通常规定把模型试验成果按相似律统一换算成转轮直径 $D_1=1$m、试验水头 $H=1$m 时的水轮机参数，这些参数称为水轮机的单位参数。单位参数包括单位转速 n_1'、单位流量 Q_1'和单位出力 P_1'。

1. 单位转速

若令原型与模型水力效率相等，即 $\eta_h=\eta_{hM}$，则转速相似律式 (3-3) 可写成

$$\frac{nD_1}{\sqrt{H}}=\frac{n_MD_{1M}}{\sqrt{H_M}}$$

当 $D_{1M}=1$m、$H_M=1$m 时，$n_M=n_1'$，则

$$n_1'=\frac{nD_1}{\sqrt{H}} \tag{3-11}$$

式中：n_1'为单位转速，它表示当转轮直径 $D_1=1$m、水头 $H=1$m 时水轮机的实际转

速，单位为 r/min。

同系列的水轮机在相似工况下的单位转速相等，但不同工况点的单位转速不等。与最高效率相应的单位转速称为最优单位转速，用 n'_{10} 表示。同系列的水轮机只有一个最优单位转速。单位转速越高的水轮机，转速也越大。因此，选择水轮机时，尽量采用高单位转速的水轮机，以缩小发电机直径，降低机组成本。

2. 单位流量

令 $\eta_h=\eta_{hM}$，$\eta_V=\eta_{VM}$，由流量相似律公式（3-8）可得

$$\frac{Q}{D_1^2\sqrt{H}}=\frac{Q_M}{D_{1M}^2\sqrt{H_M}}$$

当 $D_{1M}=1m$、$H_M=1m$ 时，$Q_M=Q'_1$，则

$$Q'_1=\frac{Q}{D_1^2\sqrt{H}} \tag{3-12}$$

式中：Q'_1 为单位流量，它表示当 $D_1=1m$、水头 $H=1m$ 时水轮机的过流量，单位为 m^3/s。

同系列的水轮机在相似工况下的单位流量相同。类似地，与最高效率相应的单位流量称为最优单位流量，用 Q'_{10} 表示。同系列的水轮机只有一个最优单位流量。一般地，单位流量大，说明水轮机的过流量也大，相应的水轮机出力也大。

3. 单位出力

令 $\eta_m=\eta_{mM}$，$\eta_h=\eta_{hM}$，由出力相似律公式（3-10）可得

$$\frac{P}{D_1^2H^{\frac{3}{2}}}=\frac{P_M}{D_{1M}^2H_M^{\frac{3}{2}}}$$

当 $D_{1M}=1m$、$H_M=1m$ 时，$P_M=P'_1$，则

$$P'_1=\frac{P}{D_1^2H^{\frac{3}{2}}} \tag{3-13}$$

式中：P'_1 为单位出力，它表示当 $D_1=1m$、水头 $H=1m$ 时水轮机的功率，单位为 kW。

类似地，与最高效率相应的单位出力称为最优单位出力，用 P'_{10} 表示。同系列水轮机在相似工况下，其单位出力 P'_1 相等。

单位参数是水轮机的重要参数。根据水轮机的单位参数可整理模型试验资料、绘制模型特性曲线。将模型参数换算成原型参数，在设计和选择水轮机以及绘制运转综合特性曲线时，也需要用单位参数。

单位参数是同系列水轮机的“代表”参数。同系列的水轮机在相似工况下的单位参数为常数，因此，单位参数代表了同一系列水轮机的性能。而工况不同，单位参数也不同，所以用 n'_1 和 Q'_1 的组合来表示一个水轮机运行工况。常用最优单位参数（对应于水轮机模型试验效率最高的工况点的单位参数）n'_{10} 和 Q'_{10} 代表该系列水轮机的工作性能。

资源 3-5

第二节　水轮机的效率换算及单位参数修正

一、水轮机效率换算

在上节推导单位参数公式时，假定原型、模型水轮机的总效率和各分效率（水力效率、容积效率和机械效率）分别相等，但实际情况并非如此，因此在将模型参数换算成原型参数时必须对水轮机效率进行修正。

原型、模型水轮机的效率不等的原因是多方面的。如原型、模型水轮机转动与静止部分的间隙与转轮直径比值不可能相等，导致容积损失不相等；原型、模型水轮机的圆盘损失、风阻损失、轴承的摩擦损失不相同，引起机械效率不相等；原型、模型水轮机的过流通道的相对粗糙度不同，同一流体黏滞力对原型、模型水轮机的作用无法满足动力相似；原型、模型水轮机流道中流场分布不会严格相同，使得它们的水力摩擦损失也不可能相等。

试验结果表明，对几何相似的水轮机，容积效率和机械效率对试验结果的影响较小，常可忽略；而水力效率对试验结果的影响较大，必须进行修正。真机试验证明，原型水轮机的总效率高于模型水轮机的总效率（因为原型机的相对粗糙度较小）。

1. 最优工况下效率修正

若已知最优工况下的模型水轮机的效率 η_{Mmax}，可依据国际电工委员会（IEC）推荐公式（3-14）、式（3-15）求出最优工况的原型水轮机的效率 $\eta_{\max}$。

混流式
$$\eta_{\max}=1-(1-\eta_{\mathrm{Mmax}})\sqrt[5]{\frac{D_{1\mathrm{M}}}{D_1}} \tag{3-14}$$

轴流式
$$\eta_{\max}=1-(1-\eta_{\mathrm{Mmax}})\left(0.3+0.7\sqrt[5]{\frac{D_{1\mathrm{M}}}{D_1}}\sqrt[10]{\frac{H_{\mathrm{M}}}{H}}\right) \tag{3-15}$$

原型与模型水轮机效率的差值 $\Delta\eta$，称为效率修正值，即

$$\Delta\eta=\eta_{\max}-\eta_{\mathrm{Mmax}} \tag{3-16}$$

需要指出的是，$\Delta\eta$ 是原型水轮机最高效率（即最优工况下）修正值的理论计算式。实际上由于原型和模型的不完全相似、制造工艺的误差以及异形部件等因素的影响，工程上，水轮机的实际效率修正值常采用式（3-17）计算。

$$\Delta\eta=\eta_{\max}-\eta_{\mathrm{Mmax}}-\varepsilon \tag{3-17}$$

式中：ε 为考虑上述因素影响的效率修正值。对于大中型水轮机，$\varepsilon=1\%\sim3\%$；中小型水轮机，$\varepsilon=2\%\sim5\%$。

2. 任意工况下效率修正

任意工况下的混流式和轴流定桨式原型水轮机效率 η 等于模型水轮机效率 η_{M} 加效率修正值（认为不同工况时效率修正值相等），即

$$\eta=\eta_{\mathrm{M}}+\Delta\eta \tag{3-18}$$

轴流转桨式水轮机，由于不同叶片转角 φ 对应有各自的模型最高效率，因此，效率的修正值 $\Delta\eta$ 也随转角 φ 而变，每个转角有一个效率修正值 $\Delta\eta_{\varphi}$，原型水轮机的效率修正值和效率计算类同式（3-17）、式（3-18）。

二、单位参数的修正

水轮机的单位参数是整理模型试验数据和绘制模型综合特性曲线的基础。单位参数式（3－11）、式（3－12）、式（3－13）均是在原型、模型水轮机的总效率和各分效率分别相等的情况下得出的，这和实际不符，因此在应用单位参数时应对模型试验所得数据进行相应的修正。

1．单位转速修正

单位转速的修正公式可由$\frac{n}{n_M}=\frac{D_{1M}}{D_1}\sqrt{\frac{H}{H_M}\frac{\eta_h}{\eta_{hM}}}$导出。推导时将水力效率 η_h 用水轮机总效率η代替，令$D_1=1\text{m}$、$H=1\text{m}$、$D_{1M}=1\text{m}$、$H_M=1\text{m}$，可得在最优工况下的最优单位转速修正式：

$$n'_{10}=n'_{10M}\sqrt{\frac{\eta_{max}}{\eta_{Mmax}}} \tag{3-19}$$

式中：n'_{10}、n'_{10M}分别为原型、模型水轮机最优单位转速，r/min。

非最优工况的单位转速修正式为

$$n'_1=n'_{1M}+\Delta n'_1 \tag{3-20}$$

式中：n'_1、n'_{1M}分别是原型、模型水轮机任一工况的单位转速，r/min；$\Delta n'_1$是单位转速修正值，可按式（3－21）计算。

$$\Delta n'_1=n'_{10}-n'_{10M}=n'_{10M}\left(\sqrt{\frac{\eta_{max}}{\eta_{Mmax}}}-1\right) \tag{3-21}$$

在工程实践中，当满足$\Delta n'_1<0.03n'_{10M}$时，对单位转速不必进行修正。

2．单位流量修正

单位流量的修正公式可由流量相似律公式$\frac{Q}{Q_M}=\frac{\eta_{VM}}{\eta_V}\frac{D_1^2}{D_{1M}^2}\sqrt{\frac{H}{H_M}\frac{\eta_h}{\eta_{hM}}}$导出。推导时忽略容积损失，水力效率 η_h 用水轮机总效率η代替，令$D_1=1\text{m}$、$H=1\text{m}$、$D_{1M}=1\text{m}$、$H_M=1\text{m}$，可得在最优工况下的最优单位转速修正式：

$$Q'_{10}=Q'_{10M}\sqrt{\frac{\eta_{max}}{\eta_{Mmax}}} \tag{3-22}$$

式中：Q'_{10}、Q'_{10M}分别为原型、模型水轮机最优单位流量，m^3/s。

非最优工况的单位流量修正式为

$$Q'_1=Q'_{1M}+\Delta Q'_1 \tag{3-23}$$

式中：Q'_1、Q'_{1M}分别为原型、模型水轮机任一工况的单位流量，m^3/s；$\Delta Q'_1$为单位流量修正值，m^3/s，可按式（3－24）计算。

$$\Delta Q'_1=Q'_{10}-Q'_{10M}=Q'_{10M}\left(\sqrt{\frac{\eta_{max}}{\eta_{Mmax}}}-1\right) \tag{3-24}$$

在工程实际中，因为单位流量修正值与单位流量的比值较小，一般情况下可不修正。

第三节 水轮机的比转速

一、比转速的概念

资源 3-6

水轮机的比转速简称比速，用符号 n_s 表示。比转速是一个与水轮机转轮直径无关、能够综合反映水轮机特性的单位参数。下面推导其表达式。

由式（3-11）和式（3-13）消去 D_1 得

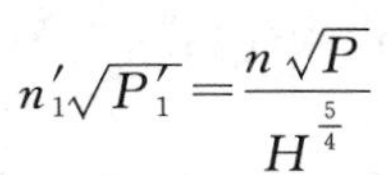

$$n_1'\sqrt{P_1'}=\frac{n\sqrt{P}}{H^{\frac{5}{4}}}$$

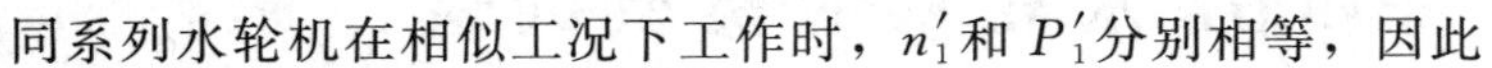

同系列水轮机在相似工况下工作时，n_1' 和 P_1' 分别相等，因此

$$\frac{n\sqrt{P}}{H^{\frac{5}{4}}}=\text{常数} \tag{3-25}$$

将式（3-25）中常数用 n_s 表示，即得比转速：

$$n_s=\frac{n\sqrt{P}}{H^{\frac{5}{4}}} \tag{3-26}$$

式中：n_s 为比转速，m·kW。

若将水轮机输出功率 $P=9.81HQ\eta$，$Q=Q_1'D_1^2\sqrt{H}$，$n=\frac{n_1'\sqrt{H}}{D_1}$ 代入式（3-26)，则比转速还可表示为

$$n_s=3.13n_1'\sqrt{Q_1'\eta} \tag{3-27}$$

或

$$n_s=3.13\frac{n\sqrt{Q\eta}}{H^{\frac{3}{4}}} \tag{3-28}$$

二、比转速的工程意义

同系列的水轮机在相似工况下的比转速相等。为了比较不同系列水轮机的性能，常用两个特征比转速来表示系列水轮机的比转速。一个是最优工况下的比转速，称为最优比转速，用 n_{s0} 表示；另一个是限制工况下的比转速，用 n_{s1} 表示。一般地说，水轮机的比转速越高，其单位转速和单位流量大，出力也大，因此，能量特性好；但比转速越高，转轮出口动能损失变大，导致水轮机空蚀性能变差。

比转速是水轮机的一个重要参数。它综合反映了 n、H 和 P 之间的关系。比转速不仅用来表示水轮机的型号，而且还用来划分水轮机的类型。

我国水轮机型谱中的转轮型号，采用统一规定的比转速代号，用它代表系列水轮机的比转速。根据比转速的大小不同，可把水轮机分为高比转速水轮机、中比转速水轮机和低比转速水轮机 3 类。高比转速水轮机通常指贯流式水轮机、轴流式水轮机，多应用在低水头、大流量的电站；低比转速水轮机通常指水斗式水轮机，多应用在高水头、小流量的电站；中比转速水轮机通常指混流式水轮机、斜流式水轮机，多应用

在中等水头和小流量的电站。现代水轮机设计比转速的大致范围为：水斗式 $n_s=10\sim70\text{m}\cdot\text{kW}$；混流式 $n_s=60\sim400\text{m}\cdot\text{kW}$；斜流式 $n_s=200\sim450\text{m}\cdot\text{kW}$；轴流式 $n_s=400\sim900\text{m}\cdot\text{kW}$；贯流式 $n_s=600\sim1100\text{m}\cdot\text{kW}$。由于水轮机比转速越高，空蚀性能就越差。因此对于高比转速水轮机，限制其应用水头范围的主要因素就是空蚀条件，n_s 越高，适应水头 H 越低。

由于提高比转速能提高机组动能效益，降低机组造价和厂房土建投资，所以，随着技术、工艺和材料科学的进步，如何继续提高各类水轮机的比转速和扩大高比转速水轮机的水头应用范围，一直是现代水轮机研究的重要方向。

第四节 水轮机的模型试验

一、水轮机模型试验类型

水轮机模型试验的任务是在实验室内用模型水轮机，采用一定的模型试验水头和不同工作流量进行试验，测定水轮机各工况下的工作参数，并计算出水轮机的效率和空化系数，即得到能量特性和空蚀特性，绘出水轮机的模型综合特性曲线；同时为确定水轮机某些过流部件的力特性、飞逸特性以及在非设计工况下的稳定特性提供依据。

根据研究问题精度不同，水轮机模型试验分为定性试验和定量试验。

定性试验又叫比较性试验，其模型水轮机转轮的直径一般小于 300mm。主要用于模型转轮性能的比较和筛选。试验费用低，精度低，其试验结果不能作为与原型机换算的依据。

定量试验也叫保证性试验，是在定性试验的基础上，把优选出来的模型做成尺寸更大的模型，模型水轮机转轮的直径一般大于 300mm，但小于 1000mm。再进行比较精确的试验，以获得该系列模型机的各种性能参数和指标。

水轮机模型试验，按其用途不同主要分为以下几类：

(1) 能量试验。主要确定模型水轮机在各种工况下的运行效率。

(2) 空蚀试验（抗空蚀性能试验）。主要确定水轮机抗空蚀特性。

(3) 飞逸特性试验和轴向水推力特性试验。主要确定水轮机的飞逸特性和轴向水推力特性。

(4) 泥沙磨损试验。在多泥沙河流上的水电站，有时需要专门做试验确定水轮机的泥沙磨损特性。

近代的模型试验台多做成通用的，就是在固定的循环系统及主要测量设备上，可换装不同类型的水轮机，如混流式、轴流式、斜流式及贯流式来进行试验。因此，在选定试验台的参数及结构型式时，应综合考虑可能试验的各种转轮的特点。

限于篇幅，本书仅介绍反击式水轮机的模型能量试验，其他试验可参阅有关文献。

二、反击式水轮机的模型能量试验

资源 3-7

（一）模型能量试验台的组成

水轮机模型能量试验台，如图 3-3 所示。主要由压力水箱、模型机组段、尾水槽和回水槽等组成。

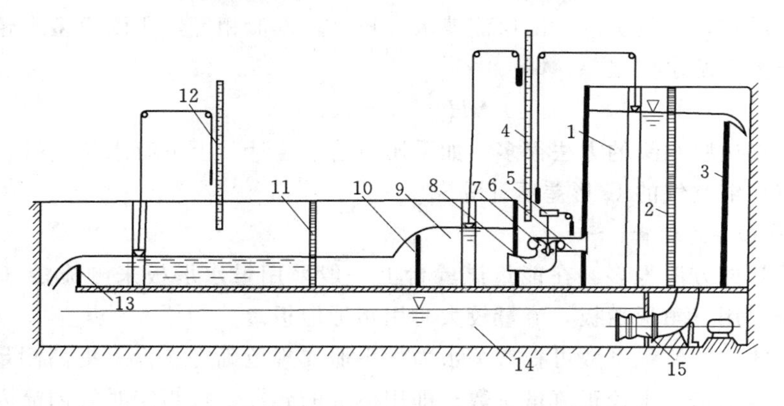

图 3-3　反击式水轮机模型能量试验台

1—压力水箱；2、11—静水栅；3、10—溢流板；4—标尺；5—测功器；6—引水管；7—模型水轮机；8—尾水管；9—尾水槽；12—浮筒水位计；13—量水堰板；14—回水槽；15—循环水泵

1. 压力水箱

压力水箱是一个具有自由水面的大容积的储水箱，用来模拟实际水电站的上游水库。它须保证一定的上游水位，形成所需的试验水头。水箱内的水由水泵补给，用溢流板的高程保持水箱恒定的水位，多余的水经溢流槽流回回水槽。由设在水箱中的静水栅保证进入水轮机水流的稳定性。

2. 模型机组段

模型机组段是模拟实际水电站的机组段，由引水室、模型水轮机和尾水管等组成。为测试验参数，该段装有水头测量装置，在水轮机轴上装有测功装置和测转速设备。

3. 尾水槽

尾水槽模拟实际水电站的尾水渠。为保持一定的下游水位，在尾水槽内可装调节闸门。为测量各工况下的流量，在尾水槽后接有堰槽，其内装有量水堰板、堰顶水位测量装置以及稳定水流的静水栅。

4. 回水槽

回水槽是使试验用水形成循环的储水设备。发电尾水流入回水槽，再由水泵将其送到压力水箱。

（二）能量试验参数的测量

水轮机模型能量试验的目的是确定模型水轮机的效率。

水轮机的效率：

$$\eta_M=\frac{P_M}{\gamma Q_M H_M}=\frac{\pi}{30\gamma}\frac{Mn_M}{Q_M H_M}$$

可见，需要测定的参数有水头 H_M、流量 Q_M、转速 n_M 和水轮机轴功率 P_M 或轴制动转矩 M。

1. 水头 H_M 的测量

模型试验水头为蜗壳进口断面与尾水管出口断面水流的比能之差。因为模型能量

试验台为开敞式，水轮机进、出口流速水头较小且近似相等，所以模型水轮机的工作水头约等于上下游水位之差，即

$$H_M = z_1 - z_2$$

测量模型试验水头的方法很多，如采用单管水位计、上下游水位测针、浮子游标水尺或通有压缩空气的U形差压计等。

2. 流量 Q_M 的测量

测量流量的方法很多。在能量试验台上一般采用量水堰板来测流量（图 3-3）。当流量较小时用三角形堰板，流量较大时用矩形堰板。

堰流公式中的流量系数可查有关水力学手册或规范确定。为了提高测量精度，也可用容积法或重量法来校正流量系数，即用标准的容器，按指定时间内流入容器的水的体积求出流量，反算流量系数。

3. 转速 n_M 的测量

常用的转速测量法是数字测速法。数字测速是利用转速传感器将转速值变成电脉冲信号，再把电信号送入数字频率计，从而显示出频率或转速值。转速传感器主要有两种型式，即光电式和磁电式。转速测量采用电子脉冲器或电子频率计数器。

4. 轴功率（出力）P_M 的测量

由于水轮机轴功率 $P_M = M\omega = M\dfrac{2\pi n_M}{60} = Mn_M/9.5493$，$P_M$ 的测量实际上是测量轴制动转矩 M 和转速 n_M。用机械测功器（一般用在容量较小的试验台上）或电磁测功器可以调整并测得轴制动转矩 M，用转速表测得水轮机轴转速 n_M，即可得到水轮机出力 P_M。

（三）试验步骤与综合参数的计算

为求得模型水轮机全部工作范围内的能量特性，采用在不同导叶开度下进行试验的方法。混流式水轮机的试验步骤如下：

(1) 调整上、下游水位，得到一个稳定的试验水头 H_M。

(2) 调整导叶在某个开度 a_{0i}（一般 $i=8\sim10$）。

(3) 通过调节机械测功器上的闸带螺丝（电磁测功器可调节负载电阻）改变负荷从而改变转轮转速 n_M，一般速度间隔取100r/min做一个试验工况点，每个开度做6～8个工况点。

(4) 待转速稳定后，记录各参数在表 3-1 中。

(5) 按式（3-29）～式（3-32）计算每个工况下模型水轮机的效率 η_M 及其相应的单位转速 n_1'、单位流量 Q_1'，计算结果填入表 3-1 相应栏中。

模型水轮机的水流输入功率 $P_{wM} = 9.81Q_M H_M$ （3-29）

模型水轮机效率
$$\eta_M = \frac{P_M}{P_{wM}} = \frac{P_M}{9.81Q_M H_M} \tag{3-30}$$

单位转速
$$n_1' = \frac{n_M D_{1M}}{\sqrt{H_M}} \tag{3-31}$$

单位流量
$$Q_1' = \frac{Q_M}{D_{1M}^2 \sqrt{H_M}} \tag{3-32}$$

表 3-1　　能量试验数据记录计算表

导叶开度 a_0 /mm	试验工况点序号	试验水头 H_M /m	转速 n_M /(r/min)	轴功率 P_M /kW	流量 Q_M /(m³/s)	单位流量 Q_1' /(m³/s)	单位转速 n_1' /(r/min)	效率 η /%
a_{01}	1							
	2							
	3							
	…							
a_{02}	1							
	2							
	3							
	…							

对于转桨式水轮机，一般每隔 5°取一个固定转角 φ_i，对每个转角 φ_i 进行上述各种开度下的若干工况点的试验，并计算其相应的参数。

第五节　水轮机的特性曲线及其绘制

一、水轮机的特性曲线

资源 3-8

水轮机的基本工作参数包括水头 H、流量 Q、转速 n、效率 η、出力 P 和吸出高度 H_s 等；其几何参数包括转轮直径 D_1、活动导叶（或喷嘴）的开度 a_0、叶片转角 φ（转桨式水轮机）等。在水轮机运行中，其工作参数是经常发生变化的。当其中一个参数发生变化时，将引起其他参数相应的改变，水轮机的运行工况也从一种工况过渡到另一种工况。水轮机的参数间关系复杂，目前无法用简明的数学解析式来表达，工程上常用曲线图来表示，这就是水轮机的特性曲线，即水轮机特性曲线是表示水轮机各参数之间关系的曲线。它分为线性特性曲线和综合特性曲线两大类。

水轮机特性曲线在进行水轮机选型、不同型号水轮机特性比较和水轮机运转条件评定等方面都具有重要作用。

（一）线性特性曲线

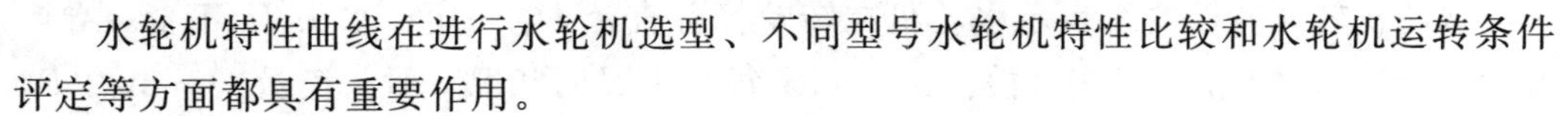

线性特性曲线是在假定水轮机其他参数为常数的情况下，某两个参数之间关系的曲线，它分为工作特性曲线、水头特性曲线和转速特性曲线。

1. 工作特性曲线

工作特性曲线是当水轮机转轮标称直径 D_1、水头 H 和转速 n 为常数（水电站正常运行状况）时，流量 Q、出力 P、导叶开度 a_0 和效率 η 两两之间的关系曲线。工作特性曲线可根据模型综合特性曲线绘制。按变化参数的不同，工作特性曲线又分为三种类型，如图 3-4 所示。其中，图 3-4（a）是出力工作特性曲线：即 D_1、n、H 为常数时，$\eta=f(P)$、$Q=f(P)$、$a_0=f(P)$曲线；图 3-4（b）是流量工作特性曲线：即 D_1、n、H 为常数时，$\eta=f(Q)$、$P=f(Q)$、$a_0=f(Q)$ 曲线；图 3-4（c）

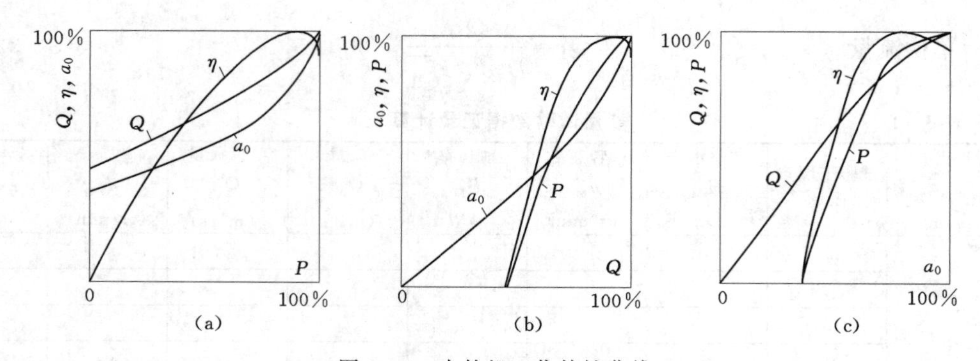

图 3-4 水轮机工作特性曲线

(a) 出力工作特性曲线；(b) 流量工作特性曲线；(c) 开度工作特性曲线

为开度工作特性曲线，即 D_1、n、H 为常数时，$\eta=f(a_0)$、$P=f(a_0)$、$Q=f(a_0)$曲线。这三种工作特性曲线可以相互转换，将一种类型转换成其他任何一种类型。

在水轮机的工作特性曲线上，有几个重要特征点需要注意。

(1) 当出力为零时，流量不为零，此处的流量称为空载流量，对应的导叶开度称为空载开度。水轮机空载流量一般较小，这时水流作用于转轮的力矩仅够克服阻力维持转轮以额定转速旋转，而没有出力输出。

(2) 效率最高点对应的流量为水轮机的最优流量。

(3) 工作特性曲线最高处的出力，称为最大出力，对应的流量称为极限流量。

2. 水头特性曲线

水头特性曲线是当转轮标称直径 D_1、导叶开度 a_0 和转速 n 为常数时，流量 Q、效率 η、出力 P 与水头 H 之间的关系曲线，即 $Q=f(H)$，$\eta=f(H)$，$P=f(H)$。

水头特性曲线同样可根据模型综合特性曲线换算得到。其方法是取若干个水头，求出相应的 n_1'，由每个 n_1' 在等开度线 a_0 上求出各点相应的 η 和 Q_1'，计算出相应的出力 P，而后便可绘出 $\eta=f(H)$ 和 $P=f(H)$ 曲线。

3. 转速特性曲线

水轮机转速特性曲线表示水轮机在转轮标称直径 D_1 一定，水头 H 不变，导叶开度 a_0 和叶片转角 φ 固定（模型试验测定每个工况的状况）时，流量 Q、出力 P、效率 η 与转速 n 之间的关系，即 $Q=f(n)$，$P=f(n)$，$\eta=f(n)$。

转速特性曲线可以根据模型试验结果而得出。

（二）综合特性曲线

水轮机的综合特性曲线是多参数之间的关系曲线，主要反映水轮机各种运行工况的特性。又可分为模型综合特性曲线和运转综合特性曲线。

1. 模型综合特性曲线

模型综合特性曲线是以单位转速 n_1' 为纵坐标，单位流量 Q_1' 为横坐标而绘制的几组关系曲线，如图 3-5～图 3-8 所示。在图中，每一对单位参数（Q_1'，n_1'）对应水轮机的一种运行工况。图中绘有如下曲线：①等效率 η 线；②导叶（或喷针）等开度 a_0 线；③等空化系数 σ 线；④混流式水轮机的出力限制线；⑤转桨式水轮机转轮叶

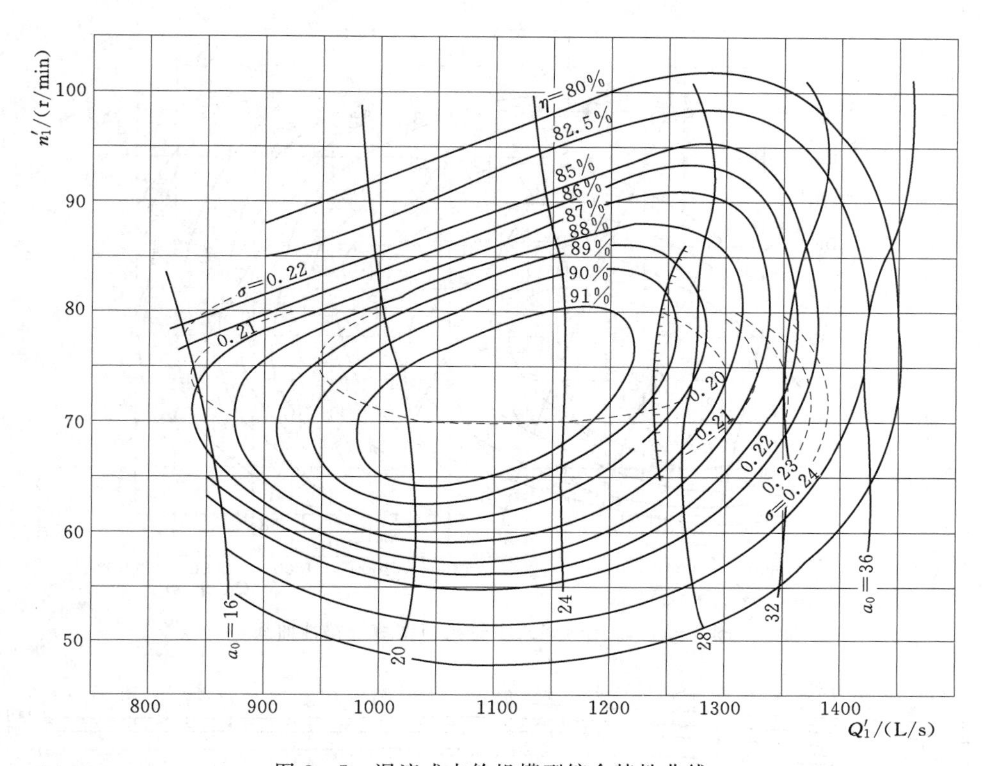

图 3-5　混流式水轮机模型综合特性曲线

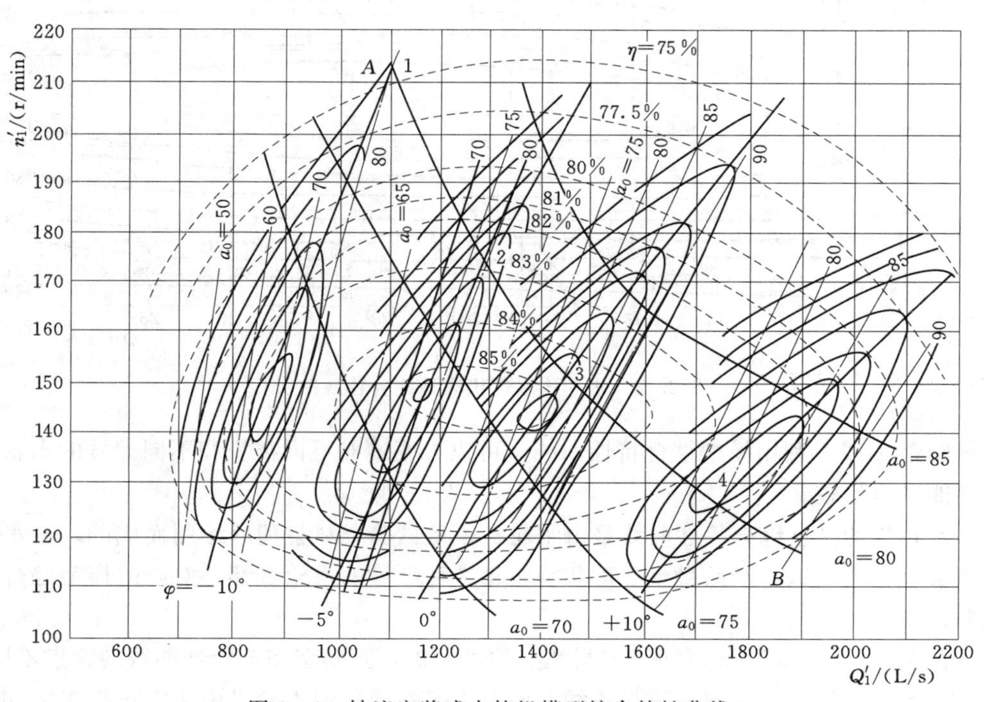

图 3-6　轴流定桨式水轮机模型综合特性曲线

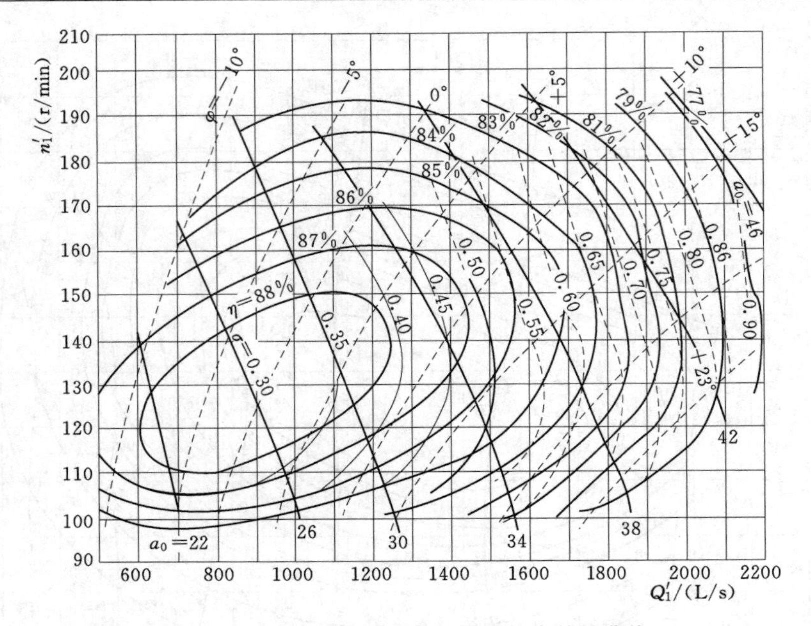

图 3-7　轴流转桨式水轮机模型综合特性曲线

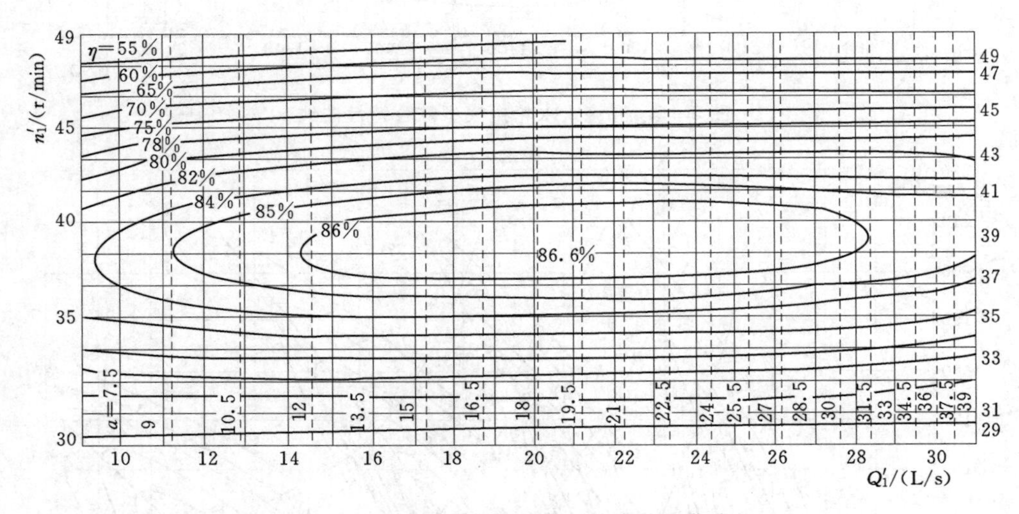

图 3-8　水斗式水轮机模型综合特性曲线

片等转角 φ 线。利用模型综合特性曲线，可以方便地对不同类型和不同型号的水轮机的性能进行比较。

水轮机的模型综合特性曲线是由水轮机模型试验资料整理后绘制而成的，在水轮机有关手册或制造厂产品目录中可获得，每一种型号的水轮机都有对应的模型综合特性曲线。

由图 3-5～图 3-8 可知，不同类型的水轮机，其模型综合特性曲线的特点不同。

混流式水轮机的等效率线是指线上各点工况不同、但水轮机中诸能量损失之和相等，即效率相等点的连线。混流式水轮机模型综合特性曲线（图 3-5）中有 95%出力限制线。绘制的目的是考虑水轮机在较大出力下运行时，不可能按正常规律实现功率的调节，即水轮机在超过95%最大出力运行时，会出现效率随流量的增加而降低，且降低的幅度超过流量增加的幅度，故水轮机的出力反而减小，造成水轮机的调速系统失效或失稳的现象。

轴流定桨式水轮机的转轮叶片在运行时固定不变，但可以具有不同的叶片安放角。在某一叶片安放角下，其模型综合特性曲线类似于混流式水轮机的，绘制方法也相同，但一般不画出力限制线。图3-6为轴流定桨式水轮机在叶片安放角分别为$-10°$、$-5°$、$0°$、$+10°$的模型综合特性曲线。

轴流转桨式水轮机在工况变化时，协联机构（导叶开度和转轮叶片转角联合调节）会动作。因此，转桨式水轮机的等效率线是水轮机不同叶片转角下各同类水轮机等效率线的包络线。转桨式水轮机因为导叶和转轮叶片动作协联作用，其高效率区很宽，在出力未达到极限出力时，水轮机空蚀已很严重，故水轮机的最大允许出力常受本身空蚀条件的限制。所以一般在模型综合特性曲线（图3-7）上不绘出95%出力限制线。

冲击式水轮机的等效率线扁而宽，如图3-8所示，在相当大的开度下仍不会出现流量增加而出力减小的情况，所以在模型综合特性曲线上不标出力限制线；另外，冲击式水轮机的转轮是在大气压下工作的，其空蚀机理和反击式机组不同，空蚀性能也无法用空化系数表达，故在模型综合特性曲线上没有等空化系数线。

2. 运转综合特性曲线

运转综合特性曲线，是表示转轮标称直径D_1和转速n为常数的原型水轮机主要运行参数（H、P、η、H_s等）之间关系的曲线。它是以水头H和出力P分别为纵坐标和横坐标而绘制的关系曲线，如图3-9和图3-10所示。在图中常绘有下列曲线：①等效率η线；②等吸出高度H_s线；③出力限制线；有的还包括导叶（或喷针）等开度a_0线、转桨式水轮机的叶片等转角φ线。

运转综合特性曲线是针对原型水轮机绘制的，主要用于水电站设计时检查所选水轮机是否正确和建成后指导水电站的合理经济运行。

二、模型综合特性曲线的绘制

模型综合特性曲线是根据模型试验结果，通过整理换算绘制而成的。对于不同类型和不同型号的水轮机，其模型综合特性曲线形式是不同的。下面以混流式水轮机为例说明模型综合特性曲线的绘制方法。

（一）混流式水轮机模型综合特性曲线的绘制

1. 等开度线的绘制

资源3-9

等开度线表示模型水轮机导叶开度为常数时，水轮机的单位流量随单位转速的改变而变化的规律。

等开度线是根据水轮机能量试验数据记录计算表3-1来绘制。将同一开度下的各工况点的单位转速n_1'和单位流量Q_1'描在以n_1'为纵坐标和Q_1'为横坐标的图中，再把这些点连成曲线，即得到等开度线$a_0=f(n_1', Q_1')$。把试验的所有开度均绘出，就得到模型综合特性曲线的等开度曲线，如图3-5所示。

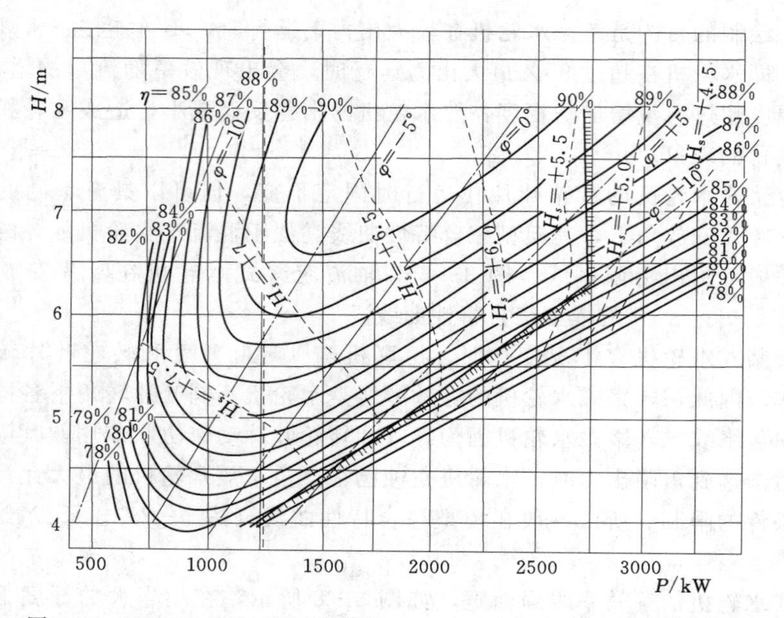

图 3-9　ZZ600-LH-330 水轮机（$n=125\text{r/min}$）运转综合特性曲线

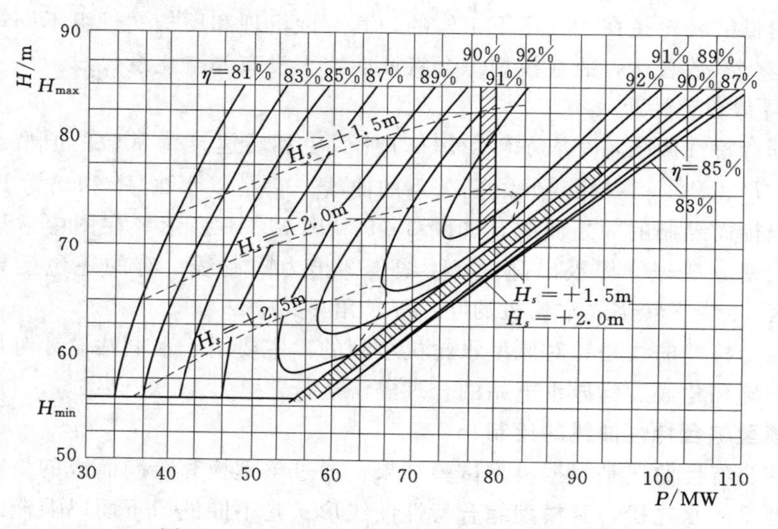

图 3-10　混流式水轮机运转综合特性曲线

2. 等效率线的绘制

等效率线 $\eta=f(n_1', Q_1')$ 是把不同开度下效率相同的各点连接起来所得的曲线。绘制等效率线的步骤如下：

（1）绘制辅助曲线 $\eta=f(n_1')$。它是根据水轮机能量试验数据记录计算表 3-1 将同一开度下各对应的 η 和 n_1' 绘在 $\eta-n_1'$ 坐标图中，将各点连接起来即为该开度下的 $\eta=f(n_1', Q_1')$ 曲线，同理可绘出其他各开度的曲线，如图 3-11（b）所示曲线 1、2、3、4、5 等。

（2）根据辅助曲线 $\eta=f(n_1')$ 绘制等效率线。在辅助曲线图 3-11（b）中，取某

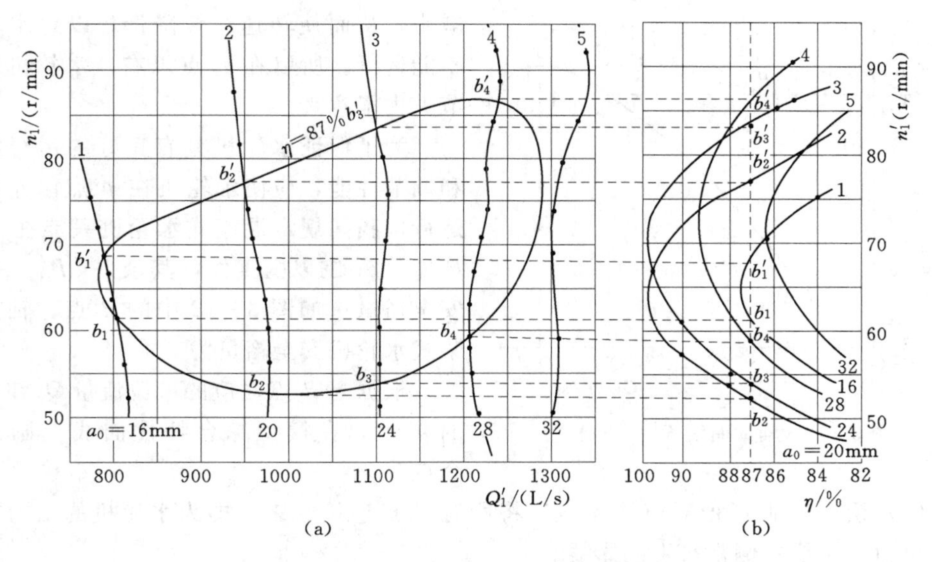

图 3-11　混流式水轮机等效率线的绘制

(a) 等开度和等效率线；(b) 辅助线

一效率，以该效率为常数作一纵线，该纵线与 $\eta=f(n_1')$ 曲线相交于许多点，将各交点按相应开度水平投影到 n_1'-Q_1' 坐标图中，因这些点对应于同一效率，所以将它们连接起来即为等效率曲线。如图 3-11 (a) 中环形曲线即为模型综合特性曲线的 $\eta=87\%$ 的等效率曲线。同理取不同效率就可绘出其他等效率曲线。

3. 出力限制线的绘制

出力限制线也称 95%出力限制线，5%出力储备线。是在某单位转速下水轮机的出力达到该单位转速下最大出力的 95%时各工况点的连线。连线上的点叫水轮机限制工况点。出力限制线一般用阴影线表示，它左侧为水轮机工作区，右侧为水轮机非工作区。

绘制出力限制线的步骤如下：

(1) 绘制辅助曲线 $P_1'=f(Q_1')$。单位出力 P_1' 按式 (3-33) 计算。

$$P_1'=\frac{P}{D_1^2H^{\frac{3}{2}}}=\frac{9.81QH\eta}{D_1^2H^{\frac{3}{2}}}=9.81Q_1'\eta \tag{3-33}$$

在模型综合特性曲线图上（图 3-5），任取一 n_1' 值，并以该 n_1' 值作一水平线，它与等效率曲线相交于许多点，将各交点的效率 η 和单位流量 Q_1' 分别代入式 (3-33)，由计算结果便可绘制出如图 3-12 所示的辅助曲线 $P_1'=f(Q_1')$。

在图 3-12 中，最高点 p 是极限出力值，在 p 点左侧，单位出力 P_1' 随单位流量 Q_1' 增加而增加，到 p 点 P_1' 达到最大值；在 p 点右侧，P_1' 随 Q_1' 增加而减小。说明此工况下，效率 η 下降对单位功率 P_1' 的影响大于单位流量 Q_1' 增加对单位功率的影响，这是由于流量太大而使水轮机内损失增大引起的。显然，水轮机在此区域内运行很不经济，甚至不能运行。因为在 p 点运行时，负荷的少量增加会引起转速的下降，当转速下降时，调速器会发出开大导水机构的指令，随着导叶开度的增加，水轮机出力却

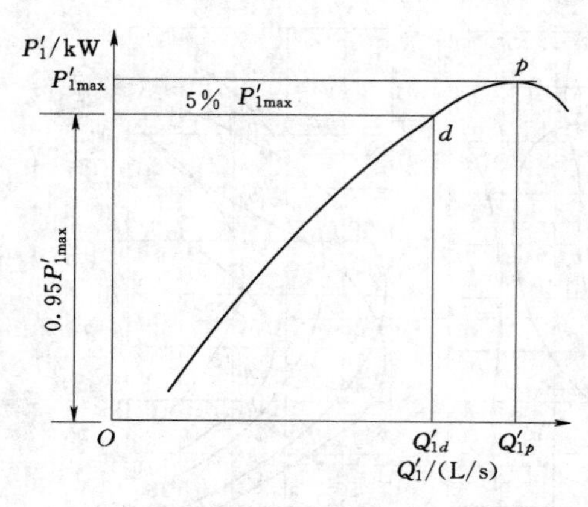

图 3-12　辅助曲线 $P_1'=f(Q_1')$

减小，从而使转速继续降低，以致水轮机不能运行。所以在 p 点以右，水轮机的调节失去了意义。

为了保证水轮机具有良好的运行特性和调节性能，应使水轮机在 p 点以左区域运行。我国规定混流式水轮机只能在 95% $P'_{1\max}$ 的范围以内工作，其余 5%$P'_{1\max}$ 作为安全裕量；如图 3-12 中的 d 点。轴流定桨式水轮机安全裕量为 3%。

根据与 d 点对应的单位流量 Q_1' 和对应的 n_1' 值，在模型综合特性曲线上画出一个点。

（2）绘出其他 n_1' 值对应的 d 点，将所有 d 点连接起来，即为水轮机的出力限制线，出力限制线右侧常打上阴影线。

4. 等空化系数线的绘制

根据空蚀试验，得到水轮机模型空化系数 σ，把不同工况下的 σ 值画在模型综合特性曲线图内，将这些 σ 值相等的点连接起来，即为等空化系数线。在模型综合特性曲线图上，等空化系数线通常用虚线表示，如图 3-5 中的虚线。

资源 3-10

（二）混流式水轮机运转综合特性曲线的绘制

水轮机运转特性曲线，是根据同型号水轮机模型综合特性曲线，按水轮机相似理论进行换算绘制而成。

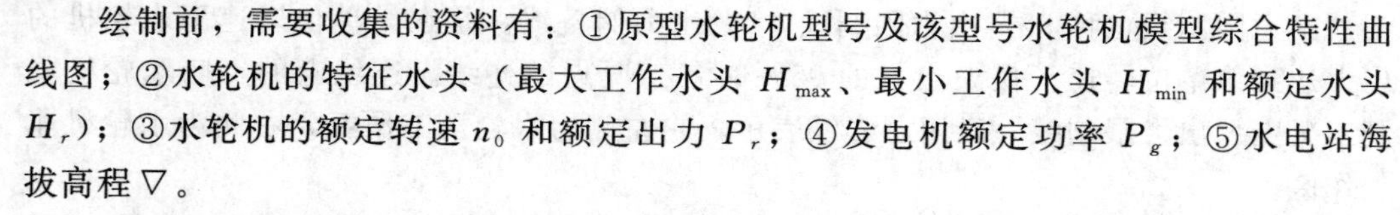

绘制前，需要收集的资料有：①原型水轮机型号及该型号水轮机模型综合特性曲线图；②水轮机的特征水头（最大工作水头 $H_{\max}$、最小工作水头 $H_{\min}$ 和额定水头 H_r）；③水轮机的额定转速 n_0 和额定出力 P_r；④发电机额定功率 P_g；⑤水电站海拔高程 ∇。

绘制时，需要把以 $n_1'-Q_1'$ 为坐标系的模型综合特性曲线换算成以 $P-H$ 为坐标系的原型运转特性曲线。其换算关系为

$$H=\left(\frac{nD_1}{n_1'}\right)^2 \tag{3-34}$$

$$\eta=\eta_M+\Delta\eta \tag{3-35}$$

$$P=9.81\eta Q_1' D_1^2\sqrt{H^3} \tag{3-36}$$

$$H_s=10-\frac{\nabla}{900}-(\sigma_M+\Delta\sigma)H \tag{3-37}$$

1. 绘制等效率曲线

（1）计算。

1）求出原型水轮机最优工况效率和最优工况效率修正值，对混流式或轴流定桨式水轮机认为所有工况效率修正值相等（但轴流转桨式每个桨叶角度下均有各自的 $\Delta\eta_\varphi$）。

2）求水轮机的最优单位转速 n'_{10} 和单位转速修正值 $\Delta n'_1$。

3）在水轮机最大水头到最小水头的范围内，取 4～6 个水头，通常包括 H_{max}、H_{min} 和额定水头 H_r 等特征水头，并求出各水头对应的单位转速 n'_1。

4）求各选取水头相应的模型单位转速 n'_{1M}。

$$n'_{1M}=n'_1-\Delta n'_1=\frac{nD_1}{\sqrt{H}}-\Delta n'_1$$

5）在模型综合特性曲线上作各 n'_{1M} 的水平线，得到与模型综合特性曲线交点的 Q'_{1M} 和 η_M。因为单位流量一般不需修正，故 $Q'_1=Q'_{1M}$。

6）分别用式（3-35）和式（3-36）求原型水轮机的效率 η 出力 P。

等效率曲线计算见表 3-2。

表 3-2　　等效率曲线计算表　　单位：m

H_{min}				H				H_r				H_{max}			
$n'_{1M}=\frac{nD_1}{\sqrt{H_{min}}}-\Delta n'_1$ $P=9.81D_1^2H_{min}{}^{1.5}Q'_1\eta$				$n'_{1M}=\frac{nD_1}{\sqrt{H}}-\Delta n'_1$ $P=9.81D_1^2H^{1.5}Q'_1\eta$				$n'_{1M}=\frac{nD_1}{\sqrt{H_r}}-\Delta n'_1$ $P=9.81D_1^2H_r{}^{1.5}Q'_1\eta$				$n'_{1M}=\frac{nD_1}{\sqrt{H_{max}}}-\Delta n'_1$ $P=9.81D_1^2H_{max}{}^{1.5}Q'_1\eta$			
η_M	Q'_1	η	P	η_M	Q'_1	η	P	η_M	Q'_1	η	P	η_M	Q'_1	η	P
95%出力限制线上的点															

（2）绘制等效率曲线。

1）绘制效率特性曲线 $\eta=f(P)$。根据表 3-2 可绘出不同水头下的效率特性曲线 $\eta=f(P)$，如图 3-13（a）所示。

2）在效率特性曲线上作某一效率（如图中 91%）的水平线，它与效率特性曲线相交，求得到各交点上的水头 H 和出力 P 值。把各交点上的水头 H 和出力 P 值绘在 $H-P$ 坐标图内，把各点连接成光滑曲线，即得该效率下的等效率曲线，如图 3-13（b）所示。同理可绘出其他效率的等值线。

在此要说明的是，如图 3-13（b）所示，等效率曲线上有一个拐点 A。为了准确绘出 A 点，可根据工作特性曲线中各水头下的最高效率值 η_{T0} 及出力 P_0 做出 $\eta_{T0}-H$ 曲线［图 3-14（a）］和 P_0-H 曲线［图 3-14（b）］，需要确定某效率线的拐点时，可根据效率值从两图上分别查出拐点所对应水头 H_A 和出力 P_A。

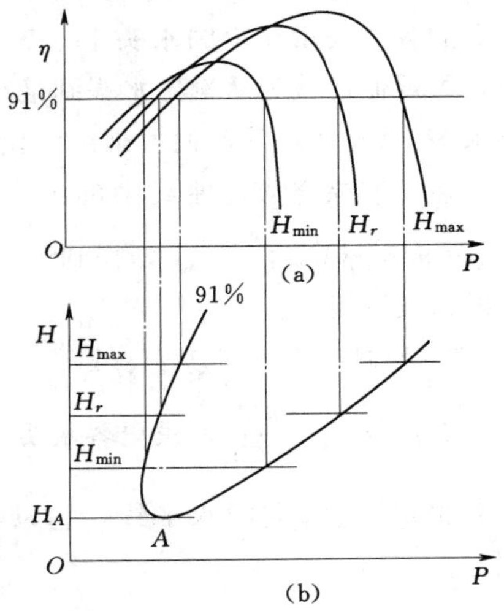

图 3-13　等效率线的绘制
（a）$\eta-P$ 曲线；（b）$H-P$ 曲线

2. 绘制机组出力限制线

水轮机在运行中，其出力受发电机额定出

力和95%出力限制线的双重限制，所以在运转特性曲线上也必须反映这种限制。

(1) 发电机额定出力限制线。在一定功率因数下，发电机额定出力是个常数且与水头无关，因此，在运转特性曲线上它是过点（H_r，P_r）的垂直线。因为水轮机额定水头是水轮机发出额定出力的最小水头。当电站 $H>H_r$ 时，水电站出力受发电机出力的限制。如图3-15中的垂直阴影线。

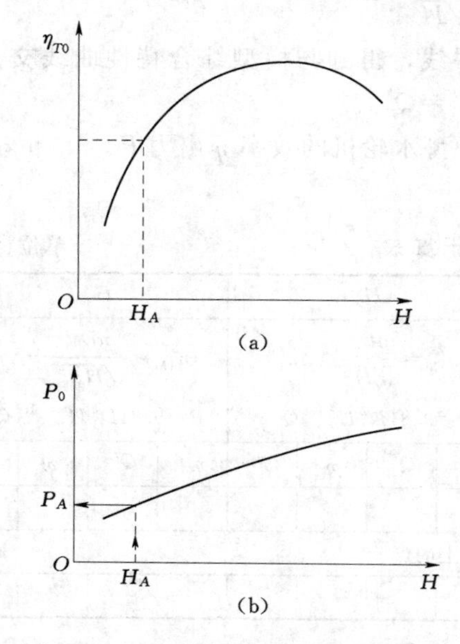

图3-14 确定等效率线拐点的辅助线

(a) $\eta_{T0}-H$ 曲线；(b) $P-H$ 曲线

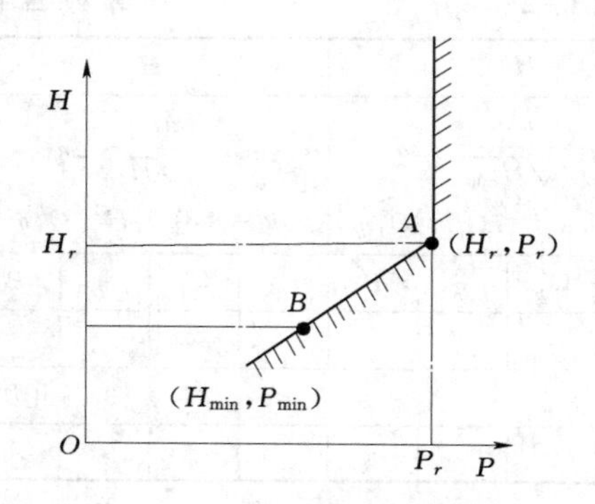

图3-15 发电机组出力限制线

(2) 水轮机出力限制线。当水头小于额定水头时，水轮机运行效率降低，水轮机运行受95%功率限制线的限制。所以，额定水头以下的出力限制线为一条斜线，斜线上的各点表示在不同水头下水轮机实际可能发出的预想出力，水头越低，出力越小，可近似地认为从额定水头到最小水头之间的出力按直线规律变化，因此在画出最小水头 H_{min} 的点后，便可画出斜线 AB，见图3-15中的 AB 线。

在模型综合特性曲线中的出力限制线上找出相应最小水头 H_{min} 工况点，求出 $P_{min}=9.81\eta Q_1' D_1^2\sqrt{H_{min}^3}$，得到 $B(H_{min}，P_{min})$ 点。连接 AB 的斜线即为 $H\leqslant H_r$ 时的出力限制线。

3. 绘制等吸出高度 H_s 线

(1) 由 $n_1'=\dfrac{nD_1}{\sqrt{H}}$，求出各水头下的 n_{1M}'，并在模型综合特性曲线上，作出以各水头下的 n_{1M}' 为常数的水平线，它以等空化系数线相交若干点，求得相交点的 σ_M 和 Q_1'。

(2) 将 Q_1' 代入 $Q_1'=\dfrac{P}{9.81\eta D_1^2 H^{\frac{3}{2}}}$，求得 P。

(3) 由 $H_s=10-\frac{\nabla}{900}-(\sigma_M+\Delta\sigma)H$，计算出各等空化系数 σ_M 值对应的 H_s。

(4) 根据 H_s 和 P，作出各水头下的 $H_s=f(P)$ 辅助曲线，如图 3-16 (a) 所示。

(5) 在 $H_s=f(P)$ 辅助曲线上，以某一 H_s 为常数作一水平线，它与 $H_s=f(P)$ 辅助曲线相交若干点，求得相交点的 H 和 P。然后将这些 H 和 P 值点绘在 $H-P$ 坐标图中，并连接成光滑曲线，此曲线即为该吸出高度的等吸出高曲线，如图 3-16 (b) 所示。其他吸出高度的等吸出高曲线可用同样方法做出。

需要说明的是，水轮机制造厂家只提供模型综合特性曲线，其他特性曲线，包括线性特性曲线和运转综合特性曲线都是根据模型综合特性曲线推算出来的。

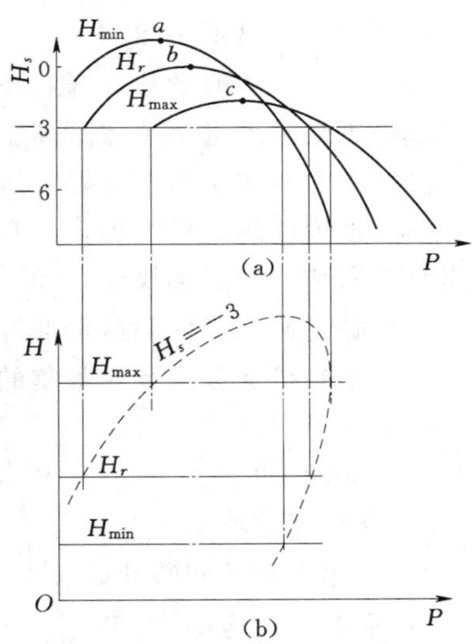

图 3-16　等吸出高线的绘制
(a) H_s-P 曲线；(b) 某个 H_s 值的等吸出高度线

第六节　水轮机的选型

资源 3-11

各水电站站址处的自然条件、水力条件，以及各河流开发利用的要求不同，因此，选择技术上合理、经济上高效的水轮机是水电站设计中一项重要内容。水轮机的选型设计不仅影响着电站的投资和经济效益，而且还制约水轮机制造、运输、安装及电站在电力系统中的运行方式。

水轮机的选型设计一般先根据电站的型式、动能计算以及水工建筑物的布置等初选若干方案，然后进行技术经济比较，再根据国内的生产情况及制造水平，最后确定所需的水轮机的型号和尺寸。

一、水轮机选型设计的内容和要求

1. 水轮机选型设计的内容

(1) 根据水能规划推荐的电站总装机容量确定机组的单机容量和台数。

(2) 选择水轮机型号和装置方式。

(3) 确定水轮机转轮直径、额定转速、吸出高度和安装高程等基本参数；对于冲击式水轮机，还包括射流直径和喷嘴数等。

(4) 绘制水轮机运转综合特性曲线。

(5) 确定蜗壳及尾水管型式及尺寸。

(6) 选择调速器及油压装置。

(7) 计算水轮机的外形尺寸，估算重量及价格。

(8) 拟定制造任务书，提出对水轮机型号、尺寸、结构、性能、材质及运行方式等方面的要求。

2. 水轮机选型的基本要求

(1) 水轮机的能量特性好，在额定水头时，能够发出额定功率；在额定水头以下时，水轮机受阻容量小，效率高。

(2) 水轮机的空蚀性能好，运行稳定、灵活、安全可靠。

(3) 水轮机的结构合理，具有先进性；对于多泥沙的电站，要有抗磨装置；水轮机应便于安装、运行和检修。

(4) 满足最大部件和最重部件运输条件。

二、水轮机选型设计应收集的原始资料

(1) 水工方面的资料。

1) 水电站的型式。

2) 水工建筑物的布置。

3) 水库参数及调节性能。

4) 水电站厂房型式。

(2) 水文、水能方面的资料。

1) 水电站装机容量。

2) 水电站特征水头（最大水头、最小水头、平均水头、额定水头等)。

3) 上、下游水位。

4) 下游水位与流量的关系曲线。

5) 电站引用流量及保证率曲线。

6) 水电站保证功率。

7) 河流泥沙含量、泥沙类型等资料。

8) 水质的化学成分。

9) 水温。

(3) 电力系统的资料。

1) 系统负荷情况。

2) 水电站在系统中的作用。

3) 水电站的运行方式。

(4) 制造厂家的资料。

1) 已生产的水轮机情况。

2) 制造厂生产水平。

(5) 水电站到制造厂的交通情况。

三、机组台数及单机容量的选择

水电站机组台数的选择一般是在电站总装机容量已定的情况下进行的，确定台数的过程实际上是技术经济比较的过程，有时与水轮机型式的选择，甚至与水轮机主要参数的选择同时进行。

1. 台数与单机容量、设备制造和投资的关系

水电站总装机容量等于一个电站所有单机容量的总和。在总装机容量一定的情况下，台数多，单机容量小；台数少，单机容量大。

在总装机容量一定情况下，选单机容量小的机组，制造和运输都比较容易，但由于台数多，机组及配套设备的总投资会增大。

从发展趋势看，希望使用单机容量较大的水轮机，因为容量大的水轮机，其单位千瓦投资少，配套设备少，土建投资也较少，即经济性好。但单机容量大，水轮机的尺寸大，在制造、安装和运输方面的难度也大，所以单机容量受水轮机制造水平和运输条件的限制。国内外大中型水轮机单机容量分挡包括 1 万 kW、5 万 kW、7.5 万 kW、15 万 kW、20 万 kW、25 万 kW、30 万 kW、50 万 kW、60 万 kW、70 万 kW、75 万 kW、80 万 kW、85 万 kW、100 万 kW 等。

2. 台数与电站效率之间的关系

目前，同类型的单台机组，单机容量大的机组效率高，单机容量小的机组效率低。对于整个电站来说，选择单机容量小的机组负荷分配比较灵活，水轮机可在高效率区运行，从而提高了整个电站的平均效率。但机组台数增加到一定程度，对运行效益的影响就不敏感了。对在电力系统中担任基荷的水电站，经常满负荷运行，一般选较少机组台数；对担任峰荷且承担调频的水电站，由于负荷变化大，选较多机组台数方案。

需要说明的是，定桨式水轮机通过增加机组台数，改变运行方式可以避开低效率区，从而增加水电站的平均效率；但转桨式水轮机由于高效率区宽，增加机组台数对水电站的平均效率影响不大。所以，对转桨式和水斗式等高效率区宽的电站，选机组台数少的方案；而对定桨式和混流式等高效率区窄的电站，应选机组台数多的方案。

3. 台数与运行维护的关系

当机组台数多时，电厂运行的灵活性好，水轮机可避免在空蚀区和振动区运行，并且水轮机的检修也易于安排；但机组台数多会使水轮机的维护量增大，操作次数增加，同时事故率也增大，运行费相应增高。

4. 台数与电气主接线的关系

为节省主变压器的费用，水电站机组常采用扩大单元接线，为使电气主接线对称，电站机组宜选偶数台数。但当大型机组的主变压器受容量的限制只能采用单元接线时，机组台数就不受奇偶台数的限制了。

上述各因素是互相联系又互相对立的，不可能同时满足，因此在选择机组台数时应针对具体情况，经技术经济比较确定。为了制造、安装、运行维护及备件供应的方便，在一个水电站内应尽可能地选用相同型号的机组。我国已建成的中型水电站一般选用 4～6 台机组，大型水电站一般选用 6～8 台机组。对于巨型水电站，由于最大单机容量的限制，机组台数常较多，例如目前国内机组台数最多的三峡水电站，坝后左、右岸厂房装有 26 台混流式机组，还有 6 台混流式机组安装在右岸地下厂房。对于中小型水电站，为保证运行的可靠性和灵活性，机组台数一般不少于 2 台。

四、水轮机型号及装置方式的选择

（一）水轮机型号的选择

水轮机的型号选择是在已知机组容量和各种特征水头的情况下进行的，一般常用以下几种方法选择。

1. 根据水轮机的系列型谱选择

在水轮机类型和适用范围表 3－3 和各类水轮机应用范围示意图 3－17 中，每种型式的水轮机都有其适用的水头范围。根据水电站的水头情况，可直接从图表中选出适合于该水电站的水轮机类型。如果两种型式的水轮机都适用，可列入比较方案进行分析计算和比较。当表中所列的水头范围和转轮某些参数不适用或完全不适用于该水电站时，应与制造厂协商研制新的转轮。

表 3－3　　水轮机类型和适应范围

水轮机型式			适用水头/m	比转速范围/（m·kW）
水轮机类型	水流方式	结构型式		
反击式	贯流式	灯泡式	<20	600～1000
		轴伸式		
	轴流式	定桨式	3～80	200～850
		转桨式		
	斜流式		40～180	150～350
	混流式		30～700	50～300
冲击式	射流式	水斗式	300～1700	10～35*

注　带＊表示单喷嘴水轮机的参数。

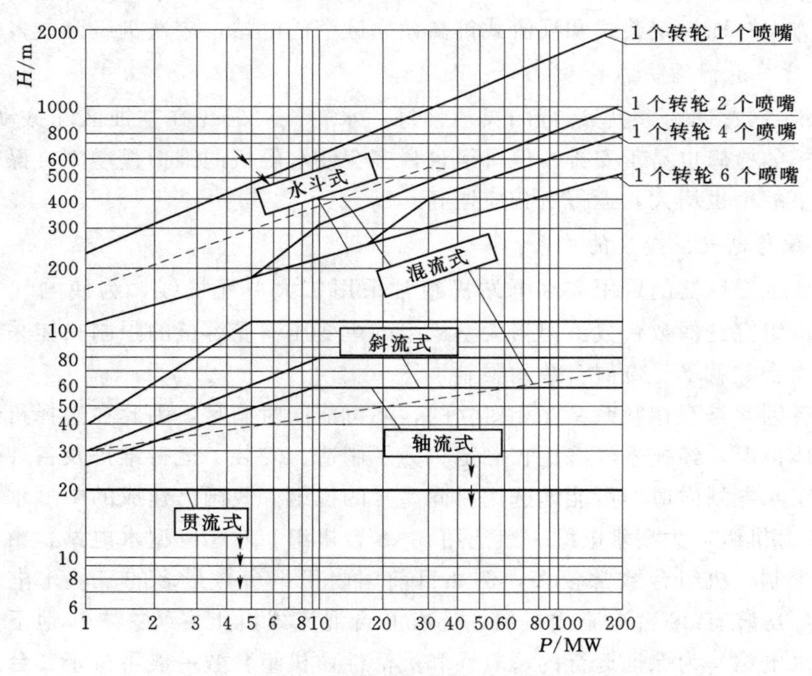

图 3－17　各类型水轮机的应用范围示意图

水轮机类型选好后，再根据水轮机型谱选水轮机型号。反击式水轮机型谱分为大中型型谱和中小型型谱。对于转轮直径为 1.4m 及其以上的轴流式水轮机和转轮直径为 1m 及其以上的混流式水轮机，按大中型型谱执行，其他按中小型执行。表 3－4～表 3－10 为常见水轮机的系列型谱相关的参数表。当水头在 9m 以下时，若采用轴流定桨式水轮机，建议采用 ZD760 转轮，其参数见表 3－6。

表 3－4　　大中型轴流式水轮机转轮参数（暂行系列型谱）

适用水头 H/m	转轮型号	转轮叶片数 Z_1	轮毂比 d_g/D_1	导叶相对高度 b_0/D_1	最优单位转速 n'_{10}/(r/min)	推荐使用的单位最大流量 Q'_1/(L/s)	模型空化系数 σ_M
3～8	ZZ600	4	0.33	0.438	142	2000	0.70
10～22	ZZ560	4	0.40	0.400	130	2000	0.59～0.77
15～26	ZZ460	5	0.50	0.382	116	1750	0.60
20～36	ZZ440	6	0.50	0.375	115	1650	0.38～0.65
30～55	ZZ360	8	0.55	0.350	107	1300	0.23～0.40

表 3－5　　大中型混流式水轮机转轮参数（暂行系列型谱）

适用水头 H/m	转轮型号	导叶相对高度 b_0/D_1	最优单位转速 n'_{10}/(r/min)	推荐使用的单位最大流量 Q'_1/(L/s)	模型空化系数 σ_M
<30	HL310	0.391	88.3	1400	0.360 *
25～45	HL240	0.365	72.0	1240	0.200
35～65	HL230	0.135	71.0	1110	0.170 *
50～85	HL220	0.250	70.0	1150	0.133
90～125	HL200	0.200	68.0	960	0.100
90～125	HL180	0.200	67.0	860	0.085
110～150	HL160	0.224	67.0	670	0.065
140～200	HL110	0.118	61.5	380	0.055 *
180～250	HL120	0.120	62.5	380	0.060
230～320	HL100	0.100	61.5	280	0.045

注　带 * 为装置空化系数，$\sigma_s=\dfrac{10-\dfrac{\nabla}{900}-H_{s0}}{H}$，其中 H_{s0} 为限制吸出高度。

表 3－6　　ZD760 转轮参数

转轮叶片数 Z_1	4		
导叶相对高度 $\overline{b}_0$	0.45		
叶片安放角/(°)	+5	+10	+15
最优单位转速 n'_{10}/(r/min)	165	148	140
最优单位流量 Q'_{10}/(L/s)	1670	1795	1965
模型空化系数 σ_M	0.99	0.99	1.15

表 3-7　　水斗式水轮机转轮参数

适用水头 H/m	转轮型号	水斗数 Z_1	最优单位转速 n'_{10}/(r/min)	推荐单位最大流量 Q'_1/(L/s)	模型空化系数 σ_M
100～260	CJ22	20	40	45	8.66
400～600	CJ20	20～22	39	30	11.30

表 3-8　　中小型轴流和混流式水轮机转轮型谱参数

使用水头 H/m	转轮型号	最优单位转速 n'_{10}/(r/min)	设计单位转速 n_r/(r/min)	设计单位流量 Q_r/(L/s)	模型空化系数 σ_M	备注
2～6	ZD760	150.0	170.0	2000	1.000	$\varphi=+10°$
4～14	ZD560	130.0	150.0	1600	0.650	$\varphi=+10°$
5～20	HL310	90.8	95.0	1470	0.360 *	
10～35	HL260	73.0	77.0	1320	0.280 *	
30～70	HL220	70.0	71.0	1140	0.133	
45～120	HL160	67.0	71.0	670	0.065	
20～180	HL110	61.5	61.5	360	0.055 *	
125～240	HL100	61.5	62.0	270	0.035	

注　带 * 者为装置空化系数。

表 3-9　　混流式水轮机模型转轮主要参数

转轮型号	推荐使用水头 H/m	模型转轮			导叶相对高度 b_0/D_1	最优工况					限制工况		
		试验水头 H/m	直径 D_1 /mm	叶片数 Z_1		单位转速 n'_{10} /(r/min)	单位流量 Q'_{10} /(L/s)	效率 η/%	空化系数 σ	比转速 n_s	单位流量 Q'_1 /(L/s)	效率 η /%	空化系数 σ
HL310	<30	0.305	390	15	0.391	88.3	1220	89.6		355	1400	82.6	0.360 *
HL260	10～35		385	15	0.378	72.5	1180	89.4		286	1370	82.8	0.280
HL240	25～45	4.000	460	14	0.365	72.0	1100	92.0	0.200	275	1240	90.4	0.200
HL230	35～65	0.305	404	15	0.315	71.0	913	90.7		247	1110	85.2	0.170 *
HL220	50～85	4.000	460	14	0.250	70.0	1000	91.0	0.115	255	1150	89.0	0.133
HL200	90～125	3.000	460	14	0.200	68.0	800	90.7	0.088	210	950	89.4	0.088
HL180	90～125	4.000	460	14	0.200	67.0	720	92.0	0.075	207	860	89.5	0.083
HL160	110～150	4.000	460	17	0.224	67.0	580	91.0	0.057	187	670	89.0	0.065
HL120	180～250	4.000	380	15	0.120	62.5	320	90.5	0.050	122	380	88.4	0.065
HL110	140～200	0.305	540	17	0.118	61.5	313	90.4		125	380	86.8	0.055 *
HL100	230～320	4.000	400	17	0.100	61.5	225	90.5	0.017	101	305	86.5	0.070

注　带 * 者为装置空化系数。

表 3-10 轴流式水轮机模型转轮主要参数

转轮型号	推荐使用水头 H/m	模型转轮			导叶相对高度 b_0/D_1	最优工况					限制工况		
		试验水头 H/m	直径 D_1/mm	叶片数 Z_1		单位转速 n'_{10}/(r/min)	单位流量 Q'_{10}/(L/s)	效率 η/%	空化系数 σ	比转速 n_s	单位流量 Q'_1/(L/s)	效率 η/%	空化系数 σ
ZZ600	3～8	1.5	195	4	0.488	142	1030	85.5	0.32	518	2000	77.0	0.70
ZZ560	10～22	3.0	460	4	0.400	130	940	89.0	0.30	438	2000	81.0	0.75
ZZ460	15～26	15.0	195	5	0.382	116	1050	85.0	0.24	418	1750	79.0	0.60
ZZ440	20～36	3.5	460	6	0.375	115	800	89.0	0.30	375	1650	81.0	0.72
ZZ360	30～55		350	8	0.350	107	750	88.0	0.16		1300	81.0	0.41
ZD760	2～6			4	0.450	165	1670						0.99 ($\varphi=+5°$)

2. 采用套用机组

选用已生产的机组称为套用机组。已生产的机组经过了运行检修检验，在技术上和性能上比较成熟。有关设计、制造部门，把多种型号水轮机的性能、参数及配套设备列成表格，并编入设计手册，以供设计时套用。

根据国内设计、施工和已运行的水电站资料，在设计水头接近，机组容量适当，经济技术指标相近的情况下，可优先选用已经生产过的机组，这样能节省设计工作量，并可尽早供货，使水电站提前投入运行，早日获得经济效益。但应说明的是，由于电站的水力条件等因素不可能完全相同，当套用机组在某些结构上不符合电站要求时，需要与制造厂协商局部修改机组结构。

套用机组法多用于小型水电站的选型设计或大中型水电站的初步选型。

3. 比转速法

当某些水电站需要采用新型水轮机时，既没有现成的水轮机型谱，又没有相应的水轮机模型综合特性曲线可参考，就需要用比转速法来选型。

为了选择机型，首先要计算设计电站拟用水轮机的比转速。根据经验统计，水轮机的平均水头 H_a 与比转速 n_s 有如下关系：

混流式水轮机 $n_s=(1600-2400)/\sqrt{H_a}$ 或 $n_s=\dfrac{2000}{\sqrt{H_a}}-20$

轴流式水轮机 $n_s=(2100-2700)/\sqrt{H_a}$ 或 $n_s=\dfrac{2300}{\sqrt{H_a}}$

斜流式水轮机 $n_s=\dfrac{2000}{H_a}+40$ （日本）

单转轮单喷嘴水斗式水轮机比转速可查图 3-18，$n_s=n_{s1}$。多转轮、多喷嘴水斗式水轮机比转速，$n_s=n_{s1}\sqrt{K_rZ_0}$，其中，K_r 为转轮数，Z_0 为每个转轮的喷嘴数。

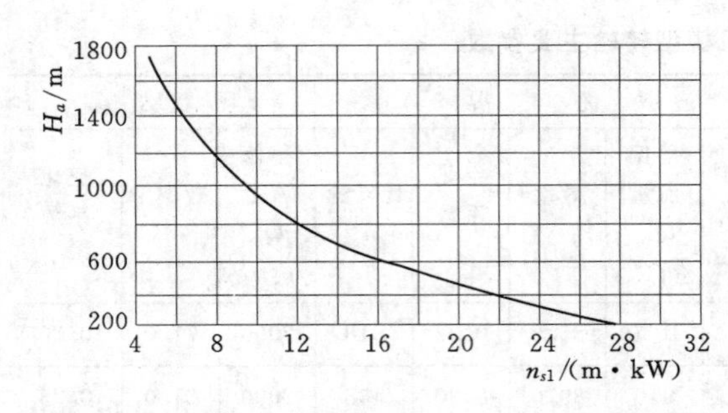

图 3-18 水斗式水轮机 $n_{s1}=f(H_a)$ 曲线

每种型式的水轮机都有比转速的最佳范围，如图 3-19 所示。可以看出，轴流式水轮机比转速在 500～600m·kW 附近效率最高；混流式水轮机比转速在 150～250m·kW 附近效率最高；水斗式水轮机比转速在 12～17m·kW 附近效率最高。图中曲线上的数值表示水轮机的额定出力。

根据上面计算的比转速值，参考表 3-11 或水轮机比转速的最佳范围可初步确定水轮机的型号。

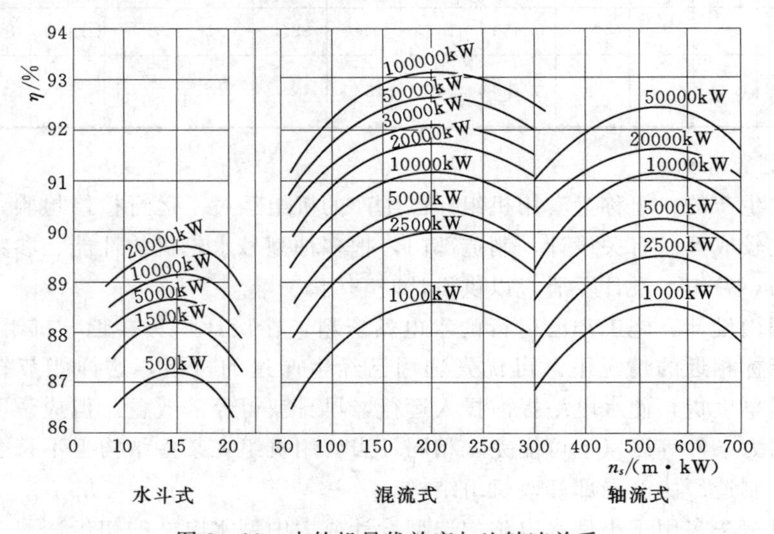

图 3-19 水轮机最优效率与比转速关系

表 3-11 各类水轮机的比转速

机型	比转速/(m·kW)		
	低	中	高
混流式	60～150	151～250	251～400
轴流式	300～450	451～700	701～1100
冲击式	4～15	16～30	31～70

（二）装置方式的选择

大中型水轮机多采用立轴式，即水轮机轴和发电机轴在同一铅垂线上，并通过法兰盘（联轴器）连接。这样发电机的安装位置较高不易受潮，机组的传动效率较高，而且水电站厂房的面积较小，设备布置较方便。

机组转轮直径小于 1m、吸出高度为正值的水轮机，常采用卧轴装置，以降低厂房高度，而且卧轴机组的安装、检修及运行维护也较方便。小型及贯流式机组多采用卧轴布置。

五、反击式水轮机主要参数的选择

在机组台数和型号确定后，就可选择水轮机的主要参数：转轮标称直径 D_1、额定转速 n_0 及吸出高度 H_s。

水轮机主要参数选择的主要方法有：利用系列应用范围图选择；用比转速选择；用模型综合特性曲线选择。第一种方法简单易行但精度低，多用于中小型水电站和河流规划及可研阶段的水轮机的选型；第二种方法是西方国家常采用的方法，主要用于初步设计阶段的水轮机的选型；最后一种方法准确，是我国目前常用的方法。

本书主要介绍用模型综合特性曲线选择水轮机主要参数的方法。

1. 选择转轮标称直径 D_1

资源 3-12

水轮机的额定出力 P_r 为

$$P_r = 9.81 Q_r H_r \eta$$

将 $Q_1' = \dfrac{Q_r}{D_1^2 \sqrt{H_r}}$ 代入上式并整理，得转轮标称直径计算式：

$$D_1 = \sqrt{\frac{P_r}{9.81 \eta Q_1' H_r^{\frac{3}{2}}}} \quad (\mathrm{m}) \tag{3-38}$$

其中
$$P_r = \frac{P_g}{\eta_g}$$

式中：P_r 为水轮机的额定出力，kW；P_g 为发电机的额定出力，kW；η_g 为发电机效率；对大中型水轮发电机 $\eta_g = 0.96 \sim 0.98$；对小型水轮发电机 $\eta_g = 0.92 \sim 0.95$；H_r 为水轮机额定水头，m；Q_1' 为水轮机的单位流量，m^3/s；对混流式水轮机，可查转轮参数表或模型综合特性曲线的最高效率区相应的出力限制线选取，即选用在限制工况下的 Q_1'；对轴流式水轮机，限制工况由空蚀条件决定，为避免空蚀造成电站机组基坑开挖过大，通过采用限制水轮机吸出高度的办法来反推 σ 和 Q_1'，即当水轮机限制吸出高度为 H_{s0} 时，对应的水轮机装置空化系数可用式（3-39）计算，则模型空化系数 $\sigma_M = \sigma_s - \Delta\sigma$，其中 $\Delta\sigma$ 由图 2-29 查得，在水轮机模型综合特性曲线上作一最优单位转速 n_{10}' 的平行线，它与 σ_M 等值线的交点（n_{10}'，σ_M）处的单位流量 Q_1' 即为新限制工况下的 Q_1'，并可求得该点的效率值 η_M；η 为原型水轮机在限制工况下的效率，即 $\eta = \eta_M + \Delta\eta$，$\eta_M$ 是模型水轮机在限制工况的效率，$\Delta\eta$ 是效率修正值，由式（3-16）或式（3-17）计算。

$$\sigma_s = \frac{10 - \dfrac{\nabla}{900} - H_{s0}}{H_r} \tag{3-39}$$

由于原型水轮机转轮直径尚未求得，所以效率修正值也不能计算，此时尚得不出确切的值。计算时可根据经验初步假定（一般为限制工况下的 η_M 增加 2%～3%），待求得 D_1 后，再根据 D_1 计算 $\Delta\eta$ 和 η。如计算得出的 η 值与假定的 η 值相近，说明 D_1 正确，否则重新假定 η 值计算 D_1。

根据计算出的转轮标称直径 D_1，查表 3－12 反击式水轮机转轮标称直径系列，选用相近而偏大一号的标准直径作为选定转轮标称直径 D_1，以使水轮机有一定的富裕容量。

表 3－12　　反击式水轮机转轮标称直径系列　　单位：cm

25	30	35	(40)	42	50	60	71	(80)	84
100	120	140	160	180	200	225	250	275	300
330	380	410	450	500	550	600	650	700	750
800	850	900	950	1000					

注　表中括号内数字仅适用于轴流式水轮机。

2. 选择额定转速 n_0

水轮机转速计算式为

$$n=\frac{n_1'\sqrt{H}}{D_1} \tag{3-40}$$

为了使水轮机在平均水头下有较高的效率，式（3－40）中的单位转速 n_1'应采用原型最优单位转速 n_{10}'，$n_{10}'=n_{10M}'+\Delta n_1'$，模型最优单位转速 n_{10M}' 查表 3－9 或表 3－10 确定，单位转速修正值 $\Delta n_1'$ 按式（3－21）计算；水头 H 应采用平均水头 H_a。

根据式（3－40）计算转速，选用与表 3－13 中相近而偏大一号的发电机标准同步转速，可使发电机尺寸和重量较小，由此选定的水轮机转速也是机组的额定转速 n_0。

表 3－13　　发电机磁极对数与标准同步转速关系

磁极对数 p	同步转速 n/(r/min)	磁极对数 p	同步转速 n/(r/min)
3	1000	26	115.4
4	750	28	107.1
5	600	30	100
6	500	32	93.8
7	428.6	34	88.2
8	375	36	83.3
9	333.3	38	79
10	300	40	75
12	250	42	71.4
14	214.3	44	68.2
16	187.5	46	65.2
18	166.7	48	62.5
20	150	50	60
22	136.4	52	57.7
24	125	54	55.5

3. 工作范围的检验

在水轮机的直径和转速选定之后，还需要在模型综合特性曲线图上绘出水轮机的相似工作范围并检验该工作范围是否包括了水轮机运行的高效率区，以论证所选定的直径和转速的合理性。

按水轮机的额定水头 H_r 和选定的直径 D_1 可计算出水轮机以额定出力工作时的最大单位流量 Q'_{1max}；按最大水头 H_{max}，最小水头 H_{min} 以及选定的 D_1、n_0 分别计算出最小和最大单位转速 n'_{1min} 和 n'_{1max}。然后在水轮机的模型综合特性曲线图上分别做出以 Q'_{1max}、n'_{1min} 和 n'_{1max} 为常数的直线，这些直线和 n'_1 轴所包围的矩形范围即是水轮机的相似工作范围，如图 3-20 所示。若此范围在 95%出力限制线以左并包括了模型综合特性曲线的高效率区时，则认为所选定的 D_1、n_0 是满意的，否则可适当调整 D_1 或 n_0 的数值，使工作范围移向高效率区。

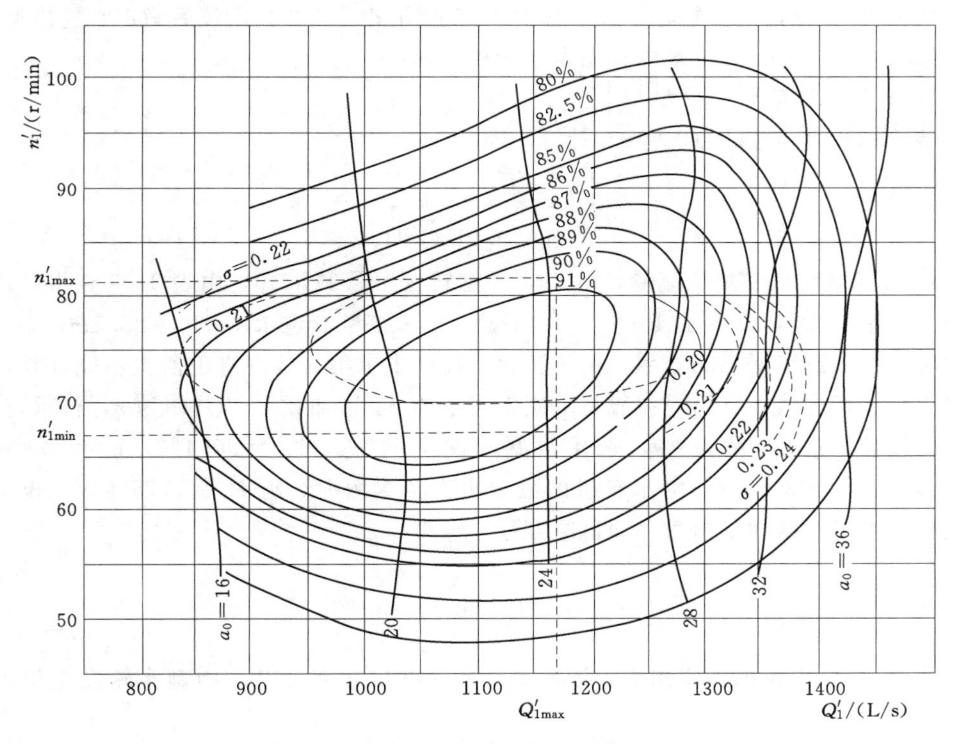

图 3-20　水轮机工作范围检验

4. 吸出高度的计算

由于所选定的水轮机直径和转速与原计算值有出入，所以将由额定水头 H_r 和选定的 D_1、n_0 计算出的单位转速称为设计单位转速，用 n'_{1r} 表示，由 n'_{1r}、Q'_{1max} 所构成的工况也称为设计工况。在初步方案比较阶段，吸出高度 H_s 可按设计工况点的值计算。即以设计参数在水轮机综合特性曲线上可查得相应的空化系数 σ_M，在空化系数修正曲线图中查得 $\Delta\sigma$，则吸出高度 $H_s=10-\dfrac{\nabla}{900}-(\sigma_M+\Delta\sigma)H_r$，该吸出高度应大于允许（限制）吸出高度 H_{s0}。

在施工图设计阶段，再进一步根据水轮机的最大水头、最小水头，考虑水电站运行条件、开挖情况，对吸出高度进行多方案的技术经济比较，以选定合理的吸出高度。

六、反击式水轮机选型实例

【例 3-2】 已知某水电站的基本条件：水轮机的额定功率 $P_r=17750\text{kW}$，水电站的最大水头 $H_{max}=35.87\text{m}$，最小水头 $H_{min}=24.72\text{m}$，平均水头 $H_a=30.0\text{m}$，水轮机额定水头 $H_r=28.5\text{m}$，水电站海拔高程 $\nabla=24.0\text{m}$，允许（限制）吸出高度 $H_{s0}=-4.0\text{m}$。试对水轮机进行选型。

解： （一）水轮机型号的选择

当水电站水头在 24.72～35.87m 范围内时，在水轮机系列型谱表 3-4、表 3-5 中可选轴流式 ZZ440 或混流式 HL240 作为备选方案，经方案比较后确定水轮机型号。

（二）混流式 HL240 水轮机基本参数的选择

1. 选择转轮标称直径 D_1

转轮标称直径按式（3-38）计算，即

$$D_1=\sqrt{\frac{P_r}{9.81\eta Q_1' H_r^{\frac{3}{2}}}}$$

式中：Q_1' 为水轮机的单位流量，m^3/s，根据转轮型号 HL240，由表 3-9 查得，选用限制工况下的 Q_1'，$Q_1'=1240\text{L/s}=1.24\text{m}^3/\text{s}$；水轮机额定水头 $H_r=28.5\text{m}$；η 为原型水轮机在限制工况下的效率，由于转轮直径尚未求得，效率修正值也不能计算，所以得不出确切的值，计算时一般将限制工况下的 η_M 增加 2%～3%作为 η，待求得 D_1 后再作校核。η_M 查表 3-9，选用限制工况下的 η_M，$\eta_M=90.4\%$，$\eta=90.4\%+90.4\%\times2\%\approx92\%$；$P_r$ 为水轮机的额定出力，本例中给出 $P_r=17750\text{kW}$。也可由发电机（单机）的额定出力（即机组容量）求得。

$$P_r=\frac{P_g}{\eta_g}$$

式中：P_g 为发电机的额定出力，kW；η_g 为发电机效率，对大中型水轮发电机可取 0.95～0.98。

$$D_1=\sqrt{\frac{17750}{9.81\times0.92\times1.24\times28.5^{\frac{3}{2}}}}\approx3.23(\text{m})$$

根据上式计算出的转轮标称直径 323cm，查表 3-12 水轮机转轮标称直径系列，选用相近而偏大的标准直径：$D_1=330\text{cm}$。

2. 选择额定转速 n_0

水轮机转速 n 计算式：

$$n=\frac{n_1'\sqrt{H}}{D_1}$$

式中的单位转速 n_1' 应采用原型最优单位转速 n_{10}'，由表 3-5 或表 3-9 查得 HL240 水轮机模型最优单位转速为 $n_{10M}'=72\text{r/min}$，初步计算时先假定 $n_{10}'=n_{10M}'$，然后再修正。水头 H 应采用平均水头 H_a。

将 $n_{10}'=72\text{r/min}$，$D_1=3.3\text{m}$，$H_a=30.0\text{m}$，代入上式得 $n=119.5\text{r/min}$。

由额定转速系列表 3-13 查得相近而偏大的转速为 125.0r/min，此转速也是机组的额定转速 n_0。

3. 效率及单位转速修正

（1）效率修正。查表 3-9，HL240 水轮机在最优工况下的模型水轮机效率为 $\eta_{Mmax}=92.0\%$，模型转轮标称直径 $D_{1M}=46\text{cm}$，则原型水轮机最高效率按式（3-14）计算，即

$$\eta_{max}=1-(1-\eta_{Mmax})\sqrt[5]{\frac{D_{1M}}{D_1}}=1-(1-0.92)\sqrt[5]{\frac{46}{330}}\approx 0.946$$

效率修正值按式（3-17）计算，即

$$\begin{aligned}\Delta\eta &=\eta_{max}-\eta_{Mmax}-\varepsilon_1-\varepsilon_2\\ &=0.946-0.92-0.01=0.016\end{aligned}$$

式中：ε_1 为考虑到原型与模型水轮机工艺水平影响的效率修正值，取 $\varepsilon_1=1\%\sim2\%$；ε_2 为考虑到原型与模型水轮机异形部件影响的效率修正值，取 $\varepsilon_2=1\%\sim3\%$，本例题中因原型与模型水轮机异形部件基本相似，故认为 $\varepsilon_2=0$。

限制工况下的原型水轮机效率：

$$\eta=\eta_M+\Delta\eta$$

查表 3-9，选用限制工况下的模型水轮机效率 $\eta_M=90.4\%$。则

$$\eta=\eta_M+\Delta\eta=0.904+0.016=0.92$$

可见，与计算转轮直径时所假定的原型水轮机在限制工况下的效率相符。说明所选的 D_1 合适。

（2）单位转速修正。单位转速修正计算公式如下：

$$\Delta n_1'=n_{10}'-n_{10M}'$$

$$n_{10}'=n_{10M}'\sqrt{\frac{\eta_{max}}{\eta_{Mmax}}}$$

式中：n_{10}' 为原型水轮机最优单位转速，r/min；n_{10M}' 为模型水轮机最优单位转速，r/min；η_{Mmax} 为最优工况下的模型水轮机的效率，查表 3-9，$\eta_{Mmax}=92\%$；η_{max} 为最优工况下的原型水轮机的效率，$\eta_{max}=\eta_{Mmax}+\Delta\eta=0.92+0.016=0.936$。

由以上两式得

$$\frac{\Delta n_1'}{n_{10M}'}=\left(\sqrt{\frac{\eta_{max}}{\eta_{Mmax}}}-1\right)=\left(\sqrt{\frac{0.936}{0.92}}-1\right)=0.87\%$$

因 $\Delta n_1'<0.03n_{10M}'$ 时，单位转速不必进行修正。故计算的 n_0 值合适。单位流量也不必修正。

4. 工作范围的检验

在水轮机的直径和转速选定之后，还需要在模型综合特性曲线图上绘出水轮机

的相似工作范围并检验该工作范围是否包括了高效率区，以论证所选定的直径和转速的合理性。

（1）按水轮机的额定水头 H_r 和选定的直径 D_1 计算水轮机以额定出力工作时的最大单位流量 Q'_{1max}。

由水轮机的额定出力 P_r 的表达式：

$$P_r = 9.81 Q'_1 D_1{}^2 H_r \sqrt{H_r} \eta$$

导出最大单位流量 Q'_{1max} 计算式：

$$Q'_{1max} = \frac{P_r}{9.81 D_1{}^2 H_r \sqrt{H_r} \eta}$$

$$= \frac{17750}{9.81 \times 3.3^2 \times 28.5 \times \sqrt{28.5} \times 0.92}$$

$$\approx 1.187(\mathrm{m^3/s}) < 1.24\mathrm{m^3/s}(\text{限制工况下的 } Q'_1)$$

则水轮机最大引用流量：

$$Q_{max} = Q'_{1max} D_1^2 \sqrt{H_r} = 1.187 \times 3.3^2 \times \sqrt{28.5} \approx 69.01(\mathrm{m^3/s})$$

（2）按最大水头 H_{max}，最小水头 H_{min} 以及选定的 D_1、n_0 分别计算出最小和最大单位转速 n'_{1min} 和 n'_{1max}。

$$n'_{1min} = \frac{n_0 D_1}{\sqrt{H_{max}}} = \frac{125 \times 3.3}{\sqrt{35.87}} \approx 68.87(\mathrm{r/min})$$

$$n'_{1max} = \frac{n_0 D_1}{\sqrt{H_{min}}} = \frac{125 \times 3.3}{\sqrt{24.72}} \approx 82.97(\mathrm{r/min})$$

（3）在 HL240 水轮机的模型综合特性曲线图上分别作出以 Q'_{1max}、n'_{1min} 和 n'_{1max} 为常数的直线，这些直线所包括的范围（如图 3-21 阴影部分）在 95%出力限制线以左并包含了模型综合特性曲线的高效率区，说明选定的 D_1、n_0 是满意的。

5. 确定吸出高度

由设计工况参数：$n'_{1r} = \dfrac{n_0 D_1}{\sqrt{H_r}} = \dfrac{125 \times 3.3}{\sqrt{28.5}} \approx 77.27(\mathrm{r/min})$，$Q'_{1max} = 1187\mathrm{L/s}$，查图 3-21 得 $\sigma_M = 0.195$，在空化系数修正曲线中（图 2-29）查得 $\Delta\sigma = 0.04$。则吸出高度为

$$H_s = 10 - \frac{\nabla}{900} - (\sigma_M + \Delta\sigma) H_r = 10 - \frac{24}{900} - (0.195 + 0.04) \times 28.5 \approx 3.27(\mathrm{m}) > -4.0\mathrm{m}$$

说明 HL240 水轮机方案的吸出高度满足电站要求。

（三）ZZ440 水轮机主要参数的计算

1. 选择转轮标称直径 D_1

由于轴流式水轮机的限制工况由空蚀条件决定，为防止机坑开挖过大，水电站常采用限制水轮机吸出高度的办法反推 σ 和 Q'_1。

由表 3-10 查得 ZZ440 水轮机在限制工况下的单位流量 $Q'_1 = 1650\mathrm{L/s} = 1.65\mathrm{m^3/s}$，空化系数 $\sigma_M = 0.72$。在空化系数修正曲线图 2-29 中查得 $\Delta\sigma = 0.04$。在允许（限制）吸出高度 $H_{s0} = -4\mathrm{m}$ 时，其相应的模型空化系数为

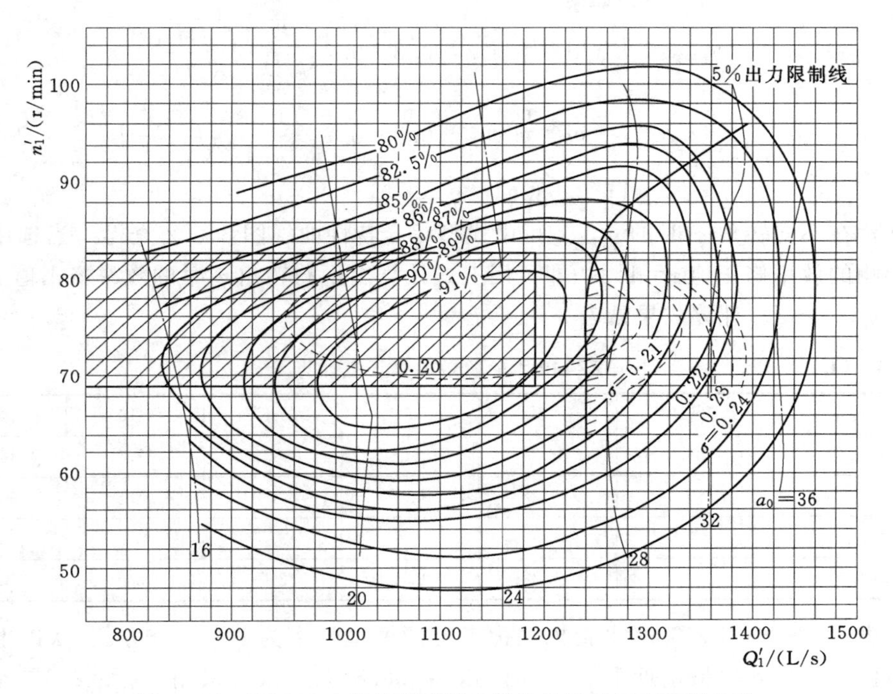

图 3-21 HL240 水轮机模型综合特性曲线及工作范围检验

$$\sigma_M=\frac{10-\frac{\nabla}{900}-H_{s0}}{H_r}-\Delta\sigma=\frac{10-\frac{24}{900}+4}{28.5}-0.04\approx 0.45<0.72$$

由表 3-10 查得 ZZ440 水轮机在最优工况下的单位转速 $n_{10}'=115$r/min，查图 3-22 可知，对应与工况点（$n_{10}'=115$r/min，$\sigma_M=0.45$）处的单位流量 $Q_1'=1205$L/s，模型水轮机的效率 $\eta_M=86.2\%$。据此可先假定设计工况下原型水轮机的效率 $\eta=89.5\%$，则转轮直径为

$$D_1=\sqrt{\frac{P_r}{9.81Q_1'H_r^{\frac{3}{2}}\eta}}=\sqrt{\frac{17750}{9.81\times1.205\times28.5^{\frac{3}{2}}\times0.895}}\approx 3.32(\text{m})$$

查表 3-12，选用与水轮机转轮计算直径相近的标称直径 $D_1=3.3$m。

2. 选择额定转速 n_0

$$n=\frac{n_{10}'\sqrt{H_a}}{D_1}=\frac{115\times\sqrt{30}}{3.3}\approx 190.87(\text{r/min})$$

查表 3-13，选用与计算值相近且偏大的同步转速 $n=214.3$r/min 作为额定转速。

3. 效率及单位参数的修正

查表 3-10 可知 ZZ440 水轮机试验水头 $H_M=3.5$m，模型转轮直径 $D_{1M}=0.46$m。

对轴流转桨式水轮机，当叶片转角为 φ 时，原型水轮机最大效率按式（3-15）计算，即

$$\eta_{\varphi\max}=1-(1-\eta_{\varphi\text{Mmax}})\left(0.3+0.7\sqrt[5]{\frac{D_{1M}}{D_1}}\sqrt[10]{\frac{H_M}{H_r}}\right)$$
$$=1-(1-\eta_{\varphi\text{Mmax}})\left(0.3+0.7\sqrt[5]{\frac{0.46}{3.3}}\sqrt[10]{\frac{3.5}{28.5}}\right)$$
$$=1-0.683(1-\eta_{\varphi\text{Mmax}})$$

叶片在不同转角 φ 时的 $\eta_{\varphi\text{Mmax}}$ 可由模型综合特性曲线图 3-22 查得。当选用制造工艺影响的效率修正值 $\varepsilon=1\%$，即可用上式计算出不同转角 φ 时的效率修正值 $\Delta\eta_\varphi=\eta_{\varphi\max}-\eta_{\varphi\text{Mmax}}-\varepsilon$。计算成果见表 3-14。

表 3-14　ZZ440 水轮机效率修正值计算

叶片转角 φ	$-10°$	$-5°$	$0°$	$+5°$	$+10°$	$+15°$
$\eta_{\varphi\text{Mmax}}$/%	84.9	88.0	88.8	88.3	87.2	86.0
$\eta_{\varphi\max}$/%	89.7	91.8	92.4	92.0	91.3	90.4
$(\eta_{\varphi\max}-\eta_{\varphi\text{Mmax}})$/%	4.8	3.8	3.6	3.7	4.1	4.4
$\Delta\eta_\varphi$/%	3.8	2.8	2.6	2.7	3.1	3.4

由表 3-10 查得 ZZ440 水轮机最优工况的模型效率为 $\eta_{\text{Mmax}}=89\%$。从以上计算知，最优工况的效率最接近于 $\varphi=0°$时的效率 88.85%，故可采用 $\Delta\eta_\varphi=2.6\%$作为其修正值，则可得 ZZ440 水轮机原型的最高效率为

$$\eta_{\max}=\eta_{\text{Mmax}}+\Delta\eta=89\%+2.6\%=91.6\%$$

因为在吸出高度-4m 限制的工况点（$n'_{10}=115$r/min，$\sigma_M=0.45$）处的模型水轮机的效率 $\eta_M=86.2\%$，该工况点介于 $\varphi=+10°$和 $\varphi=+15°$之间，用内插法可求得该工况点的效率修正值为 $\Delta\eta_\varphi=3.22\%$，则该工况点的原型水轮机效率为

$$\eta=86.2\%+3.22\%=89.44\%$$

该值与求转轮直径时假定的 89.5%相近。可见，选用 $D_1=3.3$m，$n_0=214.3$r/min 是合适的。

4. 工作范围检验

根据选定的参数，可求出模型水轮机的最大单位流量：

$$Q'_{1\max}=\frac{P_r}{9.81_1 D_1^2 H_r\sqrt{H_r}\eta}=\frac{17750}{9.81\times3.3^2\times28.5\times\sqrt{28.5}\times0.8942}$$
$$\approx1.22(\text{m}^3/\text{s})$$

则原型水轮机最大引用流量：

$$Q_{\max}=Q'_{1\max}D_1^2\sqrt{H_r}=1.22\times3.3^2\times\sqrt{28.5}\approx70.93(\text{m}^3/\text{s})$$

与特征水头 $H_{\max}=35.87$m，$H_{\min}=24.72$m，$H_r=28.5$m 对应的各单位转速为

$$n'_{1\min}=\frac{n_0D_1}{\sqrt{H_{\max}}}=\frac{214.3\times3.3}{\sqrt{35.87}}\approx118.08(\text{r/min})$$

$$n'_{1\max}=\frac{n_0D_1}{\sqrt{H_{\min}}}=\frac{214.3\times3.3}{\sqrt{24.72}}\approx142.24(\text{r/min})$$

$$n'_{1r}=\frac{n_0 D_1}{\sqrt{H_r}}=\frac{214.3\times 3.3}{\sqrt{28.5}}\approx 132.47(\mathrm{r/min})$$

将上述值在 ZZ440 水轮机模型综合特性曲线上标出，如图 3－22 中的阴影部分即是水轮机的工作范围。可见，工作范围仅部分地包含了该特性曲线的高效率区。

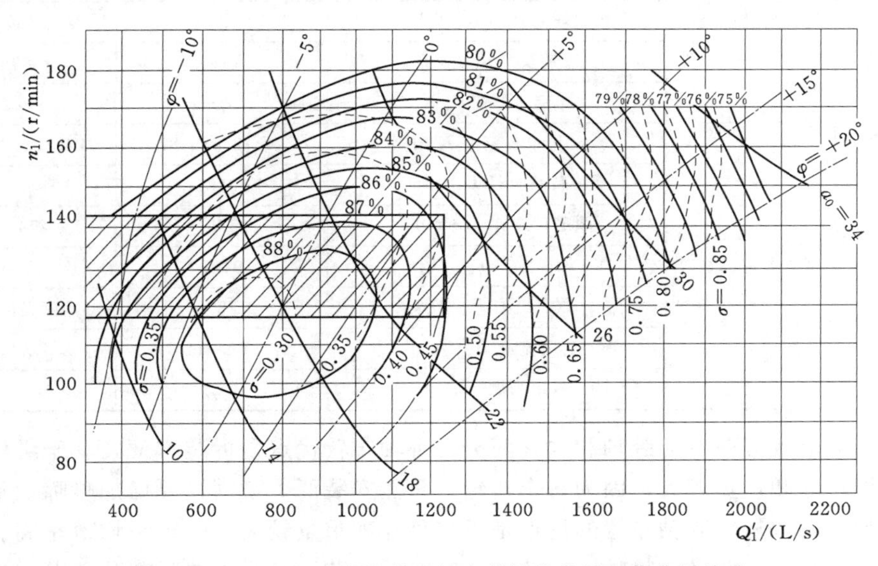

图 3－22　ZZ440 水轮机模型综合特性曲线及工作范围检验

5. 确定吸出高度 H_s

用水轮机设计工况点（$n'_{1r}=132.47\mathrm{r/min}$，$Q'_{1\max}=1220\mathrm{m^3/s}$）在图 3－22 上可查得模型空化系数 $\sigma_M=0.42$。则对应的水轮机的吸出高度为

$$H_s=10-\frac{\nabla}{900}-(\sigma_M+\Delta\sigma)H_r=10-\frac{24}{900}-(0.42+0.04)\times 28.5\approx -3.14(\mathrm{m})>-4.0(\mathrm{m})$$

故满足电站要求。

（四）方案比较分析

经过上述计算，两方案的相关参数见表 3－15。

由表 3－15 可以看出，两种机型方案的水轮机转轮标称直径均为 3.3m。HL240 型方案的工作范围包含了更多的高效率区域，运行效率高，空化系数较小，安装高程也高，对提高年发电量和减小厂房开挖量有利。ZZ440 型方案的转速高，可减小发电机尺寸。但由于该机型水轮机及其调速系统复杂，所以总体造价较高。综合考虑，本电站选择 HL240 型方案更为合理。

七、冲击式水轮机的选型

冲击式水轮机包括水斗式、斜击式和双击式，其中应用最广的是水斗式。下面就以水斗式为例来介绍冲击式水轮机的选型内容。

（一）选择装置方式

冲击式水轮机装置方式选择内容包括选择主轴的装置方向、转轮和喷嘴的数量。

表 3-15　　水轮机方案参数对比

序号	参数		HL240	ZZ440
1	模型转轮参数	推荐使用的水头范围 H/m	25～45	20～36
2		最优单位转速 n'_{10}/(r/min)	72	115
3		最优单位流量 Q'_{10}/(L/s)	1100	800
4		最高效率 η_{Mmax}/%	92	89
5		空化系数 σ_M	0.195	0.42
6	原型水轮机参数	工作水头范围 H/m	24.72～35.87	24.72～35.87
7		转轮直径 D_1/m	3.3	3.3
8		额定转速 n_0/(r/min)	125	214.3
9		最高效率 η_{max}/%	94.6	91.6
10		额定出力 P_r/kW	17750	17750
11		最大引用流量 Q_{max}/(m^3/s)	69.01	70.93
12		吸出高度 H_s/m	3.27	−3.14

主轴的装置方向分为卧轴和立轴两类。卧轴布置优点是拆装方便，易于维修；缺点是机组尺寸和重量较大，因为每个转轮上只能安装两个喷嘴，要增加喷嘴数量，就必须增加转轮数量。立轴布置的优点是机组尺寸和重量较大，机组平均效率高。因为立轴一个转轮上可装多个喷嘴，比转速高，在低负荷运行时可关闭部分喷嘴，使射流适合负荷要求。其缺点是拆装维修难度大。一般小容量机组选择卧轴布置，大容量选择立轴布置。

水斗式水轮机应根据装机容量、流量和水头等因素，按表 3-16 综合分析确定其装置方式。

表 3-16　　水斗式水轮机装置方式

主轴装置方向	卧轴					立轴				
转轮数/个	1	1	2	2	3	1	1	1	1	1
喷嘴数/个	1	2	2	4	6	2	3	4	5	6

喷嘴数选择与流量和水头有关。对卧轴，流量大、水头低时选 2 个喷嘴；流量小、水头高时选 1 个喷嘴。对立轴，当水头高时选 2～3 个喷嘴；当水头低时选 4～6 个喷嘴。

（二）选择安装高程

水斗式水轮机安装高程对立轴安装是指喷嘴中心线的高程，对卧轴安装是指转轮中心线高程。不论哪种安装方式转轮均应在下游最高尾水位以上。但安装过高，吸出高度水头浪费较大；安装过低，尾水激起的浪花和泡沫等溅在转轮上会产生附加水力损失，使水轮机效率降低。根据经验，射流中心线距下游最高尾水位的距离 A 应满足：对卧轴机组，$A \geqslant 1.5D_1$；对立轴机组，距离 A 可查图 3-23 得到。

（三）计算主要参数

1. 射流直径 d_0

水斗式水轮机射流直径 d_0 为

$$d_0=0.545\sqrt{\frac{Q}{Z_0\sqrt{H_r}}}\quad(\text{m})\tag{3-41}$$

式中：Q 为水轮机额定流量，m^3/s，可根据发电机额定功率求出；H_r 为水轮机额定水头，m；Z_0 为机组喷嘴数。

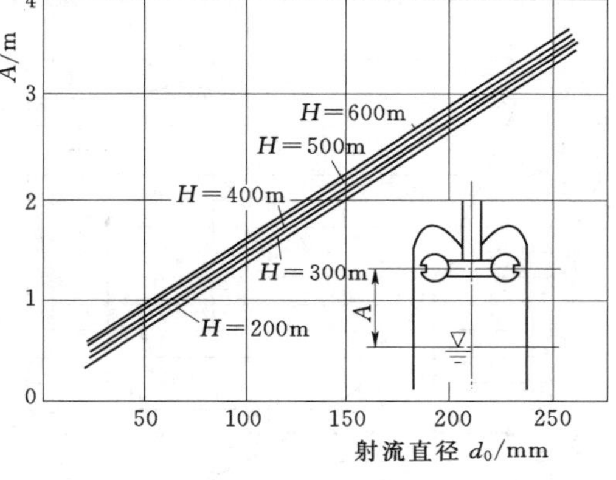

图 3-23　立轴水斗式水轮机距离 A 的选择曲线

2. 喷嘴直径 d_n

喷嘴直径 d_n 一般大于射流直径 d_0，这是因为射流时，射流会收缩。收缩程度与喷嘴型式有关。$d_n=md_0$，其中 m 为出流系数，见表 3-17。

表 3-17　**出流系数 m 经验数值**

喷嘴型式	长喷嘴			短喷嘴
	62°/45°	75°/45°	80°/53°	85°/60°
m	1.05	1.228	1.15～1.25	1.25

3. 额定转速 n_0

利用式（3-42）计算水斗式水轮机转速。

$$n=\frac{n_s\sqrt[4]{H_a^5}}{\sqrt{P_r}}\quad(\text{r/min})\tag{3-42}$$

式中：n_s 为水斗式水轮机比转速，初选时可参考图 3-24 选取；P_r 为水轮机额定出力，kW；H_a 为水轮机平均水头，m。

由式（3-42）计算出转速后，再选用相邻偏大一点的发电机标准同步转速作为额定转速。

4. 转轮直径 D_1

当有模型综合特性曲线时，用式 $D_1=\sqrt{\frac{Q}{Q'_{10}\sqrt{H_r}}}$ 计算。

当没有模型综合特性曲线时，按式（3-43）、式（3-44）计算。

$$D_1=\frac{60u}{\pi n_0}\tag{3-43}$$

$$u=\varphi\sqrt{2gH_r}\tag{3-44}$$

式中：u 为圆周速度，r/min；φ 为圆周速度系数，一般取 $\varphi=0.465\sim0.485$。

5. 直径比 D_1/d_0

对水斗式水轮机来说，D_1/d_0 和 Z_0 大时，比转速高；但同时水轮机效率会减低。所以，D_1/d_0 是一个重要的参数。一般认为，D_1/d_0 值在 12～26 之间比较理想。

初选时，可根据比转速 n_s 查图 3-25 确定。

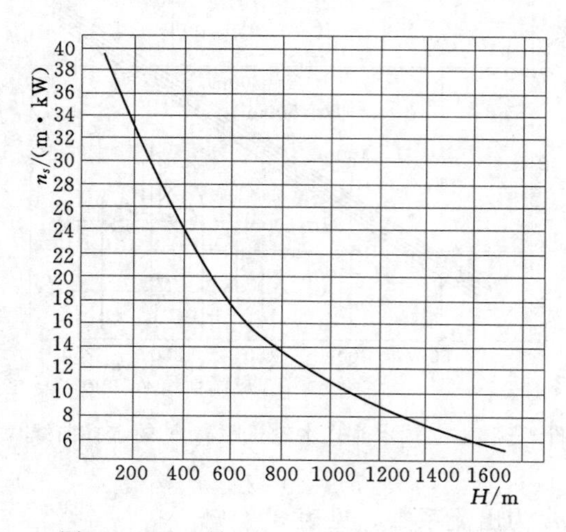

图 3-24 比转速 n_s 与水头 H 关系曲线

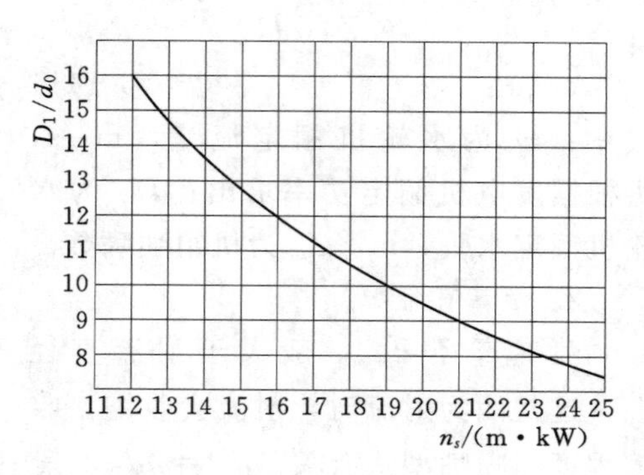

图 3-25 比转速 n_s 与 D_1/d_0 关系曲线

6. 水斗数 Z_1

按式（3-45）计算。

$$Z_1 = 6.67\sqrt{\frac{D_1}{d_0}} \tag{3-45}$$

（四）水斗式水轮机选择步骤

水斗式水轮机选择是在已有收集型谱和参考已生产水轮机的资料的情况下，按下列步骤进行：

(1) 根据基础资料确定单机额定容量 P_r。

(2) 确定水轮机的流量 Q。

(3) 拟定选型方案。小型一般采用卧轴机组，根据流量选 1～3 个转轮，每个转轮喷嘴数 1～2 个；大中型一般采用立轴机组，为一个转轮，每个转轮采用 2～6 个喷嘴。

(4) 进行方案比较。根据图 3-25 选择多个比转速，在合适的范围内改变 D_1/d_0，取不同转速 n 和转轮直径 D_1 进行计算，结果列于表 3-18。经综合分析和比较后确定最终方案。

表 3-18　　水斗式水轮机方案比较计算

方案	主轴装置方向	转轮数	总喷嘴数 Z_0	转速 n	比转速 n_s	射流直径 d_0/mm	转轮直径 D_1/m	直径比 D_1/d_0	预期效率 功率/%			
									100	75	50	25
Ⅰ												
Ⅱ												
…												

第七节※　计算机辅助水轮机选型设计

一、计算机辅助水轮机选型设计的目的与问题

水轮机选型设计涉及资料多、计算繁杂、用图制图工作量大，是一项繁杂的工作。采用计算机辅助设计，可以使水轮机选型设计更加快速、准确和规范。分析选型过程，用计算机辅助设计必须解决下列关键问题：①原始技术资料的计算机处理方法；②设计思想和计算过程的程序化；③设计成果的数据、图表的格式化输出及图形的计算机绘制。

二、水轮机选型计算程序的设计

（一）程序设计思想

水轮机选型设计采用从水轮机系列型谱选择水轮机型号的办法。要求计算程序能够完成水轮机型号选择、水轮机主要参数计算、资料的查阅、设计工况点的选择、转轮直径与转速的圆整、工作范围图绘制和打印输出水轮机参数表等工作。

（二）程序结构与程序设计方法

程序结构分为下列几个部分。

1. 数据部分处理与引用

水轮机选型所用的基本资料包括：水轮机型谱参数表；水轮机模型综合特性曲线；转轮直径标准系列；发电机同步转速系列参数表等。一般地，用多个一维下标变量和二维下标变量来表示各数据，用赋值语句将各数据赋给对应的变量。将这些数据资料以数据库的形式存储在计算机中，供计算时自动读出和引用。

2. 水轮机型号选择

首先，通过程序界面人机对话方式，在计算机中输入水电站的基本设计参数，如水轮机的特征水头（H_{max}、H_r、H_a、H_{min}）、装机容量 P_r、尾水设计高程、吸出高度限定值 H_{s0} 等。

其次，根据判断条件进行编程，计算机可选择出符合设计电站水头要求的所有机型作为备选方案参加方案比较。在程序运行中如果符合条件，其序号被记录下来；否则被舍去。

3. 设计工况点的选择与调整

水轮机型号确定后，就要用模型特性曲线计算原型水轮机的工作参数。其中最关键的是确定水轮机的设计工况点。确定的原则是在保证吸出高度的计算值不小于给出的限定值 H_{s0} 的条件下尽可能取较大的单位流量，以减小水轮机直径，缩小机组尺寸。

计算机要自动调整设计工况点，需要设计一个循环程序。计算时，先在出力限制线上取工况点 1 的单位流量作为设计工况的单位流量，同时用该点的空化系数计算水轮机的允许吸出高度 H_{sj}，若 $H_{sj} \geqslant H_{s0}$，说明初选的工况点 1 满足吸出高度限定值的要求，可把该点作为设计工况点参与下一步计算。若 $H_{sj} < H_{s0}$，则说明 1 点不满足要求，这时，可用给定的 H_{s0} 反算出一个空化系数 σ_j，以 σ_j 作插值变量，求出 σ_j 对应的单位流量与模型效率，以此作为设计工况点参数。

4. 水轮机转轮标称直径 D_1 与额定转速 n_0 的计算

在设计工况点确定后，只需编程用现成的公式计算水轮机转轮标称直径 D_{1j} 与转速 n_j。但计算出来的 D_{1j} 和 n_j 未必满足水轮机标准系列值和发电机同步转速要求，必须通过计算机调整到标准系列值，这个调整过程叫作圆整。水轮机标准系列值和发电机同步转速系列值作为基础数据分别用数组 D1(I) 和 N1(I) 存于计算机中了，圆整的原则是要使最终选定值最接近或略大于计算值。这个很容易用判断语句解决。

确定了转轮标称直径 D_1 与额定转速 n_0 后，可直接调用型谱参数表中的参数计算水轮机的飞逸转速 n_p 与轴向水推力 F_t 等。

5. 水轮机工作范围图的绘制

各特征水头对应的单位转速 $n'_{1\min}$，n'_{1r}，$n'_{1\max}$，可根据选定的 D_1、n_0 和特征水头求得。根据计算的水轮机的工作范围图和程序数据部分已存入的模型特性曲线最里层一圈的坐标参数及出力限制线上工况点的坐标参数，调用绘图程序（可在 Visual Basic 图片框控件或图像框控件中编写）就可绘制出水轮机的工作范围图。

6. 水轮机参数表的显示及打印输出

水轮机的参数表可通过 Visual Basic 表格控件载入，相应的数据可以在屏幕上显示，也可以用绘图方法显示及打印输出。

综上所述，水轮机选型设计程序流程框图如图 3-26 所示。

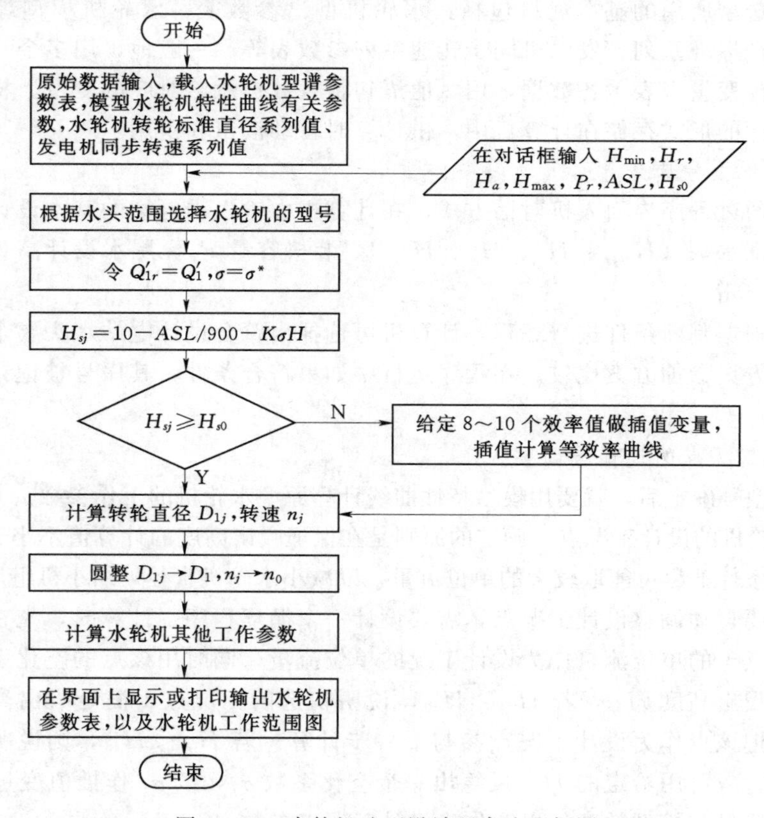

图 3-26 水轮机选型设计程序流程框图

三、水轮机运转综合特性曲线计算与绘制程序的设计

(一) 程序设计思想

用计算机计算和绘制水轮机运转特性曲线与手工计算和绘图有下列不同点:

(1) 手算要查阅模型特性曲线,机算要把模型特性曲线数据存入计算机。

(2) 手算要在模型特性曲线上查工况点参数,机算要采用插值法计算工况点参数。

(3) 手算使用作图工具按几何作图原理绘制运转综合特性曲线图,机算要用求等值线法计算等效率线与等吸出高度线,并用绘图程序绘图。

(二) 水轮机模型特性曲线的计算机存储方法

1. 混流式(或定桨式)水轮机模型综合特性曲线的存储

混流式(或定桨式)水轮机模型综合特性曲线在换算为运转特性曲线时,各工况点的效率换算均采用最优工况点的效率修正值,即采用等值修正法。因此,混流式(或定桨式)水轮机的模型综合特性曲线数据可以采用正交网格离散存储法。

2. 转桨式水轮机模型综合特性曲线的存储

由于转桨式水轮机不同叶片转角有不同的最优工况,所以效率换算采用非等值修正法,不同叶片转角采用不同的修正值,但同一转角线上的工况点采用同一个修正值。转桨式水轮机模型综合特性曲线的存储,采用非正交网格对模型特性曲线进行离散处理。

(三) 运转综合特性曲线计算程序的结构与设计方法

根据运转综合特性曲线的计算与绘制过程,可将程序分为模型特性曲线的数据部分、辅助曲线 $\eta=f(P)$、$H_s=f(P)$ 计算部分、等效率线计算部分、等吸出高度线的计算部分和绘图部分。

1. 模型综合特性曲线数据

模型综合特性曲线经离散处理后,其数据建议采用数据库文件的形式存储到计算机中,便于调用。

2. 辅助曲线 $\eta=f(P)$ 的计算

在 $H_{min}\sim H_{max}$ 间取 $m(m=10\sim20)$ 个计算水头,并计算各水头对应的模型单位转速。以各水头下的单位转速作插值变量,以存储的模型特性曲线的网络节点为型值点进行插值计算。不同的是,对于用正交网格离散的混流式水轮机特性曲线,插点可取在 Q_1' 等于常数的直线上用一元插值法求得插点 η_M;对于用非正交网格离散的转桨式水轮机特性曲线,插点可取在网格的等 φ 线上用一元插值法求得插点 η_M 与 Q_1'。根据插点的 η_M 与 Q_1',可求出 P 与 η,即可得到各水头下的 $\eta=f(P)$ 曲线。

3. 等效率线的计算

运转综合特性曲线的等效率线是在求出的各水头下 $\eta=f(P)$ 曲线数据的基础上,用求等值线的插值的方法得到的。程序设计方法如下:

(1) 用比较判断语句找出各水头下 $\eta=f(P)$ 曲线的最高点,记作 $P(K)$,K 为计算水头序号。

(2) 根据原型水轮机的最高效率 η_{max},选择数个递减的效率值作为等效率线计算时的插值变量。

(3) 用给定的 η_i 作插值变量对各水头下的 $\eta=f(P)$ 曲线插值,同一 η_i 值所求

出的点（P，H）即运转综合特性曲线上等效率线上的点。

在等效率线的插值计算中，要边插值、边判断、边统计。当与各水头下的 $\eta=f(P)$ 曲线循环插值完毕时，就累计了等效率线（效率为 η_i）上的总点数，以备后面自动绘图用。

4. 出力限制线的计算

由于模型综合特性曲线的出力限制线上离散点的参数 Q_1'、n_1'、η_M 已预先储存在计算机中了，所以可根据这些值换算出原型水轮机的出力限制线，在大于额定水头的工作范围中，由发电机额定功率确定出力限制线。

5. 等吸出高度线的计算

等吸出高度线的计算原理与等效率线的计算方法基本相同。由于网格节点的空化系数已存储在计算机中，因此，在插值计算各水头下 $\eta=f(P)$ 曲线的同时，可插出各点的 σ 值，进而计算出各水头下的 $H_s=f(P)$ 曲线，在此基础上用求等值线的插值计算方法即可求出等 H_s 线。

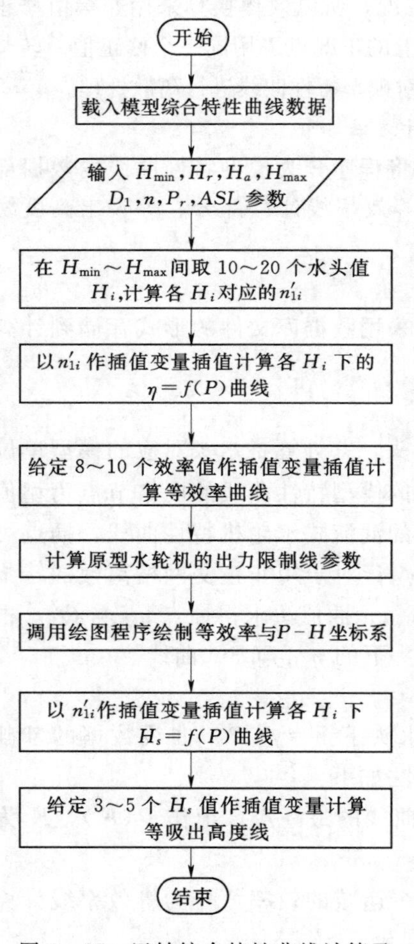

图 3-27　运转综合特性曲线计算及绘制程序流程图

6. 运转综合特性曲线的绘制

运转综合特性曲线是平面曲线，可用通用的曲线绘图程序绘制。设计通用绘图程序应包括下面几部分：

（1）通用数据接口。用二维下标变量 $X(I, J)$、$Y(I, J)$ 分别表示曲线图形上离散点的（x，y）坐标，I 表示曲线序号，J 表示曲线上离散点的序号。通用绘图程序可在同一幅图上绘出多条曲线。

（2）坐标转换部分。在 Visual Basic 中，通过对图形控件相关坐标属性的设置和定义，就可实现坐标转换。

（3）曲线绘制部分。采用折线代替连续曲线，用绘制线段的指令将同一条曲线上的主要点顺序连接即可得到曲线。在 Visual Basic 中，用 LINE(x_1，y_1)－(x_2，y_2) 指令绘图，当一条曲线上的离散点足够多时，用该指令连接各点就可得到一条近似的曲线。

（4）坐标轴绘制。在曲线图上按同一比例绘出坐标轴并标上刻度线与刻度值即可。

（5）图形参数与符号标注。在曲线图上标数值和参数前，先要计算出其标注位置，然后用相应命令把要标注的数据和参数显示到控件界面上。

（四）程序编制流程图

流程图如图 3-27 所示。

思　考　题

3－1　什么是同系列水轮机？

3－2　水轮机模型试验的意义是什么？

3－3　水轮机相似条件、相似定律都包括哪些内容？

3－4　什么是水轮机单位参数？单位参数包括哪些内容？它们的表达式是什么？在实际工作中有什么用途？

3－5　水轮机模型效率与原型效率如何确定？

3－6　如何将水轮机模型参数换算为原型参数？

3－7　什么是水轮机的比转速？其表达式是什么？

3－8　水轮机工作特性曲线是什么含义？各种类型水轮机的工作特性曲线有何不同？

3－9　水轮机模型综合特性曲线和运转综合特性曲线各有何用途？

3－10　为什么混流式和轴流定桨式水轮机有出力限制？转桨式水轮机出力受什么限制？

3－11　水轮机选型设计的内容有哪些？

3－12　水轮机型号选择有哪几种方法？各适用于哪种场合？

3－13　水轮机的主要参数有哪些？如何用模型综合特性曲线选择这些参数？

第四章　水轮机调节

学习提示

内容：介绍水轮机调节的任务，水轮机调节系统的特性，调速器的工作原理，调速器的类型及选择，调速器的油压装置及选择。

重点：水轮机调节的途径，调速器和油压装置的选择。

要求：了解水轮机调节系统特性，水轮机调速器的工作原理；掌握水轮机调节的概念和调节途径，调速器的种类和适用情况、油压装置的选择。

第一节　水轮机调节的任务

一、问题提出

水电站作为电力系统的供电电源，不仅要保证供电的安全可靠，而且要保证供电电压和频率的稳定。在电力系统中，由于电压和频率的过大变化会严重影响供电质量，使电力用户的产品质量和正常生产遭受破坏。因此，我国电力系统规定：电力系统的频率应保持为 50Hz，当电力系统容量小于 50 万 kW 时，频率偏差值不超过 ±0.5Hz；当电力系统容量大于等于 50 万 kW（大电力系统），频率偏差值不超过 ±0.2Hz。用户端电压变动幅度的允许范围是：35kV 及其以上的用户为额定电压的 ±5%，10kV 及其以下的用户为额定电压的 ±7%，低压照明用户为额定电压的 −10%～5%。一些发达国家，对频率和电压的稳定要求更加严格。

电力系统的负荷是随时不断变化的，由于负荷的变化而引起系统电压和频率变化势必会影响供电质量。这要求系统中承担调频任务的机组，在系统负荷变化时，能迅速改变其功率使之适应于外界负荷的变化，并同时使电力系统的电压和频率恢复和保持在允许变化范围以内。在水电站中，电压调整由发电机的电压自动调整系统（励磁装置）实现，而频率调整则由水轮机的调速器来完成。

二、水轮机调节任务与途径

资源 4-1

发电机输出电流的频率 f 与其磁极对数 p 和转速 n 的关系为 $f=pn/60$。对一定的发电机来说，其磁极对数 p 是固定不变的，要调节发电机电流频率 f 只能调节水轮机的转速 n，所以水轮机调节的实质就是转速调节。因此，水轮机调节的基本任务就是根据外界负荷的变化，通过调节机组出力使之与外界负荷相适应并保证机组的转速变化在规定范围之内。

水轮机通过什么途径来完成调节任务呢？这需要分析机组运行的各种情况。水轮发电机组的运动方程为

$$J\frac{d\omega}{dt}=M_t-M_g \tag{4-1}$$

式中：J 为机组转动部分的惯性矩；ω 为机组转动的角速度，$\omega=\pi n/30$，n 为机组转速；$d\omega/dt$ 为机组角加速度；M_t 为水轮机的主动力矩，它是由水流对水轮机叶片的作用力形成的，它推动机组转动；M_g 为发电机的阻抗力矩，它是发电机定子对转子的作用力矩，其方向与机组转动的方向相反，它代表发电机的有功功率输出。发电机的阻抗力矩与系统负荷有关，系统负荷减小，M_g 也减小；系统负荷增大，M_g 亦增大。

根据系统负荷和水轮机出力情况的不同，有下列 3 种情况：

(1) $M_t=M_g$，即水轮机的主动力矩等于发电机的阻抗力矩，这时 $d\omega/dt=0$，$\omega=$常数，机组的转速保持为额定转速不变。这对应水电站正常稳定运行的状态。

(2) $M_t>M_g$，即水轮机的主动力矩大于发电机的阻抗力矩，也就是说机组减小负荷，使阻抗力矩 M_g 减小，这时 $d\omega/dt>0$，机组转速上升。

(3) $M_t<M_g$，即水轮机的主动力矩小于发电机的阻抗力矩，也就是说机组增加负荷，使阻抗力矩 M_g 增大，这时 $d\omega/dt<0$，机组转速下降。

上述第（2）、第（3）种情况都会使机组的转速变化，导致电网频率的变化，影响供电质量。为避免电流频率的过大变化，要求水电站能及时改变水轮机的主动力矩，使之迅速与新的发电机阻抗力矩（系统负荷）相适应，达到新的力矩平衡，使转速和发电频率恢复稳定并保持在允许的变化范围之内。

水轮机主动力矩可用下式表示：

$$M_t=\frac{\gamma QH\eta}{\omega} \tag{4-2}$$

式中：γ 为水体重度；Q 为过水流量；ω 为角速度；H 为水轮机的工作水头；η 为水轮机效率。

在这些参量中，ω 是力求不变的，改变 H 和 η 对水电站来说很难做到而且不经济。因此，改变水轮机的主动力矩最好和最有效的办法是改变水轮机的过水流量 Q。

水轮机的流量调节在技术上容易做到。对反击式水轮机，可通过改变导叶的开度来实现；对冲击式水轮机，可通过改变针阀的行程来改变过流断面面积，以达到改变流量的目的。水轮机调速器就是水轮机进行流量调节的装置。它是以转速的偏差为依据来实现导叶开度或针阀行程调节的。事实上，水轮机要快速准确调节，必须依靠水轮机自动调节系统来完成。水轮机自动调节系统由调节对象和调速器两部分构成，调节对象即指机组（包括导水机构），调速器由测量、放大、执行及反馈等机构组成。

不同类型的水轮机，调节对象可以是一个，也可以是两个。混流式、轴流定桨式等水轮机只需调节导叶开度，称为单调节；轴流转桨式水轮机和斜流式水轮机有导叶和转轮叶片、水斗式水轮机有喷嘴和折流板、有些混流式机组带有减压阀等，这都需要同时协调调节两个对象，故称为双调节。单调节和双调节是按调速器执行机构的数目分类的。显然，双调节系统更为复杂，但有利于提高机组平均效率。

最后，需要强调的是，频率调节是调速器最基本的任务，现代水轮机调速器的功能在不断扩大。除具备常规的开机、关机、负荷调整、事故关机等功能外，还有诸如网络通信、遥控、负荷分配及参与水电站经济运行等新功能。因此，现代调速器已成为水电站自动化及保护系统中重要的综合自动装置。

第二节 水轮机调节系统的特性

资源 4-2

当机组负荷变化时，首先转速产生偏差，接着调速器动作改变导叶开度（或针阀行程），逐步使水轮机的出力与发电机的负荷达到新的平衡，使转速得以恢复，这一调节过程需要延续一段时间，称为调节系统的过渡过程。

在上述调节过程中，调节系统有两种工作状态：一种是调节前后的稳定状态，即机组正常运行状态；另一种是从调节开始到终了的过渡过程。在该过程中，由于导叶开度、流量、转速、电流频率等参数是不断变化的，所以调节过程是不稳定状态。表征调节系统调节前后的稳定工况特性的称为调节系统的静特性。表征调节过程各参数随时间变化特点的称为调节系统的动特性。

一、调节系统的静特性

调节系统的静特性是指导叶开度一定时，调速器在稳定工况下，机组转速 n 与出力（机组所带负荷）P 之间的关系，这种特性可用图 4-1 表示。

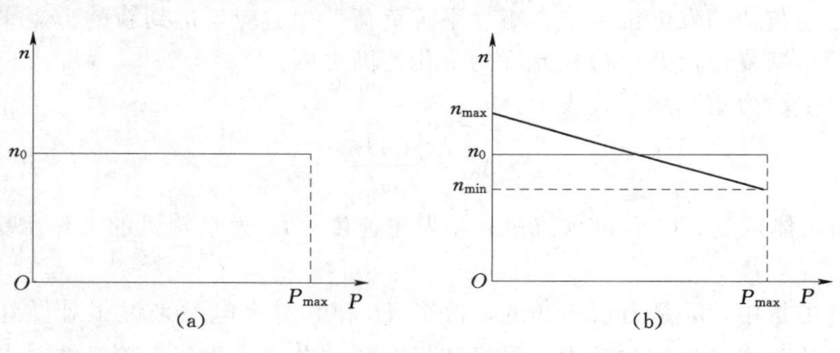

图 4-1 调节系统的静特性

(a) 无差静特性；(b) 有差静特性

(1) 无差静特性：如图 4-1 (a) 所示，不管系统负荷 P 如何变化，在调节前后，机组转速 n 均保持为额定转速 n_0 不变，这种调节称为无差调节。

无差调节只适合单机运行机组的运行方式。对并列运行的机组，若采用无差调节，由于各机组调速器的灵敏度不可能完全一样，当外界负荷变化时，各机组反应先后和动作快慢也不一致，造成不能按要求进行新增负荷在各机组间的稳定分配，使机组间发生负荷蹿动现象，导致导水机构的动作不能稳定下来，机组也因之无法稳定运行。

(2) 有差静特性：水电站在向电力系统供电的过程中，用户要求供电的频率保持在规定范围以内即可，可以允许机组转速在额定转速附近有少量的偏差。因此可使静特性线有一定的倾斜度，如图 4-1 (b) 所示，即允许机组在不同负荷时对应有不同的转速。也就是说机组从一种稳定状态经过调节过渡到另一种新的稳定状态时，机组的转速可以在一定范围内（频率的变化范围）有一微小差别，这种调节称为有差调节。显然，有差调节的特点是机组出力小时转速高，机组出力大时转速低。机组转速随负荷增减而变化的程度称为有差调节的调差率（也称残留不均衡度），用 δ 表示，即

$$\delta=\frac{n_{\max}-n_{\min}}{n_0}\times 100\% \tag{4-3}$$

式中：$n_{\max}$ 为机组最大的稳定转速，对应机组空载工况的转速，r/min；$n_{\min}$ 为机组最小的稳定转速，对应机组最大负荷工况的转速，r/min；n_0 为机组额定转速，r/min。

在实际运行中，调差率 $\delta=0\sim8\%$。不同的调差率，使并列运行的机组有不同的负荷分配。当 $\delta=0$ 时，即为无差调节。

图 4-2 为两台具有有差调节特性机组的并列运行负荷分配示意图。若系统的额定转速为 n_0，则两台机组所分担的负荷 P_1 和 P_2 是固定不变的。若外界负荷增加 ΔP，只需适当降低转速到 n'_0 就可使两台机组分别增加负荷 ΔP_1 和 ΔP_2，并使 $\Delta P_1+\Delta P_2=\Delta P$。而若是无差调节，则 ΔP 在两个机组间就有无穷多种分配方案（使转速保持恒定），负荷会在两机组之间摆动。可见，在多机组组成的电力系统中，无差调节使负荷在各机组间的分配不确定，导致调节不稳定；而有差调节，可使在电力系统中并列运行的机组不仅保持同步运行，并可在机组间按照调度要求明确地进行负荷分配，从而保证了机组调节和运行的稳定性。因此，并列运行的机组，必须采用有差调节。

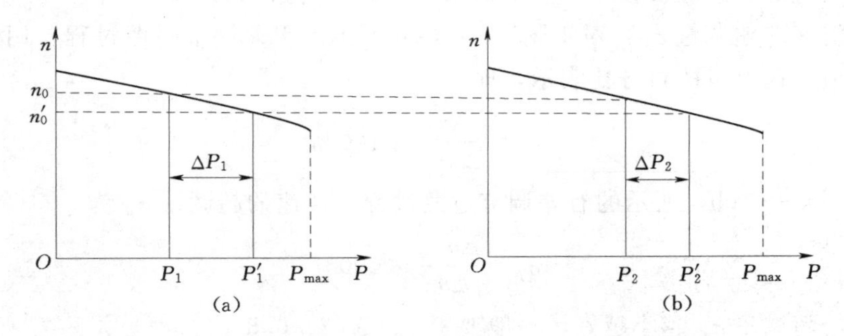

图 4-2　两台具有有差调节特性机组的并列运行负荷分配示意图

(a) 1 号机组；(b) 2 号机组

机组采取无差或有差调节，调差率的大小，可通过整定调速器的软硬反馈量来实现。

二、调节系统的动特性

调节系统的动特性是指在调节过程中机组转速 n 随时间 t 变化的关系，它常以 $n=f(t)$ 的动特性曲线来表示，如图 4-3 所示。

当外界负荷变化时，笨重的导水机构不可能顷刻动作来改变水轮机的主动力矩以适应新的发电机阻抗力矩，有一个滞后时间，而在此时间内机组的转速可能已产生了较大变化；在具有较长压力引水管道的水电站中，导叶启闭所引起的水击压力会抵消部分导水机构的调节作用，因而也会引起调节动作的滞后和转速的较大变化。当这种

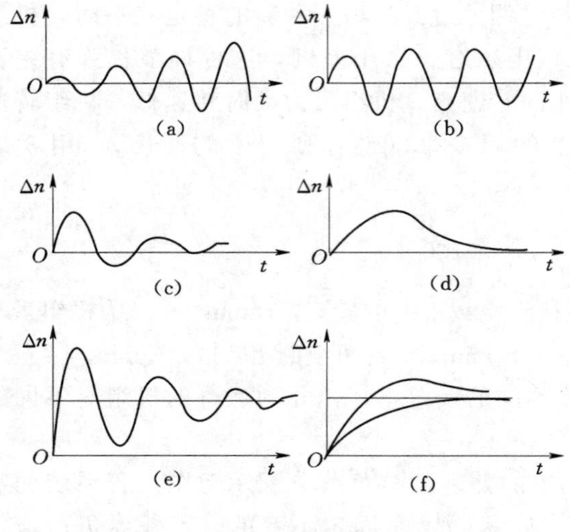

图 4-3 调节系统动特性曲线

(a) 发散震荡；(b) 等幅震荡；(c) 衰减震荡（无差）；(d) 非周期震荡（无差）；(e) 衰减震荡（有差）；(f) 非周期震荡（有差）

滞后时间过大时，调节系统很难稳定。

在机组调节过程中，机组转速随时间变化的过渡过程可能出现如图 4-3 所示的 6 种情况。(a)、(b) 表示转速经过调节后不能恢复到稳定状态，故称为不稳定过渡过程；显然，不稳定过渡过程是实际中要绝对避免的。(c)、(d)、(e)、(f) 表示转速经过调节后经过衰减能恢复到稳定状态（固定转速)，故称为稳定过渡过程；其中 (c)、(d) 表示调节结束后，转速完全恢复到原来的平衡转速 ($\Delta n=0$)，称为无差调节过渡过程。(e)、(f) 表示调节结束后，调速系统使转速保持另一平衡转速 ($\Delta n\neq 0$)，称为有差调节过渡过程。

在实际运行中，机组调节过程除了满足稳定要求外，还应满足过渡过程的动态品质良好的要求。

过渡过程的动态品质常用一些指标来衡量，主要指标有下列 3 种。

(1) 转速的超调量 σ_p：对于图 4-4 (a) 所示的无差调节过渡过程，用第一个负波的值占最大偏差量的百分比表示，即

$$\sigma_p=\frac{\Delta n_1}{\Delta n_{\max}}\times 100\% \tag{4-4}$$

对于图 4-4 (b) 所示的有差调节过渡过程，转速的超调量 σ_p 为

$$\sigma_p=\frac{\Delta n_{\max}}{\Delta n_0}\times 100\% \tag{4-5}$$

转速的超调量 σ_p 越小越好，一般要求 $\sigma_p<0.2\sim0.3$。

(2) 调节时间 T_p：是从转速开始变化到转速重新稳定的延续时间。显然，调节时间 T_p 越短越好。在工程实际中，若转速 n 与额定转速 n_0 偏离值小于 $(0.2\%\sim0.4\%)n_0$ 时，即认为达到了新的稳定状态，一般 T_p 小于十几秒至几十秒，视机组参数而不同。

(3) 振荡次数 X：即波动的周期数，以调节时间内出现的波峰数的一半表示。图 4-4 (a) 中出现了两个正波和一个负波，故 $X=1.5$；图 4-4 (b) 中出现了一个正波和一个负波，故 $X=1$。通常在调节时间 T_p 内，要求振荡的次数 X 不超过 1～2 个周期。

综上所述，理想的水轮机调节不仅要实现能够稳定的要求，还要满足平稳、快速稳定的要求。

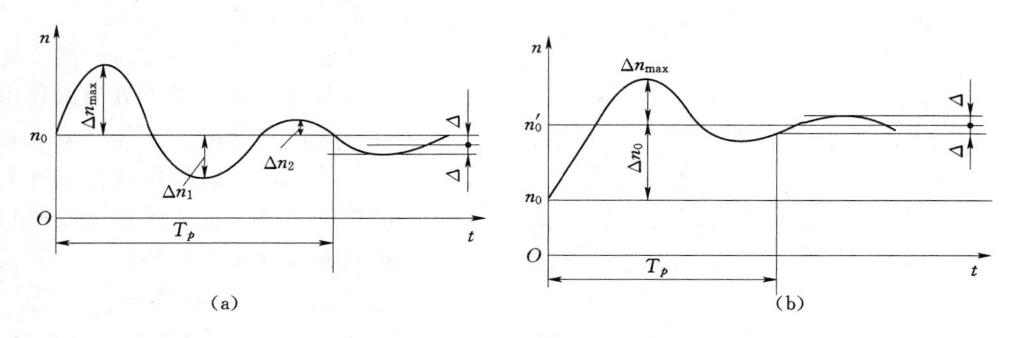

图 4-4　过渡过程的动态指标示意图

(a) 无差调节；(b) 有差调节

第三节　调速器的工作原理

资源 4-3

水轮机调速器由测量、放大、执行及反馈等机构组成，如图 4-5 所示。机组的转速信号送至测量机构，测量机构把转速偏差转换为位移或电压信号，然后与给定信号综合，确定频率的调差方向，并根据偏差情况，按一定的调节规律发出调节指令。调节指令被放大机构放大后，送到执行机构去操作导水机构。导水机构的导叶转动改变水轮机的进水流量，从而改变机组的出力，达到适应变化后负荷的要求。而反馈机构又把导叶变化的信息反馈给加法器和最新的测量信号，给定信号进行综合，判定调节过程是否理想，不理想则进行新一轮的调节，直至达到新的稳定平衡为止。

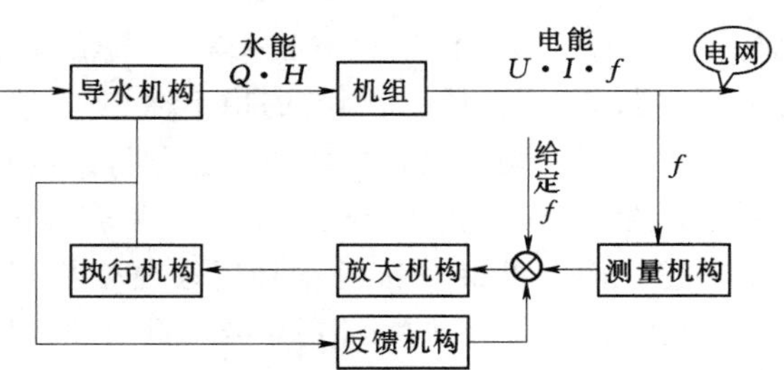

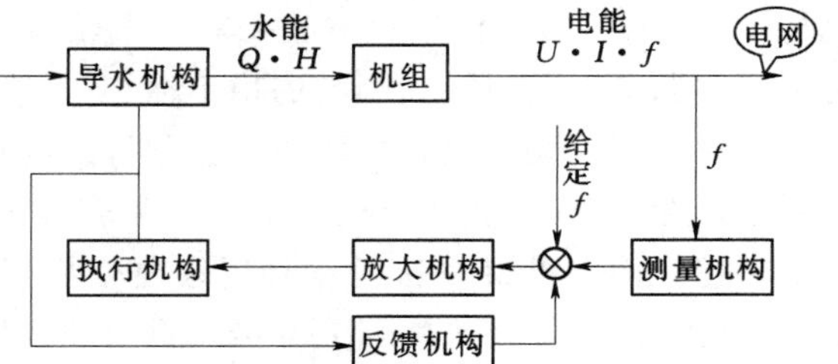

图 4-5　自动调节系统方框图

机械液压型调速器组成及原理如图 4-6 所示，各机构的功能不同。

(1) 测量机构。采用离心摆 1，离心摆是测量机组转速偏差并把偏差信号转变为位移信号的机构。

(2) 放大机构。水轮机调速器要以微弱的转速偏差信号去推动笨重的导水机构是不行的，需要采用引导阀和辅助接力器（一级放大机构）、主配压阀 2 和主接力器 3（二级放大机构）组成的两级放大机构来完成。引导阀是把离心摆的位移变化转换为油压变化的机构。辅助接力器是把引导阀的位移借助油压扩大为较大的作用力的机构。同样，主配压阀与主接力器配合形成第二级放大机构。

(3) 执行机构。主配压阀与主接力器不仅是放大机构，也是执行机构。一般用主接力器控制导叶的开度。主接力器（简称接力器）是由油缸和其中的活塞与活塞杆（即推拉杆）组成，活塞向右或向左移动则使水轮机导叶关闭或开启，以减小或增

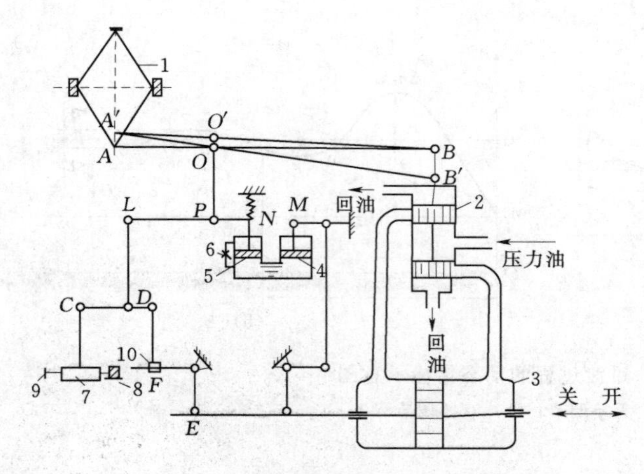

图 4-6　调速器的组成及原理图
1—离心摆；2—主配压阀；3—主接力器；4、5—活塞；6—节流孔；7、8、9—变速机构；10—移动滑块

大水轮机的过水流量。

(4) 反馈机构。其作用是防止过调现象并保持调节后的稳定性，使调节迅速停止并恢复正常运行状态。反馈机构包括缓冲器和杠杆系统。反馈机构分为硬反馈机构和软反馈机构两类。硬反馈机构 EFDLPO 能解决过调节问题（是指负荷变化时，测量、放大执行机构可以自动调节，但在调节至力矩平衡时，转速可能未达到额定转速，造成操作机构过量调节，引起调节的不稳定），使水轮机在不同的负荷时有不同的转速，实现有差调节；软反馈机构 4、5、6（包括活塞、节流孔）使水轮机在不同的负荷运行时保持相同的转速，实现无差调节，同时提高调节的稳定性。

(5) 控制机构。它是指操作、控制机组的机构。主要包括转速调整机构和开度调节机构。图 4-6 中变速机构 7、8、9 是转速调整机构，当机组单机运行时用来改变机组转速；而当机组并列运行时用来改变机组输出功率。开度调节机构简称开限机构，是用来限制导叶开度（或冲击式机组喷针行程）的，另外还用来开机、停机和实现机组的手动运行。

随着电力系统容量的扩大和水电站自动化程度的提高，水轮机调速器的功能在不断扩大，新的功能还需要增加新的机构来实现，详细内容参见有关专著，在此不再赘述。

第四节　调速器的类型及选择

资源 4-4

一、调速器的类型

调速器是水电站机组自动化的关键设备之一，按照结构及工作原理的不同，调速器可分为机械液压型调速器、电气液压型调速器和微机液压型调速器 3 种类型。

(1) 机械液压型调速器。它的自动控制部分为机械元件，是用离心摆获得转速偏差的信息，以液压放大系统进行功率放大后来操作导叶的启闭，并以缓冲机构和调差机构来实现所需要的调节规律。因此，其性能可以满足大中小型水电站运行的要求。优点是运行安全可靠、维护方便、原理简明等；缺点是机构复杂、造价高、灵敏度差和精度低，这限制了在大型机组和大型电网中的应用。

(2) 电气液压型调速器。主要由电气调节和机械液压两大部分组成，并用电液转换器将这两部分联系起来。特点是自动控制部分用电器元件代替了机械液压型调速器的机械元件，即调速器的测量、放大、反馈、控制等部分用电气回路来实现。液压放大和执行机构仍为机械液压装置。电气液压型调速器经历了电子管、晶体管和集成电路 3 个阶段，目前我国新建的大中型水电站已广泛应用集成电路的电气液压型调速器。其优点是调节性能优良，灵敏度和精确度较高，容易实现各种控制信号（如水头调节、负荷分配等信号）的综合，成本较低且便于安装和调整等。缺点是一些元器件质量尚不够满意，容易老化并可能出现零点飘移和容易受外界干扰等。

(3) 微机液压型调速器。它是利用计算机技术研制的新型调速器，也是水轮机调速器今后的发展方向和应用的主流产品。它和电气液压型调速器的区别主要是用工业控制计算机取代了电气液压型调速器的电子调节器，使调速器有更多的控制功能，实现更高的控制策略。其优点是便于采用先进的调节控制技术，保证水轮机系统优良的静、动特性；进一步增加控制功能；体积小，可靠性高，便于维护；便于实现全厂或电站群的综合控制，从而提高水电站的自动化水平。

调速器除了分为上述 3 种类型外，根据水轮机调节对象的数量还分为单调节调速器和双调节调速器；根据容量和调速功的大小，分为大型调速器、中型调速器、小型调速器和特小型调速器。调速器容量划分系列见表 4－1。调速功是指调速器最高工作油压下的接力器容量，是接力器活塞上的油压作用力与其行程的乘积。调速功是衡量调速器操作能力大小的指标，也是调速器型号的标志性参数。

表 4－1　调速器容量划分系列

类别	不带压力罐及接力器的调速器①	带压力罐及接力器的调速器	通流式调速器	液压操作器	电动操作器	电子负荷调节器
系列	接力器容量范围/（N·m）					配套机组功率/kW
大型	＞50000					
中型	＞10000～50000②	＞10000～50000		＞10000～50000	＞10000～50000	
小型	＞3000～10000②	＞1500～10000		＞30000～10000	＞3000～10000	40，75，100
特小型	170～3000②	170～1500	170～3000	170～3000	350～3000	3，8，18

① 调速器能配置的接力器容量。

② 单喷嘴冲击式水轮机调速器。

二、调速器的系列

调速器有各种型号，其型号有统一规定。型号由 3 部分组成，如图 4－7 所示，各部分用短横线分开。表 4－2 是反击式水轮机调速器系列型谱。

基本特性和类型 － 工作容量和改型次数 － 额定油压

图 4－7　调速器型号框图

第一部分为调速器的基本特性和类型，由多个大写的汉语拼音字母组成，表示 4 层含义，依次为：大型（无代号），中小型带油压装置（Y），特小型（T）；机械液压型（无代号），电气液压型（D），微机液压型（W）；单调节（无代号），双调节（S）；调速器（T）。

表 4-2 反击式水轮机调速器系列型谱

调速器类型		压力管式			通流式
		大型	中型	小型	特小型
单调节调速器	机械液压型	T-100	YT-3000	YT-300	TT-35
				YT-600	TT-75
				YT-1000	TT-150
				YT-1800	TT-300
	电气液压型	DT-80	YDT-3000	YDT-300	
		DT-100		YDT-600	
		DT-150		YDT-1000	
				YDT-1800	
	微机液压型	WT-80	YWT-3000	YWT-300	
		WT-100	YWT-5000	YWT-600	
		WT-150	YWT-7500	YWT-1000	
		WT-180	YWT-8000	YWT-1500	
				YWT-1800	
双调节调速器	机械液压型	ST-80			
		ST-100			
		ST-150			
	电气液压型	DST-80			
		DST-100			
		DST-150			
		DST-200			
	微机液压型	WST-80	YWST-3000		
		WST-100	YWST-5000		
		WST-150	YWST-7500		
		WST-200	YWST-8000		

注 微机液压型有额定油压 2.5MPa、16MPa 两种规格。

第二部分为调速器的工作容量和改型次数，用阿拉伯数字和单个大写字母表示：对中小型调速器数字是指主接力器的工作容量（N·m），对大型调速器数字是指主配压阀直径（mm）；字母 A、B、C、D、…表示改型次数。

第三部分为调速器的额定油压（10^5Pa），用阿拉伯数字表示：对额定油压为 25×10^5Pa（2.5MPa）及其以下者不加表示，而对额定油压较高者则用其油压数值表示。

型号示例：

（1）YT-3000：表示中型带油压装置的机械液压型调速器，接力器的工作容量为 3000N·m，额定油压为 25×10^5Pa（2.5MPa）。

（2）DST-100A-40：表示大型电气液压双调节型调速器，主配压阀直径为 100mm，经第一次改型后的产品，额定工作油压为 40×10^5Pa（4.0MPa）。

三、调速器的主要设备

资源 4-5

调速器的主要设备包括调速柜、油压设备和接力器三部分。调速柜是调速器的控制柜，它通常将测量机构、放大机构、反馈机构等集成在一起，具有数据采集和数据处理功能。调速柜的面板上设有按钮和键盘，用于水轮机安装和检修期间调整调速器的相关参数。油压设备是供给调速器压力油能源的设备，用来提供操作调速器动作的动力。接力器是调速器的执行机构，用调速功（工作油压与活塞面积的乘积）来表示其操作能力。为使调速器工作平稳和有较大的调速功，大中型电站每台机组通常设置两个或两个以上的接力器。

中小型水轮机的调速柜、油压设备和接力器通常组成一个整体，称为组合式调速器。大型水轮机的油压设备和接力器通常尺寸较大，多采用分体安装。

四、调速器的选择

资源 4-6

调速器的选择包括调速器类型、工作容量和参数的选择。调速器类型选择主要根据水轮机类型确定选用单调节或双调节调速器；再根据水电站容量和在电网中的作用，确定用微机液压型调速器（电气液压型调速器已逐步被微机液压型调速器取代）和机械液压型调速器。选择调速器工作容量时应留有余地，即所选调速器的工作容量必须大于计算的调速功。

由于中小型调速器是以调速功来划分容量等级，大型调速器是以主配压阀直径划分容量等级，因此，两者在选型计算上有所不同。

（一）中小型调速器的选择

调速器的工作容量是指自身具有的最大输出功，一般用调速功来衡量。调速功是接力器活塞上的油压作用力与其行程的乘积。

（1）小型反击式水轮机所需要的调速功按下式计算：

$$A=(200\sim250)Q\sqrt{H_{max}D_1}\quad(\text{N}\cdot\text{m})\tag{4-6}$$

式中：Q 为最大水头 H_{max} 下机组发出额定功率时流量，m^3/s；H_{max} 为最大水头，m；D_1 为水轮机转轮标称直径，m。当机组制造、安装质量较好时，取较小的系数。

（2）冲击式水轮机喷针接力器的调速功按下式计算：

$$A=9.81Z_0\left(d_0+\frac{d_0^3H_{max}}{6000}\right)\quad(\text{N}\cdot\text{m})\tag{4-7}$$

式中：Z_0 为喷嘴数或折向器个数；d_0 为水轮机额定流量时的射流直径，cm。

折向器接力器的调速功为

$$A=(1.3\sim2.0)\times1.08\times10^{-3}d_0^3H_{max}Z_0\quad(\text{N}\cdot\text{m})\tag{4-8}$$

（3）中型反击式水轮机导叶接力器调速功按下式计算：

$$A=Kb_0a_{0max}H_{max}D_1\quad(\text{N}\cdot\text{m})\tag{4-9}$$

式中：b_0 为水轮机导叶高度，m；a_{0max} 为水轮机导叶最大开度，m；K 为与机型有关的系数，对于混流式水轮机 $D_1<3.0$m，$K=3.92$；$D_1>3.0$m，$K=2.94$；对于轴流式水轮机，$K=2.94$。

根据计算的调速功去选取调速功接近且偏大的调速器。

（二）大型调速器的选择

1. 主接力器的选择

（1）导叶接力器的直径 d_s。

当油压装置的额定油压为2.5MPa时：

$$d_s = \lambda D_1 \sqrt{\frac{b_0}{D_1} H_{max}} \quad (m) \tag{4-10}$$

当油压装置的额定油压为4.0MPa时：

$$d_s' = 0.81 d_s \quad (m) \tag{4-11}$$

式中：λ 为计算系数，见表4-3。

表4-3　　**计算系数 λ**

水轮机水头范围	水轮机型式	标准导叶型式	叶型相对偏心 e	蜗壳包角 φ	λ
所有水头	混流式	不对称	0.05	345°	0.140～0.155
		对称	0.05	345°	0.135～0.150
低水头	轴流式	对称	0.05	180°	0.135～0.150
				225°～270°	0.145～0.160
中水头		不对称	0.05	225°～270°	0.135～0.150
高水头				345°	0.135～0.150

根据上述计算结果，在表4-4中选择相邻较大直径的调速器。

表4-4　　**标准接力器系列**

接力器直径/mm											
	200	225	250	275	300	325	350	375	400	450	500
	550	600	650	700	750	800	850	900	950	1000	

（2）接力器的最大行程 S_{max}。

$$S_{max} = (1.4 \sim 1.8) a_{0max} \quad (m) \tag{4-12}$$

其中

$$a_{0max} = a_{0Mmax} \frac{D_0 Z_{0M}}{D_{0M} Z_0}$$

式中：a_{0max}、a_{0Mmax} 分别为原型和模型水轮机导叶最大开度，m；D_0、D_{0M} 分别为原型和模型水轮机导叶轴心圆的直径，m；Z_0、Z_{0M} 分别为原型和模型水轮机的导叶数目。当水轮机转轮直径小于5m，取小系数。

（3）两个接力器的总容积 V_s：

$$V_s = \frac{\pi d_s^2 S_{max}}{2} \quad (m^3) \tag{4-13}$$

2. 主配压阀直径的选择

（1）通过主配压阀的油流量为

$$Q = \frac{V_s}{T_s} \quad (m^3/s) \tag{4-14}$$

式中：T_s 为导叶从全开到全关的线性关闭时间，s。

（2）主配压阀直径为

$$d=\sqrt{\frac{4Q}{\pi v}}\quad (m) \tag{4-15}$$

式中：v 为管内油的流速，一般取 4～8m/s。管路短油压高可取大值。

按式（4－15）计算出主配压阀直径，就可在表 4－2 中选择调速器型号。

第五节　调速器的油压装置及选择

一、油压装置的组成及其工作原理

油压装置是供给调速器压力油能源的设备。通常每台机组都有单独的调速器和与之相配合的油压装置，它们中间以油管路相通。

资源 4－7

油压装置是由压力油罐、回油箱、油泵及其附件组成，如图 4－8 所示。压力油罐是油压装置能量储存和供应的主要部件，它的作用是供给调速系统保持一定压能的压力油。压力油罐中的油约占 1/3，高压空气（或液氮气囊）约占 2/3。额定工作油压有 2.5MPa、4.0MPa 和 16MPa。随着油罐中的油位降低，油压也会下降，当降到下限时，油泵会自动启动，以补充压力油。油泵的作用是将回油箱中的油送给压力油罐。油泵一般设两台，一台工作，一台备用。回油箱用作收集调速器的回油和漏油；油压装置上的附件包括测量油位和压力等参数的仪表等。

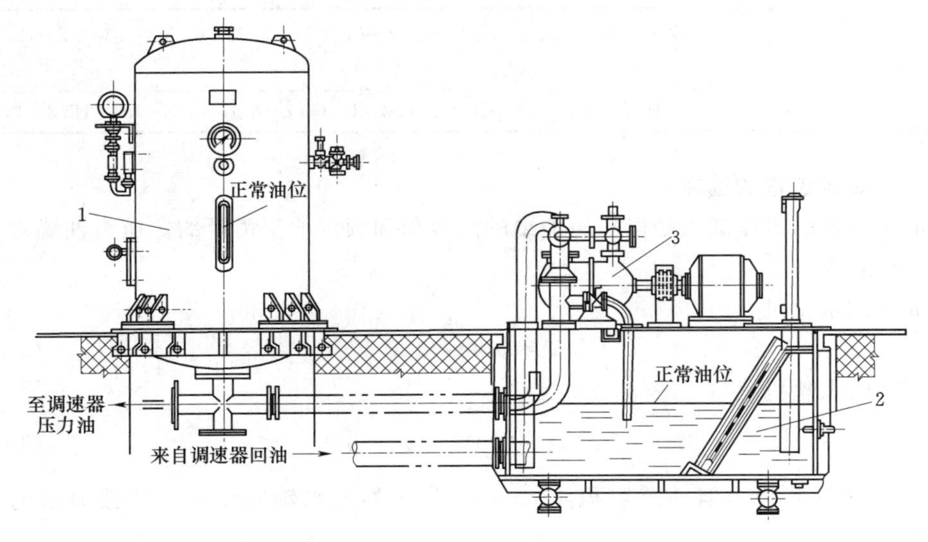

图 4－8　油压装置原理图

1—压力油罐；2—回油箱；3—油泵

二、油压装置的分类和系列

油压装置因结构的型式不同而分为分离式和组合式两种。

分离式是将压力油罐和回油箱分开制造和布置，中间用油管连接。大中型调速器一般采用分离式结构。组合式是将两者组合为一整体，中小型调速器一般采用组合式结构。

油压装置工作容量的大小是以压力油罐的容积（m^3）来表示的，并由此组成油压装置的系列型谱。油压装置型号由3部分组成，各部分之间用短横线分开，如图4-9所示。

型式 — 油罐的总容积/油罐的数目和改型次数 — 额定油压

图4-9 油压装置型号框图

第一部分YZ用“油”“装”两字汉语拼音第一字母组成，对组合式油压装置在YZ之前加字母H，对分离式不加。

第二部分由阿拉伯数字的分式和单个大写字母组成，数字分子表示压力油罐的总容积（m^3），分母表示压力油罐的数目，没有分母者为1个压力油罐。其后字母A、B、C、…表示改型次数。

第三部分的阿拉伯数字表示油压装置的额定油压（10^5Pa），无数字者表示额定油压为25×10^5Pa（2.5MPa）。

例如型号YZ-20A/2-40，表示为分离式油压装置，压力油罐的总容积为$20m^3$，分为两个压力油罐，经第一次改型后的产品，额定油压为40×10^5Pa（4.0MPa）。型号HYZ-4表示组合式油压装置，具有一个$4m^3$的压力油罐，额定油压为25×10^5Pa（2.5MPa）。

我国油压装置已经标准化，见表4-5。

表4-5 油压装置系列型谱

分离式	YZ-1，YZ-1.6，YZ-2.5，YZ-4，YZ-6，YZ-8，YZ-10，YZ-12.5，YZ-16/2，YZ-20/2
组合式	HYZ-0.3，HYZ-0.6，HYZ-1，HYZ-1.6，HYZ-2.5，HYZ-4

三、油压装置的选择

油压装置的工作能力是以压力油罐的总容积和额定油压衡量的。压力油罐总容积的经验公式为

混流式水轮机

$$V=(18\sim20)V_s \tag{4-16}$$

转桨时水轮机

$$V=(18\sim20)V_s+(4\sim5)V_c \tag{4-17}$$

式中：V_s为导叶接力器的总容积，m^3；V_c为转桨式水轮机转轮叶片接力器的总容积，m^3。

转桨式水轮机转轮叶片接力器的直径d_c，最大行程S_c和容积V_c的经验公式为

$$d_c=(0.3\sim0.45)D_1\sqrt{\frac{2.5}{p}} \tag{4-18}$$

$$S_c=(0.036\sim0.072)D_1 \tag{4-19}$$

$$V_c=\frac{\pi d_c^2S_c}{4} \tag{4-20}$$

式中：p 为调速系统的额定油压，MPa。

根据计算得到的压力油罐的总容积，在表 4－5 中选取相邻偏大的油罐。

思　考　题

4－1　水轮机调节的任务是什么？

4－2　什么是水轮机调节的静特性？什么是水轮机调节的动特性？

4－3　什么是无差调节？什么是有差调节？各有什么特点？

4－4　并列运行的机组为什么只能采用有差调节而不能采用无差调节？

4－5　过渡过程的动态品质常用指标有哪些？

4－6　目前大中型水电站上应用的调速器按照结构及工作原理的不同分为哪几类？其优缺点是什么？

4－7　调速器如何选择？其型号含义是什么？

4－8　什么是单调节调速器？什么是双调节调速器？各适用于哪类水轮机？

4－9　油压装置如何选择？其型号含义是什么？

第二篇　水电站输水系统

第五章　水电站布置型式及其组成建筑物

学习提示

内容： 介绍水电站的布置型式，水电站的组成建筑物。

重点： 坝后式、河床式、引水式水电站的布置特点及组成建筑物。

要求： 掌握水电站的基本布置型式及组成建筑物。

第一节　水电站的布置型式

如绪论中所述，常规水电站主要有坝式、引水式和混合式 3 种不同的开发方式，其建筑物的组成和布置型式也不同。坝式水电站按厂房是否承受上游水压力又分为坝后式和河床式两大类型。混合式水电站建筑物的组成和布置型式兼有坝式水电站和引水式水电站的特征。混合式水电站和引水式水电站之间没有明确的分界线。在工程界常将具有一定长度引水道的混合式电站统称为引水式电站，无论其是否靠坝集中一部分水头，而较少采用混合式水电站这个名称。所以这里着重介绍坝后式、河床式和引水式水电站建筑物的组成和布置型式。除此之外，对抽水蓄能电站建筑物的组成和类型也作一简要介绍。

一、坝后式水电站布置型式

资源 5-1

坝后式水电站靠坝来集中水头，形成落差，电站规模大，水头较高，厂房本身不承受上游水压力，所有建筑物均布置在一个枢纽中。坝后式水电站厂房在枢纽总体布置中的位置大都靠河岸一侧或两侧，以利于布置变电装置和对外交通。泄水建筑物布置在河床中部。

坝后式水电站优点是利用水库调节流量，水能利用充分，发电有保证，综合利用效益高，建筑物集中布置便于运行管理。缺点是淹没损失大、移民多，投资大、工期长、单价高，技术复杂。适用于河道坡降较缓，流量较大，具有修建水库地形地质条件的中、高水头水电站。

坝后式水电站，厂房一般布置在坝后或附近河岸的山体中。按厂房与坝的相对位置，又可分为坝后式厂房、地下式厂房、岸边式厂房、坝内式厂房和溢流式厂房等布置型式。

1. 坝后式厂房

厂房直接布置在坝址处，通过坝身压力管道引水。这是坝后式水电站最常见的布置型式。如三峡、丹江口、三门峡、龙羊峡、刘家峡、李家峡、安康、宝珠寺、水口、岩滩、五强溪、东江、万家寨等众多大型或巨型水电站均为这种布置型式。

资源 5-2

图 5-1 是丹江口水电站坝后厂房布置型式。枢纽由左岸土石坝段、左岸连接坝段、厂房坝段、溢流坝段、深孔泄洪坝段、升船机、右岸连接坝段和右岸土石坝段等主要建筑物组成。最大坝高 97m。坝后式厂房内安装 6 台单机容量为 15 万 kW 的混流式水轮发电机组，总装机容量 90 万 kW。该电站位于湖北省丹江口市汉江与其支流丹江汇合口下游 800m 处，具有防洪、发电、灌溉、航运及水产养殖等综合效益，坝体加高扩容后，是南水北调中线工程重要的水源工程。

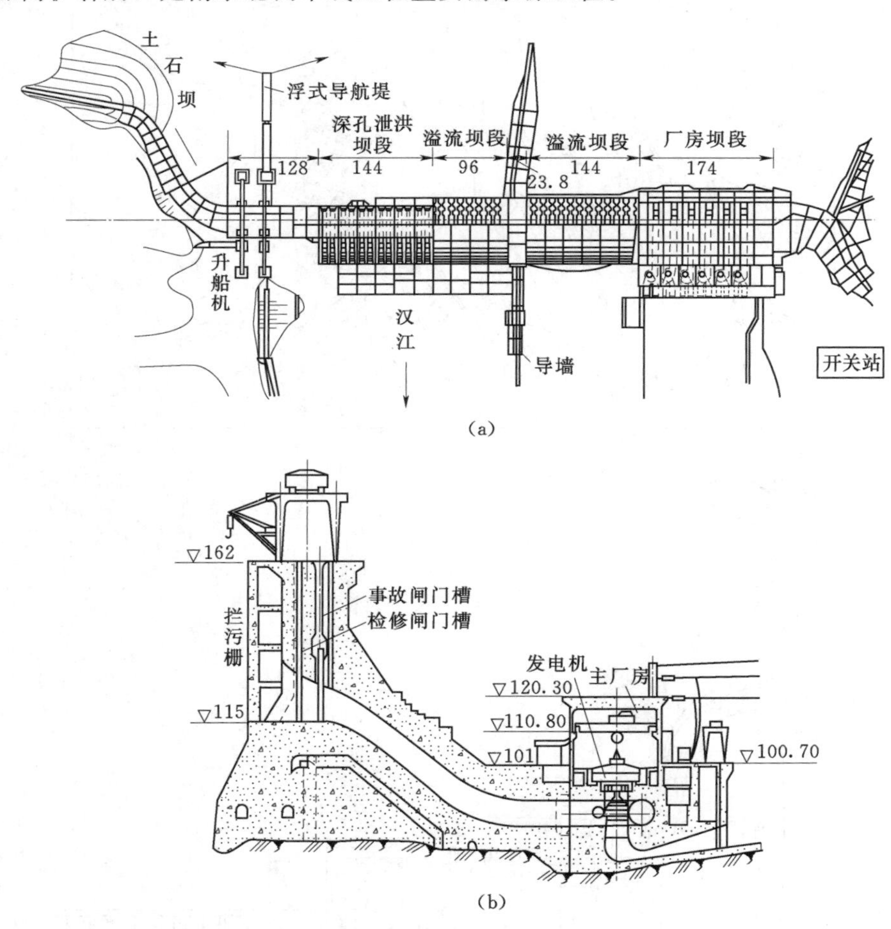

图 5-1　丹江口水电站坝后厂房布置型式（单位：m）
（a）平面布置；（b）厂房坝段剖面

资源 5-3

图 5-2 是李家峡水电站坝后厂房双排机组布置型式。枢纽由三心圆双曲拱坝、坝后式厂房、泄水建筑物、左右岸灌溉取水口等主要建筑物组成。最大坝高 155m。厂房采用上下游双排机组布置，上游排布置 2 台机组，下游排布置 3 台机组，共安装 5 台单机容量 40 万 kW 的混流式水轮发电机组，总装机容量为 200 万 kW。该电站是我国首次采用双排机组布置的水电站，也是目前世界上最大的双排机组布置的水电站。

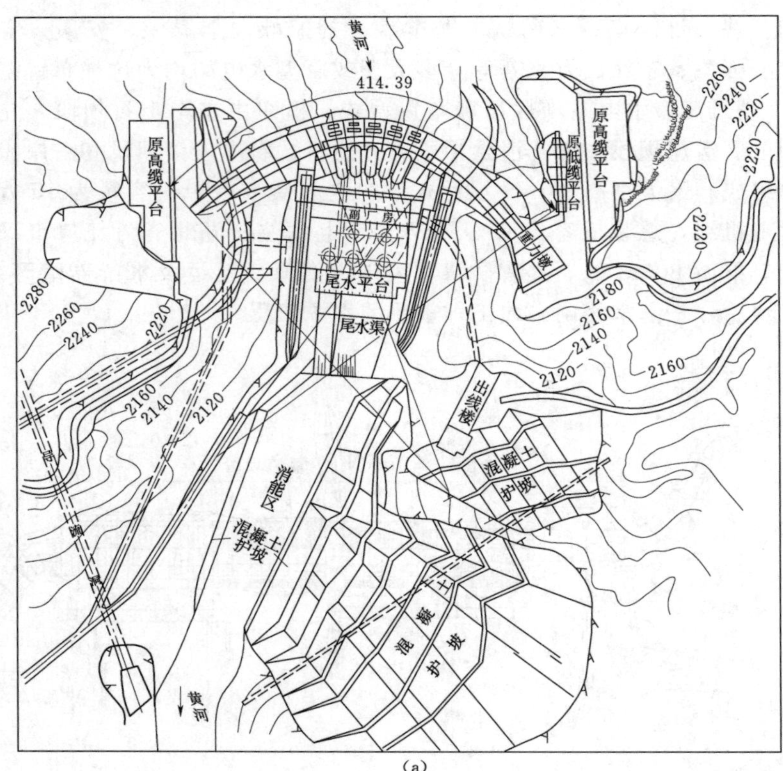

(a)

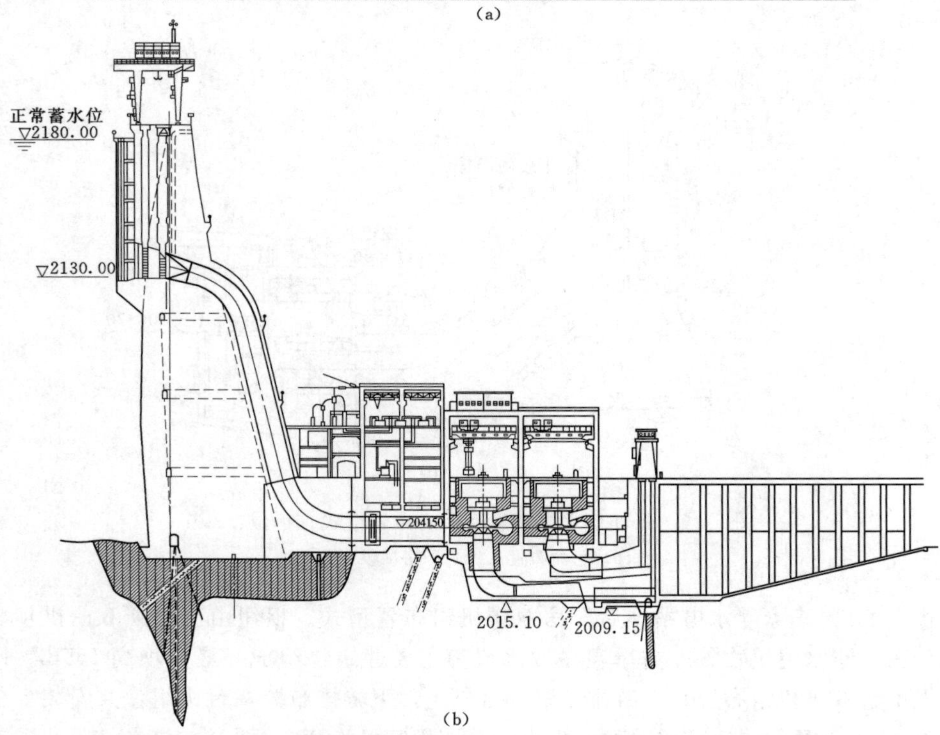

(b)

图 5-2　李家峡水电站坝后厂房双排机组布置型式（单位：m）

（a）平面布置；（b）厂房坝段剖面

2. 地下式厂房

厂房布置在坝体附近河岸的地下岩体中，通过隧洞引水。这种水电站常建于高山峡谷中，电站装机容量大，机组台数多，河谷较窄。目前开发建设的一些大型和巨型水电站多采用这种布置型式。如二滩、小浪底、龙滩、龚嘴、大朝山、拉西瓦、溪洛渡、乌东德、白鹤滩等大型或巨型水电站均为地下厂房布置型式。

图 5-3 是小浪底水电站地下式厂房平面布置。拦河大坝采用斜心墙堆石坝，设计最大坝高 154m。地下厂房、溢洪道、泄洪洞、排沙洞均与坝并排布置在左岸山体中，地下厂房内安装 6 台单机容量为 30 万 kW 的混流式水轮发电机组，总装机容量 180 万 kW。

资源 5-4

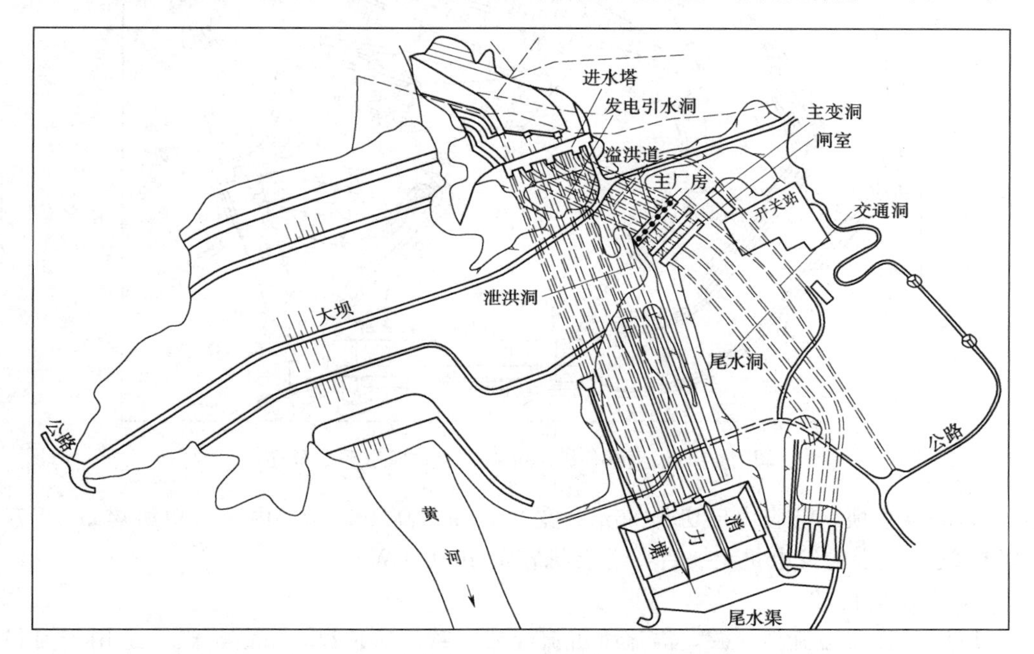

图 5-3　小浪底水电站地下式厂房平面布置

3. 岸边式厂房

厂房布置在坝下游河岸的一侧或两侧，由穿过坝肩山体的引水隧洞将水引入厂房。如碧口、窄巷口、柘溪、隔河岩、天生桥一级、公伯峡、莲花、密云等大、中型水电站均为这种布置型式。

图 5-4 是天生桥一级水电站岸边式厂房平面布置。枢纽工程主要建筑物有混凝土面板堆石坝、岸坡开敞式溢洪道、放空隧洞、发电引水系统和岸边厂房等。堆石坝最大坝高 178m。岸边厂房安装 4 台 30 万 kW 的混流式水轮发电机组，总装机容量 120 万 kW。

资源 5-5

4. 坝内式厂房

厂房布置在坝体空腹内，适用于河谷较窄，机组多，坝体足够大的情况。如上犹江、凤滩、枫树坝、牛路岭、长潭等水电站均为这种布置型式。其中上犹江水电站是我国第一座坝内式厂房水电站。

资源 5-6

图 5-5 是凤滩水电站坝内式厂房布置型式。凤滩水电站采用了空腹重力拱坝、坝顶溢流、空腹内设置厂房的布置型式。最大坝高 110m，底宽 65.5m，是当时世界

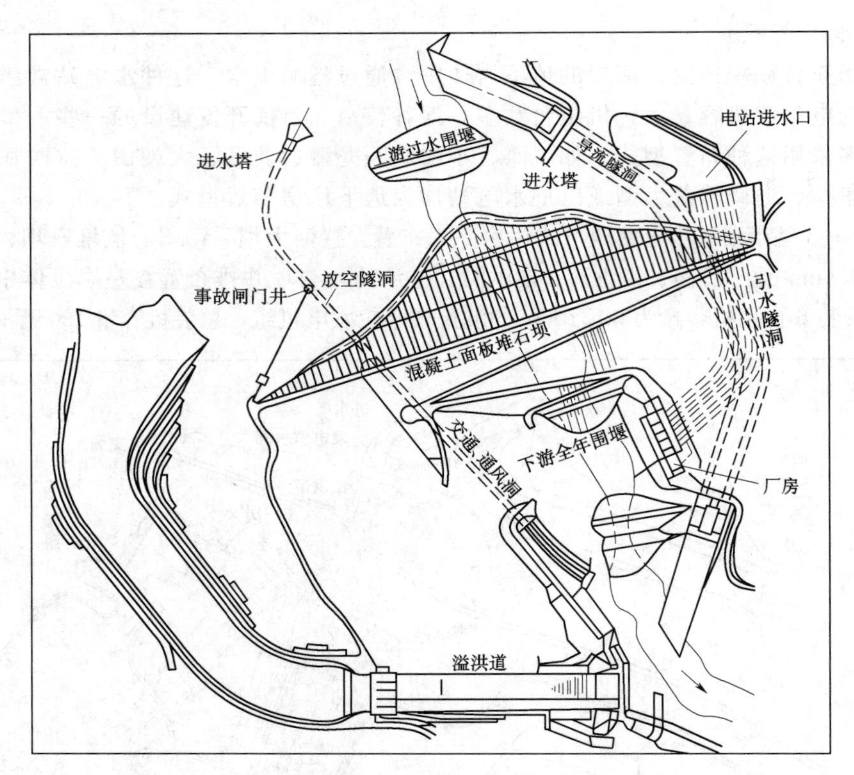

图 5-4 天生桥一级水电站岸边式厂房平面布置

上最高的空腹坝。空腹内厂房长 85m、宽 20.5m、高 40.1m，内装有单机容量 10 万 kW 的混流式水轮发电机组 4 台，总装机容量 40 万 kW。

5. 溢流式厂房

厂房布置在溢流坝下游，溢流水舌流经或挑越厂房顶泄入下游河道。适用于河谷较窄，溢流坝和厂房并排布置的情况。如新安江、乌江渡、漫湾、池潭等水电站均为这种布置型式。

图 5-6 是新安江水电站溢流式厂房布置型式。坝体为混凝土宽缝重力坝，最大坝高 105m。厂房顶部与坝体连接，厂房下部与坝体用垂直缝分开，厂房全长 216.1m。副厂房布置在坝体与主厂房之间。厂房内安装 9 台混流式水轮发电机组，其中 4 台单机容量 7.5 万 kW，5 台单机容量 7.25 万 kW，总装机容量 66.25 万 kW。溢流坝下泄水流流经厂房顶部泄入河道。

资源 5-7

资源 5-8

图 5-7 是乌江渡水电站溢流式厂房布置型式。大坝为混凝土拱型重力坝，最大坝高 165m。主厂房与坝体之间设有厂坝分缝。厂房为全封闭厂房，长 105.6m，宽 20.5m，内安装 3 台单机容量 21 万 kW 的混流式水轮发电机组。副厂房位于厂房上游侧溢流面下部空腔内。溢流坝下泄水流挑越坝后厂房顶泄入下游河道。乌江渡电站扩机增容工程于 2000 年内开工，采用地下式厂房布置方案，2004 年完建，加上原机组增容改造，总装机容量达到 125 万 kW。

以上是坝后式水电站厂房布置的几种基本型式，有些水电站为这些型式的组合布

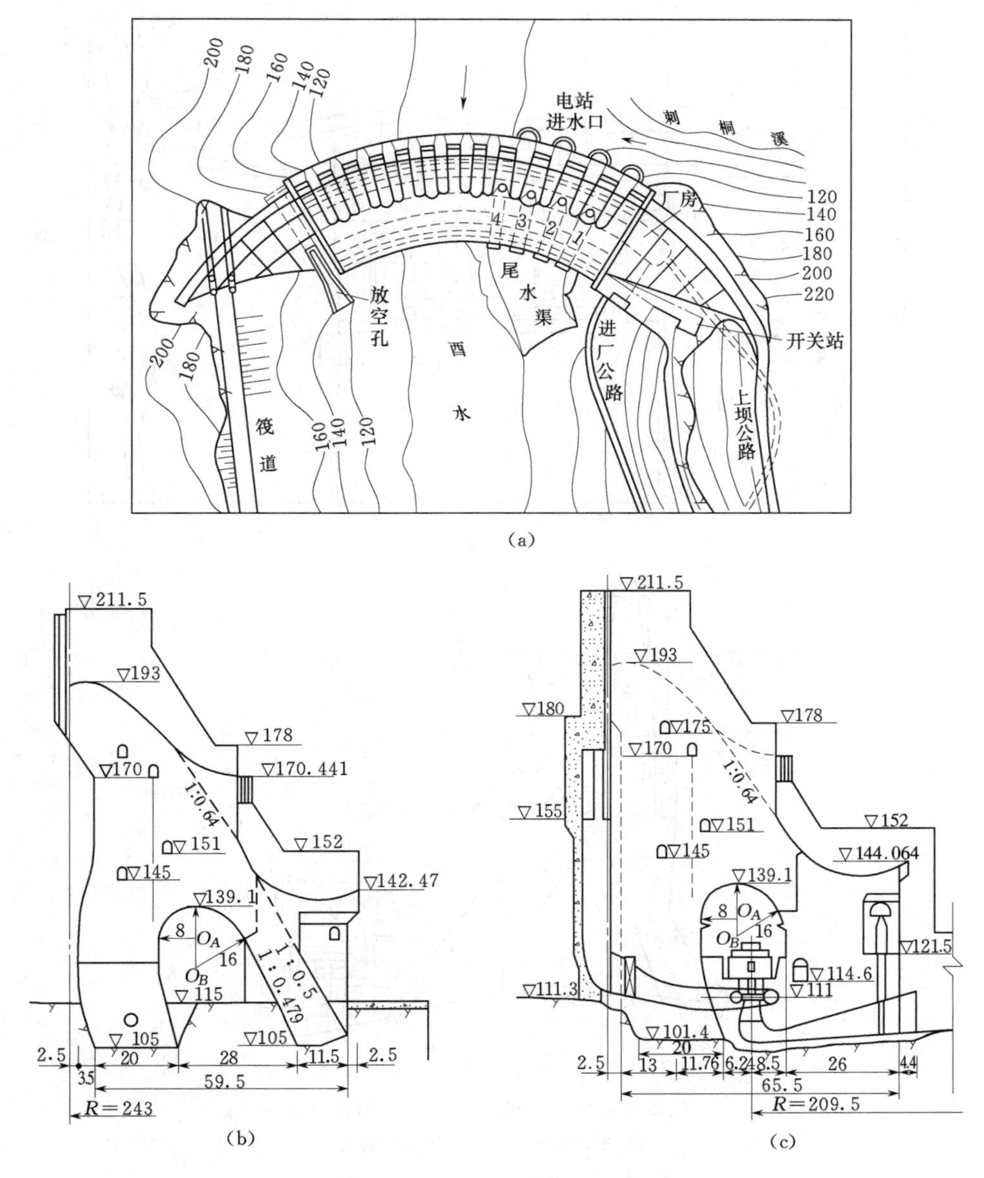

图 5-5　凤滩水电站坝内式厂房布置型式（单位：m）

（a）平面布置；（b）13 号厂房坝段剖面；（c）9 号厂房坝段剖面

置，如向家坝水电站是右岸地下厂房及左岸坝后厂房；三峡水电站尽管主要机组安装在左、右岸坝后厂房，但在右岸又设有地下厂房，安装少部分机组（图 5-8）。乌江渡水电站原设计为溢流厂房布置型式，扩机增容工程采用地下式厂房布置。

资源 5-9

从以上坝后式水电站厂房布置的几种基本型式中，可以看出，坝后式水电站枢纽主要由下列几部分组成：

资源 5-10

（1）挡水建筑物：拦截河流，集中落差，形成水库。

（2）泄水建筑物：用以宣泄洪水，或放水供下游使用，或放空水库，如溢洪道、

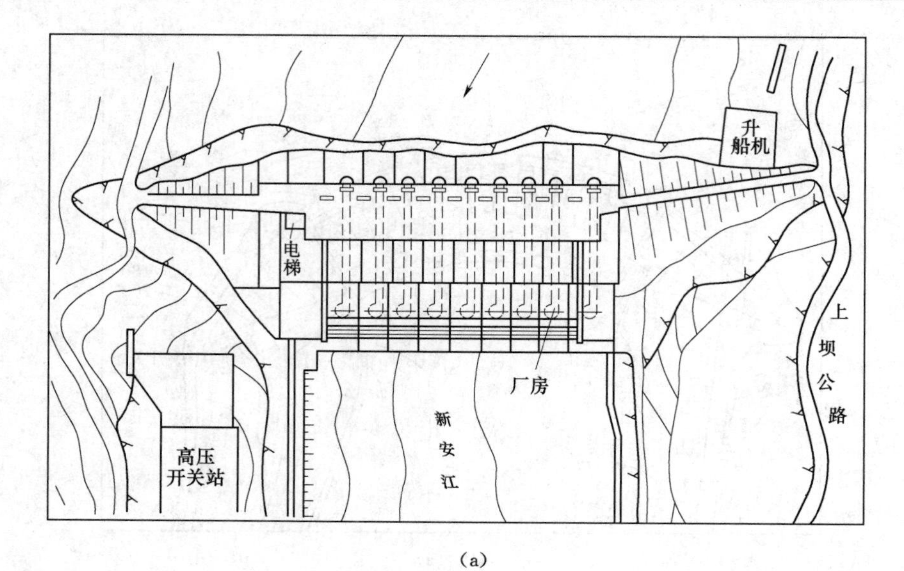

(a)

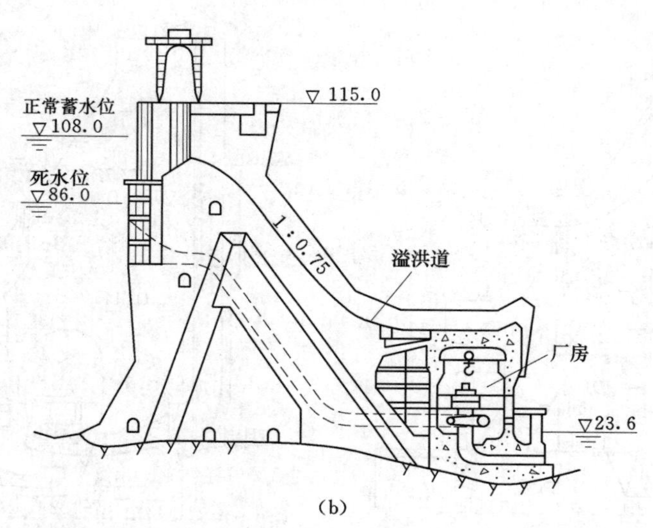

(b)

图 5-6　新安江水电站溢流式厂房布置型式（单位：m）

(a) 平面布置；(b) 厂房坝段剖面

泄洪隧洞、放水底孔等。

（3）电站进水建筑物：进水口及其附属设备。

（4）电站引水及尾水建筑物：压力管道、尾水建筑物。

（5）电站厂房枢纽：主副厂房、变压器场、开关站。

（6）其他专门建筑物：如工农业或生活取水口、冲沙、通航、筏道、渔道等建筑物。

资源 5-11

为了泄水时不影响发电，通常将厂房与泄水建筑物之间用导流墙隔开。

二、河床式水电站布置型式

河床式水电站与坝后式水电站不同，其特点是：位于河床内的水电站厂房本身起

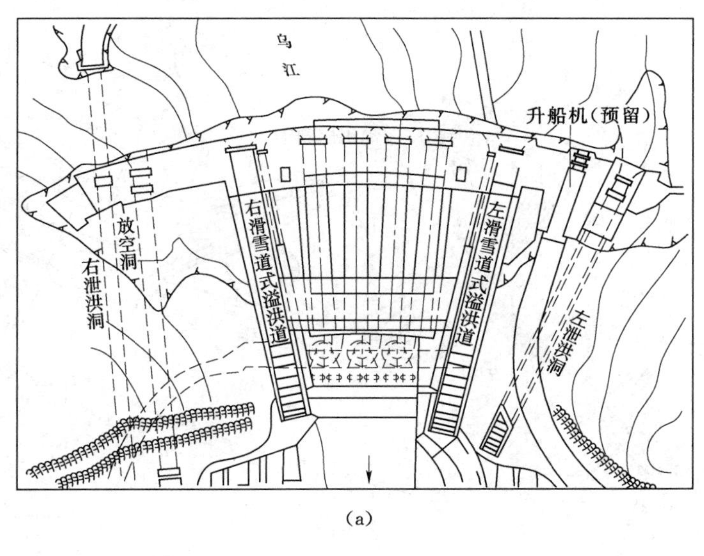

(a)

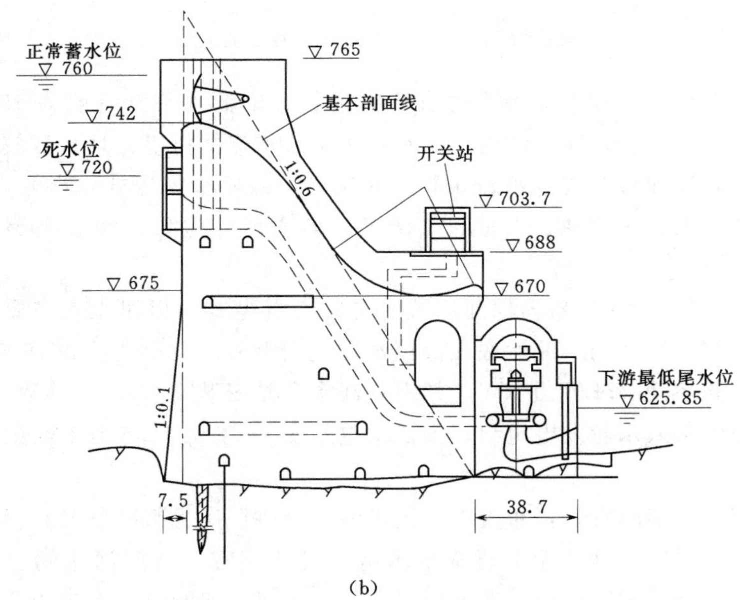

(b)

图 5-7 乌江渡水电站溢流式厂房布置型式（单位：m）
(a) 平面布置；(b) 厂房坝段剖面

挡水作用，成为集中水头的挡水建筑物的一个组成部分，并承受上游水压力，故称河床式水电站。河床式水电站枢纽布置型式及建筑物组成与坝后式水电站基本相同，所有建筑物均布置在一个枢纽中。厂房在枢纽总体布置中的位置大都靠河岸一侧或两侧，泄水闸或溢流坝布置在河床中部，厂房与泄水闸或溢流坝之间用导流墙隔开，大多数河床式水电站都采用这种布置。此外，由于水头低，进水口前往往设有导沙坎。

河床式水电站优点是能调节部分流量，一般具有日调节能力，发电有一定保证；具有一定的综合利用功能；建筑物集中布置便于运行管理。缺点是有淹没损失；投资

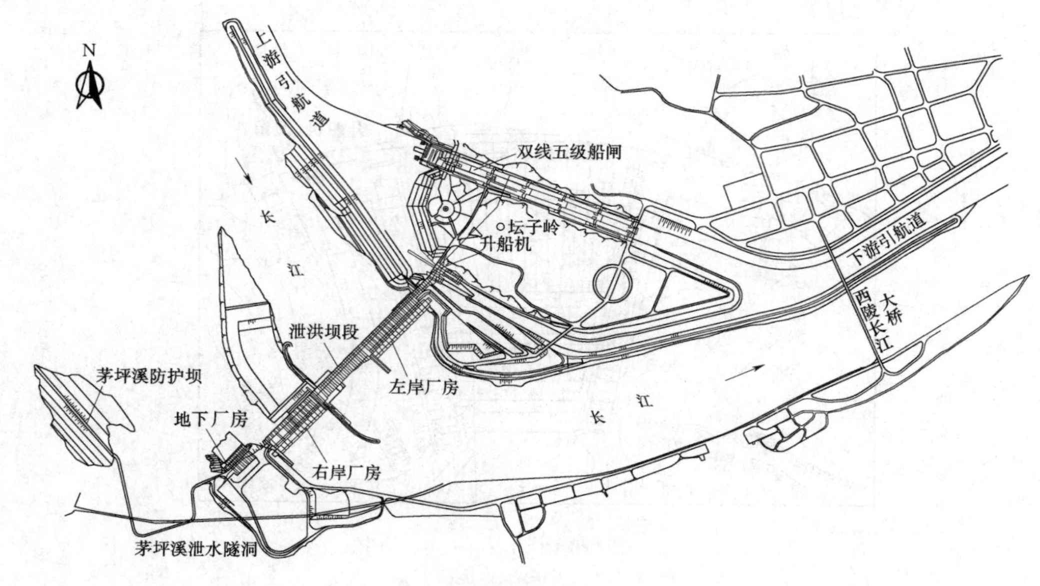

图 5-8 三峡水电站平面布置

大、工期长、单价高；技术复杂。适宜于大流量、中低水头（一般为 15～35m）电站。大都安装直径大、转速低的轴流式水轮机组或贯流式机组，且台数较多。整个厂房的长度较长，从而可节省挡水建筑物。我国已建成不少河床式水电站，如葛洲坝、万安、铜街子、大化、西津、富春江、天桥、八盘峡、龙口、沙坡头等大、中型水电站。

资源 5-12

图 5-9 和图 5-10 为葛洲坝河床式水电站布置型式。枢纽工程主要由船闸、电站厂房、泄洪闸、冲沙闸、冲沙底孔及挡水建筑物组成。大坝全长 2606.5m，最大坝高 48m。总装机容量 271.5 万 kW，其中二江水电站安装 2 台 17 万 kW 和 5 台 12.5 万 kW 的轴流转桨式水轮发电机组；大江水电站安装 14 台 12.5 万 kW 的轴流转桨式水轮发电机组。

资源 5-13

当泄洪闸和厂房均较长，布置上有困难时，可将厂房机组段分散布置于泄洪闸的闸墩内而成为闸墩式厂房。宁夏青铜峡水电站是我国唯一一座河床闸墩式低水头电站，枢纽主要由坝、闸墩厂房、泄洪闸、河东总干渠、河西总干渠等组成。挡水建筑物总长度 591.85m，自左至右为副厂房坝段 91.5m，溢流坝与闸墩厂房坝段 262.35m，挡水坝段 160m，泄洪闸坝段 42m，右岸挡水坝段 36m。最大坝高 42.7m、坝宽 46.7m。机组布置在每个宽 21m 的闸墩内，安装了 7 台 3.6 万 kW 和 1 台 2 万 kW 的轴流转桨式水轮发电机组，总装机容量 27.2 万 kW。

三、引水式水电站布置型式

资源 5-14

引水式水电站的引水道较长，并用来集中水电站的全部或相当大一部分水头。引水式水电站的特点是靠引水道来集中水头，水头高。

引水式水电站主要优点是淹没损失小、移民少、单位造价较低；缺点是水库调节能力差、水量利用率低、综合利用价值较差、运行管理上不如坝式水电站方便。但若

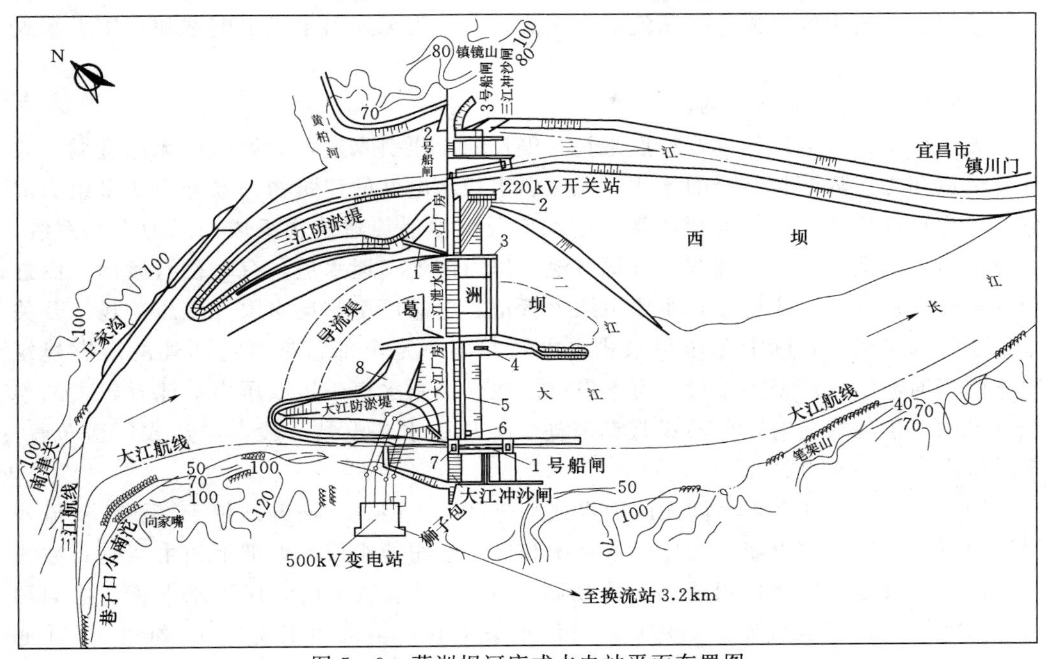

图5-9　葛洲坝河床式水电站平面布置图

1—导沙坎；2—操作管理楼；3—厂闸导墙（排漂孔）；4—左管理楼；5—中孔楼；6—右管理楼；7—右管理场（排漂孔）；8—拦（导）沙坎

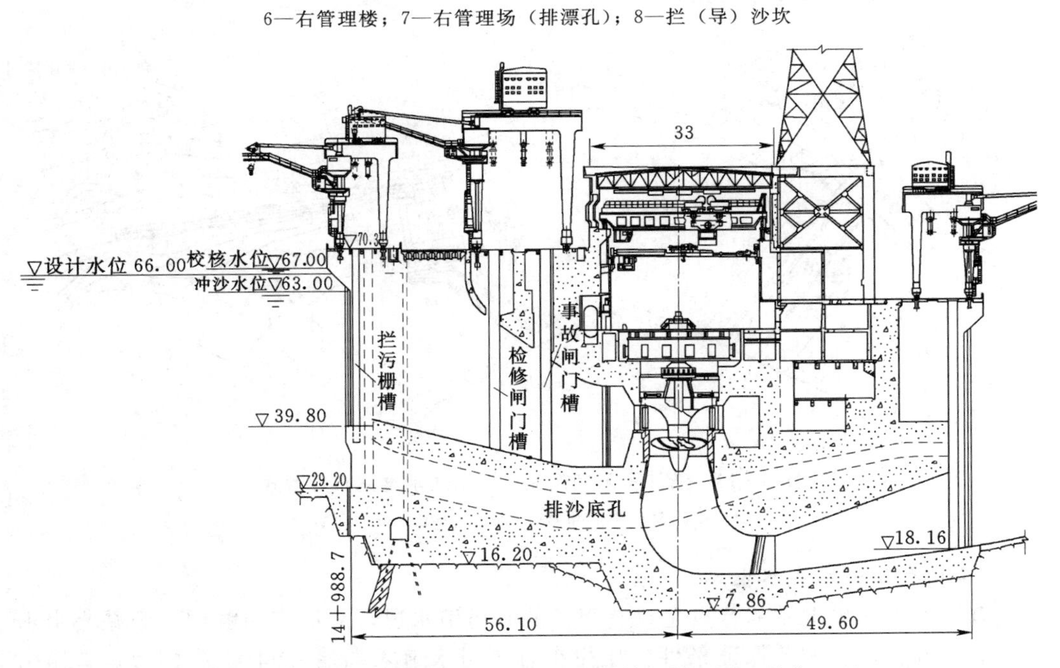

图5-10　葛洲坝河床式水电站大江厂房坝段剖面图（单位：m）

在首部设有容水量较大的水库，可以提高其径流调节能力。引水式水电站适用于坡降大的河流，或利用隧洞穿过分水岭跨流域开发，也可通过截弯取直获得引水发电水头。

根据引水道中的水流是无压流或有压流，又分为无压引水式水电站和有压引水式水电站。

（一）无压引水式水电站

资源 5-15

无压引水式水电站的主要特点是具有很长的无压引水道，如渠道或无压隧洞，或具有渠道和无压隧洞相结合的形式。无压引水式水电站的建筑物一般分为 3 个组成部分：一为首部枢纽，由拦河坝或闸、进水口及沉沙池等建筑物组成；二为引水系统，主要包括引水渠道或无压隧洞、日调节池、压力前池、泄水道，有时设有渡槽、倒虹吸等建筑物；三为厂房枢纽，主要由压力管道、电站厂房与尾水渠、变压器场、开关站等建筑物组成。实际上无压引水式水电站并不一定全部包括如上所述的所有建筑物。如当河流中含沙量很小时，可不设沉沙池；当引水道较短或压力前池有较大的容积或电站不担任峰荷时，可不设日调节池。无压引水式电站一般为岸边式厂房布置，多用于中、小型水电站。

图 5-11 为浙江富阳栖鹤无压引水式水电站布置型式。该电站位于富春江支流壶源溪中下游，由首部枢纽、无压引水系统和厂房枢纽等组成。首部枢纽由浆砌石溢流坝、冲沙闸及电站进水口组成。溢流坝高 2.6m。引水系统由无压引水渠道、隧洞和压力前池组成。引水系统长 2093m。设计水头 15m，单机额定流量 5.12m^3/s。前池长 13.9m，宽 7.75m。电站厂房为岸边式厂房，安装 4 台 630kW 的轴流定桨式水轮发电机组，总装机容量 2520kW。

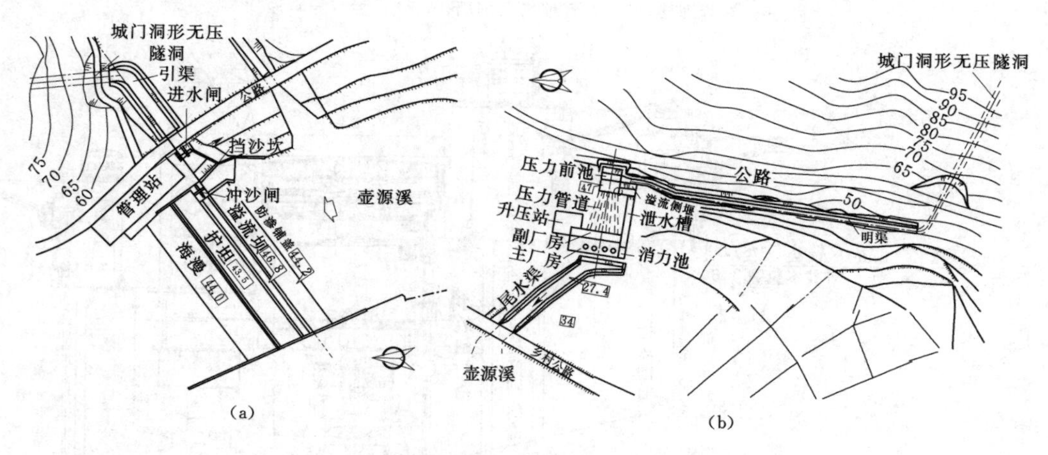

图 5-11　浙江富阳栖鹤无压引水式水电站布置型式

(a) 首部枢纽平面布置；(b) 厂房枢纽平面布置

（二）有压引水式水电站

有压引水式水电站的特点是具有很长的有压引水道，一般多为隧洞。为减小水击压力值和改善机组调节保证条件，往往在有压引水道末端建有调压室（井）。有压引水式水电站建筑物的组成亦可分为 3 部分：一为首部枢纽，有拦河坝或闸及进水口；二为引水系统，主要包括有压引水隧洞和调压室；三为厂房枢纽，主要有压力管道、电站厂房及尾水渠或隧洞、变压器场、开关站等建筑物。有压引水式水电站的厂房一般为岸边式或地下式。这种型式的电站适用的流量变幅也比较大，从几个流量到上百个流量。天生桥二级、锦屏二级、鲁布革、太平哨、湖南镇等大、中型水电站均为这种布置型式。

资源 5-16

图 5-12 为天生桥二级有压引水式水电站布置型式。该电站利用坝址至厂房约 14.5km 的弯曲河段，开凿引水隧洞截弯取直集中落差 180m。电站由首部枢纽、有压引水系统和厂房枢纽等组成。首部枢纽由左、右岸非溢流重力坝、溢流坝、冲沙闸

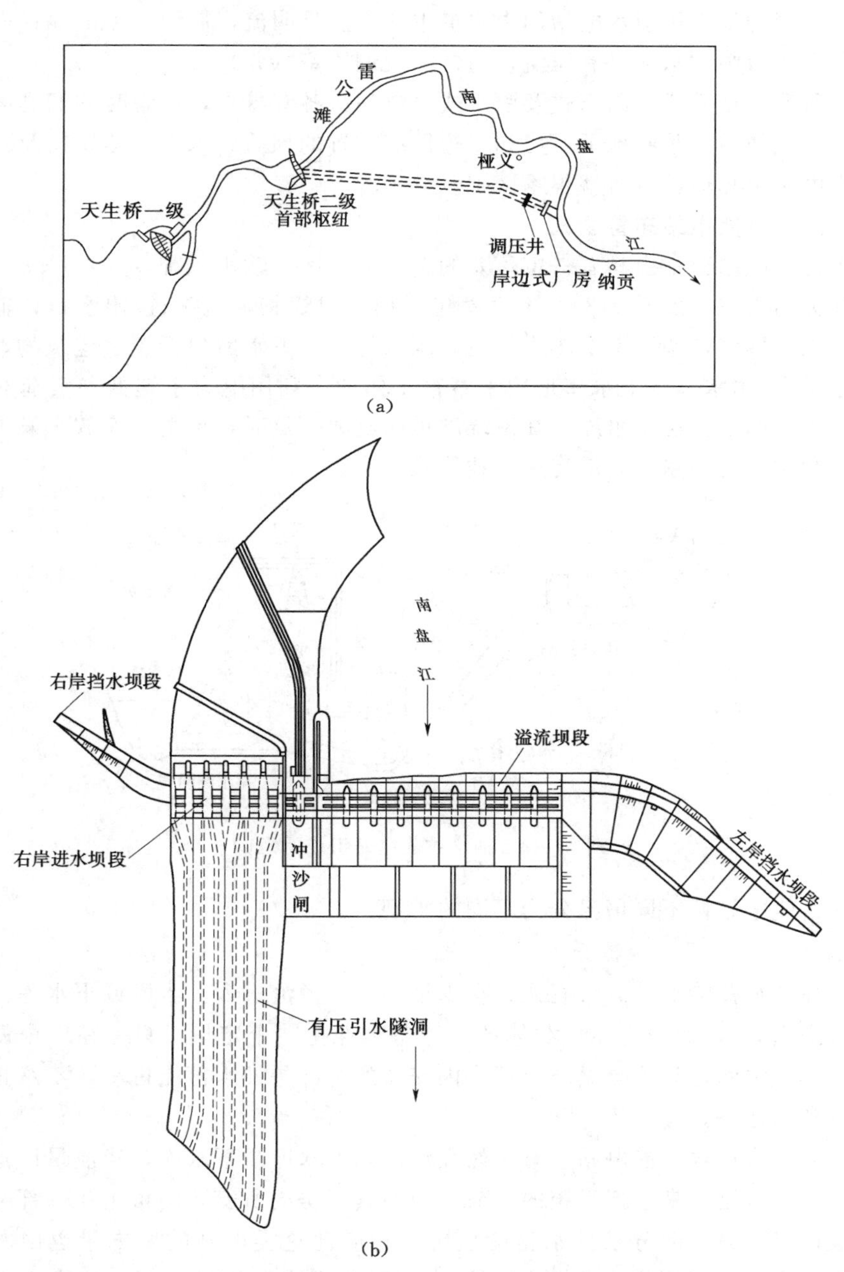

图 5-12　天生桥二级有压引水式水电站布置型式
(a) 电站平面布置；(b) 首部枢纽平面布置

及电站进水口组成，最大坝高 60.7m。引水系统由 3 条分别长 9776.21m、直径 8.1～9.8m 的有压引水隧洞和 3 个直径 21m、高 88m 的调压井组成。每个调压井分别引出 2 条直径 5.7m、长约 600m 的压力管道至 6 台 22 万 kW 的混流式水轮发电机组，总装机容量 132 万 kW。电站厂房为岸边式厂房。

综上所述，无压引水电站和有压引水电站都靠引水道来集中水头，这是它们的相同点。但不同的是无压引水电站的引水道中的水流是明流，需设压力前池；而有压引水电站的引水道中的水流是有压流，通常需设调压室（井）。

以上所述的坝后式、河床式及引水式水电站虽各有特点，但有时它们之间却难以明确划分。比如说，某些地下厂房和岸边厂房布置的坝后式水电站建筑物及其特征与引水式水电站很相似，有时就很难区别。

资源 5－17

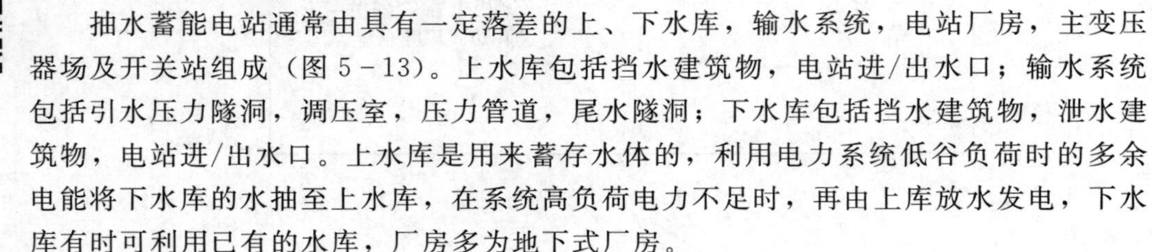

四、抽水蓄能电站布置型式

抽水蓄能电站通常由具有一定落差的上、下水库，输水系统，电站厂房，主变压器场及开关站组成（图 5－13）。上水库包括挡水建筑物，电站进/出水口；输水系统包括引水压力隧洞，调压室，压力管道，尾水隧洞；下水库包括挡水建筑物，泄水建筑物，电站进/出水口。上水库是用来蓄存水体的，利用电力系统低谷负荷时的多余电能将下水库的水抽至上水库，在系统高负荷电力不足时，再由上库放水发电，下水库有时可利用已有的水库，厂房多为地下式厂房。

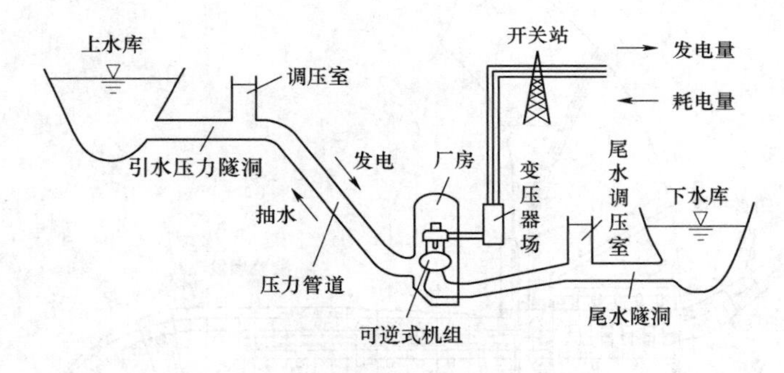

图 5－13　抽水蓄能电站组成示意图

抽水蓄能电站按不同情况分为不同的类型。

1. 按电站有无天然径流分类

（1）纯抽水蓄能电站。没有或只有少量的天然径流进入上水库或下水库（以补充蒸发、渗漏损失），而作为能量载体的水体基本保持一个定量，只是在一个调节周期内，在上、下水库之间往复循环。厂房内安装的全部是抽水蓄能机组，不承担常规发电和综合利用任务。

（2）混合式抽水蓄能电站。有天然径流汇入上水库或下水库，径流量已达到能安装常规水轮发电机组来承担系统的负荷。因而其厂房内所安装的机组，一部分是常规水轮发电机组，另一部分是抽水蓄能机组。相应地这类电站的发电量也由两部分构成，一部分为抽水蓄能发电量，另一部分为天然径流发电量。所以这类水电站的功能，除了承担调峰、填谷、调频、调相和事故备用等任务外，还承担常规发电和综合利用任务。

2. 按水库调节周期分类

（1）日调节抽水蓄能电站。其调节周期以一昼夜为单位，上、下水库水位变化循环周期为一昼夜。蓄能机组每天一次（晚间）或两次（白天和晚上）调峰，调峰后上水库放空。然后利用午夜系统负荷低谷时的多余电能抽水，至次日清晨上水库蓄满。纯抽水蓄能电站大多为日调节抽水蓄能电站。

（2）周调节抽水蓄能电站。其调节周期以周为单位，在工作日，蓄能机组如同日调节蓄能电站一样工作，但每天的发电用水量大于蓄水量，在周末工作日结束时上水库放空；在周末系统负荷降低时，利用多余电能将上水库蓄满。

（3）年调节抽水蓄能电站，亦称季调节抽水蓄能电站。其调节周期以年为单位，上、下水库水位变化周期为一年。利用汛期水电站的多余电能作为抽水能源，将下水库多余的水量，抽到上水库蓄存起来，在枯水期放水发电，以补充天然径流的不足。这样将原来是汛期的季节性电能转化成了枯水期的保证电能。这类电站绝大多数为混合式抽水蓄能电站。

3. 按厂房布置在输水系统的位置分类

（1）首部式：厂房位于输水系统首端。

（2）中部式：厂房位于输水系统中部。

（3）尾部式：厂房位于输水系统末端。

4. 按厂房内装置的抽水蓄能机组类型分类

（1）两机可逆式。其机组由可逆式水泵水轮机和电动发电机两者组成，是目前应用最广泛的机组。

（2）三机串联式。其机组由水泵、水轮机和发电电动机三者组成，通过联轴器串联在同一轴上，三机串联式有卧轴和立轴两种装置方式。

（3）四机分置式。这种类型的水泵和水轮机分别配有电动机和发电机，形成两套机组，目前已很少采用。

第二节　水电站的组成建筑物

综上所述，水电站枢纽一般由下列 7 类建筑物组成。

（1）挡水建筑物：用以拦截河流，集中落差，形成水库，如坝、闸等。

（2）泄水建筑物：用以宣泄洪水，或放水供下游使用，或放空水库，如溢洪道、泄洪隧洞、放水底孔等。

（3）水电站进水建筑物：将水引入水电站引水道，如有压或无压进水口。

（4）水电站引水及尾水建筑物：将发电用水自水库输送给水轮发电机组及把发电用过的水排往下游河道。常见的建筑物为渠道、隧洞、管道等，也包括渡槽、倒虹吸等建筑物。

（5）水电站平水建筑物：用以平稳由于水电站负荷变化在引水或尾水建筑物中造成的流量及压力变化，如有压引水道中的调压室、无压引水道中的压力前池等。

（6）厂房枢纽：包括安装水轮发电机组及其控制、辅助设备的主副厂房、安装变压器的变压器场及安装高压配电装置的高压开关站。

（7）其他专门建筑物：如工农业或生活取水口、冲沙、通航、筏道、渔道等建筑物。

水电站的进水建筑物、引水和尾水建筑物以及平水建筑物统称为输水系统。本教材只介绍水电站输水系统及厂房枢纽等专门建筑物。其他通用建筑物，如挡水建筑物、泄水建筑物及取水、冲沙、通航、筏道、渔道等专门建筑物则在《水工建筑物》教材中介绍。

思考题

5－1　简述水电站主要布置型式、特征、优缺点、适用条件及枢纽组成部分。

5－2　简述无压引水电站和有压引水电站的相同点和不同点。

5－3　简述抽水蓄能电站的建筑物组成及类型。

第六章　水电站进水口及防沙、防污和防冰措施

学习提示

内容：介绍进水口的功用、要求和类型，有压进水口的主要类型及适用条件，有压进水口的位置、高程及轮廓尺寸，有压进水口的主要设备及防沙工程措施，无压进水口的防沙、防污和防冰措施，沉沙池布置及设计。

重点：水电站进水口的类型，适用条件及防沙、防污和防冰措施。

要求：了解进水口功用和要求，掌握水电站进水口的类型及防沙、防污和防冰措施，适用条件及设计原则。

第一节　进水口的功用、要求和类型

水电站进水口是输水系统的首部工程，其功用、要求和类型如下。

1. 功用

按负荷要求，从水库或河流引进发电用水。

2. 对进水口的基本要求

（1）要有足够的进水能力。保证在各级发电运行水位下，都能够引进所需的工作流量。为此，进水口的高程以及在枢纽中的位置必须合理安排，进水口的流道应该有足够的断面尺寸。

（2）水头损失要小。流道应选用阻力小、沿程水头变化较小的合理体形，并控制过流表面不平整度，以减小水头损失。

（3）可控制流量。须设置必要的闸门，以便调节工作流量，以及在发生事故时紧急关闭、截断水流、避免事故扩大，也便于输水系统的检修。

（4）水质要符合要求。应避免有害粒径的泥沙、各种污物及浮冰进入引水道。为此，对于有防沙、防污和防冰要求的进水口，还应设置必要的防沙、防污和防冰设施。

（5）与枢纽工程其他建筑物布置相协调。综合考虑泄洪、引水、排沙等建筑物布置，以保证进水口流态平稳、进流匀称、水流畅顺。

（6）满足水工建筑物的一般要求。要有足够的强度、刚度和稳定性，且结构简单，施工方便，造价低廉，造型美观，便于运行、维护和检修。

3. 类型

水电站进水口按水流条件分为两大类：

（1）有压进水口，亦称深式进水口。进水口淹没于水中，并有一定的压力水头，

始终在有压状态下工作，后接有压或无压引水道。

(2) 无压进水口，亦称开敞式进水口。进水口内水流为明流，且水面以上净空与外界大气保持良好贯通，以引进河道或水库表层水为主，进水口后接无压引水道。

第二节　有压进水口的主要类型及适用条件

常规水电站有压进水口分为岸式进水口和坝式进水口两大类型。基于河道下游生态考虑，进水口可采用不同高程孔口或叠梁闸门等布置型式分层取水。对于抽水蓄能电站来说，其进水口与常规水电站不同，它既是进水口又是出水口，所以称为进/出水口。

一、岸式进水口

岸式进水口位于水库的岸边，或干岸或湿岸（水边）。按结构布置特点又分为竖井式进水口、塔式进水口、岸塔式进水口、岸坡式进水口等几种基本型式。

资源 6-1

(一) 竖井式进水口

资源 6-2

竖井式进水口的进口段和闸门井均在山体中开凿而成，所以也称洞式进水口，如图 6-1 所示。进口段开挖成喇叭形，闸门段经渐变段与引水隧洞衔接。闸门井是一个在进口附近的山岩中开挖的竖井，闸门挡水时放在竖井的底部，竖井的顶部设置启闭机房。

这种进水口的优点是结构简单，安全稳定性好，运用方便，造价较低。缺点是竖井上游段检修不便，施工比较复杂，开挖量大。适用于岩石比较坚固、地形坡度适中的情况。

资源 6-3

(二) 塔式进水口

在隧洞进口的外侧修建封闭式的控制塔或框架式的控制塔，进水口的进口段、闸门段和渐变段均在山体之外，如图 6-2 所示。闸门挡水时放在塔的底部，塔顶设置启闭机房，并架设工作桥与库岸或坝顶相连。

这种进水口的优点是不涉及岸边地质条件，明挖量小。缺点是因塔身是直立的悬臂结构，受风浪、结冰和地震的影响较大，稳定性相对较差，需要较长的工作桥与库岸或坝顶相连接。适用于岸坡地形过缓或岩石发育较差，覆盖层较厚的情况。

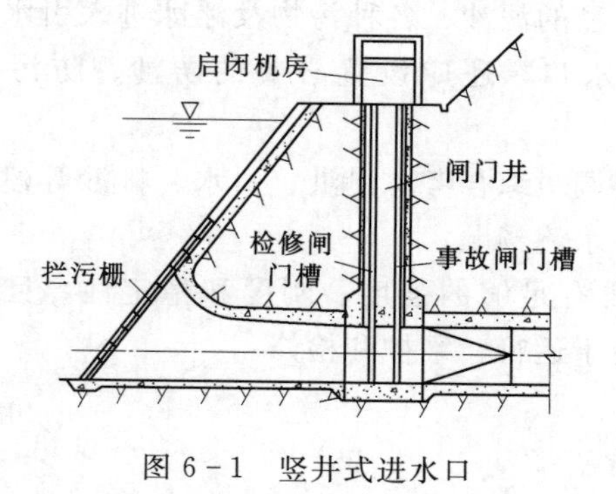

图 6-1　竖井式进水口

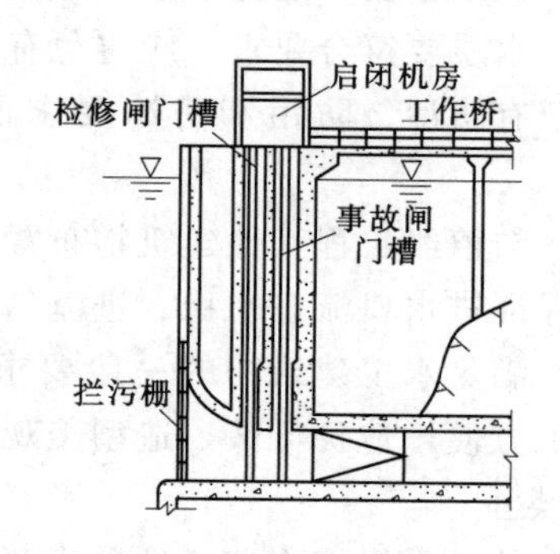

图 6-2　塔式进水口

（三）岸塔式进水口

资源 6-4

岸塔式进水口的进口段和闸门段均布置在山体之外，塔与岸坡紧密相连，此种进水口可兼作岸坡支挡结构，如图 6-3 所示。

这种进水口综合了竖井式和塔式进水口的优点，结构简单，稳定性好，施工安装方便。缺点是明挖量大。适用于库岸较陡，岸坡岩石较差，而又不宜采用竖井式进水口的情况。我国已建的岸式进水口以岸塔式居多。

（四）岸坡式进水口

岸坡式进水口倾斜布置在岸坡上，闸门槽和拦污栅槽贴靠岸坡，如图 6-4 所示。

这种进水口的优点是结构简单，稳定性好，施工安装方便；缺点是由于闸门槽倾斜，闸门不易靠自重关闭。适用于岩石比较坚固、岸坡较陡的中小型工程，但目前已较少采用。

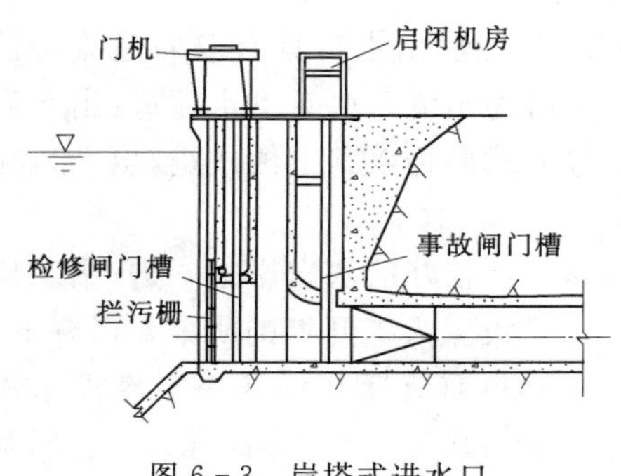

图 6-3　岸塔式进水口

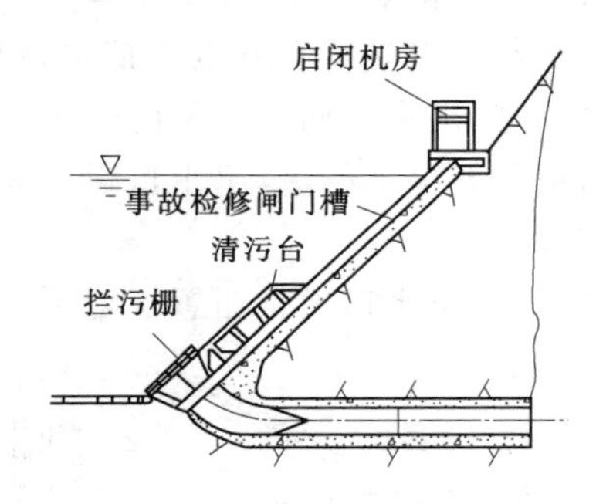

图 6-4　岸坡式进水口

以上所述的几种岸式进水口为基本型式，实际工程中，常根据地形地质条件、施工条件、来水来沙特点等组合成不同型式的进水口。如二滩、小浪底水电站进水口就是下部为岸塔式、上部为塔式的进水口，图 6-5 为二滩水电站进水口纵剖面。

资源 6-5

资源 6-6

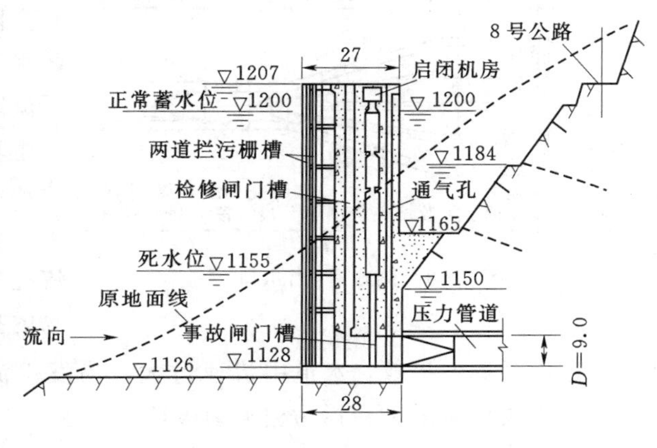

图 6-5　二滩水电站进水口纵剖面图（单位：m）

二、坝式进水口

坝式进水口是将进水口设在坝体的上游面，与坝体结合形成一个整体结构。坝式进水口的布置应与坝体协调一致，其形状也随坝型不同而异。坝式进水口主要适用于坝后式厂房、坝内式厂房、溢流式厂房和河床式厂房，图 6-6 和图 6-7 分别是常见的坝后式厂房和河床式厂房进水口。因河床式水电站多为中、低水头电站，进水口流道直接与电站水轮机蜗壳入口相接，所以多具有大喇叭口体形，与坝后式厂房进水口小喇叭口体形不同。

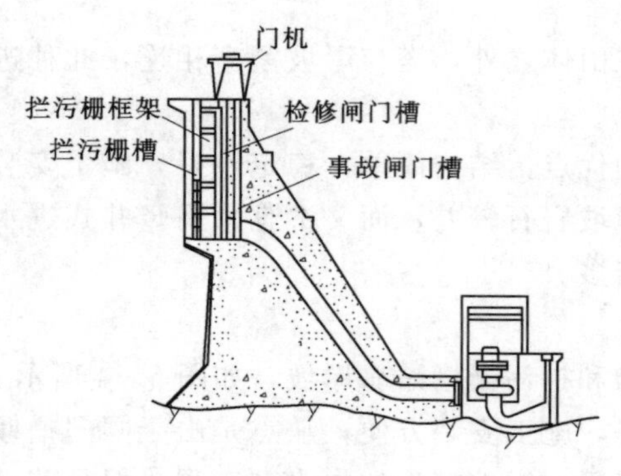

图 6-6　坝后式厂房进水口

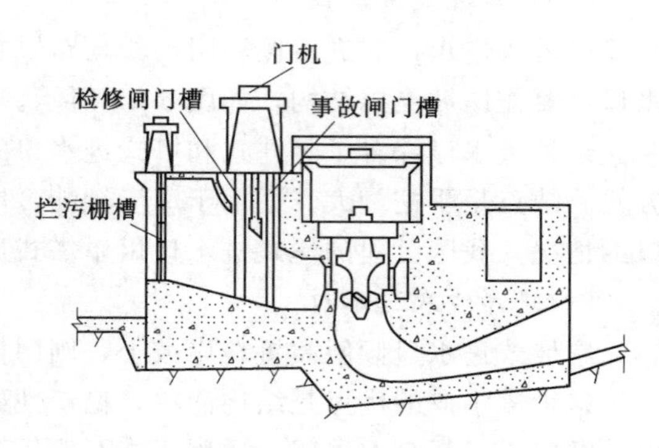

图 6-7　河床式厂房进水口

三、抽水蓄能电站进/出水口

资源 6-7

资源 6-8

抽水蓄能电站具有发电、抽水两种运行工况，进/出水口具有双向过流特性。对于上水库进/出水口而言，发电时为进流，抽水时为出流，而对下水库进/出水口则相反。抽水蓄能电站的进/出水口通常有侧式和竖井式两种，其中侧式进/出水口在我国应用较多。

侧式进/出水口通常布置于地形较缓、地质条件较好的水库岸边，进/出水口前通常设置人工开挖的明渠，以降低进/出水口前流速和保证一定淹没水深，水流沿接近水平方向流动。进/出水口沿进流方向主要由防涡梁段、调整段、收缩（扩散）段、渐变段、闸门段、渐变段组成（图 6-8）。进流时，库区水流在向进/出水口汇集过程中，由于流线与过水建筑物边墙角度不一致，产生转折后的水流易在进/出水口前形成环流区，进流较集中，过栅流速较大，容易产生环流和漩涡，影响各分流孔进流、增大水头损失、引起建筑物的振动等；出流时，受扩散角度限制，水流不易均匀扩散，水道中流速过大，易发生流速分布不均甚至出现反向流速区，引起水头损失增大、拦污栅振动破坏等问题。

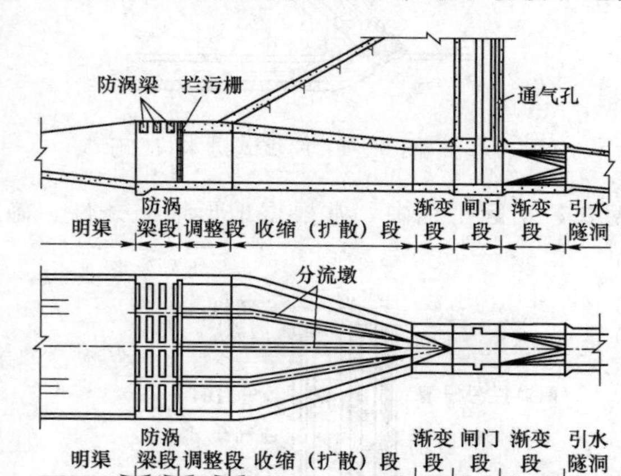

图 6-8　侧式进/出水口

竖井式进/出水口一般布置在水库内，沿进流方向主要包括进水口、喇叭口段、直管段、弯道段、渐变段（图 6-9）。进流时，水流沿四周汇入进/出水口，过水断面面积大，平均流速较小，防涡要求较易满足，进流一般比较平顺；出流时，水流受直管段高度和弯道段体型影响，流速分布不易调整均匀，易出现偏流和分流孔底板反向流速区，对拦污栅振动较为不利。由于竖井式进/出水口结构紧凑，布置灵活，对地形地质条件要求较低，开挖工程量小，近年来在国内外工程中应用逐渐增多。

与常规水电站进水口相比，抽水蓄能电站进/出水口具有如下特点。

(1) 双向过流。在抽水和发电两种运行工况下，进/出水口内的水流方向是相反的，进流时为进水口，使水流逐渐平顺的收缩进入引水隧洞；出流时为出水口，使隧洞水流平顺扩散流入库区。水流在进出流两个方向都要保证断面流速分布较均匀，无脱流和回流现象，因此进/出水口的体型设计较为复杂。

(2) 淹没深度小。抽水蓄能电站发电、抽水运行工况转换频繁，在抽水或发电过程中库水位升降变幅较大，当库水位较低时，进/出水口的淹没深度有可能小于临界淹没水深，容易产生有害的漏斗状吸气漩涡。

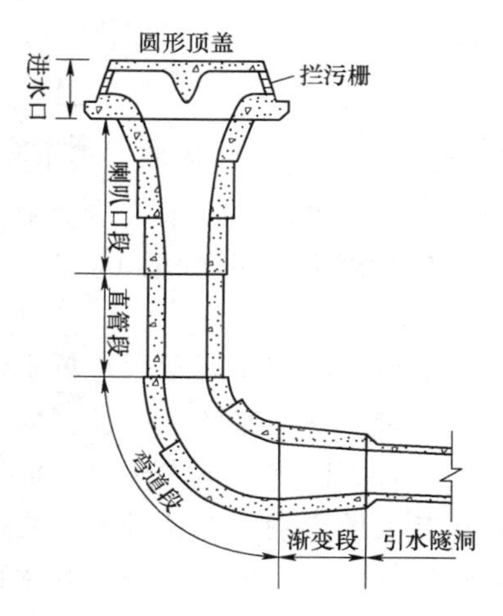

图 6-9　竖井式进/出水口

(3) 库底和岸边容易冲刷。电站运行过程中，如水流不能均匀汇集或扩散，库区内容易产生环流，若环流流速较大，则会导致库底和岸边的冲刷。

第三节　有压进水口的位置、高程及轮廓尺寸

一、有压进水口的位置选择

有压进水口的位置选择应满足以下要求：

(1) 入流平顺、对称，不发生回流和漩涡。

(2) 不出现淤积，不聚集污物。

(3) 泄洪时仍能正常进水。

(4) 与后接的引水道轴线布置协调一致。

二、有压进水口的高程

资源 6-9

1. 选择进水口高程时需考虑的因素

(1) 进水口顶部高程应在水电站运行中可能出现的最低水位以下，并有一定的淹没深度，保证最小淹没深度大于临界淹没深度，以免产生漏斗状吸气漩涡，这种漩涡对水电站运行极其有害，它将空气带入进水口、引水管道和水轮机室，并使管道和机组产生震动和噪声，形成掺气水流，降低过水能力，减少机组出力，影响工程安全与效益的发挥。

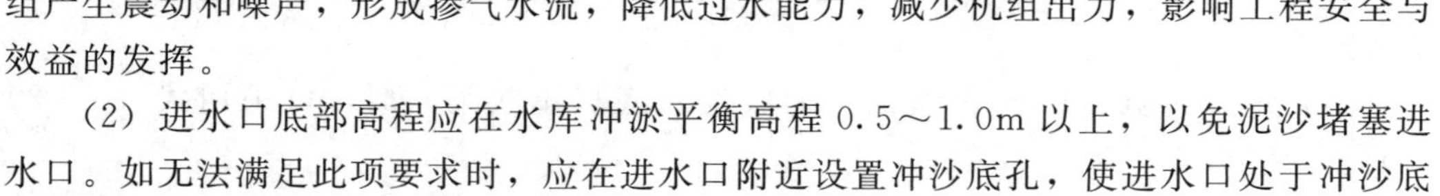

(2) 进水口底部高程应在水库冲淤平衡高程 0.5～1.0m 以上，以免泥沙堵塞进水口。如无法满足此项要求时，应在进水口附近设置冲沙底孔，使进水口处于冲沙底孔的冲刷漏斗范围内，保证进水口“门前清”。

(3) 考虑闸门结构、启闭设备及引水道的造价，进水口高程应尽可能提高。

2. 临界淹没深度计算

我国现行规范 SL 285—2020《水利水电工程进水口设计规范》建议，临界淹没

深度可按下面经验公式估算：

$$S_{cr}=cv\sqrt{d} \tag{6-1}$$

式中：S_{cr} 为闸门门顶低于最低水位的临界淹没深度，m，考虑风浪影响时，计算中采用的最低水位比静水位约低半个浪高；c 为经验系数，对称进水时取 0.55，边界条件复杂和侧向进水时取 0.73；v 为闸门断面的水流速度，m/s；d 为闸门孔口高度，m。

受地形限制及复杂的行近水流边界条件影响，要求进水口在各种运行工况下完全不产生漩涡是困难的。根据国内 48 座水电站的统计资料，其中有 33 个进水口（约占 69%）曾不同程度地发生过表面漩涡。表面漩涡对进水口和后接的引水管道正常运行不致有大的影响，但关键是不应产生漏斗状吸气漩涡。当进水口最小淹没深度难以达到临界淹没深度要求时，应在水面以下设置防涡梁（板）和防涡栅等防涡措施；对于抽水蓄能电站进/出水口，防涡措施不得妨碍均匀、顺畅出流。

三、有压进水口的轮廓尺寸

资源 6-10

有压进水口通常由进口段、闸门段及渐变段组成，如图 6-10 所示。有压进水口的轮廓尺寸设计主要是确定进口段、闸门段和渐变段尺寸。

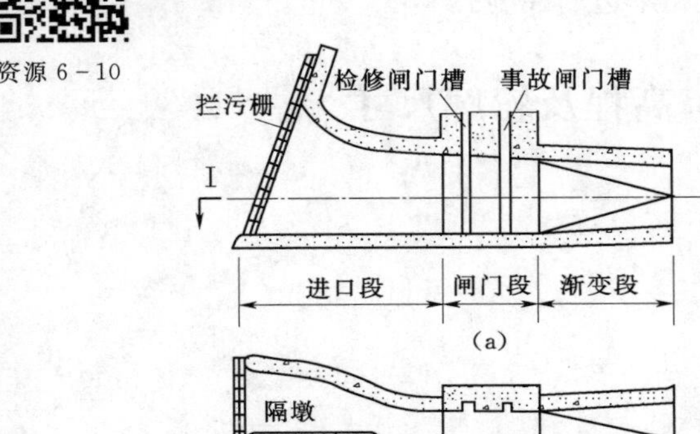

图 6-10　有压进水口轮廓尺寸
(a) 纵剖面；(b) Ⅰ—Ⅰ剖面

1. 进口段

进口段的形状一般是根据水电站进水口的布置方式以及引用流量大小来考虑，其横断面一般为矩形，可设计成单孔或双孔。当采用双孔并列型式时，中间设隔墩，如图 6-10（b）所示，并选用较小的墩尾收缩角。为使水流平顺地进入引水道，减少水头损失，以及便于清污，进口流速不宜太大，一般取决于拦污栅断面过栅流速。

进口曲线形状必须适合于水流收缩状态，以免在曲线段形成负压区。①底板常为平底；②两侧边墙稍有收缩，收缩曲线常为圆弧或椭圆；③顶板收缩较大，收缩曲线一般用 1/4 椭圆曲线，如图 6-10（a）所示。

我国现行规范 SL 285—2020《水利水电工程进水口设计规范》推荐的椭圆曲线方程如下：

（1）矩形喇叭口四面收缩或三面收缩（底板不收缩）时，可采用式（6-2）计算。

$$\frac{x^2}{d^2}+\frac{y^2}{(d/3)^2}=1 \tag{6-2}$$

（2）矩形喇叭口仅顶板收缩，底板和两侧边墙均不收缩时，可采用式（6-3）计算。

$$\frac{x^2}{(1.5d)^2}+\frac{y^2}{(0.5d)^2}=1 \tag{6-3}$$

式中：x 为椭圆曲线沿长轴方向的坐标；y 为椭圆曲线沿短轴方向的坐标；d 为闸孔的高度（垂直收缩时）或宽度（水平收缩时）。

除采用上述椭圆曲线外，也可选用由若干不同半径的圆弧段、直线段组成的近似椭圆曲线的组合曲线；对于流速很低的进水口（如贯流式机组进水口等）可采用单一半径的圆弧曲线。对于重要工程，应根据水工模型试验确定曲线形状。

进口段的长度视不同的布置而定，在满足工程结构布置与水流顺畅的条件下，应尽可能紧凑。

2. 闸门段

闸门段是进口段和渐变段的连接段，是安装闸门（事故闸门和检修闸门）和启闭设备的部位。闸门段的体型主要取决于所采用的闸门、门槽型式及结构的受力条件，并考虑引水道检修通道的要求。

闸门段通常设计成横断面为矩形的水平段。矩形断面宽高比宜采用 1：1.0～1：2.0，闸门孔口面积不宜小于后接引水道的过水面积。事故闸门处过水断面一般为引水道断面的 1.1 倍左右，检修闸门孔口常与此相等或稍大，孔口宽度略小于引水道直径。

闸门段的长度主要取决于整套闸门设备布置的需要。检修闸门和事故闸门之间或闸门与拦污栅之间的最小净距应满足门槽混凝土强度与抗渗，启闭机布置与运行，闸门安装与维修和水力学条件等因素的要求。

3. 渐变段

渐变段是由矩形闸门段到圆形引水道的过渡段，体形应平顺，沿程流速不变或逐渐增加，通常采用圆角过渡，如图 6-11 所示。其中 1—1 断面为闸门段末端断面，3—3 断面为引水道起始断面。圆角半径 r 可按直线规律变为引水道半径。渐变段的长度一般为后接引水道宽度或直径的 1.0～2.0 倍，收缩角或扩散角以 6°～12°为宜。对于抽水蓄能电站进/出水口，扩散（收缩）角应取较小值，并且不得大于 10°。

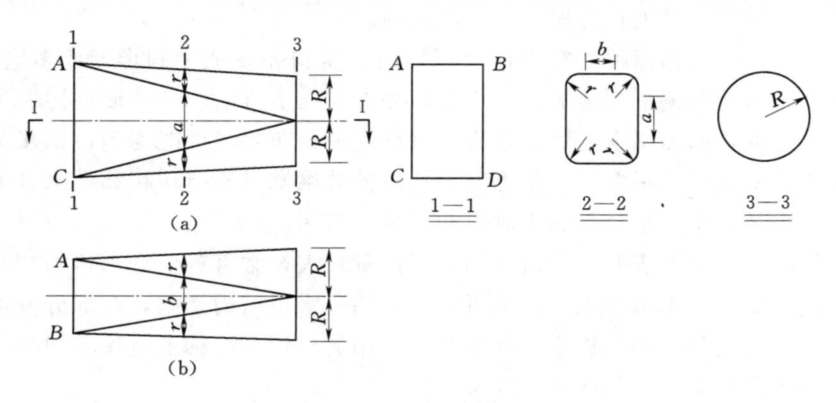

图 6-11　渐变段

(a) 纵剖面；(b) Ⅰ—Ⅰ剖面

岸式进水口的进口段、闸门段和渐变段这3段划分得比较明确。坝式进水口轮廓尺寸同样具有这3段，但又有其特点。为了适应坝体的结构要求，进水口长度一般很短，常与闸门段合而为一。坝式进水口一般都做成矩形喇叭口状，水头较高时，喇叭口开口较小；水头较低时，喇叭口开口较大。

第四节 有压进水口的主要设备及防沙工程措施

有压进水口主要设备包括拦污设备、闸门及启闭设备、通气孔及充水阀。对于有防沙要求的进水口，还应根据枢纽防沙规划合理设置防沙工程设施，并合理运用。

一、拦污设备

资源 6-11

拦污栅设在进水口前，在污物较少的河流，可设置一道拦污栅。在污物较多的河流，宜设两道拦污栅或采用连通式布置。所有的拦污栅均宜设置可靠的清污平台。拦污栅的功用是防止漂木、树枝、树叶、杂草、垃圾、浮冰等漂浮物随水流进入进水口，同时不让这些漂浮物堵塞进水口，影响进水能力。必要时，为了减轻对进水口拦污栅的压力，在离进水口几十米之外再加设一道粗栅或拦污浮排，拦截粗大的漂浮物，并将其导向溢流坝，排泄至下游。

（一）拦污栅的布置及支承结构

拦污栅的布置型式取决于进水口的型式、电站引用流量的大小、当地气候条件、水库水位变化范围、拦阻污物的最小尺寸和清污方式等。

1. 立面布置

拦污栅的立面布置可以是垂直的或倾斜的。岸式进水口，根据进水口的结构型式，可布置成垂直的或倾斜的。倾斜拦污栅的倾角一般为60°～70°。其优点是过水断面大，且便于清污。坝式进水口的拦污栅一般为垂直的或接近垂直的。

2. 平面布置

拦污栅的平面布置可以是平面的或半圆形（常为多边形）的。平面拦污栅便于清污，多边形拦污栅可增大拦污栅处的过水断面。

坝式进水口的拦污栅框架在平面上可以沿进水口布置成半圆形（或多边形），使行近水流从正面及两侧平顺地流入进水口，如图6-12所示。半圆形拦污栅半径不应小于进水口宽度，栅面基本与流线垂直，过栅流速分布要尽可能均匀，以减少水头损失。这种布置型式的拦污栅缺点是当部分拦污栅被堵塞时不能从相邻进水口的拦污栅补充进水。另外，半圆形拦污栅也难以利用机械清污。

工程实际运行经验表明，如机组的引用流量较大，常将各个进水口的拦污栅连通成一个直线形整体，不再分隔，这样可充分利用进水口前的空间，在部分栅面被污物堵塞时，仍可通过邻近栅面进水，起到互为备用的作用，结构上也比较简单，施工方便，还便于用机械清污，如图6-13所示。

3. 拦污栅的总面积及过栅流速

拦污栅的总面积是指拦污栅的过水总面积。拦污栅的总面积常按电站的引用流量

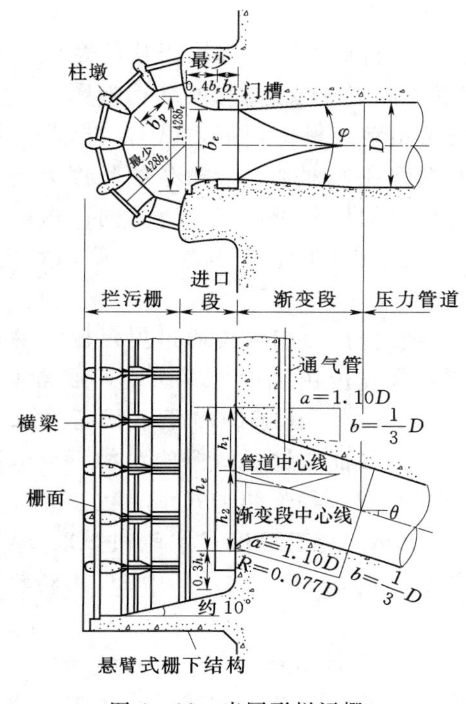

图 6-12 半圆形拦污栅

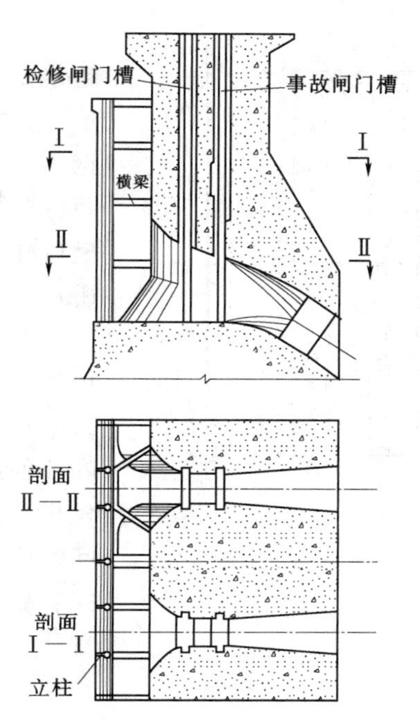

图 6-13 连通式直线形拦污栅

及拟定的过栅流速反算得出。过栅流速是指扣除墩（柱）、横梁及栅条等各种阻水断面后按净面积算出的流速。拦污栅总面积小则过栅流速大，水头损失大，污物对拦污栅的撞击力大，清污也困难；拦污栅面积大，则会增加造价，甚至布置困难。

我国现行规范 SL 285—2020《水利水电工程进水口设计规范》规定，水电站进水口拦污栅平均过栅流速宜采用 0.8～1.0m/s。对于大流量的水轮发电机组，经论证过栅流速可适当提高，但不高于 1.4m，否则水头损失增加，会影响发电效益。抽水蓄能电站上、下水库的进/出水口均应设拦污栅，平均过栅流速宜为 0.8～1.0m/s，过栅流速分布不均匀系数（最大流速与平均流速之比）不宜大于 1.5；同时应避免在同一工况（抽水或发电）下，拦污栅过栅水流出现反向流动。

4. 支承结构

拦污栅通常由钢筋混凝土框架结构支承。拦污栅框架由墩（柱）及横梁组成，墩（柱）侧面留槽，拦污栅片插在槽内，上、下两端分别支承在两根横梁上，承受水压时相当于简支梁。横梁的间距一般不大于 4m，间距过大会加大栅片的横断面，但过小会减小净过水断面，增加水头损失。多边形拦污栅离压力管道进口不能太近，以保证入流平顺。拦污栅框架顶部一般应高出需要清污时的相应水库水位。

拦污栅栅片既可以固定在横梁上，如图 6-14（b）所示，也可以像闸门一样插在墩（柱）的拦污栅槽中，上、下栅片之间用立轴螺栓连接起来，必要时可一片片吊起清污或检修。这种活动式拦污栅结构，便于清污或检修，我国 SL 74—2019《水利水电工程钢闸门设计规范》也推荐使用这种活动式拦污栅。

资源 6-12

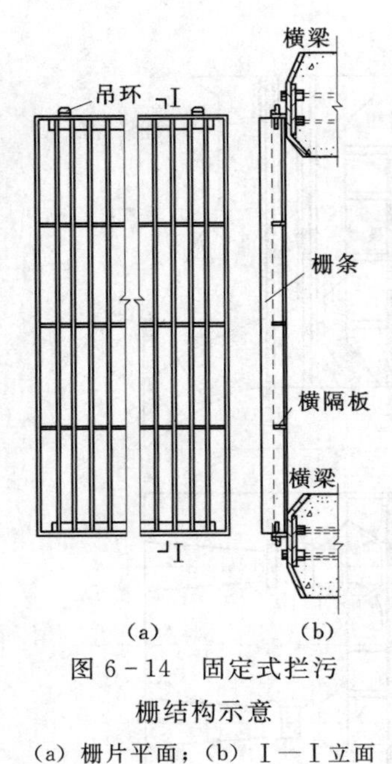

图 6-14　固定式拦污栅结构示意

(a) 栅片平面；(b) Ⅰ—Ⅰ立面

（二）拦污栅栅片

拦污栅由若干块栅片组成，每块栅片的宽度一般不超过 2.5m，高度不超过 4m。栅片的结构如图 6-14 所示。其矩形边框由角钢或槽钢焊成，纵向的栅条常用扁钢制成，上下两端焊在边框上。沿栅条的长度方向，等距设置几道带有槽口的横隔板，栅条背水的一边嵌入该槽口并加焊，不仅固定了位置，也增加了侧向稳定性。栅片顶部设有吊环。

栅条的截面形状直接影响水流通过拦污栅时的水头损失。栅条的厚度及宽度由强度计算决定，通常厚 8～12mm，宽 100～200mm。栅条的净距不得超过水轮机叶片的最小间距，以保证通过拦污栅的污物不会卡在水轮机过流部件中为原则。对于冲击式水轮机，叶片最小间距取 $b=20\sim60$mm；对于混流式水轮机，取 $b\approx D_1/30$；轴流式水轮机，取 $b\approx D_1/20$，其中 D_1 为转轮标称直径。

（三）拦污栅结构设计原理

拦污栅及其支承结构的设计荷载有水压力、清污机压力、污物（包括漂木及浮冰等）的冲击力、清污机自重、拦污栅及支承结构自重等。

拦污栅设计水压力指的是拦污栅可能堵塞情况下的拦污栅前、后压力差，一般可取为 2～4m 均匀水压力。有可能严重堵塞时，设计水压力要相应加大。

拦污栅栅片上下两端支承在横梁上，栅条相当于简支梁，设计荷载确定后不难算出所需要的截面尺寸。栅片的荷载传给上下两根横梁，横梁匀布受力。横梁、柱墩等按框架结构设计。

（四）拦污栅的清污及防冻

1. 清污

拦污栅是否被污物堵塞及其堵塞程度可通过观察拦污栅前、后的压力差来判断，这是因为正常情况下水流通过拦污栅的水头损失很小，被污物堵塞后则明显增大。对于设在多污物河流上的进水口，应在拦污栅前、后安装测量压差的仪器，并设置预警装置，以及时清污，避免造成额外的水头损失，影响机组正常运行。

清除拦污栅上的污物是一项十分麻烦的事情。对于固定式拦污栅结构，可利用清污机清除；对于活动式拦污栅结构，可将拦污栅片吊起清污。拦污栅吊起清污方法一般用于污物不多的河流，结合拦污栅检修进行。对于设在多污物河流上的进水口，可设两道拦污栅，一道吊出清污时，另一道可以拦污，以保证水电站正常运行。如果不影响检修闸门的运用，也可将第二道拦污栅槽与检修闸门槽合二为一。

2. 防冻

因有压进水口淹没在水下一定深度，拦污栅防冻问题不像无压进水口那样严重，一般不需要设置专门的防冻工程设施。但在寒冷地区的冬季运行时，也需要注意采取一些防冻运行方式。如冬季运行时宜保持连续运行，使水流不间断地稳定流动，形成不冻水面；对于冰情严重地区的进水口，可采用结冰盖的运行方式，保证全部栅条完全淹没在冰盖底面稳定水位以下，淹没深度不小于 2m，采用结冰盖运行的进水口，冰盖入口处的流速应大于结冰流速，但不宜超过 0.7m/s。

二、闸门及启闭设备

资源 6-13

1. 闸门

水力发电系统的闸门，按其工作性质分为工作闸门、事故闸门和检修闸门。

(1) 工作闸门用以调节流量，可部分开启，能够在动水中启闭。

(2) 事故闸门仅在全开或全关的情况下工作，不用于流量调节。其主要功用是：当引水道或机组等突然发生事故时，能在动水中迅速关闭闸门（2～3min 或更短时间），以防事故扩大。开启时为静水开启，即先用充水阀向门后充水，待门前后水压基本平衡后才开启闸门。

(3) 检修闸门设在事故闸门之前，在事故闸门和机械设备等检修时用以挡水。一般采用静水启闭的平板门。

因水轮发电机组是靠水轮机导叶调整流量的，因此有压进水口一般只需设置事故闸门及检修闸门两道闸门，而无需设置工作闸门调节流量，不过若采用大直径的轴流转桨式水轮机组时也可设置工作闸门。闸门的型式应经技术经济比较来确定，一般采用平板闸门。因平板闸门占据空间小，布置上较为方便。为了引取水库表层水发电，也可设置分层取水叠梁工作闸门。

叠梁闸门分层取水是在进水口拦污栅槽后布置一道叠梁闸门槽，叠梁闸门安放在门槽中。利用叠梁闸门挡住水库中下层低温水，水库表层水通过叠梁闸门顶部进入引水道。根据水库水位变化情况或下游水温的需要，操作门式启闭机提起或放下相应数量的叠梁闸门，调节进水口取水深度，从而达到引用水库表层水，提高下泄水温的目的。叠梁闸门启闭过程均应在静水中完成。在没有分层取水要求的月份，叠梁闸门槽还可兼做拦污栅槽。采用叠梁闸门分层取水，优点是结构布置简单可靠，取水深度灵活可调，对枢纽布置影响小，土建工程量少，工程投资较省，维护方便。缺点是水头损失较大。叠梁闸门分层取水适用于大中型水电站深式进水口，既可用于岸式进水口（图 6-15），如光照、锦屏一级、糯扎渡、溪洛渡、乌东德、白鹤滩等水电站均采用叠梁闸门分层取

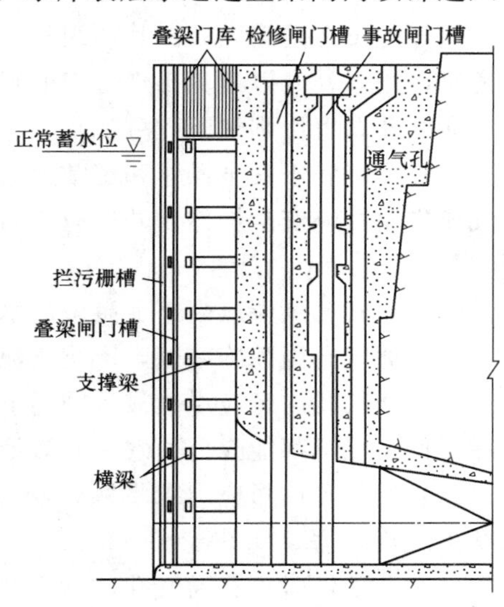

图 6-15　岸式进水口叠梁闸门布置示意图

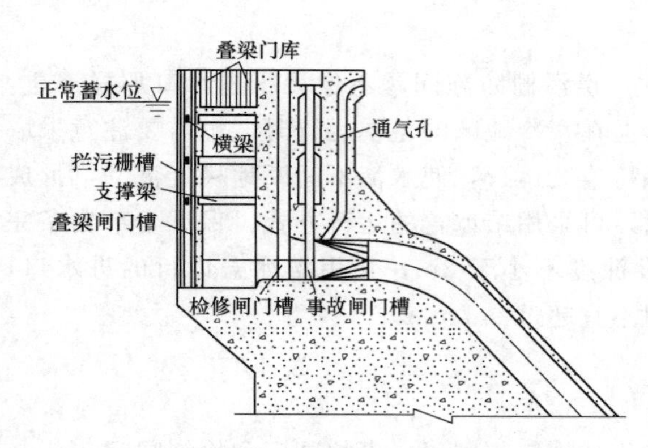

图6-16　坝式进水口叠梁闸门布置示意图

水；也可用于坝式进水口（图6-16），如亭子口水电站等；还可用于现有水电站进水口的改建，目前在工程中已得到广泛应用。

2. 启闭设备

进水口闸门的启闭机配备及选型，应根据工程布置、闸门用途及启闭荷载等进行全面的技术经济比较后确定。

工作闸门的启闭设备，一般每套闸门需配备一套启闭机，以便随时可以操作闸门，调节流量。

事故闸门的启闭设备，通常每套闸门配备一套固定式卷扬机或液压式快速闸门启闭机，以便随时可以操作闸门，闸门平时停放于孔口上方，随时处于戒备状态。闸门的操作一般均为自动控制。闸门应能吊出门槽进行检修。启闭设备可以设置在机房内，也可露天布置。设置机房时应与闸门通气孔分开，其平面尺寸应留有必要的检修、安装空间，与墙壁之间应留有人行通道，其宽度不应小于0.8m。布置在露天的启闭机应加设活动机罩。

检修闸门可以几个进水口合用一台移动式的启闭机（如坝顶门式启闭机），同时在枢纽总体布置条件允许的情况下，应尽量与溢洪、泄水系统检修闸门的启闭机协调共用。若水工建筑物布置分散，无条件利用已有启闭机时，也可单独设置移动式启闭机。

三、通气孔及充水阀

1. 通气孔

通气孔设在闸门之后。其功用是：当引水道充水时用以排气，当闸门关闭放空引水道时，用以补气以避免出现有害的真空。

通气孔布置原则如下：

(1) 要有利于安全操作和正常运用。通气孔要与启闭机房分开，以免在充、排气时气流进出影响安全操作。外口应有防护罩，防止大量进气时危害运行人员或吸入周围物品。

(2) 通气孔顶端应高出上游最高水位，以防水流溢出。在北方冬季要采取适当措施，防止通气孔因冰冻堵塞，影响气流出入。

(3) 通气孔内口应尽量靠近闸门下游面，并力求设在门后管道顶板最高位置，以便在任何工况下都能充分通气，有效地减少负压。

(4) 通气孔体形应力求平顺，避免突变，在必须转弯处，应适当加大弯道半径，以减少气流阻力。

(5) 有条件时可将通气孔与检查井或闸门井结合共用。

关于通气孔面积的选择，我国现行规范SL 74—2019《水利水电工程钢闸门设计规范》建议通气孔面积可按发电管道面积的4%～9%选用；检修闸门门后通气孔面积，可根据具体情况选定，不宜小于充水管面积。在条件允许的情况下，将通气孔的面积选择得适当大些，留有一定余地，是有益的。

2. 充水阀

充水阀，也称平压管。其作用是：在开启闸门前向引水道充水，平衡闸门前、后水压，以便静水开启闸门。充水阀的尺寸应根据充水容积，下游漏水量和要求充满时间等来确定。充水阀可直接安装在闸门上，其操作应和闸门启闭联动，并应在启闭机上设置小开度的行程开关。充水阀也可安装在专门设置的连通闸门前、后引水道的旁通管上。充水阀体应有足够重量，其导向机构应灵活可靠。充水管和阀体形状，应尽量使充水时流态平稳。

资源6-14

四、防沙工程措施

修建在多沙河流上的水电站，须采取防沙工程措施。因有压进水口前淤积的泥沙大部分为悬移质，防沙工程措施主要是在进水口附近设置冲沙（排沙）底孔，通过合理运用冲沙底孔来排泄淤积在进水口前的泥沙，在进水口前形成局部冲刷漏斗，以保证进水口“门前清”。所谓冲刷漏斗，即通过冲沙底孔将电站进水口前的淤沙排往下游，形成的漏斗状冲刷形态，如图6-17所示。该冲刷漏斗的作用相当于在进水口前形成一个定期冲洗的沉沙池，能够拦蓄泥沙、防止孔口淤堵和减少粗沙过机。冲沙底孔排沙效果取决于底孔尺寸、高程和间隔距离等，宜通过泥沙模型试验最后确定。实测资料表明，冲沙底孔泄量越大，冲刷漏斗的纵向坡度就越缓，漏斗容积就越大。

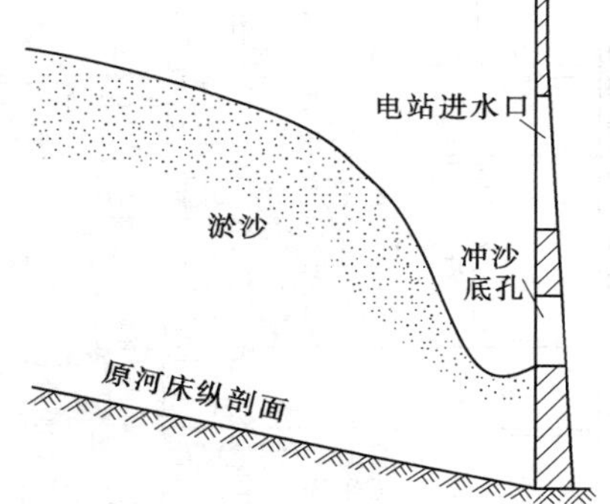

图6-17 冲刷漏斗纵剖面示意

冲沙底孔具体布置方式应根据进水口类型，以及进水口所在河段的地形地质条件、来水来沙特点、冲沙底孔的泄流规模等确定。归纳起来，主要有以下两种布置方式：

(1) 在电站进水口的下面设置冲（排）沙底孔。图6-18和图6-19分别为黄河小浪底水电站进水塔和龙口水电站大坝上游立视图，它们共同特点是在电站进水口的下面设置冲（排）沙底孔。这种布置形式是黄河上中游诸多水电站采用的一种典型布置形式，像万家寨、青铜峡、沙坡头、天桥等水电站均为类似布置。此外，长江葛洲坝水电站枢纽大江、二江电站进水口下面也都设有冲（排）沙底孔。这种布置方式若底孔具有射流功能，在底孔泄流时，还可压低尾水管出口水位，获得因射流而增加的落差效益。

(2) 在电站进水口一侧或两侧布置泄流规模较大冲（排）沙底孔。图6-20和图6-21分别为黄河三门峡水电站和长江三峡水电站大坝上游立视图，这类枢纽布置的共同特点是电站进水口下无冲沙底孔，而在电站进水口一侧或两侧布置泄流规模较大冲（排）沙底孔。

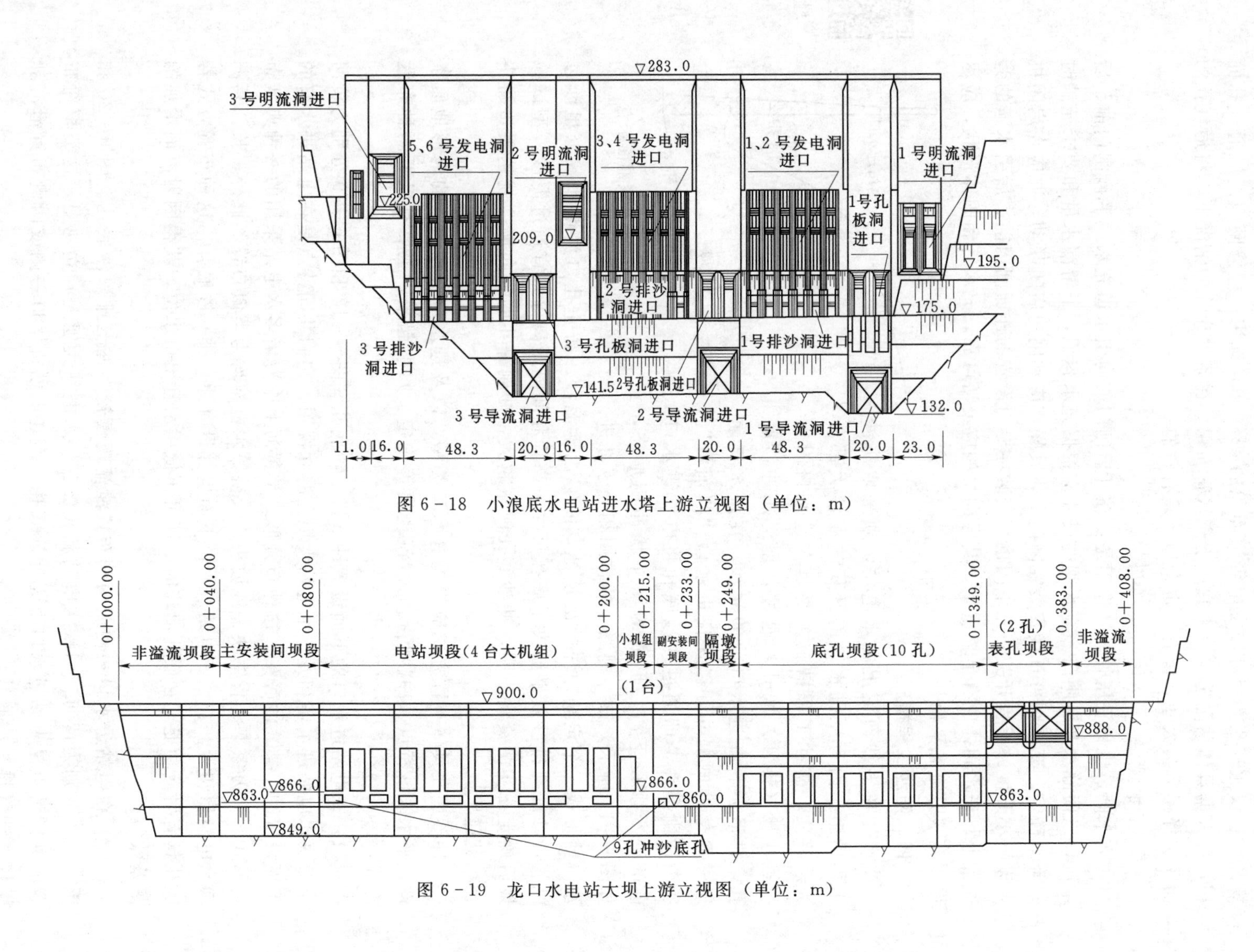

图6-18　小浪底水电站进水塔上游立视图（单位：m）

图6-19　龙口水电站大坝上游立视图（单位：m）

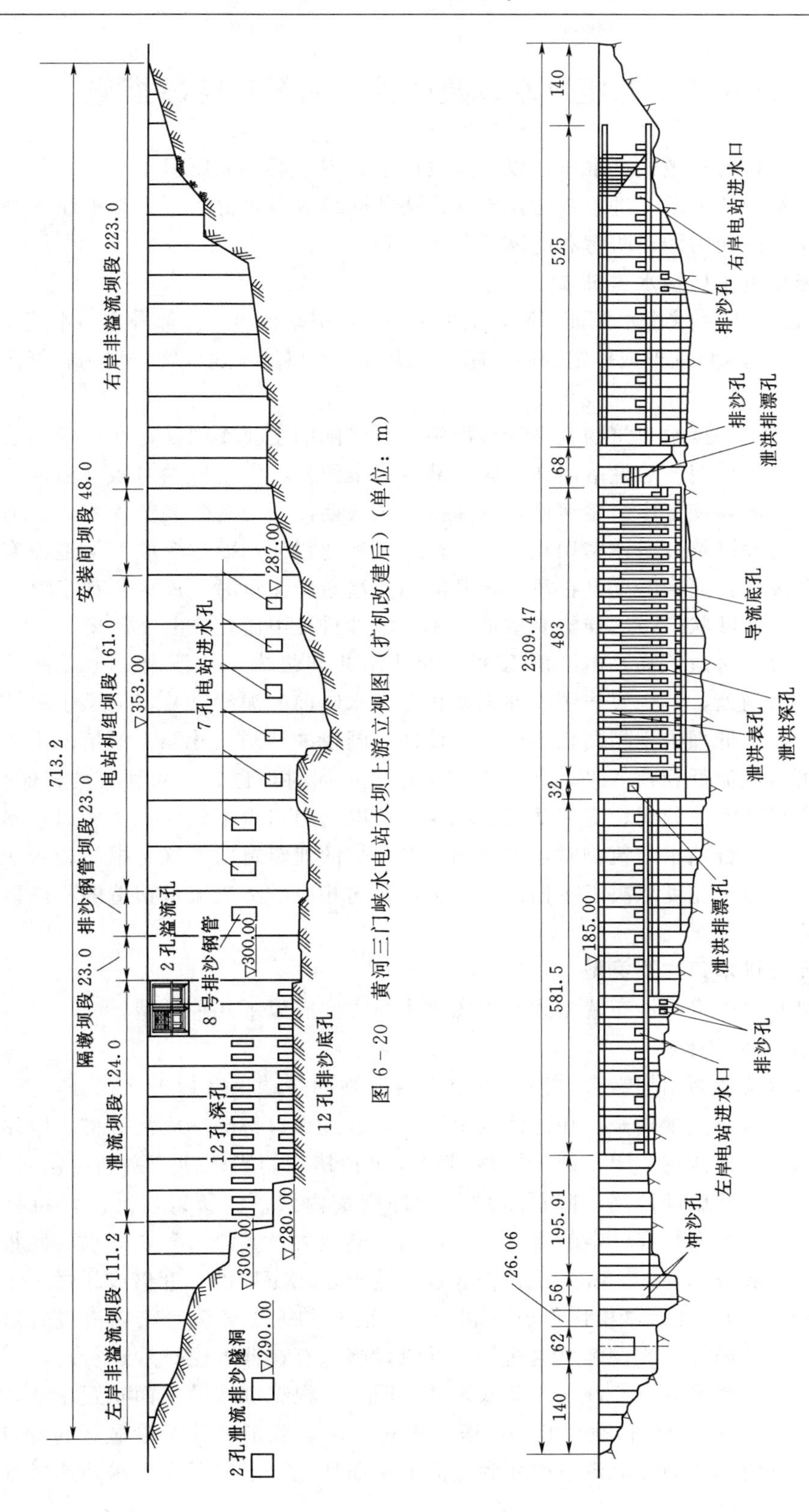

图 6-20　黄河三门峡水电站大坝上游立视图（扩机改建后）（单位：m）

图 6-21　长江三峡水电站大坝上游立视图（单位：m）

第五节　无压进水口及防沙、防污和防冰措施

无压进水口为开敞式进水口，以引进表层水为主，后接无压引水道。无压进水口位于挡水建筑物的上游，进水口与挡水建筑物共同组成引水枢纽。这类枢纽多是低水头引水枢纽，因而防沙、防污和防冰任务十分艰巨。

一、无压进水口挡水建筑物

水电站进水口要求引水保证率高，很少采用无坝引水枢纽，大都采用挡水建筑物壅高水位，并在进水口前形成一定的调节库容。无压进水口挡水建筑物一般为拦河闸或闸坝组合。

多沙河流上的挡水建筑物宜采用拦河闸。拦河闸的主要作用是，在正常引水发电期间关闸壅水，使泥沙尽量落淤在库区，减少入渠泥沙；汛期排沙时敞开泄流，将前期淤沙排往下游，恢复库区主河槽，以保持可供长期使用的有效调节库容。拦河闸过水宽度与河道冲淤特性变化密切相关，应避免因修建拦河闸而过多改变河道原有的冲淤特性。合理的拦河闸宽度是在汛期敞开闸门宣泄造床流量时，库区不产生壅水，保持天然流泄水冲沙状态，这样能有效地将库区淤沙排往下游，恢复主河槽。

闸坝组合挡水建筑物，由溢流低坝和冲沙闸共同组成。冲沙闸位于溢流坝的一端，靠近进水闸处，其主要作用是冲刷淤积在进水闸前的泥沙，并将河道主槽控制在进水闸前。溢流低坝由于坝高较小，在未设冲沙闸或冲沙闸尺寸偏小的情况下，数年内淤沙即可与溢流低坝顶齐平，在丧失调节库容的同时，也失去对河势的控制作用。此时可能会出现河流分汊、主流摆动的现象，使电站引水得不到保证。所以，多沙河流上采用闸坝组合挡水建筑物时，冲沙闸要有足够的泄流宽度，这是枢纽能否正常运用的关键。冲沙闸宽度取决于主槽河床形态，应与相应的造床流量塑造的枢纽段主槽河宽相适应。

二、无压进水口主要类型

资源 6－15

根据进水口引水防沙布置型式，无压进水口主要有以下几种类型。

1. 沉沙槽式进水口

若挡水建筑物为闸坝组合，冲沙闸位于溢流坝的一端，靠近进水口处，并在上、下游设分水墙与溢流坝隔开。在冲沙闸上游，靠近进水口一侧形成沉沙槽。电站正常运行发电期间，冲沙闸关闭，部分泥沙淤积在沉沙槽内。当沉沙槽淤到一定程度时，则需停止引水，开启冲沙闸，降低水位集中冲刷槽内淤沙。所以，沉沙槽也称冲沙槽。为了使沉沙槽内具有一定的蓄沙容积，同时避免大量底沙入渠，进水口底板至少应高出冲沙闸底板 1.0～1.5m。沉沙槽长度宜为进水闸宽度的 1.3 倍或超过进水口上游端 5～10m。为了在沉沙槽内形成有利于引水防沙的人工环流，槽内需设置潜没分水墙和导沙坎等局部导流设施。这些局部导流设施只有在低水位排沙运行时，才能较好地发挥作用，壅水运行条件下，其效果并不明显。根据沉沙槽平面布置型式，又分弧形沉沙槽（图 6－22）和顺直形沉沙槽（图 6－23）。弧形冲沙槽最显著的特点，是将侧向引水反向的弯曲环流流态改变为正向的弯曲环流，形成凹岸引水凸岸排沙。所

以，其引水防沙效果优于顺直形沉沙槽。若挡水建筑物为拦河闸，靠近进水口的几孔拦河闸兼做冲沙闸使用。

进水口既可以与冲沙闸并排布置，形成正面引水；也可以布置在河岸侧面，形成侧面引水。一般而言，正面引水较侧面引水更有利于引水防沙。若为侧面引水，引水角应呈锐角，以削弱横向环流作用，减少入渠泥沙。进水口前缘线既可以和冲沙闸轴线垂直，也可以和冲沙闸轴线呈一钝角（图 6－23）。当进水口前缘线和冲沙闸轴线垂直布置时，进水口引水角一般宜在 30°～60°之间选择。当进水口前缘线和冲沙闸轴线呈钝角布置时，该钝角在 105°～110°，即引水角为 70°～75°，防沙效果较好。

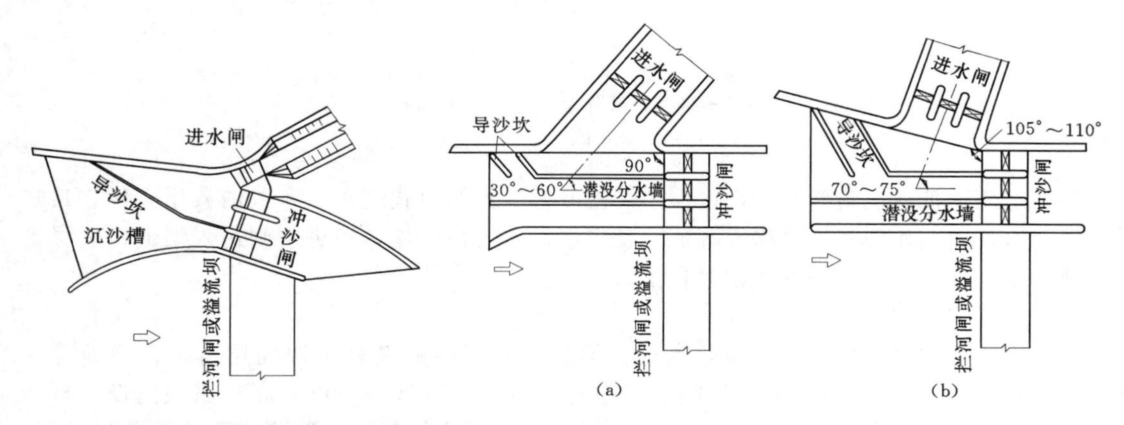

图 6－22　弧形沉沙槽平面布置

图 6－23　侧面进水口平面布置

(a) 进水口前缘线与冲沙闸轴线呈直角；(b) 进水口前缘线与冲沙闸轴线呈钝角

2. 悬板分层式进水口

悬板分层式进水口是在进水口和冲沙闸前设置一道水平悬板将水流分为表层水和底层水，表层清水引入进水口，底层挟沙水流通过冲沙廊道排往下游河道。其他建筑物布置原则基本同沉沙槽式。所不同的是，进水口前水流行近段应整治成直线段，并应有足够的长度，用来稳定水流流态和调整泥沙垂线分布，以便悬板能够有效地将底层挟沙水流分割出来。悬板下部需要设支墩支承悬板。支墩一般做成连续隔水墙型式，沿河道水流方向形成冲沙廊道。悬板前缘设计成流线形，以保证水流平稳分层，避免产生漩涡，将推移质卷起使其跃上悬板顶部。悬板高度考虑泥沙沿垂线分布规律，通常为闸前设计水深的 1/4～1/3，此外还应满足悬板底部检修要求，并保持其顶部高程与冲沙闸或进水闸底板高程齐平，净高一般不低于 1.2～1.5m。悬板分层式按进水口布置的位置不同，可分为侧面进水和正面进水两种，如图 6－24 所示。

悬板分层式进水口可以边引水边冲沙，当枯水期河道来水及来沙量减少时，也可利用廊道上的闸门控制，进行定期冲沙。分层取水由于冲沙廊道中的流速较大，且挟带大量粗颗粒泥沙，表面容易磨损，常需用耐冲材料护面。

3. 弯道式进水口

弯道式进水口是利用弯道环流原理，将水沙分流，达到正面引水、侧面排沙目

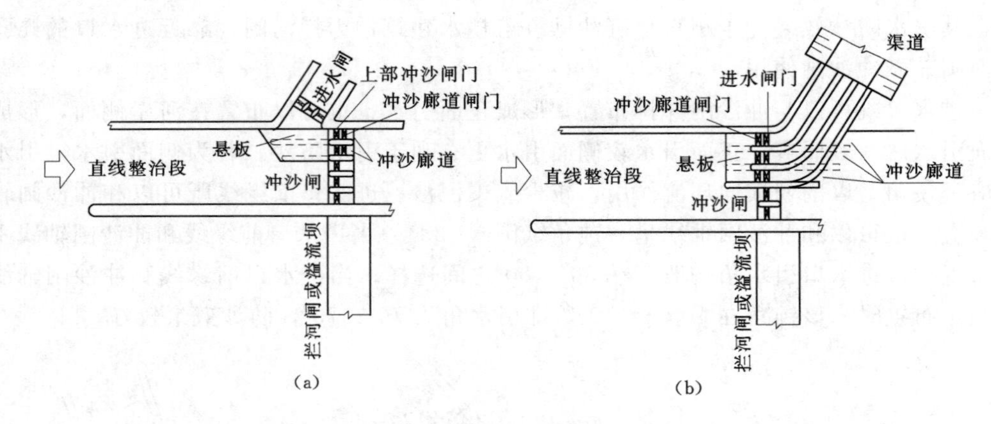

图 6-24　悬板分层式进水口平面布置

(a) 侧面进水；(b) 正面进水

的。适用于推移质为卵石的山区河道。图 6-25 为弯道式进水口布置的典型实例。其中引水弯道的作用是形成横向环流，使表层清水流向凹岸，经进水闸进入渠道；底层挟沙水流流向凸岸，经冲沙闸排往下游河道。

4. 底栏栅式进水口

底栏栅式进水口取水建筑物为底栏栅坝，利用底栏栅坝引取表层清水。坝前常设导沙坎（图 6-26），导沙坎能有效地将底沙导向冲沙闸一侧。底栏栅坝内设一排或多排集水廊道，廊道顶上盖有栏栅，栏栅由断面为梯形、矩形或圆形的栅条组成。当水流通过坝顶时，部分或全部水流经栏栅进入廊道，然后由廊道的一端流向下游渠道。底栏栅坝顶应高出冲沙闸底板高程，一般高出 1.5～3.0m。栏栅顺水流方向安放，并带有一定纵坡。栏栅的纵坡及栅条的间距、形状是影响底栏栅流量系数的重要因素，可通过水工模型确定。栏栅容易被推移质及其他漂浮物堵塞，为了保证引取设计流量，实际栏栅面积应比设计流量面积增加 20%～30%。栅条间距除影响流量系数外，还直接影响进入廊道的泥沙数量。栅条间距应根据河流推移质泥沙颗粒级配确定，要求能拦截来沙量的 60%～70%。集水廊道尺寸应通过水力计算确定。廊道内的流态一般为沿程无压增量流。

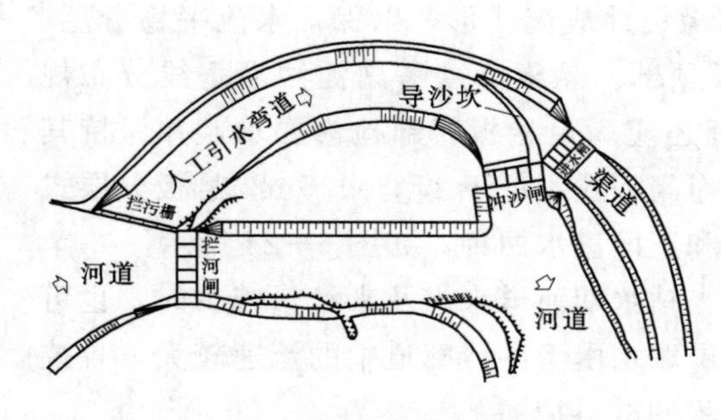

图 6-25　弯道式进水口平面布置

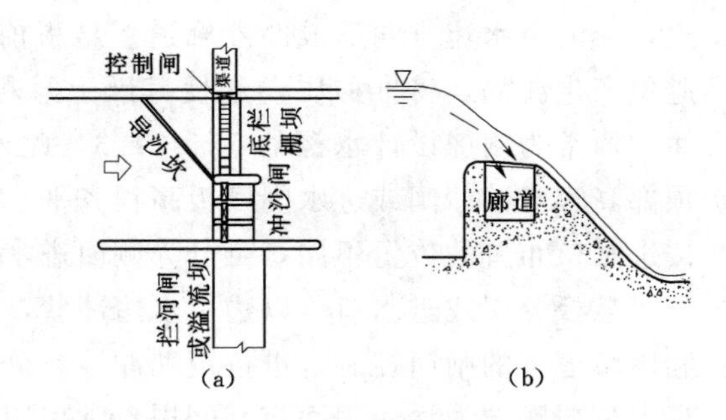

图 6-26　底栏栅式进水口布置

(a) 平面布置；(b) 底栏栅坝纵剖面

有些底栏栅式进水口不是把进水栏栅设在底栏栅坝顶部，而是利用冲沙闸的闸墩向上游延伸的部分在顶部开孔形成竖井。在竖井下部设置集水廊道，通过廊道将水流输送至渠道。

三、无压进水口主要设备及防污、防冰措施

无压进水口与有压进水口不同，一般设有检修闸门和工作闸门、拦污栅等设备。当引水道较短或压力前池处另设有事故闸门时，进水口处可只设一道检修闸门或工作闸门。中小型电站检修或工作闸门也可采用叠梁闸门。

（一）防污措施

无压进水口防污措施主要是设置拦污栅，必要时也可在进水口前设置拦漂、导漂设施。因无压进水口后的压力前池还设有一道拦污栅，所以无压进水口的拦污栅主要拦截粗大污物，栅条间距较宽。

（二）防冰措施

位于寒冷地区的水电站无压进水口，冬季运行时，必须考虑防冰问题。设计进水口时，应做好进水口的防冰设计，避免流冰直接撞击进水口和防止冰块堵塞进水口。进水口的防冰措施主要有：

（1）在进水口前设置挡冰梁（图6－27）或导冰筏（图6－28），截住漂浮于水面的浮冰，然后利用少量的水，将其经过冲沙闸（或泄冰道）排至下游。挡冰梁或导冰筏能随水位的变化而自由升降，可用铁锚固定于河中，也可通过钢丝绳锚固于设在岸上的固定桩上。挡冰梁或导冰筏也兼有拦漂、导漂作用。

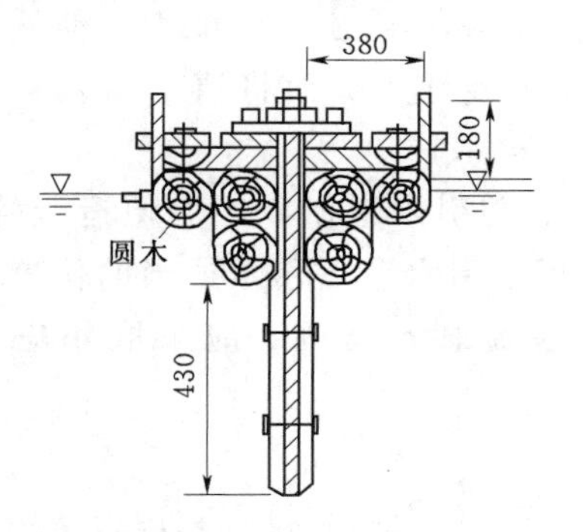

图6－27　挡冰梁（单位：mm）

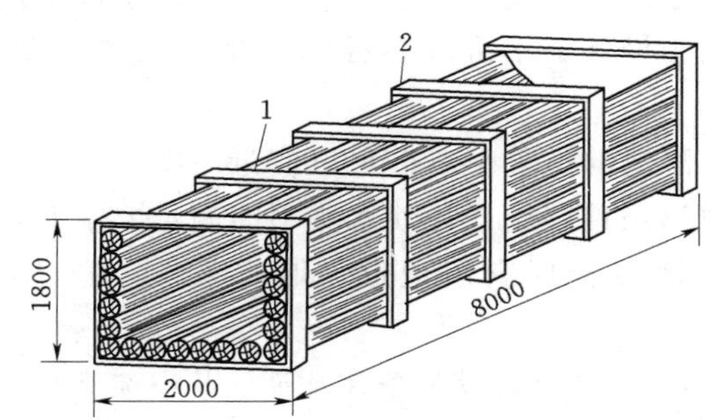

图6－28　导冰筏（单位：mm）
1—圆木；2—槽钢焊接框架

（2）如果允许浮冰进入引水道，可以通过设在压力前池的泄冰（水）道定期排冰。但这种方式耗水量较大，仅适用于水量丰富的河道，同时要求进水口的引水角要小，流速一般要大于0.7m/s，进水口不仅应有足够的宽度，而且轮廓要平顺，使浮冰能够顺利进入引水道内。

（3）利用潜水泵取下层温度较高的河水扬至表层进行交换，此股水流能溶化冰层，并防止形成新冰层。水流的上升又使水面在一定范围内产生扰动，也利于防止水面结冰，达到进水口前水域不冻的目的。

（4）为了防止闸门、门槽结冰，也可采用电加热方法使冰融化或避免结冰。电加

热法是在门槽、门叶等部位埋设电热器，通过定时加热或连续加热的方式，使闸门结冰融化，可保证闸门在严寒气温下，顺利进行开启和关闭的操作。此措施虽然操作简单省力，但耗电量大。

(5) 对于拦污栅，如冬季仍能保证全部栅条完全淹没在水下，则水面形成冰盖后，下层水温高于0℃，栅面不会结冰。如栅条露出水面，则要设法防止栅面结冰，常用方法有：

1) 将低压（50V）电流通到拦污栅，利用金属结构本身的电阻发热来防冻，此法简便，但耗电量大。

2) 将压缩空气用管道通到拦污栅上游面的底部，从均匀布置的喷嘴中喷出，形成自下向上的挟气水流，将下层温水带至栅面，并增加水流紊动，防止栅面结冰。

(6) 在特别寒冷的地区，有时采用室内进水口以便保温，或在进水闸后设一段暗渠保温，以防止门后挂冰。

第六节 沉沙池布置及设计

无压进水口前的局部防沙设施主要用于防止推移质泥沙进入引水道。对于进入引水道的悬移质泥沙一般采用沉沙池沉淀。

（一）沉沙池的作用及位置

资源 6-16

沉沙池是用来沉降挟沙水流中悬移质泥沙、降低水流含沙量的建筑物。沉沙池的工作原理是通过加大过水断面，降低水流的流速，减小水流挟沙能力，使挟沙水流中大于设计最小沉降粒径的悬移质泥沙沉淀在沉沙池内，而将清水引入下游引水道。

沉沙池的位置距离进水口应近一些，可减少下游引水道淤积，方便运行管理。当受地形条件限制或冲沙水头不能满足要求时，可沿引水道下移至适当的位置。布置沉沙池应合理利用地形、地质条件，避开不良地段；否则，应采取相应工程措施。

（二）沉沙池的设置条件及设计最小沉降粒径

资源 6-17

设置沉沙池可减轻过机泥沙对水轮机的磨损危害，但会引起投资和运行费用等变化，因此，是否设置沉沙池或设置何种标准的沉沙池，应通过技术经济比较加以论证。我国SL 269—2019《水利水电工程沉沙池设计规范》规定的设置沉沙池的初步判别条件：当过机多年平均含沙量 S_p 及过机多年平均粗粒径含沙量 S'_p 与水轮机额定水头 H_r 的交点均处于图6-29（a）、（b）的 A 区时，可不设置沉沙池；均处于图6-29（a）、（b）的 C 区时，宜设置沉沙池；均处于图6-29（a）、（b）的 B 区时，只有水轮机在水力、结构设计及过流部件材料选用方面均采用了可靠的抗磨措施，可不设置沉沙池。

沉沙池设计最小沉降粒径是指经过沉沙池沉淀后，允许进入下游引水道的泥沙粒径。大于或等于设计最小沉降粒径的泥沙粒径应沉淀在沉沙池中，沉降率宜取为80%～85%。设计最小沉降粒径与额定水头有关，见表6-1。

表 6-1　水电站沉沙池设计最小沉降粒径

额定水头/m	>500	500～300	300～100	<100
设计最小沉降粒径/mm	0.10	0.15	0.25	0.35

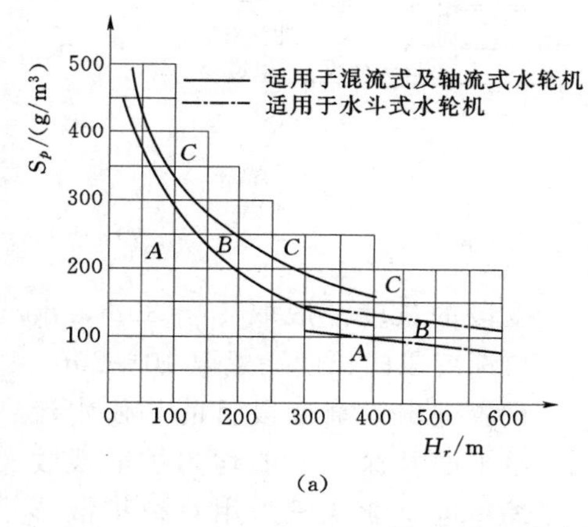

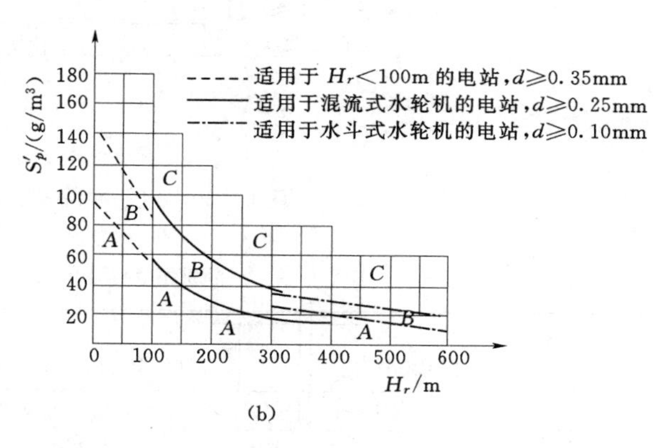

图 6-29　水电站设置沉沙池初步判别条件

(a) S_p-H_r 关系判别；(b) S'_p-H_r 关系判别

（三）沉沙池的类型

按清淤方式，沉沙池可分为水力冲沙和机械清沙。水力冲沙可分为定期冲洗式沉沙池和连续冲洗式沉沙池。无论是定期冲洗式沉沙池，还是连续冲洗式沉沙池，根据沉淀室的数量又可分为单室、双室、多室几种。

资源 6-18

定期冲洗式沉沙池：沉沙与冲沙交替进行，即沉沙池淤积到一定程度后，有害粒径泥沙不能沉淀而开始进入下游引水道时，则需停水冲沙，以恢复沉沙池沉沙容积。

连续冲洗式沉沙池：沉沙与冲沙同时进行，即在连续供水的同时，将沉淀的泥沙连续不断地通过冲沙廊道排入下游河道。

单室和双室沉沙池是最简单的形式。当供水流量小于 15～20m^3/s 时，可采用单室沉沙池。当供水流量大于 15～20m^3/s 时，可采用双室沉沙池。

双室沉沙池的设计一般有两种情况：第一种情况是沉沙池中每个沉淀室都能通过设计流量，保证了沉沙池在任何时候都能冲沙和供水；第二种情况是沉沙池的每个沉淀室只通过设计流量的一半，当其中的一个沉淀室冲沙时，另一个沉淀室则通过电站发电所需的总流量。这样，沉沙池的冲沙时间必须选在电站需水量最小时进行。

多室沉沙池每个沉淀室所通过的流量可按沉淀室的数量平均分配。多室沉沙池不仅可连续冲沙和供水，而且冲沙时所需的流量也较少。

（四）沉沙池的组成及布置

定期冲洗式沉沙池包括下列组成部分：进口渐变段、沉淀室（工作段，包括侧向溢流堰区）、出口渐变段、冲沙廊道以及进出口节制闸等，如图 6-30 所示。进口渐

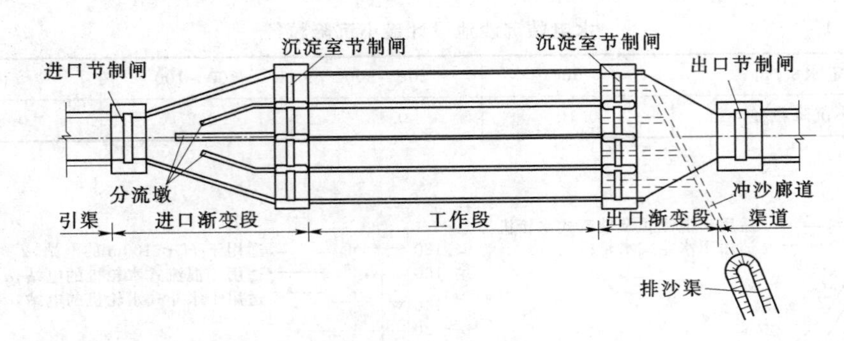

图 6-30　定期冲洗式沉沙池组成部分

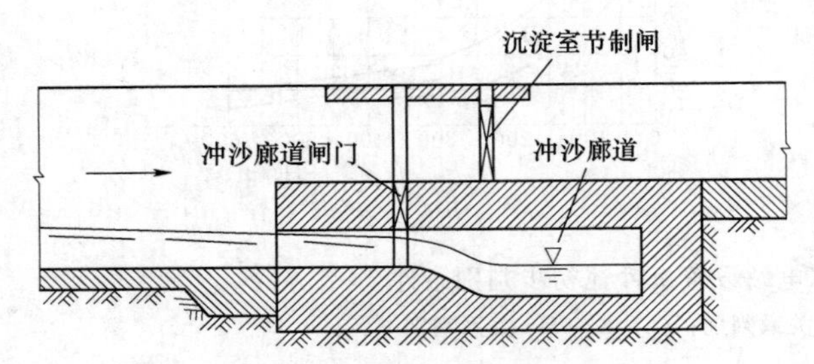

图 6-31　冲沙廊道进口设在沉沙池末端

变段的长度一般取 15～30m，出口渐变段的长度一般取 10～20m。设置进出口渐变段目的是使水流沿平面及深度上能均匀扩散或收缩。进口渐变段采用对称扩散形式，单侧扩散角不宜超过 12°。若超过 12°，在进口前还须设置分流墩或在进水槛上安装静水栅等整流设施，以使水流在平面上能均匀扩散并减小沉淀室的水流紊动。沉淀室用于沉降泥沙，其长度也是沉沙池工作段长度。沉淀室水流除满足沉沙要求外，还应满足冲洗淤沙要求。沉沙运行时沉淀室水流属于缓流；冲洗运行时，沉淀室水流为急流。沉淀室的数目一般为 2～4 个，为便于冲洗，其过水横断面应设计成矩形断面。每个沉淀室的进出口一般需设置节制闸。沉淀室出口设有高槛，槛上为节制闸，槛下为冲沙廊道（图 6-31）。有的定期冲洗式沉沙池，为了进一步减小出池水流的含沙量，在池末（工作段尾部）设有侧向或横向溢流堰，如图 6-32 所示。溢流堰区长度一般占工作段长度的 15%～20%，池底纵坡不小于工作段前段纵坡。侧向溢流堰设置在边墙或隔墙上，横向溢流堰设在池末横墙顶上。溢流堰顶水深宜小于 0.1m。溢流堰后接集水槽。溢流堰和集水槽均应满足自由出流条件。当设有溢流堰时，沉沙池出口段可不设渐变段，只设集水槽。冲沙廊道断面通常用矩形，进口为喇叭形。冲沙廊道应排沙通畅，防止淤堵。为便于检修，廊道的高度最好不小于 1.5m，冲沙廊道进口应设闸门，并有可靠的止水。冲沙廊道出口应为自由出流。

连续冲洗式沉沙池组成部分与定期冲洗式沉沙池基本相同，只不过是冲沙系统结构不同，此外，工作段底坡一般为正坡。图 6-33 是连续冲洗式沉沙池的典型横断面图。

（五）沉沙池主要尺寸计算

沉沙池主要尺寸包括沉淀室深度、宽度、长度和纵向底坡等，应根据地形地质条件拟定不同方案，经技术经济比较后确定。具体计算见 SL 269—2019《水利水电工程沉沙池设计规范》，重要工程宜通过模型试验确定。

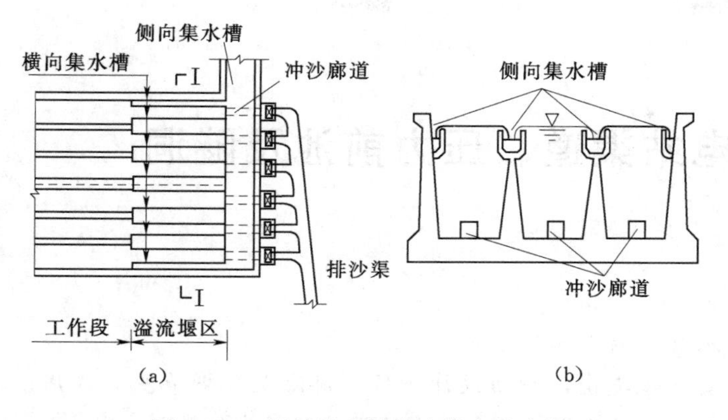

图 6-32　沉沙池末端设有侧向溢流堰

（a）平面图；（b）Ⅰ—Ⅰ剖面图

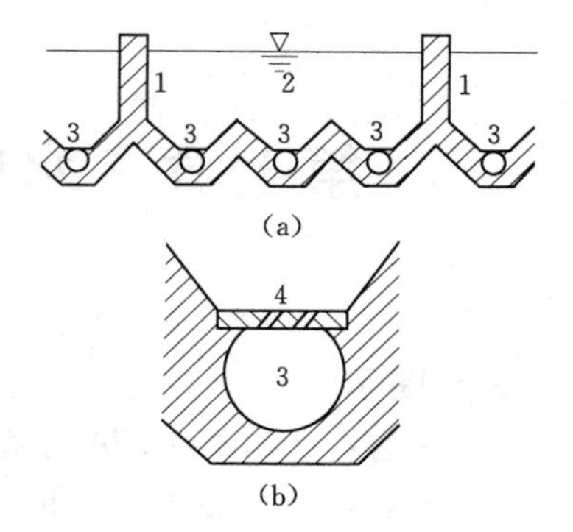

图 6-33　连续冲洗式沉沙池横断面图

（a）沉淀池横断面；（b）圆形断面支廊道

1—隔墙；2—沉淀室；3—冲沙支廊道；4—带孔的水平盖板

思　考　题

6-1　水电站进水口应满足哪些要求？按水流条件分为哪几种类型？

6-2　岸式进水口有哪几种类型？其优缺点和适用条件如何？

6-3　坝式进水口有哪些特点？

6-4　抽水蓄能电站进/出水口有什么特点？有哪几种类型？

6-5　与常规水电站进水口相比，抽水蓄能电站进/出水口具有哪些特点？

6-6　选择有压进水口高程时需要考虑哪些影响因素？

6-7　有压进水口划分为几段？各段的作用是什么？

6-8　如何确定拦污栅的总过水面积及过栅流速？

6-9　拦污栅支承框架的构造如何？与结构计算有何关系？

6-10　闸门按其工作性质分为哪几种类型？各有何特点？

6-11　有压进水口在什么情况下需考虑设置工作闸门？

6-12　叠梁闸门分层取水是如何引取水库表层水的？其优缺点和适用条件如何？

6-13　通气孔及充水阀的作用。

6-14　有压进水口如何防沙？什么是冲刷漏斗？其作用是什么？

6-15　冲沙底孔布置方式主要有哪几种？

6-16　无压进水口有哪几种类型？其布置特点是什么？

6-17　无压进水口的防冰措施都有哪些？

6-18　沉沙池的作用、工作原理是什么？如何考虑其修建位置？

6-19　设置沉沙池的判别条件？其设计最小沉降粒径是指什么？

6-20　什么是定期冲洗式沉沙池和连续冲洗式沉沙池？沉沙池一般由哪几部分组成？

第七章　水电站渠道、压力前池及隧洞

学习提示

内容：介绍渠道，压力前池及日调节池，隧洞。

重点：引水渠道的功用、要求及类型，断面设计；压力前池及日调节池的作用、组成及布置原则；隧洞特点、洞线布置原则，断面型式及设计和衬砌的类型。

要求：掌握引水渠道、压力前池和隧洞的设计布置和基本要求。

第一节　渠　　道

一、渠道的功用、要求及类型

1. 功用

资源7-1

水电站的输水渠道也称为动力渠道，它短则几百米，长则几千米甚至几十千米。输水渠道既可以作为水电站的引水渠道，为无压引水式水电站集中落差，形成水头；也可作为尾水渠道，将发电用过的水排往下游河道。引水渠道往往较长，尾水渠道通常很短。以下主要讨论引水渠道。

资源7-2

2. 基本要求

（1）要有足够的输水能力。保证在各级发电运行水位下随时向电站机组输送所需的工作流量，并有适应流量变化的能力。

（2）渠道流速要满足不冲不淤流速要求。渠道在设计流量下的平均流速，应小于渠道的允许不冲流速或衬砌材料的允许流速，同时大于泥沙不淤流速或不长草流速。

（3）水头损失要小。在保证渠道流速大于不淤流速前提下，应选用较缓的底部纵坡，以减小渠道落差，争取获得最大发电水头。同时控制过流表面不平整度，以减小水头损失。

（4）水质符合要求。除在进水口处采取措施防止有害粒径的泥沙及污物进入渠道外，还要在压力前池处再次采取防沙、防污和防冰措施，以防止有害粒径的泥沙及污物进入压力管道。

（5）渠道的渗漏要限制在一定范围内。过大的渗漏不仅造成水量损失，而且会危及渠道的安全。

（6）渠顶要有一定的安全超高。渠顶高程应按渠道通过水电站的最大引水发电流量时，突然丢弃全部负荷产生的最大涌波高度，再加安全超高来确定。

（7）对傍山开挖的渠道所形成的高边坡，其稳定坡度应根据地质条件、边坡高度和施工条件等，进行工程类比和稳定分析确定。

（8）工程造价经济合理。在满足不冲不淤、不长草的条件下，应通过技术经济方案比较选定渠道的纵坡及横断面尺寸。

3. 类型

水电站渠道按其水力特性分为非自动调节渠道和自动调节渠道。

(1) 非自动调节渠道。非自动调节渠道末端压力前池处设有泄水建筑物，一般为溢流侧堰，也可采用虹吸式泄水道，如图 7-1 所示。泄水建筑物的作用是限制渠末水位以及保证下游用水。当水电站引用流量等于设计流量时，渠道水流呈均匀流状态，压力前池水位低于堰顶，侧堰不溢流；当电站引用流量小于设计流量时，水位壅高，一旦水位高于堰顶，侧堰开始溢流；当水电站引用流量为零时，通过渠道的全部流量由溢流堰溢走。非自动调节渠道的堤顶高程为渠内最高水位加上安全超高，堤顶与底坡大致平行。非自动调节渠道应在进水口设置工作闸门和检修闸门。非自动调节渠道的特点是：渠道长，堤顶与底坡近似平行，有泄水建筑物，产生弃水，通过控制进水口工作闸门调节引用流量。

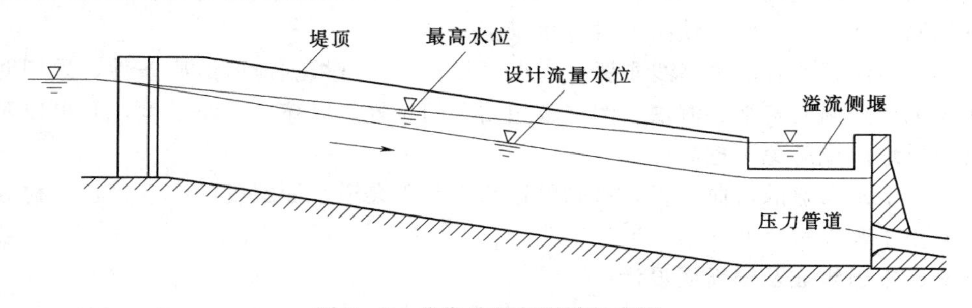

图 7-1 非自动调节渠道示意图

(2) 自动调节渠道。自动调节渠道渠末不设泄水建筑物，渠道断面向下游逐渐加宽加深，堤顶基本上是水平的，如图 7-2 所示。当水电站引用流量等于设计流量时，渠道水流呈均匀流状态；当电站引用流量小于设计流量时，水位壅高；当电站引用流量为零时，渠中水位是水平的。自动调节渠道只用于渠线很短的情况，进口可只设检修闸门。自动调节渠道的特点是：渠道短，堤顶水平，无侧堰，不弃水，断面向下游逐渐增大，渠道内水位最高升到与上游库水位齐平。

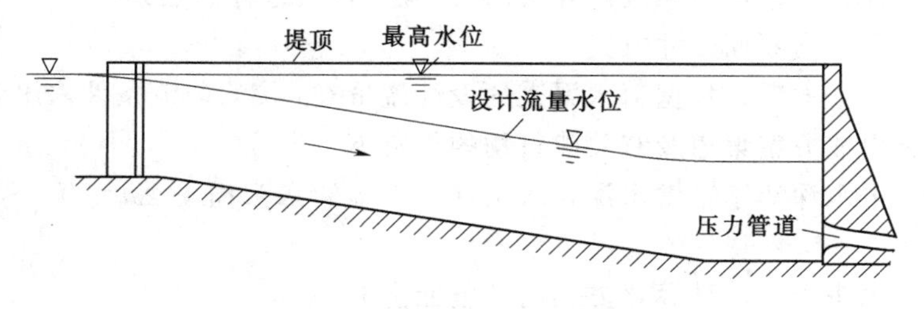

图 7-2 自动调节渠道示意图

引水渠道类型的选择，应结合地形、地质、施工、运行以及工程总体布置等条件，通过技术经济比较确定。非自动调节渠道多用于山区引水式水电站。符合下列条件可选择自动调节渠道：

(1) 渠道进水口水位变幅不大，渠道长度较短，渠底纵坡较缓，渠道大都处于挖方内。

（2）无修建泄水建筑物的条件。

（3）运行要求利用渠道存储一部分水量作为水电站的调节容量。

自动调节渠道能够充分利用水电站的发电水头以提高枯水期的发电效益。当引水渠道长，采用自动调节渠道又不经济时，可采用自动与非自动相结合的调节渠道，这种情况下引水渠道上段可按非自动调节渠道设计，而泄水建筑物下游的那一段按自动调节渠道设计，这种布置在有日调节池的引水渠道中常能见到。

二、渠道线路的选择

（1）应避开不良地质地段，且不宜在冻胀性、湿陷性、膨胀性、分散性、松散坡积物以及可溶盐土壤上布置渠线。若无法避免时，则应采取相应的工程措施。

（2）尽量少占或不占耕地，避免穿过集中居民点、高压线塔、重点保护文物、重要通信线路、油气地下管网、河流以及重要的公路、铁路等。若必须穿越通信线路、地下管网、河流、公路、铁路等时应尽量正交。

（3）山区渠道宜沿等高线布置。当渠道较长时，可根据地形地质条件，采用明渠与明流无压隧洞或暗渠、渡槽、倒虹吸相结合的布置，以缩短线路长度，并可以避开不良地质地段或避免深挖高填。

（4）引水渠道的弯曲半径，衬砌渠道宜不小于渠道水面宽度的 2.5 倍，不衬砌土渠宜不小于水面宽度的 5 倍。

资源 7-3

三、渠道纵坡及横断面设计

在渠线选定后应进行渠道的纵坡及横断面设计，以确定渠底纵坡和横断面尺寸。设计时应综合考虑渠道沿线的地形、地质条件，以及周围环境、施工条件、运行管理等，通过不同方案的动能经济计算和相应的水力计算，择优选用。渠道的断面型式常为梯形或矩形断面。梯形断面边坡的坡度取决于地质条件及护面情况，在岩石中开凿的渠道断面常为矩形或接近于矩形断面。对于地面坡降陡且起伏大、地下水位低的山丘地区，可采用窄深断面；对于地势平坦、地下水位高、基土冻胀性较强，以及有综合利用要求的渠道，可采用宽浅断面。

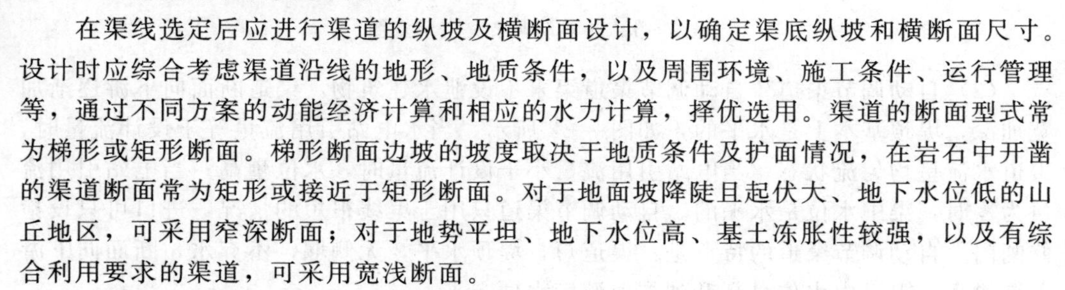

动能经济计算常采用“系统计算支出最小法”，其过程简述如下：

（1）初拟几个横断面尺寸方案。

（2）对每一个方案，根据引水渠道的设计流量 Q_d 按均匀流条件求出渠道纵坡 i。

（3）计算出该方案渠道及有关建筑物的投资 K_h。

（4）设渠末水深等于正常水深，求出这一方案的水头损失 $\Delta h = iL$，其中 L 为渠道长度。

（5）根据水头损失，计算该方案的年电能损失：

$$\Delta E = 9.81 \eta_u Q_d \Delta h T \tag{7-1}$$

式中：η_u 为水轮发电机组效率，可近似当作常数；T 为水电站年利用小时，h。

这部分损失的年电能必须由系统中的替代电站发出。替代电站一般为火电站，为了发出这部分年电能损失 ΔE，必须增加火电装机，多耗煤。增加火电装机的投资为 $\Delta E k_e$，其中 k_e 为火电站单位电能投资；煤耗支出为 $\Delta E B_c$，其中 B_c 为单位电能的煤耗支出［元/（kW·h）］。水电站的计算支出 C_h、火电站的计算支出 C_t，以及系统计算支出 C_s 分别为

$$C_h=(\rho_b+p_h)K_h \tag{7-2}$$

$$C_t=(\rho_b+p_t)\Delta Ek_e+\Delta EB_c \tag{7-3}$$

$$C_s=C_h+C_t \tag{7-4}$$

式中：ρ_b 为额定投资效益系数；p_h、p_t 分别为水电站及火电站的年运行费率。

（6）对每一个方案，计算相应的水电站的计算支出 C_h、火电站的计算支出 C_t 和系统计算支出 $C_s=C_h+C_t$，绘制出 C_h-f、C_t-f 及 C_s-f 的关系曲线，其中 f 为渠道横断面面积，如图 7-3 所示。

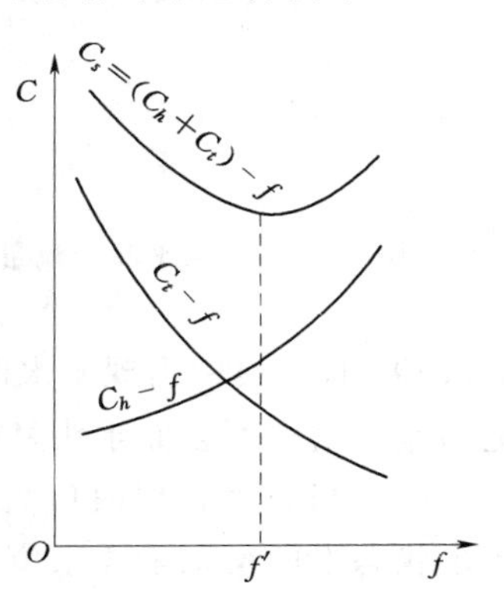

图 7-3　各方案动能经济计算示意图

（7）找出 C_s-f 曲线最低点所对应的 f'，即为最经济的横断面尺寸。由于 C_s 在最低点附近变化缓慢，通常将横断面 f 选稍小些，可减小工程量，而几乎不影响动能经济计算的成果。

对于中、小型水电站，或在粗略估算渠道横断面尺寸时，也可按经济流速确定，不必进行上述复杂的动能经济计算。我国工程实践表明，水电站渠道的经济流速 v_e 为 1.5～2.0m/s，则渠道横断面面积为 $f=Q_d/v_e$。

根据我国工程调查资料，引水渠道纵坡，对于中低水头大流量引水渠道、自动调节渠道、清水渠道，多采用 1/12000～1/2000 较缓纵坡；对高水头电站的引水渠道、傍山渠道、多泥沙渠道等，多采用 1/2000～1/500 的较陡纵坡。当渠线较长且受地形、地质条件影响，需分段变坡时，坡度宜沿程增大。

四、渠道水力计算

在确定渠道的纵坡及横断面后，还要进行渠道的水力计算，以校核渠道尺寸和拟定水电站运行方式。水力计算方法可分为恒定流计算和非恒定流计算两种。

（一）恒定流计算

恒定流水力计算使用《水力学》中的曼宁公式或能量方程进行，计算出渠道恒定流沿程水面线，并按下述步骤绘制出渠道末端水深与流量之间的关系曲线，以确定渠道运行工况。

（1）用曼宁公式 $Q=fC\sqrt{iR}$ 计算均匀流条件下的正常水深 h_0 与相应流量 Q 之间的关系曲线，如图 7-4 中的曲线①。

（2）利用试算法计算临界水深 h_c 与相应流量 Q 之间的关系曲线，如图 7-4 中的曲线②。

（3）用能量方程逐段试算，求出渠末水深 h_m 与相应流量 Q 之间的关系曲线，如图7-4 中的曲线③。

（4）用堰流公式计算渠末不同水深 h_m 与溢流流量 Q_w 之间的关系曲线，如图 7-4 中的曲线④。

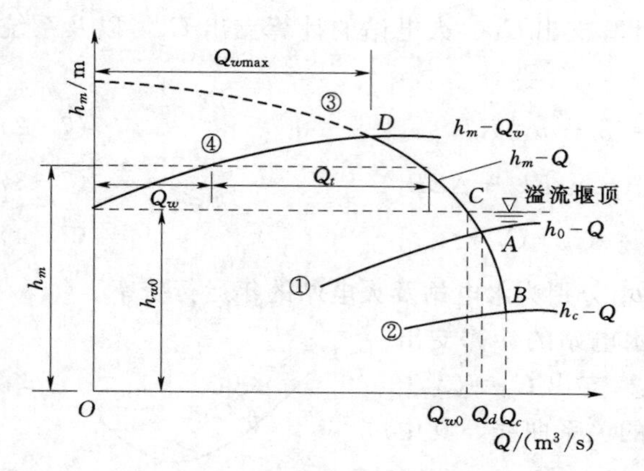

图 7-4　渠末水深与流量之间的关系曲线

图 7-4 中几条曲线的关系及意义如下：

（1）在曲线①与曲线③的交点 A，表示渠末水深 h_m 等于正常水深 h_0，渠道内发生均匀流，相应的流量为渠道的设计流量 Q_d。

（2）当水电站引用流量大于设计流量 Q_d 时，渠中出现降水曲线，它的极限值是临界水深 h_c，即曲线②与曲线③的交点 B，相应的流量 Q_c 为渠道的极限过水能力。

（3）当水电站引用流量小于设计流量 Q_d 时，渠中出现壅水曲线。在壅水状态下工作，可以增加发电水头，还可以避免因流量增加不多而水头显著减小的现象。

（4）当曲线③与堰顶高程线相交时，即 C 点，溢流堰刚好不溢流，此时给出无弃水状态下的渠末最高水位。

（5）当水电站引用流量继续减小时，溢流堰开始溢流。此时溢流量为 Q_w，通过水轮机的流量为 Q_t。当水电站停止发电时，通过渠道的流量全部由溢流堰溢走，相应于曲线③与曲线④的交点 D，这就是溢流堰在恒定流下的最大溢流流量 $Q_{w\max}$，相应水位为溢流状态下的渠末最高水位。

（二）非恒定流计算

非恒定流计算的目的是研究水电站负荷变化因而引用流量改变引起的渠中水位和流速的变化过程。

1. 计算内容

（1）水电站突然丢弃负荷后渠内涌波，即计算渠道沿线的最高水位，以确定堤顶高程。

（2）水电站突然增加负荷后渠内涌波，即计算最低水位，以确定渠末压力管道进口高程。

（3）水电站按日负荷图工作时，计算波动过程，即渠道中水位及流速的变化过程，以研究水电站的工作状况。

2. 计算方法

使用明渠一维非恒定流的基本方程——圣维南（Saint-Venant）方程组进行计算。

（1）基本方程：

连续方程
$$\frac{\partial f}{\partial t}+\frac{\partial Q}{\partial x}=0 \tag{7-5}$$

运动方程
$$\frac{1}{g}\left(\frac{\partial v}{\partial t}+v\frac{\partial v}{\partial x}\right)+\frac{\partial h}{\partial x}=i-\frac{v^2}{C^2R} \tag{7-6}$$

式中：f 为渠道过水断面面积，m²；Q 为流量，m³/s；t 为时间，s；x 为距离，m；

g 为重力加速度，m/s^2；v 为断面平均流速，m/s；h 为渠道水深，m；i 为渠道纵坡；C 为谢才系数，$m^{1/2}/s$；R 为水力半径，m。

求解以上两式并符合定解条件，就可计算渠道中的水深和流量的变化过程。

（2）定解条件：包括以下初始条件和边界条件。

1）初始条件：为某一初始时刻 t_0 时渠道各断面的水深和流量，即

$$\left.\begin{aligned} h_{t=t_0} &= h(x) \\ Q_{t=t_0} &= Q(x) \end{aligned}\right\} \tag{7-7}$$

初始条件可通过恒定流计算得到。

2）边界条件：是指发生非恒定流的渠道两端应满足的水力条件。

①上游边界条件，通常以进水口处流量过程线或水深过程线表示，即

$$Q_{x=0} = Q(t), 或\ h_{x=0} = h(t) \tag{7-8}$$

②下游边界条件，一般以渠道末端断面的水深与流量关系表示，即

$$h_m = h(Q) \tag{7-9}$$

以上基本方程组，目前尚无法求其解析值，多采用基于有限差分法的特征线法或直接插分法等数值离散方法，利用计算机进行计算，可参见有关水力学书籍。

五、渠道衬砌

水电站的引水渠道应因地制宜、就地取材、选用耐久、防渗性能好的材料进行衬砌。在渠道中加设衬砌既可减小表面糙率和提高防冲流速缩小过水断面面积，又可防渗、防草，还有利于维护边坡稳定，保证渠道运行的安全可靠。据调查，我国已建水电站引水渠道绝大部分都用混凝土、浆砌石等材料进行了衬砌。少数未衬砌或衬砌标准低的渠道，运行效果大都不佳。渠道衬砌材料除了选用传统的混凝土和浆砌石外，还可采用沥青和沥青混合物材料衬砌。

第二节　压力前池及日调节池

一、压力前池

压力前池位于引水渠道的末端，其后接压力管道。所以，压力前池是连接无压引水渠道与压力管道的建筑物，实际上是一个扩大和加深断面的渠道。要求压力前池具有一定的容积，结构上充分稳定，应保证水电站在各种运行工况下都能正常工作。

（一）前池作用

压力前池的作用如下：

（1）满足压力管道进水口及其设备的布置要求。

（2）能够向各压力管道均匀分配流量。

（3）具有拦污、排沙、排冰功能，避免污物、泥沙、浮冰进入压力管道。

（4）在水电站出力发生变化时，能够宣泄多余的水量。

（5）当发生不稳定流时，能够稳定水位、调节流量。

（二）前池的组成建筑物

压力前池的组成建筑物包括前室、进水室、泄水建筑物，以及拦污、排沙及排冰设施等，如图7-5所示。

资源7-4

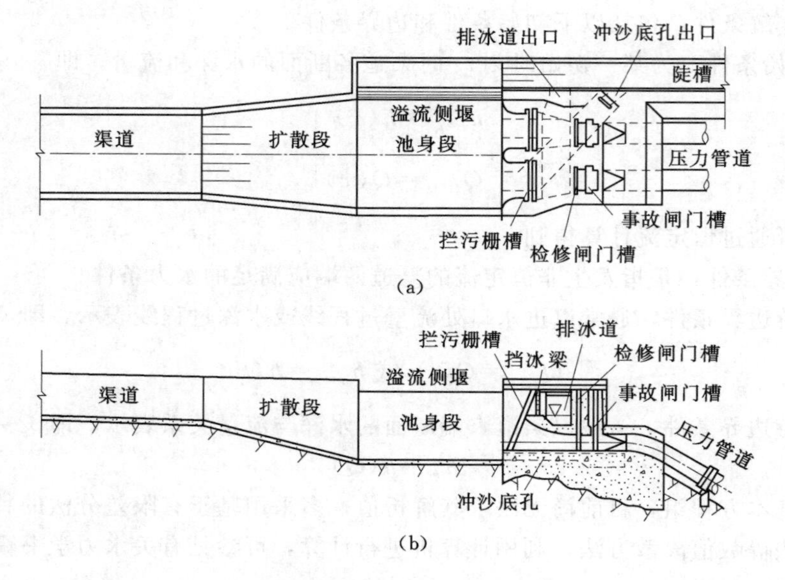

图7-5 压力前池的组成建筑物

(a) 平面图；(b) 纵剖面

1. 前室

前室是连接渠末和压力进水口的扩大加深而成的水池，由扩散段和池身段组成。扩散段保证水流能平顺地进入池身段，减少水头损失。

2. 进水室及其设备

进水室即压力管道的进水口，前接前室后接压力管道。压力管道的进水口应设有拦污栅、闸门及启闭设备、通气孔等。

3. 泄水建筑物

为宣泄多余的水量或当机组停机向下游供水时，需设置泄水建筑物。泄水建筑物一般为沿池身一侧布置的侧堰，也可采用虹吸式泄水道。侧堰简单可靠，但前沿较长、水位变化较大。侧堰上通常不设闸门，也可加设自动控制闸门，这时堰顶高程可适当降低，用以提高调节性能，但必须稳妥可靠。虹吸泄水道泄量大，但结构复杂，泄量变化突然，可能引起水位振荡，不能宣泄漂浮物，易封冻。据调查，国内泄水建筑物绝大多数采用侧堰。

4. 排沙、排冰设施

渠道中的水流进入压力前池后流速减小，由进水口或渠道沿线进入渠道中的泥沙将在压力前池中沉积，因此需要排沙。通常采用正面排沙型式，即在压力管道进口底板下设冲沙底孔，兼有放空前池的作用。如果采用侧面排沙型式，应设置导沙坎。工程实践经验表明，正面进水、正面排沙效果最好，当连续冲沙时，不影响水电站运行。其次是正面进水、侧面排沙型式，但易形成死角，需经常降低水位借以加大流速冲沙，且易导致停机清淤。

在严寒地区还要设拦冰及排冰设施。拦冰一般用导墙式浮排，排冰道常和溢流侧堰并列布置。

（三）前池的布置原则

前池布置是否合理，对保证电站正常运行至关重要。前池的布置及形状应根据地形、地质和运行条件，结合整个引水系统及厂房布置进行全面和综合的考虑，布置时应注意以下几个方面：

（1）优先采用渠道中心线与前池中心线平行或接近平行的正面进水方式，应避免布置在弯道或紧靠弯道的末端，这样容易使水面出现横比降，导致压力管道流量分布不均匀。如难以避免时，则宜在弯道终点与前池入口间设直线调整段，或加设分流导向设施，调整弯道水流。

（2）前池应布置在稳定的地基上，避开滑坡和顺坡裂隙发育地段，充分注意前池建成后水文地质条件变化对建筑物及高边坡稳定的不利影响，确保前池和下游厂房的安全。

（3）前池应尽可能靠近厂房，以缩短压力管道长度。

（4）前池中的泄水、排沙、排冰等建筑物，应尽可能布置紧凑，便于运行管理。

（5）尽量扩大前池容积以满足日调节的要求。

（四）压力前池主要尺寸拟定

资源 7-5

1. 前池顶部高程

前池顶部高程与引水渠道顶部高程相同。

2. 扩散段

前室进口与引水渠扩散段，在平面上应两边对称扩展，其平面扩散角不宜超过12°；底部纵坡宜小于或等于1∶5。

3. 池身

池身底部高程与进水室的底板高程和冲沙底孔高度有关。冲沙底孔高度应满足检修进人要求，净高一般不低于1.2～1.5m。池身宽度与进水室宽度相同。池身长度应不小于侧堰的溢流长度。

4. 进水室

进水室轮廓尺寸可参照第六章有压进水口设计。进水室的长度主要取决于拦污栅、检修闸门、事故闸门及启闭设备等的布置，能布置下以上各项设备和设施及进水平顺即可。

进水室的宽度与压力管道数目及管径等有关，每根压力管道应有一个进水室，它们之间用中墩隔开。每个进水室的净宽度为

$$b=(1.5\sim1.8)D\text{，且 }b\geqslant1.0\text{m} \tag{7-10}$$

若为两根以上压力管道时，进水室总宽度为

$$B=nb+(n-1)d+2d' \tag{7-11}$$

式中：b 为单个进水室宽度，m；B 为进水室总宽度，m；D 为压力管道直径，m；n 为压力管道数目；d 为中间闸墩厚度，m；d'为两侧边墩厚度，m。

进水室的底板高程与压力管道顶部高程有关。压力管道顶部高程应保证在前池最低运行水位时仍有足够的淹没深度，临界淹没深度可参照第六章有压进水口方法确定。

5. 侧堰

侧堰的堰顶高程略高于设计流量下水电站正常运行时的堰前水面高程，一般高出0.1～0.2m。侧堰的溢流长度 l 与所在位置处前池水面宽 B 之比有关，一般 $l/B=0.5$～2；堰上水头一般在0.5～1.0m范围选用，具体尺寸可通过侧堰水力计算确定，这部分内容详见《水工建筑物》教材。

二、日调节池

1. 日调节池作用

资源7-6

资源7-7

在电力系统中担任调峰任务的水电站一日之内的引用流量变幅很大，可在无压引水道中设置日调节池，如图7-6所示，对担任峰荷的电站进行日调节。

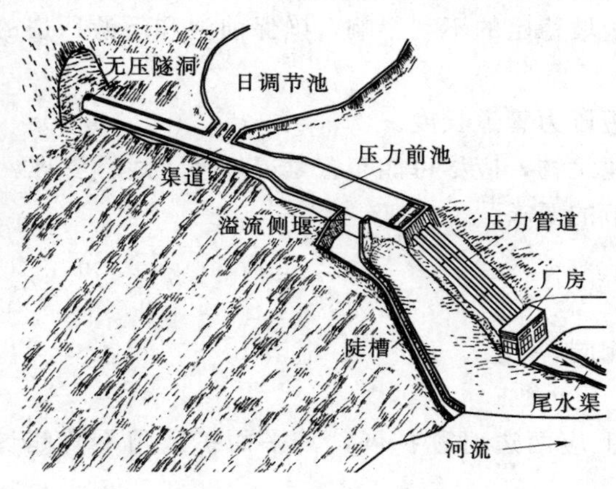

图7-6　日调节池布置示意图

当水电站引用流量大于平均流量时，日调节池向渠道补水，水位下降；当水电站引用流量小于平均流量时，渠道中多余的水注入日调节池，使水位回升。

2. 日调节池的布置原则

(1) 日调节池的位置，应结合地形、地质条件，根据所需的调节容积和消落深度，利用天然洼地或人工围堤修建。

(2) 日调节池的位置应尽可能地靠近压力前池或与前池结合。越接近前池，日调节池的作用越大。

3. 日调节池与渠道水流衔接关系

日调节池上游渠道断面可按水电站日平均流量设计，日调节池至前池的渠道按水电站最大引用流量设计，这样可降低工程造价。

第三节　隧　　洞

资源7-8

一、隧洞的特点及类型

1. 特点

水电站隧洞包括引水隧洞和尾水隧洞，它是水电站最常见的输水建筑物之一。与渠道相比，隧洞具有以下优点：

(1) 可以采用较短的路线，避开沿线不利的地形、地质条件。

（2）能够适应水库水位的大幅度升降变化及水电站引用流量的迅速变化。

（3）不受冰冻影响，可避免沿程水质污染。

（4）运行安全可靠。

资源 7－9

资源 7－10

隧洞的主要缺点是对地质条件要求很高，施工技术与施工机械也较为复杂，单价较贵，工期较长。但是随着现代化施工技术及施工机械的发展，上述缺点也有不同程度的改善。目前利用隧洞引水在我国已得到广泛应用。

2. 类型

按水流状态可分为有压隧洞和无压隧洞两种类型。

（1）有压隧洞。水流充满全部断面，有内水压力。

（2）无压隧洞。水流未充满全部断面、有自由水面，水面与洞顶之间有一定净空。

有压引水电站采用有压隧洞，无压引水电站采用无压隧洞。发电尾水隧洞宜采用无压隧洞。在下游水位变化大，或者机组安装高程较低时，可采用有压隧洞。采用有压尾水隧洞时，应研究是否需要设置尾水调压室。

二、洞线布置原则

洞线布置应综合考虑地质、地形、施工、水力学等因素，通过技术经济比较选定。

（1）地质条件。隧洞进出口宜选在风化覆盖层较浅的地区，避开不良地质构造和容易发生崩塌、冲沟、危崖、滑坡的地区；洞身应尽量布置在地质构造简单、岩体完整稳定、岩石坚硬、水文地质条件有利的地区；洞线与岩层、构造断裂面及主要软弱带走向应有较大的夹角；位于高地应力区的隧洞，从围岩稳定考虑，洞线应与最大水平地应力方向一致或有较小夹角；要考虑隧洞漏水、产生渗透失稳和水力劈裂的可能性。

（2）地形条件。隧洞进出口处地形宜陡，进出口段应尽量垂直地形等高线，其洞顶围岩厚度宜不小于1倍开挖洞径；洞身上部覆盖层厚度适中；有布置施工支洞的山谷等有利地形。

（3）施工条件。长隧洞需设置施工支洞时，易布置施工支洞（平洞或竖井）；洞线需转弯时应考虑大型施工机械的要求；有压隧洞应有一定纵坡，以利施工排水及放空隧洞。

（4）水力条件。为了保持水流平顺，减小水头损失，洞线应尽可能短而直、少转弯。如需转弯时，无压隧洞转弯半径一般应大于5倍洞径（或洞宽），转角不宜大于60°；对于有压隧洞，可适当降低要求，但转弯半径不应小于3.0倍洞径。

（5）一洞多用。确定洞线布置时，应结合枢纽其他任务如导流、泄洪、灌溉等，考虑一洞多用的合理性，这样可以减少工程量，降低工程造价。

三、隧洞的断面型式及尺寸

资源 7－11

隧洞的断面型式及尺寸主要根据水流状态、地质条件、施工条件及运行要求等，由技术经济比较后确定。

（一）断面型式

隧洞断面型式主要有圆形、城门洞形（亦称方圆形）、马蹄形和高拱形（亦称蛋形）4 种，如图 7－7 所示。

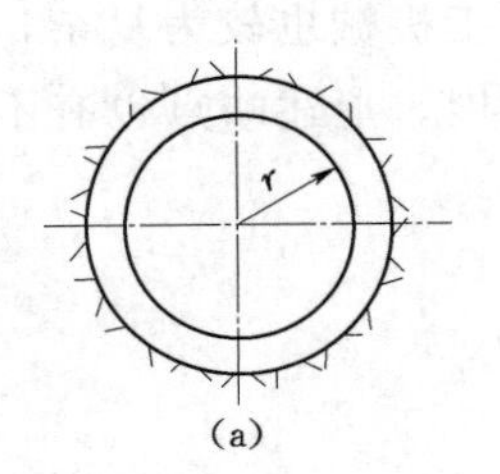

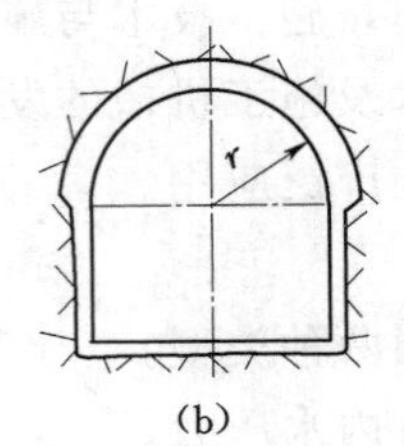

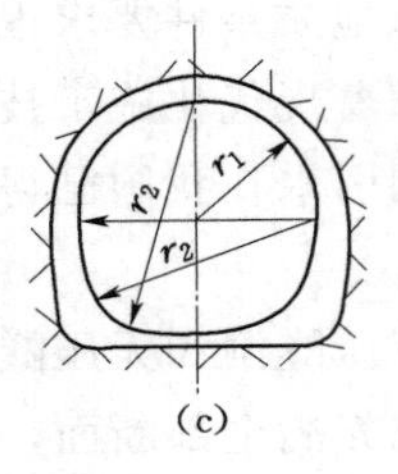

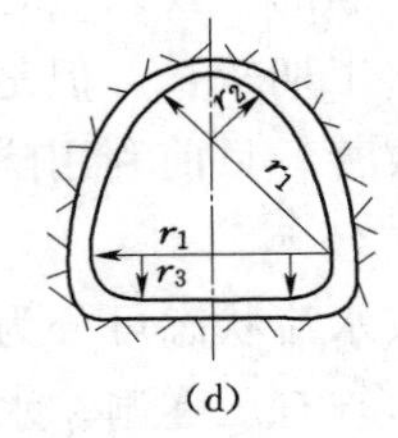

(a)　(b)　(c)　(d)

图 7－7　隧洞断面型式

(a) 圆形；(b) 城门洞形；(c) 马蹄形；(d) 高拱形

资源 7－12

在同样的过水面积下，因圆形断面的湿周最小，过水能力最大，同时可承受较大的内水压力，故有压隧洞断面型式一般采用圆形断面。无压隧洞断面型式主要采用城门洞形、马蹄形和高拱形 3 种。城门洞形即顶部为圆弧拱，两侧为直墙，适用于围岩条件良好、侧向山岩压力较小的情况。圆弧拱中心角一般为 90°～180°，按中心角大小有平拱和半圆拱之分。平拱中心角小，拱较平、推力大，因此在垂直山岩压力较小时宜采用平拱；半圆拱中心角为 180°，多用于垂直山岩压力较大时或拱跨较大情况。马蹄形侧面内收，适用于围岩条件较差、垂直和侧向山岩压力均较大的情况。高拱形适用于洞顶围岩很差、垂直山岩压力很大的情况。当围岩条件较差，而且外水压力也较大时，无压隧洞也可采用圆形断面。在我国已建的工程中，有压隧洞多数采用圆形断面，无压隧洞多数采用城门洞形断面。

（二）断面尺寸及纵坡

发电隧洞断面尺寸的动能经济计算基本原理与前述渠道相同。隧洞的单位长度水头损失 Δh 可由曼宁公式求得

$$\Delta h=\frac{n^2Q^2}{R^{4/3}f^2} \tag{7-12}$$

式中：n、Q、R、f 分别为隧洞的糙率、流量、水力半径及过水断面面积。

每米长隧洞的电能损失为

$$\Delta E=\int_0^T 9.81\eta_u Q\Delta h\,\mathrm{d}t=\frac{9.81\eta_u n^2}{R^{4/3}f^2}\int_0^T Q^3\,\mathrm{d}t \tag{7-13}$$

式中：η_u 为水轮发电机组效率，为简化起见设为常数；T 为水电站年利用小时，h。

由水能计算可得出一年内流量 Q 的历时曲线，该曲线以下的面积即为式（7－13）中积分值。若令 $\overline{Q}^3$ 表示 Q^3 的平均值，即

$$\overline{Q}^3=\frac{1}{T}\int_0^T Q^3\,\mathrm{d}t \tag{7-14}$$

则式（7－13）变成：

$$\Delta E=\frac{9.81T\eta_u n^2\overline{Q}^3T}{R^{4/3}f^2} \tag{7-15}$$

按动能经济计算方法确定隧洞断面尺寸时，与渠道相同，先拟定几个具有可比性的方案，求出每个方案的水电站和替代电站的计算支出 C_h、C_t，以及系统计算支出 $C_s=C_h+C_t$。绘制 $C_s=C_h+C_t$ 曲线，求出 C_s-f 曲线最低点所对应的 f'，即为最经济的断面尺寸。

对于中、小型水电站，或在粗略估算隧洞断面尺寸时，不必进行上述复杂的动能经济计算，可按经济流速确定。有压隧洞中的经济流速 v_e 一般在 3～5m/s，则隧洞直径为$D=\sqrt{4Q_d/\pi v_e}$，其中 Q_d 为隧洞设计流量。隧洞的横断面尺寸除满足经济技术要求外，还应符合施工要求。圆形断面的内径不宜小于 1.8m；非圆形断面的高度不宜小于 1.8m，宽度不宜小于 1.5m。

引水隧洞纵坡，对于无压隧洞可参照引水渠道确定；有压隧洞过水能力与纵坡无关，其纵坡取决于施工运输及排水要求，一般为 0.1%～1.0%。

四、隧洞水力计算

隧洞可以是无压的或有压的，但要避免在隧洞中出现时而无压时而有压的不稳定工作状态。如果在正常运行中隧洞内出现这种现象，一般将要出现振动、空蚀、掺气和脉动压力等作用，对隧洞的过水能力，结构的受力状态，隧洞周围建筑物都会产生不利影响。为此，要求无压隧洞水面线以上的空间不宜小于隧洞断面面积的 15%，且净空高度不应小于 40cm；有压隧洞在最不利运行条件下，洞顶以上应有不小于 2.0m 的压力水头。

无压隧洞的运行条件与渠道基本相同，所以水力计算也与渠道相同。下面只介绍有压隧洞的水力计算。

有压隧洞的水力计算包括恒定流及非恒定流两种情况。

恒定流用管流公式（7-16）计算，其目的是研究隧洞断面过水能力，校核隧洞断面尺寸。

$$Q=\mu f\sqrt{2gH} \tag{7-16}$$

式中：Q 为隧洞设计流量，m^3/s；μ 为流量系数；f 为隧洞断面面积，m^2；H 为包括行近流速水头在内的总水头，$H=H_0+\dfrac{v_0^2}{2g}$，m；H_0 为隧洞上下游静水头，m；$\dfrac{v_0^2}{2g}$为隧洞进口上游行近流速水头，m，一般可忽略不计。

非恒定流计算的目的是求出隧洞沿线的最大、最小内水压力，分别用以设计隧洞衬砌及确定隧洞高程。非恒定流计算又分为以下 3 种情况：

（1）当引水隧洞末端（或尾水隧洞首端，下同）无调压室时，隧洞的非恒定流计算即水击压力计算，具体计算详见第九章。

（2）当隧洞末端建有能充分反射水击波的调压室，如简单圆筒式调压室时，隧洞内的压力受库水位及调压室涌波水位控制。可按第十章所述方法求出调压室内的最高涌波及最低涌波水位，则水库最高水位与调压室最高涌波水位的连线就是隧洞的最大内水压力坡降线，而水库最低水位与调压室最低涌波水位连线为隧洞的最小内水压力坡降线。

（3）隧洞末端虽设有调压室，但其反射水击波效果较差时，如阻抗式调压室，隧洞内的压力取决于水击及调压室水位波动的共同作用。此时应取整个有压引水系统进行水击和调压室水位波动联合分析计算，详见第十章。

五、隧洞衬砌

1. 衬砌的功用

(1) 限制围岩变形，保持围岩稳定。

(2) 承受围岩压力、内水压力等荷载。

(3) 防止渗漏，满足防渗要求。

(4) 保护岩石免受水流、空气、温度、干湿变化等的冲蚀破坏作用。

(5) 减小表面糙率，降低水头损失。

2. 衬砌的类型

(1) 平整衬砌。由混凝土、喷浆等做成护面，其厚度不经结构计算决定，不承受作用力。主要是减小糙率、防止渗漏，保护岩面不受风化。适用于围岩坚硬稳定，内水压力不大的有压隧洞或无压隧洞。

(2) 混凝土或钢筋混凝土衬砌。采用混凝土或钢筋混凝土做成。常用于中等强度围岩的有压隧洞或无压隧洞。

(3) 组合式衬砌。主要有：内层用钢板衬砌，外层为混凝土或钢筋混凝土，适用于内水压力较大，围岩条件差的有压隧洞；顶拱为混凝土，边墙和底板为浆砌石，适用于垂直山岩压力较大而侧向山岩压力较小的无压隧洞；顶拱为喷锚，边墙和底板用混凝土或钢筋混凝土，适用于垂直山岩压力较小而侧向山岩压力较大的无压隧洞。

(4) 预应力混凝土衬砌。通过在混凝土或钢筋混凝土衬砌中预加压应力，抵消运行时由内水压力产生的拉应力，以减小衬砌厚度，增强衬砌的抗裂和不透水性，充分利用围岩的承载能力。这种衬砌一般用于内水压力较大的有压隧洞。

(5) 喷锚支护。喷锚支护是在开挖面上喷一层混凝土，或在围岩中设置锚杆，再在开挖岩面上喷混凝土，有时加钢筋网。喷锚支护目前主要用于无压隧洞和内水压力不大的有压隧洞。

水电站引水隧洞的衬砌厚度与洞径、山岩压力和内水压力有关，除了平整衬砌外，其他类型的衬砌厚度由结构计算决定，这部分内容可参见《水工建筑物》教材。

思　考　题

7-1　水电站引水渠道有哪些基本要求？其路线选择根据哪些原则？

7-2　水电站引水渠道有哪几种类型？其特点如何？

7-3　简述引水渠道断面设计的“系统计算支出最小法”过程。

7-4　引水渠道在水电站突丢或突增负荷时会产生什么样的水力现象？这些现象与设计渠道、压力前池有何关系？

7-5　压力前池有哪些作用？由哪几部分组成？

7-6　前池的布置原则都有哪些？

7-7　日调节池有哪些作用？其布置原则都有哪些？

7－8　发电隧洞的特点有哪些?

7－9　有压隧洞和无压隧洞有何区别?

7－10　发电隧洞洞线布置原则都有哪些?

7－11　发电隧洞断面型式有哪些?各自的适用条件是什么?

7－12　发电隧洞衬砌的功用及类型都有哪些?

第八章　水电站压力管道

学习提示

内容：介绍压力管道的功用和类型，压力管道的线路选择和供水方式，压力管道的水力计算和经济直径的确定，钢管的材料、允许应力和管身构造，压力管道的闸门、阀门和附件，明钢管的布置及结构设计，地下压力管道布置及结构设计，坝身压力管道布置及结构设计，分岔管布置及类型，压力管道有限元计算分析。

重点：明钢管、地下压力管道和坝身压力管道的布置及结构设计。

要求：熟悉压力管道的工作特点、类型及总体布置；掌握压力管道的尺寸拟定，设计方法和步骤。

第一节　压力管道的功用和类型

一、功用

压力管道是水电站输水系统的一个重要组成建筑物，是指将水库、前池或调压室水体引入水轮机的输水管道。其特点是坡度陡，内水压力大，承受水击压力，且靠近厂房。由于内水压力大，运行中可能爆裂，放空时在外压作用下可能失稳，危及厂房安全。因此要求它安全可靠，万一发生事故，应有应急措施，以保证厂房设施和运行人员的安全。

二、类型

资源 8－1

（一）按材料分类

压力管道按材料可分为钢管、钢筋混凝土管、钢衬钢筋混凝土管、玻璃钢管和预应力钢筒混凝土管等。

1. 钢管

钢管具有强度高、防渗性能好、水头损失小、适用范围广等优点，但其抗外压能力差、造价高。常用于大中型水电站。

2. 钢筋混凝土管

钢筋混凝土管造价低、能承受较大的外压、耐久性好、制作简便，但由于混凝土抗裂性能较差，故钢筋混凝土管易开裂。通常用于内压不高的中小型水电站。除普通钢筋混凝土管外，尚有预应力和自应力钢筋混凝土管、钢丝网水泥管和预应力钢丝网水泥管等。普通钢筋混凝土管一般用于水头 H 和内径 D 的乘积 $HD<50\text{m}^2$ 的情况；预应力和自应力钢筋混凝土管的 HD 值可超过 200m^2；预应力钢丝网水泥管由于抗裂性能好，抗拉强度高，HD 值可超过 300m^2。

3. 钢衬钢筋混凝土管

钢衬钢筋混凝土管是在钢筋混凝土管内衬以钢板构成。在内水压力作用下钢衬与外包钢筋混凝土联合受力，从而可减小钢衬的厚度，适用于坝后背管、引水式电站沿地面布置的管道，以及 *HD* 值较大的情况。由于钢衬可以防渗，外包钢筋混凝土可按允许开裂设计，以充分发挥钢筋的作用。钢衬钢筋混凝土管不但经济，而且安全。我国在 20 世纪 80 年代中期首先应用于东江和紧水滩水电站，取得了明显的技术经济效益。随后三峡水电站也采用了钢衬钢筋混凝土压力管道，管径为 12.4m，*HD* 值为 1730m^2。

4. 玻璃钢管

玻璃钢管道是由玻璃纤维、树脂和石英砂填料组成的复合管道，具有质量轻、强度高、抗疲劳性能好、摩阻系数小、使用寿命长、可设计性高等优点，但其耐高温、耐冲击性差。目前尚无统一的设计规范，仅在水头不太高且流量较小的中小型水电站应用。

5. 预应力钢筒混凝土管

预应力钢筒混凝土管是指在带有钢筒的高强混凝土管芯上缠绕环向预应力钢丝，再在其上喷制致密的水泥砂浆保护层而制成的输水管。它是由薄钢板、高强钢丝和混凝土构成的复合管材，它充分而又综合地发挥了钢材和混凝土的材料特性，具有高密封性、高强度和高抗渗的特性。

（二）按布置方式分类

压力管道按布置方式又可分为地面压力管道、地下压力管道、坝身压力管道。

1. 地面压力管道

地面压力管道是指暴露在空气中的压力管道，简称明管。

2. 地下压力管道

将压力管道布置在地面以下称为地下压力管道，可分为地下埋管和回填管两种。压力管道埋入岩体中的称为地下埋管，其内水压力由管壁和周围岩体共同承担。由于地下埋管周围岩体可以承担一部分或大部分内水压力，国内外较高水头的电站广泛采用这种型式。如以礼河三级水电站地下埋管最大设计水头 *H* 为 724m，*HD* 值为 1593m^2。回填管是在地面开挖沟槽，压力管道敷设在沟槽内后，再以土石回填，其内水压力全部由管壁承担。回填管在城市管网中早已广泛应用，但在水电站工程中由于管道规模和内水压力均较大，采用的较少。目前，应用在水电站工程中的回填管管径最大已达 4.8m，水头最高 636m，*HD* 值最大达 1132m^2。

3. 坝身压力管道

坝身压力管道布置方式主要有两种：管道埋设在混凝土坝体内，称坝内埋管；敷设在混凝土坝下游坝面上的压力管道，称为坝后背管。坝后背管可采用钢衬钢筋混凝土管或明钢管。

坝内埋管根据埋设的深浅分为深埋管和浅埋管。深埋管对坝体的应力影响较大，对大坝的施工干扰也大。浅埋管与深埋管相比具有如下特点：

（1）由于坝体内钢管留槽较浅，对坝体应力削弱较小，可以使坝体提前挡水，确保发电工期。

(2) 减少钢管安装与混凝土浇筑的矛盾。

(3) 减少钢管留槽二期混凝土回填的工程量和施工难度。

(4) 节省工程投资。

如万家寨水电站原设计为深埋管，埋管距下游坝面7.5m，后改为浅埋管，埋管距下游坝面仅1.5m。为了防止钢管外包混凝土裂缝（允许外包混凝土开裂）延伸至下游坝面，在钢管顶部设置了软垫层。

以上是水电站压力管道的三种主要布置方式。在水电站压力管道布置中可采用上述单一布置方式，也可采用其中两种布置方式的组合。如用地下压力管道将水从水库引到厂房附近，再用明钢管引到机组。

第二节 压力管道的线路选择和供水方式

一、压力管道线路选择基本原则

压力管道的线路选择应符合枢纽总体布置要求，并综合考虑地形地质、水力学、施工及运行条件等，经技术经济比较后确定。其线路选择的基本原则如下：

(1) 尽可能选择短而直的线路。这样不但可以缩短管道的长度，减小工程量，降低造价，减小水头损失，而且还可以降低水击压力，改善机组的运行条件，满足机组调节保证的要求。地面管道一般布置在陡峻的山脊线上。

(2) 尽量选择良好的地质条件的线路。明钢管支承在良好的地基上，宜避开可能发生滑坡、崩塌、沉降量大的地段，以免管道破坏。地下埋管应布置在良好的岩体中，具备成洞条件，避开活动断层、滑坡、地下水压力和涌水量很大等不良地段。计入围岩抗力的地下埋管，其顶部和侧向覆盖岩层应有足够厚度。

(3) 尽量减少管道的起伏波折，避免出现反坡，以利管道排空。管道顶部至少应在最低压力线以下2m。

(4) 管道转弯半径不宜小于2～3倍管径。位置相近的立面弯管和平面弯管宜合并为空间弯管；位置相近的进口渐变段（或变径缩管）和弯管宜合并为渐变弯管（或渐缩弯管）。

资源8-2

二、压力管道的供水方式

水电站的机组往往不止一台，压力管道可能有一根或数根，压力管道向机组的供水方式可归纳为3类。

1. 单元供水

每台机组由一根专用水管供水，又称单管单机供水，如图8-1 (a) 所示。该种供水方式结构简单，运行方便灵活。当某一根管道损坏或检修时，只需一台机组停止工作，其他机组可照常运行。单元供水管道根数较多，土建工程量大，故造价高。单元供水主要适用以下两种情况：①单机流量较大，若几台机组共用一根水管，则管径较大，管壁较厚，制造和安装困难；②压力管道较短，几台机组共用一根水管，对造价的节省并不太多，反而增加许多岔管、弯管和阀门的情况，并使运行的灵活性和安

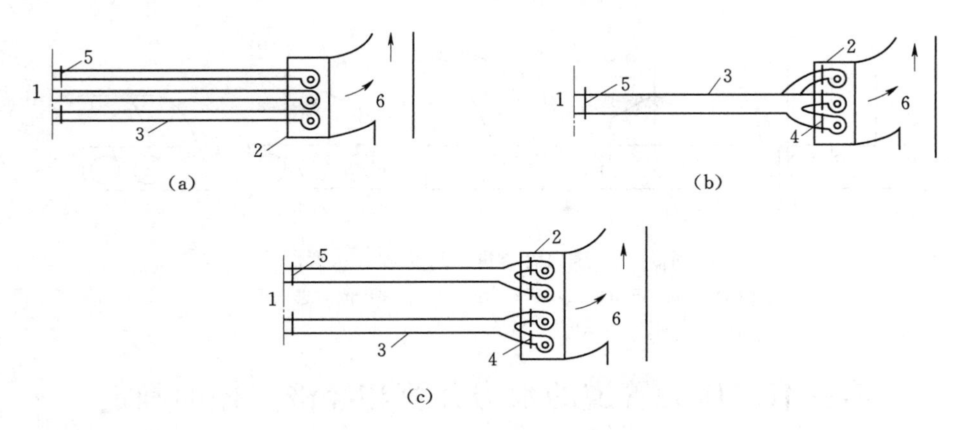

图 8-1 压力管道供水方式示意图

(a) 单元供水；(b) 联合供水；(c) 分组供水

1—前池或调压室；2—水电站厂房；3—压力管道；4—事故阀门；5—快速闸门；6—尾水渠

全性降低。此外，坝身压力管道一般较短，通常都采用单元供水。

2. 联合供水

一根总管道向所有机组供水，机组前设分岔管，又称单管多机供水，如图 8-1 (b) 所示。联合供水方式可节约管材、减少土建工程量，但需要设置结构与受力都很复杂的分岔管，每台机组前需设置事故阀门。该种方式一旦总管检修或者事故，所有机组停止运行，因此其可靠性和灵活性不如单元供水。适用于单机流量不大，水头较高，管道较长的情况。

3. 分组供水

采用数根总管道，每根总管道向几台机组供水，又称多管多机供水，如图 8-1 (c) 所示。这种供水的优劣介于单元供水和联合供水之间，适用于压力管道较长、机组台数较多和容量较大的情况。

三、压力管道进厂方式

压力管道进厂方式有正向进入厂房和侧向进入厂房两种。

1. 正向进入厂房

资源 8-3

主管道与厂房纵轴相垂直，如图 8-2 (a)、(b) 所示。这种进厂方式管线短、水头损失小、厂内布置方便，但若管道爆裂，则高压水流将直冲厂房，危及厂房安全。适用于水头不高、管道不长的情况。地下埋管、坝身压力管道多采用正向进入厂房方式。

2. 侧向进入厂房

主管道与厂房纵轴成一角度或平行，从侧向进入厂房，如图 8-2 (c)、(d)、(e) 所示。对于明管，若水头较高，宜从侧面进入厂房，在这种情况下，万一管道爆裂，可使高压水流从厂外排走，避免水流对厂房的威胁；在联合供水和分组供水情况下，管道从侧向进入厂房易分岔。侧向进入厂房管线较长，水头损失较大，多用于中、高水头水电站。

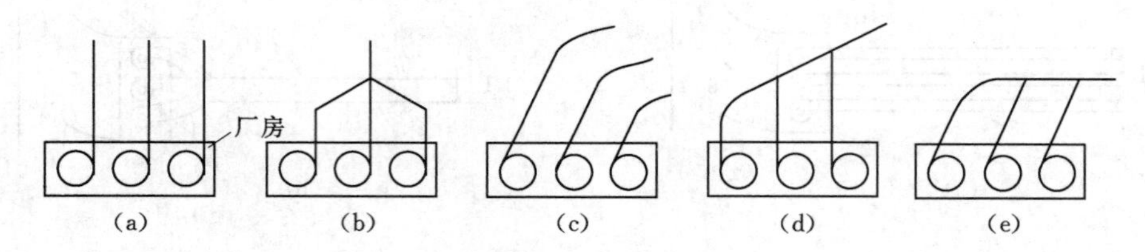

图 8-2 压力管道进入厂房方式示意图

(a)、(b) 正向进入厂房；(c)、(d)、(e) 侧向进入厂房

第三节 压力管道的水力计算和经济直径的确定

一、水力计算

压力管道的水力计算包括恒定流计算和非恒定流计算。

压力管道中的非恒定流计算包括水击和调压室水位波动计算。水击计算的目的是为了推求管道中各点的动水压强及其变化过程，为管道的布置、结构设计和机组的运行提供依据。调压室水位波动计算的目的是为了确定调压室最高、最低水位和稳定断面，为调压室的布置、结构设计和机组的运行提供依据。非恒定流计算的内容见第九章和第十章。

恒定流计算主要是为了确定管道的水头损失，以供确定水轮机的工作水头、装机容量、计算电能和确定管径使用。水头损失包括沿程摩阻损失和局部损失两种。

1. 沿程摩阻损失

水电站压力管道中水流的雷诺数 Re 一般都超过 3400，因而水流处于紊流状态，沿程摩阻水头损失可用曼宁公式或斯柯别公式计算。

曼宁公式中水头损失与流速平方成正比，对于糙率较大的钢筋混凝土管和隧洞等是适用的。对于钢管，由于糙率较小，水流未能完全进入阻力平方区，但随着时间的推移，管壁因锈蚀糙率逐渐增大，按流速平方关系计算摩阻损失仍然是可行的。用曼宁公式求每米长管道的摩阻损失如下：

$$i=\frac{Q^2}{A^2C^2R} \tag{8-1}$$

式中：i 为每米长管道的摩阻损失；Q 为流量，m^3/s；A 为管道断面面积，m^2；C 为谢才系数，$m^{1/2}/s$；R 为水力半径，m。

斯柯别根据 198 段水管的 1178 个实测资料，推荐用以下公式计算每米长钢管的摩阻损失：

$$i=\alpha m\frac{v^{1.9}}{D^{1.1}} \tag{8-2}$$

式中：α 为水头损失系数，焊接管用 0.00083；m 为考虑水头损失随使用年数 t 的增加而增大的系数，$m=e^{Kt}$，清水取 $K=0.01$，腐蚀性水可取 $K=0.015$；v 为压力管道中水体的流速，m/s；D 为管径，m。

2. 局部损失

水流在流动过程中，随过水边界的变化，水流内部各质点的流速、压强也要发生改变，同时水流内部各质点势能和动能互相转化并伴有能量损失，这种损失通常称为局部损失。压力管道的局部损失发生在进口、门槽、渐变段、弯段、分岔等处。局部损失往往不可忽视，尤其是分岔处的损失有时可能达到相当大的数值。局部损失的计算公式通常表示为

$$h_w=\zeta\frac{v^2}{2g} \tag{8-3}$$

式中：ζ 为局部损失系数，可查有关水力学手册确定；g 为重力加速度，m/s^2。

二、管径的确定

资源 8-4

影响压力管道直径的因素很多，除动能经济因素外，还有水轮机调节、泥沙磨蚀、材料设备及施工等因素。在选择压力管道直径时，可以拟定几个不同管径的方案，进行技术经济比较，选定较为有利的管道直径，也可以将某些条件加以简化，推导出计算公式，直接求解。在可行性研究和初步设计阶段，可以采用以下方法确定管道直径。

1. 按经济流速选择管径

$$D=\sqrt{\frac{4Q_d}{\pi v_e}} \tag{8-4}$$

式中：Q_d 为压力管道设计流量，m^3/s；v_e 为经济流速，m/s。明钢管和地下埋管，当设计水头在 100～300m 时经济流速为 4～6m/s；钢筋混凝土管为 2～4m/s；坝内埋管，当设计水头在 30～70m 时为 3～6m/s，设计水头在 70～150m 时为 5～7m/s，设计水头在 150m 以上时为 7m/s。

2. 用彭德舒公式选择管径

$$D=\sqrt[7]{\frac{KQ_{max}^3}{H}} \tag{8-5}$$

式中：K 为系数，$K=5\sim15$，钢材较贵，电价较廉时 K 取小值，一般取 5.2；Q_{max} 为压力管道的最大设计流量，m^3/s；H 为设计水头，m。

第四节　钢管的材料、允许应力和管身构造

一、对钢管材料的要求

钢管管壁、支承环、岔管及其加强构件等主要受力构件应使用镇静钢。宜用的碳素结构钢有 Q235、Q275 的 C、D 级钢板；低合金高强度结构钢有 Q355、Q390、Q420、Q460、Q500、Q550、Q620、Q690 的 C、D、E 级钢板；压力容器用调质高强度钢 07MnMoVR、07MnNiVDR、07MnNiMoDR、12MnNiVR；锅炉与压力容器用钢 Q245R、Q345R、Q370R、Q420R 等。

二、对材料基本性能的要求

钢材的基本性能包括机械性能、加工性能和化学成分等方面。

1. 机械性能

机械性能一般指钢材的屈服点应力σ_s、极限强度σ_b、伸长率ε和冲击韧性a_k。

在屈服点内，钢材的应力与应变存在线性关系，即处于弹性工作状态。当应力超过屈服点时，材料发生塑性变形。极限强度取决于屈服点值，一般$\sigma_s/\sigma_b=0.5\sim0.7$。若屈服点较低，由于变形等因素的限制，允许应力不能采用得过高，材料强度不能充分利用；若屈服点较高，则材料的塑性降低。

伸长率是衡量钢材的塑性指标。普通碳素钢的伸长率为20%～24%。

冲击韧性是指钢材在冲击荷载作用下断裂时吸收机械能的一种能力，是衡量钢材抵抗因低温、应力集中、冲击荷载作用而脆性断裂能力的一项指标。钢材的冲击韧性与温度有关，低温时冲击韧性将显著下降。处于寒冷地区承受动载的结构不但要求钢材具有常温冲击韧性指标，而且还要求具有低温冲击韧性指标，以确保结构安全。

2. 加工性能

钢材的加工性能主要指辊轧、冷弯、焊接等方面的性能。

钢材的冷弯性能是衡量钢材质量的一个综合性指标，它既可表征钢材的塑性性能，也可检验钢材内部颗粒组织情况和非金属夹渣夹层等缺陷。钢管制造的基本作业是辊轧和冷弯，经过冷作的钢板因有塑性变形而发生冷强，继而时效硬化，钢材变脆。

钢材应具有良好的焊接性能，焊后强度不低于母材，并保证焊缝不开裂。

钢管在制造过程中，辊轧、冷弯、焊接等工艺使材料的塑性降低，并产生一定的内应力。为了消除上述不良影响，当管壁超过一定厚度时需进行消除内应力处理。

3. 化学成分

钢材的化学成分直接影响钢材的组织构造，与钢材的机械性能有密切的关系。碳是除铁以外的最主要元素。随着含碳量的增多，钢材的屈服点逐渐提高，而塑性、韧性和焊接性能降低。故碳的含量一般不应超过0.22%，在焊接结构中则应限制在0.20%以下。含硅量高的钢材也有同样影响，含硅量应限制在0.20%以内。含硫量高的钢材强度降低，使钢材热脆，不宜进行热处理。含磷量高的钢材易冷脆，不宜用于制作在低温下工作的钢结构。含氮量和含氧量高的钢材容易变脆。对以上各种化学成分都应加以限制。

锰、钒、硼和镍为有益元素，能够提高钢材的强度、韧性和塑性。

资源8-5

三、允许应力

钢材的强度指标一般用屈服点应力σ_s表示。钢材的允许应力［σ］一般用σ_s除以安全系数K获得，或用σ_s的某一百分比表示。不同的荷载组合、应力区域、内力和管道布置方式应采用不同的允许应力。压力钢管材料的允许应力参阅SL/T 281—2020《水利水电工程压力钢管设计规范》，按表8-1采用。

四、管身构造

压力钢管按管身构造分为无缝钢管、焊接钢管和箍管3种，其中焊接钢管应用最普遍。

表 8-1 **钢管材料允许应力**

应力区域		膜应力区		局部应力区			
荷载组合		基本	特殊	基本		特殊	
产生应力的内力		轴力		轴力	轴力和弯矩	轴力	轴力和弯矩
允许应力	明钢管	$0.55\sigma_s$	$0.70\sigma_s$	$0.67\sigma_s$	$0.85\sigma_s$	$0.80\sigma_s$	$1.00\sigma_s$
	地下埋管	$0.67\sigma_s$	$0.90\sigma_s$	$0.80\sigma_s$	$0.90\sigma_s$	$0.90\sigma_s$	$1.00\sigma_s$
	坝内埋管	$0.67\sigma_s$	$0.80\sigma_s$ $0.90\sigma_s$	$0.80\sigma_s$	$0.90\sigma_s$	$0.90\sigma_s$	$1.00\sigma_s$
	回填管	$0.55\sigma_s$	$0.80\sigma_s$	$0.75\sigma_s$	$0.90\sigma_s$	$0.90\sigma_s$	$1.00\sigma_s$

注 1. 若钢材屈强比 σ_s/σ_b 大于 0.70，应以 $\sigma_s=0.70\sigma_b$ 计算允许应力。
2. 地下埋管和坝内埋管的管壁和加劲环承受外力的允许压应力，应按明管采用。
3. 坝内埋管膜应力区特殊荷载组合允许应力 $0.90\sigma_s$ 仅适用于按明管校核情况，其他情况都用 $0.80\sigma_s$。

焊接钢管是用钢板辊卷成弧形，在工厂用纵缝焊接成管节，运到工地后用横缝逐节拼装。相邻管节的纵缝应错开一定角度，以避免焊缝的薄弱点出现在同一直线上。纵缝和横缝的位置示意图如图 8-3 所示。纵向焊缝不应布置在横断面的水平轴线和垂直轴线上，与其夹角应大于 10°，相邻管节纵缝弧线错距不应小于 300mm。横向焊缝间距，直管不宜小于 500mm；岔管、弯管等结构不宜小于下列各项大值：①10 倍管壁厚度；②300mm。弯管段相邻管节转折角 θ_1 不宜大于 10°，如图 8-4 所示。直径改变的渐变圆锥管，锥顶角 θ_2 不宜大于 7°，如图 8-5 所示。

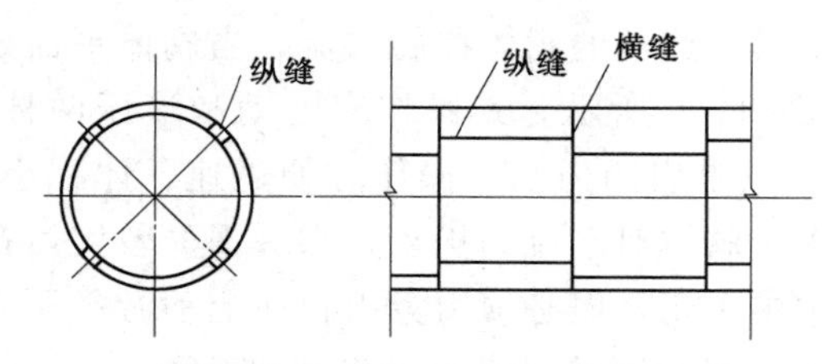

图 8-3 纵缝和横缝布置示意图

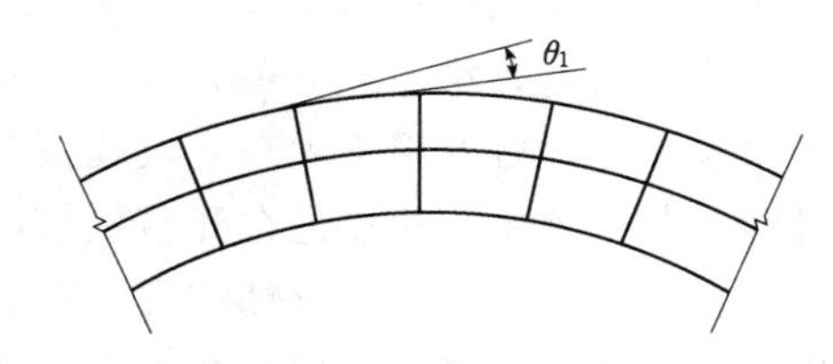

图 8-4 弯管分节示意图

管壁最小厚度（包括壁厚裕量），除满足结构分析要求外，还需要考虑制造工艺、安装、运输等要求，保证必需的刚度。管壁最小厚度不宜小于式（8-6）计算数值，也不应小于 6mm。

$$\delta \geqslant D/800+4 \quad (8-6)$$

式中：D 为钢管内径，mm。δ 值如有小数，应予进位。

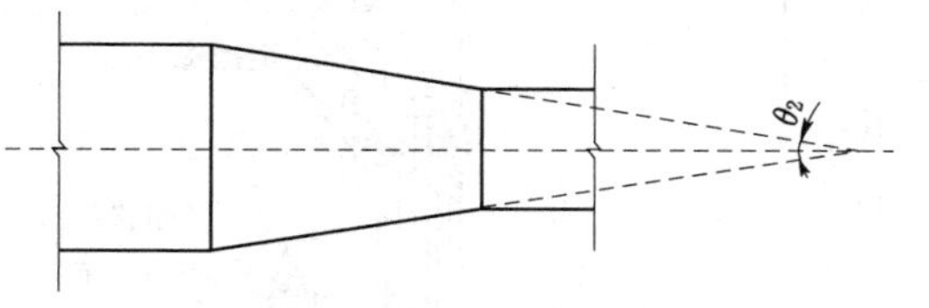

图 8-5 渐变圆锥管示意图

为了消除钢板辊卷和焊接引起的残余应力，符合下列条件之一者应在卷板和焊接后作消除残余应力热处理。

（1）钢管壁厚超过下列数值：Q235、Q245R，$\delta>42$mm；Q355、Q345R，$\delta>38$mm；Q390、Q370R，$\delta>36$mm；高强度钢，$\delta>32$mm。

（2）冷加工成型的钢管壁厚超过下列数值：Q235、Q355、Q345R，$\delta \geqslant D/33$；

Q390、Q370R，$\delta \geqslant D/40$；高强度钢，$\delta > D/57$。

(3) 岔管等形状特殊的管节。

其他钢种经研究后确定。

钢管安装完毕后，圆度偏差不应大于 $5D/1000$，且不超过 40mm。

第五节　压力管道的闸门、阀门和附件

一、闸门及阀门

闸门是用来关闭、开启或局部开启水工建筑物中过水孔口的活动结构。压力管道的进口处常设置平面钢闸门，以便在压力管道发生事故或检修时用以切断水流。平面钢闸门价格便宜，便于制造，应用广泛。

阀门是引水系统中的控制部件，具有截断、调节、导流、防止逆流等功能。在压力管道末端，即蜗壳进口处，是否需要设置阀门则视具体情况而定。如坝身压力管道（单元供水），当水头不高，或单机容量不大，且管道进口处设有事故闸门，则管道末端可不设阀门；如是联合供水或分组供水，或单元供水而水头较高和机组容量较大时，则需在管道末端设置阀门。

阀门的类型很多，有蝴蝶阀、球阀、平板阀、圆筒阀、针阀等，水电站压力管道中蝴蝶阀和球阀应用较多。

资源 8-6

1. 蝴蝶阀

蝴蝶阀由阀壳和阀体构成，以绕立轴或横轴旋转的阀体控制水流，当阀体平面处于与水流方向垂直状态时，阀门关闭，如图 8-6 所示。其操作有电动和液压两种，前者用于小型，后者用于大型。蝴蝶阀的优点是启闭力小，操作方便迅速，体积小，重量轻，造价较低；缺点是在开启状态，由于阀体对水流的扰动，水头损失较大，在关闭状态，止水不够严密。蝴蝶阀可在动水中关闭，但必须用旁通管使上下游平压后开启。它主要适用于直径较大和水头不高的情况。国外最大直径已用到 800cm 以上，最大水头用到 200m。

资源 8-7

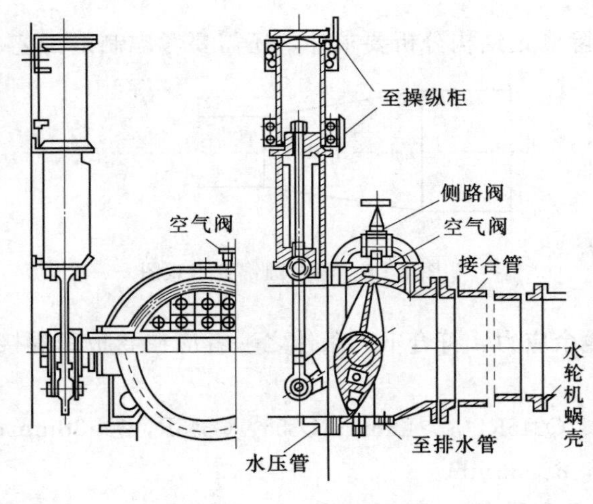

图 8-6　蝴蝶阀

2. 球阀

球阀由球形外壳、可转动的圆筒形阀体及其他附件构成，如图 8-7 所示。当阀体圆筒的轴线与管道轴线呈 90°时，阀门处于关闭状态；当圆筒的轴线与管道轴线一致时，阀门处于开启状态。球阀的优点是在开启状态时无水头损失，止水严密，结构上能承受高压；缺点是结构较复杂，尺寸和重量较大，造价高。球阀同蝴蝶阀一样，可在动水中关闭，但必须用旁通

管使上下游平压后方能开启。它主要适用于高水头电站。

二、附件

明钢管上的附件有伸缩节、通气阀、进人孔、排水管和观测设备等。

1. 伸缩节

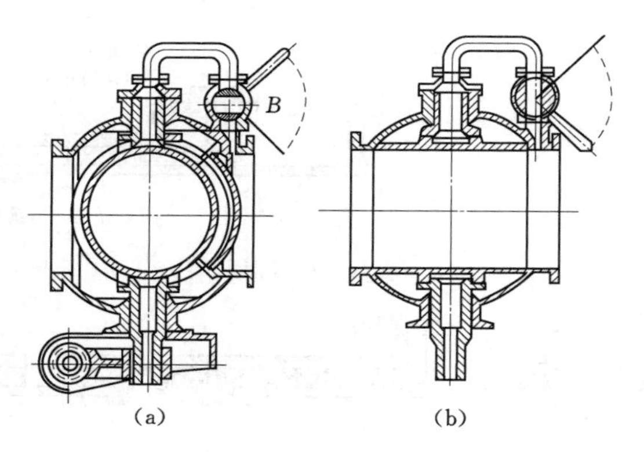

图 8-7 球阀

(a) 关闭状态；(b) 开启状态

资源 8-8

伸缩节即伸缩接头，一般设在上镇墩的下游侧，其作用是在温度升高或降低时，钢管可沿轴向伸缩或角位移，从而消除或减小温度应力。根据功用不同，伸缩节可分为温度伸缩节和温度沉陷伸缩节。温度伸缩节只允许管道沿轴向伸缩，而温度沉陷伸缩节除可轴向伸缩外，还允许有微小的角位移。如地基可能出现较大的变形，则应采用温度沉陷伸缩节，它除了允许管道沿轴向自由变形外，还允许两侧管道发生较大的相对转角。

伸缩节主要有套筒式伸缩节和波纹管伸缩节两大类型。套筒式伸缩节分为单套筒伸缩节和双套筒伸缩节，前者为温度伸缩节，后者为温度沉陷伸缩节，如图 8-8 所示。波纹管伸缩节包括单式波纹管伸缩节和复式波纹管伸缩节。单式波纹管伸缩节由一个波纹管及构件组成，复式波纹管伸缩节由中间管连接的两个波纹管及构件组成，如图 8-9 所示。

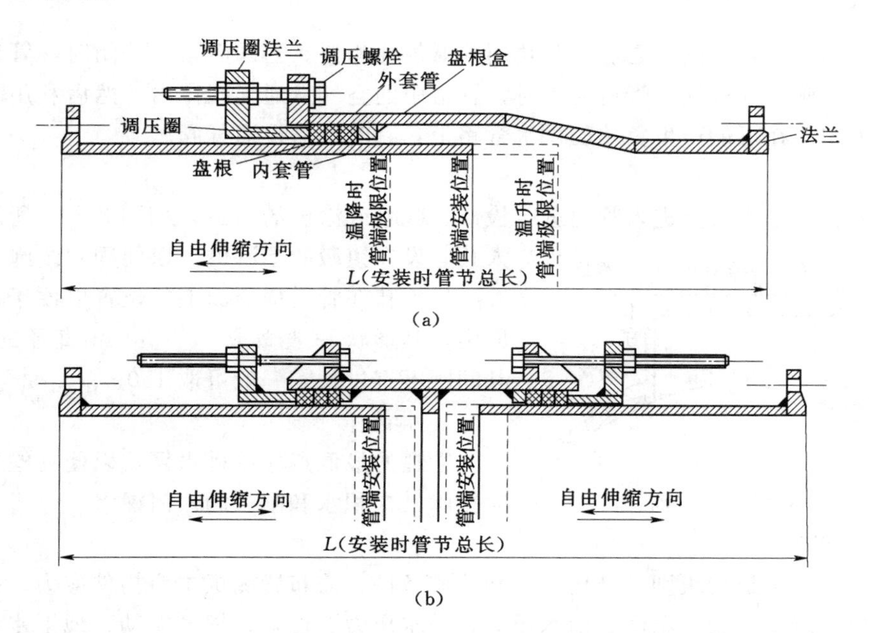

图 8-8 套筒式伸缩节

(a) 单套筒伸缩节；(b) 双套筒伸缩节

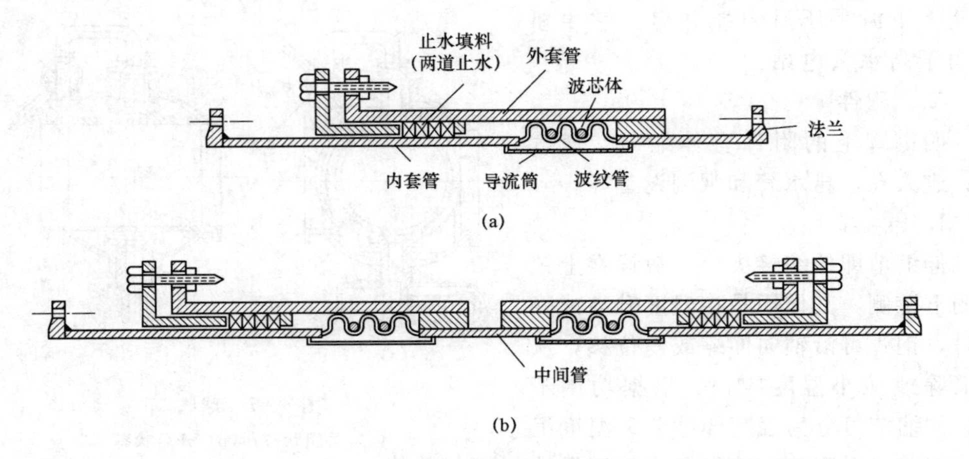

图 8-9　波纹管伸缩节

(a) 单式波纹管伸缩节；(b) 复式波纹管伸缩节

相对于传统的套筒式伸缩节来说，波纹管伸缩节适应三维变形能力较强，具有补偿位移大、无渗漏、安装方便、维修简单、运行可靠、使用寿命长等优点。20 世纪 90 年代之前，我国水电站工程伸缩节主要使用套筒式伸缩节，但在使用过程中发现渗漏现象较多，维护困难，而且随着压力钢管水头增高，渗漏越来越严重，维护也更加困难。而波纹管伸缩节正好能克服这些缺点，因此 20 世纪 90 年代之后，波纹管伸缩节在我国水电站工程中开始得到应用。

2. 通气阀

通气阀常布置在阀门之后，其功用与通气孔相似。当阀门紧急关闭时，管道中的负压使通气阀打开进气；管道充水时，管道中的空气从通气阀排出，然后利用水压将通气阀关闭。在可能产生负压的供水管路上，有时也需设通气阀。

3. 进人孔

进人孔是工作人员进入管内进行检修、观察或涂装的通道，如图 8-10 所示。进人孔宜设在镇墩的上游侧，以便固定缆绳、吊篮等。进人孔在管道横断面上的位置以便于进人为原则，其形状一般做成 45～50cm 直径的圆孔，其间距不宜过长，一般可取 150m。

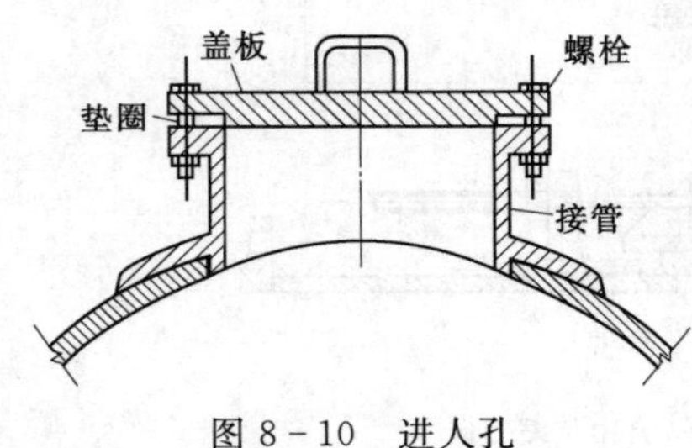

图 8-10　进人孔

4. 排水管

管道的最低点应设排水管，以便在检修管道时排除其中积水和闸（阀）门漏水。

5. 观测设备

根据压力管道的级别、结构特点和地质条件，需布置测试主要构件应力、钢筋应力、外包混凝土应力、温度、内水压力、外水压力、位移、钢管振动、地下水排水流量、渗漏水流量、缝隙、混凝土裂缝、流速、含沙量、水质分析等设备，以实现管道的安全监测，及时发现工程隐患。

第六节　明钢管的布置及结构设计

一、明钢管的布置原则

明钢管的布置原则如下：

（1）钢管应敷设在坚固而稳定的山坡上，以免因地基滑动引起管道破坏。

（2）当山坡坡度较均匀时，沿等高线垂直方向布置管道可获得最短的线路。

（3）为了维护方便，管道底部应高出其下地面0.6m以上。

（4）当山坡地形起伏很大时，管道可能需要在平面上或垂直方向上转弯，在转弯处应设镇墩，将管道固定，不使其有任何位移。若直管段的长度超过150m，在其间也应加设镇墩。

（5）钢管架设在一系列的支墩上，支墩间距应通过钢管应力分析，并考虑安装条件、支座类型、地基条件等因素，经技术经济比较选定。

（6）为了缩短管道长度和减少镇墩数目，并使局部管道不产生负压，在线路通过山坡的凸起部分时，应尽量进行开挖；而通过低洼部分时，应考虑将管道架设在加高的支墩上。

（7）管道的支墩和镇墩应力求布置在坚实的地基上。只有在山坡非常平缓的情况下，才允许在松软的地基上建造镇墩和支墩，但应满足地基的允许应力和不发生滑动的要求。管道线路最好是沿山脊（分水线）布置，避免将管道布置在山水集中的谷地。

（8）为避免钢管一旦发生意外事故时，危及电站设备和人身的安全，应设置事故排水和防冲工程设施。

二、明钢管的敷设方式、支墩和镇墩

（一）敷设方式

明钢管敷设时需设置支墩和镇墩加以固定。镇墩用于承受钢管各方向传来的力，将管道固定在地基上，约束管道在镇墩位置发生位移和转角。支墩布置在镇墩之间，起支撑管身的作用，管身可在支墩上轴向移动。

资源8-9

明钢管的敷设方式可分为连续式和分段式。连续式：两镇墩间的管道连续敷设，中间不设伸缩节，温度变化时，管身将产生很大的轴向应力。分段式：钢管分段敷设，在两镇墩之间设伸缩节。伸缩节一般布置在管段的上端，靠近上镇墩处（图8-11），这样布置可减小伸缩节的内水压力和便于安装，也有利于镇墩的稳定。通常，明钢管的敷设方式宜采用分段式。

资源8-10

资源8-11

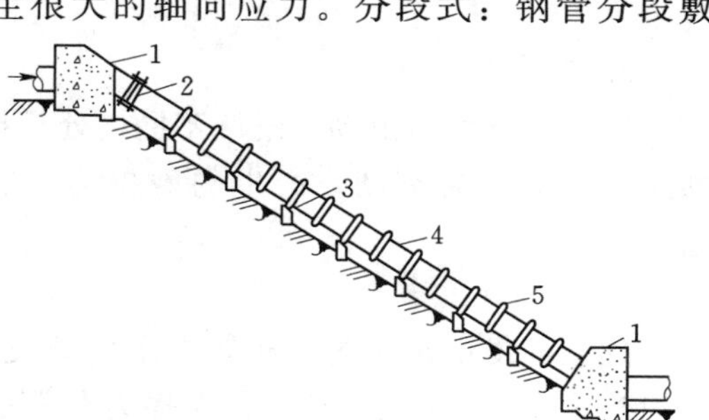

图8-11　明钢管分段敷设方式

1—镇墩；2—伸缩节；3—支墩；4—钢管；5—加劲环

（二）支墩

支墩的作用是承受水重和管道自重在法向的分力，减小管道跨度和弯曲变形。支墩的间距应通过结构计算和经济分析比较确定，一般在6～12m之间选择。大直径的钢管可采用较小的支墩间距。

支墩按管身与支座相对位移，有滑动式、滚动式和摆动式3种类型。

资源8-12

1. 滑动式支墩

滑动式支墩，钢管发生轴向伸缩时，沿支座顶面滑动。滑动式支墩又可分为无支承环鞍形支墩、有支承环鞍形支墩和有支承环滑动支墩3种。无支承环鞍形支墩，如图8-12（a）所示，是将钢管直接支承在一个鞍形混凝土支座上，其包角β在90°～120°之间。为了减少管壁与支座之间的摩擦力，在支座上铺设钢板并在接触面上加润滑剂，如石墨。这种支墩结构简单，但管身与支座之间受力不均匀，摩擦力大。适用于管径小于1m的钢管。有支承环的鞍形支墩是钢管通过支承环安放在鞍形支座上，如图8-12（b）所示，可改善支承部位管壁受力，适用于管径不大于2m的钢管。有支承环滑动支墩，如图8-12（c）所示，支承环放在金属的支承板上，比上面2种支墩的摩擦力更小。适用于管径1～4m的钢管。

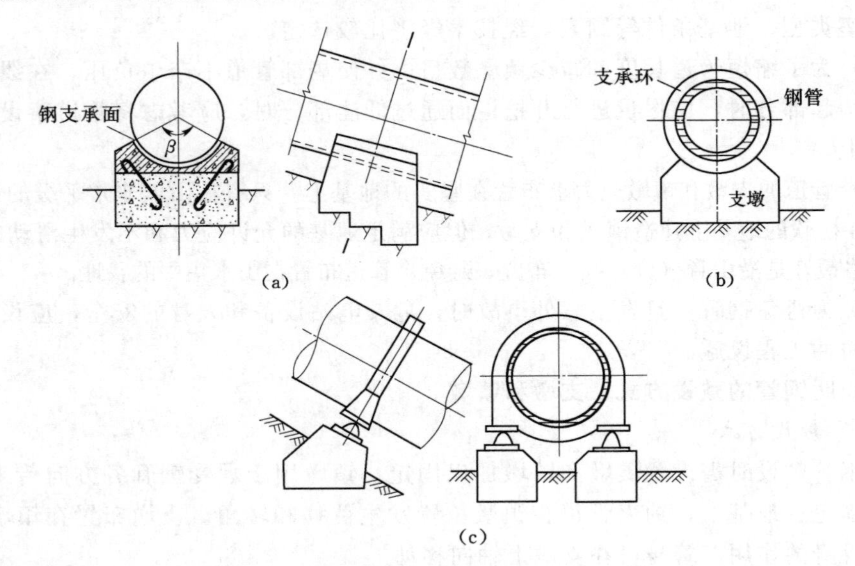

图8-12　滑动式支墩

（a）无支承环鞍形支墩；（b）有支承环鞍形支墩；（c）有支承环滑动支墩

2. 滚动式支墩

滚动式支墩与滑动式支墩不同之处是在支承环与支座之间设有辊轴，如图8-13所示，改滑动为滚动，产生的摩擦力小，适用于垂直荷载较小而管径大于2m的管道。

3. 摆动式支墩

摆动式支墩是在支承环与支座之间设有摆柱，摆柱以铰为中心前后摆动，如图8-14所示。这种支墩产生的摩擦力非常小，适用于垂直荷载较大而管径大于4m的管道。

（三）镇墩

镇墩是依靠自身的重量固定钢管，保持结构稳定，一般采用混凝土浇制。

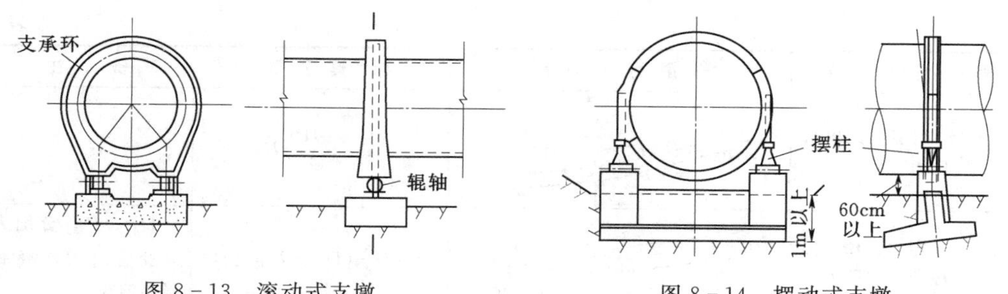

图 8-13　滚动式支墩　　　　图 8-14　摆动式支墩

1. 镇墩的类型

按管道在镇墩上的固定方式，镇墩有封闭式和开敞式两种类型。

（1）封闭式：如图 8-15 所示，将钢管埋设在混凝土墩内，镇墩表面设置温度筋，钢管周围设环向钢筋和一定数量的锚筋。封闭式镇墩结构简单，节省钢材，对管道的固定好，应用广泛。

（2）开敞式：如图 8-16 所示，钢管用锚定环固定在混凝土墩座上。其特点是易检修，但镇墩处管壁受力不够均匀，用于作用力不太大的情况。在我国应用很少。

资源 8-13

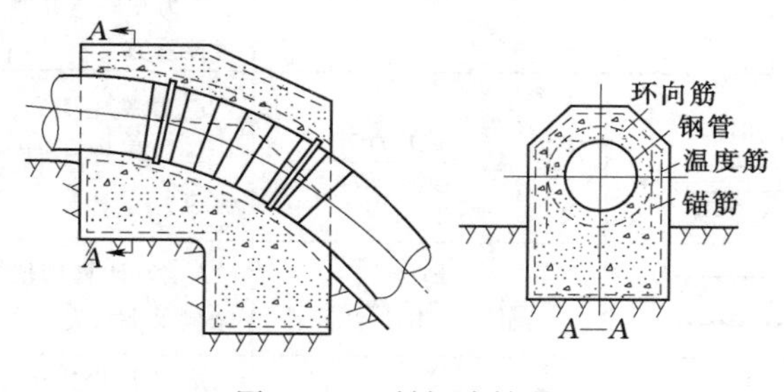

图 8-15　封闭式镇墩

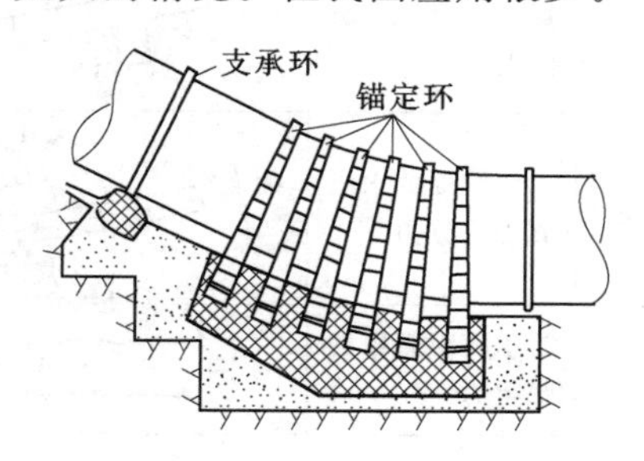

图 8-16　开敞式镇墩

2. 镇墩的设计

镇墩承受的主要外荷载一般包括：①镇墩弯管段的上断面与下断面处内水压力；②镇墩与上游伸缩节之间管长自重在管轴线方向的分力；③管线因温度变化，在伸缩节处和各支墩处产生的摩擦阻力；④镇墩承受的管段自重与水重，管段长取镇墩与上、下游最近支墩跨距之半；⑤镇墩混凝土块体自重。这些荷载在镇墩上产生轴向力、法向力和弯矩，其中以轴向力为主。明钢管作用在镇墩上的轴向力及计算公式见表 8-2。

表 8-2　　压力钢管轴向力一览

序号	作用力名称	作用力示意图	计算公式	备注
1	钢管自重分力	α A_1 L q_P	$A_1=\sum(q_PL)\sin\alpha$	q_P 为单位管长的钢管自重
2	阀门或堵头上的内水压力	A_2 D	$A_2=\frac{\pi D^2}{4}\gamma H$	D 为钢管内径；γ 为水体重度；H 为该处的水头

续表

序号	作用力名称	作用力示意图	计算公式	备注
3	弯管处的内水压力	D, A_3, A_3	$A_3=\frac{\pi D^2}{4}\gamma H$	
4	钢管直径变化段的内水压力	D_{01}, A_4, D_{02}	$A_4=\frac{\pi}{4}(D_{01}^2-D_{02}^2)\gamma H$	D_{01}、D_{02} 分别为渐变管最大内径和最小内径
5	伸缩节边缘处的内水压力	A_5, A_5, D_1, D_2	$A_5=\frac{\pi}{4}(D_1^2-D_2^2)\gamma H$	D_1、D_2 分别为套筒式伸缩节外套管外径和内径
6	温度变化时套筒式伸缩节止水填料的摩擦力	A_6, A_6, b, D_1	$A_6=\pi D_1 b f_k \gamma H$	f_k 为填料与管壁的摩擦系数
7	温度变化时钢管与支墩的摩擦力	位移方向, A_7, α, q	$A_7=\sum(qL)f\cos\alpha$	q 为单位管长的钢管自重与水重之和；f 为支座与管壁的摩擦系数
8	弯管处的水流离心力分力	D, θ, v_0, A_8, F_r, A_8	$A_8=\frac{\pi D^2}{4}\frac{\gamma v_0^2}{g}$	F_r 为离心力；v_0 为管中平均流速
9	水流对管壁的摩阻力	D, A_9	$A_9=\frac{\pi D^2}{4}\gamma h_w$	h_w 为计算管段的摩阻水头损失
10	钢管横向变形引起的力（管壁厚度不变）	横向变形, A_{10}	$A_{10}=\mu_s\sigma_\theta\pi D\delta$	μ_s 为泊松比；σ_θ 为管壁的环向应力；δ 为管壁厚度
11	温度变化时管壁的力（管壁厚度不变）		$A_{11}=\alpha_s E_s \Delta t\pi D\delta$	α_s 为线膨胀系数；E_s 为弹性模量；Δt 为温度差

镇墩除承受表 8-2 中所列轴向力外，还承受部分管重和水重产生的垂直管轴方向的法向力。

管重产生的法向力 Q_P 可近似地表达为

$$\left.\begin{aligned}Q_{P1}=q_{P1}L_1\cos\alpha_1\\Q_{P2}=q_{P2}L_2\cos\alpha_2\end{aligned}\right\}\tag{8-7}$$

式中：q_{P1}、q_{P2} 分别为镇墩上、下游管段单位管长的管重，N/m；α_1、α_2 分别为镇墩上、下游管段的倾角，(°)；L_1、L_2 分别为镇墩与上、下游相邻支墩间管道长度的一半，m。

水重产生的法向力 Q_w 可近似地表达为

$$\left.\begin{aligned}Q_{w1}=q_{w1}L_1\cos\alpha_1\\Q_{w2}=q_{w2}L_2\cos\alpha_2\end{aligned}\right\}\tag{8-8}$$

式中：q_{w1}、q_{w2} 分别为镇墩上、下游管段单位管长的水重，N/m。

求出作用于镇墩上的各种荷载后，按照温升、温降、满水、放空等情况，找出最不利组合，在满足相关规范规定的前提下，设计出镇墩的形状和尺寸。镇墩设计主要包括抗滑稳定、地基应力校核和细部结构设计。镇墩的强度一般较容易满足，其体积常常取决于稳定需求。

求出轴向力和法向力的水平合力$\sum X$ 和垂直合力$\sum Y$，设镇墩自重（包括镇墩范围内的管重和水重）为 G，镇墩与地基间的摩擦系数为 f_c，则镇墩的抗滑安全系数为

$$K_c=\frac{f_c(\sum Y+G)}{\sum X} \tag{8-9}$$

K_c 一般不小于 1.5，从而可求出镇墩的所需重量

$$G=\frac{K_c\sum X}{f_c}-\sum Y \tag{8-10}$$

根据所需的重量初步拟定镇墩的轮廓尺寸。对初拟的轮廓尺寸进行地基应力校核，以保证最小地基应力 σ_{min} 必须为压应力，避免镇墩底面出现拉应力；对于软基上的镇墩，最大地基应力 σ_{max} 不能超过地基的允许应力，且最小和最大地基应力应力求均匀，以减小不均匀沉陷。最大和最小地基应力由下式计算：

$$\sigma_{\substack{max\\min}}=\frac{\sum Y}{A}\pm\frac{6\sum M}{AB} \tag{8-11}$$

式中：$\sum M$ 为合力矩，N·m；A 为镇墩基底面积，m^2；B 为镇墩长度，m。

镇墩上游面为使钢管受力均匀而垂直管轴，管道的外包混凝土厚度不宜小于管径的 0.4～0.8 倍。

在岩基上，为了减小镇墩的尺寸，可将底面做成倾斜的台阶形，使倾斜面与合力接近垂直，抗滑稳定计算可沿倾斜面进行，但这样做必须以地基充分可靠、滑动面不会通过地基内部为前提。

软基上镇墩的底面必须在冰冻线以下。对有软弱夹层的地基，还应验算通过地基内部发生深层滑动的可能。

开敞式的镇墩需用锚定环将管道固定在混凝土底座上，锚定环附近的管身应力复杂，允许应力应降低 10%。

三、管身应力分析及结构设计

（一）荷载及组合

1. 荷载

作用在管身上的荷载一般有以下几种：

（1）内水压力。包括各种静水压力和水击压力，水压试验和充、放水时的水压力，管径变化处、转弯处及作用在阀门、堵头、伸缩节上的内水压力等。

（2）钢管自重。

（3）钢管内满水重。

（4）温度变化引起的力。

（5）转弯处的离心力。

(6) 镇墩和支墩不均匀沉降引起的力。

(7) 风荷载。

(8) 雪荷载。

(9) 施工荷载。

(10) 地震荷载。

(11) 管道放空时通气设备失灵造成的负压。

作用于管身轴向力的受力简图和计算公式见表8-2。镇墩、支墩不均匀沉降引起的力、风荷载、雪荷载、施工荷载、地震荷载及管道放空时通气设备失灵造成的负压等荷载可参考有关规范。直径和跨度很大而水头不高、管壁较薄的钢管部分充水时，会在管壁引起较大的弯曲应力，需考虑充水、放水过程中管内部分水重的情况。

2. 计算工况与荷载组合

进行明钢管结构分析时，必须根据工程的具体情况按不同的计算工况对上述荷载进行组合，找出控制工况。

荷载组合包括基本组合和特殊组合两大类。基本组合对应正常运行工况、放空工况；特殊组合对应特殊运行工况、水压试验工况、施工工况、充水工况、地震工况。根据各种工况荷载出现的具体情况，可完成相应的计算荷载组合。

明钢管一般由直管段、弯管段和岔管段等管段组成。直管段的设计主要包括管壁、支承环、加劲环、进人孔等的设计。以下重点介绍明钢管直管段设计。

资源8-14

(二) 作用在管身上的外力

作用在管身上的外力按其作用方向可分为径向力、法向力和轴向力3种。

1. 径向力的计算

作用在管身上的内水压力属于径向力，它在管壁中主要产生环向拉应力，是管身所承受的最主要的外荷载。当管径较小、水头较高时，内水压力 $p_0=\gamma H_0$，γ 为水体重度，H_0 为设计水头（等于管道进口处上游水位减去管道计算断面中心高程）。考虑水击压力时尚需加上水击水头 ΔH，则可得作用在管身的总内水压力 $p=\gamma(H_0+\Delta H)$。

当管径较大、水头相对不高时，则管道断面上部与下部的内水压力将有显著差别，此时应考虑不均匀水压情况。假如管道纵轴线与地面水平夹角为 α，对于与管道断面中心垂线夹角为 θ 的管内壁上，其内水压力 p_0 为（图8-17）

$$p_0=\gamma(H_0-r\cos\alpha\cos\theta)=\gamma(H_0-r\cos\alpha)+\gamma r\cos\alpha(1-\cos\theta) \tag{8-12}$$

式中右侧第一项为均匀水压力，第二项为满水压力，如图8-18所示。

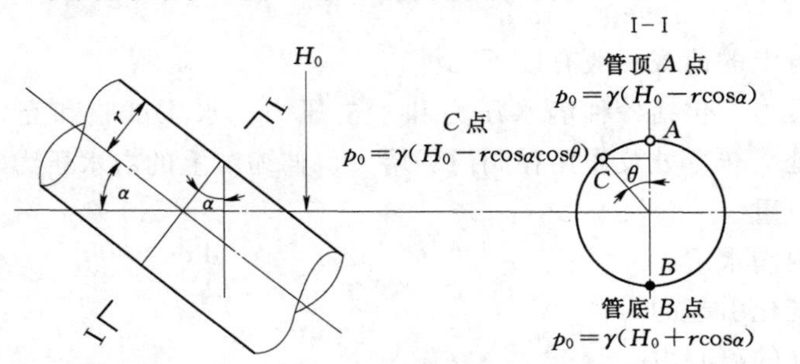

图8-17 管道内水压力计算示意图

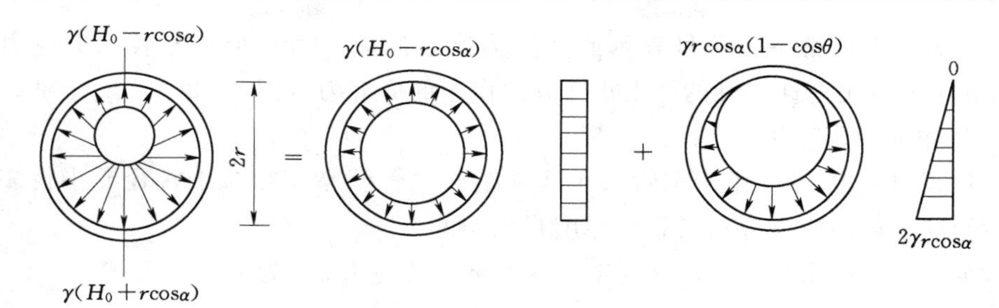

图 8－18　管道内水压力分解图

A 点（管顶）：$\theta=0°$，$\cos\theta=1$，$p_0=\gamma(H_0-r\cos\alpha)$

B 点（管底）：$\theta=180°$，$\cos\theta=-1$，$p_0=\gamma(H_0+r\cos\alpha)$

2. 法向力的计算

法向力是指垂直于管道纵轴线方向的作用力。它使管道产生弯曲，相当于连续梁。法向力主要为管道自重与水重在垂直于管轴方向上的分力。设 q_P 和 q_w 分别代表单位管长的管道自重和水重，可得作用在每一支墩上的法向力 G 为

$$G=(q_P+q_w)L\cos\alpha \tag{8-13}$$

式中：L 为支墩间距。

3. 轴向力的计算

作用在管身上的轴向荷载较多，它们将在管身中产生轴向压应力或拉应力，同时这些荷载也是支墩和镇墩的推力或拉力。各作用力计算公式及作用力简图列于表 8－2 中。

如果管道上不设伸缩节，那就不会产生 A_5、A_6、A_7 三个轴向力。但此时由于管道完全固定在相邻两镇墩中，须考虑由于管道径向受力变形所引起的轴向力 A_{10} 和由于温度变化所引起的轴向力 A_{11}。显然，这时管身应力状态要比具有伸缩节的管道复杂得多。

（三）管身应力分析和结构设计

资源 8－15

支承在一系列支墩上的直管段在法向力的作用下类似一根连续梁。根据受力特点，管身的应力分析可取如图 8－19 所示的 4 个典型断面：跨中断面①—①（整体膜应力）；支承环附近断面②—②（局部膜应力）；加劲环断面③—③；支承环断面④—④。

管身应力分析采用的坐标系：以 x 表示管道轴向，r 表示管道径向，θ 表示管道切向（环向），这三个方向的正应力以 σ_x、σ_r、σ_θ 表示（图 8－20），并规定以拉应力为正，压应力为负。

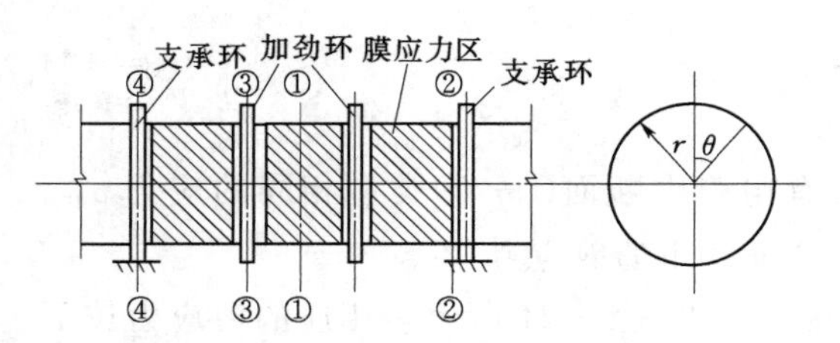

图 8－19　管身应力分析 4 个典型断面示意图

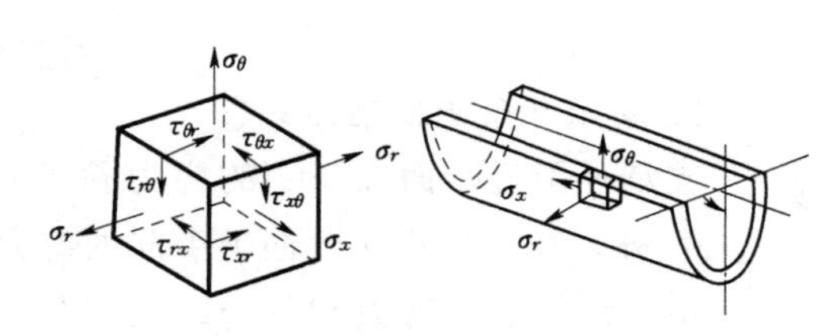

图 8－20　管壁单元体的应力状态

剪应力的下标第一个符号表示此剪应力所在的面，第二个符号表示剪应力的方向，如 $\tau_{x\theta}$ 表示在垂直 x 轴的面上沿 θ 方向作用的剪应力（图 8－20）。

1. 跨中断面①—①

（1）环向应力 $\sigma_{\theta 1}$：由于钢管属于薄壳结构，管壁厚度相对于管径要小得多，故可认为管壁上环向应力分布沿管壁厚度是均匀的。

由径向力（内水压力 p）在管壁产生的环向拉应力 $\sigma_{\theta 1}$ 为

$$\sigma_{\theta 1}=\frac{pr}{\delta}-\frac{\gamma r^2}{\delta}\cos\alpha\cos\theta \tag{8-14}$$

式中：r 为钢管内半径，m；δ 为钢管壁厚度，m。

式（8－14）中第二项数值很小，经常忽略不计。当 $r\cos\alpha\cos\theta>0.05H_0$ 才计入，这样就有

$$\sigma_{\theta 1}=\frac{pr}{\delta} \tag{8-15}$$

其中，$p=\gamma(H_0+\Delta H)$，Pa。式（8－15）通常称为“锅炉”公式。

（2）径向应力 σ_r：由径向力（内水压力 p）在管内壁产生的径向压应力为 $\sigma_r=-p$，σ_r 渐变到管外壁为零。由于它较环向应力等应力值小很多，一般计算中可以忽略。

（3）轴向应力 σ_x：由轴向力和法向力引起。

轴向力见表 8－2，设轴向力总和为 $\sum A$，管壁横断面面积 F_δ 为

$$F_\delta=2\pi r\delta \tag{8-16}$$

由轴向力产生的轴向应力为

$$\sigma_{x1}=\frac{\sum A}{F_\delta}=\frac{\sum A}{2\pi r\delta} \tag{8-17}$$

在法向力的作用下，钢管将发生弯曲，在管壁上产生弯曲正应力 σ_{x2}，可按下式计算：

$$\sigma_{x2}=-\frac{My}{J}=-\frac{M\cos\theta}{\pi r^2\delta} \tag{8-18}$$

式中：J 为钢管环形断面惯性矩，m^4，$J=\frac{\pi D^3\delta}{8}$；$M$ 为法向力产生的弯矩，N·m，由连续梁求出 $M=(q_p+q_w)L^2\cos\alpha/10$（图 8－21）；$y$ 为应力计算点距中性轴距离，m，$y=r\cos\theta$。

则总的轴向应力为

$$\sigma_x=\sigma_{x1}+\sigma_{x2} \tag{8-19}$$

2. 支承环附近断面②—②

支承环附近断面②—②的应力除了具有与跨中断面①—①类型相同的应力 $\sigma_{\theta 1}$、σ_r、σ_x 外，还具有由于法向力引起的剪力 Q 而产生的剪应力 $\tau_{x\theta}$。

由连续梁求出剪力 $Q=(q_P+q_w)L\cos\alpha/2$，如图 8－21 所示，相应的剪应力按下式计算：

$$\tau_{x\theta}=\frac{QS}{bJ}=\frac{Q}{\pi r\delta}\sin\theta \quad (8-20)$$

式中：Q 为钢管横断面上的剪力，N；S 为计算点水平线以上管壁面积对中心轴的面积矩，m^3，$S=2r^2\delta\sin\theta$；J 为管道计算断面惯性矩，m^4；b 为受剪断面净宽度，m，此处 $b=2\delta$。

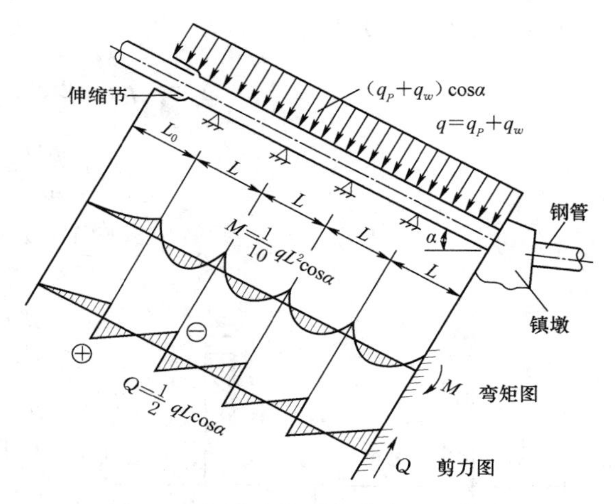

图 8-21　法向力引起的弯矩和剪力

3. 加劲环断面③—③

钢管承受内水压力时，管壁将向外移。由于加劲环的约束，加劲环附近管壁发生局部弯曲，因而产生了局部应力，如图 8-22 所示。

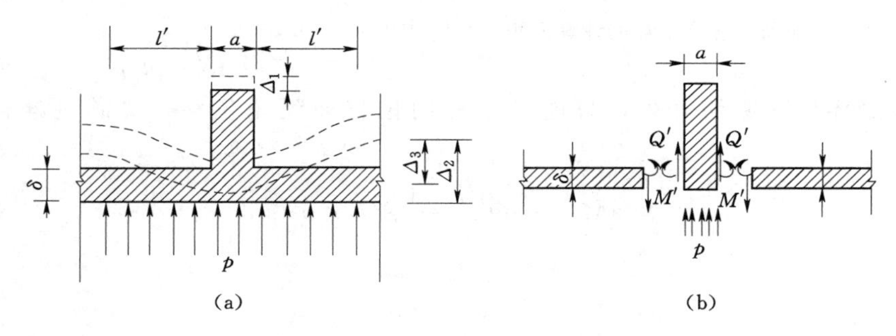

图 8-22　加劲环及其旁管壁变形示意图

(a) 管壁局部变形；(b) 切口处均布的径向弯矩和剪力

(1) 轴向应力 σ_x：由轴向力及法向力引起的轴向应力 σ_{x1} 和 σ_{x2} 的计算同断面①—①。断面③—③受加劲环约束，产生附加弯矩，由附加弯矩引起附加轴向应力 σ_{x3}。

从弹性理论可知，加劲环对管壁的影响只限于较小一段管长范围，其每侧管段的影响长度 l' 为

$$l'=\frac{\sqrt{\delta r}}{\sqrt[4]{3(1-\mu_s^2)}}\approx 0.78\sqrt{r\delta} \quad (8-21)$$

对 l' 范围以外部分，不考虑局部应力的影响。

在加劲环旁与管壁切开，切口处存在着径向剪力 Q' (N/m) 和弯矩 M' (N)，如图 8-22 (b) 所示。其受力后变形如图 8-22 (a) 所示。图中：Δ_1 为加劲环径向变位；Δ_2 为无加劲环约束时的管壁径向变位；Δ_3 为有加劲环约束时的管壁径向变位。

则有变形相容条件：

$$\Delta_3=\Delta_2-\Delta_1 \quad (8-22)$$

由弹性理论可以证明：

$$\Delta_1=(pa+2Q')\frac{D^2}{4E_sF'_R} \tag{8-23}$$

$$\Delta_2=\frac{pD^2}{4\delta E_s} \tag{8-24}$$

$$\Delta_3=\frac{3Q'(1-\mu_s^2)}{E_s\delta^3}(l')^3 \tag{8-25}$$

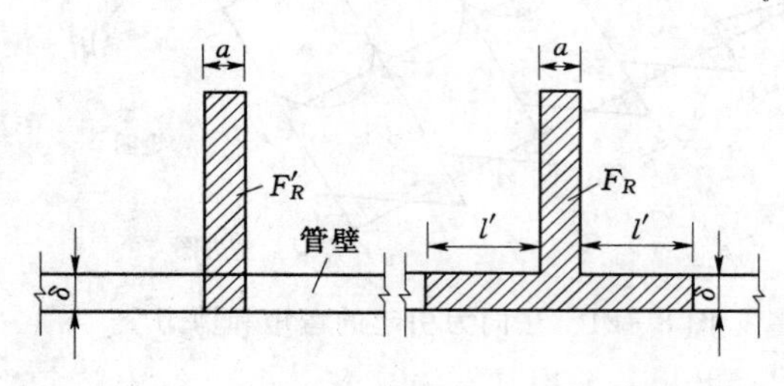

图 8-23　加劲环或支承环的计算面积

式中：F'_R为加劲环的净截面，m^2，如图 8-23 所示；a 为加劲环宽度，m；E_s、μ_s 分别为钢管的弹性模量（Pa）和泊松比。

将Δ_1、Δ_2、Δ_3代入式（8-22）变形相容条件，可以求得附加剪力 Q' 如下：

$$Q'=\beta l'p \tag{8-26}$$

在加劲环与管壁切开处，只能产生径向位移而无角位移，要满足这样条件，只能：

$$M'=\frac{1}{2}Q'l'=\frac{1}{2}\beta(l')^2p \tag{8-27}$$

其中

$$\beta=\frac{F'_R-a\delta}{F'_R+2\delta l'}$$

由附加弯矩 M'引起的附加的轴向应力为

$$\sigma_{x3}=\frac{6M'}{\delta^2}=1.816\beta\sigma_{\theta1} \tag{8-28}$$

由上式可知，由于加劲环的约束，内水压力所产生的最大局部弯曲应力等于其所产生的最大环向应力的 1.816 倍。

总的轴向应力为

$$\sigma_x=\sigma_{x1}+\sigma_{x2}+\sigma_{x3} \tag{8-29}$$

（2）剪应力：

由附加剪力 Q'引起的附加剪应力τ_{xr} 为

$$\tau_{xr}=\frac{6Q'}{\delta^3}\left(\frac{\delta^2}{4}-y^2\right) \tag{8-30}$$

式中：y 为沿管壁厚度方向的计算点到管壁截面形心的距离，m。

τ_{xr} 值很小，可以忽略不计。由管重和水重引起的剪应力 $\tau_{x\theta}$ 仍用式（8-20）计算。

（3）切向应力 $\sigma_{\theta2}$：加劲环断面，除承受原径向均匀内水压力 pa 外，还承受管壁对加劲环的剪力 $2Q'$，在这两项荷载作用下，产生的切向应力为

$$\sigma_{\theta2}=r(pa+2Q')/F'_R \tag{8-31}$$

将式（8－26）和式（8－27）中的 F_R' 代入上式得

$$\sigma_{\theta 2}=\frac{pr}{\delta}(1-\beta) \tag{8-32}$$

4. 支承环断面④—④

由于支承环与加劲环在形式上具有相同的特点，因而断面④—④的管壁应力 σ_{x1}、σ_{x2}、σ_{x3}、$\sigma_{\theta 2}$、$\tau_{\theta x}$、$\tau_{x\theta}$ 的计算方法与断面③—③相同。

断面④—④与断面③—③的不同之处在于支承环要传递管重、水重产生的法向力给支墩，且支承环受到支承反力作用，从而在支承环内产生附加应力。支承环支承型式和结构不同，应力状态不同。

水电站明钢管支承环的支承类型有侧支承和下支承两种，如图 8－24 所示。图中点划线为支承环有效截面重心轴。

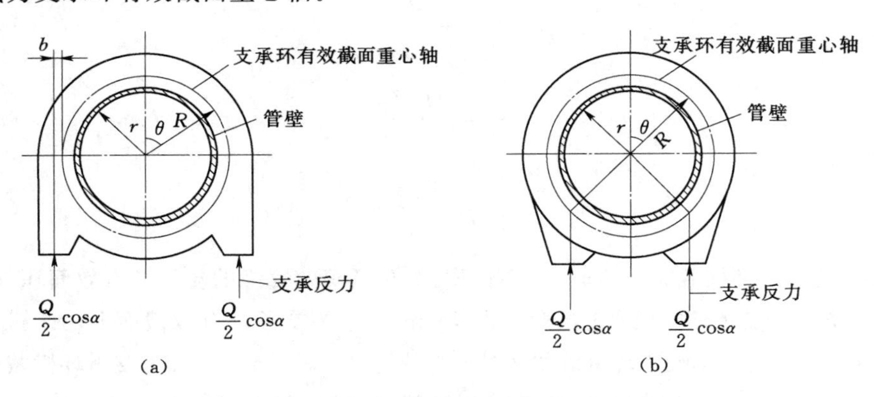

图 8－24 支承环的支承型式

(a) 侧支承；(b) 下支承

支承环所承受的主要荷载有管重和水重法向分力产生的剪力，以及支墩每侧的支承力。在以上荷载作用下的支承环为一个对称荷载作用下的圆环，是一个 3 次超静定结构。可用弹性力学法求得任一截面的弯矩 M_R、轴力 N_R 和剪力 T_R，各力计算公式见表 8－3。从表中可以看出支承环的内力除与荷载和几何尺寸有关外，也与支点的位置有关，图 8－25 所示为支承环各断面内力示意图（$b/R=0.04$，其中 b 为支承点离支承环断面形心的水平距离；R 为支承环断面形心的曲率半径；如图 8－24 所示）。

表 8－3　　支承环内力的计算公式

计算情况	内力及反力	侧支承	下支承
正常情况（管重和管内水重作用）	N_R	$Q\cos\alpha(K_1+B_1K_2)$	$Q\cos\alpha(K_7+B_0K_2)$
	T_R	$Q\cos\alpha(K_5+CK_6)$	$Q\cos\alpha(K_8+C_0K_6)$
	M_R	$QR\cos\alpha\left(K_3+\frac{b}{R}K_4\right)$	$QR\cos\alpha(K_7-0.5K_2D_3+E_0)$

注 1. 对于侧支承环，当 $b/R=0.04$ 时，最大正弯矩等于最大负弯矩的绝对值，使支承环材料可以得到充分利用。
2. 式中系数 $K_1\sim K_8$、B_0、B_1、C、C_0、D_3、E_0 可查相关规范求得。

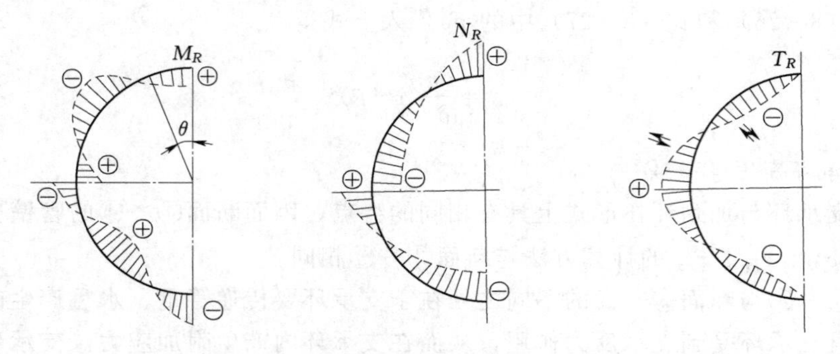

图 8-25　支承环各断面内力示意图 ($b/R=0.04$)

当支承环内力确定后，由此产生的应力分别为

$$\sigma_{\theta 3}=\frac{N_R}{F_R} \tag{8-33}$$

$$\sigma_{\theta 4}=\frac{M_R Z_R}{J_R} \tag{8-34}$$

$$\tau_{\theta r}=\frac{T_R S_R}{J_R a} \tag{8-35}$$

式中：N_R 为支承环横截面上的轴力，N；F_R 为包括等效翼缘的支承环有效面积（图 8-23），m^2；M_R 为支承环横截面上的弯矩，N·m；Z_R 为支承环有效截面上，计算点至重心轴的距离，m；J_R 为支承环有效截面对重心轴的惯性矩，m^4；T_R 为支承环横截面上的剪力，N；S_R 为支承环有效截面上计算点以外部分对重心轴的面积矩，m^3。

以上重点介绍了明钢管在水压、自重等荷载作用下 4 个典型断面管壁的应力计算公式，汇总表见表 8-4。至于在地震、风、雪等荷载作用下明钢管的管壁应力计算方法在此不一一介绍，可查阅相关规范。

表 8-4　　壁、加劲环、支承环应力计算公式（结构力学法）

断面	应力				计算公式
	跨中断面 ①—①	支承环附近断面 ②—②	加劲环断面 ③—③	支承环断面 ④—④	
纵向	$\sigma_{\theta 1}$	$\sigma_{\theta 1}$			$\sigma_{\theta 1}=\frac{pr}{\delta}-\frac{\gamma r^2}{\delta}\cos\alpha\cos\theta$
			$\sigma_{\theta 2}$	$\sigma_{\theta 2}$	$\sigma_{\theta 2}=\frac{pr}{\delta}(1-\beta)$
				$\sigma_{\theta 3}$	$\sigma_{\theta 3}=\frac{N_R}{F_R}$
				$\sigma_{\theta 4}$	$\sigma_{\theta 4}=\frac{M_R Z_R}{J_R}$
				$\tau_{\theta r}$	$\tau_{\theta r}=\frac{T_R S_R}{J_R a}$
			$\tau_{\theta x}$	$\tau_{\theta x}$	$\tau_{\theta x}=\tau_{x\theta}$

续表

断面	应力				计算公式
	跨中断面 ①—①	支承环附近断面 ②—②	加劲环断面 ③—③	支承环断面 ④—④	
横向	σ_{x1}	σ_{x1}	σ_{x1}	σ_{x1}	$\sigma_{x1}=\dfrac{\sum A}{2\pi r\delta}$
	σ_{x2}	σ_{x2}	σ_{x2}	σ_{x2}	$\sigma_{x2}=-\dfrac{M\cos\theta}{\pi r^2\delta}$
			σ_{x3}	σ_{x3}	$\sigma_{x3}=1.816\beta\sigma_{\theta 1}$
		$\tau_{x\theta}$	$\tau_{x\theta}$	$\tau_{x\theta}$	$\tau_{x\theta}=\dfrac{Q}{\pi r\delta}\sin\theta$
			τ_{xr}	τ_{xr}	$\tau_{xr}=\dfrac{6Q'}{\delta^3}\left(\dfrac{\delta^2}{4}-y^2\right)$
径向	σ_r	σ_r	σ_r	σ_r	$\sigma_r=-p$

表 8-4 中应力所在的纵向、横向断面如图 8-26 所示。因 σ_r、τ_{xr} 值均较小，计算时一般可忽略不计。

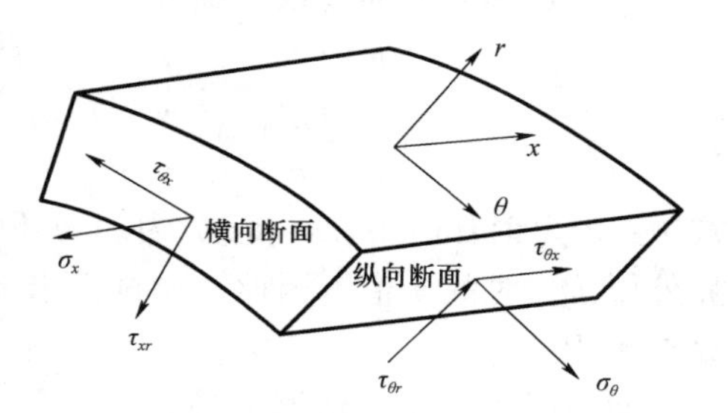

图 8-26　应力所在断面示意

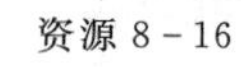
资源 8-16

（四）管壁强度的校核

钢管的工作处于多向应力状态，强度校核的方法是求出计算应力与允许应力作比较。如果不满足要求，则应重新调整管壁厚度或支墩间距，重新计算，直到满足要求。计算应力可以按三维空间问题确定，也可以忽略径向应力按二维平面问题确定。

（1）按三维空间问题计算应满足：

$$\sqrt{\sigma_x^2+\sigma_r^2+\sigma_\theta^2-\sigma_x\sigma_r-\sigma_x\sigma_\theta-\sigma_r\sigma_\theta+3(\tau_{xr}^2+\tau_{x\theta}^2+\tau_{r\theta}^2)}\leqslant\phi[\sigma] \qquad (8-36)$$

（2）按二维平面问题计算应满足：

$$\sqrt{\sigma_x^2+\sigma_\theta^2-\sigma_x\sigma_\theta+3\tau_{x\theta}^2}\leqslant\phi[\sigma] \qquad (8-37)$$

式中：ϕ 为焊缝系数，双面对接焊，$\phi=0.95$；单面对接焊、有垫板，$\phi=0.90$；$[\sigma]$ 为相应计算工况的钢材允许应力，Pa。

（五）钢管抗外压稳定校核

钢管是一种薄壳结构，能承受较大的内水压力，引起拉应力。但其抵抗外压的能力较低，易失去弹性稳定性而屈曲成波形，失去承载能力，如图 8-27 所示。

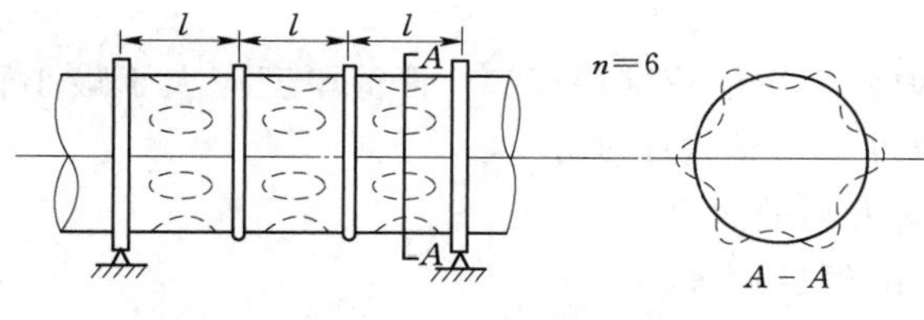

图 8-27　有加劲环的钢管管壁屈曲波形示意图

可能失去弹性稳定性的情况（外荷载）主要有：①水管放空时通气孔失灵引起的负压；②运输、安装时承受的外力。因此在按强度和构造初步确立管壁厚度之后，还需进行抗外压稳定校核。

在不同的外压作用下，管壁有可能失稳。当外压 P 小于钢管的允许外压时，管壁是稳定的，即

$$P \leqslant \frac{P_{cr}}{K} \tag{8-38}$$

式中：P_{cr} 为临界外压，Pa；K 为安全系数，管壁和加劲环安全系数 $K=2.0$。

下面介绍明钢管在均匀径向外压作用下临界外压的计算。

（1）自由伸缩圆管，无加劲环的临界外压：

$$P_{cr}=2E_s\left(\frac{\delta}{D}\right)^3 \tag{8-39}$$

式中：D 为钢管内径，m；E_s 为钢管弹性模量，Pa。对于平面变形问题，上式中的 E_s 应以 $E_s/(1-\mu_s^2)$ 代换，μ_s 为钢管泊松比。如不能满足抗外压稳定要求，设置加劲环一般比增加管壁厚度经济。

（2）加劲环中间管段的临界外压：

$$P_{cr}=\frac{E_s}{(n^2-1)\left(1+\dfrac{n^2l^2}{\pi^2r^2}\right)^2}\frac{\delta}{r}+\frac{E_s}{12(1-\mu_s{}^2)}\left(n^2-1+\frac{2n^2-1-\mu_s}{1+\dfrac{n^2l^2}{\pi^2r^2}}\right)\left(\frac{\delta}{r}\right)^3 \tag{8-40}$$

式中：r 为钢管内半径，m；l 为加劲环间距，m；n 为屈曲波数，应采用相应最小临界外压 P_{cr} 时的 n 值，因此需要试算求 n 值。假定不同的 n，用试算法求出最小的临界外压 P_{cr}。

初估时可按下式估算 n 值：

$$n=2.74\left(\frac{r}{l}\right)^{1/2}\left(\frac{r}{\delta}\right)^{1/4} \tag{8-41}$$

再以 $n+1$、$n-1$ 连同上述计算的 n 值 3 个数代入 P_{cr} 式，取 P_{cr} 最小值即为所求之临界外压，相应 n 值亦可决定；其他符号意义同前。

（3）加劲环自身稳定的临界外压：

$$P_{cr}=\frac{3E_sJ_R}{R^3l} \tag{8-42}$$

$$P_{cr}=\frac{\sigma_sF_R}{rl} \tag{8-43}$$

式中：R 为加劲环断面形心的曲率半径，m；σ_s 为屈服点应力，Pa；其他符号同前。

取以上两式计算较小值。

（六）确定管壁厚度步骤

根据以上明钢管管身应力分析和结构设计的内容，归纳确定管壁厚度的步骤如下：

（1）根据钢管的允许应力，用锅炉公式初估管壁厚度 δ。管壁厚度应大于最小管壁厚度；计算厚度 δ 加上 2mm 锈蚀厚度，得结构厚度 δ_0。

（2）荷载计算，包括径向力、法向力和轴向力。

（3）管壁应力计算，此时不计 2mm 锈蚀厚度。

（4）管壁强度的校核。

（5）抗外压稳定校核。此时不计 2mm 锈蚀厚度，若稳定性不符合要求，宜用加劲环，此后对加劲环中间断面及加劲环自身稳定进行校核。

【例 8-1】 某水电站地面压力钢管布置如图 8-28 所示。已知钢管内径 $D=2\text{m}$，末跨中心①—①断面的计算水头（包括水击压力）$H=56.25\text{m}$，支承环附近②—②断面的计算水头 $H=49.08\text{m}$，伸缩节断面的计算水头 $H'=7.89\text{m}$，支墩间距 16m，计算管段上下镇墩间距 64m，钢管轴线与水平面倾角 $\alpha=44°$，伸缩节距上镇墩 2m，伸缩节内止水填料长度 $b=30\text{cm}$，填料与管壁摩擦系数 $f_k=0.3$，支承环的摩擦系数 $f=0.1$。钢管采用 Q235 型钢材，弹性模量 $E_s=2.1\times10^5\text{MPa}$，考虑基本荷载时的允许应力 $\phi[\sigma]=105\text{MPa}$，考虑局部应力时 $\phi[\sigma]=140\text{MPa}$。试求跨中①—①及支承环附近②—②断面管壁厚度并验算其应力及抗外压稳定。钢管承受的最大外荷载 $P=0.2\text{MPa}$。

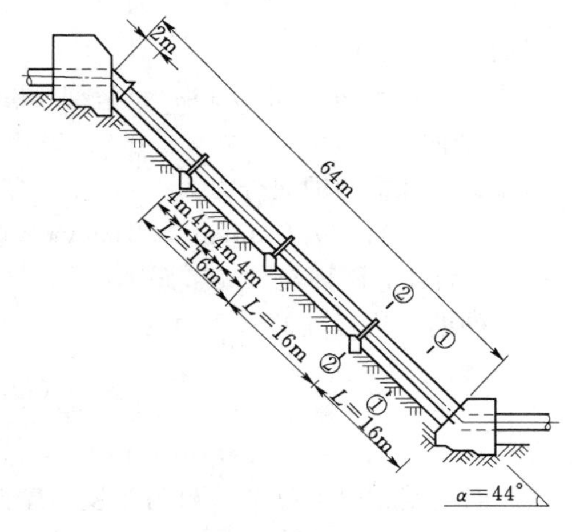

图 8-28　某水电站地面压力钢管布置图

解：

1. 跨中①—①断面

（1）初估管壁厚度：根据末跨的主要荷载（内水压力），按锅炉公式初估管壁厚度 δ。

已知计算水头 $H=56.25\text{m}$，则总内水压力 $p=\gamma H=9.8\times56.25=551.25$（$\text{kN/m}^2$）。

代入“锅炉”公式，有：

$$\delta=\frac{pD}{2\phi[\sigma]}=\frac{551.25\times2}{2\times105000}=0.00525(\text{m})$$

最小管壁厚度不应小于 6mm，也不宜小于下式确定的数值：

$$\delta_{\min}=\frac{D}{800}+4=\frac{2000}{800}+4=6.5(\text{mm})$$

所以，选用管壁计算厚度取 8mm，再考虑钢管 2mm 的锈蚀厚度，取结构厚度 10mm。

（2）荷载计算：作用在钢管上的全部外力，按其作用方向可分为径向力、法向力与轴向力 3 种。

1）径向内水压力：

$$p=\gamma H=9.8\times56.25=551.25(\text{kN/m}^2)$$

2）法向力：

a. 每米长钢管重为（钢的重度 $\gamma_P=77\text{kN/m}^3$）

$$q_P=\pi D\delta\gamma_P=3.14\times2\times0.01\times77\approx4.84(\text{kN/m})$$

考虑加劲环及支承环等其他部件的附加重量，每米管重增加 20%，实际采用

$q_P=5.81\text{kN/m}$。

b. 每米管长的水重：

$$q_w=\frac{1}{4}\pi D^2\gamma=\frac{1}{4}\times3.14\times2^2\times9.8\approx30.77(\text{kN/m})$$

法向荷载强度为

$$G=(q_P+q_w)\cos\alpha=(5.81+30.77)\times\cos44°\approx26.31(\text{kN/m})$$

3）轴向力：

a. 钢管自重的轴向分力为

$$A_1=q_PL'\sin\alpha=5.81\times(64-2-8)\times\sin44°\approx217.94(\text{kN})$$

式中：L'为计算断面至伸缩节距离。

b. 伸缩节边缘处的水压力为

$$A_5=\frac{\pi}{4}(D_1^2-D_2^2)\gamma H'$$

或

$$A_5=\pi D\delta\gamma H'=3.14\times2\times0.01\times9.8\times7.89\approx4.86(\text{kN})$$

c. 温度变化时伸缩节填料与管壁的摩擦力为

$$A_6=\pi D_1bf_k\gamma H'=3.14\times(2+0.02)\times0.3\times0.3\times9.8\times7.89\approx44.14(\text{kN})$$

d. 温度变化时支承墩对钢管的摩擦力为

$$A_7=\sum_{i=1}^{n}(qL_i)f\cos\alpha=(5.81+30.77)\times16\times3\times0.1\times\cos44°\approx126.3°(\text{kN})$$

式中：n 为支承墩的个数。

轴向力的合力为

$$\sum A=A_1+A_5+A_6+A_7=393.24(\text{kN})$$

（3）管壁应力计算：分别计算钢管横断面上 $\theta=0°$（管顶）、$\theta=180°$（管底）点管壁内外表面应力。

1）环向应力 σ_θ：由径向内水压力在 $\theta=0°$（管顶）、$\theta=180°$（管底）产生的管壁的环向应力为

$$\sigma_\theta=\frac{pD}{2\delta}=\frac{551.25\times2}{2\times0.008}=68906.25(\text{kN/m}^2)\approx68.91(\text{MPa})$$

此时管壁不计 2mm 锈蚀厚度。

2）径向应力 σ_r：由径向力（内水压力 p）在管壁内表面产生的径向压应力 σ_r 为

$$\sigma_r=-\gamma H=-551.25(\text{kN/m}^2)\approx-0.55(\text{MPa})$$

外表面 $\sigma_r=0$。

3）轴向应力 σ_x：轴向应力由轴向力和法向力引起。

由轴向力在 $\theta=0°$（管顶）、$\theta=180°$（管底）产生的轴向压应力为（压应力为负）

$$\sigma_{x1}=\frac{\sum A}{F_\delta}=\frac{\sum A}{2\pi r\delta}=-\frac{393.24}{2\times3.14\times1\times0.008}\approx-7827.23(\text{kN/m}^2)\approx-7.83(\text{MPa})$$

由法向力产生的轴向应力按下列公式计算：

跨中弯矩　$M=\frac{1}{10}GL^2=\frac{1}{10}\times26.31\times16^2\approx673.54(\text{kN}\cdot\text{m})$

则 $$\sigma_{x2}=-\frac{My}{J}=-\frac{4M\cos\theta}{\pi D^2\delta}=-\frac{4\times673.54\cos\theta}{3.14\times2^2\times0.008}\approx-26812.90\cos\theta$$

当 $\theta=0°$（管顶）时，$\sigma_{x2}=-26.81\text{MPa}$；$\theta=180°$（管底）时，$\sigma_{x2}=26.81\text{MPa}$。

则轴向应力为 $$\sigma_x=\sigma_{x1}+\sigma_{x2}=\begin{matrix}-34.64(\theta=0°)\\18.98(\theta=180°)\end{matrix}(\text{MPa})$$

管壁内外表面的轴向应力相等。

（4）管壁强度校核：对横断面上 $\theta=0°$（管顶）、$\theta=180°$（管底）管壁内表面进行强度校核。

按三维空间问题校核：

$$\sigma''=\sqrt{\sigma_x^2+\sigma_r^2+\sigma_\theta^2-\sigma_x\sigma_r-\sigma_x\sigma_\theta-\sigma_r\sigma_\theta}=\begin{matrix}91.41\ (\theta=0°)\\62.04\ (\theta=180°)\end{matrix}(\text{MPa})\leqslant\phi[\sigma]=105\text{MPa}$$

按二维平面问题校核：

$$\sigma'=\sqrt{\sigma_x^2+\sigma_\theta^2-\sigma_x\sigma_\theta}=\begin{matrix}91.30(\theta=0°)\\61.65(\theta=180°)\end{matrix}(\text{MPa})\leqslant\phi[\sigma]=105\text{MPa}$$

（5）抗外压稳定校核：

用下列自由伸缩圆管计算临界外压：

$$P_{cr}=2E_s\left(\frac{\delta}{D}\right)^3=2\times2.1\times10^5\times\left(\frac{0.008}{2}\right)^3\approx0.027(\text{MPa})$$

$\frac{P_{cr}}{K}<P=0.2\text{MPa}$，外荷载大于临界外压，管道不稳定，需采取措施，如设加劲环。

2. 支承环附近②—②断面

根据前面所讲计算方法，学生可作为课外练习。

资源 8-17

第七节　地下压力管道布置及结构设计

如前所述，地下压力管道可分为地下埋管和回填管两种。回填管因其内水压力全部由管壁承担，可参照明管设计方法设计，除在管道转弯处设置镇墩外，一般不设伸缩节，但要注意考虑回填土压力、外水压力荷载。地下埋管指埋设于岩体中并在管道和岩壁间充填混凝土的压力钢管。地下埋管虽然增加了岩石开挖和混凝土衬砌的费用，但与明钢管相比，往往可以缩短压力管道的长度，省去支承结构。在坚固的岩体中，可利用围岩承担部分内水压力，从而减小钢衬的厚度，节约钢材。此外，地下埋管位于地下，受外界环境影响较小，运行安全可靠，在我国大中型水电站中应用较广泛。

资源 8-18

资源 8-19

一、地下埋管的布置

对于地下埋管，由于运行可靠，同时又因洞室稳定问题不宜平行开挖几条间距很近的管道，故多采用联合供水方式。布置型式有竖井、斜井和平洞 3 种。

（1）竖井式。管道轴线铅直，压力管道最短，尾水隧洞较长。施工方式自下而上。常用于首部开发的地下式厂房。

（2）斜井式。轴线倾角小于90°，斜井的倾角主要取决于施工要求，若自上而下开挖，为便于出渣，倾角不宜超过35°；若自下而上开挖，为了使爆破后的石渣能自由滑落（溜渣），倾角不宜小于45°。适用于岸边式或地下式厂房，在地下埋管中是采用最多的一种型式。

（3）平洞式。常作为过渡段来使用。如竖井或斜井前，进入厂房之前，管道分岔也多在平段进行。

资源8-20

二、地下埋管的结构和构造

1. 回填混凝土

钢衬的功用是承担部分内水压力和防止渗漏；管道和岩壁间回填的混凝土功用是将部分内水压力传给围岩，因此，回填混凝土与钢衬和围岩必须紧密结合。回填混凝土的质量是地下埋管施工中的一个关键。钢衬与岩体的间距在满足管道安装和混凝土浇筑要求的前提下应尽量减小，一般在50cm左右。一般说来，竖井的回填混凝土质量易于保证，斜井次之，平洞最难。在斜井和平洞中，钢衬两侧混凝土的质量较易保证，在顶、底拱处，平仓振捣困难，稀浆集中，易于形成空洞。我国几个电站的地下埋管曾因外压和内压造成破坏，破坏部位多位于平洞部位。

2. 灌浆

由于混凝土凝固收缩和温降的影响，在钢衬和混凝土之间、混凝土与岩体之间存在着初始缝隙，需进行灌浆。斜井和平洞的顶部应进行回填灌浆，压力不小于0.2MPa。钢衬与混凝土、混凝土与岩壁之间有时也进行压力不小于0.2MPa的接缝灌浆。对于不太完整的围岩，为了提高其整体性，增加弹性抗力，有时还进行固结灌浆，灌浆压力与孔深视水头大小和围岩的破碎情况而定，压力可达0.5～1.0MPa，孔深一般为2～4m。灌浆应在气温较低时进行。

3. 防外压失稳措施

在岩体破碎、地下水位较高的地区，管道放空后，钢衬可能因外压而失去稳定，国内外地下埋管均有因此而破坏的例子。解决的方法有：①离开管道一定距离打排水洞以降低地下水位，这是一种很有效的措施，有的工程在回填混凝土中设排水管，但排水管在施工中易被堵塞，可靠性差；②在钢衬外设加劲环，或用锚件将钢衬锚固在混凝土上。另外，在衬砌的周围进行压力灌浆，可减小钢衬、混凝土与岩壁间的初始缝隙，减小围岩的透水性，这些都有利于钢衬的抗外压稳定。

三、钢衬承受内压时的强度计算

（一）基本假定

（1）钢衬、混凝土垫层和围岩共同承担内水压力。

（2）钢衬、混凝土垫层和围岩中的应力都在其弹性范围之内；围岩是完全弹性体，且各向同性。

（3）围岩在开挖后已充分变形，混凝土垫层和钢衬在施工后无初始应力。

（4）钢衬与混凝土之间、混凝土与岩体之间存在微小的初始缝隙。

（二）变形相容条件

设内水压力为 p，钢衬承受部分压力后，其余部分 p_1 传给混凝土垫层，钢衬在内水压力 $p-p_1$ 作用下，径向变位如图 8-29 所示，其变形相容条件为

$$\Delta_s=\Delta_1+\Delta_2+\Delta_c+\Delta_r \tag{8-44}$$

式中：Δ_1、Δ_2 分别为钢衬与混凝土之间、混凝土与围岩之间的初始缝隙；Δ_c 为混凝土垫层的径向压缩；Δ_r 为岩体的径向变位。

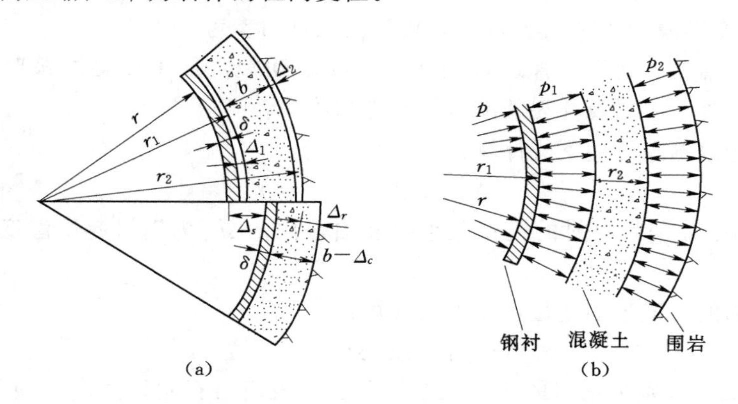

图 8-29　地下埋管在内压作用下的变形和荷载传递情况

(a) 径向变位；(b) 荷载传递

下面具体推求 Δ_1、Δ_2、Δ_c、Δ_r、Δ_s。

混凝土垫层的径向压缩 Δ_c，在有径向裂缝情况下：

$$\Delta_c=\frac{r_1p_1}{E_c}\ln\frac{r_2}{r_1} \tag{8-45}$$

式中：E_c 为混凝土弹性模量，Pa；r_1 为钢衬的外半径，m；r_2 为回填混凝土外半径，即围岩开挖半径，m。

钢衬传给混凝土垫层的径向压力为 p_1，由于混凝土垫层有径向裂缝，不能承受环向力，混凝土垫层传给岩体的压力（线性传递）为

$$p_2=\frac{r_1}{r_2}p_1 \tag{8-46}$$

假定围岩是完全弹性体，且各向同性，能承受环向应力。在 p_2 作用下，岩体的径向变位 Δ_r 为

$$\Delta_r=\frac{r_2p_2}{E_r}(1+\mu_r)=\frac{r_1p_1}{E_r}(1+\mu_r) \tag{8-47}$$

式中：E_r 和 μ_r 分别为围岩的弹性模量（Pa）和泊松比。

钢衬的内半径为 r，厚度为 δ，在荷载 $p-p_1$ 作用下，径向变位 Δ_s 为

$$\Delta_s=\frac{p-p_1}{E_s}\frac{r^2}{\delta}=\frac{\sigma_\theta r}{E_s} \tag{8-48}$$

式中：σ_θ 和 E_s 为钢衬的环向拉应力和弹性模量，Pa。

关于初始缝隙（$\Delta_1+\Delta_2=\Delta_0$）取值，由于影响初始缝隙的因素比较复杂，还难

以准确确定。一般来说，初始缝隙主要包括以下几种：

（1）施工缝隙Δ_0'。施工缝隙的大小与施工质量有密切关系。仔细灌浆的，施工缝隙值$\Delta_0'=0.2\text{mm}$；而未进行灌浆的，$\Delta_0'=0.4\text{mm}$；在施工中不加振捣的，$\Delta_0'=1.0\text{mm}$。

（2）岩石的蠕变缝隙Δ_{rc}。国内外试验资料表明，岩石的长期蠕变导致变形模量降低0～20%。我国以礼河电站曾做过水压试验，在12MPa压力下，稳压30天，推算20年后的变形模量约降低20.8%，可作为设计时参考。

（3）冷缩缝隙。地下埋管运行期间，水的温度常常低于接触灌浆时的地温，因此，钢衬、混凝土垫层及开裂的围岩均要冷却收缩。

钢衬的冷缩缝隙可用下式计算：

$$\Delta_{st}=\alpha_s(1+\mu_s)\Delta t_s r \tag{8-49}$$

式中：α_s 和 μ_s 分别为钢衬的线膨胀系数和泊松比；Δt_s 为钢衬起始温度与最低运行温度之差。

围岩冷缩的岩壁径向变位可用下式计算：

$$\Delta_{rt}=\alpha_r\Delta t_r r_1\Delta_r' \tag{8-50}$$

式中：α_r 和 Δt_r 分别为围岩的线膨胀系数和围岩表面岩石起始温度与最低温度之差；Δ_r'为围岩破碎区相对半径影响系数。

总的初始缝隙约为

$$\Delta_0=\Delta_1+\Delta_2=(3\sim5)\times10^{-4}r \tag{8-51}$$

（三）应力与管壁厚度的关系

将上述Δ_1、Δ_2、Δ_c、Δ_r、Δ_s代入式（8-44）变形相容条件，并近似地令$r_1=r$，化简整理得

$$p_1=\frac{\sigma_\theta-\dfrac{E_s}{r}(\Delta_1+\Delta_2)}{\dfrac{E_s}{E_c}\ln\dfrac{r_2}{r_1}+\dfrac{E_s}{E_r}(1+\mu_r)} \tag{8-52}$$

设内水压力为p，钢衬承受部分压力后，其余部分p_1传给混凝土垫层，则钢衬的传递系数：

$$\varepsilon=\frac{p_1}{p} \tag{8-53}$$

将p_1代入式（8-53），得

$$\varepsilon=\frac{1}{p}\frac{\sigma_\theta-\dfrac{E_s}{r}(\Delta_1+\Delta_2)}{\dfrac{E_s}{E_c}\ln\dfrac{r_2}{r_1}+\dfrac{E_s}{E_r}(1+\mu_r)} \tag{8-54}$$

传递系数ε在0～1之间变化；若$\varepsilon\geqslant1$，则不需钢衬；若$\varepsilon\leqslant0$，则全部内水压力由钢衬承担。

设计钢衬可能有两种情况：①已知内水压力和钢衬允许应力求钢衬的厚度；②已知内水压力和钢衬厚度求钢衬应力。

对于第①种情况，已知内水压力和钢衬允许应力求钢衬的厚度。用钢衬的允许应力 $\phi[\sigma]$ 代替式（8-54）中的 σ_θ，求出传递系数 ε。然后利用式（8-48）及式（8-53），并用钢衬的允许应力 $\phi[\sigma]$ 代替式（8-48）中的 σ_θ，得出钢衬厚度与其应力的关系式：

$$\delta=\frac{(1-\varepsilon)pr}{\phi[\sigma]} \tag{8-55}$$

式中：ϕ 为焊缝系数；$[\sigma]$ 为钢材允许应力，Pa。

对于第②种情况，已知内水压力和钢衬厚度求钢衬应力。将 $\sigma_\theta=\frac{(1-\varepsilon)\ pr}{\delta}$ 代入式（8-54），得

$$\varepsilon=\frac{\frac{r}{\delta}-\frac{E_s}{rp}(\Delta_1+\Delta_2)}{\frac{r}{\delta}+\frac{E_s}{E_c}\ln\frac{r_2}{r_1}+\frac{E_s}{E_r}(1+\mu_r)} \tag{8-56}$$

用上式求出 ε，则钢衬中的环向拉应力为

$$\sigma_\theta=\frac{(1-\varepsilon)pr}{\delta} \tag{8-57}$$

四、钢衬承受外压时的稳定校核

根据国内外有关钢衬压力管道运行实践来看，钢板衬砌的破坏大都是在外压作用下失稳所造成的。因此在设计地下压力管道时，对钢衬外压失稳问题，必须给予足够的注意。

钢衬承受的外压有以下 3 种：①外部地下水压力；②浇筑混凝土垫层时未凝固混凝土的压力；③灌浆压力。这 3 种荷载的作用情况不完全相同。钢衬承受未凝固混凝土压力时，因钢衬尚无约束，类似明钢管承受外压。钢衬在承受地下水压力和灌浆压力时，已经受到混凝土垫层的约束。灌浆压力沿管周不是均布的，地下水压力则可认为是均布的。未凝固混凝土的压力和灌浆压力是人为可以控制的。

（一）光面管

在均匀外水压力作用下，无加劲环的光面管的计算公式很多，我国比较常用的是阿姆斯图兹（Amstutz）公式。阿氏假定：当外压超过钢衬的临界外压时，一部分的钢衬首先失稳，屈曲成 3 个半波，1 个向内，2 个向外，如图 8-30 所示。在被压屈部分，钢衬中的最大应力达到了材料的屈服点应力 σ_s。根据以上假定，阿姆斯图兹导出的临界外压公式为

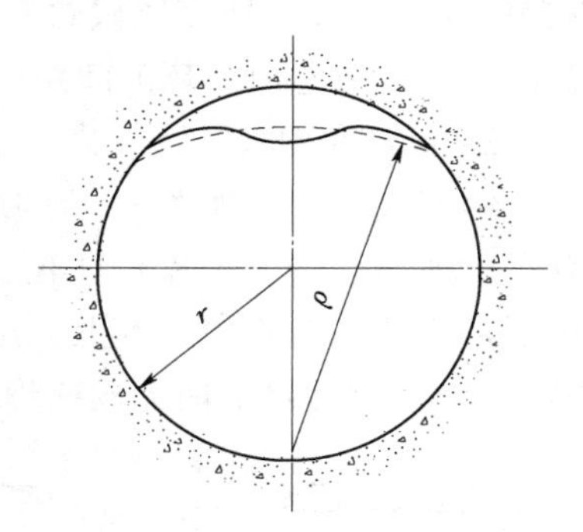

图 8-30　阿姆斯图兹假定的钢衬屈曲波形

$$P_{cr}=\frac{\sigma_N}{\frac{r}{\delta}\left(1+0.35\frac{r}{\delta}\frac{\sigma_s^*-\sigma_N}{E_s'}\right)} \tag{8-58}$$

式中：σ_N 为钢衬屈曲部分由外压直接引起的环向应力，Pa，用下式试算：

$$\left(E_s'\frac{\Delta_0}{r}+\sigma_N\right)\left[1+12\left(\frac{r}{\delta}\right)^2\frac{\sigma_N}{E_s'}\right]^{1.5}=3.46\ \frac{r}{\delta}(\sigma_s^*-\sigma_N)\left(1-0.45\frac{r}{\delta}\frac{\sigma_s^*-\sigma_N}{E_s'}\right) \tag{8-59}$$

其中
$$E_s'=\frac{E_s}{1-\mu_s^2};\sigma_{s*}=\frac{\sigma_s}{\sqrt{1-\mu_s+\mu_s^2}}$$

式中：Δ_0 为初始缝隙，m，见式（8－51）；σ_s 为钢衬的屈服点应力，Pa。

光面管的临界外压也可用 SL/T 281—2020《水利水电工程压力钢管设计规范》给出的如下经验公式计算：

$$P_{cr}=620\left(\frac{\delta}{r}\right)^{1.7}\sigma_s^{0.25} \tag{8-60}$$

钢衬的允许外压 $P\leqslant\frac{P_{cr}}{K}$，安全系数 $K=2.0$。

（二）加劲管

加劲管是用加劲环或锚筋（或锚片）加固的管道，前者称加劲环式钢衬，后者称锚筋式钢衬。加劲环和锚筋的作用是提高钢衬外压失稳时的波屈数，从而提高钢衬的抗外压稳定性。

1. 加劲环式钢衬

加劲环式钢衬抗外压稳定计算包括加劲环间管壁和加劲环的稳定计算。

加劲环间管壁的稳定计算，可按明管设有加劲环的式（8－40）进行稳定计算。主要是考虑，加劲环的存在使得管壁的屈曲波数增多，波幅减小，因管壁与混凝土之间有一定的初始缝隙，混凝土垫层对管壁变形的约束作用不大。

对于T形截面的加劲环，由于混凝土的锚固作用，一般可不进行稳定校核。

对于矩形截面的加劲环，若不考虑混凝土对加劲环的锚固作用，其本身的抗外压稳定计算可采用下面公式：

$$P_{cr}=\frac{\sigma_s F_R}{rl} \tag{8-61}$$

式中：F_R 为加劲环有效截面积，为其本身净断面 F_R' 加上两侧各长为 l' 的一段管壁纵断面，m^2；l 为加劲环的间距，m。

2. 锚筋式钢衬

锚筋式钢衬，如图 8－31 所示，用锚筋（或锚片）将管壁锚固在管周混凝土上的管道。如锚筋（或锚片）具有足够的强度，而又能牢固地锚固在混凝土中，在外压作用下，锚点处的管壁基本上无位移，管壁屈曲形成鼓包只能发生在相邻锚筋之间。锚筋式钢衬的设计目前尚无成熟理论，多凭经验。管壁的临界外压可采用如下经验公式估算，其适应条件为 $8\leqslant n\leqslant 64$ 和 $0.5\leqslant\frac{nl}{2\pi r}\leqslant 6$。

$$P_{cr}=138\sigma_s^{0.4}n^{0.64}\left(\frac{\delta}{r}\right)^{1.8}\left(1+\frac{nl}{2\pi r}\right)^{-0.43} \tag{8-62}$$

式中：n 为同一截面上的管周锚筋数；l 为管轴向锚筋间距（排距），m。

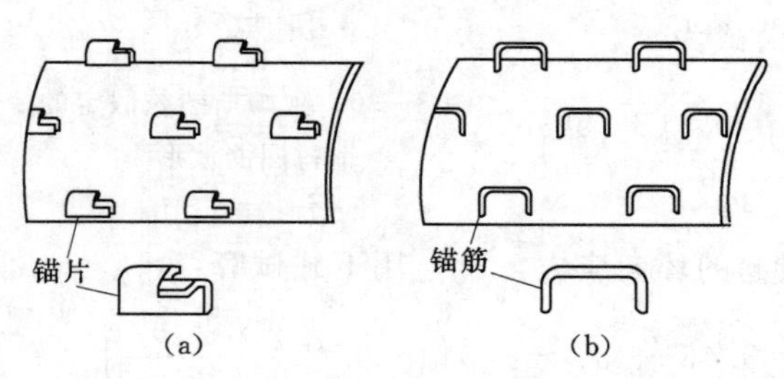

图 8－31　锚筋式钢衬

(a) 锚片；(b) 锚筋

锚筋截面积可按式（8-63）确定，且单根锚筋直径不宜小于25mm。

$$f_a=\frac{L\left[p_0 r+\alpha_s(1+\mu_s)\Delta t E'_s\delta\right]}{K_0[\sigma_f]} \tag{8-63}$$

式中：f_a 为单根锚筋截面积，m^2；p_0 为管壁的设计外压，Pa；α_s 为钢材的线膨胀系数，可取 1.2×10^{-5}/℃；Δt 为管壁的计算温差，一般取10～20℃；μ_s 为钢材的泊松比，可取0.3；L 为计算宽度，可取锚筋纵距 l，m；$E'_s=\dfrac{E_s}{1-\mu_s^2}$，$E_s$ 为钢材的弹性模量，Pa；$[\sigma_f]$ 为锚筋的允许应力，Pa；$K_0=12\left(\dfrac{r}{\delta}\right)^2K'+K''$，其中 $K'=\dfrac{\varphi+\sin\varphi\cos\varphi}{4\sin^2\varphi}-\dfrac{1}{2\varphi}$，$K''=\dfrac{\varphi+\sin\varphi\cos\varphi}{4\sin^2\varphi}$，$\varphi$ 为相邻锚筋所夹圆心角的一半，°。

第八节　坝身压力管道布置及结构设计

一、管道的布置、埋设方式和施工方法

坝身压力管道是依附于混凝土坝身，即埋设在坝体内或固定在坝面上，并与坝体成为一体的压力输水管道。其特点是结构紧凑简单，引水长度最短，水头损失小，机组调节保证条件好，造价低，运行管理方便，但是管道安装会干扰坝体施工，坝内埋管空腔削弱坝体，使坝体应力恶化。

常见的坝身压力管道分为坝内埋管和坝后背管两种。坝内埋管是应用非常广泛的传统形式，坝后背管技术起源于苏联，从20世纪80年代中期开始在我国也逐渐得到应用。

1. 布置型式

资源 8-21

坝内埋管和坝后背管在立面上一般采用以下三种布置型式。

（1）管轴线近似与下游坝坡平行，如图8-32所示。这是我国大部分混凝土重力高坝的典型布置。其特点为进水口的高程较高，有可能使管轴线和坝体最大主压应力

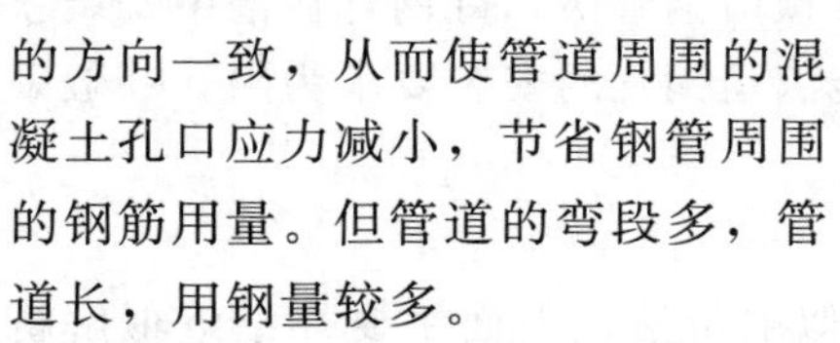

的方向一致，从而使管道周围的混凝土孔口应力减小，节省钢管周围的钢筋用量。但管道的弯段多，管道长，用钢量较多。

（2）平式和平斜式坝内管道，如图8-33所示。其优点为可缩短管道长度，减少弯道，水头损失和水击压力均较小，但由于进水口高程布置得较低，对坝体受力不利，对施工干扰较大，并增加进水口、闸门等设备投资，运行管理也很不方便。这种布置方式往往应用

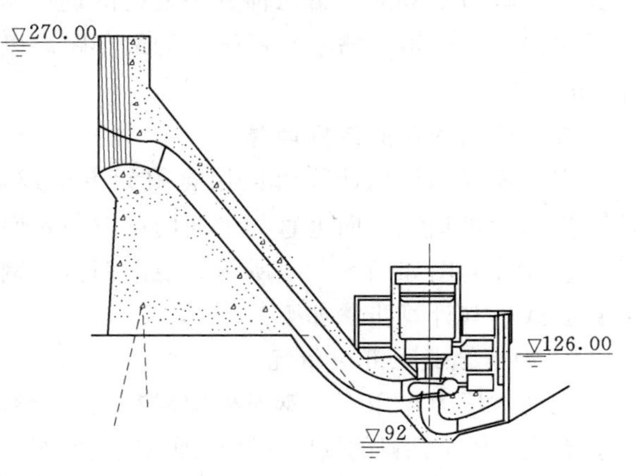

图8-32　混凝土坝身压力管道倾斜式布置（单位：m）

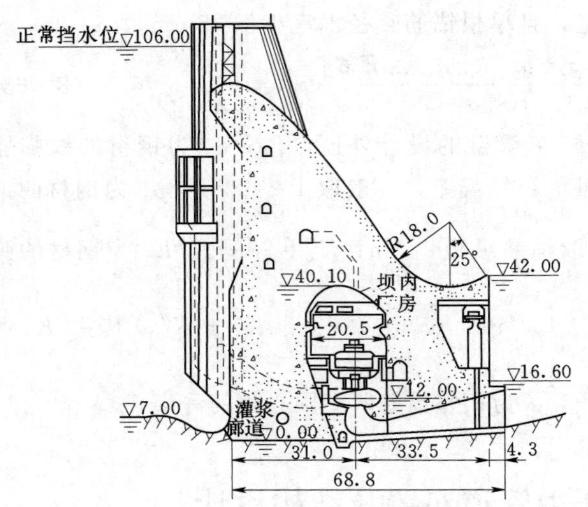

图 8-33　混凝土坝身压力管道平斜式布置（单位：m）

于混凝土拱坝或较低的重力坝。此外，对以灌溉为主兼顾发电的水库，死水位很低，进水口又必须在死水位以下的情况，也采用此种布置方式。

（3）管道布置在混凝土坝的下游坝面上，又称为坝后背管。它的最大优点是不削弱坝体，基本上不干扰大坝施工，可解决坝体断面较窄难以布置坝内埋管的问题。

2. 埋设方式

钢管在坝体内有两种埋设方式：第1种是钢管在坝体内用软垫层与坝体混凝土分开，钢管基本上承受全部内水压力，钢管按明管设计。周围混凝土的应力可根据坝体荷载按坝内孔口求出，但由于软垫层材料本身的力学特性对钢管内水压力的传递有较大影响，结构设计时需要特别注意。这种埋设方式的优点是受力较明确，坝身孔口应力较小，不致引起混凝土开裂，钢管外围的环向钢筋用量也较小，但钢管管壁较厚，在高水头大直径情况下，可能因钢管管壁太厚，在加工制造时需作消除应力处理。第2种方式是将钢管直接埋置在坝体混凝土中，两者结为整体，钢管、环向钢筋和混凝土共同承担内水压力，钢管按坝内埋管设计。

3. 施工方法

坝内埋管的施工方法有两种：第一种是安装一段钢管浇筑一层坝体混凝土，两者相互配合，这样做虽可省去二期混凝土的工作，但钢管安装与坝体混凝土的浇筑干扰较大，影响施工进度。第二种方法是在浇筑坝体时预留钢管槽，待钢管在槽中安装就位后用混凝土回填，槽壁与钢管间的最小距离以能满足钢管的安装要求为限，一般采用1m。

二、坝内埋管的结构计算

资源 8-22

坝内埋管的结构计算可以用有限元方法或近似解析法，下面主要介绍近似解析法。从与管道轴线方向垂直的平面内截取单位厚度，并假定其属于轴对称平面应变问题，其计算简图如图 8-34 所示。根据钢衬、钢筋和混凝土的变形相容关系，推导出计算公式。其计算步骤如下。

1. 判断混凝土开裂情况

在内水压力作用下，钢衬外围混凝土可能有未开裂、开裂但未裂穿和裂穿 3 种情况。首先，假定钢衬的壁厚 δ 和外围钢筋的数量（将钢筋折算成连续的壁厚 δ_3），根据图 8-35 判别混凝土的开裂情况。

若混凝土未裂穿，可由下式进一步推求混凝土的相对开裂深度 ψ。

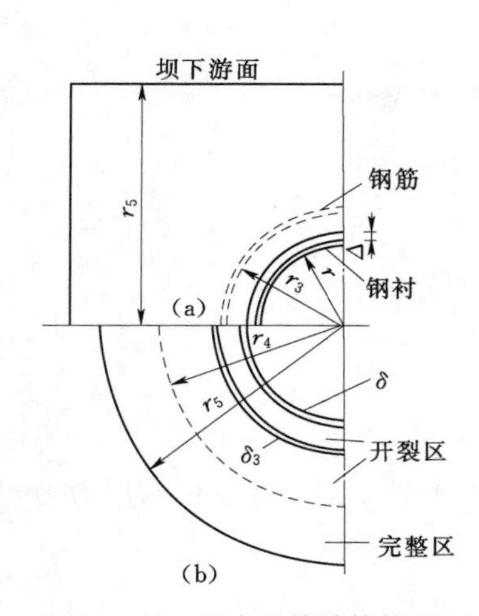

图 8-34　坝内埋管计算简图

(a) 开裂前；(b) 开裂后

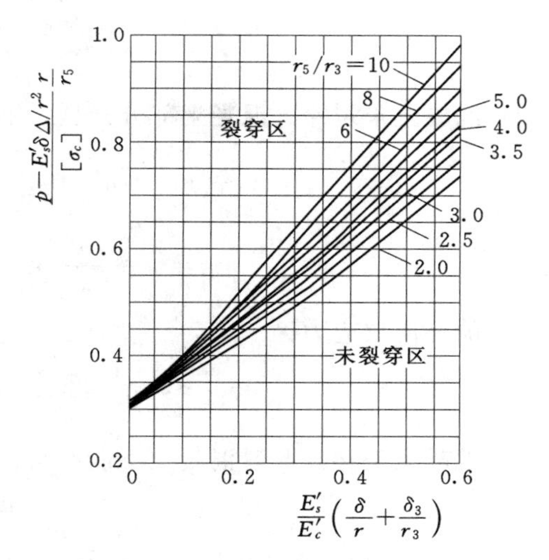

图 8-35　混凝土开裂情况判断图

$$\psi\frac{1-\psi^2}{1+\psi^2}\left\{1+\frac{E_s'}{E_c'}\left(\frac{\delta}{r}+\frac{\delta_3}{r_3}\right)\left[\ln\left(\psi\frac{r_5}{r_3}\right)+\frac{1+\psi^2}{1-\psi^2}+\mu_c'\right]\right\}=\frac{p-E_s'\frac{\Delta\delta}{r^2}}{[\sigma_c]}\frac{r}{r_5} \quad (8-64)$$

其中　　$\psi=r_4/r_5$；$\mu_c'=\mu_c/(1-\mu_c)$；$E_c'=E_c/(1-\mu_c^2)$；$E_s'=E_s/(1-\mu_s^2)$

式中：p 为内水压力，Pa；r、r_3 分别为钢衬内半径和钢筋圈半径，m；r_4 为混凝土开裂区半径，m；r_5 为混凝土外圈半径，m；E_s 为钢材的弹性模量，Pa；μ_s 为钢材的泊松比；E_c 为混凝土的弹性模量，Pa；μ_c 为混凝土的泊松比；$[\sigma_c]$ 为混凝土允许拉应力，Pa；Δ 为钢衬与混凝土间的缝隙，m。

式（8-64）中的 ψ 用试算求解。ψ 有双解，取其小值。若 $\psi<r/r_5$，表示混凝土未开裂；若 $\psi>1$，则混凝土已裂穿。用式（8-64）试算求解 ψ 相当麻烦，已制成曲线可供查用，见 SL/T 281—2020《水利水电工程压力钢管设计规范》。

2. 计算各部分应力

（1）混凝土未开裂。混凝土分担的内水压力为

$$p_1=\frac{p-\frac{E_s'\Delta\delta}{r^2}}{1+\frac{E_s'\delta}{E_c'r}\left(\frac{r_5^2+r^2}{r_5^2-r^2}+\mu_c'\right)} \quad (8-65)$$

混凝土内缘的环向拉应力为

$$\sigma_c=\frac{p_1(r_5^2+r^2)}{r_5^2-r^2} \quad (8-66)$$

钢筋的拉应力可用下式计算（混凝土未开裂时钢筋拉应力很小，通常不考虑）：

$$\sigma_f=\frac{E_s}{E_c}\sigma_c \quad (8-67)$$

钢衬的环向拉应力为

$$\sigma_\theta=\frac{(p-p_1)r}{\delta} \tag{8-68}$$

(2) 混凝土未裂穿。混凝土部分开裂，钢筋拉应力为

$$\sigma_f=\frac{E_s' r_5}{E_c' r_3}[\sigma_c]\left\{m\left[\ln\left(\psi\frac{r_5}{r_3}\right)+n\right]\right\} \tag{8-69}$$

其中
$$m=\psi\frac{1-\psi^2}{1+\psi^2};n=\frac{1+\psi^2}{1-\psi^2}+\mu_c'$$

钢衬的环向拉应力为

$$\sigma_\theta=\frac{\sigma_f r_3}{r}+\frac{E_s'\Delta}{r} \tag{8-70}$$

(3) 混凝土裂穿。此时混凝土不能参与承载，钢衬传给混凝土的内水压力为

$$p_1=\frac{p-\dfrac{E_s'\Delta\,\delta}{r^2}}{1+\dfrac{r_3}{\delta_3}\dfrac{\delta}{r}} \tag{8-71}$$

钢衬的环向拉应力为

$$\sigma_\theta=\frac{(p-p_1)r}{\delta} \tag{8-72}$$

钢筋的环向拉应力为

$$\sigma_f=\frac{p_1}{\delta_3}r \tag{8-73}$$

上述计算为内水压力作用下的钢衬、混凝土和钢筋拉应力计算，这些计算拉应力应分别小于相应计算工况下钢衬、混凝土和钢筋的允许拉应力。除此以外，坝体荷载也会在孔口周围产生附加环向应力。应将这两种作用产生的环向应力叠加，再进行配筋计算。如果求出的钢筋数量不超过并接近假定的钢筋数量，则认为满足要求；否则应重新假定钢筋数量，再进行上述计算，直到满意为止。

3. 坝内埋管钢衬的抗外压稳定性

坝内埋管钢衬抗外压失稳分析的原理和方法与地下埋管钢衬相同。坝内埋管钢衬的外压荷载主要有外水压力、施工时的流态混凝土压力和灌浆压力。施工期临时荷载，不宜作为设计控制条件，应靠加设临时支撑、控制混凝土浇筑高度等工程措施来解决。钢衬所受外水压力来源于从钢衬始端沿钢衬外壁向下的渗流。渗流水压力可假定沿管轴线直线变化。

钢衬上游段承受的内水压力值小，管壁薄，但钢衬外渗流水压力大，是抗外压失稳的重点。应该在钢衬首端采取阻水环等防渗措施，并在阻水环后设排水措施，这样可以比较有效地降低钢衬外渗压。接缝灌浆可减小缝隙，也有利于钢衬抗外压失稳。坝内埋管钢衬在放空时外压失稳的事故比较少见。

三、坝后背管

为了解决钢管安装与坝体混凝土浇筑的矛盾，一些大型坝后式水电站将钢管布置在混凝土坝的下游坝面上，称为坝后背管。坝后背管除进水口后一小段管道穿过坝体

外，主要部分沿坝下游面铺设，如图 8-36 所示。坝后背管可采用明钢管和钢衬钢筋混凝土管两种。

资源 8-23

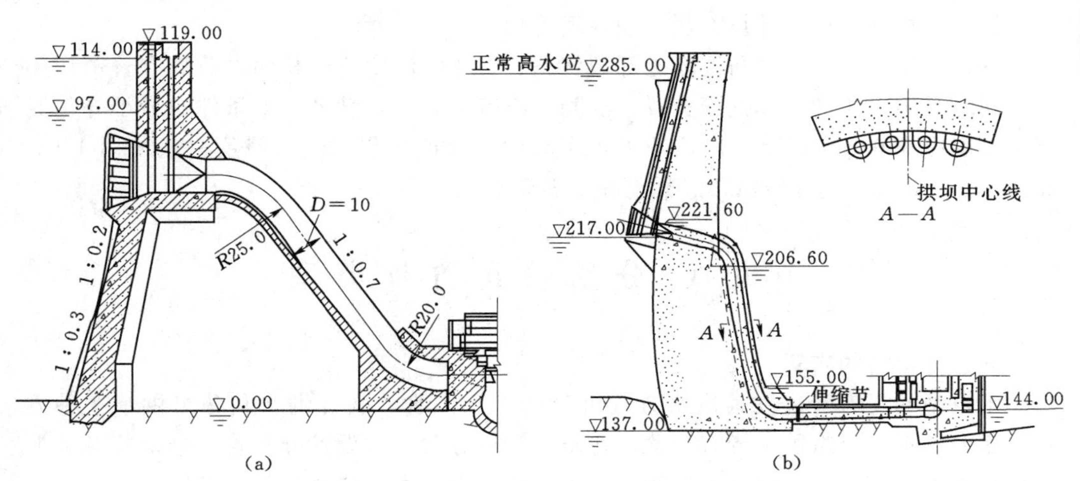

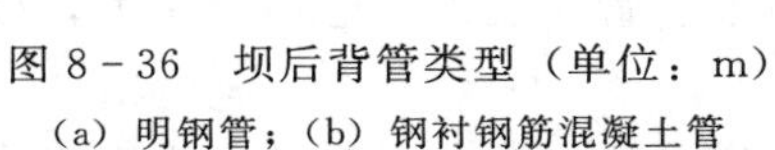
图 8-36　坝后背管类型（单位：m）

(a) 明钢管；(b) 钢衬钢筋混凝土管

坝后背管采用明钢管时，按明钢管设计。坝后背管采用钢衬钢筋混凝土管时，按钢衬钢筋混凝土管设计。

钢衬钢筋混凝土管由钢衬和外包钢筋混凝土共同承担设计内水压力。设计钢衬钢筋混凝土管时，一般按允许外包混凝土开裂设计，在不影响外包混凝土施工的前提下，尽可能多采用钢筋，以增加强度安全性、降低工程造价和减小裂缝宽度，同时保证钢衬壁厚度满足设计最小结构厚度要求。钢衬壁厚及环向钢筋应满足下式要求：

$$Kpr \leqslant \delta\phi\sigma_s + \delta_3\sigma_{fs} \tag{8-74}$$

式中：K 为联合承载安全系数，$K=1.8\sim2.0$；p 为设计内水压强，Pa；r 为钢衬内半径，m；δ 为钢衬的计算壁厚，m；ϕ 为焊缝系数；σ_s 为钢衬屈服点应力，Pa；δ_3 为环向钢筋折算壁厚，m，按式（8-75）计算；σ_{fs} 为钢筋抗拉强度标准值，Pa。

资源 8-24

$$\delta_3 = nf/1000 \tag{8-75}$$

式中：n 为每延米环向钢筋根数；f 为单根钢筋截面积，m^2。

资源 8-25

对外包钢筋混凝土进行裂缝宽度计算时，裂缝处钢筋的平均拉应力可按式（8-76）计算：

$$\sigma_{fm} = \frac{pr}{\delta + \delta_3} \tag{8-76}$$

使用式（8-74）～式（8-76）设计钢衬钢筋混凝土管的步骤如下：

（1）根据钢衬最小壁厚要求及抗外压稳定设计要求，按明钢管设计方法初拟钢衬壁厚 δ。

（2）然后按式（8-74）计算环向钢筋折算壁厚 δ_3，一般 δ_3 不小于 δ 的 0.5 倍。

（3）根据 δ_3 按钢筋布置要求、混凝土施工条件等进行配筋设计，并满足式（8-75）要求。

(4) 使用式 (8-76) 计算裂缝处钢筋的平均拉应力，计算拉应力应小于钢筋的允许拉应力。

钢衬的抗外压稳定计算方法与坝内埋管相同。

钢衬外包混凝土厚度与混凝土开裂状态、管道的温度荷载和动力荷载有着密切关系，同时受施工条件，如钢筋布置、混凝土浇筑等影响，满足施工条件的最小外包混凝土厚度应在 0.5m 以上。以往的工程实践中，管道外包混凝土厚度一般采用 1.0～2.0m，主要通过设计经验和混凝土施工需要确定。

第九节　分岔管布置及类型

一、分岔管的布置

水电站的压力管道按其供水方式可分为单元供水、联合供水和分组供水 3 种方式。联合供水和分组供水皆有分岔，在压力管道分岔处需设置分岔管。分岔管有地上岔管和地下岔管之分，但地下岔管一般不考虑山岩压力，按地上岔管设计。

1. 分岔管的布置原则

一般来说，分岔管的水流条件较差，引起的水头损失较大；另外，分岔管由薄壳和刚度较大的加强构件组成，管壁厚，构件尺寸大，有时需锻造，焊接工艺要求高，造价也比较高；由于其受力条件差，且所承受的静动水压力较大，又靠近厂房，因此其安全性十分重要。

从设计和施工来说，分岔管应满足下列要求：

(1) 运行安全可靠。

(2) 水流平顺，水头损失小，避免涡流和振动。

(3) 结构合理简单，受力条件好，不产生过大的应力集中和变形。

(4) 制作、运输、安装方便。

(5) 经济合理。

分岔管的水力要求和结构要求存在矛盾，例如，较小的分岔角对水流有利，但对结构不利。从水力学角度看，设计分岔管时应注意以下几点：

(1) 使水流通过分岔管各断面的平均流速相等，或使水流处于缓慢的加速状态。

(2) 采用较小的分岔角 α，如图 8-37 所示。但从结构上考虑，分岔角不宜太小，太小会增加分岔段的长度，需要较大尺寸的加强梁，并会给制造带来困难。分岔管的分岔角 α 一般在 30°～75°范围内，最常采用的范围是 45°～60°。

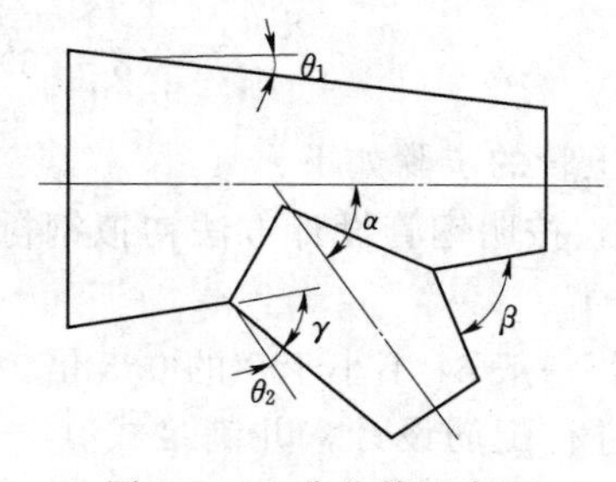

图 8-37　分岔管示意图

(3) 分支管采用锥管过渡，避免用柱管直接连接。半锥角 θ_2 一般用 5°～10°。

(4) 采用较小的岔裆角 β。岔裆有分流的作用，较小的岔裆角有利于分流。

(5) 支管上游侧采用较小的顺流转角 γ。

2. 布置型式

分岔管的典型布置有以下 3 种，如图 8－38 所示。

(1) 非对称 y 形布置，支管位于主管一侧，如图 8－38（a）所示。

(2) 对称 Y 形布置，支管对称位于主管两侧，如图 8－38（b）所示。

(3) 三岔形布置，支管对称位于中间支管两侧，如图 8－38（c）所示。

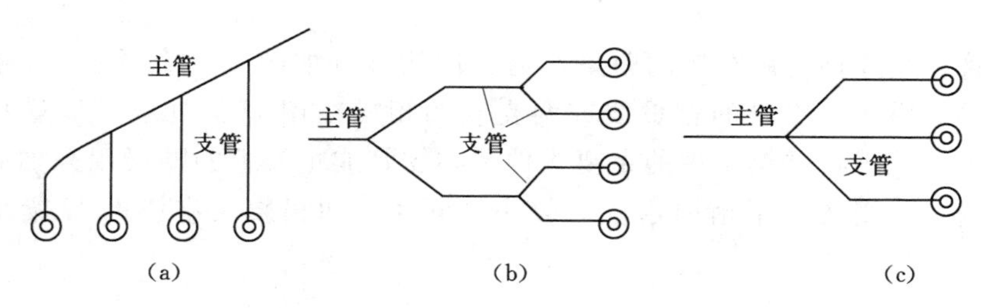

图 8－38　分岔管的布置型式

（a）非对称 y 形；（b）对称 Y 形；（c）三岔形

一般来讲，一管二机对称 Y 形布置居多；一管三机多为非对称 y 形布置，当管径不大时也采用三岔形布置；一管四机非对称 y 形和对称 Y 形布置均有，也有的采用对称 Y 形和非对称 y 形组合布置；一管五机非对称 y 形布置居多，也有用组合布置的。

我国已建钢岔管的布置型式中非对称 y 形布置居多。除因非对称 y 形布置灵活简便外，还因以往建造的钢岔管规模较小，采用贴边岔管较多，较适合于非对称 y 形布置。岔管的主、支管中心线宜布置在同一平面内，使结构简单。

资源 8－26

主、支管管壁的交线，称为相贯线。由于在相贯线处主、支管互相切割，常常需要沿相贯线用构件加强。为了便于加强构件的制造和焊接，希望相贯线是平面曲线。可以在几何上证明，相贯线是平面曲线的必要和充分条件是主支管有一公切球，如图 8－39 所示。

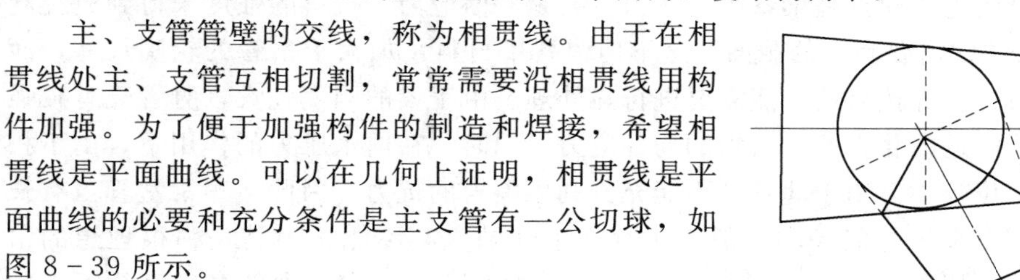

图 8－39　锥管公切球

如果主、支管的直径相差较大，或因其他原因，主、支管公切于一个球有困难，则相贯线将位于曲面上，沿相贯线的加强构件将是一个曲面构件，计算、制造、安装等都比较困难。

二、分岔管的类型

资源 8－27

在压力管道的分岔处，由于管壳相互切割，已不再是一个完整的圆形。在内水压力作用下，被切割掉的管壁所承担的环向拉力便无法平衡。此时在主管与支管的相贯线上，作用着主、支管壳体传来的环向拉力和轴向力等复杂外力，因此需在分岔处采取加固措施，以平衡外力。根据所采取的加固措施形式，分岔管有以下几种类型。

1. 贴边岔管

贴边岔管是在相贯线两侧用补强板加固，如图 8－40 所示。主管和支管可以是圆柱管或锥管。补强板与管壁焊接形成一个整体，补强板可加于管外，也可同时加于管内和管外。贴边岔管的补强板刚度较小（与加固梁相比），不平衡区的内水压力由补强板和管壁共同承担。适用于中、低水头的非对称 y 形地下埋管，特别适用于支、主管直径之比$d/D<0.5$ 的情况，若 $d/D>0.7$ 不宜采用贴边岔管。我国中水头埋管应用这种岔管较多，已经积累了一定的经验。

2. 三梁岔管

在岔管外用 3 根首尾相接的曲梁作为加固构件，如图 8-41 所示，3 根曲梁共同组成梁系。沿主、支管的相贯线或两支管的相贯线用 U 梁加强，U 梁承受较大的不平衡内水压力，是梁系中的主要构件。在支管或主管上的腰梁用来加固支管或主管的管壁，承受的不平衡内水压力较小。同时，两根腰梁有协助 U 梁承受外力的功用。

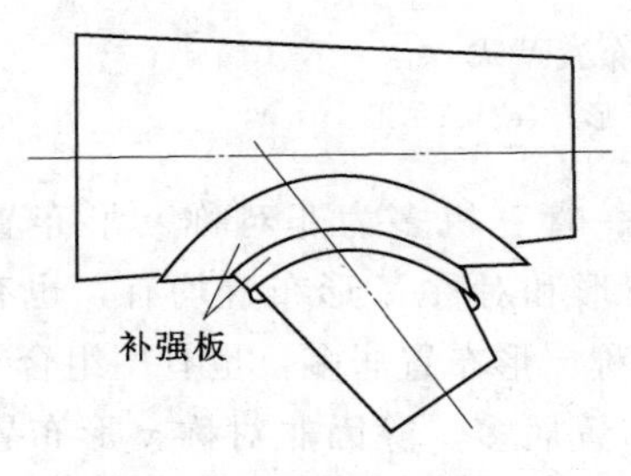

图 8-40　贴边岔管

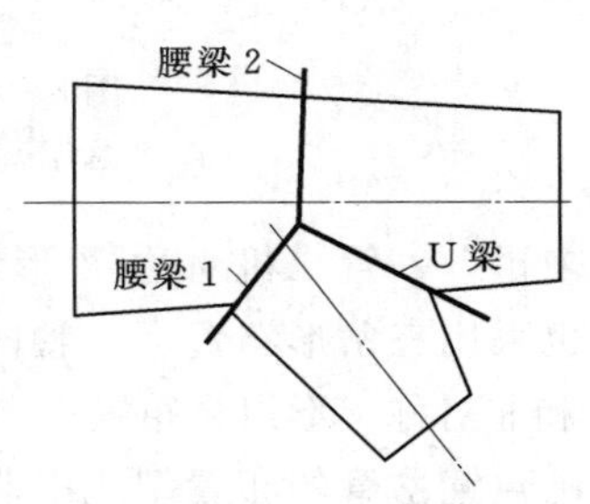

图 8-41　三梁岔管

三梁岔管的主要缺点是梁系中的应力主要是弯曲应力，材料的强度未得到充分利用，3 根曲梁常常需要高大的截面，这不但浪费了材料，加大了岔管的轮廓尺寸，而且可能需要锻造，焊接后还可能需要进行热处理。由于梁的刚度较大，对管壳有较强的约束，使梁附近的管壳产生较大的局部应力。同时，在内水压力的作用下，由于相贯线的垂直变位较小，用于埋管则不能充分利用围岩的抗力。因此，三梁岔管虽有长期的设计、制造和运行的经验，但由于存在上述缺点，不能认为是一种很理想的岔管。三梁岔管适用于非对称 y 形布置和对称 Y 形布置，内水压力较高、直径不大的明管。

3. 月牙肋岔管

月牙肋岔管是在三梁岔管基础上发展起来的。月牙肋岔管是用一个嵌入管体内的月牙形肋板来代替三梁岔管的 U 梁，如图 8-42 所示。这种岔管的特点是：月牙肋板只承受轴心拉应力而无弯曲应力，拉应力的分布比较均匀，其数值与邻近管壳上的拉应力相近；改善了水流条件，水头损失比一般岔管要小，特别是对称流态情况可减少一半；由于取消了管外加固 U 梁和腰梁，使岔管外形尺寸大为减少，对埋管可减少开挖工程量。内水压力也易于通过管壳传给混凝土衬砌和围岩，使围岩的弹性抗力得到更好的发挥。这种岔管可应用

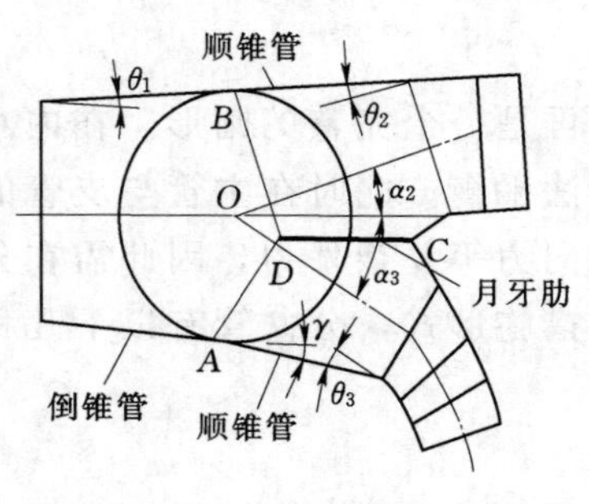

图 8-42　月牙肋岔管

于大中型水电站。

4. 球形岔管

球形岔管是通过球面体进行分岔，它由球壳，圆柱形主、支管以及补强环和导流板等组成，如图8-43所示。在内水压力作用下，球壳应力仅为同直径管壳环向应力的一半。球形岔管补强环需要锻造，与管壳焊接时要预热，球壳一般也要加热压制成形，有的球形岔管在制成后还进行整体退火，工艺复杂。这种岔管适用于高水头大中型水电站。球形岔管是国外采用比较多的一种成熟管型，目前国内应用尚少。

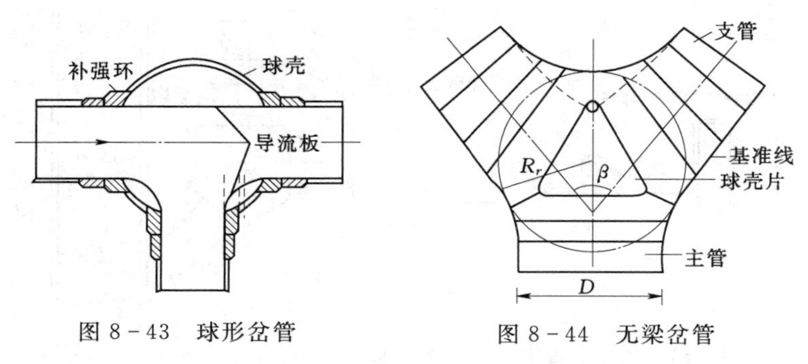

图8-43 球形岔管　　图8-44 无梁岔管

5. 无梁岔管

无梁岔管是在球形岔管的基础上发展而成的。无梁岔管用3个渐变的圆锥管作为主、支管与球壳的连接段以代替补强环。无梁岔管如图8-44所示。无梁岔管在保留球壳受力好的前提下，在很大程度上改善了球形岔管结构的受力条件。可用于大中型地下埋管，能较好地发挥与围岩共同受力的优点。

第十节※ 压力管道有限元计算分析简介

一、有限元计算方法简介

有限元法是一种将连续体离散化为若干个有限大小的单元体的集合，以求解连续体力学问题的数值方法。半个世纪以来，有限元法发展迅猛，理论基础已经相当完善，并应用于航空航天、造船、水利、机械、建筑等部门，已经成为解决复杂工程计算问题的有效途径。在压力管道受力状态分析、优化设计等方面也有广泛的应用。

目前常用的大型通用有限元分析软件有ANSYS、ABAQUS、ADINA、ALGOR等。通过软件的建模计算分析，可以获得压力管道各个部位的变形及应力状态，从而评估结构是否安全。

以下以ANSYS软件建模为例，对某一实际分岔管结构进行结构应力分析。

二、实际工程应用

1. 工程介绍

图8-45所示为某分岔管平面布置图，由一根主管、两个月牙肋岔管和三个支管

组成。两个月牙肋岔管尺寸如图 8-46 所示。其中主管、支管段材料为 Q345R，岔管材料为 Q370R，肋板材料为 Q345R。钢材特性指标见表 8-5，管道各部位钢板厚度见表 8-6。设计水头为 153.13m（含水击压力）。整个压力管道结构按明钢管设计，钢衬单独承受荷载。

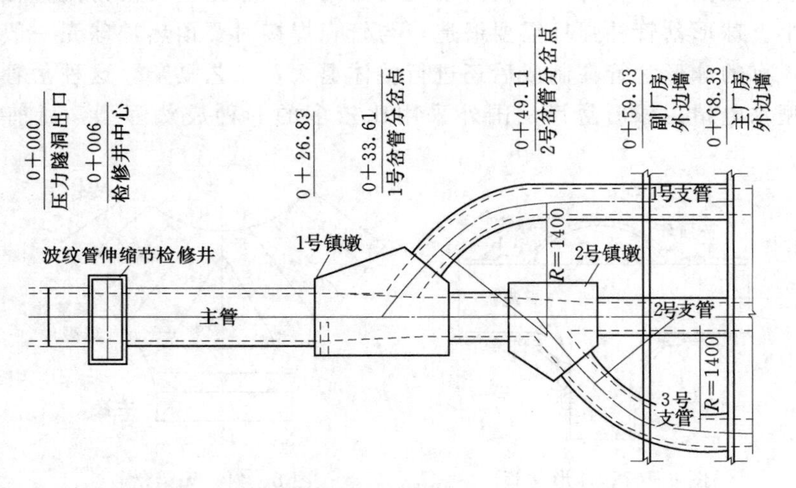

图 8-45　某分岔管平面布置图（桩号单位：m，尺寸单位：cm）

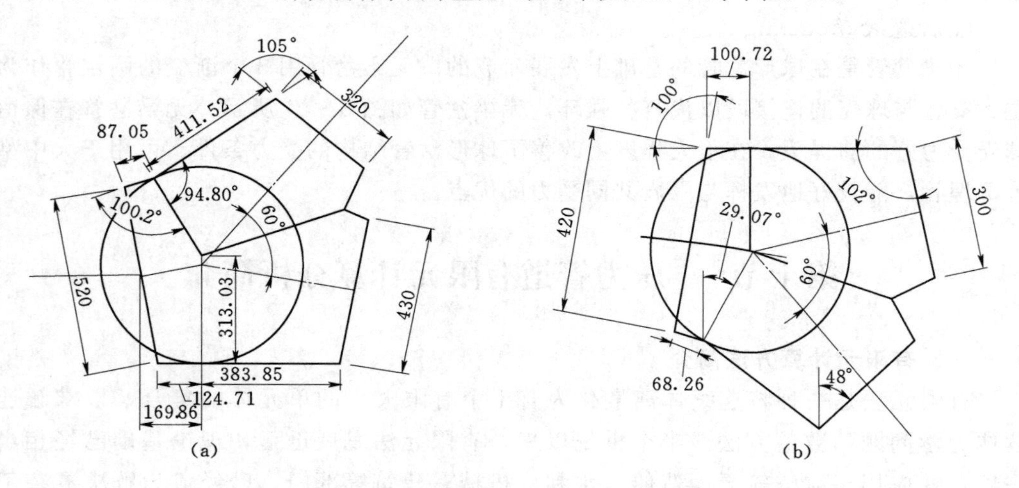

图 8-46　月牙肋岔管尺寸图（单位：cm）

(a) 1 号岔管；(b) 2 号岔管

表 8-5　钢材特性指标

钢　材	钢板厚度/mm	密度/(kg/m³)	抗拉强度屈服值/MPa	泊松比	弹性模量/MPa
Q345R	16～36	7850	325	0.3	2.1×10^5
	36～60	7850	305	0.3	2.1×10^5
	60～100	7850	285	0.3	2.1×10^5
Q370R	16～36	7850	370	0.3	2.1×10^5

表 8-6　　管道各部位钢板厚度

1号岔管								
部位	主管	主锥管	主岔锥管	支岔锥管	过渡锥管 1	过渡锥管 2	圆锥管	支管	月牙肋
厚度/mm	24	34	34	34	34	34	34	22	68

2号岔管									
部位	支岔管	主锥管	主岔锥管	支岔锥管	过渡锥管 3	过渡锥管 4	圆锥管	支管	月牙肋
厚度/mm	28	28	28	28	28	28	28	22	56

2. 有限元建模

首先进入 ANSYS 软件主菜单中 Preprocessor（前处理器），选择 Element Type（单元类型）定义单元的类型。该岔管结构为薄壁结构，可采用 4 结点壳单元进行模拟。每个结点 6 个自由度，其中有 3 个位移自由度和 3 个转角自由度。利用单元实常数来定义钢板的厚度。

其次选择 Material Props（材料属性），定义材料的类型，并赋予密度、弹性模量、泊松比等材料参数。此处选择线弹性材料，按照表 8-5 中的材料参数，建立 4 种不同的材料模型，分别将对应的弹性模量、密度、泊松比输入材料模型中。

然后进入 Modeling（建模）对岔管结构进行建模。ANSYS 软件提供了强大的实体模型创建功能。可通过创建点、线、面、体，并支持布尔操作，以生成复杂模型。岔管结构可采用生成点、线、面的方式构建。主管和锥管的相交部位可采用布尔操作生成，避免复杂曲线的计算。模型建立在笛卡儿直角坐标系下，yz 面为水平面，竖直方向为 x 轴，向上为正。

最后，选择 Meshing（划分网格）对上述实体模型进行网格划分。网格划分前需要对实体模型各个区域赋材料属性，即将 4 种材料模型赋给对应区域。定义完网格大小尺寸后，即可划分网格。模型共剖分为 14480 个单元，有限元网格如图 8-47 所示。

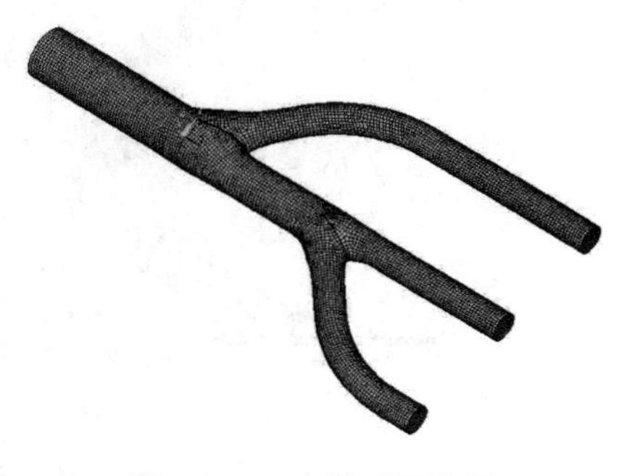

图 8-47　有限元网格图

3. 加载和求解

进入 Solution（求解器）来完成求解类型定义、分析设置、施加荷载、荷载步设置，并求解的流程。

由于此次分析为一线弹性分析过程，相对简单。首先进入 Analysis Type（求解类型），选择 New Analysis（新分析）中 Static（静力分析）。然后选择 Define Loads（施加荷载）中 Apply（施加）将内水压力、重力加速度以及边界约束条件施加在有限元模型上。最后选择 Solve（求解）中 Current LS（当前荷载步）进行有限元求解。

边界约束条件：管道靠近上游侧由于设有伸缩节，故只约束端部管轴的环向和切向，轴向自由；靠近厂房侧端部全约束。

4. 结果后处理

求解完成后，即可进入 General Postproc（通用后处理器）对有限元计算结果进行观察和分析。进入 Plot Results（结果绘制）中选择对应的选项，即可获得对应的计算结果图，如 Mise 应力云图、位移等值线图等。

应用 ANSYS 软件计算，得到该岔管结构应力计算结果如图 8-48 和图 8-49 所示。

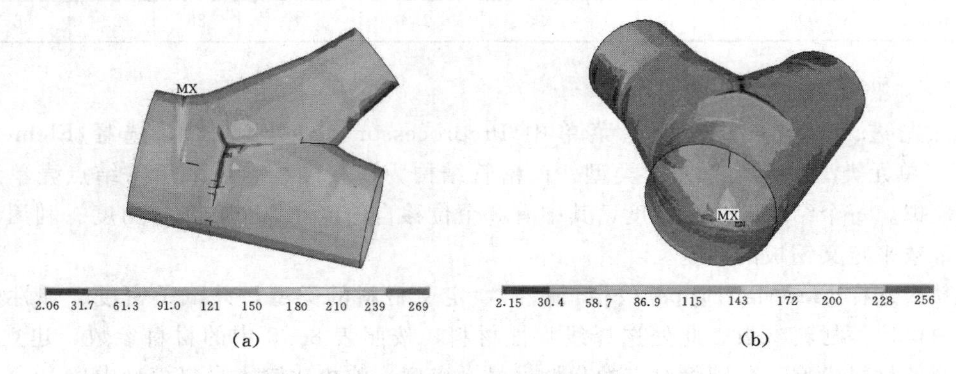

图 8-48　岔管 Mise 应力云图（单位：MPa）
(a) 1 号岔管；(b) 2 号岔管

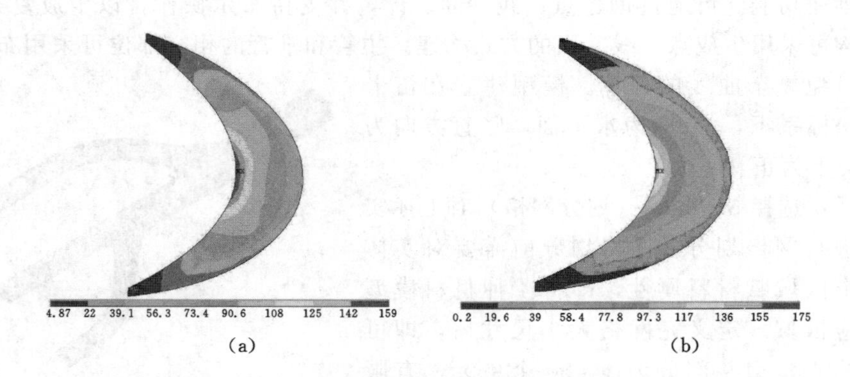

图 8-49　月牙肋 Mise 应力云图（单位：MPa）
(a) 1 号岔管；(b) 2 号岔管

从图 8-48 可知，1 号岔管应力最大值出现在主管和支岔锥管相接转角处，最大值为 269MPa。1 号岔管钢材为 Q370R，厚度为 34mm，转角处允许应力根据规范取值为 $0.8\sigma_s=296\text{MPa}>269\text{MPa}$，应力满足要求。2 号岔管在主管和支岔锥管相接转角处也出现了较大的应力，但是应力最大区出现在三管相交部位，最大应力值为 256MPa，小于允许应力 296MPa，应力满足要求。

另外，1 号岔管月牙肋材料为 Q345R，厚度为 68mm，属于承受弯矩的加强构件，根据规范允许应力取 $0.67\sigma_s=190.95\text{MPa}$。由图 8-49 可见，最大应力值都出现在月牙肋内缘的中部，最大应力值为 159MPa，小于允许应力值。2 号岔管肋板钢材为 Q345R，厚度为 56mm，允许应力为 204.35MPa。由图 8－49 可知，最大应力值也出现在月牙肋内缘的中部，最大应力值为 175MPa，应力满足要求。

从有限元计算结果来看，该岔管结构在设计内水压力作用下，各个部位的应力状态能够满足规范的要求。

思　考　题

8－1　水电站压力管道有哪几种布置型式？在布置各种型式的压力管道时对线路有何要求？

8－2　压力管道有哪几种供水方式？各种供水方式的优缺点及适用条件是什么？

8－3　压力管道进入厂房的方式有哪几种？各种方式的优缺点及适用条件是什么？

8－4　压力管道直径的确定与何种因素有关？工程中常用的确定经济直径的方法有哪几种？

8－5　水电站压力钢管对材料有什么要求？在结构计算中，各种形式压力钢管的允许应力应该怎样确定？

8－6　伸缩节的作用是什么？根据功能分为哪几种？通常布置在压力管道的哪些部位上？

8－7　套筒式伸缩节和波纹管伸缩节的优缺点都有哪些？

8－8　地面式压力管道的支墩、镇墩的作用、类型、构造及布置原则是什么？

8－9　如何根据内水压力初估地面压力钢管的管壁厚度？

8－10　阐述确定地面压力钢管的管壁厚度步骤。

8－11　压力钢管弹性失稳的原因是什么？

8－12　带有加劲环的压力钢管与光滑管的应力计算和稳定校核有何异同？

8－13　为什么压力钢管要限制压力钢管的最小管壁厚度？

8－14　地下埋管的初始缝隙是怎样形成的？它对钢衬强度计算有何影响？

8－15　地下埋管失稳的原因是什么？防止措施有哪些？

8－16　坝身压力管道的布置形式有哪几种？其结构计算的内容有哪些？

8－17　阐述钢衬钢筋混凝土管的设计步骤。

8－18　压力管道的分岔管有哪几种布置型式？按结构型式分常用的岔管有哪几种？它们的构造特点和适用条件是什么？

第九章　水电站水击及调节保证计算

学习提示

内容： 介绍水电站不稳定工况及研究水击的目的，水击计算的简单公式和水击波传播速度，简单管道水击发展过程，水击计算的基本方程，水击计算的边界条件和水击波的类型，水击计算的解析法，水击计算的特征线方程及有限差分方程，复杂管道水击的简化计算，调节保证计算的概念及转速升高近似计算，水击计算工况和减小水击压力的措施。

重点： 简单管道水击计算的解析公式及近似计算，复杂管道水击的简化计算及适用条件，调节保证计算内容和减小水击压力的措施。

要求： 了解水电站压力管道水击现象和调节保证计算的任务，通过水击沿管道的传播和反射规律分析，理解水击的物理本质。掌握简单管道水击解析公式及近似计算，复杂管道的水击简化计算，调节保证计算内容和减小水击压力的措施。

第一节　水电站不稳定工况及研究水击的目的

一、水击现象

资源 9-1

有压管道中流速因外界原因而发生剧烈变化时，所带来的一种水体内部压强交替升降的现象，称为水击或水锤。水击现象在我们日常生活中也能经常遇到，如在关闭水龙头时，经常会碰到水管颤动，并发出很大的“咚咚”响声，这就是一种水击现象。

当打开的阀门突然关闭，水流对阀门及管壁，主要是阀门会产生一个压力。由于管壁光滑，后续水流在惯性的作用下，使压力迅速达到最大，并产生破坏作用，这就是水力学当中的“水击效应”，也就是正水击。相反，关闭的阀门在突然打开后，也会产生水击，叫负水击，也有一定的破坏力，但没有前者大。

水击发生时，水电站压力管道内压强急剧改变。若关闭阀门，则压力管道中压强急剧升高，反之，开启阀门，则压力管道中压强急剧降低。这种压强的升高或降低，有时会达到很大的数值，同时又具有较高的传播频率，对压力管道危害很大。巨大的正压会使压力管道爆裂，而负压又会使压力管道吸扁。这些都会破坏水电站的正常运行。所以，在水电站设计中，必须知道压力管道水击压力值及应采取的预防和削弱水击作用的措施。

资源 9-2

二、水电站不稳定工况

水电站机组在额定转速下运行的工况，称为稳定工况。水电站在运行过程中，负荷会经常发生变化，使机组转速偏离额定转速。这种负荷变化主要由以下两类原因引起：

(1) 水电站在正常运行情况下，由于电力系统中的负荷增加或减少，所引起的水电站负荷变化。一般情况下，这种负荷变化不大且较缓慢，故通过调速器可将机组转速变化控制在允许范围内，相应在管道中产生的水击压力值也不大，故对压力管道不会造成危害。但也有时，在正常运行情况下，因系统中的负荷突然发生较大变化，要求水电站在较短的时间内增加或丢弃较大负荷，以适应系统负荷的突然变化，这时就会在管道中产生较大的水击压力值。

(2) 水电站事故引起的负荷变化，如机组主要设备发生故障或者输电线路发生故障，导致水电站突然丢弃全部负荷或部分负荷。这种情况下由于机组负荷突然发生较大变化而引起的水击压力值较大，对压力管道造成的危害较大，往往是水击计算的控制工况。

当水电站负荷改变时，必须调节压力管道末端阀门（或导叶），改变流量以适应负荷变化的需要。流量的变化，必然引起压力管道中流速的迅速变化，发生水击，机组转速发生变化，调压室或压力前池及其上游引水道内水压力或水位发生波动，电能质量及运行方式发生变化。这种现象就是水电站不稳定工况。即，由于负荷的变化而引起导叶开度、水轮机流量、水电站水头、机组转速的变化，称为水电站的不稳定工况。其主要表现如下：

(1) 引起机组转速的较大变化。由于发电机负荷的变化是瞬时发生的，而水轮机导叶的启闭需要一定的时间，水轮机出力不能瞬时地相应变化，因而破坏了水轮机出力和发电机负荷之间的平衡。当丢弃负荷时，水轮机在导叶关闭过程中产生的剩余能量将转换成机组转动部分的动能，使机组转速升高。增加负荷时，与丢弃负荷正好相反，不足能量将由机组动能补充，从而使机组转速降低。

(2) 在有压引水管道中发生“水击”现象。当管道末端流量急剧变化时，管道中流速和压力随之变化，即发生所谓“水击”。导叶关闭时，在压力管道和蜗壳中将引起压力上升，尾水管中则引起压力下降。导叶开启时则相反，将在压力管道和蜗壳中引起压力下降，而在尾水管中则引起压力上升。

(3) 在无压引水系统（压力前池、渠道）中产生水位波动现象。水击波传播到压力前池和渠道时，会使水位产生波动现象。电站突然丢弃负荷时，在压力前池和渠道中产生的涌波，将引起水位上升。突然增加负荷时，所产生的涌波，将引起水位下降。

(4) 在有压引水系统中（调压室、上游引水道）产生水位或内水压力波动现象。水击波传播到调压室，使调压室水位波动，如果调压室对水击波反射不充分还会引起其上游引水道中内水压力波动。

水电站从不稳定工况，经过一段时间调整后，水轮机出力和发电机负荷之间重新平衡，机组转速恢复到额定转速，达到新的稳定工况，这个调整过程称为过渡过程，一般时间很短。

三、研究水击的目的

水击在各类水电站中普遍存在。研究水击的目的可归纳为以下 4 种：

（1）计算水击压强最大值，作为设计或校核压力管道、蜗壳和水轮机强度的依据。

（2）计算水击压强最小值，作为压力管道布置、校核管道和尾水管内是否发生真空的依据。

（3）调节保证计算，研究水轮机导叶启闭时间、水击压强与机组转速变化三者之间的关系，使水击压强与机组转速的变化在允许范围之内。

（4）研究预防和减小水击压力的措施。

资源 9－3

第二节　水击计算的简单公式和水击波传播速度

一、水击计算的简单公式

在水力学计算中，经常把水流当作不可压缩的流体来进行研究。但在水击计算中，必须考虑水体的压缩性。因为水击发生时，管道内的水体压强发生巨大的变化，水体的压缩性对水击压强的大小及其在管道中的传播，将产生显著的影响。另外，管道内压强的巨大变化还会引起管壁的弹性变形。所以，在水击计算中水体的压缩性及管壁的弹性都必须考虑。

物体改变运动状态，是由于外力作用的结果。同样，阀门关闭时，管道中水流速度的改变，必然是由于一种压强增量的作用，这个压强增量就是水击压强（以 Δp 表示），可以用动量定理来推求。根据动量定理可知，物体动量变化等于作用在物体外力的冲量，即 $d(mv)=F dt$。

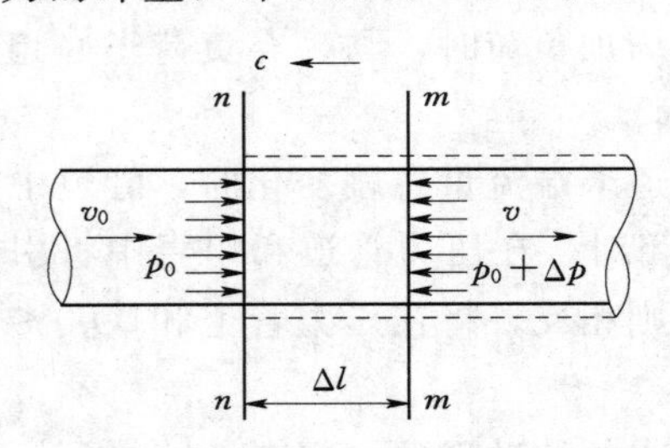

图 9－1　考虑水体压缩和管壁弹性变形的压力管道

在图 9－1 所示的压力管道中取出长为 Δl 的一段水体来研究。并设管道中原有的流速为 v_0，压强为 p_0，水的密度为 ρ，管道的横断面积为 A。若部分关闭阀门而使管道中发生水击，水击发生后，经 Δt 时段，水击波由 $m-m$ 断面传播到 $n-n$ 断面，则流段内的流速由 v_0 减到 v，压强由 p_0 增加为 $p_0+\Delta p$，水体被压缩，密度变为 $\rho+\Delta\rho$，管壁膨胀，横断面增加至 $A+\Delta A$。

设水体原有的动量为：$\rho A\Delta l v_0$；水击波通过后的动量为 $(\rho+\Delta\rho)(A+\Delta A)\Delta l v$。实际上，由于管壁膨胀，横断面增大，必然引起流段内水体缩短，缩短后的长度为 $\Delta l-\Delta(\Delta l)$，但长度增量 $\Delta(\Delta l)$ 为二阶微量，可以略去不计。故所研究的水体，在 Δt 时段内动量的变化为

$$d(mv)=(\rho+\Delta\rho)(A+\Delta A)\Delta l v-\rho A\Delta l v_0$$

展开后，略去二阶微量，则得

$$d(mv)=\rho A\Delta l(v-v_0)$$

作用在 Δl 段水体两端压力差为

$$p_0A-(p_0+\Delta p)(A+\Delta A)=p_0A-(p_0A+p_0\Delta A+\Delta pA+\Delta p\Delta A)=-\Delta pA$$

上式推导中略去了二阶微量 $\Delta p\Delta A$，并注意到水击中 $p_0\Delta A$ 比 ΔpA 小得多，略

去了 $p_0 \Delta A$。

两端压力差的冲量为

$$F\mathrm{d}t = -\Delta p A \Delta t$$

由动量定理得

$$-\Delta p A \Delta t = \rho A \Delta l (v - v_0)$$

因为水击波的传播速度 $c = \Delta l / \Delta t$，所以水击压强增量为

$$\Delta p = \rho c (v_0 - v) \tag{9-1}$$

若用水柱高表示水击压强增量，则得

$$\Delta H = \frac{\Delta p}{\gamma} = \frac{c}{g}(v_0 - v) \tag{9-2}$$

式（9-1）和式（9-2）为水击计算的简单公式，可用来计算阀门突然关闭或开启时的水击压强。

当阀门突然完全关闭时，$v=0$，则得相应的水击压力值为

$$\Delta H = \frac{c}{g} v_0 \tag{9-3}$$

从水击计算的简单公式中，可以得出以下结论：

（1）起始流速大，终了流速小，即 $v_0 > v$，ΔH 为正值，即产生正水击，代表阀门关闭情况。如起始流速小，终了流速大，即 $v_0 < v$，ΔH 为负值，即产生负水击，代表阀门开启情况。

（2）水击压力值 ΔH 的大小与水击波传播速度 c 成正比。

（3）水击压力值 ΔH 的大小与流速变化的绝对值 $|v_0 - v|$ 成正比。

【例 9-1】 某压力管道的流速为 $v_0 = 5\text{m/s}$，阀门突然完全关闭，流速减少到零，管道内水击波传播速度为 $c = 1000\text{m/s}$，求水击压强增量值。

解：

$$\Delta H = \frac{c}{g} v_0 = \frac{1000}{9.8} \times 5 \approx 510(\text{m})$$

这是一个比静水头产生的压强大若干倍的水击压强值，在工程设计中若未考虑，将会带来严重的后果。

资源 9-4

二、水击波传播速度

水击波传播速度可根据质量守恒原理来推导。仍取图 9-1 所示压力管道中长为 Δl 的流段进行研究。根据质量守恒原理，在 Δt 时段内，通过 $n-n$ 断面流入的水体质量与通过 $m-m$ 断面流出的水体质量之差，应等于同一时段内，该流段水体质量的增值。

在 Δt 时段内，流入与流出该流段水体的质量差为

$$\rho A v_0 \Delta t - (\rho + \Delta \rho)(A + \Delta A) v \Delta t$$

略去二阶微量后得

$$[\rho A (v_0 - v) - v(\rho \Delta A + \Delta \rho A)] \Delta t$$

在同一时段内，Δl 段内的水体，因水击波通过使压强增加，密度加大，管壁膨

胀所引起的质量增值为

$$(\rho+\Delta\rho)(A+\Delta A)\Delta l-\rho A\Delta l$$

不计二阶微量，则得

$$(\rho\Delta A+\Delta\rho A)\Delta l$$

根据质量守恒原理，应有

$$[\rho A(v_0-v)-v(\rho\Delta A+\Delta\rho A)]\Delta t=(\rho\Delta A+\Delta\rho A)\Delta l$$

注意到 $c=\Delta l/\Delta t$，整理上式可得

$$\rho A(v_0-v)=(c+v)(A\Delta\rho+\rho\Delta A)$$

一般情况下，水击波的传播速度 c 比水流速度 v 大得多。略去右端的 v 后，上式变为

$$v_0-v=\left(\frac{\Delta\rho}{\rho}+\frac{\Delta A}{A}\right)c$$

将水击压强增量 $\Delta p=\rho c(v_0-v)$ 代入上式，取极限后得水击波的传播速度 c 为

$$c=\frac{1}{\sqrt{\rho\left(\frac{1}{\rho}\frac{\mathrm{d}\rho}{\mathrm{d}p}+\frac{1}{A}\frac{\mathrm{d}A}{\mathrm{d}p}\right)}} \tag{9-4}$$

式中：$\frac{1}{\rho}\frac{\mathrm{d}\rho}{\mathrm{d}p}$反映了水体的压缩性；$\frac{1}{A}\frac{\mathrm{d}A}{\mathrm{d}p}$反映了管壁的弹性。

根据水力学中对水体压缩性的讨论可知，水的体积弹性模量可写为

$$E_w=\frac{\mathrm{d}p}{\mathrm{d}\rho/\rho} \tag{9-5}$$

式中：E_w 为水的体积弹性模量。

对于直径为 D、面积为 A 的管道，当压强增加 $\mathrm{d}p$ 时，管壁膨胀，管径增加 $\mathrm{d}D$，相应的面积增量 $\mathrm{d}A=\mathrm{d}\left(\frac{1}{4}\pi D^2\right)=\frac{1}{2}\pi D\mathrm{d}D$。则

$$\frac{1}{A}\frac{\mathrm{d}A}{\mathrm{d}p}=\frac{1}{\mathrm{d}p}\frac{\mathrm{d}A}{A}=\frac{1}{\mathrm{d}p}\frac{\frac{1}{2}\pi D\mathrm{d}D}{\frac{1}{4}\pi D^2}=2\,\frac{1}{\mathrm{d}p}\frac{\mathrm{d}D}{D}=2\,\frac{1}{\mathrm{d}p}\frac{\mathrm{d}r}{r} \tag{9-6}$$

根据温克勒（Winkler E.）假定，管道径向变形增量 $\mathrm{d}r$ 与相应的内水压强增量 $\mathrm{d}p$ 成正比，即

$$\mathrm{d}p=K\mathrm{d}r \tag{9-7}$$

式中：K 为管道抗力系数，是表征管道抵抗内水压强变形能力的指标，一般通过现场荷载试验确定。

将式（9-5）～式（9-7）代入式（9-4）整理，得

$$c=\frac{\sqrt{\frac{E_w}{\rho}}}{\sqrt{1+\frac{2E_w}{Kr}}} \tag{9-8}$$

式中：c 为水击波传播速度（简称水击波速），m/s；E_w 为水的体积弹性模量，Pa，一般可取 $E_w=2.06\times10^3$MPa；ρ 为水体密度，kg/m³；r 为管道内半径，m；K 为管道抗力系数，Pa/m。

在初步设计阶段，管道抗力系数可根据不同的管道，按下述给出的计算方法估算。

1. 均质薄壁明钢管

指管壁厚度小于 1/20 管径的明钢管，一般钢管和铸铁管均属此类。

$$K=K_s=\frac{E_s\delta}{r^2} \tag{9-9}$$

式中：E_s、δ 分别为管材的弹性模量（Pa）和管壁厚度（m）。钢材 $E_s=2.06\times10^5$MPa，铸铁 $E_s=0.98\times10^5$MPa。

2. 加箍的钢管

指箍管和有加劲环的钢管。

$$K=K_s=\frac{E_s}{r^2}\left(\delta_0+\frac{F}{l}\right) \tag{9-10}$$

式中：δ_0 为管壁的实际厚度，m；F 为箍的截面积，m²；l 为沿管轴的中心距，m。

3. 厚壁管

指管壁厚度大于 1/20 管径的管道。式（9-8）中 Kr 用 Kr_0 替换，即

$$Kr_0=E_s\frac{r_1^2-r^2}{r^2+r_1^2} \tag{9-11}$$

式中：r_0 为管道平均半径，m；r、r_1 分别为管道内半径和外半径，m；E_s 为管材的弹性模量，Pa。

4. 钢筋混凝土管

$$K=\frac{E_c}{r^2}\left(\delta+\frac{E_s}{E_c}f\right) \tag{9-12}$$

式中：E_s、E_c 分别为钢筋和混凝土的弹性模量，Pa；f 为单位长度管壁中钢筋的截面积，m²/m；δ 为管壁厚度，m。

5. 坚硬岩石中的未衬砌隧洞

对于图 9-2（a）所示未衬砌隧洞，有

$$K=K_r=\frac{100K_0}{r}=\frac{E_r}{(1+\mu_r)r} \tag{9-13}$$

式中：K_0、E_r、μ_r 分别为围岩的单位抗力系数（Pa）、弹性模量（Pa）和泊松比，计算水击波速时，μ_r 一般可略去不计。

6. 埋藏式钢管

对于图 9-2（b）所示埋藏式钢管，有

$$K=K_s+K_c+K_f+K_r \tag{9-14}$$

式中：K_s 为钢衬的抗力系数，用式（9-9）或式（9-10）计算，取 $r=r_1$；K_c 为混凝土垫层的抗力系数，若未开裂，则

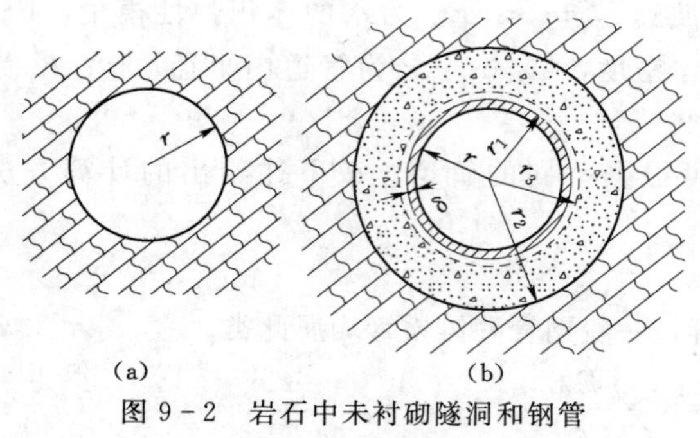

图 9-2　岩石中未衬砌隧洞和钢管衬砌隧洞示意图
(a) 未衬砌隧洞；(b) 埋藏式钢管

$$K_c=\frac{E_c'}{r_1}\ln\frac{r_2}{r_1} \tag{9-15}$$

式中：r_2 为回填混凝土外半径，m；$E_c'=E_c/(1-\mu_c^2)$，E_c、μ_c 分别为混凝土弹性模量和泊松比。若混凝土已开裂，忽略其径向压缩，可近似地令 $K_c=0$；K_f 为环向钢筋的抗力系数，可用下式计算：

$$K_f=\frac{E_s f}{r_1 r_3} \tag{9-16}$$

式中：f 和 r_3 分别为单位长度管道中钢筋截面积（m^2/m）和钢筋圈半径（m）；K_r 为围岩的抗力系数，用式（9-13）计算，取 $r=r_1$。

若缺少某层衬砌，则式（9-14）中该层的抗力系数为零，公式仍适用。

对于坝内埋管，式（9-14）中的 $K_r=0$，若钢管外围混凝土厚度超过 3 倍管径，则混凝土可视为无限弹性体，式（9-14）中的

$$K_c=\frac{E_c}{(1+\mu_c)r_1} \tag{9-17}$$

式中：E_c、μ_c 分别为混凝土的弹性模量和泊松比。K_s 和 K_f 的计算方法同上。

上述水击波速公式，除均质薄壁明钢管外，其他各组合管都是近似的。水击波速对第一相水击影响较大，对以后各相水击的影响逐渐减小。所以，对于最大水击压强出现在第一相末的水击（即后述的第一相水击），水击波速的取值应尽可能符合实际工程情况，并取一个略为偏小的数值以保证安全。对于最大水击压强出现在第一相末以后某一相的水击（即后述的极限水击），此时水击波速对水击影响不大，没有必要过分追求水击波速的精度。在缺乏资料的情况下，均质薄壁明钢管的水击波传播速度可近似取为 1000m/s，埋藏式钢管可近似取为 1200m/s。

对于均质薄壁明钢管，将式（9-9）代入式（9-8），得水击波速的计算公式如下：

$$c=\frac{\sqrt{\dfrac{E_w}{\rho}}}{\sqrt{1+\dfrac{E_w}{E_s}\dfrac{D}{\delta}}} \tag{9-18}$$

由水击计算的简单公式（9-2）和水击波速公式（9-18）可以得出以下几点结论：

(1) 管壁材料的弹性模量 E_s 与水击波速 c 和水击压力值 ΔH 成正比。当 $E_s=\infty$，即管壁为绝对刚性时，水击波速最大，以 c_0 表示，则

$$c_0=\sqrt{\frac{E_w}{\rho}} \tag{9-19}$$

其中 c_0 就是不受管壁影响时水击波传播速度，也就是声波在水中的传播速度，它随

温度和压力升高而增大，一般情况下，可取为 $c_0=1435\text{m/s}$。

（2）管径 D 与水击波速 c 和水击压力值 ΔH 成反比。

（3）管壁厚度 δ 与水击波速 c 和水击压力值 ΔH 成正比。所以，为减小水击压力值，应当选用直径较大，管壁较薄的水管。

（4）阀门关闭时间的长短对水击波速不会有影响。所以，阀门逐渐关闭时，水击波速仍可用上述公式计算。

第三节　简单管道水击发展过程

简单管道是指管径与管壁厚度沿程不变的管道，以下所述的水击发展过程及水击计算的基本方程均指简单管道。

一、阀门突然完全关闭时的水击过程

图 9-3 为长度 L 的水电站压力管道，设管道的进口与水库相接，管道出口处设一阀门。在许多情况下，压力管道中的水头损失及流速水头均比压强水头小得多，故在水击计算中，通常略去不计，即认为恒定流时管道沿程水头线与管道进口静水头线处处相等。

设在恒定流的条件下，管道进口静水头为 H_0，管道中水体初始流速为 v_0，压强为 p_0。若阀门在 $t=0$ 时突然完全关闭，由于水体具有压缩性，管壁具有弹性，所以整个管道中水体的流速并不是瞬间同时变为零，而是从阀门处向上游一个断面接一个断面逐渐变为零；整个管道中水体的压强，也不是立刻同时升至无穷大，而是从阀门处向上游逐断面地升高到一定的数值。

下面分时段描述水击发展过程。

1. $0\leqslant t<L/c$ 时段（水击的第一过程）

阀门关闭前，管道中水体处于恒定流状态，库水位保持恒定，管道中水体初始流速为 v_0，压强为 p_0。阀门突然关闭后，紧靠阀门的一段长度为 $\mathrm{d}l$ 的水体流速瞬间变为零，压强立刻升高 Δp，故 $\mathrm{d}l$ 段水体被压缩，密度增大，管壁发生膨胀，如图 9-4（a）所示。但是，$\mathrm{d}l$ 段水体上游的流动并未受到阀门关闭的影响，仍以初始流速 v_0 向下游继续流动，当碰到停止不动的水体时，就像碰到完全关闭的阀门一样，流速立刻变为零，压强升高 Δp，水体被压缩，管壁发生膨胀。这种现象就这样逐段逐段地以波速 c 向上游传播，直至水库为止，如图 9-4（b）所示。

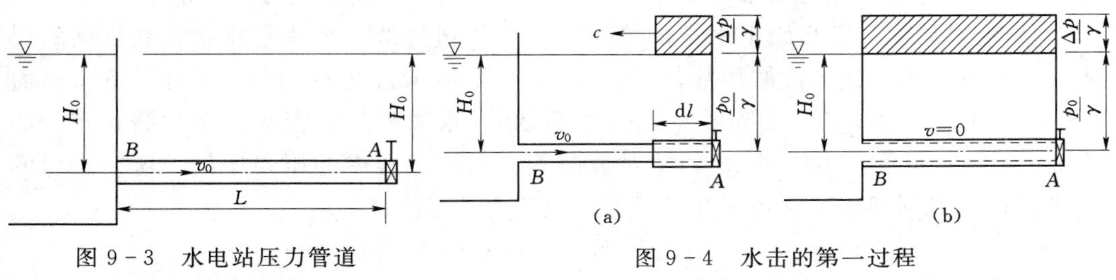

图 9-3　水电站压力管道布置示意图

图 9-4　水击的第一过程
（a）$0\leqslant t<L/c$；（b）$t=L/c$

在上述情况下，水击波的传播使水体压强升高，而其传播方向又与恒定流时流动方向相反（由下游传向上游），故称之为增压逆波。

2. $L/c \leqslant t < 2L/c$ 时段（水击的第二过程）

在 $t=L/c$ 时，整个管道中水体流动停止，压强普遍升高 Δp，密度增大，管壁膨胀。但管道上游水库水位是恒定不变的，进口断面 B 在水库一侧的压强始终为 p_0，不会受水击的影响而改变，而另一侧则是受压缩水体的压强 $p_0+\Delta p$。在这种不平衡的压强差的作用下，进口断面 B 的水体不能保持平衡，转而由瞬间静止状态向水库方向流动。

这时，由进口断面 B 开始的水体反向流速，其大小应等于第一过程中的流速 v_0。因为，第1过程中的水击压强增量 Δp 是由流速差（$0-v_0$）而产生的，那么根据能量守恒原理，在同样水击压强增量 Δp 的作用下所产生的流速，大小也应等于 v_0，但方向相反。反向流速 $-v_0$ 产生后，进口断面 B 附近的水体，压强立刻恢复到原有压强，压缩的水体及膨胀的管壁也立刻恢复原状。在水体弹性的作用下水击波逐段逐段地向下游传播，如图 9-5（a）所示，至 $t=2L/c$ 时到达阀门断面 A，结束了水击的第二过程。整个管道中水体压强恢复到 p_0，水体密度及管壁也恢复到原来的状态，但整个管道中水体均以 $-v_0$ 流动着，如图 9-5（b）所示。

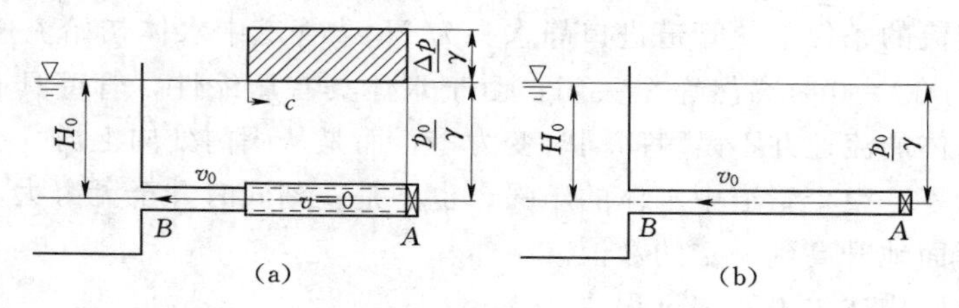

图 9-5　水击的第二过程

(a) $L/c \leqslant t < 2L/c$；(b) $t=2L/c$

第二过程中，水击波的传播使压力下降，其传播方向与恒定流时的流动方向相同，所以称作降压顺波。它是第1过程增压逆波的反射波。

3. $2L/c \leqslant t < 3L/c$ 时段（水击的第三过程）

在 $t=2L/c$ 时，虽然整个管道中水体压强恢复到 p_0，水体密度及管壁也恢复到原状，但整个管道中水体具有一个反向流速 $-v_0$。因惯性的作用，紧邻阀门的水体继续以速度 v_0 向上游运动，这使水体有脱离阀门的趋势，从而引起阀门处水体的压强又骤然降低 Δp，并使水体膨胀，密度减小，管壁收缩，流动也随即停止。

从阀门断面 A 又开始了水击的第三过程：压强降低，水体膨胀、管壁收缩的现象又这样逐段逐段地向上游传播，如图 9-6（a）所示，在 $t=3L/c$ 时到达进口断面 B。整个管道中水体流速变为零、压强降低 Δp，水体膨胀，管壁处于收缩状态，如图 9-6（b）所示。显然，Δp 的绝对值应等于第一过程中的压强增量。这一过程的水击波称为降压逆波，它是第2过程降压顺波的反射波。

4. $3L/c \leqslant t < 4L/c$ 时段（水击的第四过程）

当降压逆波在 $t=3L/c$ 时，反射到进口断面 B 时，断面 B 右侧的水体压强比库

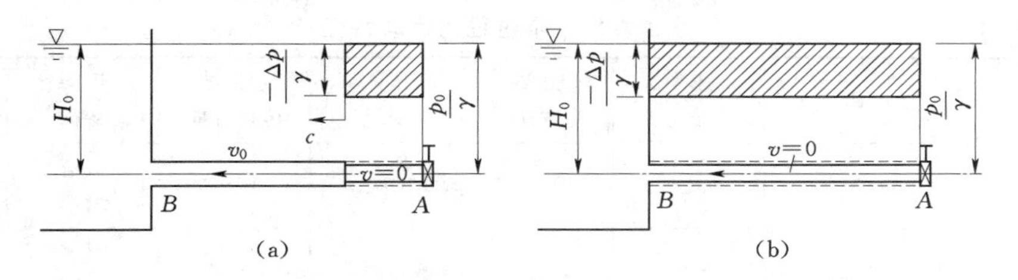

图 9－6　水击的第三过程

(a) $2L/c \leqslant t < 3L/c$；(b) $t=3L/c$

水位所要求的低了一个 Δp 值。在此压强差的作用下，水流又发生以速度 v_0 向阀门方向的流动。流动一经开始，压强立即恢复到 p_0，膨胀的水体及收缩的管壁也相应恢复原状。这一过程的水击波称为增压顺波，它是第三过程降压逆波的反射波。这个由水库反射回来的增压顺波以波速 c 向阀门方向传播，如图 9－7（a）所示，到 $t=4L/c$ 时，增压顺波到达阀门断面 A，整个管道中水体及管壁都恢复阀门关闭前的状态，如图 9－7（b）所示。这是水击的第四个过程。

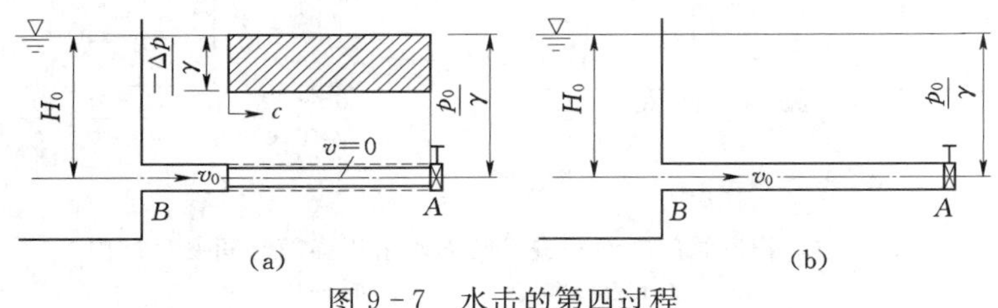

图 9－7　水击的第四过程

(a) $3L/c \leqslant t < 4L/c$；(b) $t=4L/c$

从阀门关闭 $t=0$ 时算起，至 $t=2L/c$ 时，是水击波由阀门至水库传播一个来回所需的时间，在水击计算中称为第一相。由 $t=2L/c$ 至 $t=4L/c$ 又经过了一相，称为第二相。因为到 $t=4L/c$ 时，整个管道中水体及管壁都恢复到水击发生前的状态，所以把 $t=0$ 到 $t=4L/c$ 称为一个周期。

到 $t=4L/c$ 时，虽然整个管道中水体及管壁都恢复到水击发生前的状态，但水击波传播仍然不会停止，而是重复上述过程，周而复始地循环发展下去。

以上的分析都没有考虑水击波在管道传播过程中水流所受的摩阻损失，因此在分析阀门突然关闭引起阀门与水库之间的水击波传播的 4 个过程时，能量没有损失。但实际上，由于摩阻损失的存在，水击压强将逐渐衰减，以致最终将停止下来。现将上述 4 个过程的运动特征归纳列于表 9－1 中。

根据以上论述，可得出阀门突然完全关闭时管道阀门断面 A 和进口断面 B 水击压强随时间变化的过程，如图 9－8 所示。

图 9－8（a）是阀门突然关闭时，阀门断面 A 水击压强随时间的变化过程。从阀门突然关闭的 $t=0$ 时起，该断面压强即由原来的 p_0 增加为 $p_0+\Delta p$，直到降压顺波反射回来前夕（$t=2L/c$ 时），阀门断面始终保持压强 $p_0+\Delta p$。在 $t=2L/c$ 的瞬间，压强由 $p_0+\Delta p$ 骤然下降至 p_0，再下降至 $p_0-\Delta p$。此后，在 $t=2L/c$ 到 $t=4L/c$ 期

表 9-1　　水击发展4个过程的运动特征

过程	时距	速度变化	流动方向	压强变化	水击波传播方向	运动特征	水体状态
1	$0\leqslant t<L/c$	$v_0\rightarrow 0$	$B\rightarrow A$	增高 Δp	$A\rightarrow B$	减速增压	压缩
2	$L/c\leqslant t<2L/c$	$0\rightarrow -v_0$	$A\rightarrow B$	恢复原状	$B\rightarrow A$	增速减压	恢复原状
3	$2L/c\leqslant t<3L/c$	$-v_0\rightarrow 0$	$A\rightarrow B$	降低 Δp	$A\rightarrow B$	减速减压	膨胀
4	$3L/c\leqslant t<4L/c$	$0\rightarrow v_0$	$B\rightarrow A$	恢复原状	$B\rightarrow A$	增速增压	恢复原状

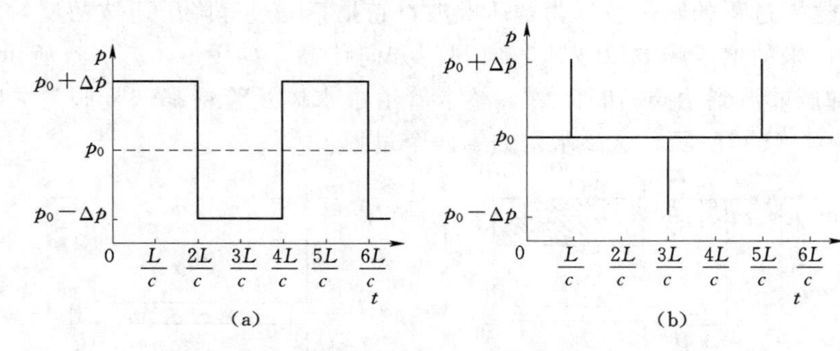

图 9-8　管道阀门断面和进口断面水击压强随时间变化过程

(a) 阀门断面；(b) 进口断面

间，压强保持着 $p_0-\Delta p$。到 $t=4L/c$ 的一瞬间，该断面压强又由 $p_0-\Delta p$，增加至 p_0，再增加至 $p_0+\Delta p$。就这样循环变化下去。

图 9-8（b）是表示管道进口断面 B 水击压强随时间的变化过程。显然，断面 B 的水击压强只是发生在 $t=L/c$，$t=3L/c$，$t=5L/c$ 的瞬间，压强短暂的升高 Δp 或下降 Δp，其余时间，压强均保持为 p_0。

至于管道中间的任意断面，其水击压强的变幅和持续的时间都是介于上述两者之间。

由上述可知：阀门断面水击压强最先升高和降低，持续时间长，变幅大。进口断面的水击压强增高或降低都只是发生在瞬间。可见，阀门处的水击压强最为严重，而且总是在每相之末变幅最大。

二、阀门逐渐关闭时的水击过程

以上讨论的是阀门突然关闭情况下的水击过程，而在实际工程中，阀门的关闭总是需要一定的时间才能完成，即阀门总是逐渐关闭的。阀门逐渐关闭时，与阀门突然关闭不同，产生的不是一个水击波，而是一系列连续发生的水击波。

阀门的逐渐关闭过程，可以分解为一系列微小的突然关闭。设阀门关闭所经历总时间为 T，则可将 T 分解成 n 个时段 Δt_1、Δt_2、…、Δt_n，$T=\sum_{i=1}^{n}\Delta t_i$； 每个微小的突然关闭则发生在每个时段之初。若管道中水体原来的压强是 p_0、流速是 v_0，在 Δt_1 时段发生的第 1 个微小的突然关闭，使流速由 v_0 减至 v_1；在 Δt_2 时段发生的第 2 个微小突然关闭，使流速由 v_1 减至 v_2，依此类推，在 Δt_n 时段，则由 v_{n-1} 减至零。那么各微小关闭所引起的阀门断面水击压强增值，均可由直接水击公式（9－1）计算。

第 1 个微小水击波产生后，即以波速 c 向水库方向传播，到达水库后，又以减压波的方式用同样的波速反射回来，到达阀门断面所需的时间是 $2L/c$。同时，随着阀门不断关闭还会产生新的一系列水击波和对应的反射波。显然，阀门关闭时间 T 与时段 $2L/c$ 间的相对大小关系将会影响阀门断面的水击压强。阀门在逐渐关闭时，可能出现下述 3 种情况：

（1）阀门关闭时间 $T<2L/c$，即 $L>cT/2$。在这种情况下，由水库反射回来的减压波尚未到达阀门断面时，阀门已关闭完毕，阀门断面的压强已升至最高值，如图 9－9（a）所示。这个压强增量的最高值应是各个时段压强增值的总和，即 $\Delta p=\sum_{i=1}^{n}\Delta p_i=\rho c v_0$。该式是计算阀门突然完全关闭时水击压强增值的公式。这表明：在阀门关闭时间 $T<2L/c$ 的条件下，阀门断面的最大水击压强增量不受阀门关闭时间 T 长短的影响。

（2）阀门关闭时间 $T=2L/c$，即 $L=cT/2$。这时，阀门刚关闭完毕，由进口反射回来的降压波也同时到达阀门断面。所以，阀门断面的最大水击压强增值仍与 T 的长短无关，即 $\Delta p=\rho c v_0$。而阀门上游的各个断面，都受到了降压波的影响，如图 9－9（b）所示。

（3）阀门关闭时间 $T>2L/c$，即 $L<cT/2$。也就是说，阀门还未关闭完毕（阀门断面压强还未升到最大值）时，由进口反射回来的减压波已经到达阀门断面了，因此管道末端的水击压力是由向上游传播的水击波和反射回来的水击波叠加的结果。这时，一方面阀门还在继续关闭，新产生的增压波仍向上游传播，使管道各断面的压强继续升高；另一方面，由进口反射回来的减压波不断到达，使阀门处及其上游各断面压强减小，另外，反射到阀门处的减压波又以减压波的形式向上游反射；此后，情况则愈来愈复杂。总之，由于反射回来减压波对阀门处产生的升压波起着抵消作用，阀门断面将不能升到阀门突然关闭时那样高的水击压强，如图 9－9（c）所示。

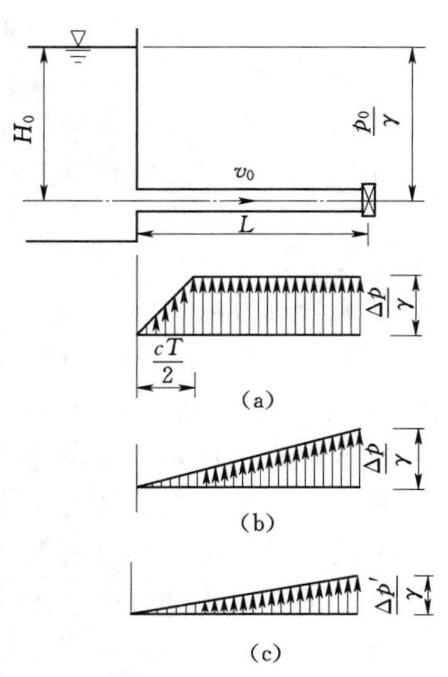

图 9－9　阀门逐渐关闭时的水击过程
（a）$T<2L/c$；（b）$T=2L/c$；（c）$T>2L/c$

上述第 1、第 2 种情况，包括阀门突然关闭，即水轮机导叶开度的关闭时间 $T\leqslant 2L/c$ 时，阀门处的压强不受阀门关闭时间长短的影响，称作直接水击。

直接水击压力值的大小只与流速变化（v_0-v）的绝对值和管道的水击波速 c 有关，而与开度变化的速度、变化规律和管道长度无关。阀门断面最大水击压强增量，可直接用式（9-1）计算。

至于第3种情况，即水轮机导叶开度的关闭时间 $T>2L/c$ 时，阀门处水击压强与阀门关闭时间 T 的长短有关，称作间接水击。间接水击的压强增值是由一系列水击波在各自不同发展阶段叠加的结果。阀门断面及管道其他断面的最大水击压强增值，均比直接水击产生的压强小。间接水击是水电站中经常发生的水击现象，也是水击研究的主要对象。

第四节　水击计算的基本方程

为了求解水击问题，需要建立水击计算的基本微分方程组，利用基本微分方程组，并做一些适当简化，再加上相应的边界条件，可用来求解水击值以及它们的变化过程。

资源 9-5

一、基本微分方程组

水击计算的基本微分方程组包括运动方程和连续方程。取管道轴线长度为 x 坐标轴，以管道进口为原点，指向下游为正；并设管道轴线沿 x 坐标轴下降。

1. 运动方程

运动方程是从管道水体中选取隔离体，应用牛顿第二定律建立的。由“水力学”中得知其表达式为

$$g\frac{\partial H}{\partial x}+v\frac{\partial v}{\partial x}+\frac{\partial v}{\partial t}+\frac{f_w}{2D}|v|v=0 \tag{9-20}$$

2. 连续方程

利用质量守恒原理推导出非恒定流连续方程，考虑到管道中水体的可压缩性及管壁的弹性，对非恒定流连续方程作适当变换，得到水击的连续方程：

$$v\frac{\partial H}{\partial x}+\frac{\partial H}{\partial t}+v\sin\alpha+\frac{c^2}{g}\frac{\partial v}{\partial x}=0 \tag{9-21}$$

式中：g 为重力加速度，m/s^2；H 为压力水头，m；v 为流速，m/s；x 为距离，m；t 为时间，s；f_w 为摩阻系数；D 为管道内径，m；α 为管道轴线与水平面夹角，(°)；c 为水击波的传播速度，m/s。

以上两式是计算水击的基本微分方程组，这是一组一阶拟线性双曲线偏微分方程，其实也是第七章所述的圣维南方程组的一种变形，它没有解析值，常采用基于有限差分法的特征线法和直接差分法求其离散值。

资源 9-6

二、简化水击计算的基本方程

在基本微分方程组中，设管道水平，如果忽略摩阻系数 f_w，并考虑水头沿管道轴线长度变化率$\frac{\partial H}{\partial x}$远远小于水头随时间变化率$\frac{\partial H}{\partial t}$，以及流速沿管道轴线长度变化率$\frac{\partial v}{\partial x}$远远小于流速随时间变化率$\frac{\partial v}{\partial t}$，则式（9-20）、式（9-21）分别简化为

$$g\frac{\partial H}{\partial x}+\frac{\partial v}{\partial t}=0 \tag{9-22}$$

$$\frac{\partial H}{\partial t}+\frac{c^2}{g}\frac{\partial v}{\partial x}=0 \tag{9-23}$$

将 x 坐标轴以指向上游为正，以上两式可改写成

$$\frac{\partial v}{\partial t}=g\frac{\partial H}{\partial x} \tag{9-24}$$

$$\frac{\partial v}{\partial x}=\frac{g}{c^2}\frac{\partial H}{\partial t} \tag{9-25}$$

以上两式在数学物理方程中称为波动方程。这两个方程联立，可求出 $H(x, t)$ 和 $v(x, t)$ 的函数。

将式（9-24）和式（9-25）分别对 x 及 t 各进行一次微分，即

$$\frac{\partial^2 v}{\partial t\partial x}=g\frac{\partial^2 H}{\partial x^2} \tag{9-26}$$

$$\frac{\partial^2 v}{\partial x\partial t}=\frac{g}{c^2}\frac{\partial^2 H}{\partial t^2} \tag{9-27}$$

以上两式相减，得

$$\frac{\partial^2 H}{\partial t^2}-c^2\frac{\partial^2 H}{\partial x^2}=0 \tag{9-28}$$

类似地得到

$$\frac{\partial^2 v}{\partial t^2}-c^2\frac{\partial^2 v}{\partial x^2}=0 \tag{9-29}$$

式（9-28）、式（9-29）是两个同样形式的双曲线线性偏微分方程式，其一般解为

$$\Delta H=H-H_0=F\left(t-\frac{x}{c}\right)+f\left(t+\frac{x}{c}\right) \tag{9-30}$$

$$\Delta v=v-v_0=-\frac{g}{c}\left[F\left(t-\frac{x}{c}\right)-f\left(t+\frac{x}{c}\right)\right] \tag{9-31}$$

式中：H_0、v_0 分别为初始状态时的值；F、f 分别为两个波函数。

式（9-30）和式（9-31）称为简化水击计算的基本方程。下面讨论两个波函数 F、f 的物理意义。

设有一观察者，以波速 c 沿 x 坐标轴朝水库方向移动。t_1 时刻，其坐标为 x_1，函数 F 为 $F\left(t_1-\frac{x_1}{c}\right)$；$t_2$ 时刻，其坐标为 $x_2=x_1+c(t_2-t_1)$，如图 9-10 所示，相应函数 F 为

$$F\left(t_2-\frac{x_2}{c}\right)=F\left(t_2-\frac{x_1+c(t_2-t_1)}{c}\right)=F\left(\frac{ct_2-x_1-ct_2+ct_1}{c}\right)=F\left(t_1-\frac{x_1}{c}\right)$$

即，t_1 时刻波函数值等于 t_2 时刻波函数值。这说明，波函数 F 代表了以波速 c 沿 x 坐标轴朝水库方向传播的水击波（逆波），在传播过程中波形保持不变。

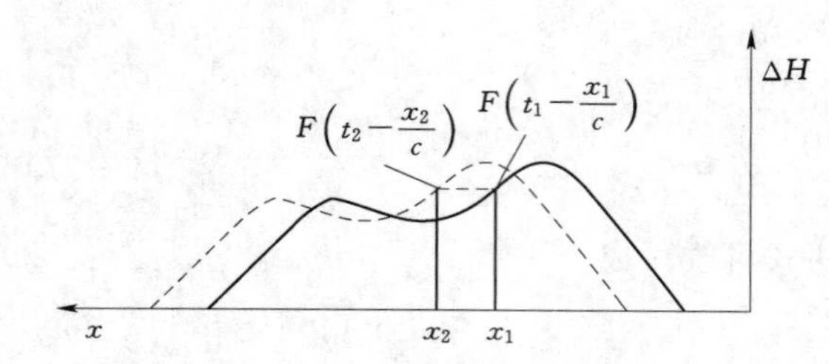

图 9-10　波函数传播过程中波形保持不变

同样，波函数 f 代表了以波速 c 沿 x 坐标轴朝阀门方向传播的水击波（顺波），在传播过程中波形保持不变。

从简化水击计算的基本方程可得出以下结论：

（1）水击压力值 ΔH 及管内流速变化值 Δv 是由两个（$t+x/c$）、（$t-x/c$）为变量的波函数决定的。由式（9-30）可知，波函数具有长度的量纲。

（2）管道上任意断面的 ΔH、Δv 值是同一时刻的水击逆波与顺波叠加的结果。

（3）波函数 F、f 的具体波形取决于初始条件和管道两端的边界条件。

三、连锁方程

资源 9-7

以简化水击计算的基本方程式（9-30）和式（9-31）为基础建立连锁方程，为推导水击计算的解析法创造条件。

将式（9-30）和式（9-31）两式相减，得

$$2F\left(t-\frac{x}{c}\right)=H-H_0-\frac{c}{g}(v-v_0) \tag{9-32}$$

将式（9-30）和式（9-31）两式相加，得

$$2f\left(t+\frac{x}{c}\right)=H-H_0+\frac{c}{g}(v-v_0) \tag{9-33}$$

在管道中任取 C、D 两个断面（图 9-11）。设水击波为逆波，断面 D 位于 $x=x_1$，在 t_1 时刻，水头为 $H^D_{t_1}$，流速为 $v^D_{t_1}$；断面 C 位于 $x=x_2$，在 t_2 时刻，水头为 $H^C_{t_2}$，流速为 $v^C_{t_2}$。

对断面 D，根据式（9-32）列出

$$2F\left(t_1-\frac{x_1}{c}\right)=H^D_{t_1}-H_0-\frac{c}{g}(v^D_{t_1}-v_0) \tag{9-34}$$

对断面 C，根据式（9-32）列出

$$2F\left(t_2-\frac{x_2}{c}\right)=H^C_{t_2}-H_0-\frac{c}{g}(v^C_{t_2}-v_0) \tag{9-35}$$

由上面论述可知，t_1 时刻逆波函数值等于 t_2 时刻逆波函数值，即 $F\left(t_1-\frac{x_1}{c}\right)=F\left(t_2-\frac{x_2}{c}\right)$。联立式（9-34）和式（9-35），得到逆波连锁方程如下

$$H^D_{t_1}-H^C_{t_2}=\frac{c}{g}(v^D_{t_1}-v^C_{t_2}) \tag{9-36}$$

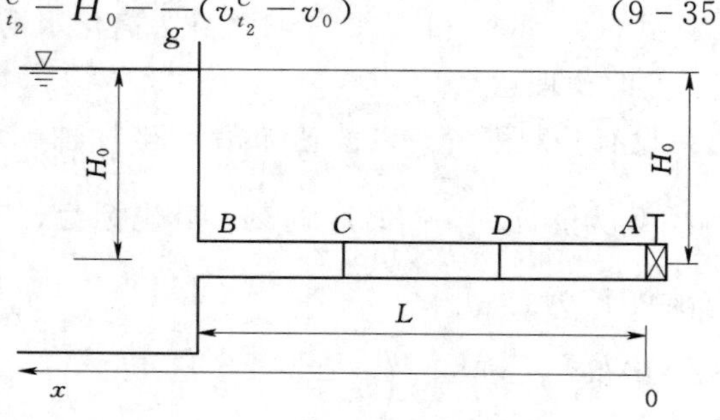

图 9-11　在管道中任取 C、D 两个断面推导连锁方程

断面 C、D 位置不变，设水击波为顺波，断面 C 位于 $x=x_1$，在 t_1 时刻，水头为 $H_{t_1}^C$，流速为 $v_{t_1}^C$；断面 D 位于 $x=x_2$，在 t_2 时刻，水头为 $H_{t_2}^D$，流速为 $v_{t_2}^D$。

对断面 C，根据式（9－33）列出：

$$2f\left(t_1+\frac{x_1}{c}\right)=H_{t_1}^C-H_0+\frac{c}{g}(v_{t_1}^C-v_0) \tag{9-37}$$

对断面 D，根据式（9－33）列出：

$$2f\left(t_2+\frac{x_2}{c}\right)=H_{t_2}^D-H_0+\frac{c}{g}(v_{t_2}^D-v_0) \tag{9-38}$$

联立式（9－37）和式（9－38），得顺波连锁方程：

$$H_{t_1}^C-H_{t_2}^D=-\frac{c}{g}(v_{t_1}^C-v_{t_2}^D) \tag{9-39}$$

式（9－36）及式（9－39）称为连锁方程，适用于不考虑阻力的简单管道。利用连锁方程的逆波方程和顺波方程，可以从已知断面在某一时刻的水头和流速，逐时段求解任意断面在任意时刻的水头和流速。

利用连锁方程求解水击问题是一种通用方法。为了说明这一点，以第三节阀门突然完全关闭的直接水击问题为例，用连锁方程式（9－36）和式（9－39）计算 $t=0$、$\frac{2L}{c}$时刻，阀门断面 A 处的水击压力值。

（1）计算 $t=0$ 时刻阀门断面 A 处水击压力值。写出阀门断面 A（$t=0$）至进口断面 $B\left(t=\frac{L}{c}\right)$之间的逆波连锁方程式如下：

$$H_0^A-H_{\frac{L}{c}}^B=\frac{c}{g}(v_0^A-v_{\frac{L}{c}}^B)$$

其中，$H_{\frac{L}{c}}^B=H_0$，因为进口断面 B 的水头始终为静水头 H_0；$v_0^A=0$，因为此时阀门已完全关闭；$v_{\frac{L}{c}}^B=-v_0$，因为此时进口断面 B 流速方向指向下游（注意到连锁方程是以 x 坐标轴指向上游为正推导出来的）。将这些数值代入阀门断面 A 至进口断面 B 之间的逆波连锁方程中，得

$$H_0^A-H_0=\frac{c}{g}[0-(-v_0)]$$

或

$$\Delta H=H_0^A-H_0=\frac{c}{g}v_0$$

这就是前面所得出的阀门突然完全关闭时的水击压力计算公式。

（2）计算 $t=\frac{2L}{c}$时刻阀门断面 A 处水击压力值。写出进口断面 $B\left(t=\frac{L}{c}\right)$至阀门断面 $A\left(t=\frac{2L}{c}\right)$之间的顺波连锁方程式如下：

$$H_{\frac{L}{c}}^B-H_{\frac{2L}{c}}^A=-\frac{c}{g}(v_{\frac{L}{c}}^B-v_{\frac{2L}{c}}^A)$$

其中，$H^B_{\frac{L}{c}}=H_0$；$v^A_{\frac{2L}{c}}=0$；$v^B_{\frac{L}{c}}=v_0$，因为此时进口断面 B 流速方向指向上游。将这些数值代入进口断面 B 至阀门断面 A 之间顺波连锁方程中，得

$$H_0-H^A_{\frac{2L}{c}}=-\frac{c}{g}(v_0-0)$$

或

$$\Delta H=H^A_{\frac{2L}{c}}-H_0=\frac{c}{g}v_0$$

在水击计算中，常采用无量纲连锁方程。下面将连锁方程改写成无量纲形式。

令

$$\xi=\frac{\Delta H}{H_0},\ \eta=\frac{v}{v_{\max}},\ 而\ \frac{H}{H_0}=\frac{H_0+\Delta H}{H_0}=1+\frac{\Delta H}{H_0}=1+\xi$$

式中：ξ 为相对水击压强增量；η 为相对流速；$v_{\max}$ 为阀门全开时管道中的最大流速。

将连锁方程式（9-36），即 $H^D_{t_1}-H^C_{t_2}=\frac{c}{g}(v^D_{t_1}-v^C_{t_2})$ 等号两边同除以 H_0，右边以 $v_{\max}$ 乘除之，则有

$$\frac{H^D_{t_1}-H^C_{t_2}}{H_0}=\frac{cv_{\max}}{gH_0}\left(\frac{v^D_{t_1}-v^C_{t_2}}{v_{\max}}\right)$$

因

$$H^D_{t_1}=H_0+\Delta H^D_{t_1},\ H^C_{t_2}=H_0+\Delta H^C_{t_2}$$

所以

$$\frac{H^D_{t_1}-H^C_{t_2}}{H_0}=\frac{H_0+\Delta H^D_{t_1}}{H_0}-\frac{H_0+\Delta H^C_{t_2}}{H_0}=1+\xi^D_{t_1}-1-\xi^C_{t_2}=\xi^D_{t_1}-\xi^C_{t_2}$$

则有

$$\xi^D_{t_1}-\xi^C_{t_2}=\frac{cv_{\max}}{gH_0}(\eta^D_{t_1}-\eta^C_{t_2})$$

令：$\mu=\frac{cv_{\max}}{2gH_0}$，称为管道特性常数，也是无量纲值。代入此值后逆波连锁方程式（9-36）具有下列无量纲形式：

$$\xi^D_{t_1}-\xi^C_{t_2}=2\mu(\eta^D_{t_1}-\eta^C_{t_2}) \tag{9-40}$$

对于顺波连锁方程式（9-39），$H^C_{t_1}-H^D_{t_2}=-\frac{c}{g}(v^C_{t_1}-v^D_{t_2})$，做同样处理，得到下列无量纲形式：

$$\xi^C_{t_1}-\xi^D_{t_2}=-2\mu(\eta^C_{t_1}-\eta^D_{t_2}) \tag{9-41}$$

式（9-40）、式（9-41）就是逆波连锁方程和顺波连锁方程的无量纲值形式。

第五节　水击计算的边界条件和水击波的类型

资源 9-8

一、水击计算的初始条件和边界条件

利用连锁方程计算水击时，必须首先确定初始条件和边界条件。

（一）初始条件

所谓初始条件，就是指水击发生前，恒定流动时，管道中的水流特征值，如水头 H_0、流速 v_0，可通过恒定流的水力计算确定。

（二）边界条件

边界条件是指管道上游及下游的流动条件。

1. 上游（进口断面 B）

压力管道的上游一般是与水库或压力前池相连。由于水库库容很大，库水位不会因管道流量的变化而涨落，可以认为始终保持恒定。而压力前池的水位变化情况取决于渠道的调节类型。自动调节渠道的前池水位变化虽大，但与管道中水击计算的时间相比，变化还是缓慢的。非自动调节渠道，水位变化较小，一般只有几米。由于水击压力的允许值一般为水头的 30%～40%，且波速大，传递时间短，所以在水击计算中也可以近似认为前池水位为恒定。根据以上两种情况分析，得到管道上游边界条件为

$$\Delta H^B \equiv 0 \tag{9-42}$$

或

$$\xi^B \equiv 0 \tag{9-43}$$

2. 下游（阀门断面 A）

管道末端的边界条件往往比较复杂，它与流量的控制设备及水轮机的类型有关。在此，我们仅讨论一种比较简单的情况——管道末端（A 断面）为一阀门，水流经过阀门流入大气中。在这种条件下，阀门的出流类似于闸孔出流，其计算公式为

$$Q_0 = \varphi \Omega_0 \sqrt{2gH_0} \tag{9-44}$$

相应的管道中流速为

$$v_0 = \frac{Q_0}{A}$$

式中：Q_0 为初始时刻通过阀门的流量，m^3/s；φ 为流量系数；Ω_0 为阀门在初始时刻开启的面积，m^2；H_0 为恒定流时的水头，m；A 为管道的横断面积，m^2。

假定流量系数 φ 保持为常数，则在同一水头下，当阀门全开时，阀门通过的流量为

$$Q_{max} = \varphi \Omega_{max} \sqrt{2gH_0} \tag{9-45}$$

相应的管道流速为

$$v_{max} = \frac{Q_{max}}{A}$$

对水击发生后的任意时刻，设阀门开启面积为 Ω_t，则通过流量为

$$Q_t = \varphi \Omega_t \sqrt{2gH_t^A} \tag{9-46}$$

阀门断面 A 处的流速为

$$v_t^A = \frac{Q_t}{A}$$

其中，阀门断面 A 处的任意时刻水头 H_t^A 可表示为恒定流时的水头 H_0 加上一个水击压力增量 ΔH_t^A，即

$$H_t^A = H_0 + \Delta H_t^A = H_0 + \xi_t^A H_0 = (1 + \xi_t^A) H_0 \tag{9-47}$$

其中

$$\xi_t^A = \frac{\Delta H_t^A}{H_0}$$

式中：ξ_t^A 为阀门断面 A 处的任意时刻相对水击压强增量。

将式（9-47）代入式（9-46）得

$$Q_t=\varphi\Omega_t\sqrt{2g(1+\xi_t^A)H_0} \tag{9-48}$$

再用式（9-45）除之，得

$$\frac{Q_t}{Q_{\max}}=\frac{\varphi\Omega_t\sqrt{2g(1+\xi_t^A)H_0}}{\varphi\Omega_{\max}\sqrt{2gH_0}}$$

即

$$\eta_t=\tau_t\sqrt{1+\xi_t^A} \tag{9-49}$$

式中：η_t 为任意时刻阀门断面的相对流速，$\eta_t=\frac{v_t}{v_{\max}}$；$\tau_t$ 为阀门在任意时刻的相对开度，$\tau_t=\frac{\Omega_t}{\Omega_{\max}}$。

式（9-49）就是下游阀门断面 A 的边界条件。若已知开度随时间的变化规律，由该式即可求出任意时刻阀门断面 A 的相对流速 η_t 和相对水击压强增量 ξ_t^A 之间的关系。

式（9-49）所给出的下游阀门断面 A 的边界条件也适用于冲击式水轮机。对于反击式水轮机，只能用于近似计算，这是因为反击式水轮机的过水能力为 3 个自变量的函数，即与水头、导叶开度和转速有关。要考虑水轮机转速变化的影响，就必须将机组运行方程式包括在管道不稳定流情况下的联立方程式中，因而增加了解算问题的复杂性。

二、水击波在阀门处的反射特性和水击波的类型

水击波在管道特性变化处，如管道进口处、阀门处，都将发生反射，以便保持该处压强和流量的连续，这是水击波的重要特性之一。一般说来，当入射波到达管道特性变化处之后，一部分以反射波的形式返回，另一部分以透射波的形式继续向前传播。

根据物理学中的波传播理论可知，反射波与入射波的比值称为反射系数，以 r 表示，即

$$r=\frac{\text{反射波}}{\text{入射波}} \tag{9-50}$$

透射波与入射波的比值称为透射系数，以 s 表示，即

$$s=\frac{\text{透射波}}{\text{入射波}} \tag{9-51}$$

透射系数与反射系数之间的关系为

$$s-r=1 \tag{9-52}$$

资源 9-9

（一）水击波在阀门处的反射特性

阀门处的反射情况和阀门的相对开度有关。利用阀门处的反射系数，可研究水击波的反射情况，进而研究水击波的类型。

对于阀门处，入射波为从上游传来的顺波 f，反射波为逆波 F，则反射系数为

$$r=\frac{F}{f} \tag{9-53}$$

下面根据简化水击计算的基本方程式（9-30）和式（9-31）来推导阀门处的反射系数具体表达式。

由式（9－30），得

$$\xi_t^A H_0 = F + f \tag{9-54}$$

其中
$$\xi_t^A = \frac{\Delta H_t^A}{H_0}$$

式中：ξ_t^A 为阀门处任意时刻的相对水击压强增量。

由式（9－31），得

$$-\frac{c}{g}(v - v_0) = F - f \tag{9-55}$$

而
$$\frac{c}{g}(v - v_0) = \frac{cv_{max}}{g}\left(\frac{v - v_0}{v_{max}}\right) = \frac{cv_{max}}{g}(\eta_t - \eta_0) \tag{9-56}$$

式中：η_t 为任意时刻阀门断面的相对流速；η_0 为初始时刻的阀门断面的相对流速。

当 $\xi_t^A \leqslant 0.5$，将阀门处的边界条件式（9－49）级数展开，取前两项，近似为

$$\eta_t = \tau_t\left(1 + \frac{\xi_t^A}{2}\right) \tag{9-57}$$

式中：τ_t 为阀门在任意时刻的相对开度。

当阀门由初始相对开度 τ_0 关闭到 τ_t 时，发生水击。由初始条件可知，在 $t=0$ 时刻，不产生水击压力，式（9－57）中 $\xi_t^A=0$，因而有 $\eta_t=\eta_0=\tau_t$。将阀门处的边界条件式（9－57）及 $\eta_0=\tau_t$ 代入式（9－56），有

$$\frac{c}{g}(v - v_0) = \frac{cv_{max}}{g}(\eta_t - \eta_0) = \frac{cv_{max}}{g}\left[\tau_t\left(1 + \frac{\xi_t^A}{2}\right) - \tau_t\right] = \frac{cv_{max}}{2g}\tau_t\xi_t^A \tag{9-58}$$

把式（9－58）代入式（9－55），则有

$$-\frac{cv_{max}}{2g}\tau_t\xi_t^A = F - f \tag{9-59}$$

式（9－54）和式（9－59）相加，得

$$-\frac{cv_{max}}{2g}\tau_t\xi_t^A + \xi_t^A H_0 = 2F \tag{9-60}$$

式（9－54）和式（9－59）相减，得

$$\frac{cv_{max}}{2g}\tau_t\xi_t^A + \xi_t^A H_0 = 2f \tag{9-61}$$

把式（9－60）和式（9－61）代入式（9－53）中，则得到阀门处的反射系数具体表达式为

$$r = \frac{1 - \mu\tau_t}{1 + \mu\tau_t} \tag{9-62}$$

式中：μ 为管道特性常数，$\mu = \frac{cv_{max}}{2gH_0}$；$\tau_t$ 为阀门在任意时刻的相对开度。

根据阀门处的反射系数就可以确定阀门处的水击波反射特性：

（1）当 $\mu\tau_t < 1$ 时，$r > 0$，水击波同号反射。即反射波与水库来的入射波同号，入射波为升压波或降压波，反射后仍为升压波或降压波。

(2) 当 $\mu\tau_t>1$ 时，$r<0$，水击波异号反射。即反射波与水库来的入射波异号，入射波为升压波或降压波，反射后为降压波或升压波。

(3) 当 $\mu\tau_t=0$ 时，$r=1$，水击波同号等值反射。即反射波与水库来的入射波同号且等值，也就是全反射，相当于阀门全关情况。

(4) 当 $\mu\tau_t=1$ 时，$r=0$，水击波不反射。即由水库来的入射波在阀门处不反射，全部透射，相当于阀门全开情况。

（二）水击波的类型

1. 阀门开闭规律

(1) 阀门关闭。阀门或水轮机导叶实际的关闭规律一般是曲线形式，如图 9-12 所示。从全开 $\tau=1$ 到全关 $\tau=0$ 的全部历时为 T。曲线的开始一段接近水平，阀门或导叶关闭的速度极慢，这是由调节机构的惯性所决定的。在这一区段过程中，引起的水击压力很小，对水击计算没有多大的实际意义。在接近关闭终了时，阀门或导叶的关闭速度又逐渐减慢，曲线向后延伸，这种现象只对阀门关闭接近终了时的水击有影响。

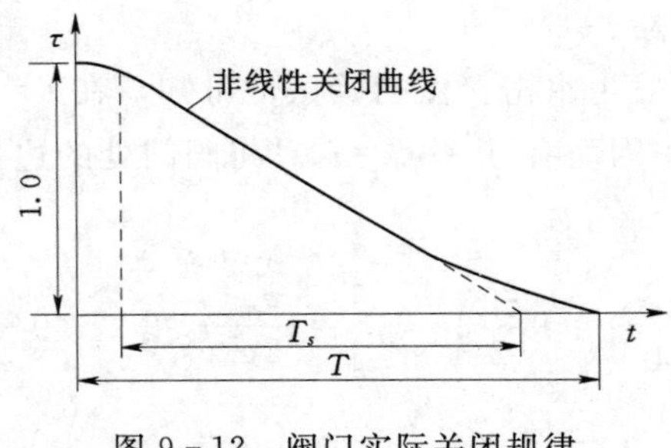

图 9-12　阀门实际关闭规律

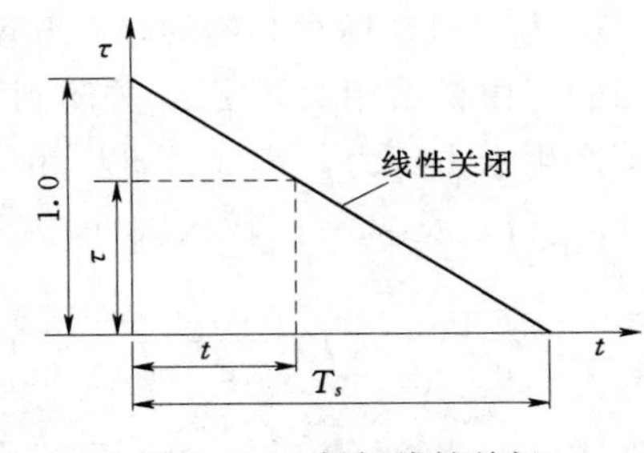

图 9-13　阀门线性关闭

为简化计算，在水击计算过程中，取阀门或导叶关闭过程的直线段加以适当延长，即假设阀门关闭规律为线性关闭（图 9-13）。T_s 为从全开到全关的有效关闭时间。在缺乏资料的情况下，可以近似地取 $T_s=0.7T$。

图 9-13 中的线性方程为 $\tau=kt+C$，其中 C 为常数。由 $t=0$ 时，$\tau=1$；$t=T_s$ 时，$\tau=0$，求得 $C=1$，$k=-\dfrac{1}{T_s}$，则有

$$\tau=1-\frac{t}{T_s} \tag{9-63}$$

以相长 $t_r=2L/c$ 为单位表示时段 t，即令 $t=nt_r$，则可写出第 n 相末开度的表达式：

$$\tau_n=1-\frac{nt_r}{T_s}=1-n\frac{2L}{cT_s} \tag{9-64}$$

第 $n+1$ 相末的开度为

$$\tau_{n+1}=1-\frac{(n+1)t_r}{T_s}=1-(n+1)\frac{2L}{cT_s} \tag{9-65}$$

用 $\Delta\tau$ 表示一相内的开度变化，则有

$$\Delta\tau=\tau_{n+1}-\tau_n=-\frac{2L}{cT_s} \tag{9-66}$$

（2）阀门开启。设阀门或导叶开启规律仍为线性，如图 9－14 所示，则有线性方程$\tau=kt$。

由 $t=0$ 时，$\tau=0$；$t=T_s$ 时，$\tau=1$，求得 $k=\frac{1}{T_s}$，所以有

$$\tau=\frac{t}{T_s} \tag{9-67}$$

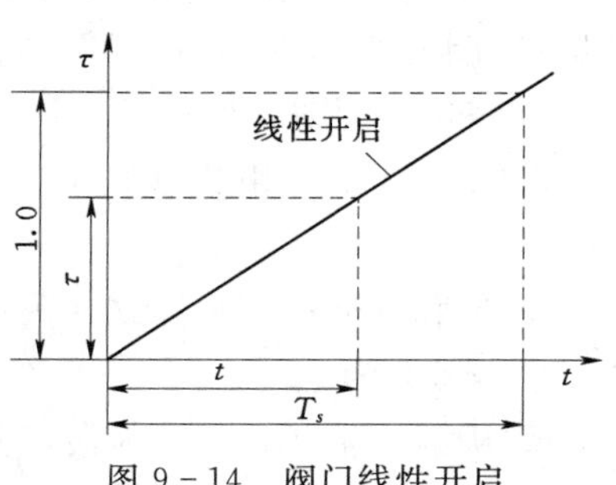

图 9－14 阀门线性开启

将 $t=nt_r$ 代入上式，则可写出第 n 相末开度的表达式：

$$\tau_n=\frac{nt_r}{T_s}=n\frac{2L}{cT_s} \tag{9-68}$$

第 $n+1$ 相末的开度为

$$\tau_{n+1}=\frac{(n+1)t_r}{T_s}=(n+1)\frac{2L}{cT_s} \tag{9-69}$$

用 $\Delta\tau$ 表示一相内的开度变化，则有

$$\Delta\tau=\tau_{n+1}-\tau_n=\frac{2L}{cT_s} \tag{9-70}$$

2. 水击波类型

资源 9－10

（1）类型。如前所述，最大水击压力总是出现在阀门处，根据阀门断面是否受反射波的影响，水击可分为直接水击和间接水击两大类。当阀门关闭时间 $T\leqslant 2L/c$，为直接水击；当阀门关闭时间 $T>2L/c$，为间接水击。在阀门线性关闭情况下，如图 9－15（c）所示，根据初始时刻阀门处的水击波反射特性，间接水击又分为如下两种类型：

1）第一相水击。这种水击最大水击压力值出现在第一相末，即 $\xi_1^A>\xi_m^A$，如图 9－15（a）所示。

2）极限水击。这种水击最大水击压力值出现在第一相末以后的某一相，可能超过极限水击压力值 ξ_m^A，但与 ξ_m^A 相差不大，可用 ξ_m^A 近似作为最大水击压力值，即 $\xi_1^A<\xi_m^A$，如图 9－15（b）所示。

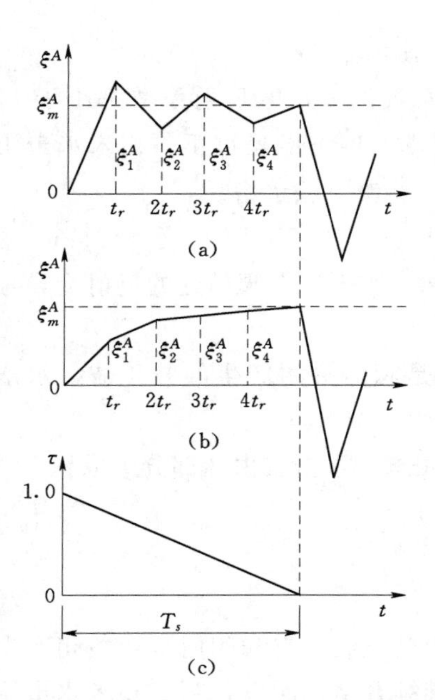

图 9－15 阀门线性关闭时的两种水击类型

(a) 第一相水击；(b) 极限水击；(c) 阀门线性关闭

（2）间接水击判别条件：

1）当 $\mu\tau_0<1$，为第一相水击（高水头电站多属此类）。

2）当 $\mu\tau_0>1$，为极限水击（低水头电站多属此类）。

其中，μ 为管道特性常数；τ_0 为初始时刻阀门

相对开度。

(3) 产生这两种间接水击的原因。产生这两种间接水击的原因是由于管道末端阀门断面的水击波反射特性不同，对照图 9-15 说明如下。

1) 第一相水击：

当 $\mu\tau_0<1$ 时，由式 (9-62) 可知反射系数 $r>0$，水击波在阀门处的反射为同号反射。

a. 在第一相末，入射波（顺波）未达到阀门，水击波仅是阀门关闭产生的升压波，水击压力为 ξ_1^A。

b. 从第二相开始，入射波已达阀门，故在第二相末，阀门处的水击波由 3 部分组成：

a) 阀门继续关闭产生的升压波（逆波）。

b) 由水库反射回来的降压波（顺波）。

c) 经阀门同号反射的降压波（逆波）。

水库反射回来的降压波经阀门同号反射后仍为降压波。于是，两个降压波之和将大于阀门继续关闭产生的升压波。所以，第二相末水击压力 $\xi_2^A<\xi_1^A$。

c. 在第三相末，水击波由 3 部分组成：

a) 阀门继续关闭产生的升压波（逆波）。

b) 由水库反射回来的升压波（顺波）。

c) 经阀门同号反射的升压波（逆波）。

在这 3 部分升压波共同作用下，使第三相末水击压力 $\xi_3^A>\xi_2^A$。

根据反射波在阀门处同号的反射规律，再加上每反射一次其反射系数都小于 1，水击压力过程线将围绕着极限水击压力值 ξ_m^A 上下波动，但不能超过第一相末水击压力值 ξ_1^A。由于最大水击压力值出现在第一相末，故称为第一相水击。

2) 极限水击：

当 $\mu\tau_0>1$ 时，由式 (9-62) 可知反射系数 $r<0$，水击波在阀门处的反射为异号反射。

a. 在第一相末，入射波未达到阀门，水击波仅是阀门关闭产生的升压波，水击压力为 ξ_1^A。

b. 从第二相开始，入射波已达阀门，故在第二相末，水击波由 3 部分组成：

a) 阀门继续关闭产生的升压波（逆波）。

b) 由水库反射回来的降压波（顺波）。

c) 经阀门异号反射的升压波（逆波）。

由水库反射回来的降压波经阀门异号反射后变为升压波，它和阀门继续关闭产生的升压波共同作用，使第二相中阀门处的水击压力继续升高。所以，第二相末水击压力 $\xi_2^A>\xi_1^A$。

同理可以证明，第三相末水击压力 $\xi_3^A>\xi_2^A$。于是水击压力过程线逐渐趋近于极限水击压力值 ξ_m^A，如图 9-15 (b) 所示。

第六节 水击计算的解析法

一、水击计算的解析公式

对于图 9-3 所示的水电站压力管道，根据无量纲连锁方程式（9-40）、式（9-41）写出阀门断面 A 和进口断面 B 之间的连锁方程以及边界条件和初始条件如下。

1. 连锁方程

$A \to B$ 断面逆波方程 $\xi_t^A - \xi_{t+\frac{L}{c}}^B = 2\mu(\eta_t^A - \eta_{t+\frac{L}{c}}^B)$

$B \to A$ 断面顺波方程 $\xi_{t+\frac{L}{c}}^B - \xi_{t+\frac{2L}{c}}^A = -2\mu(\eta_{t+\frac{L}{c}}^B - \eta_{t+\frac{2L}{c}}^A)$

2. 边界条件

阀门断面 A $\eta_t^A = \tau_t\sqrt{1+\xi_t^A}$

进口断面 B $\xi_t^B \equiv 0$

3. 初始条件

$$\xi_0^A = 0$$

利用上述连锁方程，边界条件和初始条件就可以进行水击压力解析计算了。

（一）第一相水击压力计算公式

取 $t=0$，令 $\dfrac{L}{c}=\theta$，由 $A \to B$ 断面逆波方程得

$$\xi_0^A - \xi_\theta^B = 2\mu(\eta_0^A - \eta_\theta^B) \tag{9-71}$$

将边界条件 $\eta_0^A = \tau_0\sqrt{1+\xi_0^A}$，$\xi_\theta^B = 0$ 和初始条件 $\xi_0^A = 0$ 代入上式，得

$$0-0 = 2\mu(\tau_0\sqrt{1+0} - \eta_\theta^B)$$

上式化简后，得

$$\eta_\theta^B = \tau_0 \tag{9-72}$$

式（9-72）说明，在 $t=L/c$ 时，上游进口断面 B 处的流速仍为恒定状态时的流速。该式也是推求下一时刻水击压力的起始条件。

取 $t=\theta$，由 $B \to A$ 断面顺波方程得

$$\xi_\theta^B - \xi_{2\theta}^A = -2\mu(\eta_\theta^B - \eta_{2\theta}^A) \tag{9-73}$$

将边界条件 $\eta_{2\theta}^A = \tau_{2\theta}\sqrt{1+\xi_{2\theta}^A}$，$\xi_\theta^B = 0$ 和式（9-72）代入上式，得

$$0 - \xi_{2\theta}^A = -2\mu(\tau_0 - \tau_{2\theta}\sqrt{1+\xi_{2\theta}^A})$$

化简，得

$$\tau_{2\theta}\sqrt{1+\xi_{2\theta}^A} = \tau_0 - \frac{\xi_{2\theta}^A}{2\mu} \tag{9-74}$$

式（9-74）就是第一相末阀门断面 A 的水击压力计算公式，适用于阀门任何关闭规律，不一定是线性规律。

资源 9-11

（二）水击计算的通用公式

现继续用连锁方程推求第二相末时阀门断面 A 的水击压力和任意一相末了时阀

门断面 A 的水击压力。

取 $t=2\theta$，由逆波方程，得

$$\xi_{2\theta}^{A}-\xi_{3\theta}^{B}=2\mu(\eta_{2\theta}^{A}-\eta_{3\theta}^{B}) \tag{9-75}$$

将边界条件 $\eta_{2\theta}^{A}=\tau_{2\theta}\sqrt{1+\xi_{2\theta}^{A}}$，$\xi_{3\theta}^{B}=0$ 代入上式，得

$$\xi_{2\theta}^{A}-0=2\mu(\tau_{2\theta}\sqrt{1+\xi_{2\theta}^{A}}-\eta_{3\theta}^{B})$$

化简，得

$$\eta_{3\theta}^{B}=\tau_{2\theta}\sqrt{1+\xi_{2\theta}^{A}}-\frac{\xi_{2\theta}^{A}}{2\mu} \tag{9-76}$$

取 $t=3\theta$，由顺波方程，得

$$\xi_{3\theta}^{B}-\xi_{4\theta}^{A}=-2\mu(\eta_{3\theta}^{B}-\eta_{4\theta}^{A}) \tag{9-77}$$

将边界条件 $\eta_{4\theta}^{A}=\tau_{4\theta}\sqrt{1+\xi_{4\theta}^{A}}$，$\xi_{3\theta}^{B}=0$ 和式（9-76）代入式（9-77），得

$$0-\xi_{4\theta}^{A}=-2\mu\left(\tau_{2\theta}\sqrt{1+\xi_{2\theta}^{A}}-\frac{\xi_{2\theta}^{A}}{2\mu}-\tau_{4\theta}\sqrt{1+\xi_{4\theta}^{A}}\right)$$

将第一相末水击压力计算公式（9-74）代入上式化简，得

$$\tau_{4\theta}\sqrt{1+\xi_{4\theta}^{A}}=\tau_{0}-\frac{\xi_{4\theta}^{A}}{2\mu}-\frac{\xi_{2\theta}^{A}}{\mu} \tag{9-78}$$

式（9-78）就是第二相末阀门断面 A 的水击压力计算公式。

同理可推出第三相末阀门断面 A 的水击压力计算公式为

$$\tau_{6\theta}\sqrt{1+\xi_{6\theta}^{A}}=\tau_{0}-\frac{\xi_{6\theta}^{A}}{2\mu}-\frac{\xi_{4\theta}^{A}}{\mu}-\frac{\xi_{2\theta}^{A}}{\mu} \tag{9-79}$$

第 n 相末阀门断面 A 的水击压力计算公式为

$$\tau_{n}\sqrt{1+\xi_{n}^{A}}=\tau_{0}-\frac{\xi_{n}^{A}}{2\mu}-\frac{1}{\mu}\sum_{i=1}^{n-1}\xi_{i}^{A} \tag{9-80}$$

式（9-80）就是水击计算的通用公式，该式：①可适用于阀门任何关闭规律，不一定是线性规律；②τ_0 为阀门初始开度，τ_0 不一定为1，τ_n 是对应于第 n 个相长的开度；③为求最大水击压力，必须逐相求解，如求 ξ_n^A 必须先依次求出 ξ_1^A、ξ_2^A、…、ξ_{n-1}^A。因此，使用起来比较麻烦。

用此通用公式可逐相求解各相末阀门断面 A 的水击压力值，如第一、二、…、n 相末水击压力值。

在实际的水击计算中，最有意义的是要找出可能发生的最大水击值。上面已经讨论过，这个最大值可能是第一相水击压力，也可能是极限水击压力。

（三）极限水击压力计算公式

根据水击计算的通用公式（9-80），列出第 n 相和第 $n+1$ 相的水击计算式如下：

第 n 相

$$\tau_n\sqrt{1+\xi_n^A}=\tau_0-\frac{\xi_n^A}{2\mu}-\frac{1}{\mu}\sum_{i=1}^{n-1}\xi_i^A \tag{9-81}$$

第 $n+1$ 相

$$\tau_{n+1}\sqrt{1+\xi_{n+1}^A}=\tau_0-\frac{\xi_{n+1}^A}{2\mu}-\frac{1}{\mu}\sum_{i=1}^{n}\xi_i^A \tag{9-82}$$

将以上两式相减，并注意到 $\sum_{i=1}^{n}\xi_i^A=\xi_n^A+\sum_{i=1}^{n-1}\xi_i^A$，得

$$\tau_{n+1}\sqrt{1+\xi_{n+1}^A}-\tau_n\sqrt{1+\xi_n^A}=-\frac{1}{2\mu}(\xi_{n+1}^A-\xi_n^A)-\frac{\xi_n^A}{\mu} \tag{9-83}$$

当 n 足够大时，有 $\xi_n^A=\xi_{n+1}^A=\xi_m^A$，代入上式，得

$$(\tau_{n+1}-\tau_n)\sqrt{1+\xi_m^A}=-\frac{\xi_m^A}{\mu} \tag{9-84}$$

当阀门线性关闭时，如前所述，有

$$\Delta\tau=\tau_{n+1}-\tau_n=-\frac{2L}{cT_s}$$

代入式（9-84）并改写得

$$\frac{2L}{cT_s}\sqrt{1+\xi_m^A}=\frac{\xi_m^A}{\mu} \tag{9-85}$$

进一步改写为

$$\xi_m^A=\frac{2\mu L}{cT_s}\sqrt{1+\xi_m^A}=\sigma\sqrt{1+\xi_m^A} \tag{9-86}$$

其中，$\sigma=\dfrac{2\mu L}{cT_s}$是水击计算的另一管道特性常数。将 $\mu=\dfrac{cv_{\max}}{2gH_0}$代入，$\sigma$ 还可以表示成：$\sigma=\dfrac{Lv_{\max}}{gH_0T_s}$。$\mu$ 和 σ 之所以称为管道特性常数，是因为对于管道特性和工作条件不变的管道来说，它们均为常数。

式（9-86）是一个二次方程，解此式得极限水击的计算公式：

$$\xi_m^A=\frac{\sigma}{2}(\sigma+\sqrt{\sigma^2+4}) \tag{9-87}$$

式（9-87）只适用于阀门线性关闭规律。

（四）水击计算的近似公式

资源 9-12

将$\sqrt{1+\xi^A}$项作级数展开，忽略高次项，仅取前两项，即$\sqrt{1+\xi^A}=1+\frac{1}{2}\xi^A$，对水击计算式进行简化。

1. 极限水击计算近似公式

对极限水击，有

$$\xi_m^A=\sigma\sqrt{1+\xi_m^A}=\sigma\left(1+\frac{1}{2}\xi_m^A\right)$$

化简上式，得到极限水击计算近似公式：

$$\xi_m^A = \frac{2\sigma}{2-\sigma} \tag{9-88}$$

2. 第一相水击计算近似公式

对第一相水击 $\tau_1\sqrt{1+\xi_1^A} = \tau_0 - \frac{\xi_1^A}{2\mu}$，注意到 $\tau_1 = \tau_0 + \Delta\tau = \tau_0 - \frac{2L}{cT_s}$，有

$$(\tau_0 + \Delta\tau)\left(1 + \frac{\xi_1^A}{2}\right) = \tau_0 - \frac{\xi_1^A}{2\mu}$$

化简上式，得

$$(1 + \mu\tau_0 + \mu\Delta\tau)\xi_1^A = -2\mu\Delta\tau \tag{9-89}$$

将 $\Delta\tau = -\frac{2L}{cT_s}$ 代入式（9-89）中，并注意到 $\sigma = \frac{2\mu L}{cT_s}$，得到第一相水击计算近似公式：

$$\xi_1^A = \frac{2\sigma}{1+\mu\tau_0-\sigma} \tag{9-90}$$

以上水击计算的近似公式只适用于阀门线性关闭规律。由水击计算近似公式（9-88）和式（9-90）可以看出：当 $\mu\tau_0 < 1$ 时，则 $\xi_1^A > \xi_m^A$，为第一相水击；当 $\mu\tau_0 > 1$ 时，则 $\xi_1^A < \xi_m^A$，为极限水击。这些条件与前述的间接水击类型判别条件相同。

（五）负水击计算

负水击和正水击的运动规律是一样的，只是正负号相反。负水击由开启阀门引起；正水击由关闭阀门引起。所以，只要把正水击计算公式中的正值改为负值，就得出了负水击压力增量的计算公式。

发生负水击时，阀门处的动水压力值小于静水压力值，即 $H < H_0$。设负水击的压力增量为 $\Delta H = H_0 - H$，用相对值 y 表示，则有 $y = \frac{\Delta H}{H_0}$。当产生负水击时，以 $-y$ 代替正水击公式中的 $+\xi$。在阀门线性开启情况下，得出负水击相对压力的近似计算公式如下。

（1）第一相负水击近似计算公式：

$$y_1^A = \frac{2\sigma}{1+\mu\tau_0+\sigma} \tag{9-91}$$

（2）极限负水击近似计算公式：

$$y_m^A = \frac{2\sigma}{2+\sigma} \tag{9-92}$$

二、阀门初始开度对水击的影响

水电站在实际运行中，可能在各种负荷情况下工作。当满负荷工作时，阀门初始开度 $\tau_0 = 1$；当带部分负荷工作时，阀门初始开度 $\tau_0 < 1$。因此，阀门初始开度 τ_0 就可能有各种不同的数值。初始开度大，关闭时间长；初始开度小，关闭时间短。这样，初始开度大时水击可能是一种类型，初始开度小时水击又可能是另一种类型，甚至是直接水击。所以，不同的初始开度对水击的类型及其值的影响是相当大的。

管道末端阀门处，究竟发生哪一种类型的水击，下面以图 9-16 为示意来分析说

明它与初始开度的关系。

图 9-16 中有 3 条线：

（1）$\xi_m^A=\dfrac{2\sigma}{2-\sigma}$的关系线表明，极限水击压力值 ξ_m^A 与初始开度无关，为一常数。

（2）$\xi_1^A=\dfrac{2\sigma}{1+\mu\tau_0-\sigma}$的关系线表明，第一相水击压力值 ξ_1^A 随着初始开度的减小而增大。

（3）直接水击的压力升高线 $\xi_{np}^A=2\mu\tau_0$ 表明，直接水击压力值 ξ_{np}^A 随着初始开度的加大而增加。

图中横坐标 $\tau_c=\dfrac{\sigma}{\mu}$为临界开度，临界开度划分了直接水击和间接水击的界限。在小于临界开度的所有范围内关闭阀门，都将发生直接水击。

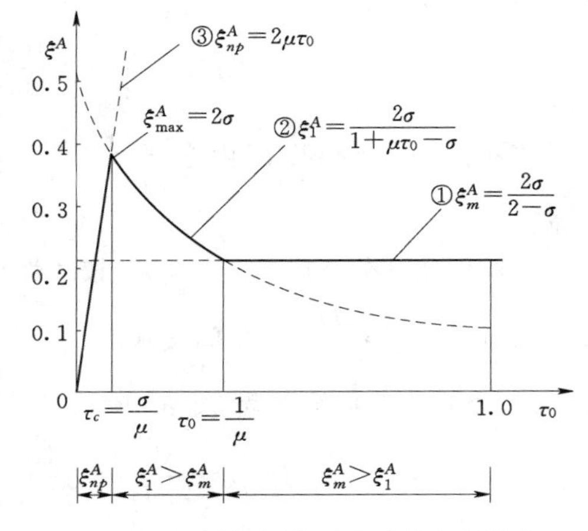

图 9-16　阀门初始开度对水击的影响

从图 9-16 中可以得出以下几点结论：

（1）当初始开度 $\tau_0\geqslant\dfrac{1}{\mu}$时，水击最大压力升高发生在阀门关闭的末了，其值等于极限水击压力值 ξ_m^A。

（2）当阀门初始开度在$\dfrac{\sigma}{\mu}<\tau_0<\dfrac{1}{\mu}$之间时，水击最大压力升高发生在第一相末，其值等于 ξ_1^A。τ_0 越小，水击压力升高越大。

（3）当初始开度 $\tau_0\leqslant\dfrac{\sigma}{\mu}$时发生直接水击，其值为 $\xi_{np}^A=2\mu\tau_0$。

（4）水击压力的最大值，发生在阀门初始开度为临界开度 $\tau_c=\dfrac{\sigma}{\mu}$的时候，其水击最大压力升高为 $\xi_{\max}^A=2\sigma$。

【例 9-2】 某水电站压力管道长 $L=400$m，直接自水库引水，上下游水头差 $H_0=120$m，水击波速 $c=1000$m/s。阀门全部开启（$\tau_0=1$）时，管道流速 $v_{\max}=4.5$m/s。①设阀门在 0.5s 内全部关闭，求阀门断面最大水击压力。②设阀门按线性规律关闭，有效关闭时间 $T_s=4.8$s。若阀门由全开到全关，求阀门断面最大水击压力值；若阀门由部分开启（$\tau_0=0.5$）到全关，求阀门断面最大水击压力值。

解：

1. 判断水击类型

计算相长：

$$t_r=\frac{2L}{c}=\frac{2\times400}{1000}=0.8(\text{s})$$

当阀门在 $t=0.5\text{s}$ 时全部关闭，$t<\frac{2L}{c}$，发生直接水击，按直接水击公式计算最大水击压力升高值：

$$\Delta H=\frac{c}{g}v_0=\frac{1000}{9.8}\times 4.5\approx 459(\text{m})$$

当阀门在 $t=4.8\text{s}$ 时由全开（$\tau_0=1$）按线性规律全部关闭，$t>\frac{2L}{c}$，发生间接水击。

当阀门由部分开启（$\tau_0=0.5$）按线性规律全部关闭，关闭时间为 $t=\tau_0 T_s=0.5\times 4.8=2.4(\text{s})$，$t>\frac{2L}{c}$，发生间接水击。

2. 计算管道特性常数 μ、σ

$$\mu=\frac{cv_{\max}}{2gH_0}=\frac{1000\times 4.5}{2\times 9.8\times 120}\approx 1.91$$

$$\sigma=\frac{Lv_{\max}}{gH_0 T_s}=\frac{400\times 4.5}{9.8\times 120\times 4.8}\approx 0.32$$

3. 判断何种间接水击

当阀门由全开按线性规律全部关闭时，$\mu\tau_0=1.91\times 1=1.91>1$，为极限水击。

当阀门由部分开启按线性规律全部关闭时，$\mu\tau_0=1.91\times 0.5\approx 0.96<1$，为第一相水击。

4. 计算水击压力值

当阀门由全部开启按线性规律全部关闭，按极限水击公式计算：

$$\xi_m^A=\frac{2\sigma}{2-\sigma}=\frac{2\times 0.32}{2-0.32}\approx 0.38$$

$$\Delta H=\xi_m^A H_0=0.38\times 120=45.6(\text{m})$$

当阀门由部分开启按线性规律全部关闭，按第一相水击公式计算：

$$\xi_1^A=\frac{2\sigma}{1+\mu\tau_0-\sigma}=\frac{2\times 0.32}{1+1.91\times 0.5-0.32}\approx 0.39$$

$$\Delta H=\xi_1^A H_0=0.39\times 120=46.8(\text{m})$$

三、水击压力沿管道长度的分布

前述的水击压力计算，都是针对管道末端阀门断面的。但在管道设计中，需要知道水击压力沿管道全长的分布情况。

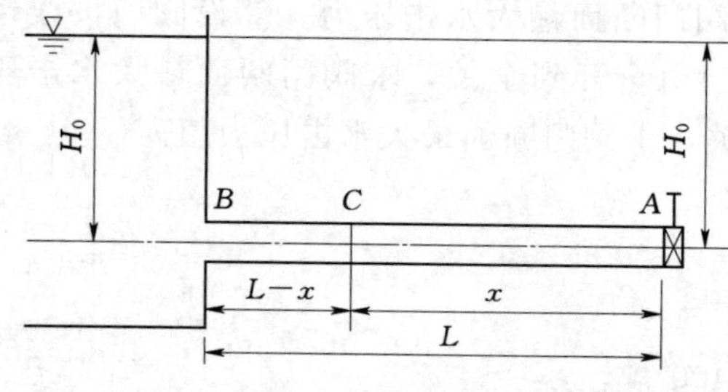

图 9-17　求解水击压力沿管道分布示意图

若已知管道末端阀门断面处各时刻的水击值，则可应用连锁方程求出沿管道长度上任意断面任意时刻的水击值。

设 C 断面为管道中的任意断面（图 9-17），求其水击压力值。

对 AC 段，列出连锁方程的逆波方程如下：

$$\xi_t^A-\xi_{t+\frac{x}{c}}^C=2\mu(\eta_t^A-\eta_{t+\frac{x}{c}}^C) \tag{9-93}$$

对 BC 段，列出连锁方程的顺波方程如下：

$$\xi_{t+\frac{x}{c}-\frac{L-x}{c}}^B-\xi_{t+\frac{x}{c}}^C=-2\mu(\eta_{t+\frac{x}{c}-\frac{L-x}{c}}^B-\eta_{t+\frac{x}{c}}^C) \tag{9-94}$$

对于上游水库，水位恒定不变，则 $\xi_t^B\equiv0$，联立上述两式，得

$$\xi_t^A-2\xi_{t+\frac{x}{c}}^C=2\mu\eta_t^A-2\mu\eta_{t+\frac{x}{c}-\frac{L-x}{c}}^B \tag{9-95}$$

对式（9－95）进一步整理，得

$$2\xi_{t+\frac{x}{c}}^C=\xi_t^A+2\mu(\eta_{t+\frac{x}{c}-\frac{L-x}{c}}^B-\eta_t^A) \tag{9-96}$$

为了求 $\eta_{t+\frac{x}{c}-\frac{L-x}{c}}^B$，对 AB 段，列出连锁方程的逆波方程如下：

$$\xi_{t+\frac{x}{c}-\frac{L-x}{c}-\frac{L}{c}}^A-\xi_{t+\frac{x}{c}-\frac{L-x}{c}}^B=2\mu(\eta_{t+\frac{x}{c}-\frac{L-x}{c}-\frac{L}{c}}^A-\eta_{t+\frac{x}{c}-\frac{L-x}{c}}^B) \tag{9-97}$$

注意到时刻 $t+\dfrac{x}{c}-\dfrac{L-x}{c}-\dfrac{L}{c}=t-\dfrac{2\ (L-x)}{c}$，由式（9－97）求出 $\eta_{t+\frac{x}{c}-\frac{L-x}{c}}^B$ 如下：

$$\eta_{t+\frac{x}{c}-\frac{L-x}{c}}^B=\eta_{t-\frac{2(L-x)}{c}}^A-\frac{\xi_{t-\frac{2(L-x)}{c}}^A}{2\mu} \tag{9-98}$$

将式（9－98）代入式（9－96），得出

$$2\xi_{t+\frac{x}{c}}^C=\xi_t^A+2\mu\left(\eta_{t-\frac{2(L-x)}{c}}^A-\frac{\xi_{t-\frac{2(L-x)}{c}}^A}{2\mu}-\eta_t^A\right)=\xi_t^A-\xi_{t-\frac{2(L-x)}{c}}^A+2\mu(\eta_{t-\frac{2(L-x)}{c}}^A-\eta_t^A) \tag{9-99}$$

在已知阀门断面水击压力值情况下，由式（9－99）可求出管道上任意时刻任意断面的相对水击压力值 ξ_t^C。

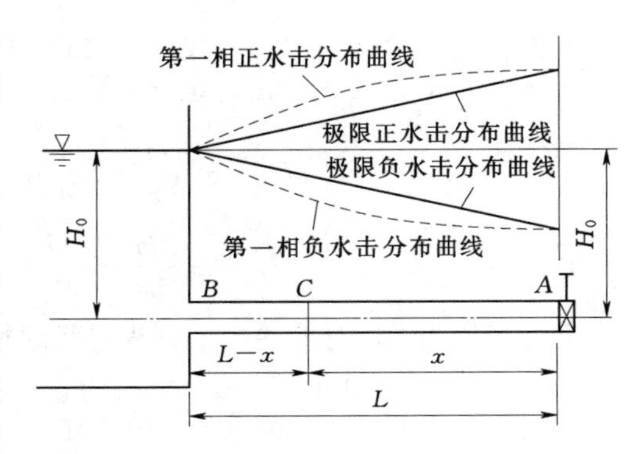

图 9－18　水击压力沿管道长度的分布曲线

在阀门线性关闭（开启）的情况下，极限水击和第一相水击沿管道长度分布是不相同的。图 9－18 是水击压力沿管道长度的分布曲线。极限水击沿管道长度呈直线分布；第一相水击沿管道长度呈双曲线分布，对于正水击，双曲线向上凸；负水击，向下凹。任意断面 C 最大水击压力值可用下列公式计算：

极限正水击

$$\xi_m^C=\frac{L-x}{L}\xi_m^A \tag{9-100}$$

第一相正水击

$$\xi_1^C=\xi_{\frac{2L}{c}}^A-\xi_{\frac{2x}{c}}^A \tag{9-101}$$

极限负水击

$$y_m^C=\frac{L-x}{L}y_m^A \tag{9-102}$$

第一相负水击

$$y_1^C=y^A_{\frac{2(L-x)}{c}} \tag{9-103}$$

第七节 水击计算的特征线方程及有限差分方程

本节将介绍如何从水击计算的基本微分方程组出发，沿特征线将基本微分方程组中的2个偏微分方程转变为4个常微分方程，再变成有限差分方程，结合初始条件和管道两端的边界条件进行数值计算。

资源9-13

一、特征线方程

水击计算的基本微分方程组见前述式（9-20）和式（9-21），即

运动方程 $$g\frac{\partial H}{\partial x}+v\frac{\partial v}{\partial x}+\frac{\partial v}{\partial t}+\frac{f_w}{2D}|v|v=0$$

连续方程 $$v\frac{\partial H}{\partial x}+\frac{\partial H}{\partial t}+v\sin\alpha+\frac{c^2}{g}\frac{\partial v}{\partial x}=0$$

以上两式是具有2个因变量（v 和 H）及2个自变量（x 和 t）的一阶拟线性双曲线偏微分方程组。在前面为了能够推导出水击计算的解析方程，对式（9-20）、式（9-21）进行了一系列简化处理：设管道水平，并忽略摩阻系数 f_w 以及流速沿管道轴线长度变化率$\frac{\partial v}{\partial x}$和水头沿管道轴线长度变化率$\frac{\partial H}{\partial x}$。

下面直接从式（9-20）、式（9-21）出发，来推导特征线方程求解水击压力值。

将运动方程和连续方程分别用 L_1、L_2 表示如下：

$$L_1=g\frac{\partial H}{\partial x}+v\frac{\partial v}{\partial x}+\frac{\partial v}{\partial t}+\frac{f_w}{2D}|v|v=0 \tag{9-104}$$

$$L_2=v\frac{\partial H}{\partial x}+\frac{\partial H}{\partial t}+v\sin\alpha+\frac{c^2}{g}\frac{\partial v}{\partial x}=0 \tag{9-105}$$

设特征值为 λ，对上述2个方程进行线性组合，得

$$L=L_1+\lambda L_2=\left[g\frac{\partial H}{\partial x}+v\frac{\partial v}{\partial x}+\frac{\partial v}{\partial t}+\frac{f_w}{2D}|v|v\right]+\lambda\left[v\frac{\partial H}{\partial x}+\frac{\partial H}{\partial t}+v\sin\alpha+\frac{c^2}{g}\frac{\partial v}{\partial x}\right]=0$$

由上式，得

$$\lambda\left[\frac{\partial H}{\partial x}\left(v+\frac{g}{\lambda}\right)+\frac{\partial H}{\partial t}\right]+\left[\frac{\partial v}{\partial x}\left(v+\lambda\frac{c^2}{g}\right)+\frac{\partial v}{\partial t}\right]=-\lambda v\sin\alpha-\frac{f_w}{2D}|v|v \tag{9-106}$$

任选2个不同的实数 λ，使式（9-106）变换成一组常微分方程。设 $H=H(x，t)$，$v=v(x，t)$ 是方程式（9-104）和式（9-105）的解，则它们的全导数为

$$\frac{\mathrm{d}H}{\mathrm{d}t}=\frac{\partial H}{\partial x}\frac{\mathrm{d}x}{\mathrm{d}t}+\frac{\partial H}{\partial t}$$

$$\frac{\mathrm{d}v}{\mathrm{d}t}=\frac{\partial v}{\partial x}\frac{\mathrm{d}x}{\mathrm{d}t}+\frac{\partial v}{\partial t}$$

将$\frac{dH}{dt}$、$\frac{dv}{dt}$与方程式（9-106）对比，如果

$$\frac{dx}{dt}=v+\frac{g}{\lambda}=v+\lambda\frac{c^2}{g}$$

则方程式（9-106）可转变为常微分方程式：

$$\lambda\frac{dH}{dt}+\frac{dv}{dt}=-\lambda v\sin\alpha-\frac{f_w}{2D}|v|v \tag{9-107}$$

由$\frac{dx}{dt}=v+\frac{g}{\lambda}=v+\lambda\frac{c^2}{g}$求得2个特征值为

$$\lambda=\pm\frac{g}{c} \tag{9-108}$$

将$\lambda=\pm\frac{g}{c}$代入$\frac{dx}{dt}=v+\frac{g}{\lambda}=v+\lambda\frac{c^2}{g}$，则有

$$\frac{dx}{dt}=v\pm c \tag{9-109}$$

将特征值$\lambda=\pm\frac{g}{c}$代入式（9-107），则可得到2个常微分方程组。用C^+和C^-来代表两个方向的特征线。

由$\lambda=+\frac{g}{c}$得

$$\left.\begin{aligned}&\frac{dx}{dt}=v+c\\&\frac{g}{c}\frac{dH}{dt}+\frac{dv}{dt}=-\frac{g}{c}v\sin\alpha-\frac{f_w}{2D}v|v|\end{aligned}\right\}\text{沿 }C^+\text{ 方向} \tag{9-110}$$

由$\lambda=-\frac{g}{c}$得

$$\left.\begin{aligned}&\frac{dx}{dt}=v-c\\&-\frac{g}{c}\frac{dH}{dt}+\frac{dv}{dt}=\frac{g}{c}v\sin\alpha-\frac{f_w}{2D}v|v|\end{aligned}\right\}\text{沿 }C^-\text{ 方向} \tag{9-111}$$

式（9-110）和式（9-111）两组常微分方程式称为特征方程。这两个方程中的第一个式子一般称为特征线方程，而第二个式子一般称为特征关系式。在C^+和C^-两组方程式中，只有每组的特征线方程得到满足时，特征关系式才成立。

用图来表示特征方程的解是很容易理解的。在自变量$x-t$平面上，$\frac{dx}{dt}=v\pm c$代表着两条相交的曲线（图9-19）。$\frac{dx}{dt}=v+c$称为顺（正向）特征线，$\frac{dx}{dt}=v-c$称为逆（负向）特征线。沿着各自的特征线，式（9-110）和

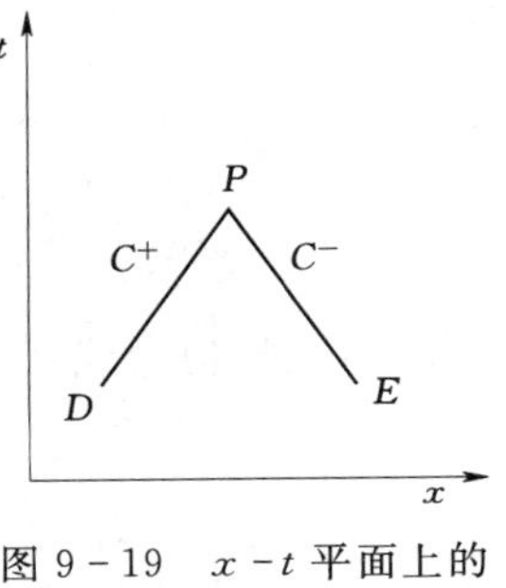

图9-19　$x-t$平面上的特征线示意图

式（9－111）中的第二个式子成立。而且所有的解也就是方程式（9－20）和式（9－21）的解。

资源9－14

对上述特征方程进行积分求其通解是困难的，一般是用有限差商代替导数，将常微分方程变成有限差分方程，进行数值计算。特征线方程组的数值计算有两种方法：一种是特征线网格法；另一种是矩形网格法。特征线网格法计算精度较高，但是计算网格不规则，不能求得指定断面的水力要素，因此不常用。现多采用矩形网格法。

二、有限差分方程

将自变量 $x-t$ 平面划分成许多矩形网格，网格的距离步长为 Δx，时间步长为 Δt，如图9－20所示。网格的交点称为节点。设已知 $j\Delta t$ 时层上各网格节点的压力水头 H（包括水击压力）和流速 v，求解 $(j+1)\Delta t$ 时层上各网格节点的压力水头和流速。由 $(j+1)\Delta t$ 时层上待求节点 P 向已知时层 $j\Delta t$ 作顺、逆两条特征线 C^+ 及 C^-，与 $j\Delta t$ 时层的交点分别为 L、R，如图9－20所示。一般说来，L、R 两点不会恰好落在网格节点上，它们的位置虽可由特征线确定，但其压力水头和流速值是未知的，只有通过邻近网格节点之间的插值求得。插值方法有线性插值和二次插值等方法。同时，差分格式还有显格式和隐格式之分。常用的3种差分插值格式有：①库朗格式；②一阶精度格式；③二阶精度格式。这里只介绍库朗格式，其他插值格式可参阅有关书籍。

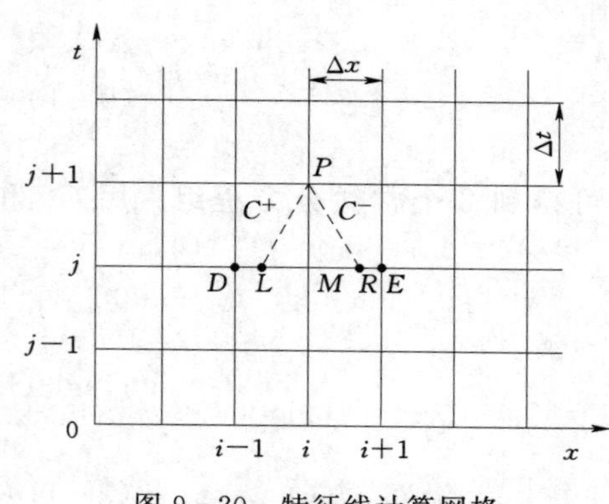

图9－20　特征线计算网格

库朗格式是线性插值的显格式，不用求解线性方程组。但选取的步长须满足 $\Delta x/\Delta t \geqslant |v \pm c|$ 库朗条件，使通过 P 点的特征线 C^+ 和 C^- 落在 DE 之间。库朗格式是用已知节点 M 的特征方向来代替待求节点 P 的特征方向，而得到沿 C^+ 及 C^- 方向的顺、逆特征线方程式的差分方程如下：

顺特征线差分方程　$x_P - x_L = (v+c)_P \Delta t = (v+c)_M \Delta t$　　(9－112)

逆特征线差分方程　$x_P - x_R = (v-c)_P \Delta t = (v-c)_M \Delta t$　　(9－113)

利用式（9－112）和式（9－113）可分别求得交点 L、R 的位置 x_L、x_R。

引入线性插值公式，例如

$$\frac{H_M - H_L}{H_M - H_D} = \frac{x_M - x_L}{\Delta x} = \frac{x_P - x_L}{\Delta x}$$

$$\frac{v_M - v_L}{v_M - v_D} = \frac{x_M - x_L}{\Delta x} = \frac{x_P - x_L}{\Delta x}$$

将以上插值公式代入式（9－112）中，可得

$$H_L = H_M - \frac{\Delta t}{\Delta x}(v+c)_M (H_M - H_D) \tag{9－114}$$

$$v_L = v_M - \frac{\Delta t}{\Delta x}(v+c)_M (v_M - v_D) \tag{9－115}$$

同理将以下线性插值公式：

$$\frac{H_M-H_R}{H_M-H_E}=\frac{x_M-x_R}{-\Delta x}=\frac{x_P-x_R}{-\Delta x}$$

$$\frac{v_M-v_R}{v_M-v_E}=\frac{x_M-x_R}{-\Delta x}=\frac{x_P-x_R}{-\Delta x}$$

代入式（9－113）特征线差分方程中，可得

$$H_R=H_M+\frac{\Delta t}{\Delta x}(v-c)_M(H_M-H_E) \tag{9-116}$$

$$v_R=v_M+\frac{\Delta t}{\Delta x}(v-c)_M(v_M-v_E) \tag{9-117}$$

式（9－114）～式（9－117）表明通过线性插值，可由邻近的网格节点值求得交点 L、R 的未知量 H_L、v_L、H_R、v_R。

特征方程中的系数及非导数项也可用 M 点的已知量计算。于是式（9－110）和式（9－111）中第二个式子顺、逆特征关系式的差分方程可写为

顺特征关系式差分方程：

$$\frac{g}{c}(H_P-H_L)+(v_P-v_L)=\left(-\frac{g}{c}v\sin\alpha-\frac{f_w}{2D}v\left|v\right|\right)_M\Delta t \tag{9-118}$$

逆特征关系式差分方程：

$$-\frac{g}{c}(H_P-H_R)+(v_P-v_R)=\left(\frac{g}{c}v\sin\alpha-\frac{f_w}{2D}v\left|v\right|\right)_M\Delta t \tag{9-119}$$

已知 H_L、v_L、H_R、v_R，由式（9－118）和式（9－119）可求得待求节点 P 的压力水头 H_P 和流速 v_P。

计算从初始时刻 $t=0$ 开始，由已知的压力水头和流速，一步一步推算到所需要时间节点的压力水头和流速。从图 9－20 的网格中可以看出，当计算出 $(j+1)\Delta t$ 时层上内部各点待求值后，管道两端的端点就要开始影响网格内部各节点的计算。因此，为了获得全部所要求的任何时刻的解答，就必须引进管道两端的边界条件。

第八节　复杂管道水击的简化计算

实际工程中的管道系统通常都是复杂管道。复杂管道是指管道特性沿程发生变化的管道，如串联管、分岔管等。

一、水击波在变径、分岔处的反射特性

水击波除了在管道进口、阀门等处反射外，在变径、分岔等管道特性发生变化处也将发生反射。

1. 水击波在管径变化处的反射

对于图 9－21 所示的变径管，从下游管 1 传来的逆波 F_1 为入射波，在变径处发生反射，反射波为顺波 f_1，透射波为逆波 F_2。类似于

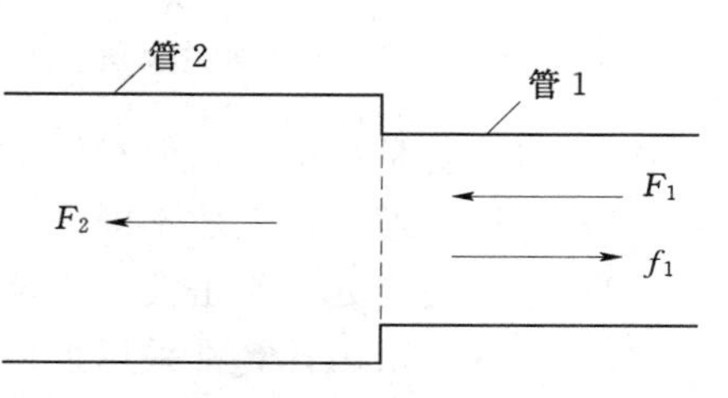

图 9－21　水击波在管径变化处的反射

推导阀门处的反射系数一样，根据简化水击计算的基本方程式（9-30）和式（9-31）及水流在变径处的连续性，可推导出变径处的反射系数如下：

$$r=\frac{\mu_2-\mu_1}{\mu_1+\mu_2} \tag{9-120}$$

式中：μ_1、μ_2 分别为管 1 和管 2 的管道特性常数，$\mu_1=\frac{c_1 v_1}{2gH_0}$，$\mu_2=\frac{c_2 v_2}{2gH_0}$。

若反射系数 r 为正，表示反射是同号的，其结果是使管 1 中水击压强的绝对值增大；若反射系数 r 为负，表示反射是异号的，其结果是使管 1 中的水击压强的绝对值减小。

若管 2 断面趋近于零，则 $\mu_2\rightarrow\infty$，由式（9-120）可知 $r=1$，为同号等值反射，使该处的水击压强增加一倍，这相当于管道末端阀门完全关闭情况。若管 2 断面无限大，则 $v_2=0$，$\mu_2=0$，由式（9-120）可知 $r=-1$，为异号等值反射，使该处的水击压强为零，这相当于管道进口处的情况。

2. 水击波在岔管处的反射

对于图 9-22 所示的分岔管，从下游管 1 传来的逆波 F_1 为入射波，在岔管处发生反射，反射波为顺波 f_1，透射波为逆波 F_2 和 F_3，根据式（9-30）和式（9-31）及水流在分岔处的连续性，推导出分岔处反射系数为

$$r=\frac{\mu_2\mu_3-\mu_1\mu_2-\mu_3\mu_1}{\mu_1\mu_2+\mu_2\mu_3+\mu_3\mu_1} \tag{9-121}$$

式中：μ_i 为各管的管道特性常数，$\mu_i=\frac{c_i Q}{2gH_0 A_i}$，$Q$ 为总管流量，A_i 分别为各管断面积，下标 $i=1$，2，3。

式（9-121）可用于计算水击波在调压室处的反射。

二、串联管水击的简化计算

管径、管壁厚度和管壁材料沿管轴线变化的管道称为串联管，且管道是单根的、不带分岔，如图 9-23 所示。

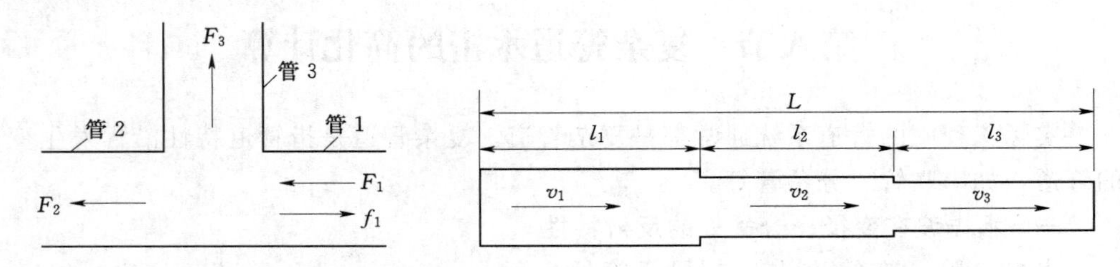

图 9-22 水击波在岔管处的反射　　图 9-23 串联管示意图

资源 9-15

尽管串联管是一根管，但与简单管相比有下列不同特点：

(1) 各段管道特性系数不同。

(2) 边界突变处，水击波发生反射。

对于串联管水击计算常采用近似处理方法，将管道特性沿管长变化的复杂管当成简单管来考虑，在计算中采用波速和流速的加权平均值。

流速加权平均值：

$$v_m=\frac{\sum_{i=1}^{n}l_iv_i}{L} \tag{9-122}$$

式中：L 为管道总长，m；l_i 为管道各段长度，m；v_i 为分段管道中的恒定流时的流速，m/s。

波速加权平均值：

$$c_m=\frac{L}{\sum_{i=1}^{n}\frac{l_i}{c_i}} \tag{9-123}$$

式中：L 为管道总长，m；l_i 为管道各段长度，m；c_i 为分段管道中的波速，m/s。

对于间接水击，管道的平均特性常数为

$$\mu_m=\frac{c_mv_m}{2gH_0} \tag{9-124}$$

$$\sigma_m=\frac{Lv_m}{gH_0T_s} \tag{9-125}$$

求出管道的平均特性常数后，可按简单管的间接水击计算公式求出复杂管道的间接水击值。

对于直接水击，由于关闭时间小于相长，阀门处水击压力变化较之反射波的影响为早，此时全管的不同特性还来不及影响阀门（特别当阀门突然关闭或开启时尤为明显），因此，计算管道常数时采用靠近阀门这一段的管道特性常数值即可。

三、分岔管水击的简化计算

分岔管除了管径和管壁厚度沿管轴线变化外，同时还增加了分岔，如图 9-24（a）所示。

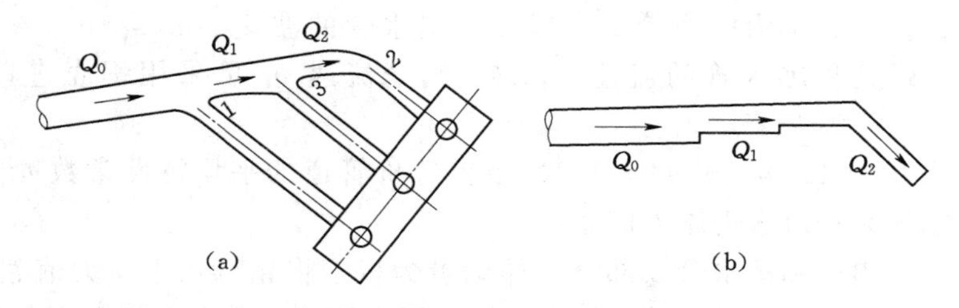

图 9-24　分岔管截肢法示意图

（a）分岔管；（b）截肢示意

对于分岔管的水击计算，常用的方法之一就是截肢法。这种方法的特点是：当机组同时关闭时，选取总长为最大的一根支管，如图 9-24（a）中的支管 2，将其余的支管截掉，变成如图 9-24（b）所示的串联管，然后用各管段中实际流量求出各管段的流速 v_i，再用加权平均的方法求出串联管中的平均流速 v_m，用各管段的波速 c_i 求出串联管中的加权平均波速 c_m，计算串联管的两个平均特性常数 μ_m 和 σ_m，最后采用串联管的简化公式相应地求出间接水击值和直接水击值。

四、反击式水轮机管道系统水击的简化计算

资源 9-16

反击式水轮机和冲击式水轮机过流部件的主要区别在于：反击式水轮机包含有蜗壳和尾水管等部分，而冲击式水轮机只有压力管道，没有蜗壳和尾水管；其次，反击式水轮机的出流不是孔口出流，流量不仅与开度和水头有关，还与水轮机的机型和转速有关，而且这些关系还无法用解析式精确表示。所以，反击式水轮机的水击压力计算较为复杂。初步分析时，可采用以下简化方法。

首先将蜗壳视作压力管道的延长部分，并假设把导叶移至尾水管的末端。这样，尾水管也就成为压力管道的一部分，就可以将尾水管中水击对压力管道（包括蜗壳）的影响近似地体现出来。其次是仍然采用冲击式水轮机的边界条件，即仍然以 $\eta_t=\tau_t\sqrt{1+\xi_t^A}$ 作为下游出流边界条件，但这里的 ξ_t^A 值应看作是管道（实际上是蜗壳）末端和尾水管中水击压力之和。

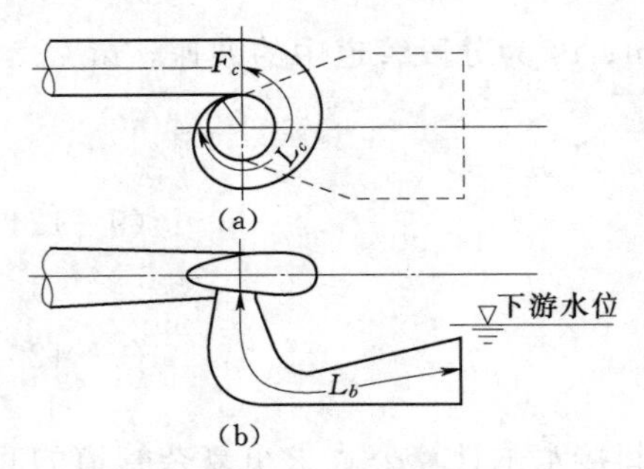

图 9-25　蜗壳和尾水管的长度算法
(a) 蜗壳长度算法；(b) 尾水管长度算法

这样，压力管道、蜗壳和尾水管共同组合成为一个串联管，其总长度 L 为

$$L=L_T+L_c+L_b \tag{9-126}$$

式中：L_T、L_c、L_b 分别表示压力管道、蜗壳和尾水管的长度，如图 9-25 所示。

其加权平均波速 c_m 及平均流速 v_m 分别为

$$c_m=\frac{L}{\dfrac{L_T}{c_T}+\dfrac{L_c}{c_c}+\dfrac{L_b}{c_b}} \tag{9-127}$$

$$v_m=\frac{L_Tv_T+L_cv_c+L_bv_b}{L} \tag{9-128}$$

式中：c_T、c_c、c_b 分别为压力管道、蜗壳和尾水管的波速，m/s；v_T、v_c、v_b 分别为压力管道、蜗壳和尾水管的流速，m/s。蜗壳流速 v_c 可采用蜗壳进口断面平均流速。

然后用式（9-124）、式（9-125）求得等价管道的平均特性常数 μ_m 和 σ_m，并求得管道末端最大相对水击压力值 ξ_t^A。

再以管道、蜗壳和尾水管 3 部分水体动量为权，将相对水击压力值 ξ_t^A 用下列公式进行分配，求出压力管道末端、蜗壳末端和尾水管进口的水击压力值。

压力管道末端相对水击压力：

$$\xi_T=\frac{L_Tv_T}{(L_T+L_c+L_b)v_m}\xi_t^A \tag{9-129}$$

蜗壳末端相对水击压力：

$$\xi_c=\frac{L_Tv_T+L_cv_c}{(L_T+L_c+L_b)v_m}\xi_t^A \tag{9-130}$$

尾水管进口处负水击相对水击压力：

$$y_b=\frac{L_b v_b}{(L_T+L_c+L_b)v_m}\xi_t^A \tag{9-131}$$

求出尾水管进口处负水击相对压力值 y_b 后，应按下式校核尾水管进口处的真空度 H_b，以防水流中断。

$$H_b=H_s+y_b H_0+\frac{v_b^2}{2g}<(8\sim9)\text{m} \tag{9-132}$$

式中：H_s 为水轮机吸出高度，m；$y_b H_0$ 为尾水管内水击压力降低绝对值，m；$\frac{v_b^2}{2g}$ 为尾水管进口断面在出现 y_b 时的流速水头，m。

对于中、高水头水电站，通常压力管道较长，蜗壳和尾水管对水击影响较小，可略去不计。对于低水头水电站，必须考虑蜗壳和尾水管对水击的影响，而尾水管的影响往往较蜗壳更为明显。

第九节　调节保证计算的概念及转速升高近似计算

一、调节保证计算的概念及任务

资源 9-17

水击和机组转速变化的计算，称为调节保证计算，简称“调保计算”。调节保证计算的目的是：通过调节保证计算和分析，正确合理地解决水轮机导叶启闭时间、水击压力和机组转速上升值三者之间的关系，最后选择适当的导叶启闭时间和调节规律，使水击压力和机组转速上升值均在经济合理的允许范围内。对于有些水电站，例如具有较长压力管道的电站，调节保证计算的结果可能不满足设计规范所规定的要求，这时应研究采用其他工程措施以解决调节保证中的问题。

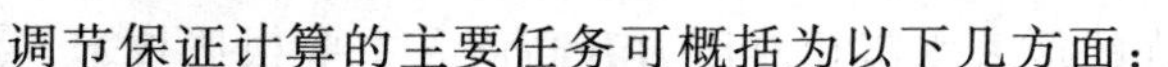

调节保证计算的主要任务可概括为以下几方面：

（1）合理地选择导叶开度启闭时间和调节规律，使水击压力和机组转速变化均在规定的允许范围之内，并尽可能地减小水击压力值以降低工程投资。

（2）根据给定的机组飞轮转矩 GD^2（飞轮转矩 GD^2 反映机组惯性的影响，G 是转动部分的质量，D 是转动部分的惯性直径）和导叶开度启闭时间，计算机组转速变化，检验它是否在允许范围之内；或者相反，在给定机组转速变化和导叶开度启闭时间的情况下，计算所需的飞轮转矩 GD^2 值。

（3）根据给定的导叶开度启闭时间和调节规律进行水击计算，检验水击压力值是否在允许范围之内；或给定水击压力值，验算水电站有压过水系统是否需要设置调压室等平水设施。

调节保证计算往往要多次反复才能把导叶开度启闭时间和调节规律、机组转速变化、水击压力调整到比较理想的情况。在计算中有时需要适当调整有压引水系统和机组的有关参数。

二、调节保证计算的内容

（1）甩负荷时：

1）机组转速的最大升高值。

2）压力管道和蜗壳内的最大压力升高值。

3）压力管道和尾水管内的最大压力降低值。

（2）增负荷时：

1）机组转速的最大降低值。

2）压力管道内的最大压力降低值。

三、机组转速变化率β和水击相对压力ξ允许值

以上调节保证计算的各值应在允许范围之内。机组转速变化一般用转速变化率β表示，其定义为

甩负荷时
$$\beta=\frac{n_{max}-n_0}{n_0} \tag{9-133}$$

增负荷时
$$\beta=\frac{n_0-n_{min}}{n_0} \tag{9-134}$$

式中：n_0、n_{max}、n_{min}分别为机组的额定转速、丢弃负荷后的最高转速和增加负荷后的最低转速。

1. 机组转速变化率β允许值

我国现行规范DL/T 5186—2004《水力发电厂机电设计规范》规定，机组甩负荷时的最大转速升高率保证值，按以下不同情况选取。

（1）当机组容量占电力系统工作总容量的比重较大，或担负调频任务时，$\beta<50\%$。

（2）当机组容量占系统工作总容量的比重不大，或不担负调频时，$\beta<60\%$。

（3）对于贯流式机组，$\beta<65\%$。

（4）对于冲击式机组，$\beta<30\%$。

2. 水击相对压力ξ允许值

机组甩负荷时，蜗壳末端允许的最大水击相对压力升高值ξ主要根据技术、经济比较来确定，规范DL/T 5186—2004规定：

当$H_r<20$m时，$\xi=(70\sim100)\%$。

当$H_r=20\sim40$m时，$\xi=(50\sim70)\%$。

当$H_r=40\sim100$m时，$\xi=(30\sim50)\%$。

当$H_r=100\sim300$m时，$\xi=(25\sim30)\%$。

当$H_r>300$m时，$\xi<25\%$（可逆式蓄能机组宜小于30%）。

其中，H_r为水轮机额定水头。

四、机组转速变化率β计算

资源9-18

机组转速变化率β计算有理论计算方法和简化计算方法两大类。理论计算方法较烦琐，一般需编程电算。简化计算方法采用近似公式计算，下面介绍两个有代表性的近似公式。

1. 苏联公式

设导叶按线性规律关闭，丢弃负荷前，机组出力为P_0，在时段T_{s1}内导叶由全开关至空转开度，并假定机组出力按线性规律减小至零。

丢弃负荷后，在 T_{s1} 时间内产生的多余能量为

$$E=\frac{102P_0T_{s1}}{2}$$

式中：数字 102 为把 P_0 的单位由 kW 变为 kg·m/s 的转换系数；P_0 为机组出力，kW；T_{s1} 为关至空转开度所用的时间，对于混流式和冲击式水轮机 $T_{s1}=(0.8\sim0.9)T_s$，对于轴流式水轮机 $T_{s1}=(0.6\sim0.7)T_s$，T_s 为导叶有效关闭时间，s。

这些能量转化为机组转动部分的动能，促使水轮机转速升高，其动能的变化为

$$\frac{1}{2}J(\omega_{\max}^2-\omega_0^2)$$

因而有

$$\frac{102P_0T_{s1}}{2}=\frac{1}{2}J(\omega_{\max}^2-\omega_0^2) \tag{9-135}$$

式中：J 为机组转动部分的惯性矩，$J=1000\frac{GD^2}{4g}$，在工程单位制中为 kg·m·s²；数字 1000 为把 G 的单位由 t 变为 kg 的转换系数；D 为转动部分的惯性直径，m；G 为转动部分的质量，t；ω_0 为额定角速度，$\omega_0=\frac{\pi n_0}{30}$，rad/s；$n_0$ 为额定转速，r/min；$\omega_{\max}$ 为最大角速度，$\omega_{\max}=\frac{\pi n_{\max}}{30}$，rad/s；$n_{\max}$ 为最高转速，r/min；其他符号意义同前。

将以上关系代入式（9-135），并考虑到甩负荷时 $\beta=\frac{n_{\max}-n_0}{n_0}$，增负荷时 $\beta=\frac{n_0-n_{\min}}{n_0}$，则得机组转速变化率关系式如下：

甩负荷时
$$\beta=\sqrt{1+\frac{365P_0T_{s1}f}{n_0^2GD^2}}-1 \tag{9-136}$$

增负荷时
$$\beta=1-\sqrt{1-\frac{365P_0T_{s1}f}{n_0^2GD^2}} \tag{9-137}$$

式中：f 为考虑水击影响的修正系数，根据管道特性常数 $\sigma=\frac{Lv_{\max}}{gH_0T_s}$，查图 9-26 确定。

上述方法计算结果一般偏大。此外，该方法的缺点是未考虑阀门关闭的迟滞时间。

2. 我国“长办”公式

针对苏联公式没有考虑导叶关闭的迟滞时间的缺点，我国长江流域规划办公室（简称“长办”）提出如下修正公式：

$$\beta=\sqrt{1+\frac{365P_0}{n_0^2GD^2}(2T_c+T_nf)}-1 \tag{9-138}$$

式中：T_c 为调节迟滞时间，$T_c=T_A+0.5\delta T_a$，s；T_A 为导叶动作迟滞时间，不同的调节系统具有不同的迟滞时间（电调取 0.1s，机调取 0.2s）；δ 为调速器的残留不均衡度（一般取 0.2～0.6）；T_a 为机组的时间常数，$T_a=n_0^2GD^2/(365P_0)$；T_n 为升速时间，近似取为 $T_n=(0.9-0.00063n_s)T_s$，s；n_s 为比转速，m·kW；f 为水击影响修正系数，根据管道特性常数 σ，查图 9-27 确定；其他符号意义同前。

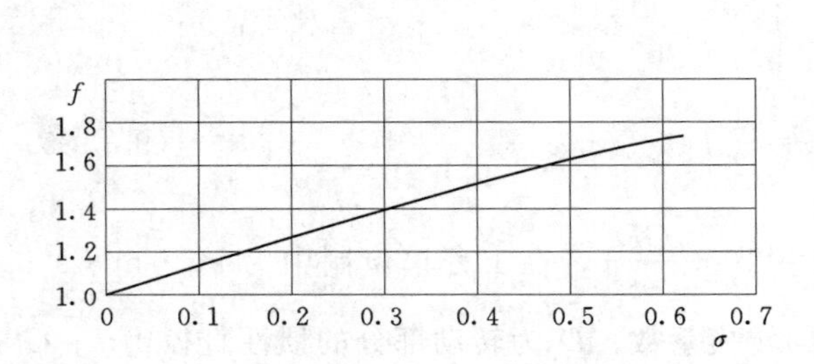

图 9-26　f 与 σ 关系曲线

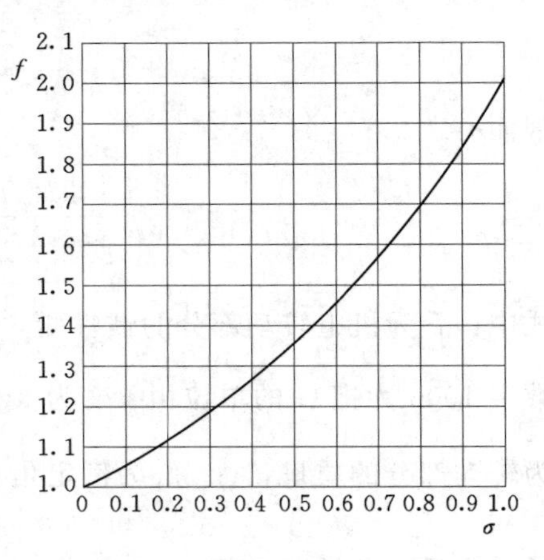

图 9-27　式（9-138）中 f 与 σ 关系曲线

虽然我国"长办"公式考虑了导叶关闭的迟滞时间，但由于调速系统的精密程度不同，迟滞时间难以准确确定，往往在公式中加上一个因迟滞时间使能量增大的系数，这样我国"长办"公式就同苏联公式一样了。

第十节　水击计算工况和减小水击压力的措施

一、水击计算工况

水击计算工况应根据水电站在电力系统的运行情况，选择可能出现的最不利的工况作为计算工况。我国现行规范 SL/T 281—2020《水利水电工程压力钢管设计规范》规定，初步计算时，可按下列工况进行。

1. 正常工况最高水击压力计算

（1）相应于水库正常蓄水位，由压力管道供水的全部机组突然同时丢弃负荷。

（2）经论证分析认为电站运行时不可能同时丢弃全部负荷时，可按丢弃部分负荷计算。

（3）压力管道水击与调压室或压力前池涌波如有重叠可能时应计及相遇效应。

（4）压力管道末端压力升高值取值不应小于正常蓄水位静水压力的 10%。

2. 特殊工况最高水击压力计算

情况同上，但水库水位为最高发电水位。

3. 最低水击压力计算

（1）相应于水库可能出现的最低发电水位，由压力管道供水的全部机组除一台外都在满发，未带负荷的一台机组由空转增荷至满发或全部机组由 2/3 负荷增至满负荷。

（2）如系统有特殊运行要求，可根据具体情况确定增荷幅度。

（3）压力管道水击与调压室或压力前池涌波如有重叠可能时应计及相遇效应。

二、减小水击压力的措施

当水击压力值或转速变化率上升值超过允许的最大值后，就要采取其他一些措施来减小水击压力。水击压力计算公式表明：影响水击压力的主要因素有管道长度、管内流速和阀门启闭时间等，因此，可针对这些因素在压力管道设计和运行管理中采取以下措施来避免和减小水击危害。

资源 9－19

1. 缩短管线长度

水击压力与管线长度成正比，缩短管线长度可以有效减小水击压力值，但缩短管线长度受地形地质条件所限，往往不易实现。

2. 设置调压室

设置调压室实际上等于缩短压力管道的长度，使水击波尽早地反射回压力管道末端，从而减小水击压力。利用设置调压室的办法来缩短管长，是减小水击压力值最有效的一种方法，但造价较高。

3. 增大管径，减小流速

水击压力与管内流速成正比，因此在设计中应控制管内流速不超过最大流速限制范围。但有时管道中的流量是一定的，管径一般由动能经济计算确定，减小流速意味着加大管径。用减小流速的办法降低水击压力，往往是不经济的，一般并不采用。但在一定的条件下，适当地加大管道直径，又不增设调压室，还是比较经济合理的。

4. 改变导叶关闭规律，采用线性关闭规律

导叶关闭规律对水击压力有重要影响。在同一关闭时间内，导叶关闭的规律不同，水击压力变化也不同。图 9－28（a）是在相同关闭时间内给出的 3 种导叶关闭规律：Ⅰ为直线关闭，Ⅱ为先快后慢，Ⅲ为先慢后快；图 9－28（b）是 3 种关闭规律相应的水击压力变化线。

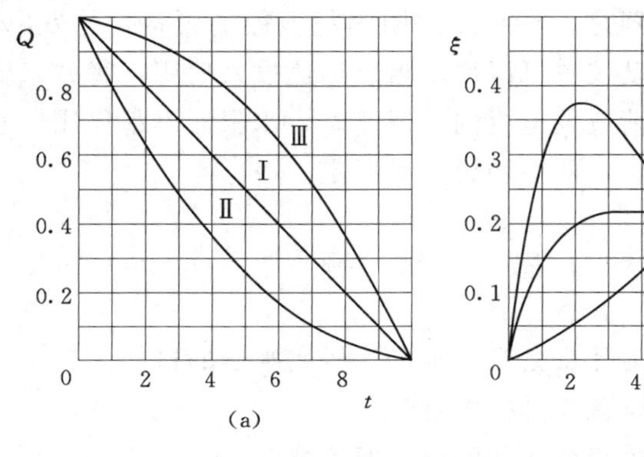

图 9－28　导叶关闭规律对水击压力的影响

（a）3 种导叶关闭规律；（b）相应的水击压力变化线

由图 9-28（b）可知，关闭规律Ⅰ在开始关闭阶段，水击压力上升较快，然后保持一个相对较小的压力值不变。关闭规律Ⅱ在开始阶段关闭速度较快，因此水击压力迅速上升达最大值，以后关闭速度慢了，水击压力也逐渐减小。关闭规律Ⅲ与Ⅱ正好相反，是先慢后快，水击压力则先小后大，水击压力变化最不利。

实践证明：第Ⅰ种关闭规律最好，第Ⅲ种关闭规律最不利。通过改变导叶关闭规律减小水击压力值，既经济又易行，应是优先考虑采用的措施。

5. 减小管道流速变化梯度

主要措施有：

（1）延长导叶关闭时间。延长导叶关闭时间，可以使水击压力的上升率减慢，在水击压力上升不高时即与从水库传回来的负反射波相叠加，从而大大减少管道中的水击值。但关闭时间不能太长，否则转速升高值将超过允许的最大值。导叶关闭时间 T_s 一般由厂家给定，延长导叶关闭时间须与厂家协商。

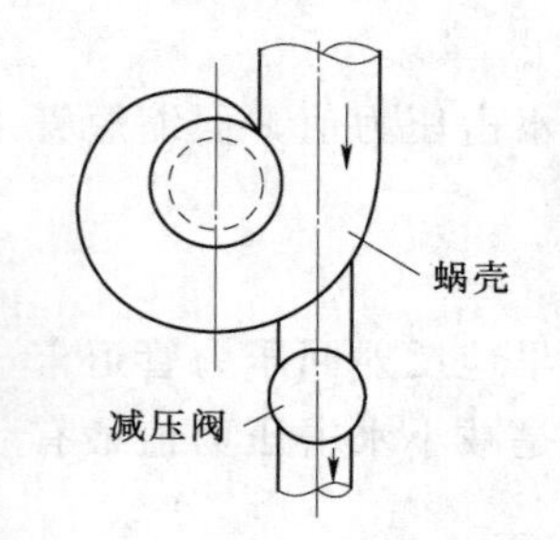

图 9-29　减压阀设置示意图

资源 9-20

（2）装置减压阀（空放阀）。减压阀是设置在蜗壳上的旁通装置，它受水轮机调速器的控制，如图 9-29 所示。当水轮机导叶快速关闭时，减压阀打开，这时压力管道中的水流经放水管泄出，然后减压阀再缓慢地关闭。由于关闭时间缓慢，因而管道中的流速变化也相当缓慢，相应水击压力升高也就变小了。采用减压阀后，压力管道中水击压力升高值一般不超过设计水头的 15%～20%。

减压阀只在电站甩负荷时起作用。当增加负荷时，减压阀不起作用，仍然处于关闭的状态。减压阀适用于引水道较长、流量较小、不担负调频任务的中小型电站，多用于混流式的高中水头电站，我国有不少这方面的运行经验。

（3）装置偏流器（折流器）。偏流器是设置在冲击式水轮机喷嘴出口处的折流装置。当丢弃负荷时，它能以较快速度动作，将射流偏折，离开转轮，防止机组转速变化过大。针阀以缓慢速度关闭，从而减小水击压力。偏流器在增加负荷时不起作用。偏流器构造简单，造价便宜，且不需增加厂房尺寸，常用于水斗式水轮机。

（4）设置水阻器。水阻器是一种利用水阻消耗电能的设备，与发电机母线相连，当机组丢弃负荷时，通过自动装置可以使水阻器迅速投入使用，将原来输入系统的电能消耗在水阻器中。当增负荷或发电机内部短路时，水阻器不起作用。水阻器适用于小型水电站，采用水阻器时，可能不用设置调压室。

思　考　题

9-1　水电站压力管道为什么会产生水击？研究水击的目的。

9-2　水击对建筑物及设备有哪些影响？

9-3　水击压力值的大小与波速和流速有何关系？

9-4　什么情况下产生正水击？什么情况下产生负水击？

9－5　水击波传播速度与哪些因素有关？

9－6　波函数的物理意义及特性是什么？

9－7　写出水击计算连锁方程。

9－8　水击计算的边界条件如何确定？以冲击式水轮机为例加以说明。

9－9　写出阀门处的反射系数，如何利用阀门处的反射系数研究水击波的反射特性？

9－10　水击有哪些类型？如何区别它们？高水头和低水头水电站可能产生什么类型的水击？

9－11　如何计算管道水击的两个特性常数？

9－12　水击计算的步骤都有哪些？如何利用水击近似公式计算第一相水击和极限水击压力值？

9－13　阀门初始开度对水击影响如何？

9－14　在阀门线性关闭（开启）的情况下，水击压力沿管道长度的分布规律如何？如何求水击压力沿管长的分布？

9－15　阐述计算水击特征方程的基本思路。

9－16　什么是串联管和分岔管？如何计算串联管和分岔管的水击压力值？

9－17　什么是调节保证计算？其任务和计算内容有哪些？

9－18　机组转速变化计算近似公式主要有哪些？写出具体表达式。

9－19　减小水击压力措施都有哪些？

第十章　调　　压　　室

学习提示

内容：介绍调压室的功用、要求及设置条件，调压室的基本布置方式及类型，调压室工作原理及基本方程，调压室水力计算内容及计算工况，简单式及阻抗式调压室水位波动解析计算，水室式、溢流式和差动式调压室水位波动解析计算，调压室水位波动的稳定问题，调压室结构布置及设计原理，有压引水系统非恒定流计算。

重点：调压室的功用、设置条件和设计方法（调压室尺寸拟定）。

要求：熟悉调压室的作用及设置条件、布置型式和基本结构类型及特点；掌握调压室水位波动的解析方法，调压室水位波动的稳定问题和调压室的水力计算条件。

第一节　调压室的功用、要求及设置条件

一、调压室的功用

资源 10-1

资源 10-2

对于有压引水式电站，压力水道愈长，水电站负荷变化时的水击压力愈大，不能满足调节保证要求，在压力水道上设置调压室是一种有效减小水击压力的技术措施。调压室是一个设置在压力水道上具有自由水面（室内水面为大气压）或者室内水面压力大于大气压力且能够反射水击波的建筑物。前者称为常规调压室，后者称为气垫式调压室。调压室具有下列功能：

（1）反射水击波，限制水击波进入压力（尾）引水道，以满足机组调节保证的技术要求。

（2）缩短压力管道的长度，减小压力管道内的水击压力。

（3）改善机组在负荷变化时的运行条件及供电质量。

二、调压室的基本要求

根据调压室的功用，调压室应满足以下基本要求：

（1）调压室应尽量靠近主厂房，以缩短压力管道长度，尽快反射水击波，减小压力管道内的水击压力。

（2）调压室应具有较好的反射水击波的性能，以保证水击波的充分反射。调压室反射性能越好，越能减小压力管道和有压引水道中的水击压力，并改善机组运行条件。

（3）调压室的工作必须是稳定的，在负荷变化时，调压室中水体的波动应该迅速衰减并达到新的稳定状态以保证机组稳定运行。

（4）调压室位于有压引水道上，正常运行时，水流经过调压室底部的水头损失要小，为此调压室底部和引水道连接处应具有较小的断面积。

（5）调压室是水工建筑物，结构要安全可靠，施工要简单方便，造价要经济合理。

上述各项要求有时难以同时满足，必须根据具体情况统筹考虑，进行全面的分析比较，审慎地选择调压室的位置、型式及轮廓尺寸。

三、调压室的设置条件

资源 10-3

调压室造价昂贵、施工复杂，因此水电站压力水道中是否设置调压室，应在机组调节保证计算和机组运行条件分析的基础上，考虑水电站在电力系统中的作用、地形及地质条件、压力水道的布置等因素，进行经济技术比较后加以确定。我国现行规范SL 655—2014《水利水电工程调压室设计规范》给出了是否需要设置上游和下游调压室的判别条件。

1．上游调压室的设置条件

初步分析时，是否设置上游调压室，可按式（10-1）来判断。当满足式（10-1）要求时，应设置调压室。

$$T_w > [T_w] \tag{10-1}$$

其中
$$T_w = \frac{\sum L_i v_i}{g H_r}$$

式中：T_w 为压力水道中水流惯性时间常数，s，它表示在水头 H_r 作用下，不计水头损失时，管道内各分段水流速度从 0 增大到相应的 v_i 所需的时间，显然，T_w 越大，同样条件下水击压力的相对值也越大，对机组调节过程的影响也越大；L_i 为压力水道及蜗壳和尾水管（无下游调压室时应包括压力尾水道）各分段长度，m；v_i 为各分段内相应的流速，m/s；H_r 为水轮机额定水头，m；g 为重力加速度，m/s^2；$[T_w]$ 为 T_w 的允许值，一般取 2～4s，$[T_w]$ 的取值随电站出力在电力系统中的作用而异。当水电站单独运行或机组容量在电力系统中所占的比重超过 50%时，$[T_w]$ 宜取小值（2s）；当水电站机组容量在电力系统中所占比重小于 10%～20%时，$[T_w]$ 可取大值。

2．下游调压室的设置条件

下游调压室的设置条件是以尾水管内不产生水柱分离为前提，当满足式（10-2）要求时，可初步判断应设置调压室。

$$L_w > \frac{5T_s}{v_{w0}}\left(8 - \frac{\nabla}{900} - \frac{v_{wj}^2}{2g} - H_s\right) \tag{10-2}$$

式中：L_w 为压力尾水道的长度，m；T_s 为水轮机导叶有效关闭时间，s；v_{w0} 为稳定运行时压力尾水道中的流速，m/s；v_{wj} 为水轮机转轮后尾水管入口处的流速，m/s；H_s 为水轮机吸出高度，m；∇为水轮机安装位置的海拔高程，m。

最后还应通过调节保证计算，当机组丢弃全部负荷时，使尾水管内的最大真空度不宜大于 8m 水柱。在高海拔地区还应满足下式：

$$H_v = \Delta H - H_s - \phi\frac{v_{wj}^2}{2g} > -\left(8 - \frac{\nabla}{900}\right) \tag{10-3}$$

式中：H_v 为尾水管内的绝对压力水头，m；ΔH 为尾水管入口处的水击压力值，m；ϕ 为考虑最大水击真空与流速水头真空最大值之间相位差的系数，对于极限水击 $\phi=0.5$，对于第一相水击 $\phi=1.0$。

四、调压室的位置选择

根据调压室的功能和基本要求，调压室的位置选择应遵循以下原则：

(1) 调压室的位置应尽量靠近厂房，并结合地形、地质、压力水道的布置和厂房位置等因素进行经济技术比较分析后确定。

(2) 调压室位置宜设于地下。当因地形、地质条件受到限制，调压室需部分或全部设在地面上时，需进行综合经济技术比较，并满足机组调节保证计算要求。

(3) 调压室距厂房较近，且多设在临近山坡处，宜避开不利的地质条件，减轻水电站运行后渗水对围岩及边坡稳定的不利影响，以免由于地下水位的改变而导致围岩失稳坍塌。

(4) 由于扩建电站或电站运行条件改变等原因，必须增设副调压室时，其位置宜靠近主调压室。

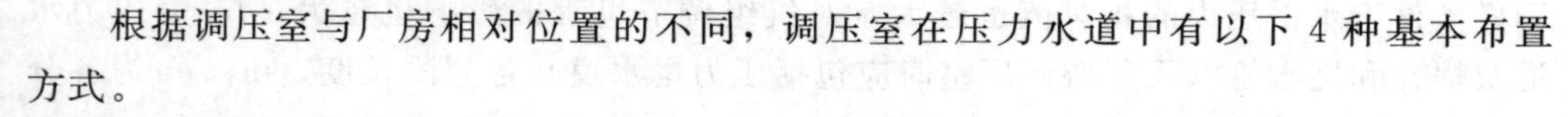

第二节　调压室的基本布置方式及类型

一、调压室的基本布置方式

资源 10-4

根据调压室与厂房相对位置的不同，调压室在压力水道中有以下 4 种基本布置方式。

1. 上游调压室

调压室布置在厂房上游的压力水道上，如图 10-1 (a) 所示，也称引水调压室，它适用于厂房上游引水道较长的情况，这种布置方式应用最为广泛。

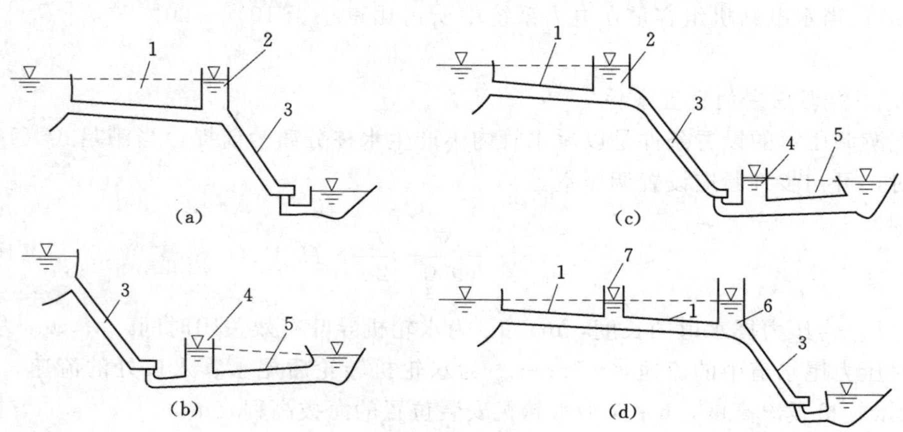

图 10-1　调压室的布置方式

(a) 上游调压室；(b) 下游调压室；(c) 上、下游双调压室；(d) 上游双调压室

1—有压引水道；2—上游调压室；3—压力管道；4—下游调压室；5—压力尾水道；6—主调压室；7—辅助调压室

2. 下游调压室

调压室布置在厂房下游的压力水道上，如图 10－1（b）所示，也称尾水调压室。当水电站厂房下游具有较长的有压尾水道时，需在尾水道设置下游调压室以减小尾水道中的水击压力，特别是防止丢弃负荷时产生过大的负水击，下游调压室也应尽可能地靠近厂房。

电站正常运行时，下游调压室的稳定水位高于下游水位，其差值等于调压室至尾水道出口的水头损失。下游调压室的水位变化过程与上游调压室相反。当丢弃负荷时，水轮机流量减小，调压室需要向尾水道补充水量，因此水位首先下降，达到最低点后再开始回升；在增加负荷时，下游调压室水位首先开始上升，达到最高点后再开始下降。下游调压室的水力计算基本原理与上游调压室相同，应用时要注意符号的方向。

3. 上、下游双调压室系统

当水电站厂房的上、下游都有较长的压力水道时，需在厂房的上、下游分别设置调压室而成上、下游双调压室系统，用以减小水击压力和改善机组的运行条件，如图 10－1（c）所示。

丢弃全部负荷时，上、下游调压室的工作互不影响，可分别进行水力计算。当增加负荷或丢弃部分负荷时，水轮机的流量发生变化，两个调压室水位都将发生变化，而任一个调压室水位的变化，均将引起水轮机流量新的改变，从而影响到另一个调压室水位的变化。两个调压室水位变化的相互制约和相互诱发，使整个引水系统的水力现象大为复杂。特别是当引水道和尾水道的特性接近时，可能发生共振。因此设计上、下游双调压室时，不能只限于推求调压室水位波动的最大值、最小值，而应该求出波动的全过程来研究波动的衰退情况。

4. 上游双调压室系统

在上游较长的有压引水道中，有时需设置两个调压室而成上游双调压室系统，如图 10－1（d）所示。靠近厂房的调压室对于反射水击波起主要作用，称为主调压室。靠近上游的调压室用以反射穿过主调压室的水击波，改善压力水道的工作条件，帮助主调压室衰减水位波动，降低主调压室高度，称为辅助调压室。辅助调压室越接近主调压室，所起的作用越大，反之越小。引水系统波动的稳定由两个调压室共同承担，增加一个调压室的断面可以减小另一个调压室的断面，但两个调压室所需的断面之和应大于只设置一个调压室时所需的断面。

上游双调压室系统一般用于电站扩建，原调压室容积不够而增设辅助调压室。有时因结构、地质等原因，需设置辅助调压室以减小主调压室的尺寸，或当压力水道中有施工竖井可以利用时，采用双调压室方案可能是经济的。

上游双调压室水位之间相互制约和相互诱发的作用很大，因而水位波动非常复杂，整个波动并不呈简单的正弦曲线，因此，应合理选择两个调压室的位置和断面，使引水系统的波动能较快地衰减。

除上述 4 种基本布置方式外，如有必要，可采用两条压力管道合用一个调压室，或两个竖井共用一个上室等型式。

资源 10-5

二、调压室的基本类型

1. 简单式调压室

简单式调压室为一垂直或倾斜的自上而下断面相同的井筒，如图 10-2（a）所示，断面多为圆形，因此也称圆筒式。其主要特点如下：

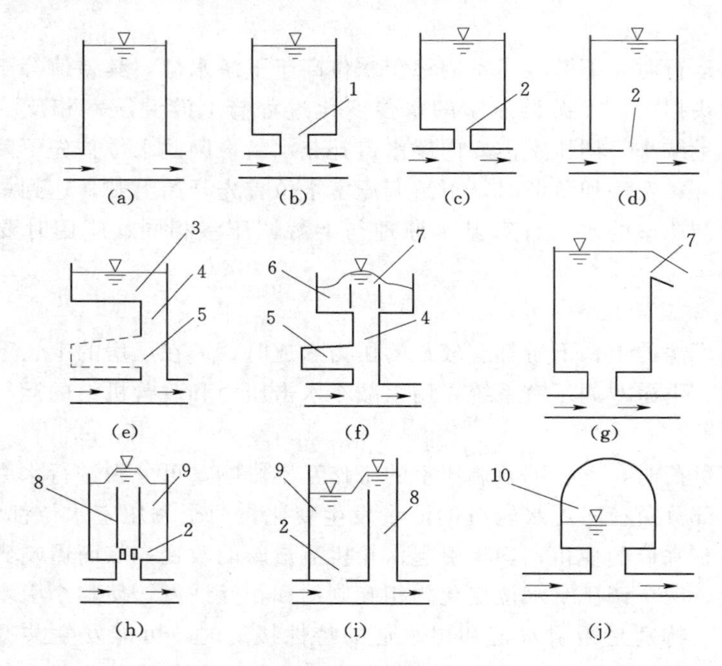

图 10-2　调压室的基本类型

（a）、（b）简单式；（c）、（d）阻抗式；（e）、（f）水室式；（g）溢流式；（h）、（i）差动式；（j）气垫式

1—连接管；2—阻抗孔；3—上室；4—竖井；5—下室；6—储水室；7—溢流堰；8—升管；9—大室；10—压缩空气

（1）结构型式简单。

（2）反射水击波充分。调压室底部与引水道的连接断面大，使其能充分地反射水击波。

（3）水位波动振幅大，衰减慢，所需断面大。流量变化时水流进出调压室底部阻抗较小，主要靠引水系统的摩阻消耗能量，因此调压室中水位波动的振幅较大，衰减较慢，所需调压室的容积较大。

（4）正常运行时引水道与调压室的连接处水头损失大。为了减小调压室底部和引水道连接处的水头损失，可用有连接管的简单式调压室，如图 10-2（b）所示，连接管的断面面积不小于调压室处引水道的断面面积。

简单式调压室常用于下游调压室或低水头、小容量的水电站。

资源 10-6

2. 阻抗式调压室

在简单式调压室的结构基础上，将调压室在底部与引水道连接处做成一较小断面的连接管，如图 10-2（c）所示，或在连接管的隔板上设置阻抗孔，如图 10-2（d）

所示，连接管或阻抗孔的断面面积小于调压室处引水道的断面面积，即成为阻抗式调压室。其主要特点如下：

（1）结构上增加了较小断面的连接管或设置了阻抗孔。

（2）连接管或阻抗孔会影响调压室反射水击波的效果，使水击波不能完全反射，部分会穿过调压室进入有压引水道，即发生水击穿室现象。

（3）面积较小的连接管或阻抗孔对进出调压室的水流形成阻力，使水流能量损失增大，可减小水位波动的振幅，降低调压室的高度，并加速波动的衰减。

（4）面积较小的连接管或阻抗孔减小了正常运行时的水头损失。

（5）增加负荷时，连接管或阻抗孔可减慢调压室向压力管道供水速度。

设计时必须选择合适的连接管或阻抗孔，尽量避免发生水击穿室现象和不影响调压室向压力管道供水。最理想的阻抗应使调压室处的水击压力与水体震荡造成的压力相等，可通过水工模型试验确定。

阻抗式调压室适用范围广，多用于中低水头和引水道不太长的电站。

3. 水室式调压室

资源 10－7

水室式调压室以前称为双室式，是由断面较小竖井及上、下两个断面较大的储水室共同或分别组成，如图 10－2（e）、（f）所示。实际工程中采用竖井与上室组合较多，完全用双室的实例较少，故现改称为水室式。上室供丢弃负荷时蓄水用，在正常运行时是空的，底部高程由水库发电最高水位控制，一般在最高水位以上，上室可以设溢流堰。下室在机组增加负荷时供水用，正常运行时充满水，顶部高程设在水库最低水位以下，底部高程应比调压室最低涌波水位稍低。上、下室的底部应有不小于1%斜坡倾向竖井，以便放空水流，下室顶部做成背向竖井的不小于1.5%的斜坡，当室内水位上升时，便于空气从下室逸出。竖井用来连接上、下室和引水道，由于断面较小，井中水位升降很快。主要特点如下：

（1）结构上分成了竖井、上室或下室，较为复杂。

（2）水电站丢弃负荷时，水流在竖井中水位迅速上升，进入上室后上升速度立刻缓慢下来，限制了水位上升的幅度；增加负荷时，水位下降至下室，由下室补充不足的水量，限制了水位下降的幅度，减小了调压室水位波动的振幅。

（3）丢弃负荷时涌入上室中的水体重心较高，而增加负荷时由下室流出的水体重心较低，故同样的能量，可存储于较小的容积之中，所以水室式调压室所需的容积最小。

水室式调压室适用于高水头和水位变幅较大的水电站。水电站水头高则要求调压室的稳定断面小，因此竖井可以采用较小的直径；水库的工作深度大则要求调压室具有较大的高度，如采用水室式调压室，只需增加竖井高度即可。

4. 溢流式调压室

溢流式调压室专指调压室顶部设置有溢流堰泄水的调压室，如图 10－2（g）所示，不包括有溢流堰的水室式和有溢流堰升管的差动式调压室。主要特点如下：

（1）当水电站丢弃负荷时，水流快速上升，达到溢流堰顶后开始溢流泄水，因而具有水位振幅小及衰减快的特点。

（2）溢流式调压室对水位下降的幅度无法限制。

（3）结构上顶部增加了溢流堰，同时，须设泄水道来溢泄弃水，必要时还需考虑消能设施。

溢流式调压室适用于在调压室附近可经济安全地布置泄水道的水电站。

资源 10－8

5. 差动式调压室

差动式调压室一般由升管、大室和阻抗孔组成，如图 10－2（h）、（i）所示。升管可设在大室内，也可与大室相邻分开设置，顶部有溢流口，底部有阻抗孔，阻抗孔可设在大室与升管之间，也可设在大室底部与引水道直接相连。主要特点如下：

（1）综合吸收了阻抗式与溢流式调压室的优点，反射水击条件好，水位波动衰减快，波幅变化小，所需容积较小。

（2）结构较为复杂，施工难度大，造价高。

差动式调压室适用于地形和地质条件不允许设置大断面调压室的中高水头水电站，不论常规或抽水蓄能电站都可以采用。

资源 10－9

6. 气垫式调压室

调压室完全封闭，充以压缩空气，称为气垫式调压室，如图 10－2（j）所示。这是一种将自由水面与大气隔开的调压室，室内水面气压高于大气压力。其主要特点如下：

（1）在水位波动过程中，室中的压缩空气压缩或膨胀导致气体压力增大或减小，促使引水道中的水流减速或加速，从而减小调压室水位的涨落幅度。

（2）不受地形条件的限制，布置灵活，能尽量靠近厂房，可大大减小水击压力，比较充分地反射水击波，对电站运行有利。

（3）水位波动稳定条件较差，需要较大的稳定断面和容积。

（4）对地质条件要求较高。

（5）需配置空气压缩机以定期向空气室补气，增加运行费用。

气垫式调压室全部设在地下，有利于环境保护，适用于水头高，地形、地质条件好的地下厂房，可省去通气竖井、上室公路。在表层地质地形条件不适于做常规调压室或通气竖井较长、造价较高的情况下，气垫调压室是一种可供选择的型式，且水头越高，经济性越好，其与常规调压室布置比较如图 10－3 所示。这种调压室自 20 世纪 70 年代以来在挪威获得了广泛应用，我国于 20 世纪末引进，陆续建成了采用气垫式调压室的大干沟、自一里、小天都、金康、木座和野三河等水电站。

在上述基本型式的基础上，实践中还可以结合水电站的工程实际情况，将不同型式调压室的特点组合在一个调压室中，形成混合式调压室，如图 10－4（a）、（b）所示的阻抗上室式、差动上室式等；或对现有的调压室进行改进，如图 10－4（c）所示。如我国密云水电站采用阻抗上室式，古田二级龙亭水电站采用差动溢流式调压室，鲁布革水电站采用差动上室式调压室。

各种型式调压室都有其特点及适用条件，应用中需结合工程规模、运行要求及地形、地质条件等进行技术经济比较后合理选择。

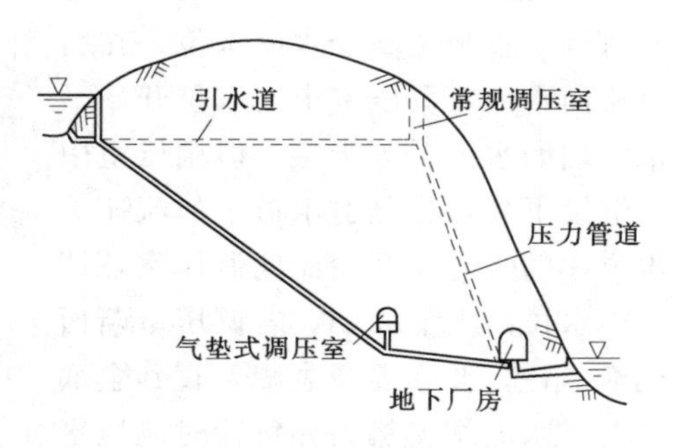

图 10-3 气垫调压室与常规调压室布置比较图

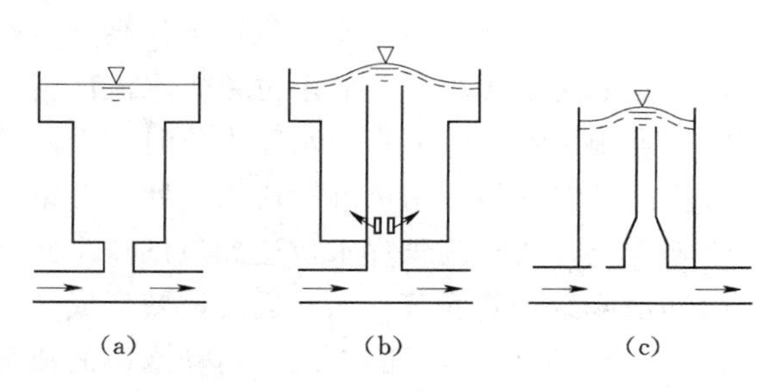

图 10-4 混合式调压室

(a) 阻抗上室式；(b) 差动上室式；(c) 对现有调压室的一种改进

资源 10-10

第三节 调压室工作原理及基本方程

一、调压室的工作原理

水电站发生不稳定工况时将在调压室内产生非恒定流现象，即调压室水位波动现象。图 10-5 为一设有调压室的有压引水系统。当水电站以某一固定出力运行时，水轮机引用流量 Q_0 保持不变，因此通过整个引水系统的流量均为 Q_0，调压室的稳定水位与上游水位差为 h_{w0}，h_{w0} 是 Q_0 通过引水道时造成的水头损失。

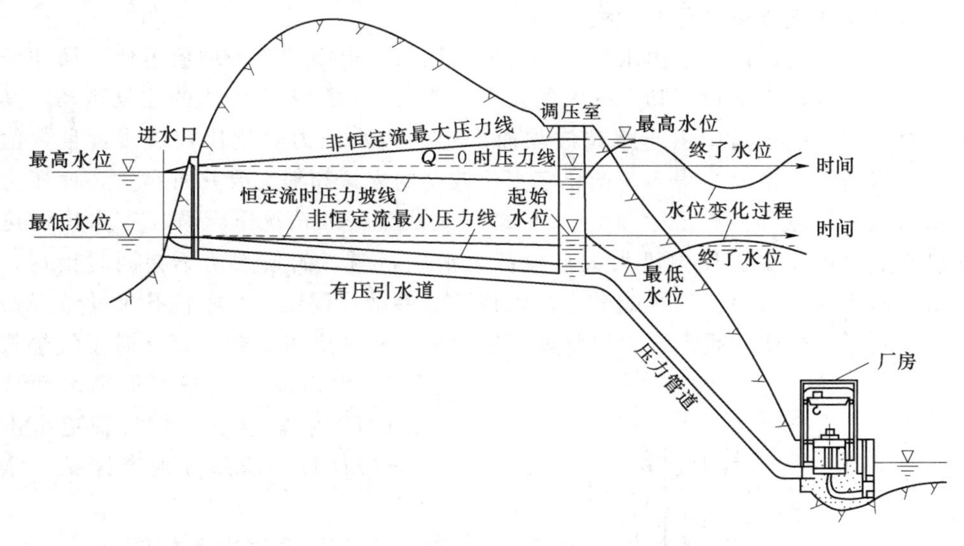

图 10-5 引水道中的压力坡线和调压室中的水位波动线

水电站突然丢弃负荷时，水轮机导叶很快关闭，引用流量很快变成零，压力管道中的水停止流动，而有压引水道中的水流由于惯性力的作用继续流向调压室，引起调压室中水位上升，使引水道始末两端的水位差减小，这样引水道中的水流流速逐渐减小。当调压室水位上升至水库水位时，引水道始末两端的水位差虽然等于零，但其中水流由于惯性的作用仍继续流向调压室，使室中水位继续升高，直至引水道中的流速等于零为止，此时调压室水位达到最高点。由于此时调压室水位高于水库水位，在引水道始末两端形成了新的水位差，水流便由调压室流向水库，调压室中的水位开始下降。当调压室水位下降至水库水位时，引水道始末两端的水位差等于零，但调压室中水流由于惯性的作用仍继续流向水库，使室中水位继续下降，直至引水道中的流速等于零为止，此时调压室水位达到最低点。此后引水道中的水流又开始流向调压室，调压室水位又开始回升，如此反复，就形成了调压室中水位的上下波动，若调压室断面设置合理，由于摩阻的作用，运动水体的能量被逐渐消耗，波动逐渐衰减，直到全部能量被消耗掉，最后使调压室水位稳定在水库水位上。水电站突然丢弃负荷时调压室水位波动过程见图 10－5 对应水库最高水位时的调压室水位变化波动线。

水电站增加负荷时，调压室中的水位波动过程与丢弃负荷时相反。水轮机流量要增加，但引水道中的水流由于惯性的作用尚不能立即满足负荷变化的要求，这时需要由调压室首先供给一部分水量，导致调压室水位下降，引水道始末两端水位差增加，引水道中的流速随之增大，流量增加。当引水道中的流量等于水轮机的流量时，调压室水位降到最低点，但因始末两端水位差较大，引水道流量继续增加并超过水轮机的需要，因而调压室水位又开始回升，达到最高点后又开始下降，这样就形成了增加负荷时调压室水位的上下波动。若调压室断面设置合理，由于摩阻的作用，波动逐渐衰减，最后稳定在一个新的水位上，此水位与库水位之差为水流以水轮机引用流量通过引水道时的水头损失。水电站增加负荷时调压室水位波动过程见图 10－5 对应水库最低水位时的调压室水位变化波动线。

需要说明的是，调压室内水位波动现象与压力管道中的水击现象虽然同属非恒定流，但两者水流演变的过程却有很大的差别：前者表现为大量水体的往复运动，其周期长、衰减慢。引水道中由于水位波动而产生的内水压力变化比较缓慢，且数值不高，比起水击压力值要小得多。调压室水位波动的衰减和消失要几百秒钟，而压力管道中水击波的衰减和消失一般在 6～20s 即可完成。一般情况下，调压室水位到达最高或最低点之前，水击压力已大大衰减甚至消失，两者的最大值不会同时出现，因此，认为水击对调压室涌波影响较小。阻抗式或差动式调压室在阻抗孔尺寸选择恰当时，水击对涌波的影响也不大，可将调压室水位波动和水击分开计算。对于气垫式调压室，水击波与气态方程和水面波动之间的影响较显著，应与管道水击联合分析计算，这部分内容详见本章第九节。

资源 10－11

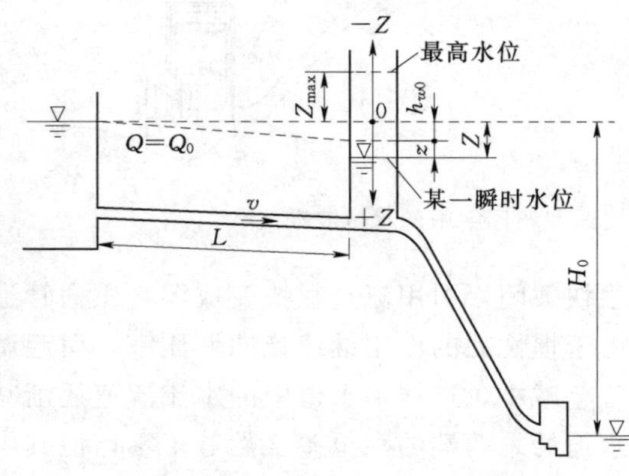

图 10－6　压力引水系统示意图

二、调压室的基本方程

调压室中水位波动现象属于非恒定流现象，其水流运动规律满足非恒定流的基本方程，即连续方程和运动方程。

图 10－6 为一设有调压室的有压引水系统，当水轮机以引用流量 Q_0 稳定

工作时，引水道中的流速 v_0 保持不变，调压室水位亦稳定在比水库低 h_{w0} 的高程上。当水轮机的引用流量发生变化时，调压室中水位 Z 及引水道中流速 v 均将发生变化，两者均为时间 t 的函数。Z 以水库静水位为基准，向下为正，向上为负。

1. 连续方程

在水流为非恒定流情况下，引水道中的流量不等于水轮机引用流量，其差值是引起调压室水位波动的原因。根据水流连续条件，负荷变化后水轮机所需流量 Q 等于引水道供给的流量加上调压室供给的流量。当不考虑水体的压缩性和管壁弹性时，$\frac{\mathrm{d}Z}{\mathrm{d}t}$可表示调压室内水位下降速度，若调压室和引水道横断面的面积分别为 F 和 f，则连续方程可表达为

$$Q=fv+F\frac{\mathrm{d}Z}{\mathrm{d}t} \tag{10-4}$$

2. 运动方程

在非恒定流情况下，引水道中通过流量 Q 时，相应的水头损失 h_w 不等于调压室水位与库水位之间的差值，它是引水道水流产生流速变化的原因。假设不考虑引水道和水体弹性变形，以及调压室水体的惯性，并忽略调压室水体的摩阻损失，则根据牛顿第二定律，引水道中水体质量与其加速度的乘积应等于该水体所受的力，即

$$Lf\frac{\gamma}{g}\frac{\mathrm{d}v}{\mathrm{d}t}=f\gamma(Z-h_w)$$

上式简化后，可得运动方程如下：

$$Z=h_w+\frac{L}{g}\frac{\mathrm{d}v}{\mathrm{d}t} \tag{10-5}$$

式中：L 为调压室上游引水道长度，m；γ 为水体重度，$\mathrm{N/m^3}$；g 为重力加速度，$\mathrm{m/s^2}$。

3. 出力方程

调压室的微小水位波动将引起水轮机水头的变化，从而引起水轮机出力的变化，但机组负荷不能随调压室水位波动而变化。因此调速器必须随着水头的变化相应地改变水轮机的流量，保持水轮机出力不变，以适应机组负荷不变的要求，据此可得出力方程（也称等出力方程）。

水电站在发生波动前的有效水头为

$$H=H_0-h_{w0}-h_{wm0}$$

式中：H_0 为水电站的静水头（即上游库水位与下游尾水位差值），m；h_{w0} 为发生波动前的引水道水头损失，m；h_{wm0} 为发生波动前的压力管道水头损失，m。

则波动前水轮机的出力为

$$P_0=\gamma Q_0 H\eta_0=\gamma Q_0(H_0-h_{w0}-h_{wm0})\eta_0$$

式中：η_0 为水轮机效率。

当调压室产生一个微小水位波动 z 时，为了保持水轮机的固定出力，调速器使导叶开大，使水轮机增加一个微小流量 q，设此时压力管道的水头损失为 h_{wm}，则波动后水轮机的出力为

$$P'=\gamma(Q_0+q)H'\eta=\gamma(Q_0+q)(H_0-h_{w0}-z-h_{wm})\eta$$

由于波动前后水轮机保持固定出力不变，并设波动前后水轮机效率不变，即 $\eta_0=\eta$，则有出力方程为

$$Q_0(H_0-h_{w0}-h_{wm0})=(Q_0+q)(H_0-h_{w0}-z-h_{wm}) \tag{10-6}$$

式（10-4）、式（10-5）和式（10-6）3个方程，是进行调压室水力计算的基本方程。

第四节　调压室水力计算内容及计算工况

一、水力计算内容及要求

工程设计上最关心的就是调压室的选型、布置和尺寸。调压室的布置和基本尺寸由水力计算得到，调压室水力计算的主要内容如下。

1. 最高涌波水位计算

根据调压室水位波动过程，调压室的水位将会达到一个最高水位，通过求解调压室中可能出现的最高涌波水位，来确定调压室的顶部高程和引水道的设计内水压力。

根据规范，调压室最高涌波水位以上的安全超高不宜小于1.0m。如果调压室没有设置专门的溢流结构，在任何运行条件下不允许水从调压室上部溢出。

2. 最低涌波水位计算

同理，通过求解调压室中可能出现的最低涌波水位，以确定调压室底部和压力管道进口高程。

在任何条件下，不允许有空气进入压力管道中，如调压室的容积不足，空气进入压力管道后，可能引起水轮机运转上的极大困难，甚至危及压力管道的安全。根据相关规范，上游调压室最低涌波水位与调压室处压力管道顶部之间的安全高度应不小于2.0m，调压室底板应留有不小于1.0m的水深。下游调压室最低涌波水位与尾水管出口顶部之间的安全高度应不小于2.0m。

3. 波动稳定计算

在增加负荷或丢弃部分负荷后，调压室水位的变化影响发电水头的大小，调速器为了维持恒定的出力，随调压室水位的升高和降低，将相应地减小和增大水轮机流量，这进一步激发调压室水位的变化。因此调压室的水位波动有两种情况：一种情况波动是逐步衰减的，波动的振幅随时间而减小，最终达到新的稳定水位而不再波动；另一种情况波动是不衰减的，甚至随时间而增大，成为不稳定的波动，产生这种现象的调压室其工作是不稳定的，应予避免。

因此，调压室应保证室中任何水位波动具有衰减的性质，这需要调压室有足够大的横断面。调压室波动稳定计算，即要确定调压室所需的最小断面积。

资源10-12

二、调压室水力计算工况

进行调压室水力计算之前，需先确定水力计算的工况。应根据水电站和引水道的实际情况，选择可能出现的最不利的工况作为计算工况，使调压室在确保安全的前提下最经济合理。

1. 最高涌波水位计算

对于上游调压室，按上游库水位为正常蓄水位，共用同一调压室的全部机组满负荷运行时瞬间丢弃全负荷时的工况进行设计。由于特大洪水时输电线路全部中断的可能性是存在的，为了安全和运行留有余地，需按水库校核洪水位时全部机组瞬时丢弃全负荷的工况进行校核。

对于下游调压室，按厂房下游设计洪水位时，调压室的全部 n 台机组由 $n-1$ 台增至 n 台或全部机组由 2/3 负荷突增至满负荷作为设计工况。按厂房下游校核洪水位时相应的工况进行校核，并复核设计洪水位时调压室全部机组瞬时丢弃全负荷的第二振幅。

2. 最低涌波水位计算

对于上游调压室，按上游死水位时，调压室的全部 n 台机组由 $n-1$ 台增至 n 台或全部机组由 2/3 负荷突增至满负荷作为设计工况，此外尚需复核死水位时瞬时丢弃全负荷的第二振幅，以检验其是否低于增荷时的最低涌波水位。

对于下游调压室，按调压室的全部机组在满负荷运行及相应下游尾水位时瞬间丢弃全负荷时的工况进行设计。

以上两项调压室涌波水位计算中，还需注意以下问题：

（1）丢弃负荷时引水道和尾水道的糙率应取可能最小值，增加负荷时应取可能最大值。

（2）对于丢弃负荷的情况，如经过主接线、电气设备可靠性、系统接线和建筑物布置等分析论证后，认为不存在丢弃全负荷的可能性，则可按部分丢弃负荷进行涌波计算。

（3）在实际运行中有的调压室水位波动周期很长，上一工况未稳定而下一工况接着出现（如增荷过程中的甩负荷，甩负荷后增加负荷等）可能出现对涌波的最不利组合，涌波幅值可能超过上述计算工况下的涌波幅值，此时需要对涌波叠加情况进行复核。如果不满足要求，在设计中应根据实际可行的运行工况，研究拟定多台机组连续开机的时间间隔、分级增荷幅度、全部机组丢弃负荷后重新开机的时间限制等合理的运行要求，对无法控制的工况（如增荷过程中的甩负荷），则应根据实际需要修改调压室尺寸。

（4）计算出调压室的最高和最低涌波之后，应当同水击压力沿管线的分布进行叠加，根据调压室对水击波的反射是否充分，有不同的叠加方法。一般认为，简单式、水室式和差动式调压室连接管的面积大于或等于引水道横断面面积，能够充分反射水击波；而阻抗式调压室连接管的面积小于引水道横断面面积的调压室不能充分反射水击波。

3. 波动稳定计算

波动稳定计算按水电站在正常运行中可能出现的最小水头计算，上游的最低水位一般为死水位，但如电站有初期发电和战备发电的任务，这种特殊最低水位也应加以考虑。

引水系统的糙率是无法精确预测的，只能根据经验在可能变化的范围内，根据不同的设计情况，选择偏于安全的数值。计算调压室的临界断面时，引水道应选用可能的最小糙率，压力管道应选用可能的最大糙率。

第五节 简单式及阻抗式调压室水位波动解析计算

资源 10-13

求解调压室连续方程和运动方程的过程即调压室水位波动计算，常用的方法有解析法和数值积分法。本节介绍的解析法是直接求解 2 个基本方程，但由于这 2 个基本方程为非线性偏微分方程，且存在 Q、Z、v、t 四个参数，必须引入一些假定才能求解。因此，解析法虽然概念清晰、计算简单，但精度较差；虽然可直接求出调压室最高、最低涌波水位，但不能求出调压室水位波动的全过程，且仅适用于简单式及阻抗式调压室丢弃全负荷的情况。

一、丢弃全负荷工况

假设丢弃全负荷后水轮机流量 $Q=0$，连续方程式（10-4）可写为

$$fv+F\frac{\mathrm{d}Z}{\mathrm{d}t}=0 \tag{10-7}$$

若考虑水流进出调压室由于转弯、收缩和扩散引起的水头损失 h_{wt}，则运动方程式（10-5）可写为

$$Z=h_w+h_{wt}+\frac{L}{g}\frac{\mathrm{d}v}{\mathrm{d}t} \tag{10-8}$$

式中：$h_w=\alpha v^2=h_{w0}\left(\frac{v}{v_0}\right)^2$，$\alpha$ 为综合水头损失系数，包括沿程和局部水头损失系数，$\alpha=\frac{L}{C^2R}+\frac{\sum\zeta}{2g}$（假定综合水头损失系数在丢弃负荷前后保持不变）；$h_{wt}=h_{wt0}\left(\frac{Q}{Q_0}\right)^2=h_{wt0}\left(\frac{v}{v_0}\right)^2$，其中 h_{w0} 和 h_{wt0} 分别为流量 Q_0 流过引水道和进出调压室所引起的水头损失。

令 $y=\frac{v}{v_0}$ 表示相对流速，则 $v=yv_0$，$\mathrm{d}v=v_0\mathrm{d}y$，将这些关系式代入式（10-8），两边除以 h_{w0}，并令 $\eta=\frac{h_{wt0}}{h_{w0}}$（$\eta$ 为阻抗系数），得

$$\frac{Z}{h_{w0}}=(1+\eta)y^2+\frac{Lv_0}{gh_{w0}}\frac{\mathrm{d}y}{\mathrm{d}t} \tag{10-9}$$

将 $v=yv_0$ 代入式（10-7），并将式（10-7）和式（10-9）中的 $\mathrm{d}t$ 消去，得

$$\frac{Z}{h_{w0}}=(1+\eta)y^2-S\frac{\mathrm{d}(y^2)}{\mathrm{d}Z} \tag{10-10}$$

其中

$$S=\frac{Lfv_0^2}{2gFh_{w0}}$$

式中：S 为“引水道—调压室”系统的特性系数，具有长度量纲。

再令 $X=\frac{Z}{S}$，$X_0=\frac{Z_0}{S}=\frac{h_{w0}}{S}$（$X$ 和 X_0 均为无量纲的比值），则：$Z=SX$，$\mathrm{d}Z=S\mathrm{d}X$，将这些代入式（10-10）并化简，得

$$\frac{X}{X_0}=(1+\eta)y^2-\frac{\mathrm{d}(y^2)}{\mathrm{d}X} \tag{10-11}$$

式（10-11）为变数 X 和 y^2 的一阶线性微分方程，积分后得

$$y^2=\frac{(1+\eta)X+1}{(1+\eta)^2X_0}+C\mathrm{e}^{(1+\eta)X}$$

上式中的积分常数 C 可由初始条件确定，当波动开始 $t=0$ 时，$v=v_0$，即 $y=1$，$Z=h_{w0}$，$X=X_0$，代入式（10-11），得

$$C=\frac{\eta(1+\eta)X_0-1}{(1+\eta)^2X_0}\mathrm{e}^{-(1+\eta)X_0}$$

故式（10-11）的最后解为

$$y^2=\frac{(1+\eta)X+1}{(1+\eta)^2X_0}+\frac{\eta(1+\eta)X_0-1}{(1+\eta)^2X_0}\mathrm{e}^{-(1+\eta)(X_0-X)} \tag{10-12}$$

至此，将含有3个变量的2个基本方程，变换为调压室水位相对变幅 X 和引水道中的水流相对流速 y 两个变量之间的关系式（10-12），可以由一个已知变量，求出另一个未知变量。如可以根据特定时刻的引水道流速求出相应的水位，即最高涌波水位和最低涌波水位。但由于不含时间参数，不能定出水位及流速与时间 t 的关系曲线，即不能求出水位波动过程。

1. 最高涌波水位计算

对于丢弃负荷工况，引水道流速 $v=0$，即 $y=0$ 时，调压室水位达到最高 $Z_{max}(Z_{max}=X_{max}S)$。将 $y=0$ 代入式（10-12）得

$$1+(1+\eta)X_{max}=[1-(1+\eta)\eta X_0]\mathrm{e}^{-(1+\eta)(X_0-X_{max})}$$

对上式两边取对数得

$$\ln[1+(1+\eta)X_{max}]-(1+\eta)X_{max}=\ln[1-(1+\eta)\eta X_0]-(1+\eta)X_0 \tag{10-13}$$

式中 X_{max} 的符号以静水位为基准，静水位以下为正，静水位以上为负。

式（10-13）适用于阻抗系数为 η 的阻抗式调压室丢弃全负荷的工况。

对于简单式调压室，附加阻抗可以忽略不计，即 $\eta=0$，则式（10-13）简化为

$$\ln(1+X_{max})-X_{max}=-X_0 \tag{10-14}$$

式（10-14）适用于简单式调压室丢弃全负荷的工况。

式（10-13）、式（10-14）等号两端包括自然对数项和一般数值项，因而要用试算法求解。经试算求出 X_{max} 后即可求出 $Z_{max}=X_{max}S$。也可利用有关曲线查出水位波动的最大幅值。

以上过程均是在流量减至零的前提下进行的，如流量不是减小至零，则不能应用式（10-13）、式（10-14）求解 Z_{max}，可用第九节数值积分法求解。

2. 波动第二振幅计算

丢弃全负荷后调压室水位升至最高值 Z_{max} 之后即开始下降，当流速 $v=0$ 时，下降的最低值 Z_2 称为第二振幅。此时的调压室水位有可能低于增加负荷时所造成的最低涌波水位，因此，计算最低涌波水位需要计算波动第二振幅。当调压室水位下降时，引水道中的水流由调压室向水库流动，故 h_w 和 h_{wt} 的符号变为负值，将 $y=0$ 代

入式（10-12）并做相同处理，得

$$\ln[1-(1+\eta)X_{max}]+(1+\eta)X_{max}=\ln[1-(1+\eta)X_2]+(1+\eta)X_2 \quad (10-15)$$

对于简单式调压室 $\eta=0$，则式（10-15）简化为

$$X_{max}+\ln(1-X_{max})=X_2+\ln(1-X_2) \quad (10-16)$$

求出 Z_{max} 后即可根据式（10-15）、式（10-16）试算求出 X_2，进而求得第二振幅 $Z_2=X_2S$。应用式（10-15）和式（10-16）时，要注意 Z_{max} 的符号为负、X_2 的符号为正。

二、增加负荷工况

当突然增加负荷时，水位波动的最低涌波 Z_{min} 不能由波动微分方程直接积分得到，只能在某些假定下求出近似解。

设通过水轮机的流量由 mQ_0 增至 Q_0，m 为增荷系数，$m<1$，对于阻抗 $\eta=0$ 的简单式调压室，水位波动的最低涌波 Z_{min} 可由以下近似公式求得

$$\frac{Z_{min}}{h_{w0}}=1+\left(\sqrt{\varepsilon}-0.275\sqrt{m}+\frac{0.05}{\varepsilon}-0.9\right)(1-m)\left(1-\frac{m}{\varepsilon^{0.62}}\right) \quad (10-17)$$

式中：ε 为无量纲系数，表示“引水道—调压室”系统的特性，$\varepsilon=\frac{Lfv_0^2}{gFh_{w0}{}^2}=\frac{2S}{h_{w0}}=\frac{2}{X_0}$。

比较丢弃全负荷时的第二振幅 Z_2 值和增加负荷时的最低涌波 Z_{min} 值，取最大值作为调压室的最低涌波水位。

【例 10-1】 某水电站有压引水道为 2000m 长的圆形隧洞，净直径为 3.0m，流量 $20m^3/s$。圆筒式调压室断面面积为 $300m^2$，隧洞是钢筋混凝土衬砌（糙率 $n=0.014s/m^{1/3}$），试求丢弃全负荷时的最高涌波水位和第二振幅水位（只考虑沿程损失）。

解：

1. 引水道参数

根据题意可知：引水道长度 $L=2000m$，直径 $D=3.0m$，流量 $Q=20m^3/s$

计算如下参数：

断面积 $$f=\frac{\pi D^2}{4}=\frac{3.14\times3.0^2}{4}\approx7.07(m^2)$$

流速 $$v_0=\frac{Q_0}{f}=\frac{20}{7.07}\approx2.83(m/s)$$

水力半径 $$R=\frac{D}{4}=\frac{3}{4}=0.75(m)$$

谢才系数 $$C=\frac{1}{n}R^{\frac{1}{6}}=\frac{1}{0.014}\times0.75^{\frac{1}{6}}=68.08(m^{\frac{1}{2}}/s)$$

若只考虑沿程水头损失，则水头损失系数为

$$\alpha=\frac{L}{C^2R}=\frac{2000}{68.08^2\times0.75}\approx0.58$$

水头损失 $$h_{w0}=\alpha v_0^2=0.58\times2.83^2\approx4.65(m)$$

2. 引水道一调压室系统的特性系数计算

已知调压室断面积 $F=300\text{m}^2$，计算引水道一调压室系统特性系数如下

$$S=\frac{Lfv_0^2}{2gFh_{w0}}=\frac{2000\times7.07\times2.83^2}{2\times9.8\times300\times4.65}\approx4.14(\text{m})$$

3. 调压室波动水位计算

将 $X_0=\frac{h_{w0}}{S}=\frac{4.65}{4.14}\approx1.123$，代入圆筒式调压室丢弃全负荷水位波动计算式（10-14）进行试算得 $X_{max}=-0.863$。

则最高涌波水位为

$$Z_{max}=X_{max}S=-0.863\times4.14\approx-3.57(\text{m})$$

将 X_{max} 代入第二振幅计算式（10-16）可试算得 $X_2=0.544$。

则丢弃负荷的第二振幅水位为

$$Z_2=X_2S=0.544\times4.14\approx2.25(\text{m})$$

第六节　水室式、溢流式和差动式调压室水位波动解析计算

一、水室式和溢流式调压室

1. “理想化”水室式调压室

水室式调压室的上室供丢弃负荷时储水用，下室供增加负荷时补给水量用。上室的底部应在最高静水位以上，这样才能充分发挥上室的作用。下室的顶部应在最低静水位以下，其底部应在最低涌波水位以下。在满足调压室波动衰减的条件下，竖井断面应尽量减小，而将大部分的容积集中于上室和下室。若竖井断面无限小，而上室容积集中于最高涌波水位 Z_{max} 处，下室容积集中于最低涌波水位 Z_{min} 处，这种调压室称为“理想化”的水室式调压室。竖井断面愈小，上室和下室的断面愈大，愈接近理想化。“理想化”是进行计算时的一个简化。

2. 最高涌波水位计算

水室式常和溢流式结合使用，在上室中加设溢流堰。如图 10-7 所示是一有溢流堰的水室式调压室，如果上室底部与上游最高静水位在同一高程 0-0 线上，堰顶高出最高静水位 Z_B，则丢弃负荷时的最高涌波水位为

$$Z_{max}=Z_B+\Delta h \qquad (10-18)$$

式中：Δh 为丢弃负荷时溢流堰顶溢过最大流量 Q_B 时的水层厚度，可按下式计算：

$$\Delta h=\left(\frac{Q_B}{MB}\right)^{2/3} \qquad (10-19)$$

式中：M 为溢流堰的流量系数，$\text{m}^{1/2}\cdot\text{s}$，与堰顶的形式有关；$B$ 为堰顶长度，m；Q_B 为丢弃负荷时，溢流堰的最大溢流量，m^3/s。

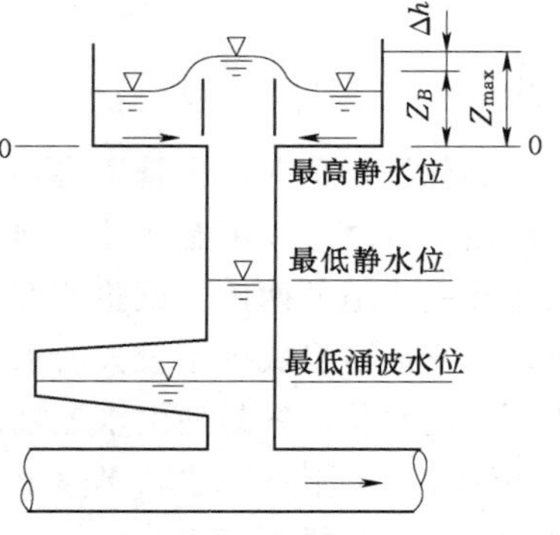

图 10-7　有溢流堰的水室式调压室示意图

由于开始溢流时，引水道中的流速已经减慢，设 $Q_B=yQ_0$，y 为竖井水位升到溢流堰时引水道中的流速减小率，可利用式（10-12）求解。若忽略竖井的阻抗，即 $\eta=0$，则式（10-12）可变为

$$y=\sqrt{\frac{X+1}{X_0}-\frac{1}{X_0}e^{-(X_0-X)}} \tag{10-20}$$

式（10-20）中的符号同前。以 $X=\frac{Z_{max}}{S}=\frac{Z_B+\Delta h}{S}\approx\frac{Z_B}{S}$ 代入式（10-20），即可求得 y，并可依次求得 Q_B、Δh 和 Z_{max}。因 Z_{max} 是向上的，故式（10-20）中的 X 是以负值代入。

3. 有溢流堰时上室容积计算

上室容积按上游最高库水位丢弃负荷时的涌水量确定。若 Z_{max} 已知，丢弃全负荷时，假定竖井与上室之间的连接孔为单向排水孔，在水位升高时不起作用，经堰顶溢流至上室的水量所需的容积可按下式计算：

$$W_B=\frac{Lfv_0^2}{gh_{w0}}\left[\frac{1}{2}\ln\left(1-\frac{y^2h_{w0}}{Z_{max}+0.15\Delta h}\right)-\frac{\Delta h}{2S}\right] \tag{10-21}$$

如所采用的上室容积比计算值小，则上室应设外部泄水道，使多余的水量沿斜坡向下游排泄。对于溢流式调压室，因丢弃负荷时要排泄溢出水量，应按最大溢流量 Q_B 设计泄水道。

4. 无溢流堰的上室容积计算

如上室无溢流堰，则水室式调压室上室容积可近似地按下式计算：

$$W_B=\frac{Lfv_0^2}{2gh_{w0}}\ln\left(1-\frac{h_{w0}}{Z_{max}}\right) \tag{10-22}$$

利用式（10-22），若已知上室断面面积 F_c，可求出最高涌波水位 Z_{max}，反之亦然。

5. 下室容积计算

计算下室容积时，在已知水库最低静水位情况下，一般先选定最低涌波水位 Z_{min}。当通过水轮机的流量由 mQ_0 增至 Q_0 时，则下室容积按下式计算：

$$W_H=\frac{Lfv_0^2}{2gh_{w0}}\ln\left[\frac{X'_m-1}{X'_m-m^2}\left(\frac{\sqrt{X'_m}+1}{\sqrt{X'_m}-1}\frac{\sqrt{X'_m}-m}{\sqrt{X'_m}+m}\right)^{\frac{1}{\sqrt{X'_m}}}\right] \tag{10-23}$$

其中
$$X'_m=\frac{Z_{min}}{h_{w0}}$$

为保证增荷时压力管道内不进入空气，下室容积须较计算值大，且下室底部应在最低涌波水位之下，留有余地。同时，下室结构形状不宜过长，应尽量做成粗而短或对称布置在引水道的两侧。试验证明，细而长的下室工作不够灵敏，当竖井水位迅速下降时，下室内要形成一个较大的水面坡降后才能向竖井补水，速度迟缓，迫使竖井水位低于下室内水位，容易使引水道进入空气；当竖井水位回升时，同样要形成一个反向的水面坡降才能使下室充水，迅速上升的水位很快将下室淹没，致使下室中遗留的空气从水底逸出，水流极不稳定。

以上计算公式是根据“理想化”调压室假定得出的，实际上，上室的容积在最高

涌波水位以下，下室的容积在最低涌波水位之上，同时竖井也有一定的容积，因此在设计时，应先根据以上各式确定调压室的初步尺寸，再用数值积分法加以校核。

二、差动式调压室

中等水头的水电站采用差动式调压室有更多的优点，如我国黄坛口、官厅、大伙房和狮子滩等水电站都采用了差动式调压室。

1. “理想化”差动式调压室

差动式调压室丢弃全部负荷时的水位变化如图 10－8 所示。开始升管水位迅速上升，升管与大室间形成水位差，同时有部分流量 Q_1 经阻抗孔流入大室，大室水位亦随之缓慢上升，但总落后于升管水位，如图 10－8（a）所示。升管水位超过溢流堰顶时，大量水体溢入大室，如图 10－8（b）所示。此时大室水位由于有升管顶部和底部阻抗孔两部分的流量进入，故以较快的速度开始上升，最后与升管水位齐平而达到最高涌波水位，如图 10－8（c）所示。由于此时调压室最高涌波水位高于水库静水位，然后水流便由调压室流向水库，带动升管水位迅速下降，大室水位高于升管，有流量 Q_1 经阻抗孔流回升管，如图 10－8（d）所示，最后大室水位与升管水位齐平而达到最低涌波水位，如图 10－8（e）所示。此后水位又回升、下降，直至稳定。由于调压室水位发生波动后，升管和大室经常保持有水位差，差动式由此而得名。但在正常运行时，升管和大室两者水位是相同的。

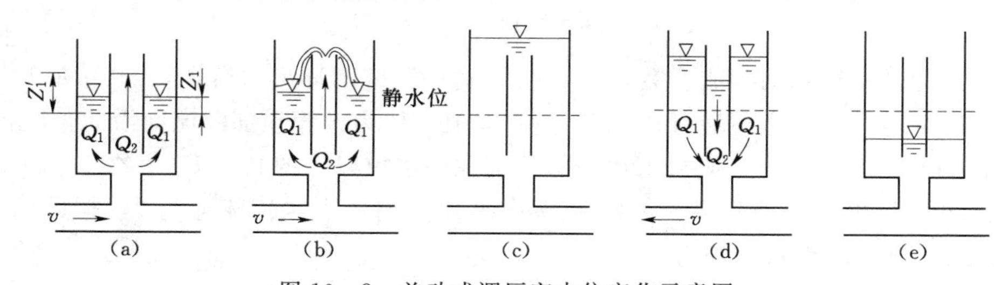

图 10－8 差动式调压室水位变化示意图

（a）升管水位高于大室；（b）升管水位超过溢流堰顶；（c）最高涌波水位；（d）升管水位低于大室；（e）最低涌波水位

差动式调压室水位波动的衰减是由大室和升管共同保证的，因而升管直径可以做得小些，但为了充分反射水击波，一般取升管直径等于引水道直径。调压室水位波动的最高涌波水位、最低涌波水位与大室断面面积、升管断面面积、阻抗孔口的大小和流量系数、溢流堰顶高程等因素有关，在设计时应考虑到这些参数相互的影响。例如选择大室断面面积太大或阻抗孔太小，当升管停止溢流后，大室水位仍未达到升管顶部，不能充分发挥大室的作用；若选择大室断面面积太小或阻抗孔口太大，大室过早蓄满，升管被淹没，从而失去升管限制水位上升的作用，此后水位继续上升，其工作情况相当于一个简单式调压室。经过合理设计的差动式调压室，应使大室和升管具有相同的最高涌波水位和相同的最低涌波水位，并使升管在最初时段即达到极值。这种调压室称为“理想化”差动式调压室。下面介绍“理想化”差动式调压室的计算。

2. 丢弃负荷时的最高涌波水位和大室容积

当水轮机引用的流量为 Q_0 时，调压室的水位低于上游水位 h_{w0}。突然丢弃全负荷后，升管水位迅速上升。假定在升管开始溢流时，大室水位和引水道流量尚未改变，则引水道流量 Q_0 的一部分 Q_B 经升管顶部溢入大室，另一部分 Q_c 在水头（$h_{w0}-Z_{\max}$）的作用下经阻抗孔流入大室，若水由升管经阻抗孔流入大室的孔口阻抗系数为 η_c，则

$$Q_0=\varphi_c\Omega\sqrt{2g\eta_c h_{w0}} \tag{10-24}$$

$$Q_c=\varphi_c\Omega\sqrt{2g(h_{w0}-Z_{\max})} \tag{10-25}$$

$$\eta_c=\frac{Q_0^2}{\varphi_c{}^2\Omega^2\times 2gh_{w0}} \tag{10-26}$$

式中：φ_c 为水流由升管进入大室的阻抗孔口流量系数，应经水工模型试验确定，初步计算时可取 $\varphi_c=0.6$；Ω 为阻抗孔口的面积，m^2。

式（10-25）除以式（10-24），得

$$\frac{Q_c}{Q_0}=\sqrt{\frac{(h_{w0}-Z_{\max})}{\eta_c h_{w0}}}$$

由此得溢流量：

$$Q_B=Q_0-Q_c=Q_0\left(1-\sqrt{\frac{h_{w0}-Z_{\max}}{\eta_c h_{w0}}}\right) \tag{10-27}$$

已知溢流量 Q_B，可求出升管顶部溢流层的厚度如下：

$$\Delta h=\left(\frac{Q_B}{MB}\right)^{\frac{2}{3}} \tag{10-28}$$

式中：M 为升管顶部的溢流系数，$m^{1/2}\cdot s$，对于薄壁圆环形溢流堰，M 可在 1.75～1.85 之间取值，对于宽顶堰可在 1.55 左右取值；B 为升管顶部溢流前沿的长度，m。

如果已知 $Z_{\max}$、Δh，则可求出升管顶部在静水位以上的高度 $Z_B=Z_{\max}-\Delta h$。

“理想化”差动式调压室，大室水位升到 $Z_{\max}$ 时，引水道流速为 0，据此确定从 h_{w0} 至 $Z_{\max}$ 之间的大室容积为

$$W=\frac{Lfv_0^2}{2gh_{w0}}\frac{\ln\left[1+\dfrac{1}{-X_{\max}-0.15(X_B-X_{\max})}\right]}{1-\dfrac{0.3-X_{\max}}{0.3-2X_{\max}}\dfrac{\dfrac{F_r}{F_r+F_p}}{1-\dfrac{2}{3}\sqrt{\dfrac{1-X_{\max}}{\eta_c}}}} \tag{10-29}$$

式中：$X_{\max}=\dfrac{Z_{\max}}{h_{w0}}$；$X_B=\dfrac{Z_B}{h_{w0}}$；$F_r$ 为升管断面面积，m^2；F_p 为大室断面面积，m^2。

大室断面面积 F_p 为

$$F_p=\frac{W}{h_{w0}-Z_{\max}} \tag{10-30}$$

3. 增加负荷时的最低涌波水位和阻抗孔面积

阻抗孔口的面积 Ω 一般由增加负荷控制。当水轮机的起始流量为 mQ_0 时，调压室内水位比上游水位低 $h_w=h_{w0}\left(\dfrac{mQ_0}{Q_0}\right)^2=m^2h_{w0}$，当水轮机的流量由 mQ_0 突增至 Q_0 时，升管水位迅速下降，大室开始向升管补水。由于升管水位下降非常迅速，可近似

地假定升管水位下降到最低值 $Z_{\min}$ 时，大室水位和引水道的流量均未来得及变化，此时大室流入升管的流量应为 Q_0-mQ_0，则

$$Q_0-mQ_0=\varphi_H\Omega\sqrt{2g(Z_{\min}-m^2h_{w0})} \tag{10-31}$$

式中：φ_H 为水流由大室流入升管的孔口流量系数，初步计算时可取 $\varphi_H=0.8$，终值应由水工模型试验确定。

设全部流量 Q_0 经过孔口从大室流向升管所需的水头为 $\eta_H h_{w0}$，η_H 为水流由大室流入升管的孔口阻抗系数，则

$$Q_0=\varphi_H\Omega\sqrt{2g\eta_H h_{w0}} \tag{10-32}$$

$$\eta_H=\frac{Q_0{}^2}{\varphi_H{}^2\ \Omega^2\times 2gh_{w0}} \tag{10-33}$$

将式（10-31）代入式（10-33），得

$$\eta_H=\frac{\dfrac{Z_{\min}}{h_{w0}}-m^2}{(1-m)^2} \tag{10-34}$$

由式（10-32）可得阻抗孔面积如下：

$$\Omega=\left(\frac{Q_0{}^2}{2gh_{w0}\ \varphi_H{}^2\ \eta_H}\right)^{\frac{1}{2}} \tag{10-35}$$

对“理想化”差动式调压室，大室与升管的最低涌波水位相同，在阻抗孔尺寸满足上述条件时，最低涌波水位计算公式如下：

$$\frac{Z_{\min}}{h_{w0}}=1+\left(\sqrt{0.5\varepsilon_1}-0.275\sqrt{m}+\frac{0.1}{\varepsilon_1}-0.9\right)(1-m)\left(1-\frac{m}{0.65\varepsilon_1{}^{0.62}}\right) \tag{10-36}$$

其中
$$\varepsilon_1=\frac{\dfrac{Lfv_0^2}{g(F_r+F_p)h_{w0}^2}}{1-\dfrac{F_r/(F_r+F_p)}{2\left[1-\dfrac{2}{3}(1-m)\right]}}$$

对于突然增加全负荷情况，水轮机的流量由零增至 Q_0，$m=0$。

上列各式说明了调压室各参数之间的关系，使用上列公式确定差动式调压室尺寸的步骤如下：

（1）取升管断面面积 F_r 等于引水道断面面积 f，按下节介绍的方法求出调压室托马稳定断面面积 F_{th}，大室断面面积 F_p 和升管断面面积 F_r 之和必须大于托马稳定断面面积，即 $F_p+F_r>F_{th}$，从而求出大室断面面积 F_p。

（2）按式（10-36）求出最低涌波水位 $Z_{\min}$，再代入式（10-34）求出大室流入升管的孔口阻抗系数 η_H，初步选定一个孔口流量系数 φ_H，利用式（10-35）求出阻抗孔面积 Ω。

（3）初步选定一个升管流入大室的孔口流量系数 φ_c，利用式（10-26）求出孔口阻抗系数 η_c。

（4）联解式（10－29）和式（10－30）消去大室容积 W，并利用式（10－27）、式（10－28）及关系式 $Z_B=Z_{\max}-\Delta h$，通过试算依次求得 $Z_{\max}$、Δh 和 Z_B。

在解决实际问题时，可假定一些参数求另一些参数，为了使设计尽可能接近“理想化”，必须反复计算。计算时，Z 的符号永远取在静水位以上为负，静水位以下为正。大室断面面积 F_p 和升管断面面积 F_r 之和必须满足调压室波动衰减要求。

差动式调压室的尺寸按以上公式初步确定以后，再用数值积分法进行校核。

4. 阻抗系数讨论

从式（10－27）可以看出，若阻抗系数 $\eta_c=1-\dfrac{Z_{\max}}{h_{w0}}$，则 $Q_B=0$，全部流量经阻抗孔流入大室，升管不发生溢流，故 η_c 不能太小，至少 $\eta_c>1-\dfrac{Z_{\max}}{h_{w0}}$（$Z_{\max}$ 为负值）。相反，水流由大室流入升管的阻抗系数应选得小些，使水位下降时大室能及时向升管补水。

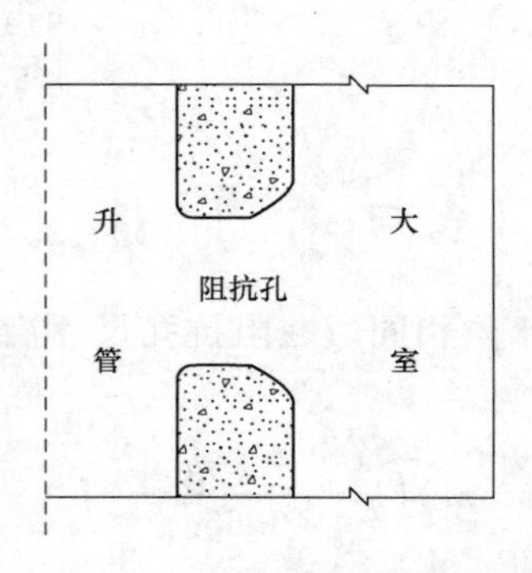

图 10－9　阻抗孔剖面示意

从式（10－26）和式（10－33）可看出，在孔口面积一定的情况下，$\dfrac{\eta_c}{\eta_H}=\dfrac{\varphi_H^2}{\varphi_c^2}$。设计阻抗孔口的形状时，应使 $\varphi_c<\varphi_H$（即 $\eta_c>\eta_H$），较小的升管流入大室的孔口流量系数可以保证升管溢流，较大的大室流入升管的孔口流量系数可以防止升管水位下降过快，故常将孔口靠升管一侧体型做成锐缘，靠大室一侧体型做成光滑曲线（图 10－9）。但在计算时，为了安全，应取 φ_H 的可能最小值和 φ_c 的可能最大值。初步设计时，可取 $\varphi_H=0.8$ 和 $\varphi_c=0.6$，必要时可进行水工模型试验予以修正。

第七节　调压室水位波动的稳定问题

一、水位波动的类型

1. 动力稳定和动力不稳定

资源 10－14

水电站在正常运行过程中，调压室水位可能因种种原因将发生波动变化，影响水轮机的发电水头。为了使水轮机出力不随调压室水位波动而变化，调速器将随调压室水位的升高和降低，相应地减小和增大水轮机的流量，这会进一步激发调压室水位的变化。例如调压室水位下降，使水轮机的水头减小，调速器为保持水轮机出力不变将增加引用流量，这样将再次激发调压室水位进一步下降，这种相互激发的作用，可能使调压室的水位波动逐渐增大，而不是逐渐衰减。因此，调压室的水位波动根据其波动稳定性可分为动力稳定和动力不稳定两种。

（1）动力稳定波动：波动呈持续的周期性波动，振幅最后趋近于常数。其中，波动振幅随时间而减小，最后趋近于零的，为动力稳定的衰减波动。

（2）动力不稳定波动：即波动的振幅随时间而增大。

动力不稳定波动和动力稳定但不衰减的波动，对水轮机和电力系统的安全运行都是极端不利的，因此，在设计调压室时，不仅要求波动是动力稳定的，还要求波动是衰减的。必须保证在各种工况下，调压室内的水位波动能够迅速衰减。

2. 大波动与小波动

调压室水位波动根据振幅大小可分为大波动和小波动两种类型。

（1）大波动。电站负荷发生较大变化，如机组由空转增加到某一负荷，或机组由满负荷降低到较小负荷，此时将引起调压室中较大的水位波动。

（2）小波动。电站在运行中由于发生微小的负荷变化或者非负荷变化的原因，引起调压室中微小的水位波动。

1904 年在德国汉堡（Heimbach）水电站首次发现了调压室水位小波动不稳定的现象，托马（Thoma）教授对此现象进行了研究，提出了著名的调压室小波动的衰减条件，即托马稳定条件。其重要假定是波动为无限小波动，也称小波动稳定条件。

二、小波动的稳定条件

调压室水位波动问题涉及引水系统、调速系统、水轮发电机组和电力系统等，其波动稳定问题十分复杂。调压室小波动稳定条件是在一些基本假定之下，由调压室连续方程、运动方程和出力方程 3 个基本方程严格推导出的理论解。其基本假定如下：

资源 10 - 15

（1）波动为无限小波动，以使微分方程转化为线性形式，容易得到解析解。

（2）调压室与引水道无连接短管，不考虑调压室底部流速水头的影响。

（3）调速器严格地保持水轮机出力固定不变，即出力为常数。

（4）水轮机的效率波动前后保持不变。

（5）电站单独运行，不受其他电站影响。

当水轮机正常运行时，流量为 Q_0，若调压室产生一个微小水位波动 z 时，为了保持水轮机的固定出力，调速器使水轮机增加一个微小流量 q。

设压力管道长度为 l，横断面面积为 A，当流量为 Q_0 时，则压力管道中的水头损失为 $h_{wm0}=\alpha'\dfrac{Q_0^2}{A^2}$，$\alpha'$为综合水头损失系数。

当流量为（Q_0+q）时，压力管道中的水头损失为 $h_{wm}=\alpha'\dfrac{(Q_0+q)^2}{A^2}$。假定综合水头损失系数在波动前后保持不变（为一常数），则 $h_{wm}=h_{wm0}\dfrac{(Q_0+q)^2}{Q_0^{\ 2}}$。忽略二阶微量 $\left(\dfrac{q}{Q_0}\right)^2$ 的影响，则有

$$h_{wm}=h_{wm0}\left(1+2\frac{q}{Q_0}\right) \tag{10-37}$$

将式（10 - 37）代入出力方程（10 - 6），有

$$Q_0(H_0-h_{w0}-h_{wm0})=(Q_0+q)(H_0-h_{w0}-z-h_{wm0}-2h_{wm0}\frac{q}{Q_0})$$

将上式化简整理，并略去微量 z 和 q 的乘积项和 q 的平方项，得

$$q=\frac{Q_0 z}{H_0-h_{w0}-3h_{wm0}}=\frac{Q_0 z}{H_1} \tag{10-38}$$

其中
$$H_1=H_0-h_{w0}-3h_{wm0}$$

式中：H_0 为水电站的静水头，m；h_{w0} 为调压室上游引水道波动前的水头损失，m；h_{wm0} 为调压室下游压力管道波动前的水头损失，m。

当引用流量由 Q_0 变为 Q_0+q 时，则引水道中的流速由 v_0 变为 v_0+y，y 为流速的微增量，代入连续方程（10－4），得

$$Q_0+q=f(v_0+y)+F\frac{dZ}{dt}$$

由于水位变化 z 的基点是电站正常运行时的稳定水位 $Z_0=h_{w0}$，故此时 $Z=h_{w0}+z$，$\frac{dZ}{dt}=\frac{dz}{dt}$，如图 10－6 所示，并考虑到 $Q_0=fv_0$，代入上式后，得

$$q=fy+F\frac{dz}{dt} \tag{10-39}$$

式（10—38）、式（10－39）联立，消去 q，得

$$\frac{Q_0 z}{H_1}=fy+F\frac{dz}{dt}$$

化简整理，得

$$y=\frac{v_0 z}{H_1}-\frac{F}{f}\frac{dz}{dt} \tag{10-40}$$

式（10－40）两侧对时间 t 微分，得

$$\frac{dy}{dt}=\frac{v_0}{H_1}\frac{dz}{dt}-\frac{F}{f}\frac{d^2 z}{dt^2} \tag{10-41}$$

由运动方程式（10－5），并注意到 $Z=h_{w0}+z$，得

$$Z=h_w+\frac{L}{g}\frac{dv}{dt}=h_{w0}+z \tag{10-42}$$

式中：L 为调压室上游引水道长度，m；其他符号意义同前。

当引水道中的流速为 $v=v_0$ 时，引水道水头损失 $h_{w0}=\alpha v_0^2$；当流速由 v_0 变为 $v=v_0+y$ 时，若忽略微量 y 的平方项，则引水道中的水头损失为

$$h_w=\alpha v^2=\alpha(v_0+y)^2=\alpha v_0^2+2\alpha v_0 y=h_{w0}+2\alpha v_0 y$$

又
$$\frac{dv}{dt}=\frac{d(v_0+y)}{dt}=\frac{dy}{dt}$$

将 h_w、$\frac{dv}{dt}$代入式（10－42），得

$$h_{w0}+2\alpha v_0 y+\frac{L}{g}\frac{dy}{dt}=h_{w0}+z$$

化简整理，得

$$z=2\alpha v_0 y+\frac{L}{g}\frac{dy}{dt} \tag{10-43}$$

将式（10－40）、式（10－41）代入式（10－43）中，则得“引水道—调压室”系统无限小波动时的运动微分方程式：

$$\frac{d^2z}{dt^2}+2n\frac{dz}{dt}+p^2z=0 \tag{10-44}$$

式中：$n=\frac{v_0}{2}\left(\frac{2\alpha g}{L}-\frac{f}{FH_1}\right)$，为常数；$p^2=\frac{gf}{LF}\left(1-\frac{2h_{w0}}{H_1}\right)$，为常数。

式（10－44）是一个二阶常系数齐次线性微分方程式，表示有阻尼的自由振动方程。其中 n 为阻尼力项，p^2 为恢复力项，n 和 p^2 的数值将影响波动的性质。

（1）当 $n<0$，$p^2>0$ 时，波动幅值随时间增大，波动是动力不稳定的。

（2）当 $n=0$，$p^2>0$ 时，波动是无阻尼的自由振动，是不衰减的持续周期性的动力稳定波动，其振幅为 $\Delta=v_0\sqrt{\frac{LF}{gf}}$，周期为 $T=2\pi\sqrt{\frac{LF}{gf}}$。

（3）当 $n>0$，$p^2>0$ 时，波动振幅随时间减小，波动是衰减的。这正是实现调压室小波动稳定的条件，即为了使调压室水位波动逐渐衰减，并趋于稳定，式（10－44）中的阻尼力和恢复力项必须大于零，即 $n>0$ 和 $p^2>0$。

根据 $n>0$，得

$$n=\frac{v_0}{2}\left(\frac{2\alpha g}{L}-\frac{f}{FH_1}\right)>0$$

化简整理，得

$$F>F_{th}=\frac{Lf}{2\alpha gH_1}=\frac{Lf}{2\alpha g(H_0-h_{w0}-3h_{wm0})} \tag{10-45}$$

式中：F_{th} 为波动稳定的临界断面，m^2，称为托马断面，是核算调压室工作稳定性的最基本的条件。

式（10－45）说明，调压室水位波动稳定的条件之一是调压室的断面必须大于托马断面。差动式调压室用大室和升管断面面积之和来保证波动稳定衰减，水室式调压室用竖井断面面积来保证。

从式（10－45）可以看出，水头 H_1 愈小所需要的托马断面愈大；引水道的 Lf 愈大，托马断面也愈大。因此，长引水道和大流量的低水头电站所需要托马断面比较大。

根据 $p^2>0$，可得

$$p^2=\frac{gf}{LF}\left(1-\frac{2h_{w0}}{H_1}\right)>0$$

化简整理，得

$$h_{w0}+h_{wm0}<\frac{1}{3}H_0 \tag{10-46}$$

式（10－46）是调压室水位波动稳定的第二个条件，即引水道和压力管道的水头损失之和应小于静水头的1/3。一般来讲，电站引水系统中的水头损失占总水头的比重不大，因此托马的第二个稳定条件一般是容易满足的。

三、大波动的稳定性

对于大波动，基本方程不能简化为线性，对非线性波动稳定问题，目前还不能直接求出严格的理论解。研究表明，如果小波动稳定性不能保证，则大波动稳定性也不能保证。所以，调压室断面必须大于托马断面。为了保证大波动稳定性，我国现行调压室设计规范规定在托马断面的基础上乘以系数 K。对于上游调压室，其所需的横断面积按下式计算：

$$F = KF_{th} = K\frac{Lf}{2g\alpha(H_0 - h_{w0} - 3h_{wm0})} \tag{10-47}$$

式中：K 为系数，一般采用1.0～1.1，选用 $K<1$ 时应有足够可靠的论证。

比较深入的研究大波动的稳定问题，应首先按托马断面初定调压室尺寸，然后利用数值积分法求解各种工况下的波动过程，求出水位随时间的变化过程再研究确定。

以上调压室稳定断面的计算也适用于压力尾水道上单独设置的下游调压室。但须将压力引水道改为压力尾水道，压力管道改为尾水管后的延伸段的长度、断面面积、水头损失系数等数值。对于上、下游双调压室系统、上游双调压室、气垫式调压室，其稳定断面的计算不宜直接使用上述公式，应通过专门论证确定。

四、影响波动稳定的因素

（一）影响稳定断面的因素

由托马稳定条件可以看出，影响调压室稳定断面的因素有引水道的长度和断面、水电站的水头和引水系统的糙率。

（1）调压室上游引水道越长、断面越大，所需要的调压室稳定断面越大，因此，应合理布置引水系统进水口、引水路线、调压室和厂房位置，尽可能选择较短的线路。

（2）水电站的水头越小，要求的稳定断面越大。因此，中低水头水电站多采用简单式、差动式或阻抗式调压室；在高水头水电站中，要求的稳定断面较小，常受波动振幅控制，多采用水室式调压室。

（3）调压室上游引水道的糙率越大，水头损失系数 α 越大，所需要稳定断面越小。虽然 $H_1 = H_0 - h_{w0} - 3h_{wm0}$ 随糙率的增大而减小，有使托马断面增大的趋势，但其影响远不如水头损失系数 α 显著，为了安全起见，计算稳定断面时引水道应采用可能的最小糙率。

（4）调压室下游压力管道的糙率越大，$H_1 = H_0 - h_{w0} - 3h_{wm0}$ 随糙率的增大而减小，所需要稳定断面越大，因此，压力管道应采用可能的最大糙率。

（二）基本假定对波动稳定的影响

托马稳定条件是在一些假定的基础上推导的，在水电站实际运行中，这些假定都是近似的，应用时必须根据水电站的实际情况进行具体分析。小波动的假定对大波动的影响如上已经讨论，下面讨论其他几个假定对调压室波动稳定的影响。

1. 调压室底部流速水头的影响

托马稳定断面假定调压室底部没有连接短管，即不考虑底部流速水头的影响。对有连接短管的调压室，调压室底部流速水头将对波动稳定起着有利的影响。因为对引水道而言，流速水头的作用与水头损失相似，相当于加大了摩阻损失，但对于水轮机来说，并不减小其有效水头，如图 10-10 所示。但调压室底部三通管处的水流状态是不稳定的，尤其是当调压室水位较低和连接管直径较大时更为显著，考虑全部流速水头可能是不安全的。因此，我国现行调压室设计规范规定仅在水头损失系数中考虑流速水头影响，即

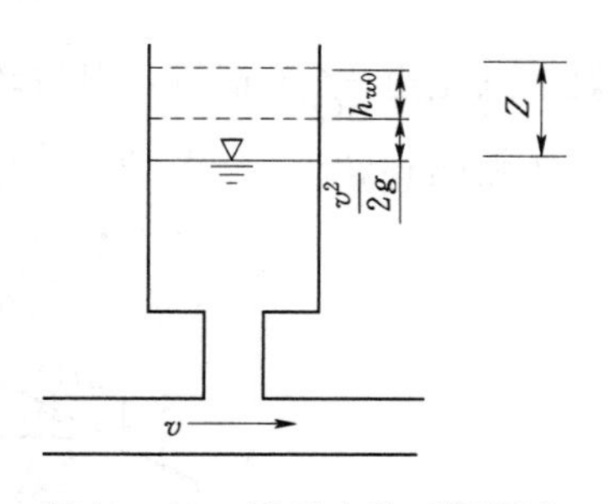

图 10-10 流速水头对调压室水位的影响

$$F_{th}=\frac{Lf}{2g\left(\alpha+\frac{1}{2g}\right)(H_0-h_{w0}-3h_{wm0})} \tag{10-48}$$

若调压室底部和引水道的连接处断面较大（像简单式调压室那样），则不应考虑流速水头的影响。

2. 水轮机效率的影响

在前面的推导中，假定水轮机的效率 η 为常数，实际上，水轮机的效率随着水头和流量的变化而变化。对于单独运行的水电站，当调速器保持出力为常数时，可按下式计算 F_{th}：

$$F_{th}=\frac{Lf(1+\psi)}{2\alpha g[H-2h_{wm0}(1+\psi)]} \tag{10-49}$$

其中

$$\psi=\frac{\frac{H_0}{\eta_0}\left[\frac{\partial\eta}{\partial H}\right]_0}{\frac{Q_0}{\eta_0}\left[\frac{\partial\eta}{\partial Q}\right]_0}$$

式中：H 为恒定情况下水轮机的有效水头，$H=H_0-h_{w0}-h_{wm0}$；ψ 为水轮机效率变化的无量纲系数；η_0 为恒定情况下对应于静水头 H_0 和流量 Q_0 时的水轮机效率；$\left[\frac{\partial\eta}{\partial H}\right]_0$ 为水轮机效率随水头 H_0 的变化率；$\left[\frac{\partial\eta}{\partial Q}\right]_0$ 为水轮机效率随流量 Q_0 的变化率。

根据水轮机综合特性曲线，可以绘制出力为常数的 $\eta=f(H)$、$\eta=f(Q)$ 关系曲线，如图 10-11 所示，$\left[\frac{\partial\eta}{\partial H}\right]_0$、$\left[\frac{\partial\eta}{\partial Q}\right]_0$ 可由图中特性曲线求得，相当于对应于稳定工况点（H_0、Q_0）各效率曲线的斜率。可以看出，在 $\eta=f(H)$ 关系曲线中，在最高效率点左边 $\frac{\Delta\eta}{\Delta H}$ 为正值，η 随 H 的增加而增加，对波动的衰减不利；反之，在最高效率点的右边，$\frac{\Delta\eta}{\Delta H}$ 为负值，有利于波动的衰减；在 $\eta=f(Q)$ 关系曲线中，在最高

效率点左边$\frac{\Delta\eta}{\Delta Q}$为正值，对波动的衰减有利；在最高效率点的右边，$\frac{\Delta\eta}{\Delta Q}$为负值，不利于波动的衰减。

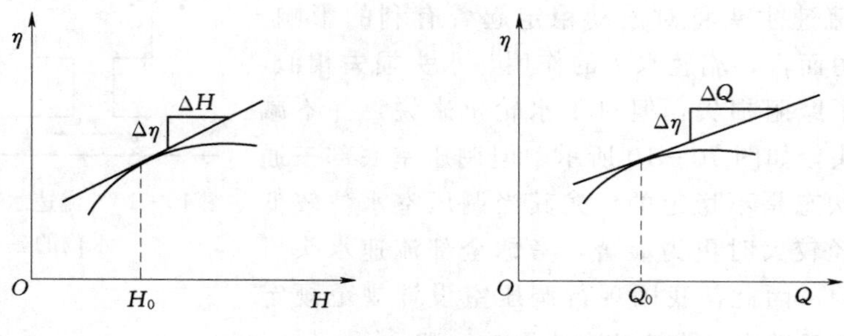

图 10-11　水轮机效率特性曲线

调压室的稳定断面 F_{th} 决定于水电站在最低水头运行和满负荷运行工况，在该工况下，如果在效率水头曲线的左边或效率流量曲线的右边，都对波动衰减不利。

3. 电力系统的影响

对于单独运行的水电站，当调压室的水位变化而引起出力变化时，只能依靠本电站水轮机调速器的调节使出力保持不变。水电站投入电力系统后，则可由系统中各电站的机组共同保证系统出力为常数，因此减小了本电站出力变化的幅度，有助于调压室水位波动的稳定。

若假定系统中担任变化负荷机组的调速器特性相同，即按系统中担任负荷变化电站之间的容量大小按比例分配，则可用下式计算波动稳定断面：

$$F>F_{th}=\frac{Lf}{2g\alpha(H_0-h_{w0}-3h_{wm0})}\frac{3E-1}{2} \tag{10-50}$$

式中：$E=\frac{P}{\sum P_i}$，P 为本电站容量，$\sum P_i$ 为系统中担任变化负荷的容量。若本电站单独运行或担任系统全部变化容量，则 $E=1$，即式（10-50）变成式（10-45）。

综上所述，托马条件虽有各种近似假定，但仍不失为调压室设计的一个重要准则。几十年来，为国内外许多调压室设计者所遵循。在设计调压室时应根据具体情况，进行具体分析。近年来，随着电力系统的增大和电气装置的完善，国内外均有一些电站，在设计时考虑系统或调速器的作用等而采用小于托马条件的调压室稳定断面。若引用，需经过足够的论证。鉴于除德国汉堡（Heimbach）水电站之外，目前尚未发现其他电站发生波动稳定问题，所以一般认为托马稳定断面是偏于安全的。

【例 10-2】　某水电站有压引水隧洞长 1000m，圆形断面钢筋混凝土衬砌，水泥砂浆抹面，直径 3.0m，压力钢管长 200m，直径 1.7m，最大引用流量为 2.5m³/s。求水电站水头分别为 80m、160m 时调压室的稳定断面（仅考虑沿程水头损失）。

解：

1. 引水隧洞参数计算

根据题意可知：引水隧洞长度 $L=1000$m，$D=3.0$m，$Q=2.5\text{m}^3/\text{s}$，则

引水隧洞断面积

$$f=\frac{\pi D^2}{4}=\frac{3.14\times 3.0^2}{4}\approx 7.07(m^2)$$

引水隧洞流速

$$v_0=\frac{Q_0}{f}=\frac{2.5}{7.07}\approx 0.35(m/s)$$

引水隧洞水力半径

$$R=\frac{D}{4}=\frac{3}{4}=0.75(m)$$

本引水隧洞采用钢筋混凝土衬砌，水泥砂浆抹面，钢筋混凝土衬砌的糙率系数一般常取用 $n=0.014s/m^{1/3}$，工艺较好的用 $n=0.0135s/m^{1/3}$，本题计算调压室稳定断面，应取可能最小值 $n=0.0135s/m^{1/3}$，则

谢才系数

$$C=\frac{1}{n}R^{\frac{1}{6}}=\frac{1}{0.0135}\times 0.75^{\frac{1}{6}}\approx 70.61(m^{\frac{1}{2}}/s)$$

若只考虑沿程水头损失，则水头损失系数

$$\alpha=\frac{L}{C^2R}=\frac{1000}{70.61^2\times 0.75}\approx 0.27$$

引水隧洞水头损失

$$h_{w0}=\alpha v_0^2=0.27\times 0.35^2\approx 0.03(m)$$

2. 压力钢管参数计算

根据题意可知：压力钢管长度 $l=200m$，$d=1.7m$，则

压力钢管断面积

$$A=\frac{\pi d^2}{4}=\frac{3.14\times 1.7^2}{4}\approx 2.27(m^2)$$

压力钢管流速

$$v_0=\frac{Q_0}{A}=\frac{2.50}{2.27}\approx 1.10(m/s)$$

压力钢管糙率一般为 $0.011\sim 0.0125s/m^{1/3}$，这里取可能最大值计算，则

谢才系数

$$C=\frac{1}{n}R^{\frac{1}{6}}=\frac{1}{0.0125}\times\left(\frac{1.7}{4}\right)^{\frac{1}{6}}\approx 69.37(m^{\frac{1}{2}}/s)$$

若只考虑沿程水头损失，则水头损失系数

$$\alpha'=\frac{l}{C^2R}=\frac{200}{69.37^2\times(1.7/4)}\approx 0.10$$

压力钢管水头损失

$$h_{wm0}=\alpha' v_0^2=0.10\times 1.10^2\approx 0.12(m)$$

3. 调压室稳定断面计算

当此电站单独运行，且不考虑底部流速水头和水轮机出力和效率的影响，则可根据式（10-47）计算调压室波动稳定的临界断面。

当 $H=80m$ 时：

$$F_{th}=\frac{Lf}{2\alpha g(H_0-h_{w0}-3h_{wm0})}=\frac{1000\times7.07}{2\times0.27\times9.81\times(80-0.03-3\times0.12)}\approx16.76(\mathrm{m}^2)$$

当 $H=160\mathrm{m}$ 时：

$$F_{th}==\frac{1000\times7.07}{2\times0.27\times9.81\times(160-0.03-3\times0.12)}\approx8.36(\mathrm{m}^2)$$

当考虑大波动时，可考虑将上述数据乘以 1.0～1.1 系数。

第八节　调压室结构布置及设计原理

根据水电站的具体条件，初步选定调压室布置方式、位置和类型，经过水力计算，拟定调压室的主要尺寸以后，便可进行结构布置和应力计算，并绘制设计详图。

一、结构类型、组成及构造要求

1. 结构类型

资源 10-16

调压室可分为塔式和井式两种不同的典型结构。

塔式结构是在地面上修建的钢筋混凝土塔体，如图 10-12（a）所示，多为薄壁圆筒结构，犹如给水用的水塔，称为调压塔。调压塔暴露在地面之上，抗震性能差，受温度和风荷载的影响大，只有在厂房附近找不到修建调压井的合适地点（如地形不适合或岩石质量太差等）时才采用，我国镜泊湖、南湾等水电站采用的是调压塔。塔式结构主要荷载为内水压力和风雪作用力，结构计算可按水塔的计算方法进行，并重视温度和地震的影响。

井式结构是在地下开挖成的圆井或廊道，称为调压井，如图 10-12（b）所示。井壁用钢筋混凝土或锚杆钢筋网混凝土衬砌，当岩石质量较好时，经过论证也可以采用锚杆喷混凝土网支护。井式结构比露天建筑的塔式结构经济方便，因而应用广泛，

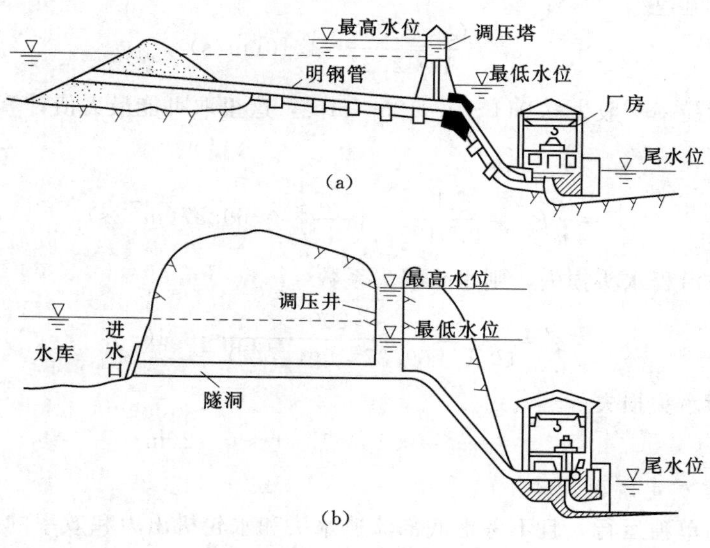

图 10-12　调压室示意图

（a）调压塔；（b）调压井

如我国湖南镇、狮子滩、官厅、流溪河、密云等水电站均采用的是调压井。调压室的主体常做成圆形，因为在同样断面下，圆形的周长和阻力最小，在承受对称荷载时的结构性能也较有利。当然，由于各种条件限制也可以设计成矩形或其他形状的调压室。本节主要讨论圆形调压井结构。

有时也可以利用厂房附近的地形，修建半塔半井式结构，即一部分在地面以下采用井式结构，一部分在地面以上采用塔式结构，如图10－13所示。

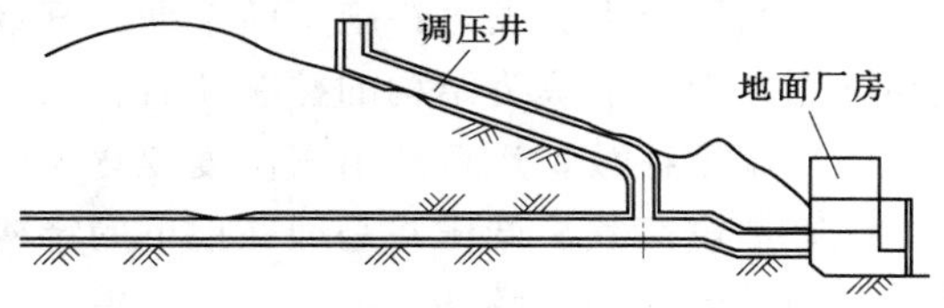

图10－13 岗南水电站简单式调压室

2. 结构组成

圆筒式调压井的主体结构由直井（大室）井壁、直井底板以及连接段和顶板（如果有）等组成。对于差动式调压井还有升管和各种联系构件。对于隧洞和直井直接相通没有连接段的情况，宜将整条隧洞穿过调压井，然后在隧洞壁上开设孔口与直井相通，避免水流在进出直井时发生突阔和突缩现象。因此，井式调压室的结构设计主要分为3个部分：

（1）井壁。一般埋设在基岩中的钢筋混凝土圆筒。

（2）底板。置于弹性地基上的圆板；当用连接管或升管与引水道连接时，则为环形板。

（3）顶板、升管和其余接头部分等。历史上曾有水电站因石块从调压室落入而引起水轮机导叶被卡住的事故，调压室顶部应做好运行安全保护措施。当调压井顶部露出地面时，为防石块、杂物掉入井内，常设顶板。设有顶板的调压井需设通气孔，其面积不小于10%的压力隧洞面积。为进井观测检修之用，在顶板边缘应设进人孔。

因此调压井的结构计算，基本上可以看成是圆筒和圆板的计算问题。计算内力时，先分别计算，然后再考虑整体作用。

二、荷载及其组合

调压井所承受的荷载分为基本荷载和特殊荷载两类。

1. 基本荷载

（1）设计情况下的内水压力。分别考虑上游正常蓄水位加丢弃负荷后最高涌波水位以及上游设计洪水位不加涌波两种情况，取最大值。

（2）外水压力及上托力。应根据水文、地质及渗流情况分析确定。外水压力可能在检修情况成为控制荷载，常采用排水措施。正常运行情况，一般不计外水压力。

（3）岩石或回填土的主动土压力及围岩弹性抗力。直井衬砌包围于围岩中，如果围岩较均匀，衬砌内主要承受轴向应力，只有在井筒底或某些参数不连续部位才会有局部弯曲应力存在，在计算直井井壁衬砌时，宜计及围岩的弹性抗力以减小应力和节约工程量，此时不再考虑岩石或回填土的主动土压力。当围岩破碎、厚度不足或衬砌完建后围岩仍有向井内滑动的倾向时，要考虑围岩或回填土的主动压力，不再计入围岩弹性抗力。

(4) 内水及衬砌自重。后者一般影响很小，特别是直井部分，往往略而不计，底板、连接段可计入自重。

2. 特殊荷载

(1) 特殊情况下的内水压力。分别考虑上游设计洪水位丢弃全负荷后最高涌波水位以及上游校核洪水位加丢弃部分负荷后涌波两种情况，取最大值。

(2) 灌浆压力。发生在施工灌浆期，其数值决定于灌浆时所用的压力。一般为校核强度用，但不能成为结构的控制荷载。

(3) 温度荷载。运行期由于温度变化而产生的荷载。

(4) 地震荷载。调压井是埋在地下的结构，地震力一般不起控制性作用，除差动式调压室升管和调压塔外，一般不予考虑，只有当地震烈度超过 7 度时才考虑，并作为校核荷载。

(5) 施工荷载。

3. 荷载组合

根据上述荷载同时存在的可能性，进行最不利情况的荷载组合，主要有以下 3 种情况：

(1) 正常运行工况。最高内水压力＋温度荷载＋围岩弹性抗力。

(2) 施工工况。灌浆压力＋岩石或回填土主动压力＋温度荷载＋施工荷载。

(3) 检修情况。最高外水压力＋上托力＋岩石或回填土主动压力＋温度荷载。

第一种通常是最不利的荷载组合，配筋计算多由此工况决定。第二种及第三种情况一般可以不考虑，如遇到底板的上托力很大的不利情况时，常采用排水措施降低井外水位，以减少底板所受的上托力和降低外水压力来保证山坡稳定。

资源 10-17

三、结构设计原理

调压井为地下空间结构，目前在设计中采用的计算方法主要是结构力学法，适用于中小型调压井且结构较简单的情况。对于大型的调压井，或围岩地质条件或结构复杂时，宜采用有限元方法进行校核。下面简要介绍结构力学法进行调压井结构计算的假定及原理。

1. 基本假定

(1) 直井衬砌是一个整体，每段圆筒断面上下一致，沿高度方向半径不变。

(2) 直井及底板都是薄壳结构，可用薄板和薄壳理论求解。

(3) 岩石为各向同性均匀弹性介质，当衬砌受内水压力向外产生径向变形时，岩石产生的弹性抗力与其变形成正比，比例系数为岩石的弹性抗力系数。

(4) 直井与岩石紧密接触，两者之间的摩擦力能够维持衬砌自重，故可假定圆筒底部的垂直变位为零。

(5) 底板在井壁传来的径向力作用下所产生的径向变形与井壁的挠曲变形相比很小，可忽略不计，即底板无水平变位。

2. 直井结构及其设计

直井井壁衬砌是浇筑在基岩上，与岩壁紧密相连的埋设在岩石中的圆筒，常分段浇筑，各浇筑段间留有水平收缩缝，如图 10-14 所示，或整体浇成而不留缝，段与段之间留有收缩缝时要设置止水。

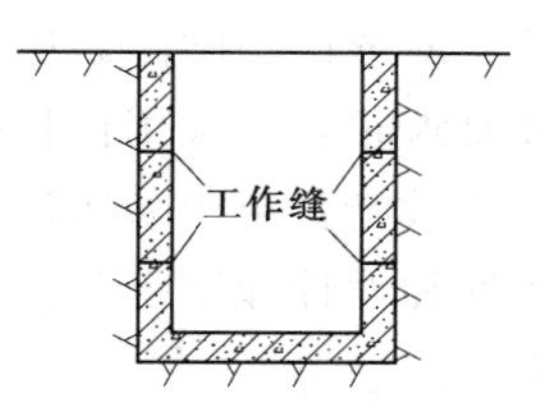

图 10-14 直井衬砌示意图

进行应力计算分析时，假定直井衬砌为底部固结、顶部自由的长圆筒，用弹性力学的方法求解，若调压井上部岩体覆盖较浅且风化破碎时应不计围岩的弹性抗力。

直井井壁断面设计常采用以下步骤：

（1）根据岩石的性质、水压力的大小、调压井的高度及断面，估算各段衬砌厚度。初估直井衬砌厚度时，可近似地取其等于0.05～0.1倍的调压井直径，一般衬砌厚度为50～100cm或更大些。

（2）按最高内水压力并考虑井壁与围岩的联合作用，求出井壁中的环向拉力。

（3）按环向拉力配置环向钢筋。

（4）根据井壁结构尺寸、钢筋量和环向拉力，计算混凝土和钢筋的应力。要求混凝土拉应力不超过其极限抗拉强度，否则要加厚衬砌或增加钢筋。

（5）按井壁力矩配纵向钢筋。由于井壁的力矩在底部较大，向上迅速减小，所以底部配筋较密，上部配筋较疏，但通常有一定数量的钢筋直达井顶，作为环向钢筋的架立筋或作为温度及分布钢筋。

因井壁在内水压力作用下主要承受环向拉应力，还应进行混凝土抗裂校核。

当调压井的高度不大，岩石性质上下均匀时，井壁衬砌上下可用同一厚度，如图10-15（a）所示，若井壁较高或沿高度各层岩石的性质相差较大，也可采用不同的厚度，如图10-15（b）、（c）所示，后面两种受力较为合理，但开挖量较大，应力分析也比较复杂，为了减少开挖和回填，有时亦可做成井壁向内倾斜的型式，如图10-15（b）所示。

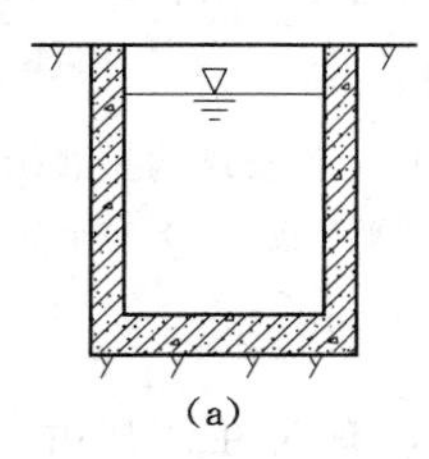
(a)

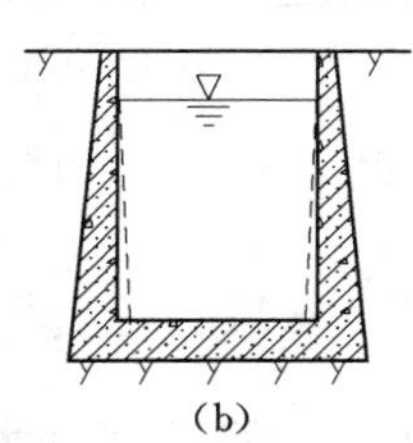
(b)

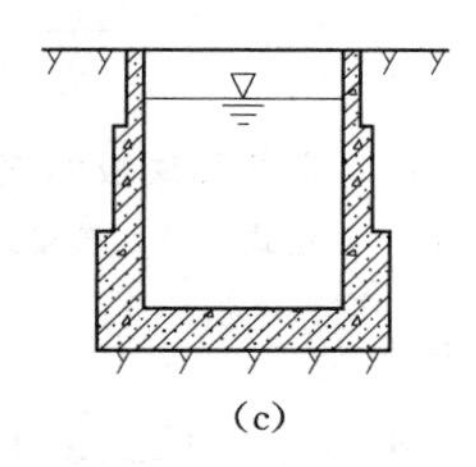
(c)

图 10-15 调压井衬砌型式示意图

(a) 同一厚度衬砌；(b)、(c) 不同厚度衬砌

以上有关直井衬砌的内容，都是针对钢筋混凝土井壁衬砌而言，钢筋混凝土衬砌是应用最多的一种结构，经验较多。目前国内已有半柔性结构的锚杆钢筋网混凝土衬砌，具有加强围岩整体稳定性与良好的抗裂性能、防渗性能，既能减小因糙率影响造成的水头损失，又可满足内压作用下的限裂要求，可在围岩条件好的调压井结构中予以考虑。我国湖南镇水电站调压井大室直径19.5m，原设计为双层的钢筋混凝土衬砌，厚度1m，后改为锚杆钢筋网混凝土衬砌，厚度50cm，节省了大量混凝土和钢筋，方便了施工。

调压井的衬砌与地质情况关系很大。若井身建造在风化破碎的岩层中，则直井衬砌自身应具有足够的强度和刚度，可以独立承受各种外加荷载。对于建在完整、坚硬、渗透性小的围岩中的调压井，若井壁至厂房或边坡的最小距离满足稳定及渗透坡降要求时，可采用锚杆喷混凝土支护，在顶部及交岔口处进行衬砌或采取其他有效的加固措施。至于采用哪种衬砌结构，设计时要全面分析井壁衬砌的作用、要求、围岩条件和设计原则等各方面的条件，慎重对待影响比较大的因素，选出最好的方案。

3. 底板

底板与直井大多做成刚接，如图 10－16（a）中的固定式，也可做成铰接式，如图 10－16（b）所示，但铰接处需设止水且内力较大，故很少采用。简单圆筒式调压井底板为一周边固结的实心圆板，其下部为基岩，当底板向下变形时应考虑基岩的弹性抗力，向上变形时则不考虑。有连接管的阻抗式、差动式或具有连接管的其他类型调压井，因引水道在底板下通过，底板部分与岩石直接接触，部分架空，底板为一周边固结的中空圆板，这种环形板的应力分布是很复杂的。圆形和环形底板板厚与直径相比小于 1/10 时可以看作薄板，按薄板理论进行计算，并要考虑底板下引水道穿过处不与岩石接触的影响，当底板承受外水压力时，这部分不承受外水压力，当底板承受内水压力时，不受岩石弹性抗力的作用。

底板的钢筋按径向弯矩和环向弯矩配置，前者为放射状，后者为环形，组成一个钢筋网，根据弯矩的方向将钢筋配置在底板的上层或下层。直井与底板交界处应配置斜向筋，以保证两者刚接。

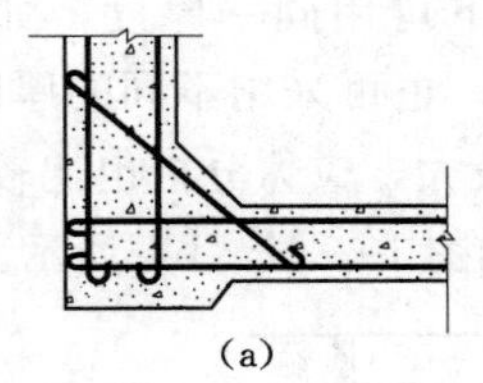

(a)

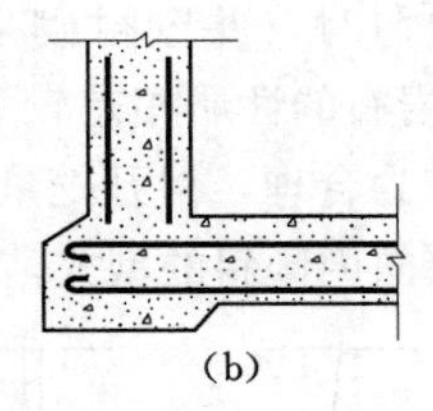

(b)

图 10－16　直井和底板的连接方式

(a) 固定式；(b) 铰接式

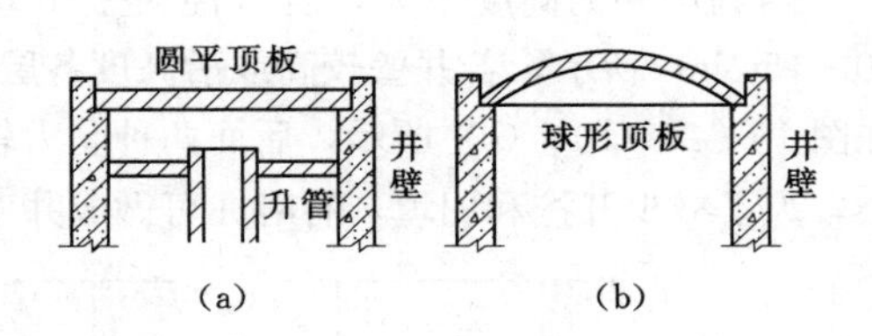

图 10－17　顶板结构型式示意图

(a) 圆平顶板；(b) 球形顶板

4. 顶板及其他

为了防寒和防止山坡上的石块及杂物落入调压井中，有时在调压井上部设顶板，即顶盖。顶板的结构布置有圆平顶板和球形顶板两种，如图 10－17 所示。对于直径不大的调压井，可用圆平顶板，有时还利用差动式调压井升管的突出部分作为支撑，此种型式施工比较简单，其大梁可作施工期起吊大梁。当调压井直径较大时，可用球形顶板以减小弯矩，球形顶板受力条件好、比较经济，但施工复杂。顶板所承受的荷载为自重及上面的回填土重，有时把事故快速闸门布置在调压井内，把闸门的启门机放在顶板上面，这时顶板还要承受起门机设备及启门力等荷载。

圆平顶板多简支在井壁上，可作为一简支圆板计算；球形顶板应按球壳进行计算，埋于地下的拱形顶板按无压隧洞的顶拱设计。

调压室内升管、闸门槽（若闸门设在调压室内）、通气孔等容易削弱调压室结构，应注意布置的合理性，同时对关键部位的结构尺寸、构造措施及钢筋配置应予以加强，以确保建筑物的安全。当闸门井作为差动式调压室的升管时，应考虑水击波、涌波与闸门之间的相互不利作用，特别是当闸门井（升管）与调压室水位存在较大水位差的情况下，闸门井一侧受到很大的不平衡水压力，需采取适当措施，如合理拟定升管尺寸、加强闸门井（升管）结构、增加门叶刚度和重量及选择合适的启闭机等，以确保运行的安全。在寒冷地区修筑的调压室，应防止结冰以免影响调压室的作用及结构工作状态。

第九节※ 有压引水系统非恒定流计算简介

前已述及，有压引水式水电站发生不稳定工况时会在压力管道中产生水击现象、调压室内水位波动现象和机组转速变化现象。水电站有压引水系统非恒定流计算包括水击计算和调压室涌波计算，这两种计算各有特点而又互相联系，机组转速变化与水击和调压室涌波也有关系。目前的做法有以下 3 种：

（1）单独计算。我国规范认为水击对调压室涌波影响较小，阻抗式或差动式调压室在阻抗孔尺寸选择恰当时，水击对涌波的影响也不大，可将调压室水位波动和水击分开计算。

（2）单独计算后进行叠加。认为当采用阻抗式或差动式调压室时，反射水击波效果较差或水轮机的调节时间较长（如设有减压阀或折流板等），这时水击压力虽小，但延续时间长，则需要考虑水击和调压室水位波动的相互影响。可分别计算最大值后叠加，或分别计算压力过程线后按时间叠加，求出各点的最大压力。

（3）联合分析计算。将过渡过程的 3 种现象联系起来，对水击压力、调压室水位波动两种非恒定流和转速变化进行联合分析计算。

水击压力计算的解析法、特征线法以及转速变化已在第九章讲述，调压室解析法在本章第五、六节讲述，本节不再赘述。本节主要介绍求解调压室水位波动的数值积分法、涌波压力和水击压力的叠加以及有压引水系统非恒定流联合分析计算。

一、调压室水位波动的数值积分法

资源 10－18

调压室水位波动的数值积分法可逐时段求解调压室水位波动幅值，不仅能求出最高涌波、最低涌波及波动的全过程，而且可以针对各种工况、各种边界条件进行分析计算。通过调压室水位波动过程可以了解水位波动衰减的速率，对于较重要的工程特别是调压室后期的技术设计阶段，用数值积分法来求解水位波动问题是不可或缺的。数值积分法按求解实现的途径可分为图解法、列表法和电算法。

（一）数值积分法计算思路

调压室水流连续方程和运动方程的求解可视为有初值问题的常微分方程求解。数值积分法是将时间分为一系列小的时段 Δt，用有限差商来代替基本方程式（10－4）和式（10－5）中的微商，将基本方程化为有限差分方程。

调压室水位波动过程中引水道中的流速 v、水头损失 h_w、调压室水位 Z 均是时间 t 的函数，但由于时段 Δt 很小，可假设在时段 Δt 内，引水道的流速 v 和调压室水位 Z 保持不变，仅在时段末有一增量 Δv、ΔZ，即 Z 和 V 的变化是“阶梯式”的。计算各时段的变化量 Δv、ΔZ，由已知初始条件（Z_0，v_0），可逐时段求出在时段

Δt_1、Δt_2、…、Δt_n 末对应的近似值（Z_1，v_1）、（Z_2，v_2）、…、（Z_n，v_n）。

根据求解 Δv、ΔZ 精度的不同，数值积分法有一阶近似的欧拉法、二阶近似的欧拉中点法和四阶近似的龙格-库塔法等。下面介绍采用一阶近似的欧拉法和四阶近似的龙格-库塔法求解调压室水位波动的过程。

（二）一阶近似的欧拉法

将连续方程式（10-4）和运动方程式（10-5）写为差分形式：

$$Q=fv+F\frac{\Delta Z}{\Delta t} \tag{10-51}$$

$$Z=h_w+\frac{L}{g}\frac{\Delta v}{\Delta t} \tag{10-52}$$

则有

$$\Delta Z=\left(\frac{Q}{F}-\frac{fv}{F}\right)\Delta t \tag{10-53}$$

$$\Delta v=(Z-h_w)\frac{g}{L}\Delta t \tag{10-54}$$

一阶近似的欧拉法将已知的某一时段的初值（Z_t、v_t），代入以上差分方程计算本时段的增量：

$$\Delta Z_{t+\Delta t}=\left(\frac{Q}{F}-\frac{fv_t}{F}\right)\Delta t \tag{10-55}$$

$$\Delta v_{t+\Delta t}=(Z_t-h_w)\frac{g}{L}\Delta t \tag{10-56}$$

则本时段末（下时段初）的水位波动幅值和引水道流速分别为

$$Z_{t+\Delta t}=Z_t+\Delta Z_{t+\Delta t} \tag{10-57}$$

$$v_{t+\Delta t}=v_t+\Delta v_{t+\Delta t} \tag{10-58}$$

在已知初始条件（Z_0，v_0）的情况下，由式（10-55）～式（10-58）即可逐步求出（Z_1，v_1）、（Z_2，v_2）、…、（Z_n，v_n）。

根据以上过程，可列表或编制程序计算调压室水位波动过程，称为列表法和电算法。也可以用作图方法实现，即图解法。图解法概念清楚、过程直观，曾经得到广泛的应用，但过程繁琐、精度稍差，已较少采用。

（三）龙格-库塔法

应用一阶近似的欧拉法求解波动微分方程，虽然计算简单，但是精度较低。在实用上，当要求更高精度时，可采用四阶近似的龙格-库塔法。

对于一阶微分方程 $\frac{\mathrm{d}y}{\mathrm{d}x}=f(x,y)$，龙格-库塔法的基本思想是设法计算出 $f(x,y)$ 在某些点上的函数，然后对这些函数值做线性组合，构造近似计算公式，再将近似公式和精确解的泰勒展开式相比较，使前面的若干项吻合，从而获得达到一定精度的增量计算公式。其优点是精度高，每次计算 y_{n+1} 只用到计算结果 y_n，但需要多次计算 $f(x，y)$ 的值，工作量较大，可以利用计算机强大的计算功能，编程实现，且计算过程中可以随时改变步长，具有快速、精确、应用方便等特点。

在求解调压室水位波动过程时，为减少未知量，方便已知条件的输入，将连续方程和运动方程化为实用形式。由式（10-4）可得

$$\frac{\mathrm{d}Z}{\mathrm{d}t}=\frac{Q}{F}-\frac{fv}{F}=\frac{Q}{F}-\frac{Q_y}{F} \tag{10-59}$$

式中：Q_y 为引水道中的流量，m^3/s，$Q_y=fv$。

如考虑调压室底部阻抗孔的阻抗损失，则运动方程式（10-5）可化为如下形式：

$$\frac{\mathrm{d}v}{\mathrm{d}t}=(Z-h_w-h_{wt})\frac{g}{L} \tag{10-60}$$

式中：h_w 为引水道中的水头损失，$h_w=\frac{h_{w0}}{Q_0{}^2}Q_y{}^2=RQ_y^2$；$h_{wt}$ 为水流进出调压室引起的阻抗水头损失，$h_{wt}=\frac{h_{wt0}}{Q_0^2}Q_t{}^2=KQ_t^2$，$Q_t$ 为进出调压室中的流量，以流出调压室时为正。

式（10-60）可变换为

$$\frac{\mathrm{d}v}{\mathrm{d}t}=(Z-RQ_y{}^2-KQ_t^2)\frac{g}{L}$$

将上式两边各乘以引水道的横断面积 f，得

$$\frac{\mathrm{d}Q_y}{\mathrm{d}t}=(Z-RQ_y|Q_y|-KQ_t|Q_t|)\frac{fg}{L} \tag{10-61}$$

将式（10-59）、式（10-61）写成差分形式，得

$$\frac{\Delta Z}{\Delta t}=\frac{Q}{F}-\frac{Q_y}{F}=f_1(t,Z,Q_y) \tag{10-62}$$

$$\frac{\Delta Q_y}{\Delta t}=(Z-RQ_y|Q_y|-KQ_t|Q_t|)\frac{fg}{L}=f_2(t,Z,Q_y) \tag{10-63}$$

式（10-62）中，Q 为水轮机引用流量，$Q=Q_t+Q_y$，若已知出流变化规律，则 $Q=f(t)$已知。

式（10-62）、式（10-63）可用以下四阶精度的龙格-库塔公式来求解。

$$\left.\begin{aligned}
&\Delta Z_{t+\Delta t}=\frac{1}{6}(K_1+2K_2+2K_3+K_4)\\
&K_1=\Delta t f_1(t,Z_t,Q_{y(t)})\\
&K_2=\Delta t f_1\left(t+\frac{\Delta t}{2},Z_t+\frac{K_1}{2},Q_{y(t)}+\frac{L_1}{2}\right)\\
&K_3=\Delta t f_1\left(t+\frac{\Delta t}{2},Z_t+\frac{K_2}{2},Q_{y(t)}+\frac{L_2}{2}\right)\\
&K_4=\Delta t f_1(t+\Delta t,Z_t+K_3,Q_{y(t)}+L_3)
\end{aligned}\right\} \tag{10-64}$$

$$\left.\begin{aligned}
\Delta Q_{y(t+\Delta t)} &= \frac{1}{6}(L_1 + 2L_2 + 2L_3 + L_4) \\
L_1 &= \Delta t f_2(t, Z_t, Q_{y(t)}) \\
L_2 &= \Delta t f_2\left(t + \frac{\Delta t}{2}, Z_t + \frac{K_1}{2}, Q_{y(t)} + \frac{L_1}{2}\right) \\
L_3 &= \Delta t f_2\left(t + \frac{\Delta t}{2}, Z_t + \frac{K_2}{2}, Q_{y(t)} + \frac{L_2}{2}\right) \\
L_4 &= \Delta t f_2(t + \Delta t, Z_t + K_3, Q_{y(t)} + L_3)
\end{aligned}\right\} \quad (10-65)$$

在已知初始条件（Z_0，$Q_{y(0)}$）的情况下，由式（10－57）、式（10－58）、式（10－64）、式（10－65）即可逐步求出（Z_1，$Q_{y(1)}$）、（Z_2，$Q_{y(2)}$）、…、（Z_n，$Q_{y(n)}$）。

根据上述原理即可编制计算程序可求解调压室水位波动过程。

二、涌波压力和水击压力的叠加

分别求解调压室水位波动过程和水击压力过程后，可以按时间进行压力叠加。如果仅计算了调压室最高涌波水位和最低涌波水位以及最大水击压力沿管线的分布可按如下方法进行叠加。

（1）调压室能完全反射水击压力（如简单式、水室式、连接管面积大于引水道面积等）。计算引水道最高压力时，不考虑引水道水头损失，在上游水库正常蓄水位上叠加最高涌波压力和水击压力的最大值。计算最低压力时，在电站上游死水位满负荷运行时调压室稳定水位上，考虑水头损失，叠加最低涌波压力和水击压力的最小值，如图10－18（a）所示。

（2）调压室不能完全反射水击压力（如阻抗式、连接管面积小于引水道面积等）。计算引水道最高压力时，在调压室最高涌波压力上叠加水击压力的最大值。计算最低压力时，在调压室最低涌波压力基础上，考虑水头损失，叠加水击压力的最小值，如图10－18（b）所示。

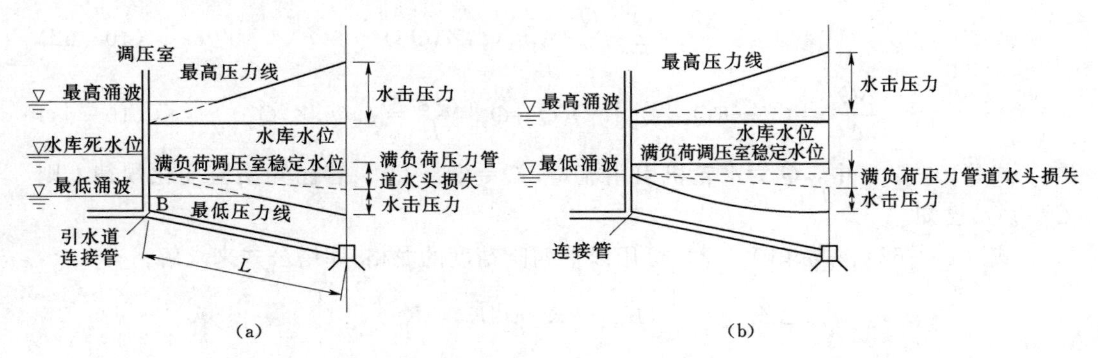

图10－18　涌波压力和水击压力的叠加

（a）调压室能完全反射水击；（b）调压室不能完全反射水击

三、联合分析

将水电站水击现象、水位波动现象和转速变化现象联系起来进行研究的理论虽然早已具备，但由于计算过于烦琐，一般都采用以上孤立的、简化的方法计算。计算机的发展和应用给较精确、合理地进行有压引水系统联合分析开辟了新的途径。联合分析的思路是在进行水击计算时，将调压室和水轮机作为压力管道的边界条件，调压室可视作压力管道上的一个岔管，将水击计算和调压室涌波计算联合起来；水轮机属于压力管道上的动力边界条件，可根据水轮机的特性和导叶开度变化规律，引入机组转速方程，从而求出压力、水位和转速变化过程。

由第九章可知，在水击计算划分的 $x-t$ 平面网格系统中，如果已知上一时层管道各断面的压力水头 H 和流量 Q 的话，可以利用特征线方程，求解出下一时层网格内部各结点的压力水头 H 和流量 Q。但对于边界网格由于只有一个特征线可以利用，无法求解两个未知数，此时，就需要引入关于边界点压力水头 H 和流量 Q 的关系式，才能与特征线方程联立来求解网格边界点的压力水头 H 和流量 Q。水击计算数值分析方法已在第九章讲述，这里仅介绍调压室、水轮机边界条件的建立和联合分析计算过程。

1. 调压室边界条件

对于如图 10－19 所示具有调压室的引水系统，引水道Ⅰ的末端断面可以建立一个 C^+ 特征线方程，压力管道Ⅱ可以建立一个 C^- 特征线方程，共有包括调压室底部的 P 点的压力水头 H_P，调压室计算时段的水位 Z_P 以及Ⅰ、Ⅱ管和进出调压室的流量 Q_{yP}、Q_P、Q_{tP} 5 个未知数，还需建立 3 个方程。

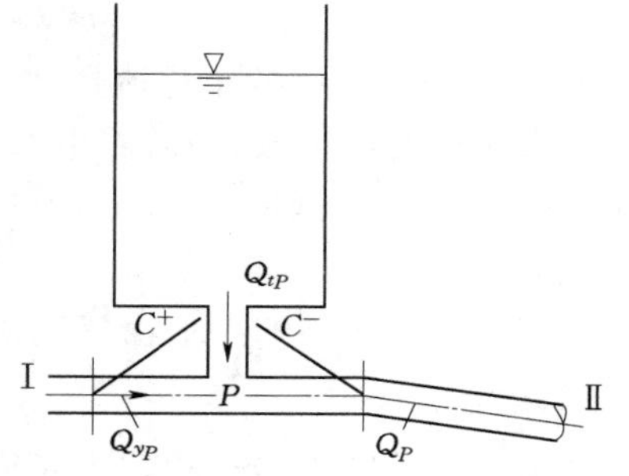

图 10－19 调压室边界条件

第一个为调压室的水流连续边界条件：

$$Q_P = Q_{tP} + Q_{yP} \tag{10-66}$$

第二个为压力相等条件，若忽略水体的惯性水头，认为调压室的底部压力水头 H_{Pt} 由静压水头和损失两部分组成，即

$$H_{Pt} = Z_P + \alpha Q_{tP} \left| Q_{tP} \right| \tag{10-67}$$

第三个为水面速度条件，认为调压室中水体为刚性，则有

$$\frac{\mathrm{d}Z_P}{\mathrm{d}t} = \frac{Q_{tP}}{F} \tag{10-68}$$

式中：F 为调压室的断面面积，m^2。

利用上面 3 个边界条件和调压室上下两个特征线方程联合可求得 5 个未知量。

2. 水轮机边界条件

（1）冲击式水轮机。冲击式水轮机的喷嘴是一个带针阀的孔口，可以看作一个孔口。设喷嘴过水面积为 Ω，流量系数为 φ，压力水头为 H_P，根据“水力学”中孔口出流规律，引用流量为

$$Q_P = \varphi \Omega \sqrt{2gH_P} \tag{10-69}$$

利用此边界条件与末端的 C^+ 特征线方程联立即可求解。

（2）反击式水轮机。反击式水轮机具有蜗壳和尾水管，并以导叶调节流量。其过流能力不仅与压力水头 H、导叶相对开度 τ 有关，还与转速 n 有关，而转速又和力矩有关，涉及力矩方程。而且反击式水轮机常常处于管路中间，上有压力管道、蜗

壳，下有尾水管甚至尾水隧洞。当发生水击时，蜗壳中的水击压力与压力管道符号相同，尾水管中的水击压力则由于其在导叶之后而与压力管道和蜗壳的水击压力符号相反，两者的水击波传播过程非常复杂，对水轮机的出流和压力管道中的水击压力均会产生影响。

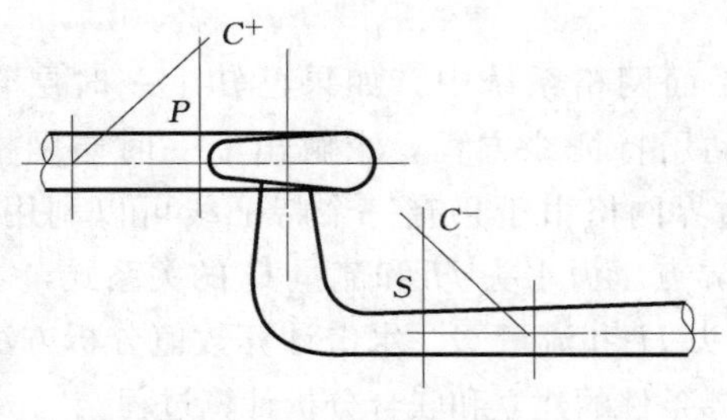

图 10-20　反击式水轮机边界条件

图 10-20 是一反击式水轮机及与之相连的压力管道、蜗壳和尾水管。P、S 是上游管道末端断面和下游尾水管的开始断面。水轮机处存在 Q_P、Q_S、H_P、H_S 四个未知量，上下游可提供两个特征方程，仍需建立两个方程。

由连续条件可知：

$$Q_P=Q_S \tag{10-70}$$

下游尾水管流量 Q_P 可表示为

$$Q_P=Q_1'D_1^2\sqrt{H_P-H_S} \tag{10-71}$$

式中：Q_1'为水轮机的单位流量，m^3/s；D_1 为水轮机的标称直径，m。

水轮机的单位流量 Q_1'需由水轮机模型综合特性曲线确定，它是导叶相对开度 τ 和单位转速 n_1'的函数，即

$$Q_1'=f(\tau,n_1') \tag{10-72}$$

导叶的启闭规律一般由厂家给定，单位转速可表达为

$$n_1'=nD_1/\sqrt{H_P-H_S} \tag{10-73}$$

由于转速随水击过程发生变化，可由以下转速方程确定：

$$\frac{GD^2}{365}n\frac{\mathrm{d}n}{\mathrm{d}t}=\Delta P \tag{10-74}$$

式中：GD^2 为机组飞轮转矩，$t\cdot m^2$；G 为机组转动部分的质量，t；D 为转动部分的惯性直径，m；ΔP 为不平衡出力，kW。

以上过程，建立了 5 个方程，也引入了 3 个变量 Q_1'、n 和 n_1'，与两个特征方程联立即可求解 7 个未知量。但由于 7 个方程是非线性方程组，故通常不用直接解法，而以迭代法求解。

水轮机处边界条件的处理过程，实际上也就是机组调节保证的计算过程。问题的关键在于 Q_1'不仅与 τ 有关，而且还决定于该时刻下的机组转速 n 和包含水击压力在内的作用水头 H_P 及 H_S（也即 n_1'值）。

3. 计算步骤及程序设计

至此，我们即可以对水电站有压引水系统进行水击压力、调压室水位波动及调节保证计算的联合分析。计算步骤如下：

(1) 确定计算时间步长 Δt。由于采用矩形网格进行计算，故一般取 $\Delta t=\Delta x/c$。考虑到水击波速 c 是给定的，故关键在于选定 Δx。通常可根据管道布置及精度要求将整个管路系统分成很多管段。各管段的两端或为内点，或为边界点。由于波速随管道特性而变化。而 Δt 又是常数，所以不同管道的管段长 Δx 可能是不同的。

(2) 计算各结点在恒定流状态下（即 $t=0$ 时刻）的压力水头和流量值，包括调压室中的起始水位。

(3) 增加一个 Δt，按第九章第七节特征线法计算该时刻管道上网格内各点的压力水头和流量。

(4) 计算同一时刻边界点水库处、分岔处、封闭端等边界点的压力水头和流量。

(5) 利用调压室边界条件，求解同一时刻调压室处的压力水头和流量。

(6) 计算同一时刻水轮机处的压力水头、流量和转速。

具体做法是：首先假定 n_1' 值（可用前一时段末的已知值），然后由已知的导叶相对开度 τ 值，利用水轮机模型综合特性曲线求 Q_1'，并求解水轮机处的压力水头 H_P 及 H_S，再根据式（10-74）求机组转速 n，并代入式（10-73）计算 n_1'。若算得的 n_1' 值与假定值之差在允许范围之内，则可转入下一时段的计算；否则可用求得的 n_1' 值代替假定的 n_1' 值，重复上述计算，直到满足要求为止。

(7) 从步骤（3）起重复计算，直到计算时间符合要求为止。

思 考 题

10-1 调压室有哪些作用？调压室应满足哪些基本要求？哪些情况下需设置调压室？

10-2 调压室的布置方式有哪几种？

10-3 调压室有哪些基本结构型式？各自的特点和适用条件是什么？

10-4 调压室是如何工作的？

10-5 “引水道—调压室”系统非恒定流的特点是什么？与水击现象有什么不同？

10-6 调压室水位波动的基本方程是什么？

10-7 调压室水力计算有哪些内容？如何选择调压室的计算条件？

10-8 如何用解析法求解圆筒式调压室的最高涌波水位与最低涌波水位？

10-9 什么叫“理想化”水室式调压室？什么叫“理想化”差动式调压室？

10-10 调压室的水位波动稳定条件有哪些？

10-11 小波动稳定及大波动稳定有什么不同？

10-12 托马稳定条件的基本假定？如何计算托马稳定断面？

10-13 影响调压室稳定断面的因素有哪些？

10-14 在计算托马稳定断面时，引水道糙率和压力管道糙率怎么取值？为什么？

10-15 井式调压室的结构设计主要分为几部分？

10-16 调压室水位波动数值积分法的基本思想是什么？如何实现？

10-17 如何叠加调压室涌波压力和水击压力？

10-18 怎样实现水击、调压室水位波动和转速变化的联合分析？

第三篇　水电站厂房

第十一章　水电站厂区及岸边式厂房布置设计

学习提示

内容：介绍厂区布置设计，厂房的功用和基本类型，厂房的组成，发电机及其支承结构，辅助设备的布置，厂房内部布置，主厂房各层高程的确定，主厂房平面尺寸的确定，厂房布置设计所需资料和设计步骤。

重点：水电站厂房的布置设计，包括机电设备的组成及布置，岸边式厂房的内部布置设计，主副厂房尺寸的确定，厂区布置设计原则。

要求：熟悉水电站厂房功用、组成、设备和布置的基本原则，掌握岸边式主厂房轮廓尺寸的确定方法。

第一节　厂区布置设计

资源 11-1

水电站厂区亦称为厂区枢纽或厂房枢纽。其布置是水利水电枢纽总体布置的一部分，应通过整个枢纽的经济技术比较论证确定。水电站厂区主要由主厂房、副厂房、主变压器场、高压开关站、高低压引出线、引水压力管道 、尾水道及厂区交通道路等组成。厂区布置是指它们之间的相互位置的合理安排。目的是使厂房与上游进水口和下游尾水道之间衔接好，水流顺畅，各建筑物功能发挥良好，各建筑物之间配合协调，满足运行安全可靠、施工快捷、交通方便、投资少的要求。厂区布置应根据地形、地质、环境条件，结合整个枢纽的工程布局，按下列原则进行：

（1）合理布置主厂房、副厂房、主变压器场、高压开关站、高低压引出线、进厂交通、发电引水及尾水建筑物等，使电站运行安全、管理和维护方便。

（2）妥善解决厂房和其他建筑物（包括泄洪、排沙、通航、过竹木、过鱼等）布置及运用的相互协调，避免干扰，保证电站安全和正常运行。

（3）考虑厂区消防、排水及检修的必要条件。

（4）少占或不占用农田，保护天然植被、生态环境和文物。

（5）做好总体规划及主要建筑物的建筑艺术处理，美化环境。

（6）统筹安排运行管理所必需的生产辅助设施。

（7）综合考虑施工程序、施工导流及首批机组发电投入运行的工期要求，优化各建筑物的布置。

因此，进行厂区布置时，要综合考虑水电站枢纽总体布置、地形地质条件、运行管理、施工检修、农田占用及环境美化等各方面的因素，根据具体情况，拟定出合理布置方案。厂区布置的方式很多，图 11－1 是一些厂区布置的实例。

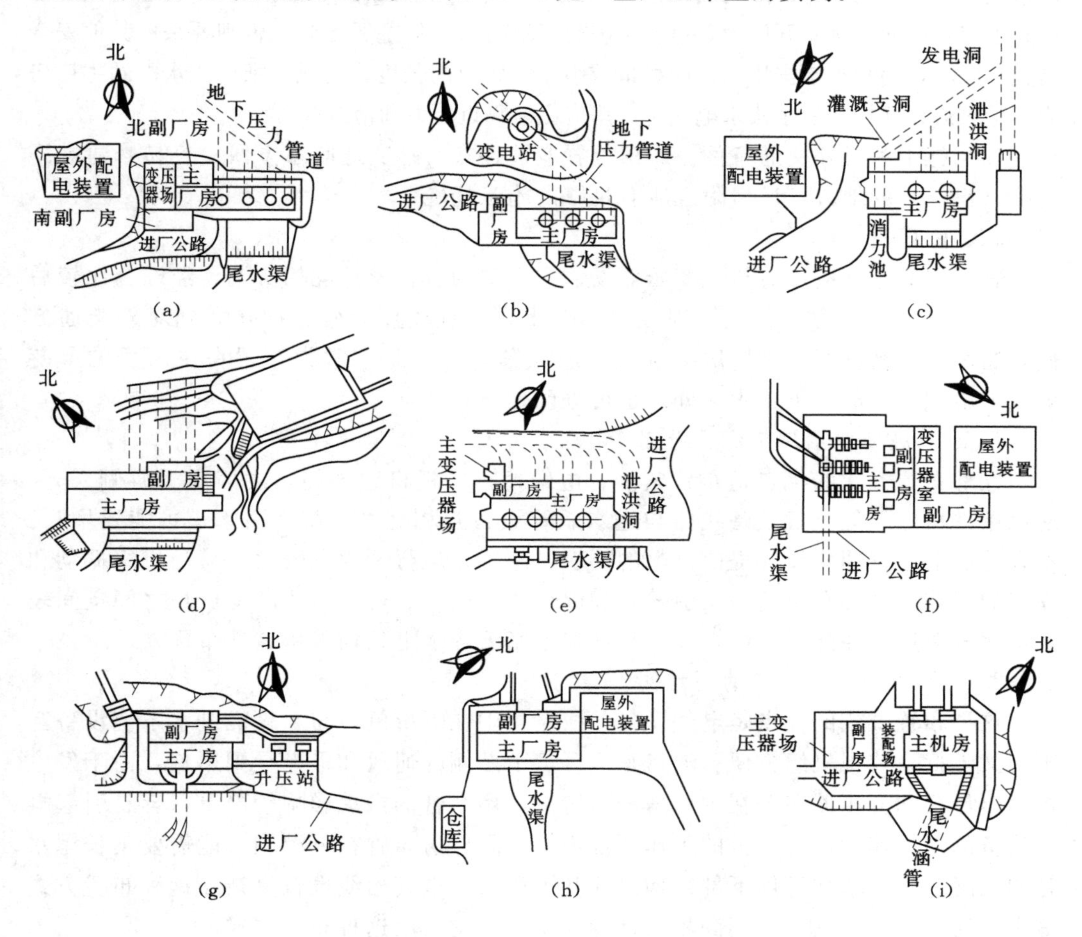

图 11－1　厂区布置实例

(a) 实例 1；(b) 实例 2；(c) 实例 3；(d) 实例 4；(e) 实例 5；(f) 实例 6；(g) 实例 7；(h) 实例 8；(i) 实例 9

一、主厂房

主厂房是厂区的核心，对厂区布置起决定性作用，其位置应在工程枢纽总体布置中确定。除了注意厂区各组成部分的协调配合外，还应考虑下列因素：

(1) 地质地形条件。主厂房宜建筑在良好的基岩上，避免建筑在松散、软弱的地基上。新鲜基岩面的高程最好与厂房基础高程相接近，以减少挖方。厂区水文地质条件要好，山体透水性要小，不致因调压室、压力管道渗水而影响山坡稳定。厂房位置应避开冲沟口和崩塌体，对可能发生的山洪淤积、泥石流或崩塌体等应采用相应的防御措施。在陡峻的河岸处选择厂房位置时，要特别注意厂房后山坡的稳定问题，后山坡应无危岩、滑坡和大的断层，若后山坡山体完整性较差，则必须进行处理（如清除不稳定岩石、加设护坡、排水等）。

（2）水流条件。主厂房的位置要与压力管道及尾水渠的布置统一考虑，尽可能保证进出水流平顺。当压力管道采用明钢管时，为减轻或避免事故对厂房的危害，宜避免钢管与厂房正交，以使厂房避开压力管道发生破裂事故时水流的主要方向，否则要采取其他安全措施。同时，为减小水击压力，应尽量减小压力管道的长度，为此，坝后式水电站主厂房应尽量靠近拦河坝，引水式水电站主厂房应尽量靠近压力前池或调压室。

（3）施工和对外交通条件。厂房位置应选择在对外交通联系方便、容易修建进厂公路（铁路）的地方，厂房附近应有足够的施工场地。

二、副厂房

副厂房的布置应注意与主变压器场、主厂房的位置及环境相协调，经综合比较后确定。同时，应结合运行、管理方便的要求，合理利用有效空间，做到对外交通方便，通风、采光良好。副厂房的位置一般应紧靠主厂房，常常布置在主厂房的上游侧、下游侧和端部，可集中一处，也可分两处布置。

1. 副厂房设在主厂房的上游侧

这种布置方式的优点是布置紧凑，电缆短，监视机组方便，主厂房下游侧采光、通风条件良好。但电气设备线路与进水系统设备互相交叉干扰，引水道可能要增长。不宜适应电站分期建设、提前发电的要求，施工、运行干扰也较大，易受机组振动和噪声的影响。这种布置适用于引水式和混合式水电站，若坝后式厂房厂坝之间空间较大也比较适用。如陈村、新丰江、丹江口、密云等水电站均采用这种布置方式。

2. 副厂房设在主厂房的下游侧

这种布置方式的优点是电气设备的线路集中在下游侧，与水轮机进水系统设备互不交叉干扰，监视机组方便。缺点是主厂房下游侧的通风和采光受到影响，由于发电机引出母线和变压器布置在主厂房的下游侧，尾水管的振动影响较严重，容易引起电气设备的误操作，运行人员的工作环境不好。副厂房布置在下游侧可能需要延长尾水管的长度，相应增加厂房下部结构尺寸和工程量，电气出线也较复杂。这种布置方式适用于河床式水电站，如葛洲坝、富春江水电站均采用这种布置方式。

3. 副厂房设在主厂房的一端

这种布置方式的优点是主副厂房的总宽度较小，采光通风良好，给运行管理人员创造了良好的工作条件，能适应电站分期建设、初期发电的要求，而且运行与机电设备安装干扰小，可以减轻机组噪声对中央控制室的影响。缺点是母线与电缆线路较长，投资加大，当机组台数较多时，监视、维护距离较长，检修、试验时的联系不如前两种布置方便。这种布置方式适用于引水式或混合式水电站，特别是当电站为地下厂房时，采用这种布置洞室宽度较小，有利于结构的稳定。

总之，选择副厂房的位置时要权衡利弊，因地制宜，充分利用空间，降低工程造价。

资源 11－2

三、主变压器场

1. 主变压器场的布置原则

主变压器场一般露天布置，布置原则如下：

（1）主变压器应尽量靠近主厂房，以缩短昂贵的发电机母线长度，减小电能损失和出故障机会，并满足防火、防爆、防雷、防水雾和通风冷却的要求，安全可靠。

(2) 主变压器的位置应结合安装、检修运输、消防通道、进线出线、防火防爆要求确定。一般尽量与安装间在同一高程上，并敷设运输变压器的轨道，以便于主变压器的运输、安装和利用轨道推进厂房的安装间进行检修。变压器之间要留必要空间（一般0.8～1.0m），以便于维护、巡视和排除故障，并应考虑任何一台变压器搬运检修时不妨碍其他变压器及有关设备的正常运行。若主变压器不能推入安装间检修时，应创造就地检修的条件。

(3) 变压器的高压侧出线要方便，应留有高压侧避雷器位置和中性点设备位置、低压侧母线位置、搬运道位置等。

(4) 便于维护、巡视及排除故障。

(5) 土建结构经济合理，基础坚实稳定，能排水防洪。主变压器场的地面高程应高于下游最高洪水位，且四周应设置排水沟。

2. 主变压器场的位置

(1) 岸边式地面厂房，变压器场可能的位置是厂房的一端进厂公路旁、尾水渠旁、厂房上游侧或尾水平台上。岸边式地面厂房一般靠山布置，厂房上游侧场地狭窄，若布置变压器场需增加土石开挖，且通风散热条件差；变压器布置在尾水平台上需增加尾水管长度，一般这两种布置较少采用。

(2) 坝后式厂房，可以利用厂坝之间的空间布置主变压器。

(3) 河床式厂房，由于尾水管较长，可将主变压器布置在尾水平台上，这时尾水平台的宽度，应使主变压器在检修移出时符合最小安全净距的要求。

(4) 由于地形和场地的限制，少数水电站将主变压器布置在厂房顶上，地下厂房的主变压器可布置在地下洞室内。

四、高压开关站

高压开关站布置各种高压配电装置和保护设备，如电缆、母线、各种互感器、各种开关及继电保护装置、防雷保护、输电线路以及杆塔构架。这些设备型式、数量、布置方式和需要的场地面积，应根据电气主接线图、主变压器场的位置、地质地形条件及运行要求加以确定。高压开关站一般为露天布置，布置原则如下：

(1) 应尽量靠近主变压器场和中央控制室，且在同一高程上。由于地形限制，也可布置在附近山坡上，或布置在主厂房顶上。当地形较陡时，可布置成阶梯式和高架式，以减少挖方。当高压出线不止一个等级，可分设两个或多个开关站。

(2) 地基及边坡要稳定，避开冲沟口等不利地形，不能避开时，应对山洪、泥石流和崩塌体等采取预防措施。

(3) 要求高压进出线及低压控制电缆安排方便而且短，出线要避免交叉跨越水跃区、挑流区等。

(4) 场地布置整齐、清晰和紧凑，便于设备运输、维护、巡视和检修。

(5) 土建结构经济合理，符合防火保安等要求。

(6) 布置在河谷或山口地段时，应特别注意风速和冰冻的影响。

高压开关站的地面可敷设混凝土或碾压碎石层，其构架可采用钢筋混凝土预制件、预应力环形混凝土杆、金属结构或钢筋混凝土和金属件混合结构，场地四周应设置围墙或围栏。

五、压力管道和尾水道的布置

压力管道应尽可能保证进、出水水流平顺。可采用正向引水或侧向引水，一般采用正向引水；当压力管道直径小且根数少时也可采用侧向引水。

水电站的尾水渠一般为明渠，正向或侧向将尾水导入下游河道。由于尾水管出口水流紊乱，流速分布不均匀，出口河床需设衬砌加以保护。当水轮机的安装高程较低，为与天然河道相接，尾水渠常为倒坡。尾水渠应根据电站情况按下列原则布置：

(1) 考虑机组运行条件、地形地质、河道流向、泄洪、排沙及其他建筑物影响，对可能发生的淘刷和淤积部位应加强防护措施。

(2) 应考虑枢纽泄水建筑物泄水及下游梯级回水引起河床变化所造成的影响。避免泄洪时在尾水渠中形成较大的壅高和漩涡，避免出现淤积。必要时要加设导墙，将电站尾水与泄洪分开，减少电站尾水波动对水电站出力的影响。

(3) 禁止因不恰当的弃渣而抬高厂房发电尾水位。

六、厂区内交通线路的布置

厂区内交通对电站的施工、运行十分重要，应按下列原则布置：

(1) 根据近期和远景规模，全面规划，统筹安排，并应满足机电设备重件、大件的运输及运行方便的要求。

(2) 主要交通在设计洪水时应保证畅通；在校核洪水时，应保证进出厂人员交通不致阻断；穿过泄水雾化区地段宜采取适当保护措施。

(3) 进厂公路厂前应设有平直段。

(4) 进厂公路的设计可按国家现行相应规范和标准进行，公路最大纵坡宜小于8%，受地形限制时可增加1%～2%。

(5) 高尾水位厂房，经论证，允许进出厂房主要交通采用垂直运输方式。

进厂公路宜从下游侧引入厂房。当因地形、地质和枢纽布置条件限制进厂公路必须由端部平行于厂房轴线方向进厂时，应设置警戒标志或阻进器。

第二节　厂房的功用和基本类型

一、厂房的功用

水电站厂房是水力发电系统的中枢，是水电站的主要建筑物之一，是将水能转化为电能的综合工程设施。

水电站厂房中安装有水轮机、发电机和各种辅助设备，从而将水能转化为电能。水轮发电机发出的电能，经变压器和开关站等输入电网送往用户。因此，水电站厂房是水工建筑物、机械及电气设备的综合体。其功用是通过一系列工程措施，将水流平顺地引入水轮机，完成能量转换，成为可供用户使用的电能；并将各种必需的机电设备安置在恰当的位置，创造良好的安装、检修及运行条件，为运行管理人员提供良好的工作环境。

从水电站厂房的功用可以看出，厂房要满足主、辅设备及其联络的线、缆和管道布置的要求及安装、运行、维修的需要，以保证发电质量。因而在厂房的设计、施工、安装和运行中，需要各专业人员通力协作。水工专业的技术人员主要从事厂房建筑物的设计、施工与运行管理，应与机械、电气设备、建筑、暖通和给排水等专业技术人员密切合作，对结构施工、设备安装、运行管理、交通条件和环境保护等各方面的因素进行综合比较分析，优化布置和设计。水电站厂房的要求较高，从结构的稳定、强度、防渗防潮、防火防爆，到运行过程中的防噪隔音、通风照明，以及保证各种设备的安全运转及运行管理人员工作条件的安全方便舒适等，都应充分考虑。

二、厂房的基本类型

水电站厂房除按结构特征及布置特点划分为坝后式厂房、河床式厂房、地下式厂房、岸边式厂房、坝内式厂房和溢流式厂房等类型外，还可按下列不同的标准划分。

1. 按机组装置方式划分

(1) 立式（立轴）机组厂房：机组主轴竖直布置的厂房，大中型厂房常常采用。

(2) 卧式（卧轴）机组厂房：机组主轴水平布置的厂房，装设卧轴反击式水轮机、卧轴冲击式水轮机或贯流式水轮机的厂房采用。

2. 按厂房上部结构划分

(1) 户内式厂房：主、辅设备布置在有墙壁和屋顶的围护结构内。最常用的户内式厂房的上部结构与一般工业厂房类似，有门及窗户与大气相通。

(2) 露天式厂房：厂房上部结构没有墙壁和屋顶，主机组用金属罩盖住，利用门式吊车安装、检修机组，辅助设备布置在水轮机层。

(3) 半露天式厂房：厂房的主、辅设备布置在低矮的房间中，房顶开孔，孔口用活动防护罩盖住，发电机周围有较大空间便于巡视。

露天式和半露天式厂房具有投资省、工期短等优点，但运行时必须满足防冻、防热、防潮、防雨雪、防风沙、防震和巡视、检修方便等要求，适用于机组台数较多和少雨地区。由于工作环境恶劣，目前已基本淘汰。

3. 按机组工作特点划分

(1) 常规机组厂房：装设常规水轮机组的厂房。

(2) 贯流式机组厂房：装设贯流式机组的厂房。

(3) 抽水蓄能机组厂房：装有水泵水轮机组和常规水轮发电机组，具有抽水和发电两种功能的厂房。

(4) 潮汐水电站厂房：与河床式厂房基本相同，但利用大海涨潮和退潮时所形成的水头差进行发电的厂房。

由于水电站的开发方式、枢纽布置、水头、流量、装机容量、水轮发电机组型式及水文、地质、地形等条件的不同，加上政治、技术经济、生态环境及国防等因素的影响，厂房的布置方式也各不相同。水电站厂房类型的选择应综合考虑以上具体条件，经过经济技术比较综合确定。

本章将以岸边式厂房枢纽为例（图 11-2），介绍厂房内部的组成、设备布置、结构布置、尺寸确定等水电站厂房布置设计的一般规律。其他类型的厂房结构布置见第十二章。

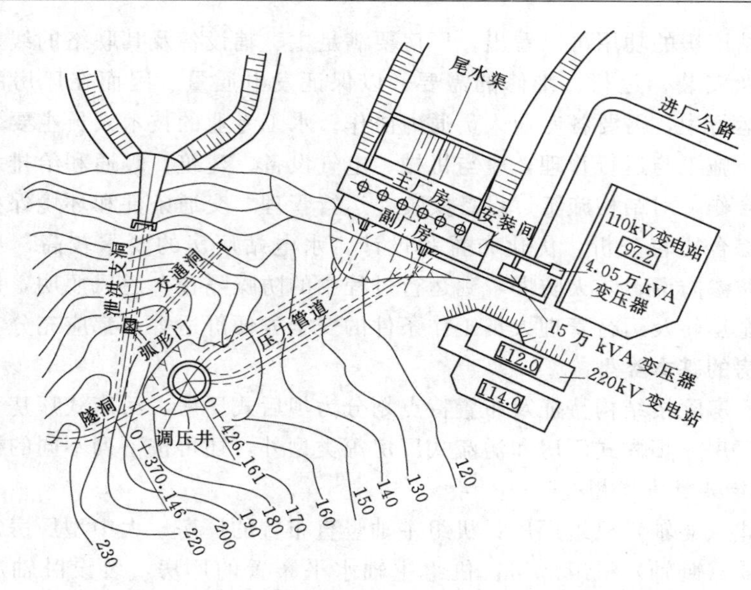

图 11-2 密云电站岸边（引水）式厂房枢纽平面布置图

第三节 厂房的组成

资源 11-3

为了恰当安置机电设备，并使其高效、正常运转，厂房建筑物在设备、空间和结构等方面都有一定的要求。为了对水电站厂房的组成有一个全面的、整体的认识，本节将从不同角度介绍水电站厂房的组成。

一、从设备组成的系统划分

水电站厂房内的设备分属 5 大系统。

1. 水流系统

水能转换为机械能的一系列过流设备，主要是水轮机及其进出水设备，包括压力管道、进水阀、引水室（蜗壳）、水轮机、尾水管及尾水渠等。如图 11-3 中左边和下边有箭头的实线经过的设备。水流系统设备一般布置在厂房水轮机层以下块体结构中。

2. 电流系统

发电、变电、配电的电气一次回路系统，包括发电机及其中性点引出线、母线、发电机电压配电装置（户内开关室）、主变压器和高压配电装置（户外高压开关站）等。如图 11-3 有箭头的双实线经过的设备。

3. 电气控制设备系统

控制水电站运行的电气设备，即电气二次回路系统，包括机旁盘、励磁设备系统、中央控制室、各种控制及操作设备，如各种互感器、仪表计、继电器、控制电缆、自动及远动控制装置、通信及调度设备等。一般布置在主厂房发电机层、水轮机层或副厂房内。

4. 机械控制设备系统

主要有水轮机的调速设备（接力器、油压装置及操作柜），阀门（如蝴蝶阀或球阀）的控制设备，其他各种闸门、减压阀和拦污栅等操作控制设备，一般布置在所控制设备的附近。

5. 辅助设备系统

为了安装、检修、维护、运行所必需的各种电气及机械辅助设备，包括：

（1）起重设备：厂房内外的桥式起重机、门式起重机、闸门启闭机等。

（2）厂用电系统：包括厂用变压器、厂用配电装置、直流电系统。

（3）油系统：电站用透平油及绝缘油的存放、处理、输油管等。

（4）气系统：高低压压缩空气设备、储气筒、输气管等。

（5）水系统：包括供水系统的技术、生活、消防用水的供水设备以及排水系统的渗漏和检修排水设备，如水泵、水管、集水井等。

（6）其他：包括各种电气和机械修理室、试验室、工具间、通风、采暖设备等。

以上5大系统应相互协调配合，共同发挥作用。

二、从设备布置和运行要求的空间划分

从设备布置和运行要求的空间可将水电站厂房划分为4部分。

1. 主厂房

主厂房（含安装间）是指由主厂房构架及其下的厂房块体结构形成的建筑物，内部装有实现水能转换为电能的水轮发电机组和主要控制和辅助设备，并提供安装、检修的设施和场地。它是水电站厂房的主要组成部分，如图11－3虚线所包围的范围。

2. 副厂房

副厂房是为了安置各种运行控制和检修管理等附属设备以及运行管理人员工作和生活用房、在主厂房周围（如上游侧、下游侧、端部）所建的房屋，如图11－3点划线所包围的范围。

3. 主变压器场

主变压器场是装设主变压器的地方。一般布置在主厂房旁边。水轮发电机发出的电能需通过主变压器升压后，再经输电线路送给用户。

4. 高压开关站（户外配电装置）

为了按需要分配功率及保证正常工作和检修，发电机和变压器之间以及变压器与输电线路之间有不同的电压配电装置。发电机侧的配电装置，通常设在厂房内，而其高压侧的配电装置一般布置在户外，称高压开关站。内装设高压开关、高压母线和保护设施，高压输电线由此将电能输送给电力用户。

主变压器场和高压开关站如图11－3实线所包围的范围。

主厂房和副厂房习惯上也称为厂房。主变压器场和高压开关站有时也称为变电站或升压站。

三、从水电站厂房的结构组成划分

1. 水平面上

水平面上可分为主机室和安装间。主机室是运行和管理的主要场所，水轮发电机组及辅助设备布置在主机室。一台机组所占用的空间称为一个机组段，主机室由各机组段组成。安装间是水电站机电设备卸货、拆箱、安装和检修时使用的场地，一般在

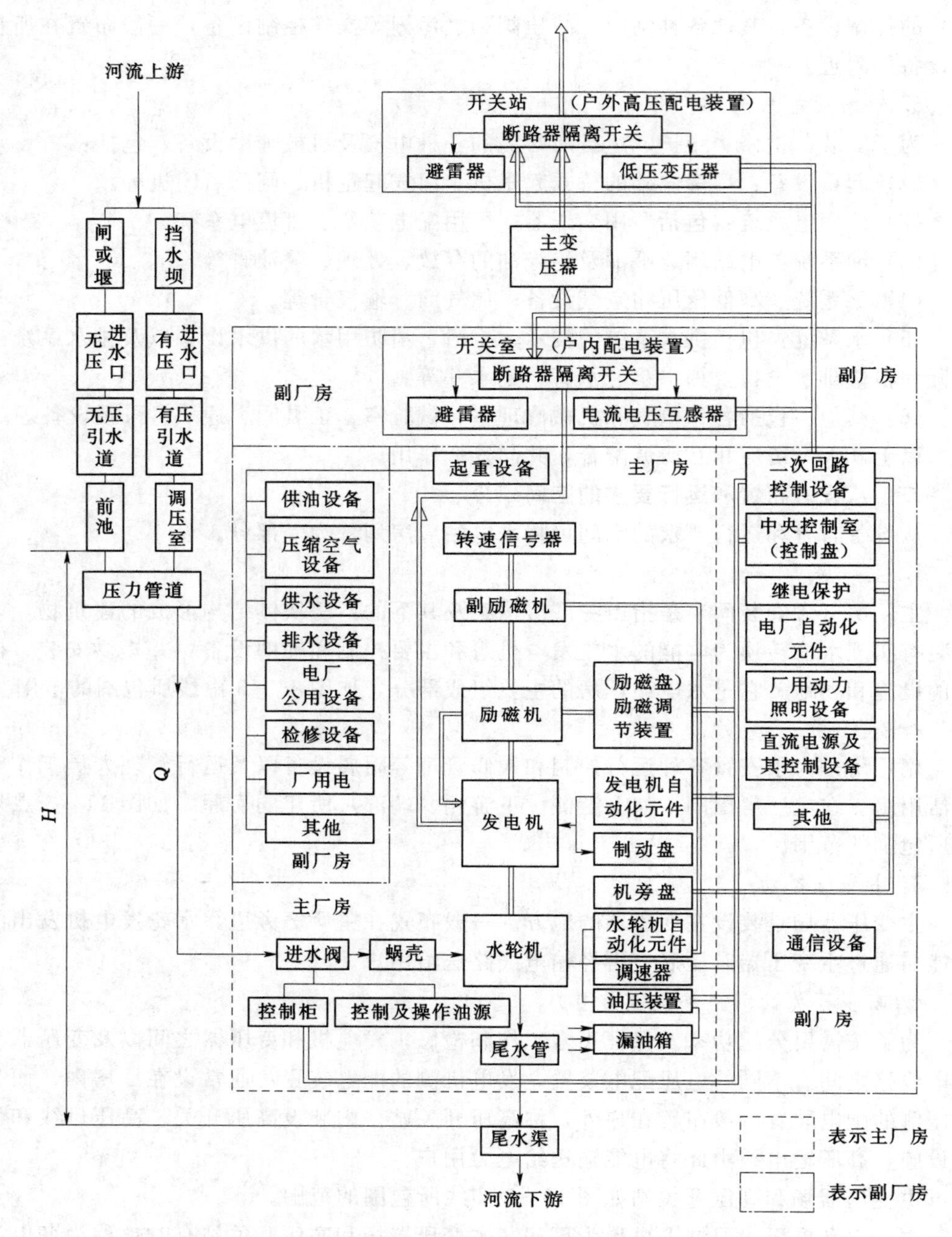

图 11-3 水电站厂房的组成

主机室的端部，也可设在主机室中间。图 11-4 为密云水电站发电机层平面图，主机室有 6 台机组，安装间在厂房右端部。

2. 垂直面上

垂直面上，根据工程习惯主厂房以发电机层楼板面为界，分为上部结构和下部结构，图 11-5 为密云水电站主厂房横剖面图。

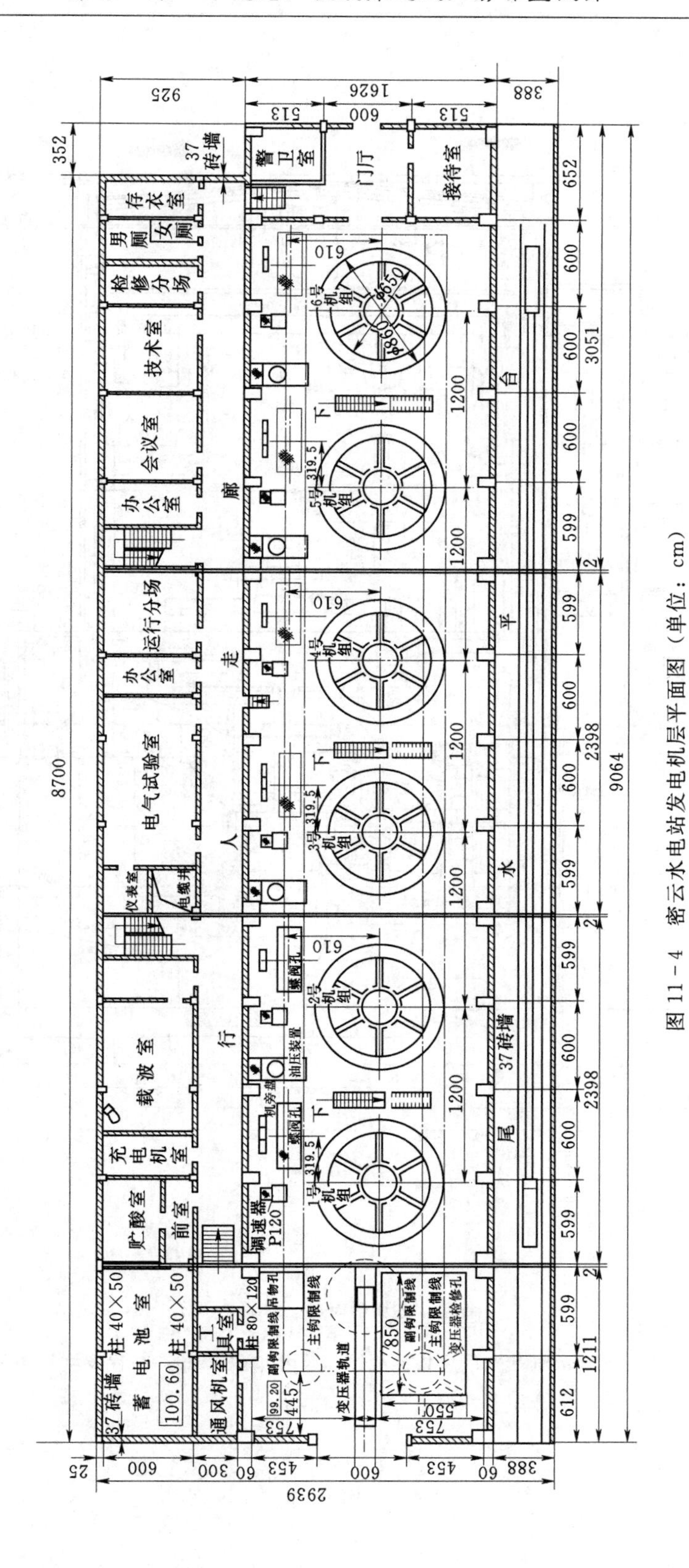

图 11-4　密云水电站发电机层平面图（单位：cm）

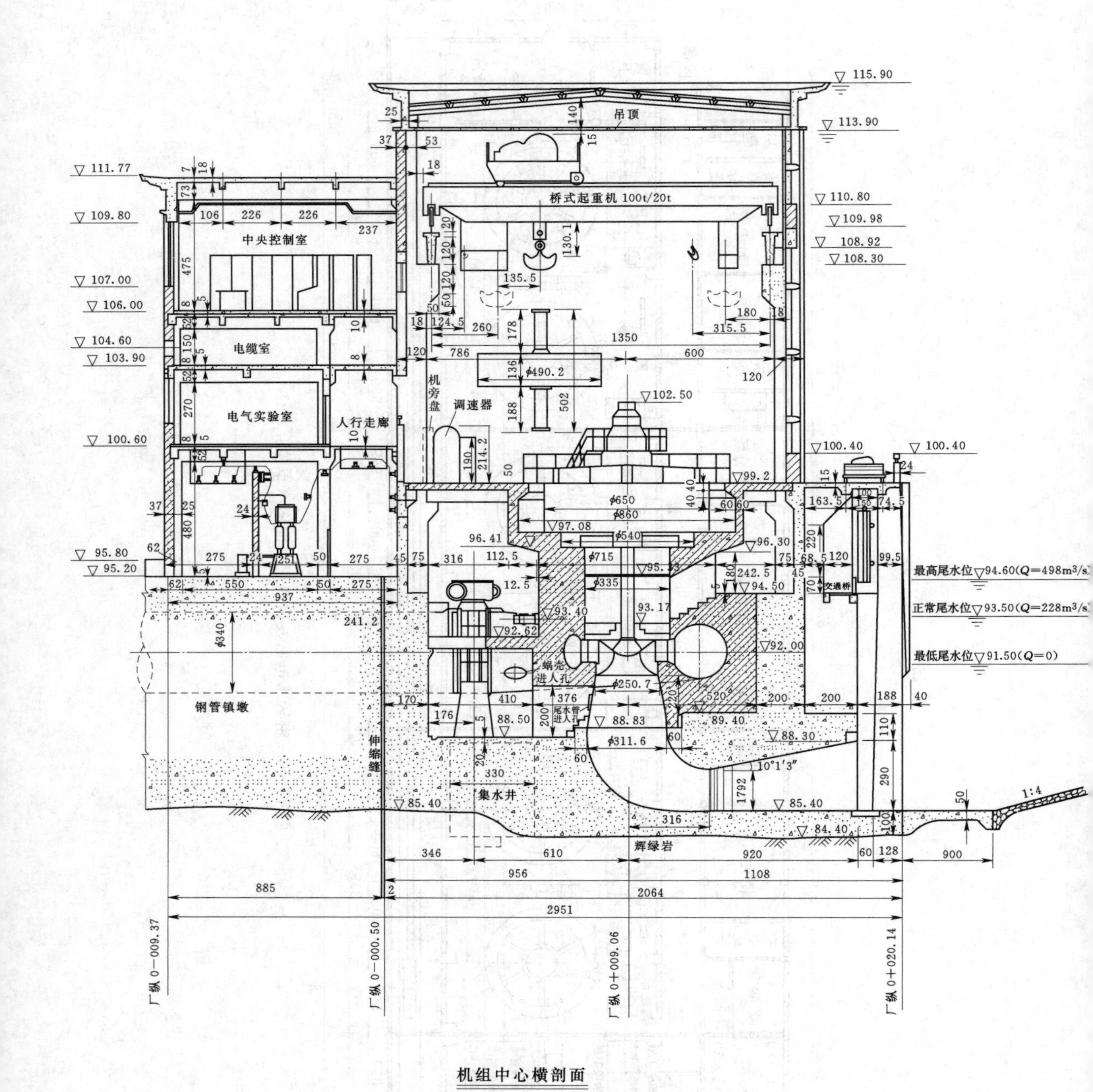

图 11－5 密云水电站主厂房横剖面图（尺寸单位：cm，高程及桩号单位：m）

（1）上部结构。与工业厂房相似，是混凝土排架和围护结构，基本上是板、梁、柱结构系统。布置有发电机励磁、机组操作控制系统、量测系统及起重设备等。

（2）下部结构。除发电机层楼板外，均为大体积混凝土结构，包括机墩、风罩、蜗壳外围混凝土、尾水管外围混凝土、防水墙（底墙）、尾水管闸墩及平台、集水井、基础底板等。内部主要布置水流系统，是厂房的基础。在高程上一般可分为发电机层、水轮机层、蜗壳层和尾水管层，有的还有主阀层等。其中，水轮机地面以下常称为下部块体结构。

第四节　发电机及其支承结构

发电机是实现机械能向电能转化的主要电气设备。在高水头电站各种机电设备中，发电机的尺寸最大，其型式、尺寸和布置对主厂房的布置和平面尺寸常起控制作用。

一、发电机类型

资源 11－4

资源 11－5

资源 11－6

资源 11－7

资源 11－8

水轮发电机按其主轴的放置方式可分为立式和卧式两大类，大中型水电站一般均采用立式水轮发电机组。卧式布置通常用于小型机组和贯流式机组。立式水轮发电机根据其推力轴承与转子的相对位置又可分为悬式和伞式两类。

（一）悬式发电机

如图 11－6 所示，推力轴承位于转子上方，支承在上机架上。悬式发电机转动部分（包括发电机转子、水轮机转轮、大轴和作用于转轮上的水压力）的重量，通过推力轴承（推力轴承由推力头、镜板、轴瓦以及支承结构等组成）传递给上机架，上机架传递给定子外壳，定子外壳再把力传递给机座，整个机组好像在上机架上悬挂着一样，因此称为悬式。

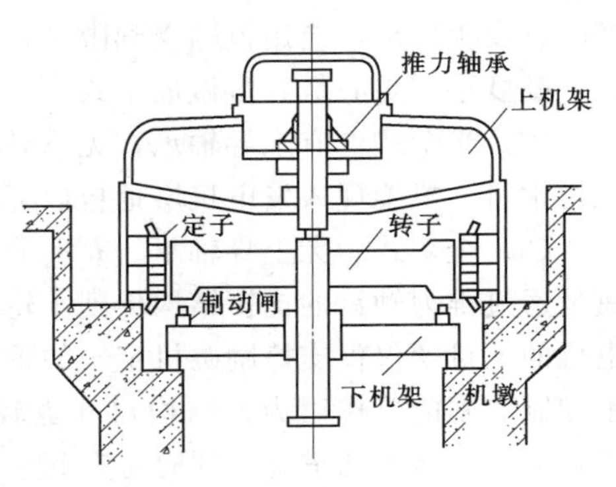

图 11－6　悬式发电机示意图

下机架的作用是支撑下导轴承和制动闸，下导轴承的作用是防止发电机轴的径向摆动。制动闸的作用有二：一是机组停机时，使机组快速停止；二是当机组较长时间停机后再开机时，将转子顶起，以防烧毁推力轴承。制动闸反推力、下导轴承自重等通过下机架传给机座。

悬式发电机的优点是推力轴承磨损小，装配方便，且因其支承点高，运行较稳定，因此，转速在 150r/min 以上的发电机多做成悬式的。但悬式发电机上机架尺寸大，机组高大，消耗钢材多。

（二）伞式发电机

如图 11－7 所示，伞式发电机推力轴承位于转子下方，设在下机架上。整个发电机像把伞，推力头像伞柄，转子像伞布，故称伞式发电机。

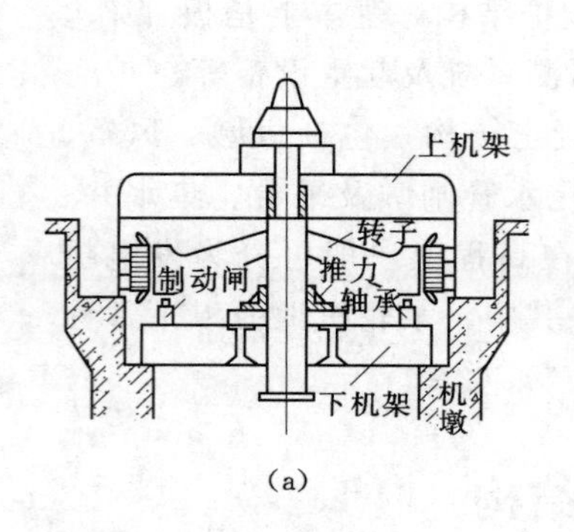

(a)

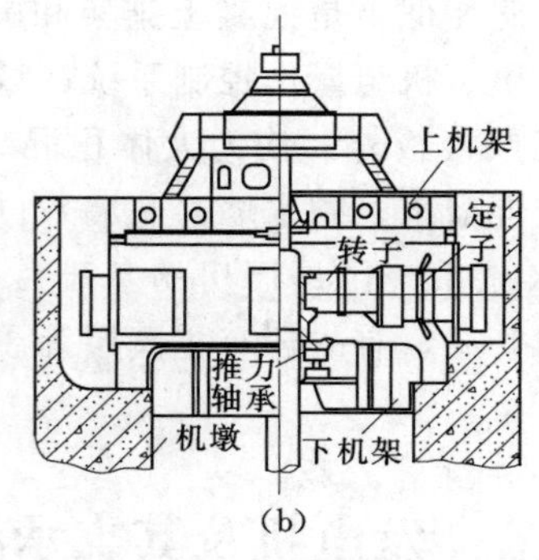

(b)

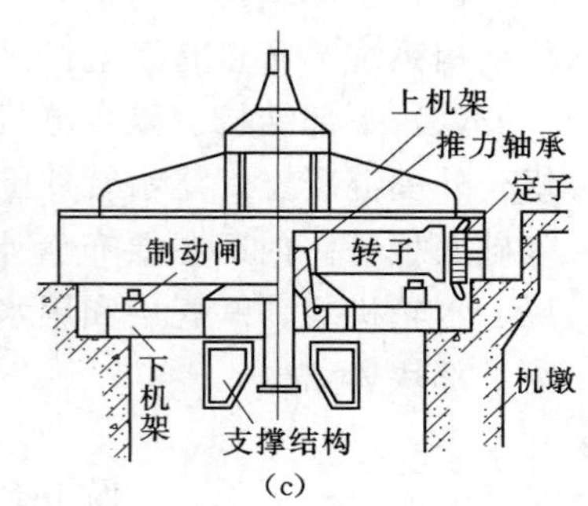

(c)

图 11-7　伞式发电机示意图

(a) 普通伞式；(b) 半伞式；(c) 全伞式

伞式发电机的优点是上机架轻便，可降低机组和厂房高度，节省钢材，检修方便。其缺点是推力轴承直径较大，易磨损，设计制造复杂。转速在 150r/min 以下的大容量机组多做成伞式的。伞式发电机可分为以下几种形式：

(1) 普通伞式。有上下导轴承，如图 11-7 (a) 所示。机组转动部分的重量通过推力轴承传给下机架，下机架再把力传给机座。上机架只支撑上导轴承和励磁机定子。由于利用水轮机和发电机之间的轴安放推力头，上机架的高度可减小，轴长可缩短，因而降低了厂房高度。发电机的重量比悬式要小，发电机转子可单独吊出，不需卸掉推力头，从而缩短了安装检修的时间。伞式发电机转子重心在推力轴承之上，运转时易发生摆动，应用范围受到限制。对于大容量、低转速的发电机，由于转子直径大、高度小、重心低，多做成伞式。

(2) 半伞式。有上导轴承，无下导轴承，如图 11-7 (b) 所示。此种形式的发电机通常将上机架埋入发电机层地板以下。

(3) 全伞式。无上导轴承，有下导轴承，如图 11-7 (c) 所示。机组转动部分的重量通过推力轴承的支撑结构传到水轮机顶盖上，通过顶盖传给水轮机座环。这种发电机的上机架仅仅支撑励磁机定子的重量，结构简单，尺寸小。下机架只承受下导轴承和制动闸的反作用力，结构尺寸也较小。这种传力方式进一步缩短了发电机的轴长，减小了转子的重量，同时也有利于降低厂房高度。

二、发电机的励磁系统

励磁系统的作用是向发电机转子线圈供给直流电流以形成磁场。一般每台发电机都设有各自独立的励磁系统。励磁系统包括励磁机和励磁盘。

(1) 励磁机。目前水轮发电机的励磁方式有直流发电机励磁和静电可控硅励磁两种。直流发电机励磁又分两种：一种是采用与水轮发电机同轴的励磁机的直接励磁；另一种是采用其他发电机的非直接励磁。静电可控硅励磁是将发电机输出电流的一部分经可控硅整流、降压后送回发电机作为励磁电流。这种励磁方式可省去励磁机，有利于降低厂房高度，但要增加励磁盘的数量和励磁变压器。大型水轮发电机多采用这种励磁方式。

(2) 励磁盘。它是装设水轮发电机励磁回路的控制设备和自动调整装置的配电盘，其作用是控制和调整水轮发电机的励磁电流。每台发电机一般有3～5块励磁盘，一般布置在发电机层的上游侧或下游侧。

三、发电机的支承结构

机座（或称机墩）是发电机的支承结构，其作用是将发电机支承在预定位置上，并为机组的运行、维护、安装和检修创造条件。机座中间的空腔称为机坑或水轮机井。立式机组的机座承受水轮发电机组的全部动、静荷载，包括垂直荷载（转动及非转动部分的重量、水推力等）及扭矩（正常及短路扭矩）。这些荷载通过机座传到下部大体积混凝土，因此，为保证机组正常运行，要求机座具有足够的强度和刚度，保证弹性稳定；同时要求具有良好的抗振性能，动力作用下振幅小，自振频率高（以免与机组发生共振）。

机座一般为钢筋混凝土结构，常见的形式有以下几种。

1. 块体机座

块体机座发电机层以下除预留有水轮机井及必要的通道以外，全部为块体混凝土，机组直接支承在块体混凝土上，如图11-8所示。这种机座的强度及刚度很大，抗震性能也好，但混凝土用量大，大型机组特别是大型伞式水轮发电机可考虑采用这种型式。

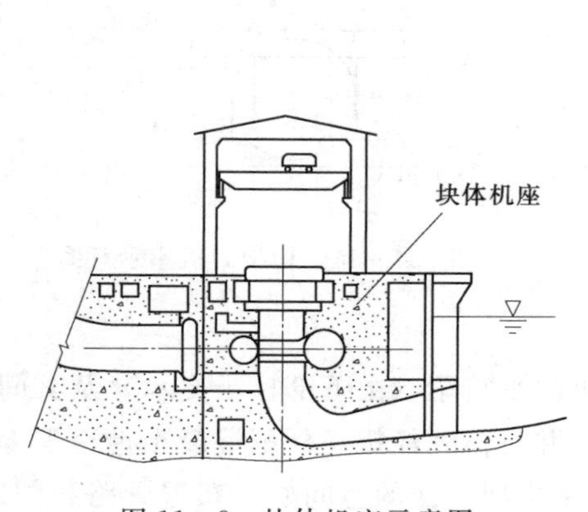

图11-8　块体机座示意图

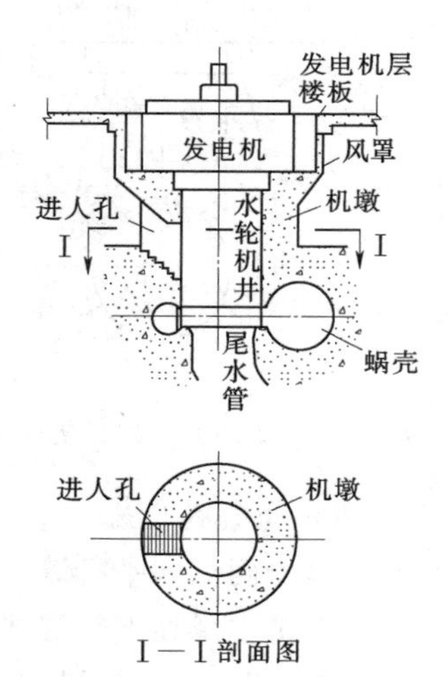

图11-9　圆筒式机座示意图

2. 圆筒式机座

圆筒式机座的结构型式为厚壁钢筋混凝土圆筒，其壁厚在1m以上。内壁为圆形的水轮机井，外部形状可是圆形，也可是八角形，如图11-9所示。为便于安装、检修，机井内径应大于水轮机转轮直径，小于发电机转子直径，并考虑下机架支承等要求，一般为1.3～1.4倍的转轮直径。也可根据以下公式确定机井内径D_c。

悬式发电机：

$$D_c \leqslant D_i-(0.6\sim1.5) \tag{11-1}$$

伞式发电机：

$$D_c \geqslant (1.3 \sim 1.5) D_1 \qquad (11-2)$$

式中：D_i 为水轮发电机定子内径，m；D_1 为水轮机转轮标称直径，m。

圆筒式机座的优点是刚度较大，抗压、抗振、抗扭性能较好，结构简单，施工方便。我国大中型电站采用较多。其缺点是水轮机井空间狭小，水轮机的安装、维修、维护不方便。

3. 环梁立柱式机座

由布置在机组周围的4根或6根立柱以及固结于立柱顶部的环形梁组成，发电机坐落在环形梁上，立柱底部固结在蜗壳上部混凝土上，并将荷载传到下部块体结构，如图11-10所示。此种机座的优点是混凝土用量省，水轮机顶盖处宽敞，立柱间净空便于设备的布置、机组出线、安装与维修。缺点是机座刚度小，抗振、抗扭性能较圆筒式差，噪声较大，一般用于中小型机组。

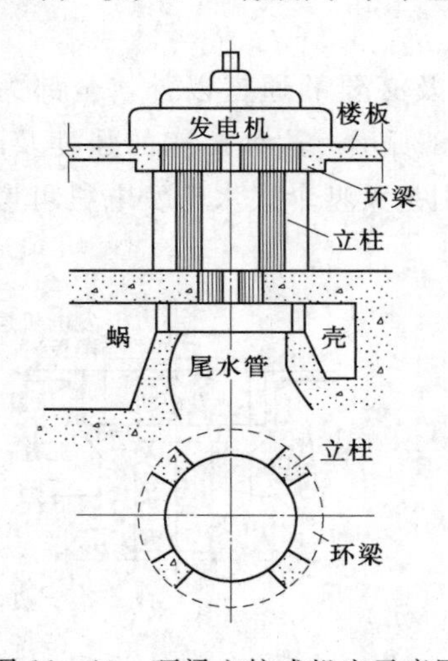

图11-10　环梁立柱式机座示意图

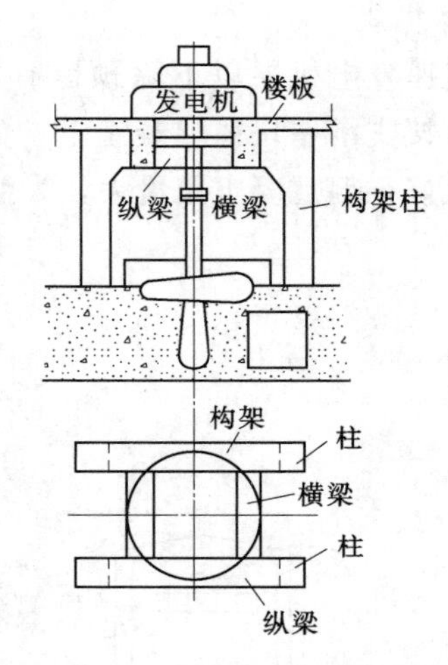

图11-11　构架式机座示意图

4. 平行墙或构架式机座

这种机座是由两纵向平行墙或两个纵向平行梁（由下部柱子支承）及其间的两根横梁组成。发电机支承在上部墙或梁上，并将荷载经蜗壳外围混凝土传至下部块体结构，如图11-11所示。这种机座的优点是构架下面的空间便于布置管路和辅助设备，机组安装、检修都较方便，而且施工简单，节约材料，造价低。缺点是刚度更小，仅适用于小型机组。

5. 钢机座

钢机座采用钢结构制成发电机机座并将荷载传至水轮机顶盖、座环或蜗壳外围混凝土上。这种机座的优点是发电机与水轮机直接配套，结构紧凑，安装方便迅速，减少了复杂的钢筋混凝土工程，缺点是钢材用量较多，我国尚未采用。

资源11-9

四、发电机的布置型式

根据发电机与发电机层楼板的相对位置关系，常见的发电机的布置型式有开敞式、埋入式和半岛式。

（1）开敞式布置。发电机定子完全露出于发电机层地面以上，如图 11－12（a）所示。此种布置因其占用较多的发电机层地板空间，显得拥挤，同时水轮机层高度小，引出线布置较为不便，因而在大型机组中不多见，适用于容量较小的机组。

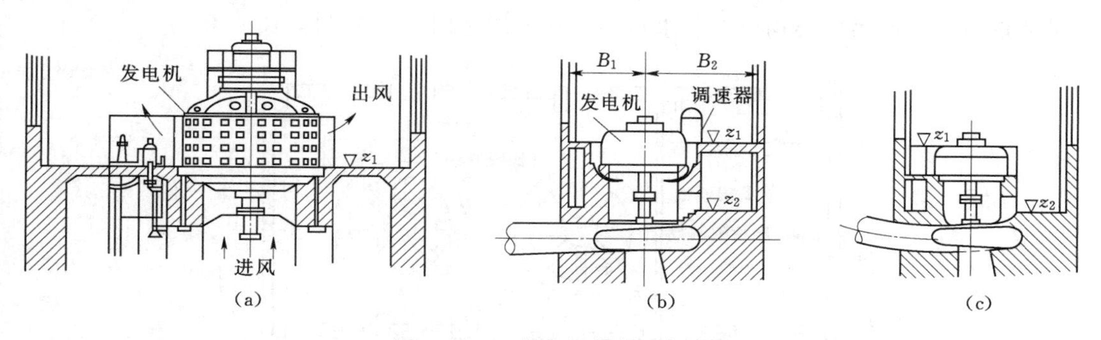

图 11－12　发电机的布置方式

（a）开敞式布置；（b）埋入式布置；（c）半岛式布置

（2）埋入式布置。埋入式布置又可分为上机架埋入布置与定子埋入布置两种。单机容量在 100MW 以上的大型机组常采用上机架埋入布置，即发电机定子及上机架全部埋设在发电机层楼板之下，发电机层只留有励磁机。这样要增加一些厂房的高度，但发电机层较宽敞，检修场地大，利于各种控制设备和辅助设备的布置。发电机层与水轮机层之间高度大，可增设夹层布置发电机引出线及电气设备。单机容量数万千瓦的机组，常把发电机定子埋入发电机层楼板下机坑内，为定子埋入布置，如图 11－12（b）所示。此种布置上机架外露，占用发电机层部分空间，但便于检修悬式发电机的推力轴承、观察发电机上导轴承油位和测量机架摆度。

（3）半岛式布置。仅在机组一侧（上游侧或下游侧）设有水轮机层和发电机层，如图 11－12（c）所示。这种布置由于厂房内场地狭小，设备拥挤、安装检修不便，采用不多。

第五节　辅助设备的布置

辅助设备是机组安装和机组正常运行所必需的，对厂房的布置和尺寸也有一定的影响。本节主要介绍起重设备、油系统、气系统、水系统及其布置特点。

一、起重设备

（一）桥吊及其工作范围

资源 11－10

为了安装和检修机组及其辅助设备，厂房内要装设专门的起重设备。起重设备的型式和吊运方式对厂房上部结构和尺寸影响较大，正确选择起重设备和吊运方式，可减小其宽度或高度。

最常见的起重设备是桥式起重机（简称桥吊）。桥吊由横跨厂房的桥吊大梁、大梁顶部的小车、驱动操纵机构和提升机构等组成。桥吊大梁支承在吊车梁上，吊车梁支承在主厂房上下游侧的钢筋混凝土排架柱上。桥吊大梁可在吊车梁轨道上沿主厂房纵向行驶，桥吊大梁上的小车可沿大梁在厂房内横向移动，桥吊上的两个吊钩可以到达主厂房的绝大部分范围。在起重机产品目录上可查出各吊钩各方向上的极限位置，桥吊大梁、小车、吊钩移动的范围，这些构成了吊车的工作范围。厂房内所有需要起吊的设备，其起吊中心均应在起重机的工作范围之内，如图 11-13 所示。

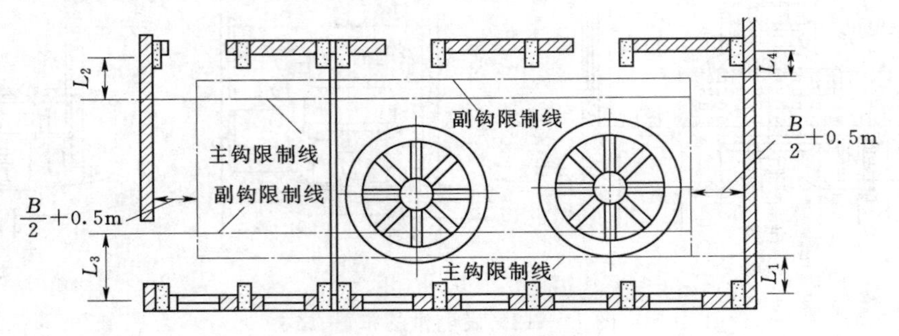

图 11-13 桥吊工作范围图

桥吊有单小车和双小车两种。单小车桥吊设有主钩和副钩，双小车桥吊设有两台可以单独或联合运行的小车，每台小车只有一个起重吊钩，借助手动变速作主钩和副钩使用，当吊运最重部件时（如发电机转子），两台小车借助平衡梁联合起吊。图 11-14 是单小车桥吊构造图。

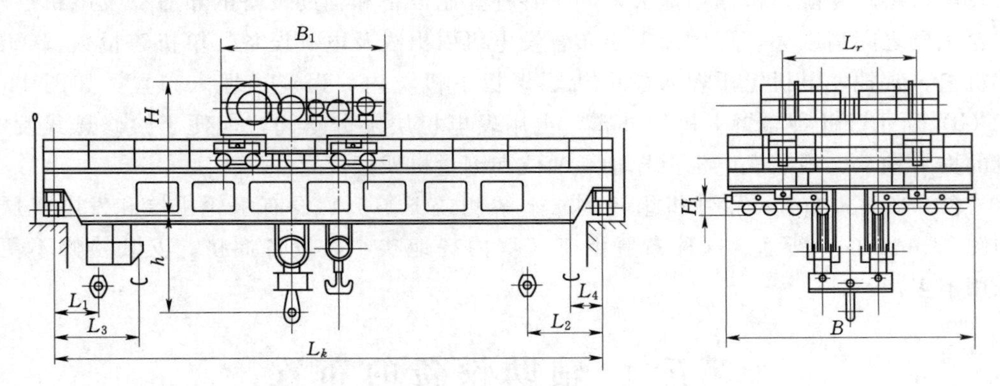

图 11-14 单小车桥吊构造图

双小车桥吊重量轻、外形尺寸小，而且用平衡梁吊运带轴转子时，大轴可以超出主钩极限位置以上，从而可降低主厂房的高度，对地下式厂房或坝内式厂房比较有利。双小车桥吊还便于翻转大型重件。但双小车桥吊每台小车活动范围较小，大车的轮压分布比两台单小车集中，增加了桥吊的耗钢量，用平衡梁吊大件时，两主钩需同步。

（二）桥吊的起重量和台数

桥吊的选择取决于最大起重量以及水电站厂房的类型和机组台数等。

桥吊的最大起重量取决于所吊运的最重部件。最重的部件可能是发电机转子、水轮机转轮或主变压器。一般为发电机转子，悬式发电机的转子需带轴吊运，伞式发电机的转子可带轴吊运，也可不带轴。对于低水头电站，最重部件也可能是带轴或不带轴的水轮机转轮。少数情况下，最重的部件为主变压器（当主变压器需要在安装间内检修时）。

当起重量小于100t，机组台数少于4台时，一般采用一台单小车桥吊，多于5台时可选用两台单小车桥吊。

当起重量大于100t，机组台数少于4台时，采用一台双小车桥吊或单小车桥吊；多于5台时，因机组安装检修时吊运任务繁重，可选用两台单小车桥吊，或采用一台双小车桥吊，另设一台起重量较小的单小车桥吊辅助吊运。

大型水电站机组台数较多，为了降低主厂房的高度，同时为避免设置一台吊车起重量太大，常设两台吊车来吊装发电机转子和水轮机转轮。此时，用平衡梁做连接构件，水轮机轴用法兰连接于平衡梁上，而发电机转子轴可穿过平衡梁孔，用锁定装置固定于平衡梁上，如图11－15所示。因此装有两台吊车可以降低轨顶高程，从而降低整个厂房的高度，但厂房长度可能因此增加。此外，起重量必须考虑平衡梁的重量，通常起重量约增加10%。

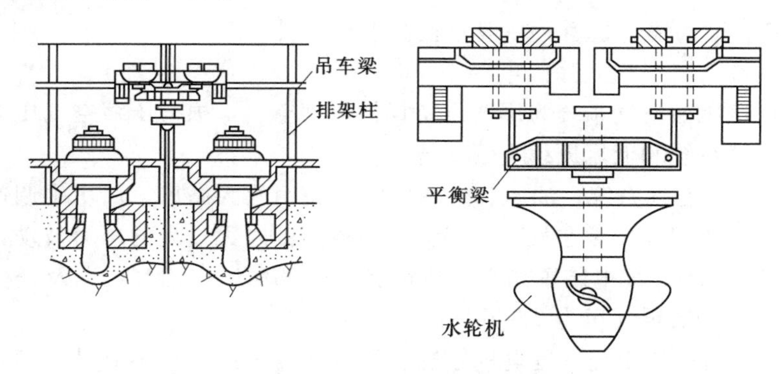

图11－15　利用平衡梁吊运示意图

（三）桥吊跨度

桥吊跨度是指桥吊大梁两端轮子的中心距。选择桥吊跨度时应综合考虑下列因素：

（1）桥吊跨度要与主厂房下部块体结构的尺寸相适应，使主厂房构架直接坐落在下部块体结构的一期混凝土上。

（2）满足发电机层及安装间布置要求，使主厂房内主要机电设备均在吊钩工作范围之内，以便安装和检修。

（3）尽量采用起重机制造厂家所规定的标准跨度，便于初设时根据产品目录获取有关资料。必要时，也可向厂家提供所需要的跨度，厂家根据工程需要制造相应跨度的起重机。

二、油系统

资源11－11

水电站油系统的作用有两方面：一是供给机组轴承的润滑油和操作用的压力油，称为透平油，其作用是润滑、散热及传递能量；二是供给变压器、油开关等电气设备的绝缘油，其作用是绝缘、散热及灭弧。两种油的性质不同，作用不同，应有两套独立的油系统。

油系统主要由以下几部分组成：

(1) 油库。接收和储存油的地方，油库设有油罐。油库要特别注意防火，大于100t的油库应设在厂外。透平油的用油设备均在厂内，故透平油库一般布置在厂内，只有在油量很大时才在厂外另设存贮新油的油库。主变压器和开关站用绝缘油，且用量较大，所以绝缘油库常布置在厂外主变压器场和开关站附近。

(2) 油处理室。设有油泵和滤油机，有时还有油再生装置。油处理室一般设在油库旁。透平油与绝缘油常合用油处理室。相邻水电站可合用一套油处理设备。

(3) 补给油箱。一般设在主厂房的吊车梁下。当设备中的油有消耗时，补给油箱自流补给新油。当不设补给油箱时，可利用油泵补给新油。

(4) 废油槽。在每台机组的最低点设废油槽，收集漏出的废油。

(5) 事故油槽。当变压器、油开关、油库发生燃烧事故时迅速将油排走，以免事故扩大。油可排入事故油槽中。事故油槽应布置在便于充油设备排油的位置，并便于灭火。

(6) 油管。油的输送通道，一般布置在水轮机层。

三、气系统

水电站厂房压缩空气系统为用气设备提供压缩空气，根据压缩空气压力的高低分为高压压缩空气系统和低压压缩空气系统。

(1) 高压压缩空气系统。油压装置和空气开关用气为高压。厂房中调速器压力油箱中约有2/3的体积为压缩空气，以保证调速器用油时无过大的压力波动，额定气压为2.5MPa及4MPa。配电装置如空气断路器的灭弧和操作用气，以及开关和少油断路器的操作用气，额定气压为2～5MPa。

(2) 低压压缩空气系统。发电机停机时用压缩空气进行机组制动；调相运行时需向水轮机顶盖下充以压缩空气以压低尾水管中的水位；蝴蝶阀关闭时，需将压缩空气通入阀上的空气围带，使其膨胀而减少漏水；机组检修时清扫设备，供风动工具使用；闸门及拦污栅，有时需用压缩空气防冻清污。低压压缩空气额定气压为0.5～0.8MPa。

压缩空气系统由空气压缩机（空压机）、储气筒、输气管、测量控制组件等组成，厂房内需设专用压气机室布置压气系统。因空压机噪声大，压气机室应远离中央控制室，一般布置在水轮机层，安装间的下面，并满足防火防爆要求。储气筒一般与压气机室布置在一起，当储气筒特别大时，也可移至场外。

用气设备若远离厂房（如高压开关站及进水口），则可在该处另设压气系统，厂房内高低压系统均要设置。

四、水系统

水系统可分为供水系统和排水系统。

1. 供水系统

水电站厂房内的供水系统包括技术供水、消防供水和生活供水。

技术供水包括冷却及润滑用水，如发电机的空气冷却器、机组导轴承和推力轴承的油冷却器、水润滑导轴承、空气压缩机气缸冷却器、变压器的冷却设备等。耗水量最大的是发电机和变压器的冷却用水，可达技术用水的 80%左右，要求水质清洁、不含对管道和设备有害的化学成分。

消防供水要求水流能喷射到建筑物的最高部位，流量一般为 15L/s。消防供水可从上游压力管道、下游尾水渠或生活用水的水塔取水，并且应设置两个水源。

生活供水根据工作人员的多少决定。

一般供水系统是从压力管道取水、上游水库取水、下游取水和地下水源取水。供水系统由水源、供水设备、水处理设备、管网和测量控制组件组成。管路应尽可能靠近机组，以缩短管线并减少水头损失。供水泵房应布置在水轮机层或以下的洞室内。为保证水质，用水管把水引向过滤设备，经过滤后再分配用水。

供水方式常决定于水电站的水头，可采用以下几种供水方式。

(1) 自流供水。适用于水头在 12～60m 之间的水电站，但当水头大于 40m 时需要减压设备。坝后式厂房从水库取水，引水式厂房从压力管道取水。

(2) 水泵供水。当水电站的水头太低（水压力不够）或太高（需要减压设备）时，采用水泵供水方式。

(3) 混合式供水。如果水电站的水头变化较大，高水头时可采用自流方式，低水头时采用水泵供水。

2. 排水系统

排水系统可分为渗漏排水系统和检修排水系统。

厂房内能自流排往下游的水（如发电机冷却用水等）均自流排往下游，不能自流排向下游的用水和渗水，包括厂房内的生活用水、技术用水、各种部件及阀门和其他设备的渗漏水或建筑物伸缩缝与沉陷缝的渗漏水，均需引入集水井，再用水泵排到下游，此系统称为渗漏排水系统。

机组检修时常需要排空蜗壳和尾水管，为此需设检修排水系统。检修时，将检修机组前的主阀或进水闸门关闭，将蜗壳及尾水管中的水自流经尾水管排往下游。当蜗壳和尾水管中的水位等于下游尾水时，关闭尾水闸门，利用检修排水泵将余水排走。检修排水可采用下列几种方式：

(1) 集水井。各尾水管与集水井之间以管道相连，并设阀门控制，尾水管的积水可自流排入集水井，再用水泵排走。

(2) 排水廊道。在厂房最低处沿纵向设廊道，各尾水管的积水直接排入廊道，再以水泵排走。由于廊道体积大，尾水管中积水排除迅速，可缩短检修时间。

(3) 分段排水。在每两台机组之间设集水井和水泵，担负两台机组的检修排水。适用于容量不大的电站。

(4) 移动水泵。检修某台机组时，临时移动水泵装在该处进行排水。适用于容量不大的电站。

渗漏和检修集水井可布置在安装间下层、厂房一端、尾水管之间或厂房上游侧。集水井的底部高程要足够低，以便自流集水。每个集水井至少设两台水泵，水泵宜采用深井水泵。渗漏集水井一台工作泵，一台备用泵，应能自动操作，集水井设置水位报警信号装置。检修集水井的两台水泵均为工作泵，可不考虑自动操作。水泵集中布置在集水井上面的水泵房内，其电动机安装位置要高，防潮防淹。

渗漏排水系统和检修排水系统一般分开设置，对中型水电站，经论证可考虑两系统合并，但必须在两系统管路和集水井之间设逆止阀，只允许集水井中的水通过水泵向下游排水，而尾水不得倒灌，以免水淹没厂房。

第六节　厂房内部布置

资源 11-12

水电站主厂房是安装水轮发电机组及其辅助设备的场所，厂房内部布置应根据水电站规模、厂房形式、环境特点、机电设备安装、检修及运行要求等结合水工结构布置统一考虑。

一、发电机层的布置

发电机层和水轮机层布置设备最多。发电机层为装置水轮发电机组及辅助设备和仪表表盘的场地，也是运行人员巡回检查机组、监视仪表的场所。主要设备除了上节介绍的发电机外，还有调速器的调速柜及油压装置、机旁盘、励磁盘、主阀吊孔、楼梯、吊物孔、交通通道及起重设备等，如图 11-4 所示。

(1) 调速器。调速器由调速柜、油压装置和接力器 3 部分组成，布置也应相互协调。如果是金属蜗壳，则因蜗壳上游断面（$+y$ 方向）尺寸最小，接力器多布置在机座的上游侧，调速柜和油压装置相应布置在发电机层的上游侧。如果是混凝土蜗壳，接力器的布置不受蜗壳尺寸的限制，可在机组周围选择任何合适位置布置，其调速柜及油压装置布置在发电机层，与水轮机层的接力器位置相对应，尽可能靠近机组，避免跨机组段布置，并在吊车的工作范围之内。电液调速器的电器柜，一般都和机旁盘布置在一起。

(2) 机旁盘。包括机组自动操作盘、机电保护盘、量测盘、动力盘等，每台机组 3～5 块。为便于运行人员在机组启动时能观察到盘上的仪表，一般尽可能靠近调速柜，并在厂房的同一侧，靠近上游或下游墙壁（但不能紧靠墙壁，至少应有 80cm 的空间）。当主机室空间有限时，可将动力盘与其他盘分开而另行布置在水轮机层或其他适当位置。如果机组测温仪表不多，可以将测温仪表布置在发电机上机架上，不另设测温盘。

(3) 励磁机和励磁盘。励磁机根据其励磁方式可布置在发电机转子轴顶，也有与转子轴相连接的单独布置。励磁盘为控制励磁机运行而设置，常布置在发电机近旁。如果发电机层拥挤，也可布置在水轮机层，但需要配备通风防潮设备。

(4) 吊物孔和主阀吊孔。主机室和安装间吊车起吊范围内应设吊物孔，以沟通上下层之间的运输，一般布置在既不影响交通又不影响设备布置的地方，其大小与吊运设备的大小相适应，平时用铁盖板盖住。如果水轮机前装设蝴蝶阀或球阀，其检修一般在发电机层的安装间内进行，需要在与其相应部位的发电机层及水轮机层预留主阀吊孔，以方便检修和安装。此时，主阀吊孔可兼作吊物孔，仅需在安装间设吊物孔。

(5) 交通通道。水轮发电机组上、下游侧应留 2.0～2.5m 贯穿全厂的直线水平通道，各种设备之间也必须为运行人员巡视和检修留 1.5～2.0m 的距离。此外，为便于运行人员到水轮机层巡视、操作、及时处理事故，由发电机层到水轮机层每隔一段距离需要设置一个楼梯，一般两台机组设置一个，至少在主厂房的两端各设一个。

（6）起重设备及其工作范围。发电机层平面设备布置应考虑在吊车主、副钩的工作范围内，以便楼面所有设备都能由厂内吊车起吊。一般在发电机层平面图上画出吊钩工作范围。

二、水轮机层的布置

水轮机层是指发电机层以下，蜗壳大块混凝土以上的空间。该空间除布置有发电机的机墩外，还常常布置调速器的接力器、水力机械辅助设备（如油、气、水管路）、电气设备（如发电机引出线、中性点引出线、接地、电流互感器等）、厂用电的配电设备，如图11-16所示。

（1）调速器的接力器。在平面上常布置在蜗壳最小断面处，与水轮机顶盖连在一起，在垂直方向上应位于调速器柜的下方，以便于其间管路的连接。

（2）电气设备的布置。发电机引出线和中性点侧都装有电流互感器，一般安装在风罩外壁或机座外壁上。如主厂房空间许可，可考虑在发电机层下增设出线层，布置发电机引出线及其他电气设备。小型水电站一般不设专门的出线层，引出母线敷设在水轮机层上方，而各种电缆架设在其下方。水轮机层比较潮湿，对电缆不利，发电机引出母线要加装保护网。

（3）油、气、水管道。油、气、水管道一般沿墙敷设或布置在沟内。管道的布置应与使用和供应地点相协调，同时避免与电气设备等的相互干扰，一般与电气设备分开布置，分别布置在上下游侧，以防止油气水渗漏对电缆造成影响。

（4）水轮机层上、下游侧应设必要的通道。发电机的机座将水轮机层分隔成上、下游侧走廊，走廊应有足够的宽度作为交通道，主要通道宽度不宜小于1.2～1.6m。机座壁上要设进人孔，进人孔宽度一般为1.2～1.8m，高度不小于1.8～2.0m，且坡度不能太陡。

三、蜗壳层和尾水管层的布置

图11-17为密云水电站厂房蜗壳层平面布置图，蜗壳层和尾水管层大部分为大体积混凝土，布置有主阀、伸缩节、减压阀、蜗壳进人孔、尾水管进人孔、尾水闸门、集水井等排水设施和廊道。

1. 主阀和伸缩节

当水电站机组采用联合供水和分组供水时，每台机组前应装设主阀，以保证任意一台机组检修时，其他机组可以正常运行。主阀应能在动水中快速关闭，若水轮机发生事故，可迅速切断水流，防止事故扩大。通常中低水头电站采用蝴蝶阀，高水头电站采用球阀。主阀上下游应有足够的空间，净宽一般为4～5m，此空间一般称为主阀室。主阀室上下游均应设排水沟、管，以便排除漏水和检修时的积水。主阀重量较大，需要起重设备进行安装、检修。

主阀的上游或下游常设伸缩节，以方便其拆装，并使受力条件明确。主阀下游设空气阀，放空时补气，充气时排气，正常运行时在内水压力作用下关闭。为了在检修水轮机时能将主阀后进水管和蜗壳中的水放空，通常在紧靠主阀下游钢管的底部装设

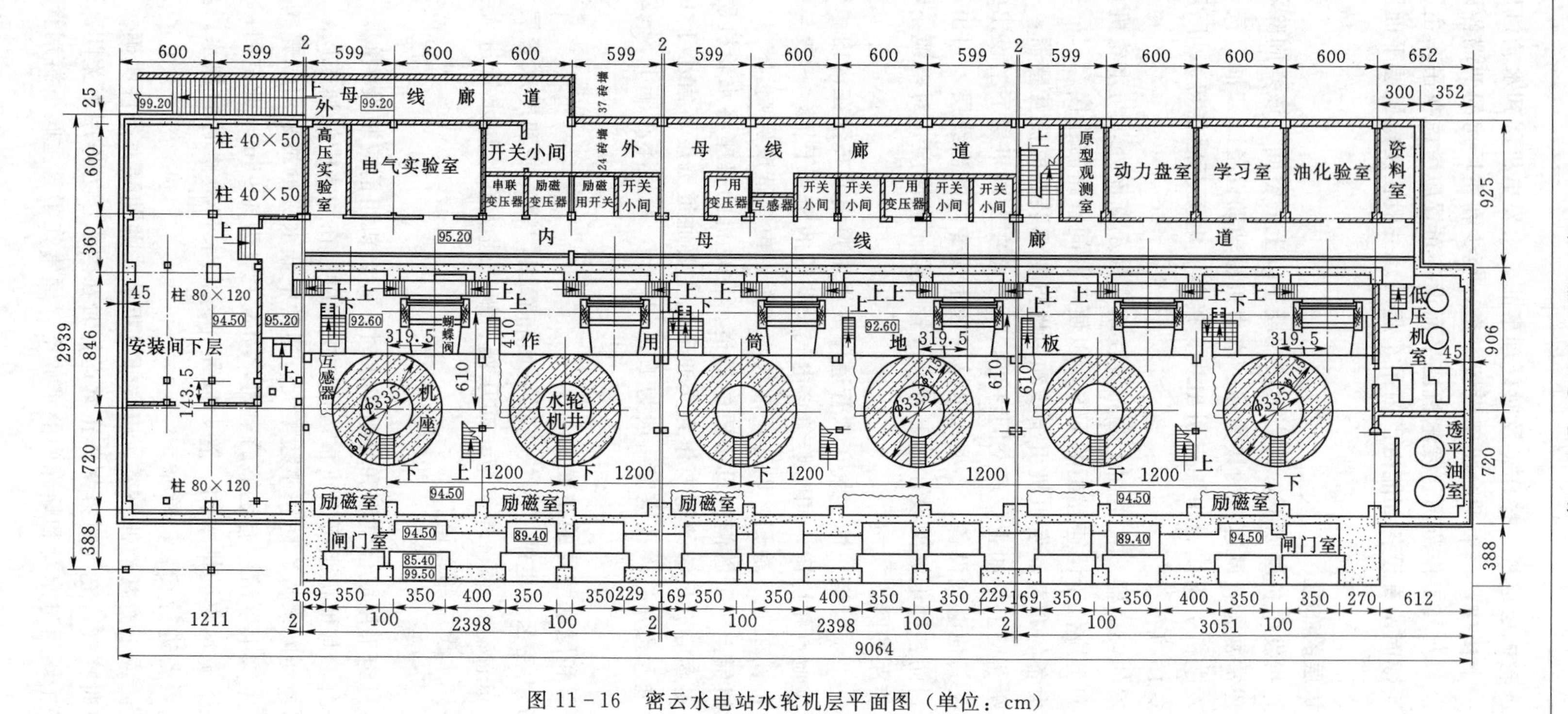

图 11-16　密云水电站水轮机层平面图（单位：cm）

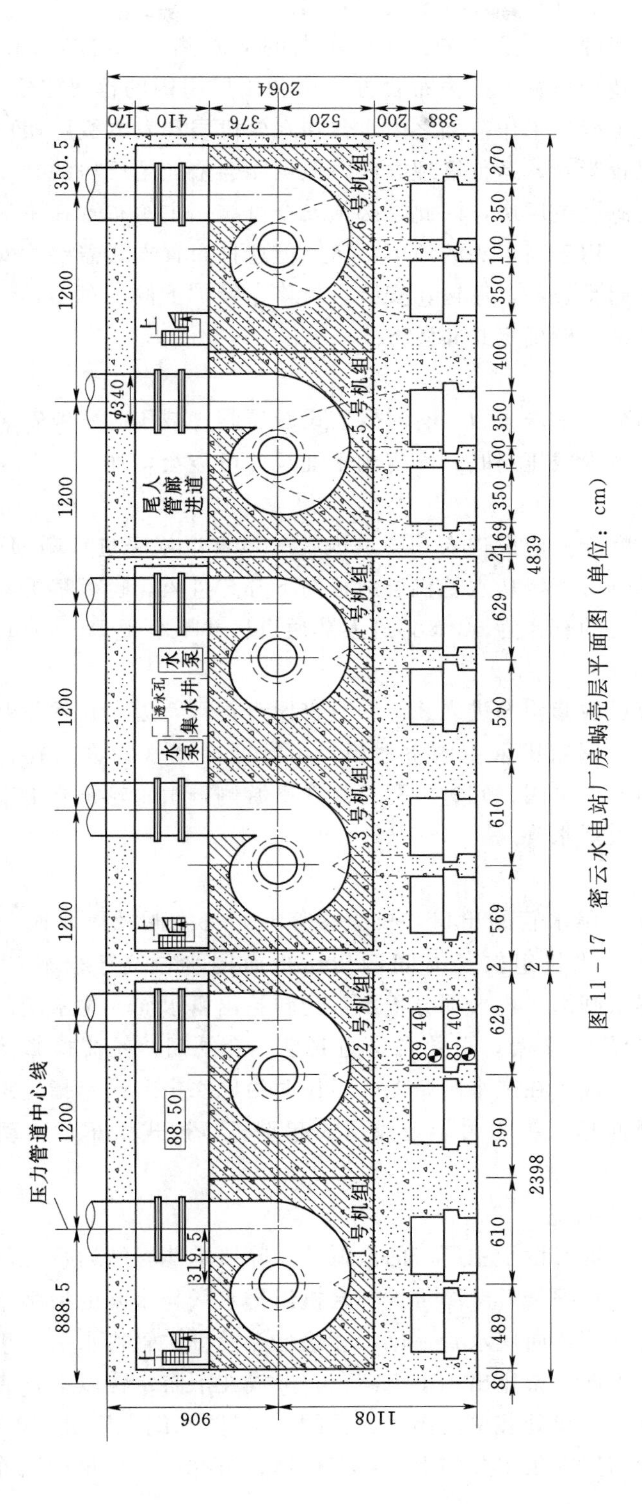

图 11-17　密云水电站厂房蜗壳层平面图（单位：cm）

通往尾水管或集水井的排水管，并装设控制阀门。

主阀的布置有两种：一是可布置在厂房内的上游侧；二是布置在厂房外的廊道中，其控制设备则就近布置。厂内布置方式可利用厂房内的桥吊来安装、检修主阀。因而，要求主阀位于桥吊工作范围之内，并在水轮机层和发电机层相应位置设置主阀吊孔。这种布置比较紧凑，运行管理方便，但可能会增加主厂房的宽度，并且，一旦主阀破坏，水流会淹没主厂房，因此，必须安全可靠。主阀布置在主厂房外，可避免以上问题的发生，适用于高水头的地下厂房。但这种布置方式需要为安装、检修主阀设置专门的廊道和起重设备，运输、安装、检修、维护不便。对于具体电站应根据具体情况，经技术经济比较确定其布置方式。

2. 减压阀

高水头电站为减小水击压力，有时要装设减压阀。减压阀一般安装在压力管道末端蜗壳旁。厂房内装设减压阀时，厂房的平面尺寸可能会增加。

3. 蜗壳进人孔

为检修方便，蜗壳上应设进人孔。进人孔一般靠近蜗壳进口断面的顶面或侧面，或设在主阀下游明钢管上，从水轮机层地板向下开孔进入，也可根据具体情况设在其他位置。一般进人孔的直径为60cm，进人孔通道尺寸不小于1m×1m。

4. 尾水管进人孔

尾水管上也应设检修用的进人孔。因直锥段有钢衬，进人孔常设在此部位，当上游有主阀时，可由主阀室进入主阀室地板，由此通向尾水管进人孔，必要时设置台阶。如果主厂房内不设主阀，则进人孔可设在下游侧，由水轮机层沿竖井向下至进人孔高程后，水平进入尾水管。

5. 尾水闸门

尾水闸门设置在尾水管的出口，机组检修时，将主阀及尾水闸门关闭，抽去积水，以便检修进入。当机组较长时间调相运行而尾水位高于转轮时，也需关闭主阀（或导叶）及尾水闸门，排去部分积水，使转轮出露水面。尾水闸门一般为平板闸门，一般水电站只设1～2套，可数台机组共享一套闸门，轮流检修使用。平时将闸门存入专门的门库或放置在尾水闸墩上，运用时沿尾水平台吊至指定地点。尾水闸门启闭机的型式可根据起重量的大小选择门式起重机、桥式吊车、移动绞车或电动葫芦等。

6. 集水井等排水设施

集水井或集水廊道常设于主厂房的最低处，除要求能容纳运行时的渗漏水或机组检修排水，其容积应根据全厂渗漏量、一台机组排水量与水泵的抽水量等指标计算确定。一般蜗壳中有水管通向尾水管，尾水管最低点设排水管将水引入集水井或集水廊道，然后由水泵抽水向下游排出，出口高程一般设在下游水位以上，有时也可设在下游水位以下，但需在出口处装单向阀（逆止阀），以防水倒灌厂房的下部结构。

排水泵室一般布置在集水井的上层，有楼梯、吊物孔与水轮机层连接。电站排水都通向下游尾水渠。

7. 廊道

在蜗壳层以下的上游侧或下游侧一般设有检查廊道，作为运行人员进入蜗壳、尾水管检查的通道，有的电站将廊道兼作到水泵室集水井或集水廊道的过道。

四、安装间的位置与布置

安装间也称安装场或装配场，是水电站机组安装检修的场所。

1. 安装间的位置

安装间的位置与对外交通密切相关。水电站对外交通运输道路可以是铁路、公路或水路。对于大中型水电站，由于部件大而重，运输量又大，所以常建设专用的铁路线，中小型水电站多采用公路。对外交通通道必须直达安装间，车辆直接开入安装间以便利用主厂房内桥吊卸货，因而安装间一般布置在主厂房有对外道路的一端，如图11－1所示。在特殊情况下，也可布置在中间段；机组台数较多时，厂房两端都设安装间。

安装间最好与对外道路同高，均高于下游最高水位，以保持洪水期对外交通畅通无阻。安装间最好也与发电机层同高，以充分利用场地，安装检修工作方便。

2. 安装间的面积

安装间应与主厂房同宽以便桥吊通行，所以安装间的面积取决于其长度。当机组台数在6台以下时，安装间的面积可按一台机组扩大性检修的需要确定，一般考虑放置4大件，即发电机转子、发电机上机架、水轮机转轮、水轮机顶盖，其余较小或较轻部件可堆置于发电机层地板上。4大件应布置在主钩的工作范围内，其中发电机转子应全部置于主钩起吊范围内，且周围应有必要的工作空间和运输工具的通行空间。如发电机转子周围应留2.0m的间隙，以供安装磁极之用；发电机上机架、水轮机转轮和水轮机顶盖周围要留有1～2m的工作场地和交通通道，如图11－18所示。

3. 安装间的布置

安装间设有进厂大门，一般设在厂房下游侧墙或山墙上，大门尺寸要满足运输车辆进厂要求，如通行标准轨距的火车，其宽度不小于4.2m，高度不小于5.4m。通行载重汽车的大门宽度不小于3.3m，高度不小于4.5m。有的电站主变压器进场检修，大门尚需满足运输变压器的需要。安装间地板上应设铁路轨道和变压器轨道，以便火车和变压器进入厂房。

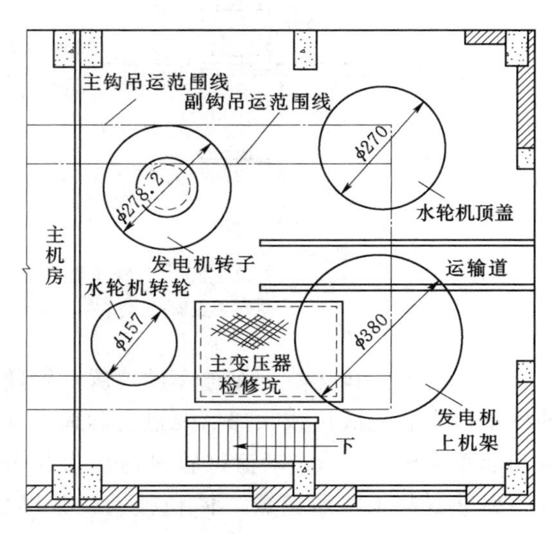

图11－18　安装间布置图（单位：cm）

发电机转子放在安装间上时其大轴要穿过地板，地板上相应位置应设大轴孔，孔径大于大轴法兰盘约0.5m。为了组装转子时使大轴直立，安装间下层要设置混凝土支承台，台上预埋固定主轴的底脚螺栓，螺栓数

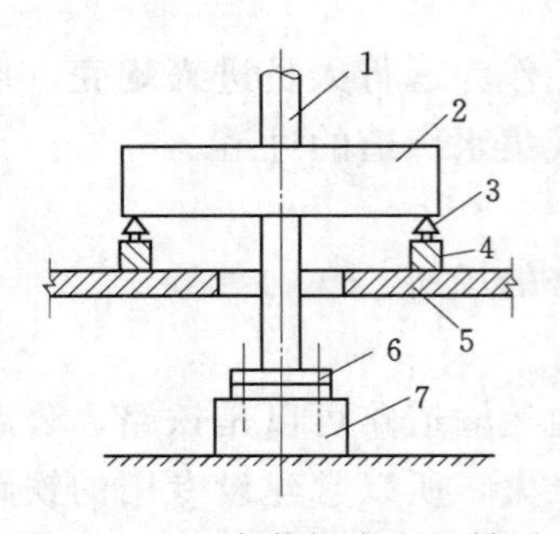

图 11－19　安装间发电机转子检修坑示意图

1—主轴；2—发电机转子；3—千斤顶；4—垫木；5—安装间楼板；6—法兰盘；7—轴承台

与主轴法兰孔数相同。支承台的高度应使主轴竖立时转子底面距安装间楼板0.5～0.8m，以便在磁极下放进千斤顶和垫板，如图 11－19 所示。平时转子大轴孔或检修坑应用盖板盖严。

主变压器有时也需推入安装间进行大修，此时应考虑主变压器运入的方式及停放的地点。因为主变压器重量很大，尺寸也很大，安装间的楼板常常要专门加固，地板应设专门轨道，大门也可能要放大。主变压器大修时常需吊芯检修，为避免检修变压器而增加厂房高度，一般在安装间楼板上设尺寸相当的变压器坑，先将整个变压器吊入坑内，再吊铁芯，铁芯吊出后离安装间楼板高度不小于 0.2m。变压器坑的尺寸应比变压器拆去散热器后的外形尺寸每侧各大于 0.25m。由于变压器检修与机组检修一般不同时进行，因此，变压器坑的位置可与 4 大部件的位置重叠。平时坑口上应用有足够刚度的盖板盖严。近年推广的强迫油循环水冷式变压器，尺寸和起吊高度大为减小，可减小对厂房高度的影响。目前大型变压器常做成钟罩式，检修时将吊芯改为吊罩，起重量和起吊高度大为减小，安装间不再设变压器坑。主变压器吊装如图 11－20 所示。如果可以在主变压器场露天检修，也不用再设变压器坑。

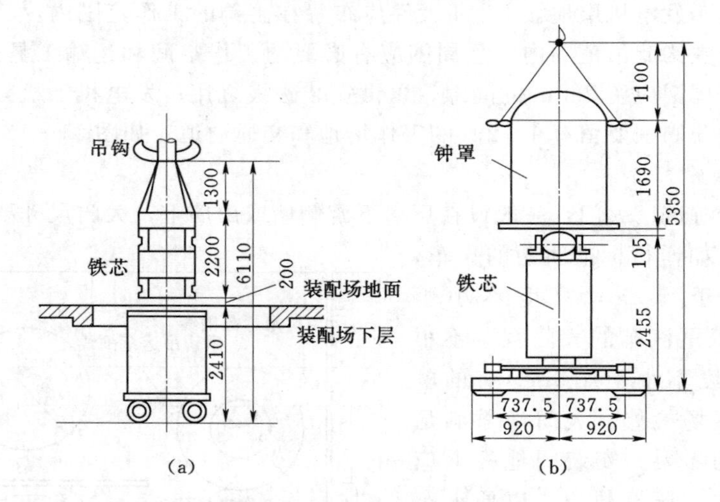

图 11－20　主变压器吊装示意图（单位：mm）

(a) 检修变压器吊出铁芯；(b) 检修钟罩式变压器吊起钟罩

安装间应安排运货台车停车的位置和堆放试重块或设置试重地锚的位置。厂房内的桥吊在安装完成后或大修后要进行静荷及动荷试验。静荷试验时，桥吊要吊起的荷载为起重量的 125%，动荷试验时荷载为起重量的 110%，并反复吊起放下。试重块常由钢筋混凝土块所组成，体积很大，常堆放在安装间的试重块坑内，也可放在厂外。当桥吊起重量很大时，可采用铸铁试重块以减小体积。桥吊起重量大于 150t 时，试重块体积过于庞大，难寻合适之处堆放。此时可在安装间下设置地锚或利用大轴承台的底脚螺栓（必须能承受的向上拉力不小于桥吊起重量的110%），并在地锚和桥吊主钩之间加设测力器，进行静荷载试验，拉力能达到起重量的110%即为合格，不再进行动荷载试验。

安装间最好坐落在基岩上，若基岩埋藏较深，则可利用开挖的空间布置空压机室、油处理室、水泵室等。

五、副厂房的布置

资源11-13

水电站副厂房由辅助生产车间、辅助设备房间、必要的技术管理和生活用房组成。按性质可分为直接生产副厂房、检修实验副厂房、间接生产副厂房3类。直接生产副厂房布置各种与电能生产直接相关的设备，如配电装置、运行控制设备和辅助设备，并通过电缆或管道与主厂房、变压器场及高压开关站相连接，如中央控制室等。检修实验副厂房，布置各种检修、实验设备和仪表等，如机械修理车间、电器修理车间、工具间、油化验室、水化验室、高压实验室、仪表电器实验室等。间接生产副厂房主要是生产管理的辅助用房，包括管理办公用房和生活用房等。

由于水电站的型式及规模各异，所需副厂房的数量与尺寸也不同，即使容量相近的水电站厂房，其副厂房的尺寸也可能相差甚远。各房间的面积和内部布置应根据机电设备布置、维修、试验及管理需要，结合厂房具体条件综合考虑确定。厂内面积有限时，部分检修实验用房及辅助用房可移至厂外。大多数直接生产副厂房的内部布置还要满足保证机电或控制设备安全运行的各种特殊要求。

中央控制室（简称中控室）是电站的神经中枢，是整个水电站运行、控制和监护的中心。中控室是运行值班人员工作的场所，布置有控制盘、直流盘、继电保护盘和信号盘、厂用盘、自动调频盘等。

中控室的布置原则是便于电站的控制、监视并迅速消除故障。中控室的位置应考虑如下几方面。

（1）中控室应尽量靠近主机房，至少设置两个进出口，便于值班人员观察主机房的情况，处理故障和事故时来往方便、迅速。因此，一般布置在发电机层的中部，机组台数较少时也可布置在端部。高程上可与发电机层同高，也可高于发电机层，如三峡水电站中控室比主机房高约6.8m。

（2）中控室应具有良好的工作环境，要求宽敞明亮、干燥舒适、安静，室内温度、湿度适当，无噪声干扰，以保证仪表的灵敏度和准确性，使值班人员较为舒适的工作。因此，中控室的位置应便于自然通风和采光，光线均匀柔和，避免阳光直射至仪表盘面并设有隔热遮阳措施。中控室最好用玻璃作隔音墙隔开，既便于观察，又收到隔声效果。中控室不宜布置在主变压器场的下层或尾水平台上，周围不宜布置空压机房、通风机房等，因为出现的噪声和振动将会影响继电保护设备的整定值，并使值班人员过度疲劳和注意力分散。必须布置在尾水平台上时应采取有效措施，避免或尽可能减小机组振动的影响。

（3）中控室周围应具备良好的排水条件。

（4）中控室应设置完备的安全消防设施。

中控室面积根据电站规模、性质和对电站的要求而定。单机容量在100MW以上的水电站（例如刘家峡、丹江口、凤滩等），中控室面积大体为（20～35）m^2×机组台数；单机容量在36MW以上的水电站（例如石泉、八盘峡、双牌、富春江等），中控室面积大体为（20～32）m^2×机组台数；单机容量在36MW以下的水电站，中控室和继电保护室大都合二为一，其面积大体为（20～45）m^2×机组台数。中控室室内净高一般为4～4.5m，如包括间接照明的吊顶在内，应为5.5～6.0m。

第七节　主厂房各层高程的确定

资源11-14

主厂房各层高程应满足机组及附属设备布置、安装检修、结构尺寸和建筑空间的要求。水电站厂房的各层高程中，水轮机安装高程是控制性高程。水轮机安装高程应根据制造厂提供的机组特性、水轮机吸出高度、电站运行期下游最低尾水位，结合厂址的地形、地质条件，经技术经济论证确定。详细内容已在第一篇介绍，不再赘述。

水轮机安装高程确定以后，就可以依据结构和设备的布置要求确定其他各层高程，向下依次可确定主阀室地板高程、尾水管底板高程、主厂房基础开挖高程等，向上依次可确定水轮机层、发电机层高程以及吊车梁轨顶高程、梁底高程和厂房顶高程。本节主要介绍这几个高程确定方法和考虑因素。主厂房的各层高程如图11-21所示。

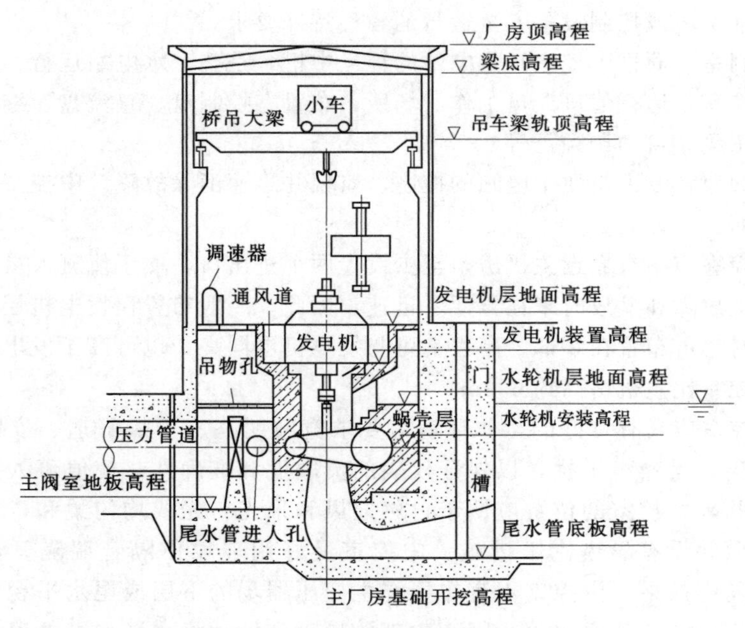

图11-21　主厂房的各层高程示意图

1. 主阀室地板高程∇_F

机组前压力管道上装有主阀时，为便于主阀的安装、检修和维护，主阀室不仅要有一定的宽度，在高度上也应便于运行人员在压力管道下面工作，一般取压力管道底部至主阀室地板的高度 H_1 为人的高度1.8～2.0m。因压力管道中心线与安装高程同高，若压力管道直径为 D，则主阀室地板高程∇_F可表达为

$$\nabla_F = z_s - D/2 - H_1 \tag{11-3}$$

式中：z_s 为水轮机安装高程，m。

2. 尾水管底板高程∇_{WD}

对于立轴水轮机，安装高程在导叶中心线上，因此，从水轮机安装高程 z_s，向下减去导叶高度 b_0 的一半，再减去尾水管高度，即尾水管底板高程∇_{WD}，可表达为

$$\nabla_{WD} = z_s - b_0/2 - H_2 \tag{11-4}$$

式中：H_2 为尾水管高度，m，见第二章尾水管高度确定或由制造厂家提供，也可由机电设备手册查得。

3. 主厂房基础开挖高程∇_K

若尾水管底板混凝土厚度为 ΔH（根据地基性质和尾水管结构型式而定），则主厂房基础开挖高程∇_K可表达为

$$\nabla_K = \nabla_{WD} - \Delta H \tag{11-5}$$

ΔH 应根据地基性质、电站大小和尾水管结构型式而定，初设阶段，小型电站或岩质基础取1～2m；大中型电站或土基取3～4m。

4. 水轮机层地面高程∇_{SD}

水轮机层高程一般由蜗壳尺寸及其顶部混凝土厚度决定，原则是要保证蜗壳顶部混凝土的强度和设备（如接力器）的布置。从水轮机安装高程 z_s 向上加上蜗壳从安装高程向上的最大尺寸 ρ 和蜗壳顶部混凝土层厚度 H_3，可得水轮机层地面高程。

$$\nabla_{SD} = z_s + \rho + H_3 \tag{11-6}$$

蜗壳从安装高程向上的最大尺寸 ρ 一般在进口断面，对于金属蜗壳，为其进口断面半径；对于混凝土蜗壳，则为进口断面在水轮机安装高程以上的高度。

蜗壳顶部混凝土厚度 H_3 应根据结构计算决定。初设阶段可根据国内外已建电站的经验采用，一般至少取0.8～1.0m，大型机组可取2～3m。水轮机层地面高程一般取100mm的整倍数。

5. 发电机装置高程∇_{FZ}

发电机装置高程是指发电机定子基础板高程，即机座顶面高程。一般考虑如下因素。

(1) 当机组选定（特别是采用套用机组）时，从水轮机层至该装置高程的高度应满足选定机组的主轴长度要求。机组选定后，该高度未经厂家同意，一般不能随意增加或缩短。

(2) 应满足发电机支撑结构（机座）的结构和布置要求。机座一般布置有进人孔，进人孔高度 H_4 一般取1.8～2.0m，进人孔顶部厚度 H_5 应满足机座混凝土结构的强度要求，一般为1.0m左右。这样发电机装置高程可表达为

$$\nabla_{FZ} = \nabla_{SD} + H_4 + H_5 \tag{11-7}$$

6. 发电机层地面高程∇_{FD}

发电机层地面高程一般考虑如下因素。

(1) 要保证水轮机层发电机出线和油气水管道的布置要求。

水轮机层净高 H_6 一般不少于 3.5～4.0m。如果发电机层楼板面与水轮机层地面之间加设出线层，则出线层底面到水轮机层地面净高也不宜少于 3.5m。即

$$\nabla_{FD}=\nabla_{SD}+H_6 \tag{11-8}$$

(2) 要考虑发电机布置方式和选定机组或套用机组发电机主轴长度的影响。

如果发电机采用开敞式布置，则发电机层地面高程 ∇_{FD} 即发电机装置高程 ∇_{FZ}，即

$$\nabla_{FD}=\nabla_{FZ} \tag{11-9}$$

如果采用定子埋入式布置，则发电机层地面高程 ∇_{FD} 应在发电机装置高程 ∇_{FZ} 的基础上加定子高度 H_7，即

$$\nabla_{FD}=\nabla_{FZ}+H_7 \tag{11-10}$$

如果采用上机架埋入式布置，则不仅应加上定子高度 H_7，还应再加上机架的埋入深度 H_8，即

$$\nabla_{FD}=\nabla_{FZ}+H_7+H_8 \tag{11-11}$$

如果是套用机组或选定机组主轴长度是定值时，还应满足主轴长度的要求。

(3) 要满足水电站厂房设计规范要求的防洪标准，保证下游设计洪水不淹厂房。

大中型水电站厂房应将发电机层地面设在下游设计洪水位 ∇_{HW} 以上，并根据厂房等级有一定的防洪超高 Δh，一般为 0.5～1.0m。则

$$\nabla_{FD}=\nabla_{HW}+\Delta h \tag{11-12}$$

该条件并不是在任何情况下均必须满足的。有的河流，尤其是山区河流，洪水期与枯水期水位相差悬殊，在这种情况下将发电机层地面设在下游设计洪水位以上，不仅会增加厂房下部结构部分的混凝土工程量，而且机组主轴增长，既增加金属的消耗，又对机组运行稳定性带来不利。这时，可将发电机层地面高程布置在下游设计洪水位以下。但厂房窗台下的墙体应采用混凝土防渗，沿进厂的交通道路应设防水墙，厂房大门和对外的交通口应设置临时性插板以挡洪水，或者将安装间地面高出发电机层地面并高于洪水位，仅做主机间的墙体防渗。

发电机层地面高程应考虑上述因素，选用其中最大值。

7. 安装间地面高程 ∇_A

一般情况下，安装间地面高程 ∇_A 应尽量与发电机层地面高程 ∇_{FD} 和对外交通道路 ∇_J 同高，即

$$\nabla_A=\nabla_{FD}=\nabla_J \tag{11-13}$$

但当水电站的下游设计洪水位过高时，可将发电机层地面设在下游设计洪水位以下，这时安装间地面高程可以有以下几种方案。

(1) 安装间与发电机层同高，低于下游设计洪水位和对外交通道路。可将主厂房大门做成挡水闸门，洪水时将大门关闭，断绝对外运输，值班人员可由高处的通道进入厂房。

(2) 安装间与发电机层同高，低于下游设计洪水位和对外交通道路。在安装间上

专门划出一块货车停车卸货处，此停车处高于安装间而与对外道路同高。此时安装间面积不能充分利用，而厂房的高度可能取决于卸货的要求。

(3) 安装间与发电机层同高，低于下游设计洪水位。对外道路在靠近厂房处下坡，在低于下游设计洪水位处至主厂房的路边筑挡水墙。这种方式可保持对外交通通畅，但下游水位很高时挡水墙的工程量太大。

(4) 安装间与对外道路同高，均高于发电机层。此时，洪水期对外交通可保持通畅，但安装间与发电机层相邻部分的空间不能加以充分利用，安装间可能因之要稍加长，同时桥吊的安装高程将取决于在安装间处吊运最大部件的要求，整个主厂房将加高。

8. 吊车梁轨顶高程∇_G

吊车梁轨顶高程∇_G(或桥吊的安装高程）是影响主厂房上部结构高度的重要因素。确定的原则是吊车应能在不影响其他机组运行的情况下，安全地将所起吊的最大和最长部件（一般是发电机转子带轴、水轮机转轮带轴或主变压器）运送到指定位置（安装间或机组处）。因此，在运送过程中要使这些部件与固定的机组、设备、墙、柱、地面之间保持一定的安全距离，一般水平净距0.3m，垂直净距0.6～1.0m（如采用刚性夹具，垂直净距可减小为0.25～0.5m)，以免由于挂索松弛或吊件摆动而碰坏设备或墙、柱。根据此要求，吊车梁轨顶高程∇_G可用下式表示：

$$\nabla_G=\nabla_{FD}+H_9+H_{10}+H_{11}+H_{12}+H_{13} \tag{11-14}$$

式中：H_9为运送线路上最高固定设备的高度（如从机组上方通过，当发电机采用开敞式布置时，为定子高度和上机架高度之和；采用定子埋入式布置，为上机架的高度；采用上机架埋入式时为0，变压器在安装间检修时也为0)，m；H_{10}为吊运部件与固定的机组或设备间的垂直净距，m；H_{11}为最大吊运部件的高度，m；H_{12}为吊运部件与吊钩间的距离，m，取决于吊运部件的起吊方式和挂索、卡具的特点，如图11-22所示；H_{13}为主钩最高位置（上极限位置）至轨顶面距离，m，可由起重机主要参数表查出。

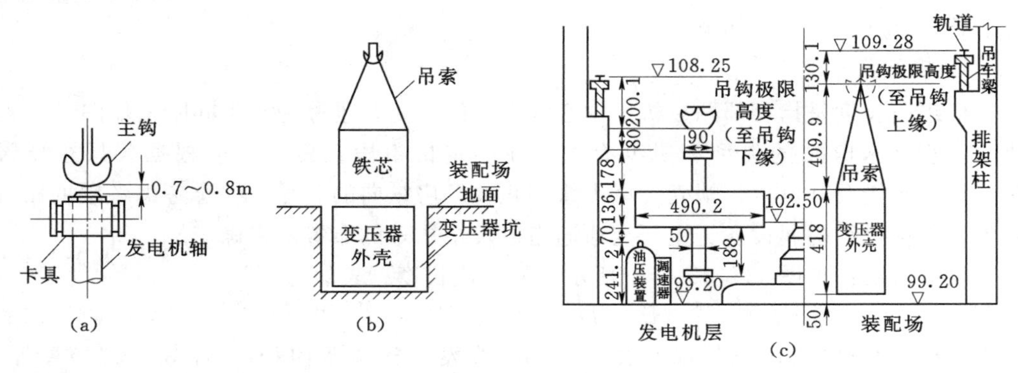

图11-22　起吊方式及挂索、卡具

(高程单位：m，尺寸单位：cm)

(a) 吊发电机转子；(b) 吊变压器；(c) 吊钩构限高度示意

9. 梁底（或天花板）高程∇_{LD}

当吊车梁轨顶高程∇_G确定后，根据已知起重机尺寸、小车顶面与房顶大梁或天花板之间的净距离，并考虑安装和检修起重机的需要，就可定出梁底（或天花板）高程∇_{LD}。

$$\nabla_{LD}=\nabla_G+H_{14}+H_{15} \tag{11-15}$$

式中：H_{14}为起重机轨顶至小车顶面的高度，m，可以从起重机主要参数表查出；H_{15}为小车顶与屋面大梁或屋架下弦底面的净空尺寸，m，为检修吊车此净空一般取0.5m，当采用肋形结构或屋架时，$H_{15}=0.2\sim0.3$m，小车可在两根屋架间或两根大梁间进行检修，当采用整片屋面厚板时，可在安装间上方留出小车检修用的空间或在厂顶预留吊孔，而不必过多地抬高厂房的高度。

10. 厂房顶高程∇_{CD}

当梁底（或天花板）高程∇_{LD}确定后，就可按下式确定厂房顶高程：

$$\nabla_{CD}=\nabla_{LD}+H_{16} \tag{11-16}$$

式中：H_{16}为屋面大梁的高度、屋面板厚度、屋面保温防水层的厚度之和，m。

第八节　主厂房平面尺寸的确定

资源 11-15

主厂房的平面尺寸是指主厂房的长度和宽度。应综合考虑机组台数、水轮机过流部件、发电机及风道尺寸、起重机吊运方式、进水阀及调速器位置、厂房结构要求、运行维护、厂内交通、安装检修等因素确定。

一、主厂房的长度

主厂房的长度由主机间和安装间的长度确定，而主机间的长度则主要取决于机组台数、机组段的长度和边机组的加长，因此，主厂房的长度L可以表达为

$$L=nL_0+\Delta L_{边}+L_{安}+L_{缝} \tag{11-17}$$

式中：n为机组台数；L_0为机组段长度，m；$\Delta L_{边}$为边机组段加长，m；$L_{安}$为安装间长度，m；$L_{缝}$为厂房缝的宽度，m。

各部分的确定方法如下。

1. 机组段长度L_0

机组段长度是指相邻两台机组中心线之间的距离，也称为机组间距，如图11-23所示。它与水电站的类型和机型有关。在确定机组段长度时，应根据各层主要设备（如发电机及其风罩、蜗壳、尾水管等）在厂房纵向的尺寸，综合考虑各层的布置要求（包括机组附属设备、主要交通通道以及结构等的布置）来确定。

发电机层：如图11-23（a）所示，机组段长度可表达为

$$L_0=D_{风}+b=\phi_3+2\delta+b \tag{11-18}$$

式中：$D_{风}$为发电机风罩外缘直径，m；ϕ_3为发电机风罩内径，m；δ为风罩壁厚，m；b为相邻两风罩外缘之间通道的宽度，一般取1.5～2.0m。如两台机组之间布置楼梯时，取3～4m。为了减小机组间距，最好不要将调速器、油压装置和楼梯等布置在两台机组中间。

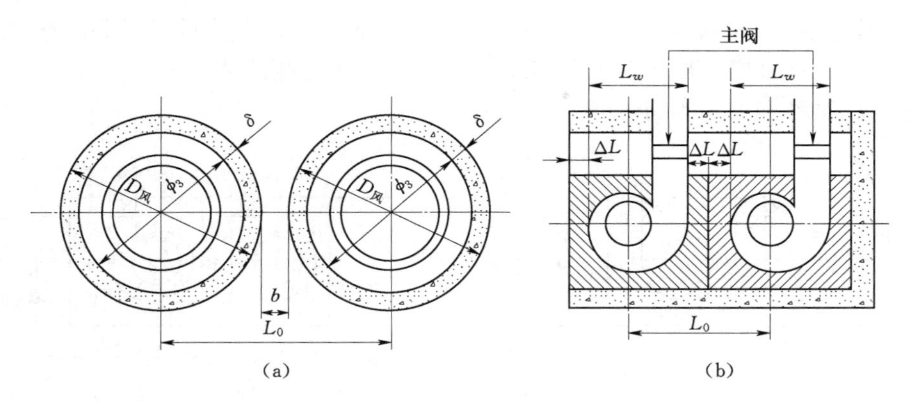

图 11-23　机组段长度示意图

(a) 发电机层；(b) 蜗壳层

蜗壳层：如图 11-23 (b) 所示，蜗壳平面尺寸确定后，机组段长度可表达为

$$L_0=L_w+2\Delta L \tag{11-19}$$

式中：L_w 为蜗壳在厂房纵向的最大尺寸，m；ΔL 为蜗壳混凝土结构厚度，对于金属蜗壳，应满足蜗壳安装所需要的空间要求，最小空间尺寸不宜小于 0.8m；如采用充水加压浇筑混凝土，尚需考虑安装及拆卸闷头和充水加压装置所需的空间；对于混凝土蜗壳，其厚度由强度、刚度及构造需要确定。

尾水管层：与蜗壳层类似，尾水管宽度确定后，机组段长度可表达为

$$L_0=B_w+2\Delta L \tag{11-20}$$

式中：B_w 为尾水管的宽度，m；ΔL 为尾水管边墩的混凝土厚度，至少取 0.8～1.0m，大型机组可达 2m。

某些情况下（尤其是低水头电站），尾水管的平面尺寸可能控制了机组段长度，此时，可将尾水管做成不对称形状。

机组段长度应同时满足各层的布置需要。因此，取以上 3 层计算的最大值作为机组段长度。从国内已建水电站机组段长度的统计资料可以得出各种厂房机组段长度 L_0 与水轮机转轮直径 D_1 的比值范围如下：岸边式厂房为 4.4～4.6；坝后式厂房为 4.0 左右；河床式厂房为 3.0～3.8。小容量电站机组周围由于设备布置的缘故，可达 6.0 以上。

对于隧洞引水式厂房机组段长度应与压力管道之间的岩体厚度相适应，坝后式厂房易与坝体分缝相协调。

2. 边机组段加长 $\Delta L_边$

一般主厂房的一端是安装间，另一端的机组称为边机组。如果安装间在主厂房的中部，则主厂房两端的机组都是边机组。由于边机组外侧有主厂房的端墙，为了使机组设备和辅助设备处于桥吊工作范围内，边机组段需要在机组段长度的基础上加长 $\Delta L_边$。

如果安装间在厂房左端，则右端边机组应按桥吊吊装发电机转子的要求加长，要求机组中心线在吊钩或平衡梁（采用两台桥吊吊装时）的工作范围之内，并有 0.2～

0.3m 的安全距离；如果安装间在厂房右端，则左端边机组应按桥吊吊装主阀（如果有主阀）的要求加长，要求主阀中心线在吊钩的工作范围之内，并有 0.2～0.3m 的安全距离，如图 11-24 所示。

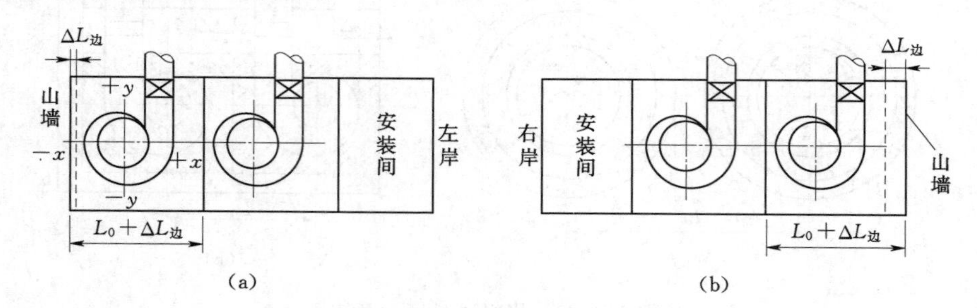

图 11-24　边机组加长示意图

(a) 安装间在厂房左端；(b) 安装间在厂房右端

一般边机组段加长取：

$$\Delta L_{边}=(0.1\sim1.0)D_1 \tag{11-21}$$

式中：D_1 为水轮机的标称直径，m。

式（11-21）中，安装间在厂房左端时取较小值，安装间在厂房右端时取较大值。

3. 安装间长度 $L_{安}$

安装间的宽度一般与主厂房相同，按前述对安装间布置的要求，安装间长度一般取：

$$L_{安}=(1.25\sim1.5)L_0 \tag{11-22}$$

高水头混流式水轮机和悬式发电机采用偏小值，低水头轴流式水轮机和伞式发电机以及贯流式机组采用偏大值。多机组电站，安装间面积可根据需要增大或加设副安装间。

4. 厂房缝的宽度 $L_{缝}$

主厂房中主机间与安装间之间应设缝，每台机组或每数台机组也应设缝，若主厂房设缝的数目为 n'，缝宽为 b'，可知厂房所有缝的宽度。

二、主厂房的宽度

确定主厂房的宽度时，应以机组中心线为界，将厂房宽度分为上游侧宽度 B_u 和下游侧宽度 B_d，如图 11-25 所示。厂房上游侧宽度 B_u 和下游侧宽度 B_d 也应分别考虑各层的布置要求确定。

发电机层：发电机层上下游侧宽度一般由发电机层风罩外缘直径和其上下游的空间要求确定，可分别表达为

$$B_u=D_{风}/2+A_u \tag{11-23}$$

$$B_d=D_{风}/2+A_d \tag{11-24}$$

式中：A_u、A_d 分别为发电机层风罩外缘至上游侧墙、下游侧墙的宽度，m；应考虑发电机层主要交通通道、附属设备的布置、吊运方式以及运行管理方便等因素确定。

首先发电机层交通应畅通无阻。一般主要通道宽2～3m，次要通道宽1～2m。发电机层的辅助设备一般有调速柜、机旁盘以及主阀吊孔等，这些设备应布置在恰当位置，周围应有一定的空间，以便于运行人员观察和操作。如机旁盘前应留有1m宽的工作场地，盘后应有0.8～1m宽的检修场地。最大部件（如转子带轴）的吊运方式对厂房宽度也有较大影响。吊运可从上游侧、下游侧或机组顶上吊运。若由下游侧吊运，则厂房下游侧宽度应满足吊运最大、最宽部件的要求，应较宽些；若从上游侧吊运，则上游侧较宽。若从机组顶上吊运，对厂房宽度影响不大，但可能会增加厂房的高度。

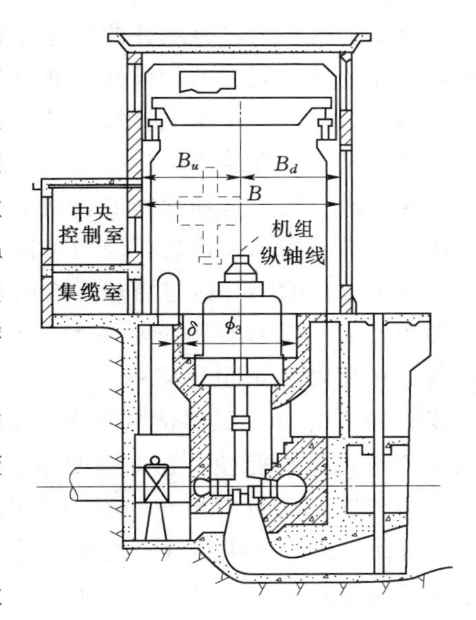

图11-25　主厂房宽度示意图

水轮机层：水轮机层一般上下游侧分别布置水轮机辅助设备（即油、水、气管路等）和发电机辅助设备（即电流、电压互感器、电缆等）。这些设备布置一般靠墙、风罩壁布置或在顶板布置，不影响水轮机层交通，因此对厂房的宽度影响不大。

蜗壳层：蜗壳层宽度一般由蜗壳的尺寸、结构要求、附属设备布置以及交通等要求确定，上下游侧宽度可表达如下：

$$B_u = L_{wu} + \Delta L + A_f \tag{11-25}$$

$$B_d = L_{wd} + \Delta L \tag{11-26}$$

式中：L_{wu}、L_{wd} 分别为蜗壳在厂房横向上游侧、下游侧的最大尺寸，m；ΔL 为蜗壳外围的混凝土结构厚度，至少取0.8～1.0m，大型机组可达2m；A_f 为主阀室宽度，为方便主阀的安装和维护，当电站压力管道装有主阀时，其上下游应有足够的空间以便于安装和维护，主阀室净宽一般为4～5m。

另外蜗壳层还布置有检查廊道、进人孔等，要保持交通通畅。

各层的上下游侧宽度确定后，厂房的上游侧宽度和下游侧宽度应取各层上下游侧宽度的最大值，即

$$B_u = \max(B_u) \tag{11-27}$$

$$B_d = \max(B_d) \tag{11-28}$$

则主厂房总宽度为

$$B = B_u + B_d \tag{11-29}$$

主厂房总宽度的确定应与吊车跨度的选择同步考虑，当主厂房总宽度基本确定后，可选用厂家产品目录中满足主厂房宽度要求的标准跨度，此时，一般需要适当调整主厂房的宽度；也可向厂家提供所需要的跨度，厂家根据工程需要制造相应跨度的桥吊，此时则不必调整主厂房宽度。

主厂房的长度和宽度是厂房的平面尺寸。一般来讲，中低水头电站的平面尺寸由

下部块体结构中水轮机蜗壳的尺寸控制；高水头水电站由于单机流量小，可能由发电机风罩外径及其周围辅助设备和通道的尺寸决定。

综上所述，主厂房主要尺寸基本上是由蜗壳和尾水管尺寸或发电机风罩直径来确定。发电机层以上的主厂房高度一般是由主机组的安装检修时吊运需要来确定。国外已出现就地安装、就地检修的新型主机组，可以把本来需要几百吨起重量的吊车用几十吨起重量的吊车来代替，因而可以大大地缩小厂房尺寸和高度。相应的吊车梁、构架等结构也可缩小和减轻重量。有时还由于主机组吊运需要而决定了厂房主要结构的型式和尺寸。用具有两个小车的吊车，代替一个小车的吊车，可以使厂房高度有所降低。利用矮机组也可降低厂房高度。采用能就地检修的主变压器，要比必须推到安装间检修的主变压器优越得多。此外，转速高和体积小的新型机组比转速低和体积大的老式机组能使厂房布置更加经济合理。单机容量大和机组台数少，不仅有利于厂房布置，而且对枢纽布置也有很大的影响。

由此看来，主机组或主要设备的型式（即其规格和性能）以及台数对决定厂房尺寸和结构型式起着主导作用。所以，应尽量采用先进设备，特别是主要设备，这样可显著减小主副厂房的尺寸并大大减少厂房的投资。

第九节 厂房布置设计所需资料和设计步骤

我国大中型水电站厂房设计一般分为预可行性研究、可行性研究、投标设计及施工详图 4 个阶段。每个阶段对厂房布置的要求深度不同。预可行性研究仅初选枢纽布置方式及厂房的型式，绘出厂房在枢纽中的位置。可行性研究阶段则要求根据选定机组类型、电器主接线图及主要机电设备，初步决定厂房的型式、布置及轮廓尺寸，绘出厂区、厂房布置图，计算工程量。投标设计阶段要提出较详细的工程图纸和分项工程的工程量，提出施工、制造与安装的工艺技术要求以及永久设备购置清单。施工详图阶段则要根据更详尽确凿的各种资料，进行每个构件的细部设计和结构计算，最终确定厂房各部分的尺寸。

一、厂房设计所需资料

水电站厂房布置设计时必须具有地形、地质、水文、气象、水能规划、对外交通、机电设备等资料。不同的设计阶段，对资料的要求程度也不同，不同的厂房型式对资料的选择也有不同的侧重，现分述如下。

（一）水能规划资料

（1）河流规划报告及批文。

（2）水利枢纽综合利用要求，包括防洪、灌溉、发电、航运、供水、放木、过鱼、旅游等。

（3）工程规模，电站建筑物等级和相应的设计标准。

（4）电站的装机容量、机组机型、引用流量，以及电站的最大、最小和加权平均水头。

（5）电站的运行方式、输电方向、电压等级、输电距离等。

（6）厂房的其他特殊要求。

（二）地形资料

（1）厂区 1/2000～1/1000 的地形图，用于厂区布置。

（2）厂区枢纽 1/500 或厂址 1/200 地形图，用于厂房布置和绘制开挖图。

（3）岸边式厂房，还应包括厂房后山坡、尾水渠边坡等有关地形纵剖面图。引水式电站还应包括 1/2000～1/1000 引水线路带状地形图。

（三）工程地质和水文地质资料

（1）厂区地质分析报告及图纸。

（2）厂区地基覆盖层厚度、下覆基岩深度、土壤及岩石物理力学指标等。

（3）厂区内地下水活动情况，如地下水有无腐蚀性、岩层有无承压水和渗透性如何等。

（四）水文气象资料

（1）站址的多年径流资料。

（2）水库的调洪方式，包括水库及大坝的各种水文及下泄流量，坝址及厂址处的水位与流量关系曲线，与尾水相应的校核、设计及最小等特征水位值。

（3）厂区所在河流的泥沙资料、河流冰凌资料以及山洪泥石流资料等。

（4）当地的降水、气温、风力、风向等气象资料。

（五）机组与辅助设备资料

（1）主机组及其总装图（立面和平面）及台数。

（2）发电机的尺寸和重量（带轴），冷却方式及通风道尺寸。

（3）水轮机型号、直径和重量（带轴），蜗壳和尾水管的型式和尺寸。

（4）变压器的台数、重量和尺寸。

（5）蝴蝶阀或球阀尺寸和重量，以及各种辅助设备（油、气、水）的台数、重量和尺寸。

（6）机旁盘、各种配电板、发电机引出线接地等装置图，油开关等的地脚螺栓基础图。

（7）调速器、高低压空气压缩机、水泵等尺寸及基础图。

（8）开关站面积及技术要求。

（9）低压油开关、厂用变压器的台数、重量和尺寸。

（10）吊车的规格及技术资料。

二、设计步骤

厂房布置设计一般应绘制出枢纽平面布置图，发电机层、水轮机层、蜗壳层平面图，以及机组横剖面图等 5 张图。厂房布置设计的步骤如下。

1. 绘制厂区枢纽平面布置图

根据厂区地形地质图，初步定出厂房型式后，在地形图上初步勾划出主副厂房的位置、主变压器的位置、开关站位置、尾水道和厂区交通道路位置等。然后随着各部分的设计深入，由粗到细，绘制出厂区枢纽平面布置图（图 11-2）。一般要做 2～3 个方案，从中择优。

2. 绘制厂房机组横剖面图

其步骤如下：

(1) 绘出设计最低尾水位和机组安装高程。

(2) 绘出水轮机和蜗壳的轮廓尺寸。

(3) 绘出尾水管的轮廓尺寸。

(4) 绘出发电机及其通风道尺寸。

(5) 确定蜗壳四周混凝土的厚度，绘出水轮机层地面高程。

(6) 确定机座型式并绘出机座。

(7) 确定发电机层楼板厚度并根据厂房下游设计洪水位（即设计最高水位），绘出发电机层地面高程。

(8) 根据有无主阀和是否布置在主厂房内，确定上游侧水下墙的位置，根据其是否作为构架上游柱的基础，确定上游侧水下墙的厚度。以后还要检查吊车副钩是否能吊到主阀。

(9) 根据蜗壳下游侧的结构厚度，确定下游侧水下墙的位置，根据其是否作为构架下游柱的基础，确定水下墙的厚度。

(10) 根据地质情况，确定主阀室地板厚度和尾水管底板厚度，绘于图上。

(11) 确定构架的断面尺寸，绘于图上。

(12) 根据最大起吊部件尺寸，吊车的尺寸和起吊方式，确定吊车梁轨道顶部高程。

(13) 根据主变压器的尺寸和在安装间内的起吊方式，检查轨顶高程是否合适。

(14) 确定吊车梁型式及断面尺寸，与吊车轨道同绘于图上。

(15) 绘出构架牛腿和构架上柱的尺寸。

(16) 根据吊车尺寸，确定房顶大梁的底面高程。

(17) 绘出厂房房顶的结构。

(18) 绘出圈梁、砖墙、大门和窗户等。

根据上述步骤，即可绘出类似图 11-5 的机组中心横剖面图。

3. 绘制发电机层、水轮机层、蜗壳层平面图

在厂房横剖面的基础上，根据蜗壳、尾水管和发电机的平面尺寸，并考虑桥吊梁跨度、屋面板、梁标准预制件的尺寸（建议尽量采用已颁布的标准设计和标准构件），以及上下交通楼梯等情况，先用草图确定机组段的长度。在绘制时，一般先绘主厂房各层平面，后绘安装间平面。各平面图和横剖面图应相互配合绘制。

(1) 根据地质条件和机组台数，进行厂房分缝（沉降伸缩缝），分缝间距一般为20～40m，缝的宽度为1～2cm。在安装间与主厂房之间，因荷载相差悬殊，必须设缝。

(2) 根据机组段长度，按上述分缝原则，分别在各层平面图上找出机组中心的距离。

(3) 对照厂房横剖面图，在发电机层平面图上绘出发电机外形尺寸，在水轮机层平面图上绘出机座形状和尺寸，在蜗壳层平面图上绘出蜗壳形状和尺寸。

(4) 对照厂房横剖面图，在发电机层上绘出厂房上下游侧的墙壁和构架的尺寸，并标出纵向中心距，同样在水轮机层和蜗壳层上分别绘出上下游侧的墙壁和构架的尺寸。

(5) 在发电机层平面图上绘出安装间的平面布置，在水轮机层平面图上绘出对应安装间下层的设备或间室布置。

(6) 在发电机层和安装间上绘出吊车主副吊钩的前后左右的工作范围线。

(7) 根据起吊机组、主阀和靠边设备的要求，确定出厂房边端构架的位置，并绘在发电机层和水轮机层上。

(8) 绘出主阀吊孔的尺寸。

(9) 定出厂房上下的交通楼梯，并绘在各层平面图上。

(10) 把油、气、水系统设备分别绘在有关图上。

(11) 把电气设备分别绘在有关图上。

(12) 最后对所有布置图统一进行仔细的检查，核对各种尺寸、设备布置和结构布置的合理性。

根据上述步骤，即可绘出类似图 11-4 发电机层、图 11-16 水轮机层和图 11-17 蜗壳层平面图。

4. 尾水平台和尾水闸门室的布置设计

如果副厂房不布置在主厂房的下游侧，则尾水平台和尾水闸门室的布置设计应与厂房布置设计同时进行。如果副厂房布置在主厂房的下游侧，则尾水平台和尾水闸门室的布置设计应与副厂房布置设计统一考虑。

5. 副厂房的布置设计

根据所拟定的副厂房布置和尺寸，参考其他已运行水电站的经验，进行布置设计。

厂房是枢纽或厂区的建筑物，因此必须把厂房布置统一在整个枢纽布置（总体布置）中考虑，并比较厂房的各种可能型式，从中选择出最能满足综合利用要求和因地制宜的经济效益高的厂房型式及其在枢纽或厂区中的位置和尺寸。

由于厂房布置设计涉及各种机电设备的布置及与其相应的建筑结构布置，因此需要水、机、电、建筑各方面的紧密配合。同时还必须考虑便于施工和运行，因此设计、施工、运行管理等方面也必需很好地配合。

思　考　题

11-1　水电站厂房的功用及枢纽组成是什么？厂房的类型有哪些？其特点是什么？

11-2　水电站厂房内的设备分为哪几大系统？各包括哪些主要设备？

11-3　悬式和伞式发电机的传力方式是怎样的？

11-4　发电机的支撑结构有哪几种？各有何优缺点？

11-5　水电站厂房内主要有哪些辅助设备？这些设备的组成及布置原则是什么？

11-6 厂房一般分几层？各层布置哪些主要设备？

11-7 调速设备如何布置？对厂房尺寸有何影响？

11-8 起重设备如何选择？

11-9 安装间的作用是什么？其位置、高程及面积的确定要考虑哪些因素？

11-10 主厂房的各层高程如何确定？

11-11 主厂房的平面尺寸如何确定？

第十二章　其他类型厂房布置及设计特点

学习提示

内容：介绍坝后式厂房、河床式厂房、地下式厂房、溢流式厂房、坝内式厂房、冲击式水轮机厂房、抽水蓄能机组厂房。

重点：坝后式厂房、河床式厂房、地下式厂房的布置及设计特点。

要求：了解溢流式厂房、坝内式厂房、冲击式水轮机厂房和抽水蓄能机组厂房的布置特点；掌握坝后式厂房、河床式厂房、地下式厂房的布置及设计特点。

第一节　坝后式厂房

坝后式厂房通常是指布置在非溢流坝后、与坝体衔接的厂房。坝后式厂房在结构上与大坝分开，不承受上游水库水压力。当水库坝址处河谷较宽，河谷中除布置溢流坝外还需布置非溢流坝时，可采用这种厂房，如图 5－1 所示。当坝址处河谷不宽，但可采用坝外泄洪建筑物泄洪，河谷中只需布置非溢流坝时，也可采用这种厂房。

资源 12－1

一、坝后式厂房厂坝连接方式

在工程实际中，位于混凝土重力坝后的厂房，厂坝连接方式有 3 种：

（1）厂坝连接处设纵向沉降伸缩缝将厂坝结构分开，如图 5－1（b）所示。采用这种连接方式，厂坝各自独立承受荷载和保持稳定，连接处允许产生相对变位，结构受力比较明确。采用这种连接方式时，压力管道穿过厂坝之间纵缝处应设置伸缩节。在平面布置上，由于压力管道一般布置在每一坝段的中间，因此坝段与厂房机组段的横缝往往互相错开，坝段的长度与机组段的长度应相互协调。

（2）厂坝连接处不设纵向沉降伸缩缝的整体连接。此种布置厂房紧靠坝体，压力管道可以缩短。采用这种连接方式时，厂房的下部结构通常与坝体连接成整体，厂坝共同保持整体稳定，坝体的变位会影响厂房，坝体承受的荷载一部分要传给厂房承担，从而使厂房下部结构的应力状态复杂，因此在工程设计时需要研究厂房下部结构的应力和变位情况。从结构稳定性角度考虑，为了不致削弱坝体和在厂房下部结构空腔周围引起过大的应力，一般宜将厂房下部结构中的空腔部分（如蜗壳、尾水管等）布置在坝体下游基本剖面线之外；坝高不大时可将厂房下部空腔切入坝体剖面线内，以求尽量压缩建筑物的尺寸。厂坝整体连接时，连接处需要传递较大的推力和剪力，因而厂坝连接段的结构强度应足够。

采用厂坝整体连接方式，通常应用三维有限元计算分析连接面以及厂房下部结构的应力状态，并根据应力情况采取相应的工程措施，如连接面上剪应力较大或存在拉应力时，应增设钢筋，保证连接面不致被剪断或脱开。

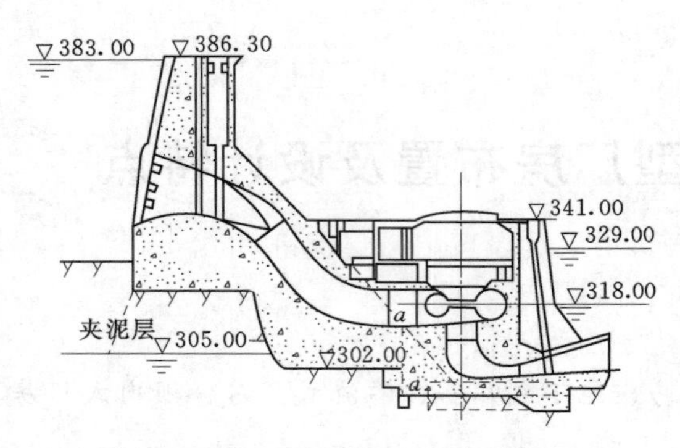

图 12-1　厂坝整体连接的坝后式厂房（单位：m）

如图 12-1 所示的坝后式水电站厂房采用了厂坝整体连接方式。该电站坝高 67m，坝基存在软弱夹层，摩擦系数较低，所以采用厂坝整体连接方式，利用厂房重量帮助坝体稳定。该电站施工时，在厂坝间的施工缝面 a—a 上设置键槽，而后通过灌浆将厂房两部分结合成整体。

（3）厂坝部分连接。这种连接方式可以是厂房下部结构与坝分开而上部顶板与坝简支连接或铰接，也可以是厂房下部墙体（如水轮机层地面高程以下）与坝体整体连接。

二、坝后式厂房布置及设计特点

资源 12-2

坝后式厂房，尤其是厂坝间设纵缝分开时，厂房上部与坝体之间的空间较大，可用以布置副厂房和主变压器场（简称主变场）。如果厂坝间空间充足，也可将开关站布置于此，或者将开关站布置在厂房附近的河岸。有些水电站河岸地形陡峻，不宜布置开关站时，也可将开关站以高架型式布置在坝的下游面上。

下面以安康水电站为例，简要说明坝后式厂房的布置特点，可参阅图 12-2～图 12-5。

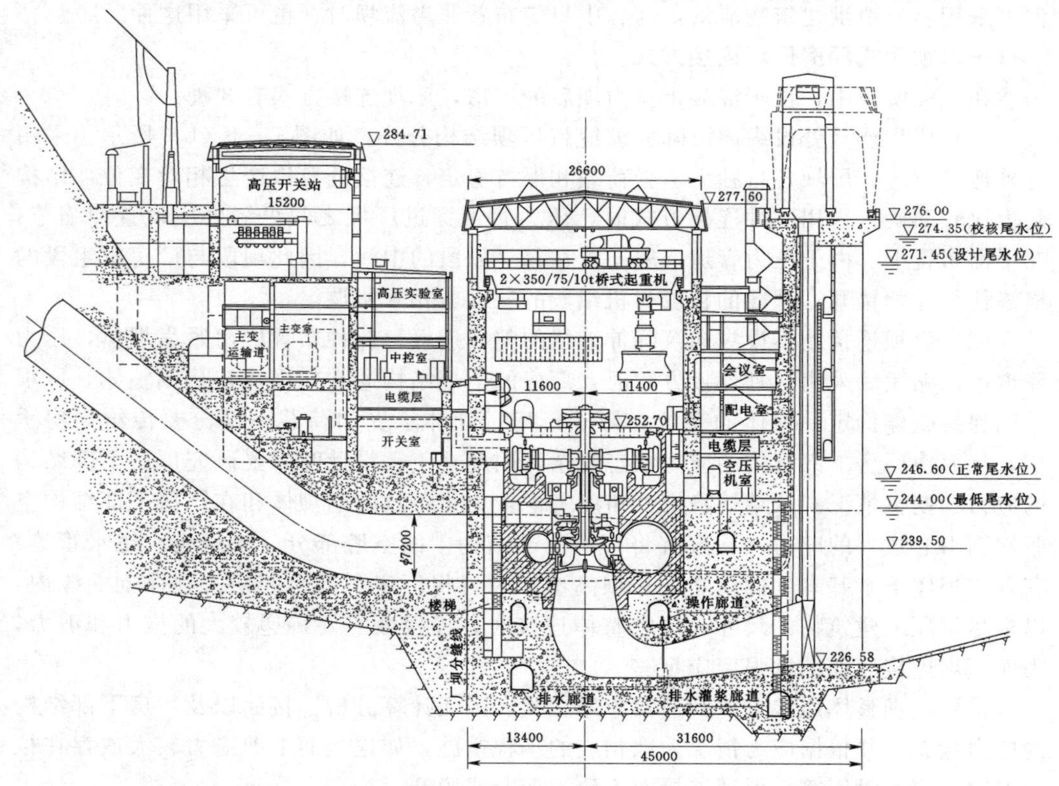

图 12-2　安康水电站厂房横剖面图（尺寸单位：mm；高程单位：m）

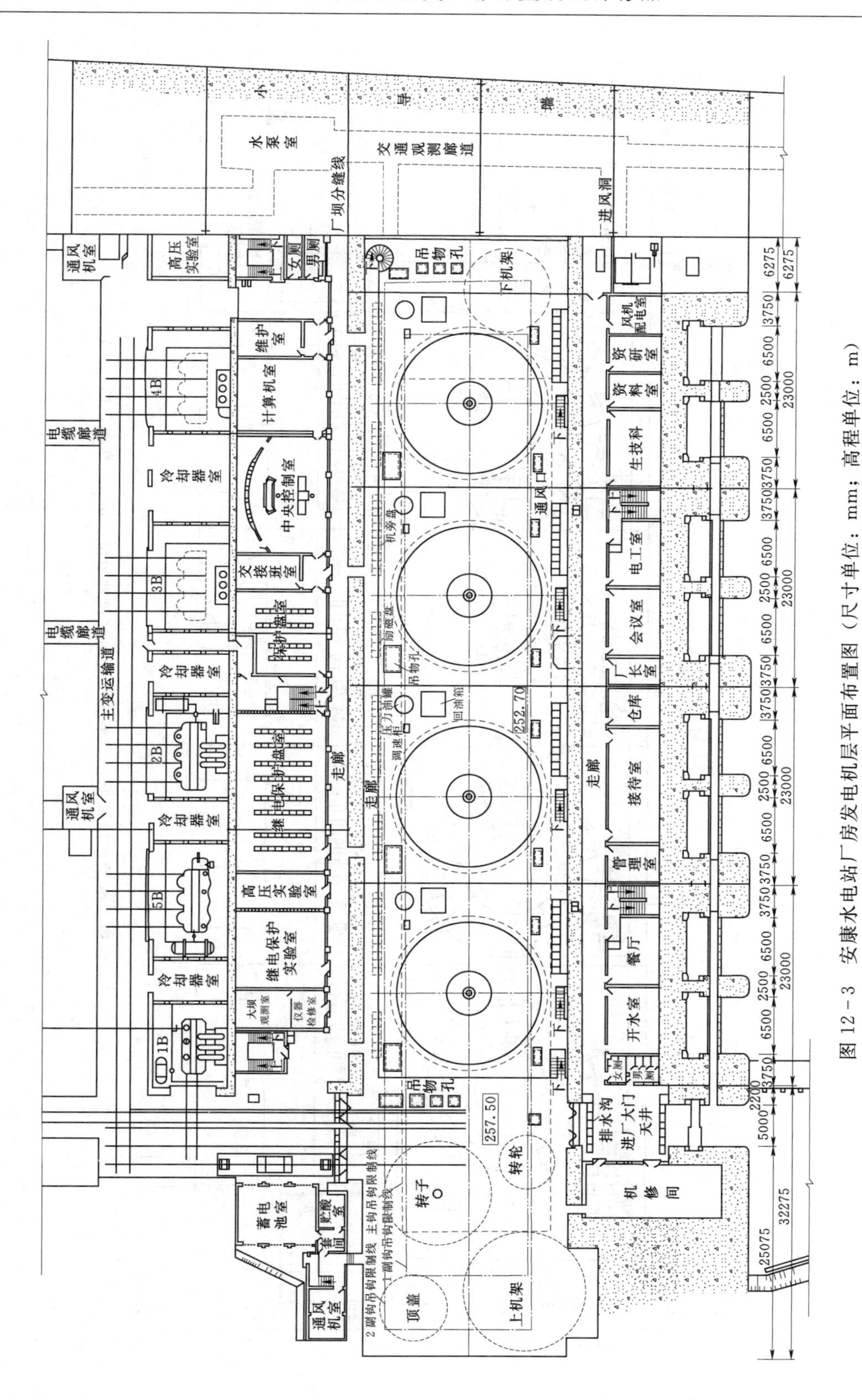

图 12-3　安康水电站厂房发电机层平面布置图（尺寸单位：mm；高程单位：m）

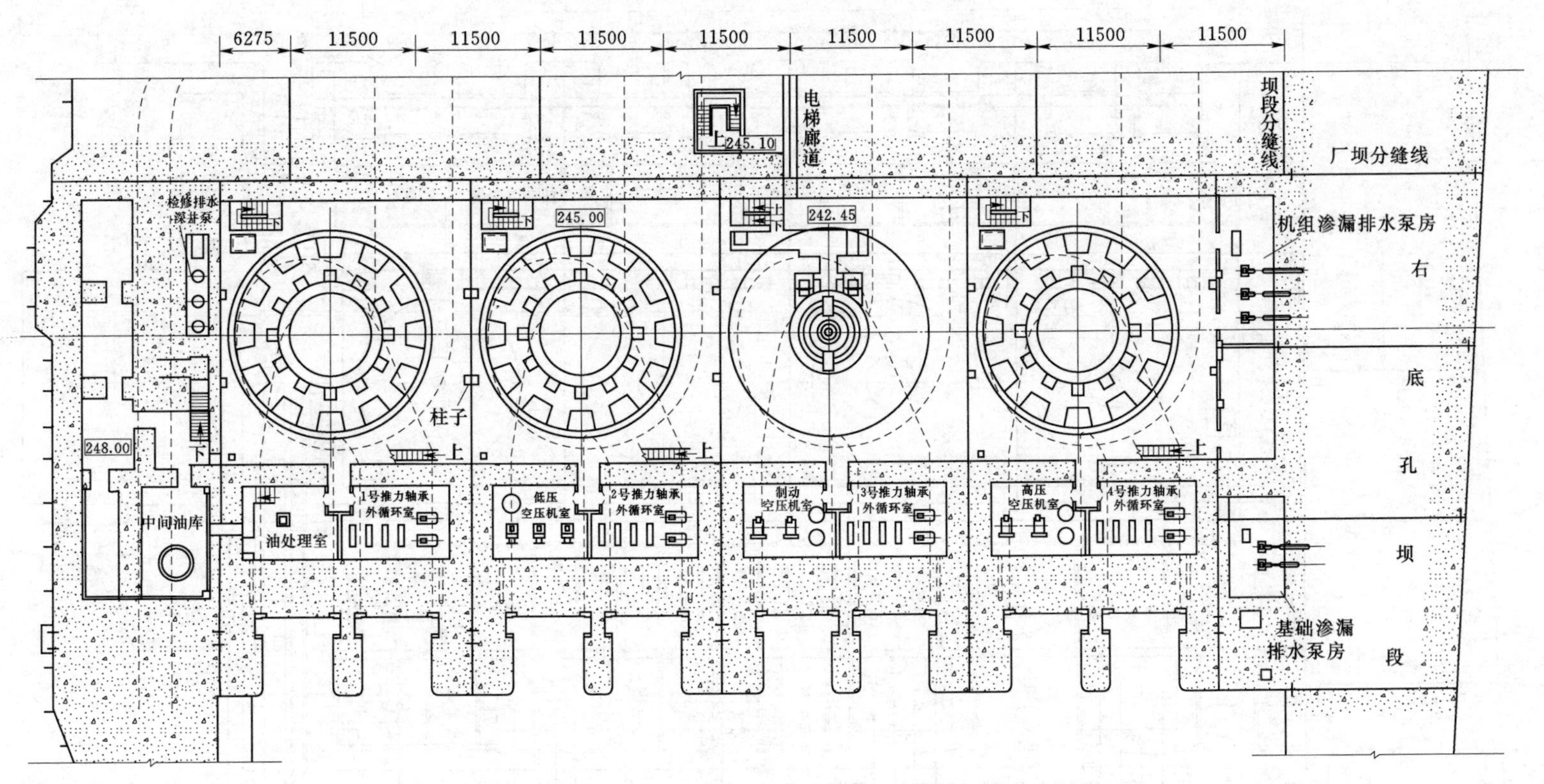

图12-4 安康水电站厂房水轮机层平面布置图（尺寸单位：mm；高程单位：m）

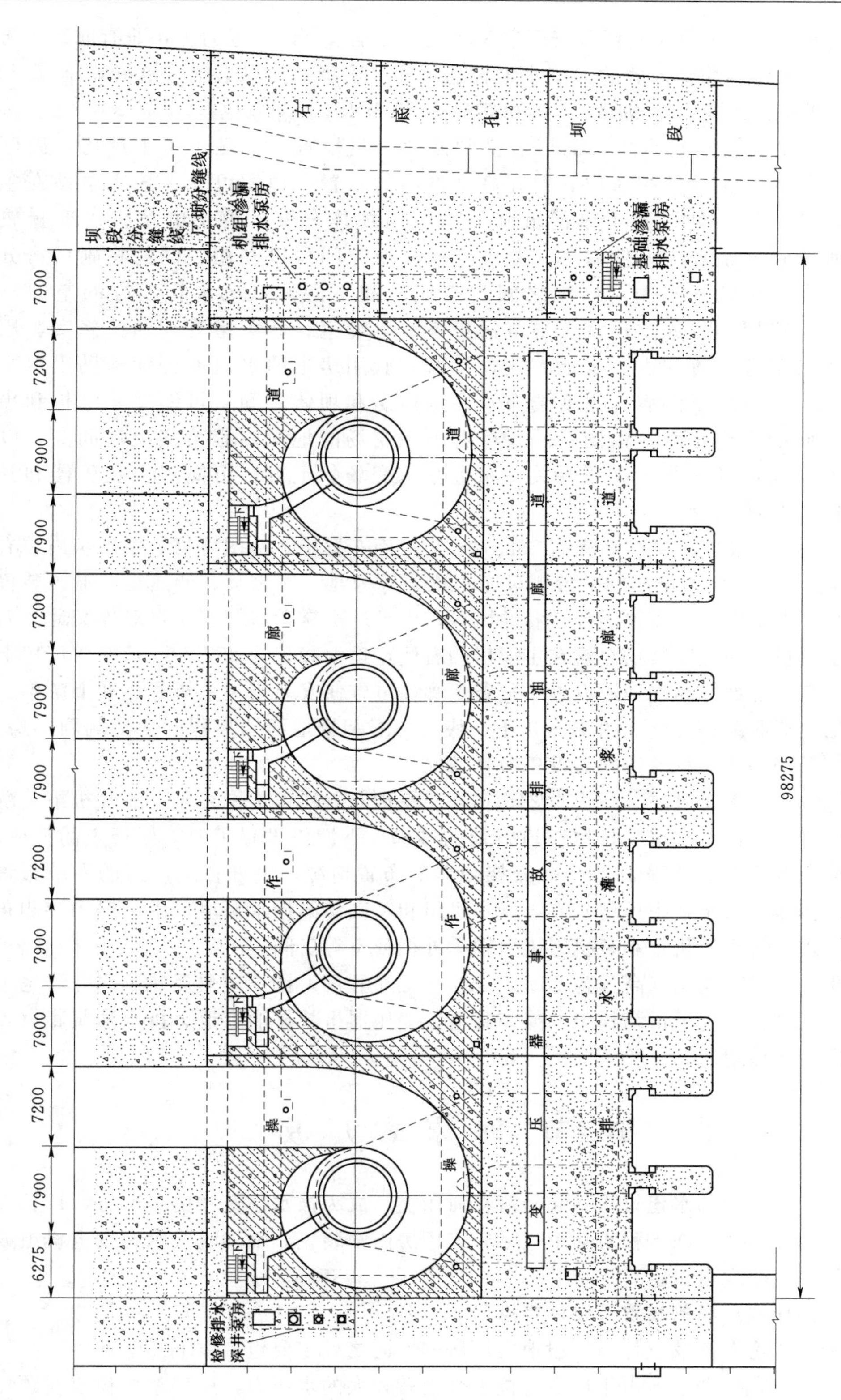

图 12-5　安康水电站厂房蜗壳层平面布置图（尺寸单位：mm；高程单位：m）

安康水电站坝址位于陕西省安康市汉江上游，是一座以发电为主，兼有航运、防洪、养殖、旅游等综合效益的大型水电枢纽工程。安康水电站装有4台单机容量20万kW的混流式水轮发电机组，总装机容量为80万kW，年发电量28亿kW·h。

图12-2为通过机组中心的厂房横剖面图，它较直观地显示了主厂房、副厂房、主变场和开关站的相对位置及在高度方向的布置。由图可见，该水电站在主厂房上游侧的外墙处设置了纵向沉降伸缩缝与坝体分开；由于电站机组容量较大，尾水管尺寸也较大，使得尾水管上方有一定空间可以利用，因此将副厂房分开布置在主厂房的上游侧（厂坝之间的空间）和下游侧（尾水管上方的空间），其中直接生产用房（如中控室、继电保护室、电缆室、开关室等）和检修实验用房中的电气部分布置在主厂房上游侧，检修实验用房中的水机部分和辅助用房主要布置在主厂房的下游侧；主变场布置在副厂房和坝体之间，可缩短发电机和主变压器之间的母线长度，由图12-3可看出主变场的地面高程与安装场同高，以方便主变压器进场检修；高压开关站布置在主变场的上方，可缩短主变压器和开关站之间的母线长度。

图12-3为发电机层（高程为252.70m）平面布置图。由图可见，主厂房内装有4台发电机，在每台发电机的上游侧对应布置了机旁盘、励磁盘、调速柜、油压装置和吊物孔，下游侧主要布置了楼梯和通风口；由于厂房靠近右侧河岸，对外交通自右岸进入安装场，因此安装场布置在主厂房的右侧，地面高程为257.50m，在主厂房上游侧与安装场地面同高程处还设置了一条走廊，可方便安装场、主机间、和上游副厂房之间的交通联系；另外，图12-3还反映了与安装场地面同高程的上游侧副厂房、下游侧副厂房和主变场的房间与设备布置情况。

图12-4为水轮机层（高程为245.00m）平面布置图。由图可见，每台机组上游侧设置了向下层操作廊道和排水廊道行走的楼梯，下游侧设置了向上层行走的楼梯，其中3号机组反映了高程242.45m处接力器的布置情况；另外在主厂房的右端布置了机组检修排水泵房，主厂房左端布置了机组和基础渗漏排水泵房，主厂房下游侧布置了油处理室、空压机室和各机组推力轴承外循环室等房间。

图12-5为蜗壳层（高程为239.50m）平面布置图。图中主要反映了蜗壳和尾水管的外形轮廓、厂房下部结构中的操作廊道、变压器事故排油廊道、排水灌浆廊道等结构的平面布置情况。

第二节 河床式厂房

资源12-3

河床式厂房与挡水建筑物一起坐落在河床上，成为挡水建筑物的一部分，厂、坝在结构上合为一体。在工程实际中，河床式厂房内常装置立轴轴流式水轮发电机组或卧轴贯流式水轮发电机组。

一、河床式厂房的布置及设计特点

河床式厂房布置及设计与一般地面厂房的不同之处主要包括以下几个方面。

（1）厂房直接挡水。由于厂房直接承受上游较大的水压力，厂房整体稳定问题比其他厂房更为突出，应妥善进行地下轮廓线的设计，尤其是地基软弱或承受水头较大时，应采取措施减小厂基渗透压力，保证厂房整体稳定，减少渗漏，防止渗透变形，满足地基承载力要求，减少不均匀沉降。此外，软基上的河床式厂房，其尾水渠需用护坦加固。

（2）河床式水电站的进水口与厂房的主机间连接成为一个整体结构。进口段的设计是厂房设计的一部分，而其他类型水电站的进水口与厂房通常分开布置，属于进水建筑物，一般对其进行单独设计。

（3）装置立轴轴流式水轮机组的河床式厂房的上游侧一般不设吊车梁，将吊车轨道直接铺设在由上游挡水墙伸出的壁式牛腿上。

（4）河床式水电站水头低、单机引用流量大、进口尺寸大。对于装置立轴轴流式水轮发电机组的河床式厂房一般蜗壳尺寸也较大，通常采用梯形断面的钢筋混凝土蜗壳，厂房机组段的长度一般由蜗壳前室的宽度加上边墙的厚度予以确定。厂房的下部尺寸与蜗壳的包角和蜗壳的断面形状有关，蜗壳包角和断面形状的选择应考虑对厂房流道水流条件和对厂房尺寸及布置的影响。为了缩短机组段长度，钢筋混凝土蜗壳包角一般为 135°～270°，工程中常采用的包角为 180°；另外，由于水头低、机组引用流量大，使尾水管尺寸增加，因而厂房尾水段顺流向的尺寸就较大，尾水平台较宽，所以常将主变布置于尾水平台之上，并视布置需要可适当延长尾水管的长度，而且尾水平台下方也有较大空间，常布置一些副厂房的房间。

（5）机组尺寸大，水轮机安装高程低。河床式水电站水头低、容量大，设计时多选用轴流式和贯流式水轮机，其抗空蚀性能较差，要求水轮机安装高程较低，因此基础开挖深，水下混凝土方量大。对于选用轴流式水轮机的水电站，为了减少混凝土方量，尾水管扩散段底板常常上翘。

（6）防污、防沙问题突出。河床式水电站的水库容积一般不大，水库深度小，水库中水流流速较大，泥沙、漂浮物均会被带到厂房首部，影响和破坏水轮机的正常工作。如洪水期污物漂流非常严重，进水口拦污和清污的问题尤为突出。因此，在枢纽布置时应注意尽量使污物顺畅地随水流导向泄水闸排放，防止污物堆积在厂房进水口之前破坏拦污栅。另外，还应根据污物的类型和漂浮情况，在厂房进水口上增设副拦污栅，扩大拦污栅过水面积，减小过栅流速，放宽栅距，或在进水口前加强拦污导污设施，同时配置专门的清污及抓污机械。

对于泥沙问题，为了防止泥沙堆积和磨损水轮机，在枢纽布置时应注意尽量使多沙季节河道挟带下来的大量泥沙能够随水流平顺地导向泄水闸或冲沙闸下泄，同时要注意厂前水流平顺，减少局部淤积。另外，在厂房进水口前一定距离处设拦沙坎，拦阻推移质泥沙并引向冲沙闸下泄；在厂房进水口底槛内设冲沙廊道、排沙管或底孔，将淤积在进水口前的泥沙定期冲到下游，减少过机水流泥沙含量和减小过机泥沙粒径。

另外，河床式厂房进水口前水深一般不大，在寒冷地区的进水口需采取措施防止拦污栅封冻。

（7）河床式水电站上下游水位落差小。此类水电站在洪水期上下游水位落差更小，由于尾水位高，除出力受阻外，对水电站厂房设计也会造成不利的影响，主要表现在：一是进厂道路高，发电机层低，因此安装场与发电机层不在一个高程上；二是厂房下游侧墙体受到水压力大，几乎使厂房两侧受压。河床式水电站落差小，要求尽量减小水头损失，流道平顺，选用的尾水管效率要高，以回收更多的动能。

二、装置立轴轴流式水轮机的河床式厂房

河床式厂房的主机间与进水口连接成整体，其横向尺寸较长，顺水流方向可分成进水口段、主厂房段和尾水段。在进口处布置有拦污栅、检修闸门和事故闸门，在尾水管出口处布置有尾水检修闸门，一般都采用门机启闭。进水口段垂直水流方向的宽度即厂房机组段的长度。进口净宽较大时需设一道或两道中间隔墩，以减小闸门和厂房结构的跨度，并用以将厂房上游中间立柱或主机间上游侧挡墙承受的荷载直接下传。隔墩伸入蜗壳前室的程度对水轮机水流状态有影响，需由水工模型试验确定。与进水口段一样，尾水段的宽度也等于机组段的长度，尾水管扩散段孔口宽度较大时也需设置隔墩，隔墩不能过于伸入尾水管肘管段内，否则会恶化尾水管内的流态，降低水轮机的效率。

进水口段顺流向的尺寸主要由布置拦污栅、进水口闸门、进水口与蜗壳之间上唇曲线的需要确定。

河床式厂房一般可只设能在动水中下降的事故闸门和在静水中启闭的检修闸门，但这时应在轴流转桨式水轮机上采取以下措施控制机组飞逸：采用双调节系统，利用转叶制动，每个导叶配置单独的接力器以及设置事故配压阀等。在上述情况下，事故闸门可用门机吊落，不必设置快速启闭机，这样整个厂房进水口的闸门和启闭机套数可以减少。

在蜗壳的断面形状上，可采用下伸不对称梯形断面、上伸不对称梯形断面和上下伸对称梯形断面等型式。下伸不对称的梯形断面，可利用尾水管肘管段上面的空间布置蜗壳，这种布置型式，水轮机层的高程可降低，机组主轴的长度可以缩短，便于厂房在低水位时投入运行，同时，调速器的接力器布置高程可接近水轮机顶盖，平面位置也较灵活。采用下伸不对称梯形断面蜗壳的厂房布置情况如图 5 - 10 所示。另一种断面为上伸不对称梯形断面，采用这种断面的蜗壳时，便于抬高进水口底槛的高程，但水轮机层的高程也要提高，主轴的长度就要加大，对于在蜗壳下面布置泄水底孔的河床式厂房，为了泄水底孔布置的需要，可以采用这种断面形状的蜗壳，或者采用上下伸对称的梯形断面蜗壳。采用上下伸对称梯形断面蜗壳的厂房布置情况如图 12 - 6 所示。

资源 12 - 4

图 12 - 6 所示为黄河龙口水电站厂房的横剖面图。该电站装有 4 台 10 万 kW 的轴流转桨式水轮机（另还装有 1 台 2 万 kW 的混流式水轮机），转轮直径 7.10m，电站最大水头 36.3m，设计水头 31.0m，最小水头 23.6m，机组流量 358.98m^3/s，包角 216°。该电站水轮机的蜗壳采用上下伸对称梯形断面型式，水轮机层的高程(864.80m) 较高，主轴的长度较大；电站进水口段布置了副拦污栅、主拦污栅、检修闸门和事故闸门；电站尾水管出口布置有尾水检修闸门，尾水平台上布置有主变场，其下面布置了部分副厂房的房间。

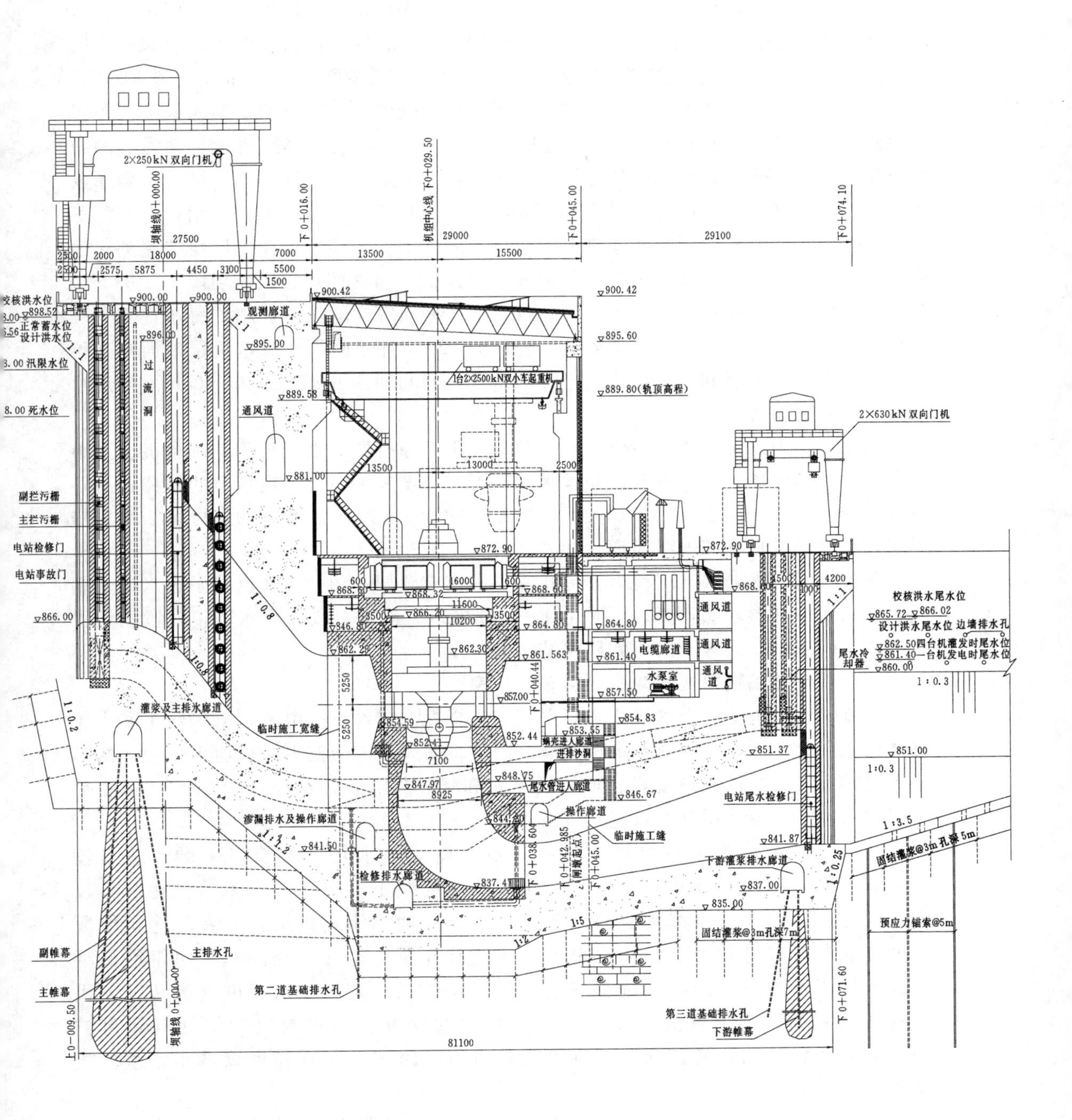

图 12－6　龙口水电站轴流转桨式机组厂房横剖面图（尺寸单位：mm；高程单位：m）

图 12-7 为发电机层（高程为 872.90m）平面布置图。由图可见，主厂房内装有 5 台发电机，其中 1～4 号为单机容量 10 万 kW 的发电机，它们分别在其上游侧（第一象限）主要布置了调速器和油压装置，上游侧（第二象限）靠墙布置了消火栓箱，下游侧（第三象限）布置了通往下层的交通楼梯和励磁盘，下游侧（第四象限）布置了机组动力盘和吊物孔；5 号为单机容量 2 万 kW 的发电机，其励磁盘、动力盘的布置方位与 1～4 号机相同，吊物孔布置在下游侧第三象限内，另在 5 号机的右侧还设置了一个安装场，地面高程为 872.90m，专供 5 号机组的安装与检修使用；由于厂房靠近左侧河岸，对外交通自左岸进入安装场，因此主安装场布置在主厂房的左侧，地面高程为 872.90m，与发电机层地面同高；考虑到厂房右端连接溢流坝段、厂房下游侧空间有限和尾水管在非最优工况下运行易产生振动等问题，主要副厂房布置于主厂房靠近对外交通一侧的端部岸边处；另外，图 12-7 还反映了与发电机层地面同高程的尾水平台上主变场和尾水检修闸门井的布置情况和坝顶（高程为 900.00m）处进水口段闸门井的布置情况。

图 12-8 为水轮机层（高程为 864.80m）平面布置图。由图可见，每台机组上游侧设置了防潮隔墙、滤水器和蜗壳排水阀，下游侧设置了向上下层行走的楼梯；另外在主厂房的两端（即主副安装场的下层）还布置了油、气、水系统的副厂房，主厂房下游侧布置了吊物孔和电缆通道。

图 12-9 为蜗壳层（高程为 857.00m）平面布置图。图中主要反映了进水口、蜗壳和尾水管的外形轮廓，其中可看出 1～4 号机组的进水口段和尾水管扩散段均设置了两道中间隔墩，以减小闸门和厂房结构的跨度。

三、装置卧轴贯流式水轮机的河床式厂房

贯流式水轮机分为全贯流式和半贯流式。全贯流式水轮机由于发电机转子和水轮机转轮结合为一体，对密封要求特别高，制造难度大，应用较少。目前采用较多的是半贯流式机组，如灯泡贯流式、轴伸贯流式和竖井贯流式，水头低于 20m 的大中型河床式水电站一般采用灯泡贯流式机组。

贯流式机组通常采用卧轴式布置，没有蜗壳，水轮机的流道平顺，效率较高，机组结构紧凑，体积较小，因而主厂房高度较小，布置较为简单。在水头较小的河床式厂房中，常采用卧轴贯流式机组或立轴轴流式机组。前者厂房机组段长度和安装场尺寸较小，结构简单，厂房基础开挖高程可以提高，厂房钢筋混凝土和开挖土石方量可减少，施工安装方便。贯流式水轮机吸出高度常为负值，机组安装高程低，由于将机组装低些也不致引起深开挖，水轮机的空蚀问题可减轻。贯流式机组的比转速高于立轴轴流式机组，因而转轮直径可以减小，水轮机重量也可减轻。

灯泡贯流式机组的发电机装置在灯泡体内，发电机定子是灯泡体的组成部分，灯泡体的直径由发电机尺寸确定。灯泡体外壳可以拆开以便装卸发电机，发电机转子直径不大时可从转轮室吊出灯泡体，否则需在灯泡体流道上方设专用吊孔吊运发电机。图 12-10 为一装置灯泡贯流式机组厂房的横剖面图。

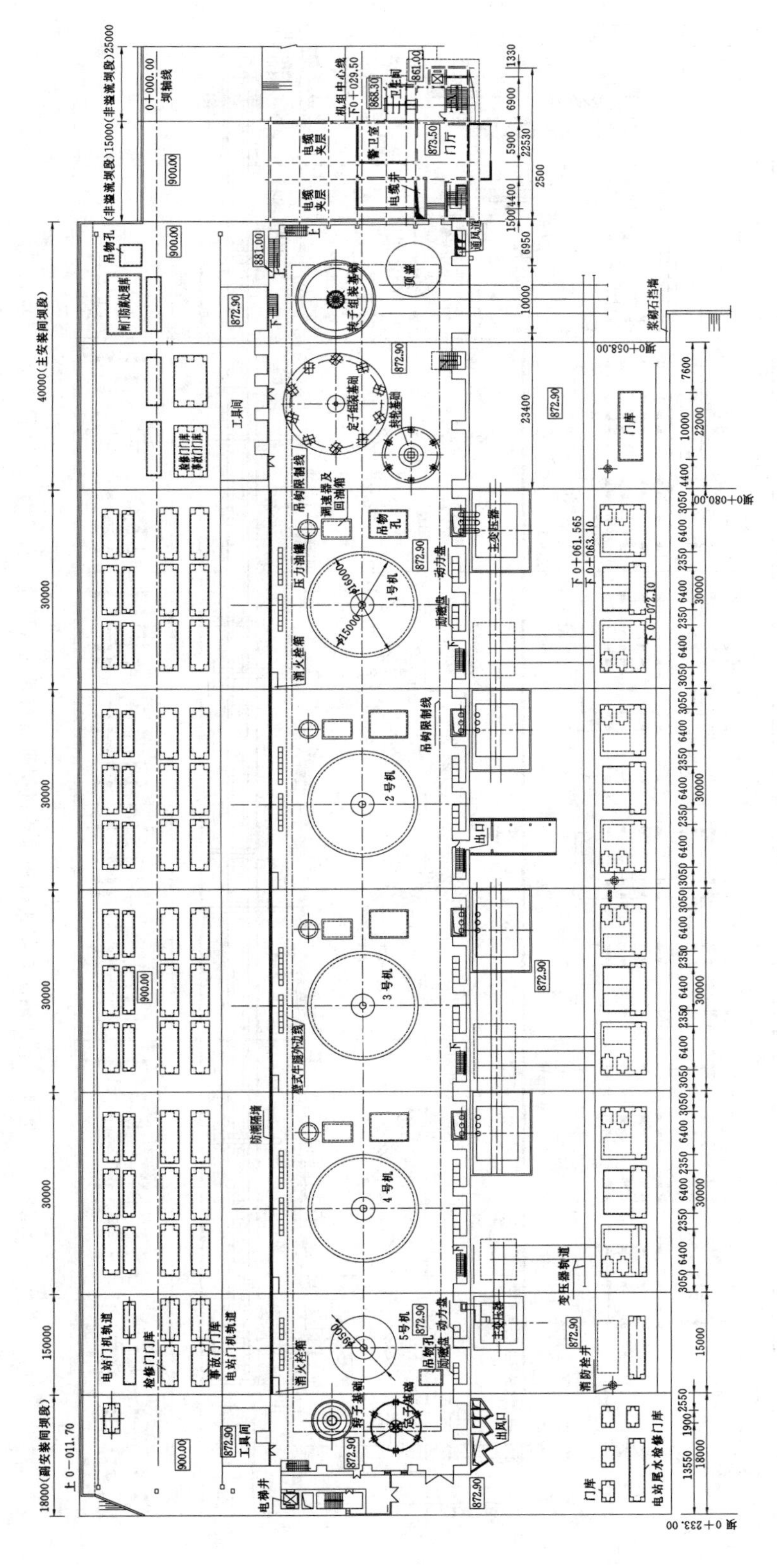

图 12-7　龙口水电站轴流转桨式机组发电机层平面布置图（尺寸单位：mm；高程单位：m）

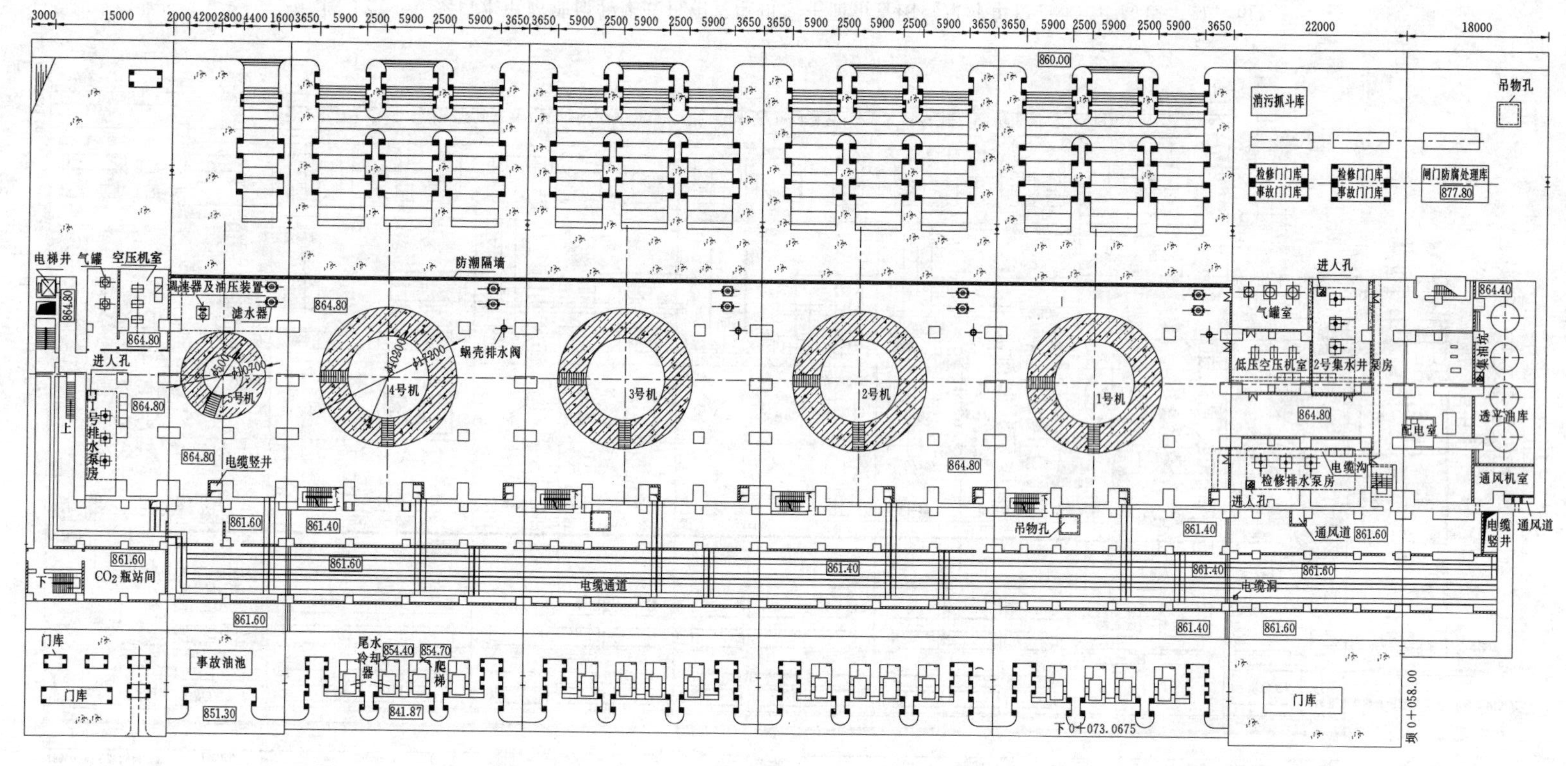

图 12-8　龙口水电站轴流转桨式机组水轮机层平面布置图（尺寸单位：mm；高程单位：m）

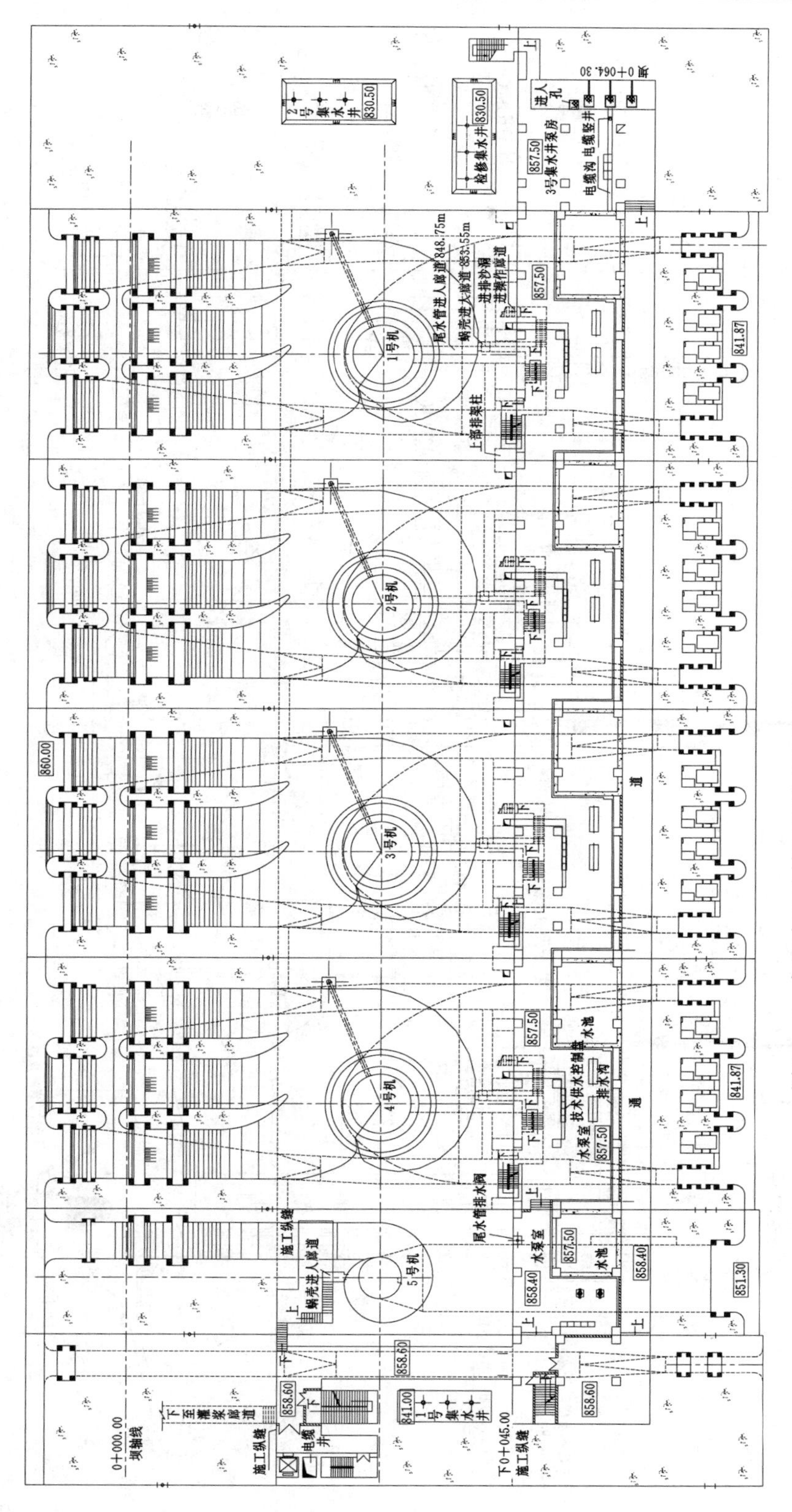

图12-9　龙口水电站轴流转桨式机组蜗壳层平面布置图（单位：m）

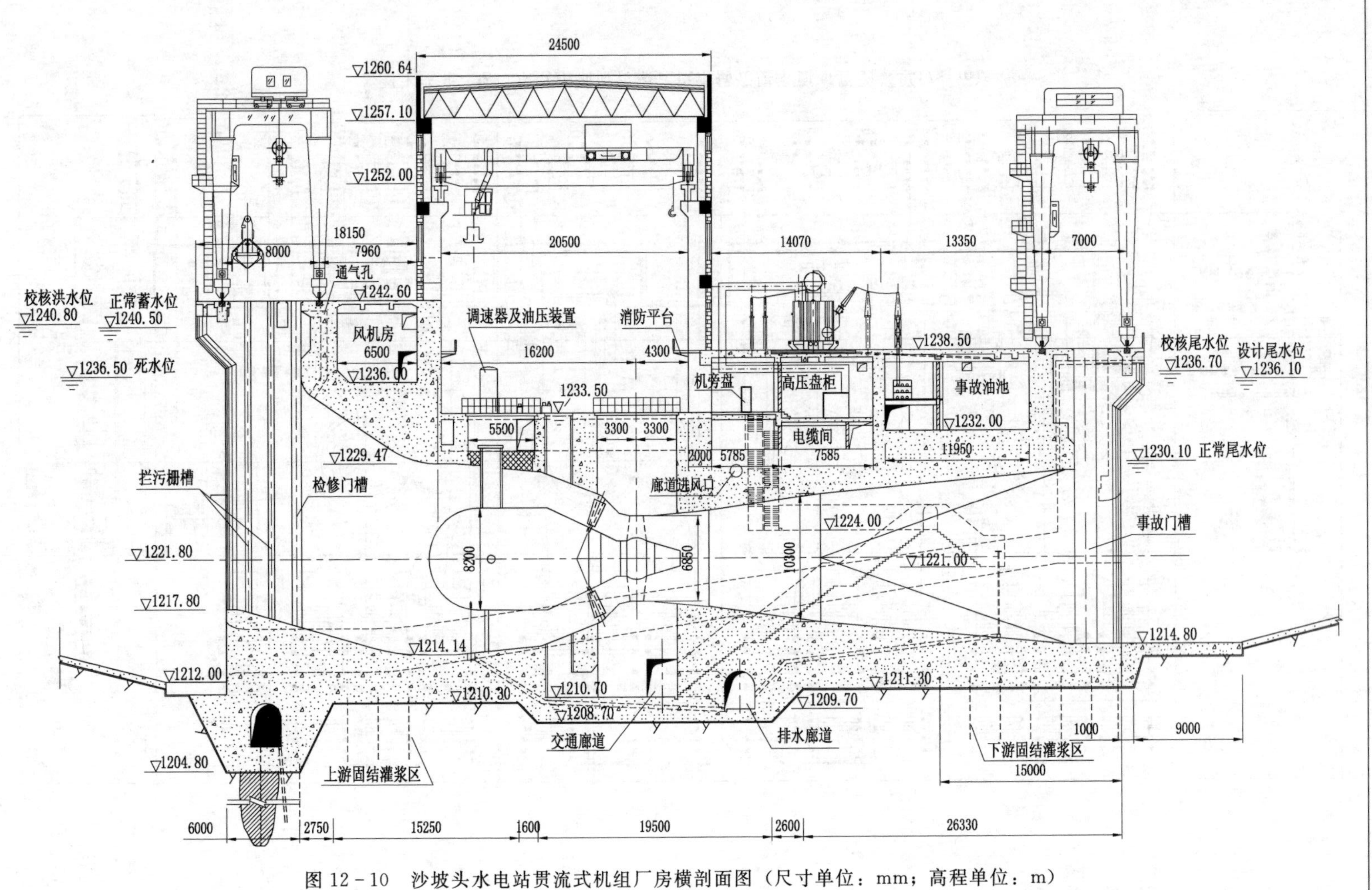

图 12-10　沙坡头水电站贯流式机组厂房横剖面图（尺寸单位：mm；高程单位：m）

装置灯泡贯流式机组厂房尺寸的确定原则与装置立轴式机组厂房是一致的。在剖面上，先计算出水轮机吸出高度和机组轴线的安装高程，然后根据流道尺寸计算出底部高程，并考虑地质条件和结构要求，定出底板厚度和基础开挖高程；安装场高程最好高于下游最高洪水位并与进厂公路相适应，吊车主钩的极限高度可由发电机转子的组装、焊接及吊运方式定出，从而可以推算出厂房高度。

在平面上，水下部分块体结构的宽度等于流道总长加上拦污栅及上下游闸门段的长度，通常为（8.5～11）D_1，机组间距一般为（2.5～3.5）D_1（其中 D_1 为转轮直径），视墩中是否布置母线电缆廊道拟定。主厂房的宽度主要由发电机及水轮机吊孔的位置控制，参照桥吊的标准跨度即可确定。安装场的面积按能够放下发电机转子和定子、灯泡壳体、密封环、水轮机转轮、轴、导水机构、轴承支架以及转轮室等全部机组部件，其长度通常等于 1.0～1.5 倍机组间距。

灯泡贯流式机组的河床式厂房在结构布置上，主机间常采用的有单层结构和双层结构。当采用单层结构时，机电设备、调速系统、机旁盘和励磁盘等都布置于同一层上；当采用双层结构时，主机间内的机电设备（如中性点设备、电缆等）和管路等布置于下层，调速系统、机旁盘、励磁盘等布置于上层。由此可见，采用单层结构，节省工程投资，但可用于布置机电设备的场地较少；采用双层结构，设备布置容易、美观、整洁，上层噪声低，但水工投资较大。安装场的位置取决于厂区布置和进厂运输方式，若为水平进厂方式，则安装场的高程与对外交通同高，一般高于主机间地面；若为垂直进厂方式，则安装场一般与主机间地面同高。此类电站的副厂房一般布置在主机间和安装场的下游侧，为了方便运行和使电气设备线路距离最短，一般将电气设备的房间布置于主机间下游副厂房内，其他房间布置于安装场下游副厂房内。升压变电站常见的布置型式有：升压变电站紧靠厂房户外布置，升压变电站布置在副厂房顶上，升压变电站布置在副厂房内，变压器布置在户外、开关站布置在副厂房内等。升压变电站紧靠厂房是最常见的布置形式，但当水电站周边没有足够空间布置开关站时，可考虑利用电站尾水管较长的特点，将升压变电站布置在厂房下游侧的尾水平台（即副厂房顶）上。

资源 12－5

图 12－10 和图 12－11 分别为黄河沙坡头水电站厂房横剖面图和机组安装高程平面布置图。沙坡头水电站厂房内装有 4 台 2.9 万 kW 的灯泡式贯流机组，其最大水头 11m、设计水头 8.7m、最小水头 3.6m，转轮直径 6.85m，转速 75r/min。机组转轮装置于转轮室内，发电机设于水轮机上游的灯泡体内。沙坡头水电站厂房的灯泡体固定于混凝土墩上，有的水电站厂房中灯泡体用辐射布置的混凝土支承结构固定于流道中，以改善流道中的流态。灯泡体的上部设有垂直对外通道以供工作人员进出和布置发电机出线，该通道也可设在灯泡体支撑结构的空腔内。通往厂房上部和下部的水轮机固定支柱内部留有空腔，以引出各种辅助管道和电缆，尺寸适宜时也可兼作通道。电站副厂房一部分布置在尾水平台下方，一部分布置在主厂房左侧（靠近河岸）的下游处。主变压器场布置于尾水平台之上。

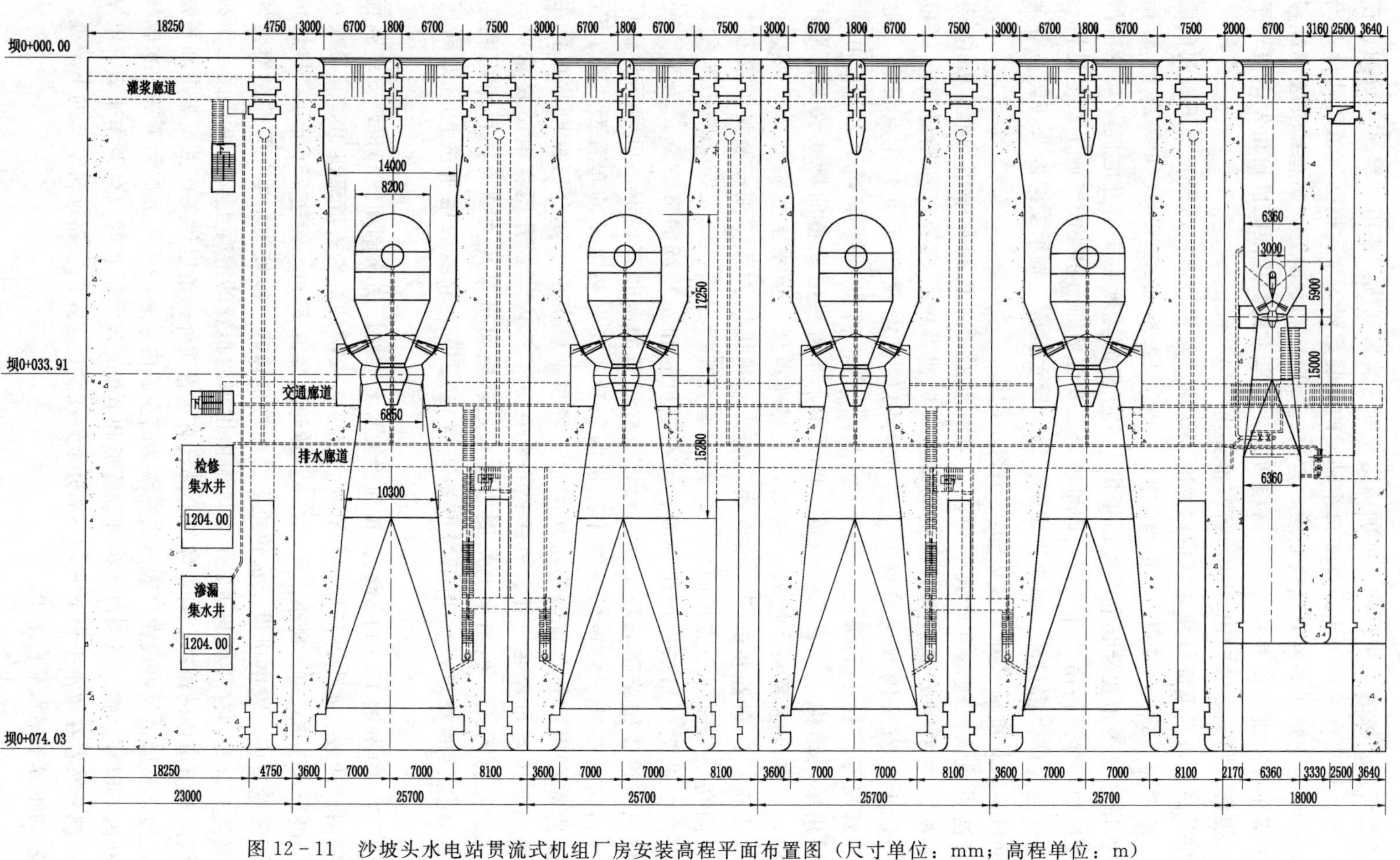

图 12-11　沙坡头水电站贯流式机组厂房安装高程平面布置图（尺寸单位：mm；高程单位：m）

第三节　地下式厂房

资源 12-6

将水电站厂房等主要建筑物布置在地下洞室之中称为地下式厂房。我国在 20 世纪 50 年代之前，地下式厂房发展速度缓慢。50 年代之后，随着施工开挖机械的不断改进和施工技术的不断提高，地下岩石的开挖进度越来越快，造价越来越低，因此近年来采用地下式厂房的水电站越来越多，陆续出现了一大批采用地下式厂房的中型、大型和巨型水电站。

与地面式厂房相比，地下式厂房有以下优点：

(1) 厂房位置可以选择地质条件较好的区域，厂房布置比较灵活。

(2) 在河道比较狭窄、洪水流量较大的情况下，采用地下厂房可减少与泄洪建筑物布置上的矛盾，并便于施工导流。

(3) 可以全年施工，不受雨、雪、酷暑、严寒等外界气候的影响。

(4) 与大坝等其他建筑物的施工干扰少，有利于快速施工。

(5) 泥石流、山坡塌方、雪崩等灾害对厂房的危害相对较小，人防条件也好。

(6) 可以降低水轮机安装高程，改善机组运行条件。当下游尾水位变幅大时，对厂房机组运行影响也小。

(7) 厂房位置的选取有可能缩短压力管道的长度，并可能取消调压室，以节省工程造价。

地下式厂房的主要缺点是地下岩石开挖量大，增加了工程的开挖费用；通风、防潮、照明条件较差；地质条件较差时，用于支护方面的费用将会增加。

一、地下式厂房的布置型式

由于地形、地质、施工条件和枢纽布置要求不同，地下式厂房的布置型式也各不相同。根据枢纽建筑物的特征，通常将地下式厂房分为引水式水电站地下厂房和坝后式水电站地下厂房。

(一) 引水式水电站地下厂房

根据厂房在输水系统中的位置不同，引水式地下厂房的布置有首部式、中部式和尾部式 3 种型式。

1. 首部式地下厂房

首部式地下厂房是将主厂房布置在输水系统首部段的地下洞室内，它具有较短的倾斜的或垂直的压力管道和较长的尾水隧洞。它适用于地面连续向下倾斜和中等起伏的地形，而且输水系统的首部段又具有较好的地质条件的情况。

图 12-12 为某水电站首部式地下厂房的布置图。该电站的输水系统首部位于坚固完整的玄武岩中，尾部则处在岩溶严重的石灰岩中，因而采用首部式地下厂房，这样设计可以使厂房置于稳定性好的岩体内，同时尾水洞采用无压引水隧洞也避免了在石灰岩中建有压引水隧洞。

首部式地下厂房的优点是有压引水隧洞较短，可省去造价较高的上游调压室，而且水头损失小，机组运行稳定、灵活；尾水隧洞较长，但尾水隧洞承压较小或为无压

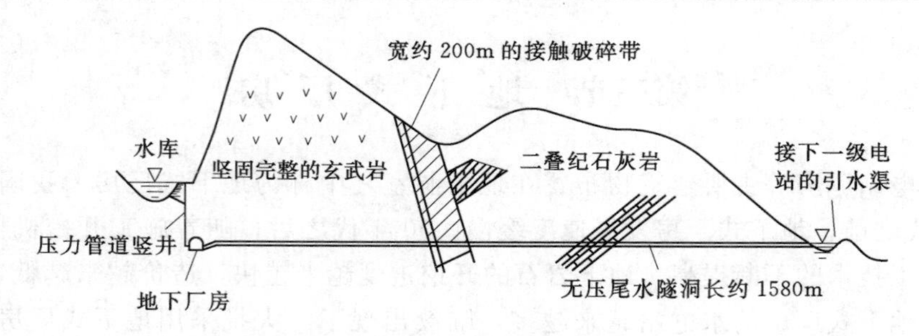

图12-12　首部式地下厂房布置

隧洞，因而造价相对较低；当压力管道以单元供水方式向水轮机供水时，可不设水轮机前的快速阀门。此种布置方式的缺点是地下厂房靠近水库，需特别注意处理水库渗水对厂房的影响；由于厂房的交通、出线及通风一般采用竖井，因而水电站水头过大时，采用首部式地下厂房会使厂房埋藏于地下过深，从而增加了交通、出线及通风等洞井的费用，也给施工和运行带来困难；尾水隧洞较长，采用有压尾水隧洞时往往需设置尾水调压室。

2. 中部式地下厂房

当输水系统首部的工程地质条件较差，或者采用首部式地下厂房时竖井太深、水平运输洞又太长，而中部的地质地形条件较好，对外联系如运输、出线以及施工场地等布置方便时，可采用中部式地下厂房。这种布置方式的特点是地下主厂房位于输水系统的中部段，它的引水道和尾水隧洞长度大致相等或相差不大，当引水道和尾水隧洞均为有压时，往往需要同时设置引水调压室及尾水调压室。

图12-13为某水电站中部式地下厂房的布置图，该电站水头近400m，采用首部式地下厂房布置时埋深过大，而输水系统尾部2000m范围的地段内，地面高程较低，不宜布置引水隧洞，所以不采用首部和尾部式地下厂房。该电站输水系统中部的地形和地质条件适于布置地下厂房和便于布置辅助洞井，所以采用了中部式地下厂房布置方式。该电站尾水隧洞为无压，交通运输用平洞，通风洞为斜井，而出线则用竖井。

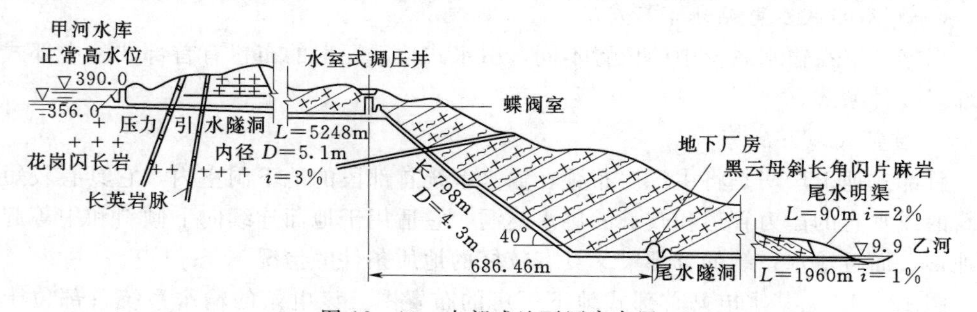

图12-13　中部式地下厂房布置

3. 尾部式地下厂房

尾部式地下厂房位于输水系统的尾部，这种布置方式的特点是引水隧洞较长，一般需设置引水调压室，尾水隧洞较短，厂房靠近地表，厂房的交通、出线及通风等辅助洞室的布置及施工运行比较方便。尾部式地下厂房所适用水头的范围较大，最高水头可达1000m以上，目前高水头电站多采用尾部式地下厂房布置方式。我国已建成的水电站地下厂房中尾部式占70%以上。

资源12-7

图12-14为鲁布革水电站的地下厂房布置图。该水电站装有4台单机容量15万kW的混流式水轮发电机组，电站最大工作水头372.5m，额定转速333.3r/min，额定流量$53.5m^3/s$，转轮标称直径3.442m。电站的引水隧洞全长9382m，直径8m，引水流量$214m^3/s$，隧洞末端接上室差动式调压井。调压井以下为两条地下压力管道，中心距35m，管径为4.6m，每条管道的起点各布置一扇事故闸门。每条管道末端分为两支，共4条支管斜向进入厂房向4台机组供水，每台机组在水轮机前各布置一个直径2.2m的球形阀门。每台水轮机用一条内径5.8m的尾水洞出水，尾水闸门设于尾水洞中部，闸门室位于地下。主变压器及开关站布置在平行于主厂房的主变开关洞内，出线由4回220kV和3回110kV组成，分别由出线洞和主变运输洞引出到出线洞。主变开关洞底板高程为785.00m，在校核洪水位下冷却水能自流排出。球阀布置在主厂房内，主厂房洞室跨度18m，高度39.4m，地下副厂房布置于主厂房一端，厂房总长度为125m，全部采用喷锚支护。根据厂区的地形地质条件和实测地应力的情况，结合布置需要，确定主厂房位置距岸边约150m，处于坚硬和整体稳定性较好的岩体中，主厂房纵轴线与最大水平地应力方向夹角较小。

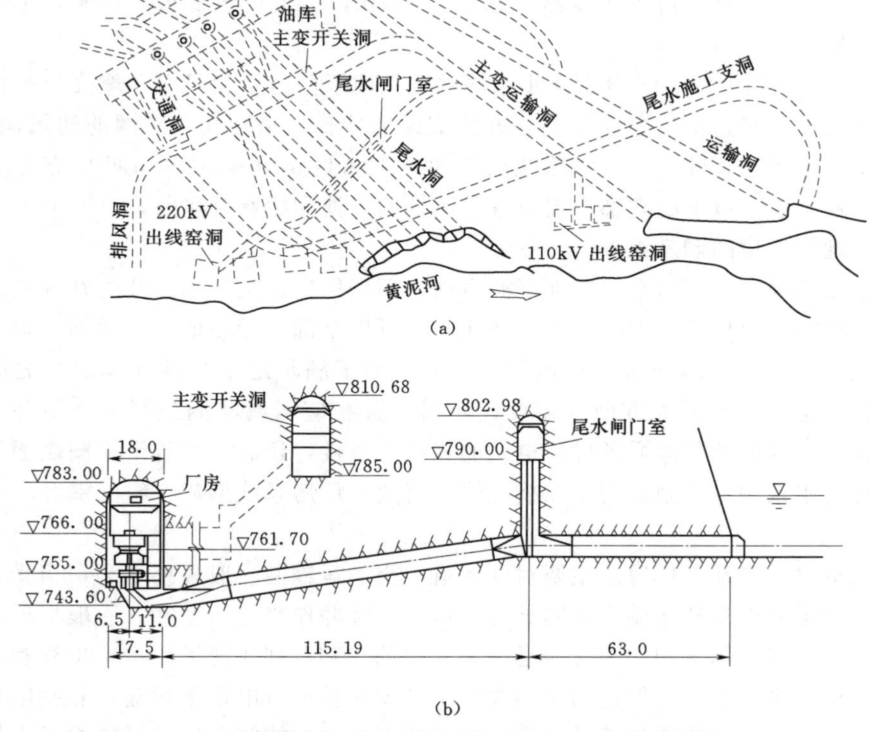

图12-14　鲁布革水电站布置图（尺寸单位：m，高程单位：m）
(a) 平面布置；(b) 尾水系统纵剖面

实际工程中，引水式水电站地下厂房采用哪种布置型式，要结合水电站水能规划、当地的地形、地质、交通运输、出线条件、施工和运行等条件，经过技术经济比较来确定。

（二）坝后式水电站地下厂房

对于坝后式开发的水电站，若河岸狭窄，没有足够空间布置坝后式厂房，如两岸地形地质条件许可，可将厂房布置在河岸山体内而形成坝后式水电站地下厂房。

图 12－15 为小浪底水电站地下厂房横剖面图。由图可见，主厂房宽 26.2m、高 61.55m，发电机的出线通过高程为 139.00m 的母线洞引向距主厂房下游 32.8m 处的主变洞内，经过变压器升压后由高压电缆洞再引向地面（220kV、500kV）的高压开关站进行配电，之后将电能输送至电网。在距主变洞下游侧 24.3m 的尾水管出口上方布置有尾水闸门室，闸门室宽 10.6m、高 20.65m。

图 12－16 为小浪底水电站地下厂房发电机层平面布置图。由图可见，主机间长 161m，布置 6 台机组，每台机组的下游侧对应布置了机旁盘和励磁盘，为了减小厂房的跨度，楼梯和吊物孔布置在两机组之间。由于对外交通来自左岸，因此安装场布置在主机间的左侧，长度 59m，宽度与主机间同宽，地面高程 144.50m 与发动机层地面同高，其面积可满足一台机组扩大性检修和安装。电站副厂房分地下和地上两部分，地下副厂房布置于主厂房的端部，紧靠安装场，和安装场同高层主要布置有高压实验室、厂变室、配电室等房间。主变洞布置在主厂房下游侧，纵轴线与主厂房平行，主变洞共布置有 6 台主变压器，总长 174.7m，为方便主变进厂检修，主变洞地面高程与安装场同高。

图 12－17 和图 12－18 分别为小浪底水电站地下厂房水轮机层和蜗壳层平面布置图。由图可见，水轮机层主要布置有方便交通的楼梯、吊物孔、防潮的通风洞和油、气、水系统的管路，油、气、水系统的房间分 139.00m 和 134.50m 两层布置于安装场之下。蜗壳层及以下的端部主要布置了清水回水池和检修排水井。

二、地下厂房的洞室组成

水电站的地下主厂房布置在地下洞室内，而副厂房、主变场、开关站等建筑物根据各个工程的地形地质条件和技术经济比较，可以全部布置在地下或地面，也可以一部分布置在地下、一部分布置在地面。另外，为了满足地下与地面建筑物之间的出线、交通、运输、通风等方面的需要，还需布置相应附属隧洞或竖井、斜井等。因此，根据各工程的地形地质条件和电站的规模等条件，还需开挖若干不同断面尺寸和不同高程的附属洞室，附属洞室纵横交错，将地下厂房系统形成一组洞室群。

1. 交通运输洞

交通运输洞是地下厂房的主要对外通道。交通运输洞一般采用平洞，当受地形条件限制，用平洞作交通运输洞有困难时，可采用竖井作交通运输井。一般坝后式和尾部式地下厂房多采用平洞作为交通运输洞。中部式和首部式地下厂房，出线和运行人员交通一般多采用竖井，但是为了加快施工进度和重型机电设备运输，有些电站也布置长度大、坡度陡的交通运输洞。运输洞的断面尺寸应按需要通过运输洞运入的最大设备尺寸确定。最大设备一般指发电机定子或分瓣的定子；发电机上机架或其中心体，

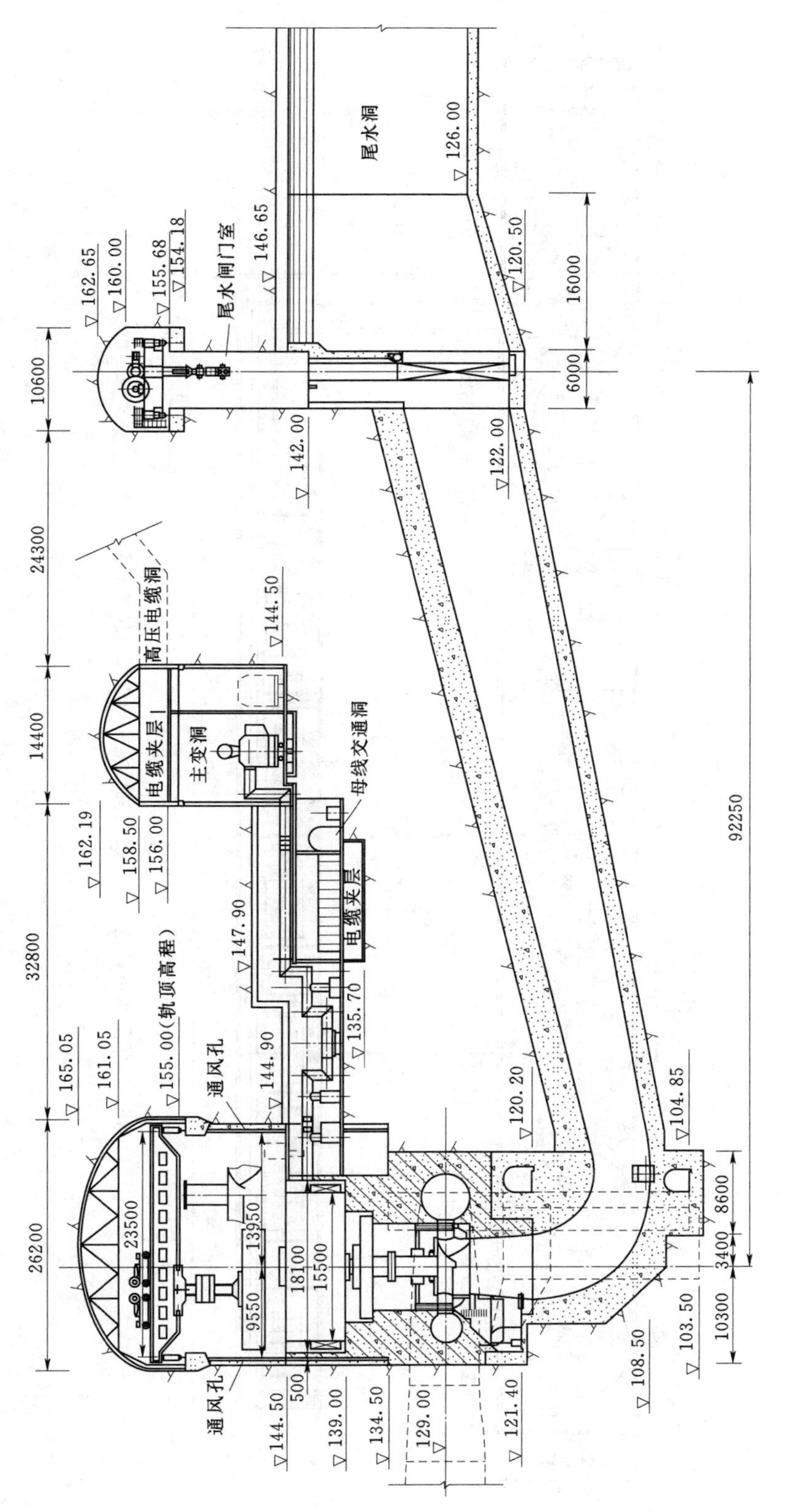

图 12-15　小浪底水电站地下厂房横剖面图（尺寸单位：mm；高程单位：m）

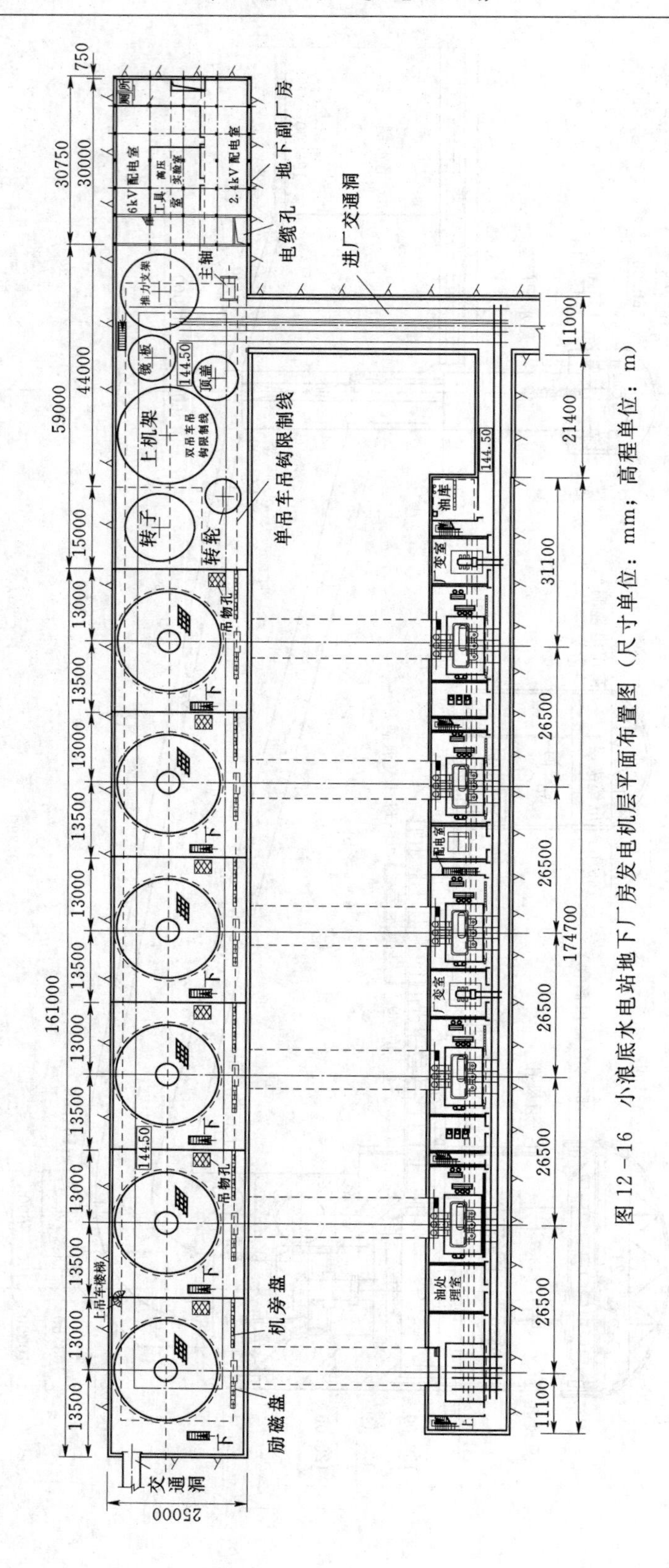

图 12-16　小浪底水电站地下厂房发电机层平面布置图（尺寸单位：mm；高程单位：m）

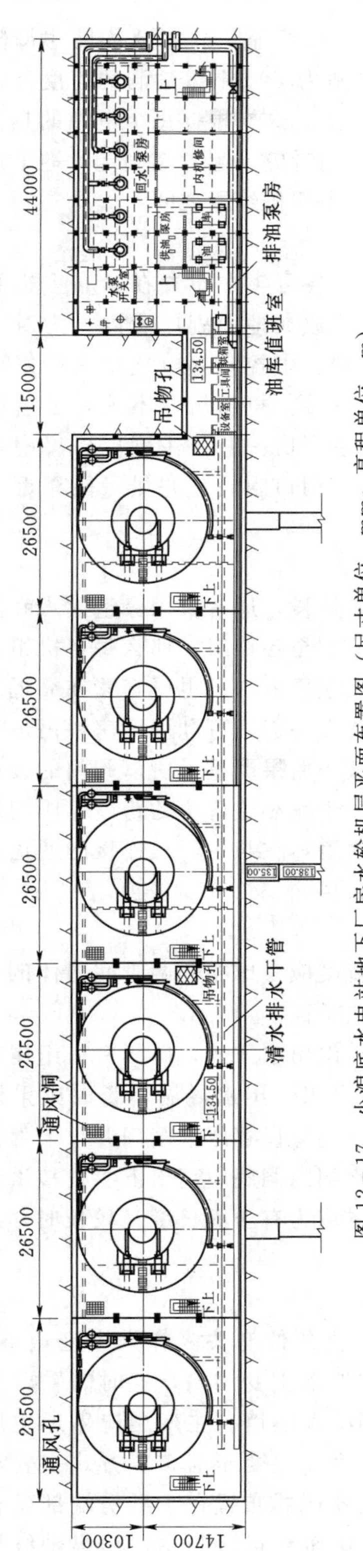

图 12-17　小浪底水电站地下厂房水轮机层平面布置图（尺寸单位：mm；高程单位：m）

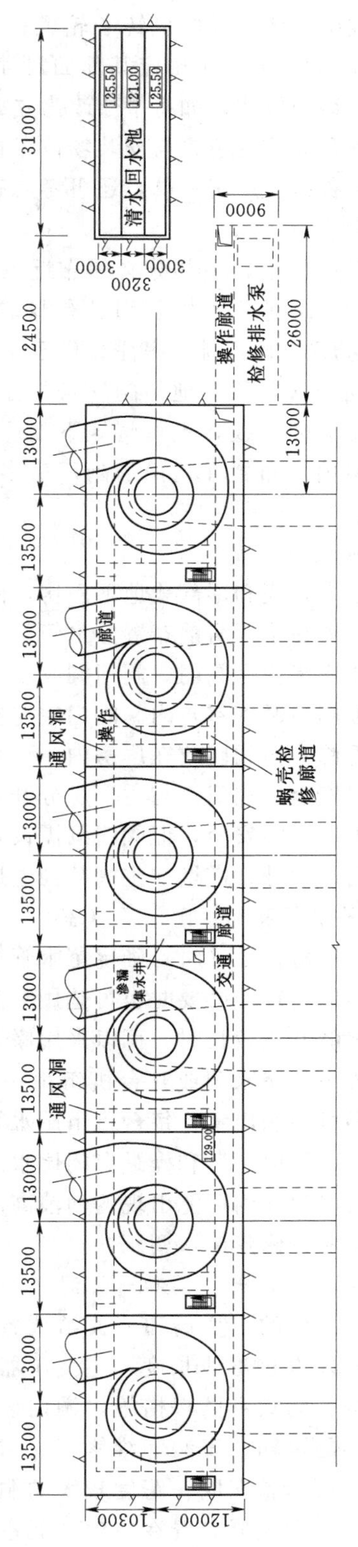

图 12-18　小浪底水电站地下厂房蜗壳层平面布置图（尺寸单位：mm；高程单位：m）

下机架或中心体，发电机转子轮辐；主变压器；岔管等。最大设备尺寸每侧再考虑30～50cm的余度即可确定其断面尺寸。有的电站为了减小运输洞的跨度，而改变最大设备的运输方法，如将平放改为立放运输等方式，这应根据每个电站的具体情况确定。运输洞或井的位置与安装场位置直接相关，两者应一起考虑确定。地下厂房的安装场可布置在主厂房一端，还可考虑布置在厂房中间机组段之间。

2. 副厂房

地下厂房中，一部分必须靠近主机的附属设备可集中布置在紧靠主机间的地下副厂房内，其他则可以利用已有洞室分散布置或放在地面副厂房内。为避免增加主洞室的跨度，地下副厂房往往设于主厂房的一端。中控室等电气用房最好不与安装场位于同一端，所以地下副厂房往往布置在另一端。机组尺寸不大，围岩稳定性好时，为了方便出线，也可将地下副厂房布置在主厂房一侧，主副厂房集中布置在同一主洞室内。布置在地面的副厂房多位于出线洞洞口附近，并尽可能靠近主变场和开关站。

3. 阀门洞（室）

对于中部式和尾部式地下厂房，由于引水道较长，通常采用分组供水和集中供水方式，则需在主厂房前布置分岔管将干管水量分配至各机组，那么每台机组的水轮机前就需要安装快速阀门。阀门洞（室）可布置在主厂房内，也可布置在靠近厂房上游侧的单独阀门洞（室）内。阀门室与主厂房布置在一起，可利用厂房桥吊吊运阀门来安装和拆修，但阀门放在厂房内，一旦阀门爆破，后果严重，所以阀门的设计和制造必须确保安全。阀门室与主厂房分开布置，有利于减小主厂房的跨度，阀门爆破后不致危及主厂房的安全，但阀门洞需设置事故排水道，在与主厂房连接的通道上应设事故密闭门；另外，需增加主阀的独立启吊设备。

4. 尾水洞及尾水闸门洞（室）

地下厂房在设计时，确定尾水管扩散段的宽度应考虑相邻两管间岩体的厚度，以利于岩体的稳定，必要时也可选用窄高型的扩散断面。

尾水隧洞比较长时，可以采用联合出水或分组出水方式，即所有机组尾水管出水后汇合成一条尾水洞或几台机组由一条尾水洞出水。尾水隧洞不长时则采用单独出水，即一机一洞出水。每台机组尾水管出口一般均应设置尾水闸门井，上部设有尾水闸门洞室，用以吊运和操纵启闭尾水闸门。尾水闸门洞底应高出下游校核洪水位和负荷变化时闸门井内可能出现的涌浪高度。尾水隧洞为有压而长度又较长时，尾水隧洞首部还需考虑修建尾水调压井。

5. 主变洞、开关洞和出线洞（室）

地下厂房的主变场和开关站位置与地形地质条件有关。在大中型地下厂房中，为了缩短发电机母线长度，主变压器往往放在地下主变洞内，这时需采取专门的通风、排烟、防火和防爆措施，洞内设防爆门和防爆隔墙。主变洞应靠近主厂房以便于变压器的运输、安装和维修，并减小母线长度。主变压器布置方式主要有主变压器和主厂房布置在同一跨度较大的洞室内、主变压器布置在主厂房端部延长的同一洞室内、主变压器布置在单独的洞室内（洞室纵轴线可以与主厂房纵轴线平行或垂直）、主变压器与机组间隔布置等。

当地面地形陡峻而不宜布置开关站时，开关站也可布置在地下洞室内，这时需选用高压封闭绝缘组合电气装置。地下开关站尽量利用废弃的洞室（如施工支洞、导流洞）或与其他洞室（排风洞）合用，以减少开挖，节省土建投资。

地下厂房输电线由出线洞引出，引出线为母线时即称母线洞。出线洞可以采用平洞、斜井或竖井。地下厂房内为了敷设电缆和引出母线至主变洞，需要设置相应的电缆和母线支洞。

6. 通风洞

地下厂房应设有完善的通风系统，包括进风洞、出风洞以及通风机室。进风洞应安排在较低的位置上，便于通过风管将新鲜空气从厂房各层的底部引入厂房。出风洞的位置应较高，热空气上升经厂房顶棚上的出风管引出汇合后，由出风洞排出。由于通风机噪声较大，因此通风机室应远离主、副厂房，一般可放在洞口或单独的洞室内。通风洞一般应充分利用交通运输洞、出线洞以及无压尾水洞，例如利用交通运输洞或无压尾水洞进风，利用出线洞出风。

三、地下厂房的布置

地下厂房主要尺寸的确定、厂房内设备布置原则、副厂房房间布置原则等与地面厂房布置基本相同。所不同的是地下厂房在布置中要特别注意厂房洞室的围岩稳定和支护问题，并要考虑地下洞室的施工、交通运输、出线和通风等条件。

1. 地下厂房的位置选择

地下厂房的位置选择，在地形上应考虑能缩短地下厂房对外联系的洞井线路长度，在地质上还应考虑从布置方式上改善围岩的稳定性。地下厂房的位置选择应满足以下要求：

（1）应尽量避开较大断层带、节理裂隙发育区和破碎带，将地下厂房放在地质构造简单、岩体完整坚硬、地应力较小、开挖和运行中岩体稳定以及地下水微弱的地段。

（2）地下洞室的上覆岩体应有一定的厚度，以利于厂房拱顶的稳定。

（3）在深切峡谷边布置地下厂房时，除要避开邻近峡谷的卸荷裂隙带外，还应避开地应力集中、转折和易于发生岩爆的地段。

（4）地表岸坡应该稳定，便于设置洞、井的出口。

2. 主洞室纵轴线方位选择

地下厂房主洞室纵轴线的方位应考虑地质构造面和地应力场的情况确定。纵轴线的走向应尽量与围岩中存在的主要构造弱面如断层、节理、裂隙和层面等保持较大的夹角。同时，还要分析次要构造面对洞室稳定的不利影响。在地应力方面，洞室纵轴线应与最大水平主应力方向一致或保持较小的夹角。这样对洞室围岩的稳定是有利的。

3. 洞室布置的一般要求

（1）洞顶的最小埋藏深度，根据岩体的完整和坚硬程度，可取洞室开挖宽度的1.5～3.0倍。

（2）洞室的最小允许间距，与地质条件、洞室规模和施工方法有关，一般不小于相邻洞室中最大开挖宽度的1.0～1.5倍。

（3）上下层洞室之间的岩石厚度，一般不小于洞室开挖宽度的1.0～2.0倍。

（4）洞室相交应尽量保持正交。

（5）洞室布置应考虑勘探和施工的需要，尽可能互相结合，减少地下开挖。

4. 地下厂房的内部布置

地下厂房内部布置的原则，是在满足机电设备运行良好的前提下，尽量缩小厂房内部空间以减小岩石开挖量，并改善围岩稳定条件。为此，可采取以下措施：

（1）改进机组及配电设备的结构型式及安装工艺。如发电机转子在基坑内组装，可使桥吊尺寸显著减小；采用水内冷发电机和变压器、高压全封闭绝缘组合开关等设备，可减小设备所占的地下空间。

（2）采用双小车桥吊或者用两台桥吊，这样可以降低厂房高度。

（3）地下厂房中的吊车支承结构除地面厂房中常采用的吊车梁、柱外，还可采用悬挂在厂房顶拱拱座上的悬挂式吊车梁［图12-19（a）］；用锚杆、锚索锚固于岩壁上的岩锚式吊车梁［图12-19（b）］；敷设在岩台上的岩台式吊车梁［图12-19（c）］及在整体钢筋混凝土衬砌上伸出带形牛腿的带形牛腿吊车梁等。悬挂式、岩锚式和岩台式吊车梁结构的最大优点是不建吊车柱，可在厂房洞室尚未向下扩大开挖时提前施工吊车梁，提早组装吊车，并可减小厂房的开挖跨度。

（4）安装场布置。当机组台数多于4台时，可考虑将安装场布置在机组中间。由于安装场高程以下的岩石可以保留不挖，边墙高度较两边机组段小得多，有助于整个厂房边墙的围岩稳定。

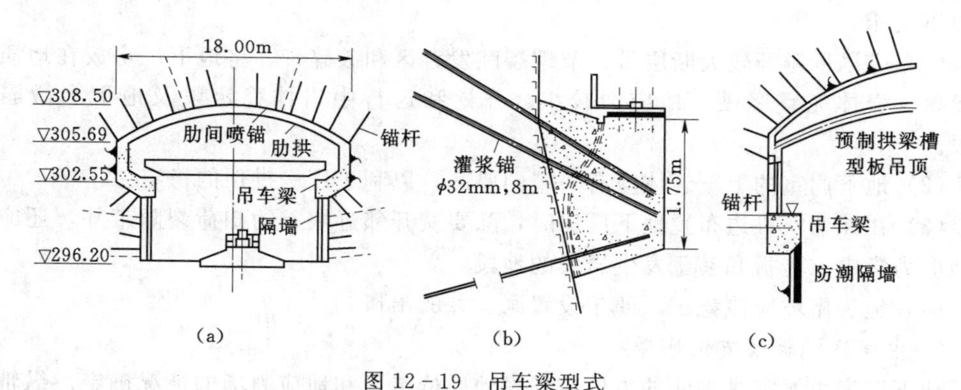

图12-19 吊车梁型式

（a）悬挂式；（b）岩锚式；（c）岩台式

第四节 溢流式厂房

资源12-8

溢流式厂房适用于坝址河谷狭窄、洪水流量大，河谷只够布置溢流坝，采用坝后式厂房会引起大量土石方开挖的中、高水头水电站。溢流式厂房布置紧凑，由于厂房通常布置在河床中央，泄洪时下游水流条件较好。溢流式厂房又可分为厂顶溢流式和厂前挑流式。

厂顶溢流式厂房将厂房顶部作为溢洪道溢流面的一部分，汛期泄洪时洪水通过厂顶溢流。厂顶溢流式厂房压力管道进水口一般布置在溢流坝闸墩之下，以避免进水口闸门、拦污栅与溢流坝顶闸门操作上相互干扰，使布置和运行都比较方便，但闸墩的厚度往往会因为布置进水口闸门井和拦污栅的需要而增大。此外，坝段的横缝只能设置在闸墩外。图 12-20 为新安江水电站厂房横剖面图，厂房下部与坝体混凝土之间设置纵向伸缩缝，压力管道在伸缩缝处设伸缩节。为提高厂房的抗震性能，厂房顶板用拉板与坝体连接，顶板采用挑流消能，使水舌远离厂房。

厂前挑流式厂房（又称挑越式厂房）的厂房顶部高程低于溢洪道末端溢流面高程，即将厂房布置在溢洪道的下游侧，这种布置方式可消除高速水流对厂房顶板引起的空蚀和振动破坏，泄洪时高速水流在厂房之前挑流越过厂房顶，水舌与厂顶脱离，直接落到厂房下游河床中。厂前挑流式厂房的优点是在泄洪开始时和终结前，有小股流量水舌撞击厂房顶，但时间短、荷载小，不会威胁厂房的安全，且不致引起厂房的共振和空蚀。缺点是泄洪时水流挑射距离没有厂顶溢流式挑射距离远，因此须注意厂房和下游河床的稳定及在溢流坝闸门启闭时各种流态对厂房顶部所形成的脉动压力。挑流泄洪时，应使厂外电气设备远离挑流水舌和严重雾化区，防止出现电晕。同时，选择进厂交通线路时，应避免受泄洪的影响。图 12-21 为乌江渡水电站厂房的横剖面图。该电站的下游最高洪水位高出厂顶达 12m，为了适应小流量时水舌对厂房的撞击，厂房用厚混凝土顶拱和墙壁封闭，厂坝之间用纵向伸缩缝分开。在发生设计洪水时，由于厂房在下游水压力的作用下自身不能保持稳定，因而在水库初期蓄水后用灌浆方法将水轮机高程以下厂坝间的纵缝充填，使厂坝整体连接。这样做使厂房在洪水期可以利用坝体帮助稳定，而水库蓄水时坝体变位对厂房的影响又可大大减小。该电站厂坝间的纵缝不设键槽，不留插筋。此外，为了减少扬压力，乌江渡水电站在厂房地基中还设置了帷幕灌浆和排水设施。由于厂房上部与坝体之间的空间较大，主变场和副厂房均布置其中，高压开关站布置在闸墩顶部，闸墩内设有电缆井，主变压器高压侧出线经电缆井引向高压开关站。

一、溢流式厂房厂坝连接方式

溢流式厂房厂坝之间的下部连接方式主要如下：

（1）厂坝分开。这种布置是在厂坝之间设永久性沉降伸缩缝，厂房原则上不承受坝体传给的外荷载，坝体也不依靠厂房提高稳定性。这种连接方式压力管道通过厂坝之间必须设伸缩节，以适应地基不均匀沉陷。

（2）厂坝整体连接。在厂坝之间不设永久缝，施工缝进行回填灌浆，并有骑缝钢筋相连，使厂房底板与坝体连成整体，厂坝之间不设伸缩节。这种布置方式可利用厂房的重量与坝体共同承受外荷载，可减小坝体断面尺寸，并提高坝体的稳定性，同时也提高了厂房自身的抗浮、抗滑稳定性和抗震能力。

（3）厂房下部与坝体分开而上部顶板与坝简支或铰支连接（图 12-20）。这种连接方式介于厂坝分开和整体连接之间。在厂坝之间留施工缝，待混凝土达到稳定温度

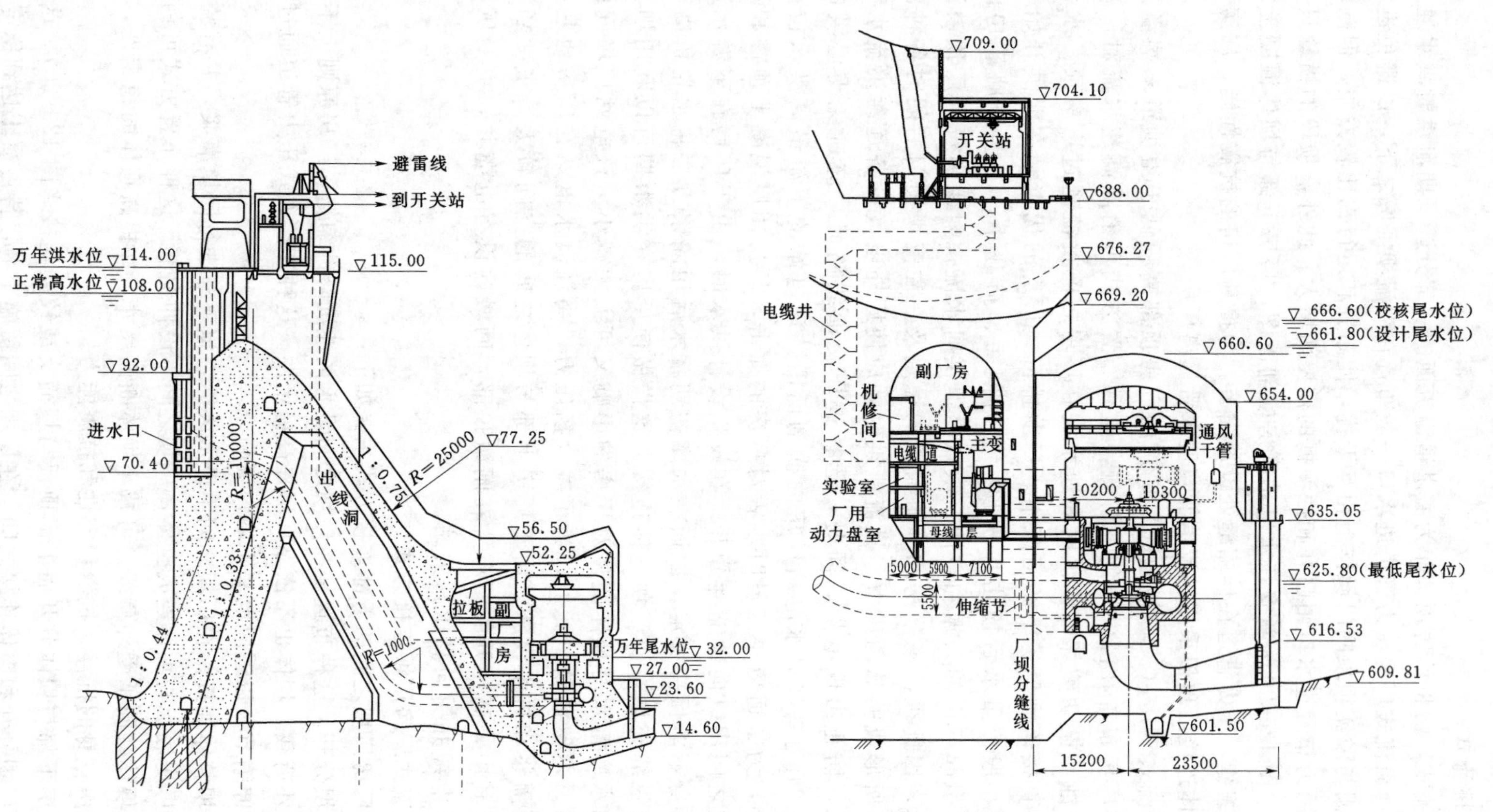

图 12－20　新安江水电站厂房横剖面图（尺寸单位：mm；高程单位：m）

图 12－21　乌江渡水电站厂房横剖面图（尺寸单位：mm；高程单位：m）

后再进行接触灌浆，缝面不放插筋，不做键槽。这种缝面能传递水平推力，不能传递很大弯矩和剪力。

厂坝之间选用哪种连接方式，除要考虑地基条件、坝型和坝高、坝及厂房的抗滑稳定要求外，还要考虑动力需要。

二、溢流式厂房布置及设计特点

(1) 由于溢流式厂房屋顶泄洪，因此它们通常都设计成全封闭的，除必要的进厂出入口外，一般不设窗户，因此需要有较好的人工照明、通风和防潮等措施。通风机室一般布置在厂房的两端，便于进风和排风。

(2) 溢流式厂房的厂坝之间往往留有较大的空间，可用来布置副厂房和主变场等。但由于厂坝之间阴暗潮湿，空气不好，设计时要进行必要的装饰，使副厂房和主变场具有较好的通风、照明和防潮功能，为运行人员和机电设备提供良好的工作条件。

(3) 尾水平台在泄洪时受到较大的吸力，而且在泄洪开始和终了时受到水舌的冲击，所以尾水平台上不宜设副厂房。

(4) 溢流式厂房的安装场结合进厂交通条件，一般设于主厂房的一端或两端，很少设于中间。安装场大门设计要考虑泄洪时防止溅水或地面水进入厂房发电机层，防止水渗入安装场下面的房间，必要时设置临时防洪设施。

(5) 为了减小溢流顶板的跨度，主厂房内除布置主机及必要的附属设备并留有主通道外，尽量不布置辅助设备和电气设备，后者宜布置在厂坝之间。

(6) 由于溢流式厂房顶需承受巨大的水重、顶板自重及水平推力，因此厂房排架通常由整片很厚的钢筋混凝土箱形结构组成，而不另设排架柱。

第五节　坝内式厂房

资源 12-9

当河谷狭窄，且溢流坝段较长，布置坝后式厂房有困难，而坝体又较大，允许在坝身内留出一定的空腔时，可将厂房布置在坝体空腔内，称为坝内式厂房。图 12-22 和图 12-23 分别为上犹江水电站混凝土重力溢流坝坝内式厂房和凤滩水电站混凝土空腹重力拱坝坝内式厂房。坝内式厂房一般布置在溢流坝内，泄洪以及洪水期的高尾水位不直接作用于厂房。但坝内空腔削弱了坝体，使坝体应力复杂化。

坝内式厂房坝体空腔的大小和形状对坝体的应力影响很大。空腔的大小和形状应结合坝型、坝高、厂房布置的要求，选择优化断面。所以坝内厂房的布置设计应与大坝剖面形状的拟定密切配合进行。坝体剖面和坝内空腔体形的确定应使坝体应力分布和变化较为均匀，主要部位的应力应控制在允许范围之内，坝体混凝土方量要小，并且能满足厂房布置的需要。坝内式厂房坝体体形复杂，需应用有限元法进行应力分析研究，确定最优剖面和空腔的形状、尺寸。

空腔的存在将坝体分为两部分，空腔上游部分称为坝的前腿，下游部分则称为后腿。前腿内布置有压力管道，管道的布置应考虑尽量减小对前腿结构的削弱。后腿布置尾水管，尾水管扩散段的开孔会削弱后腿结构。为了减小开孔对后腿结构的削弱，

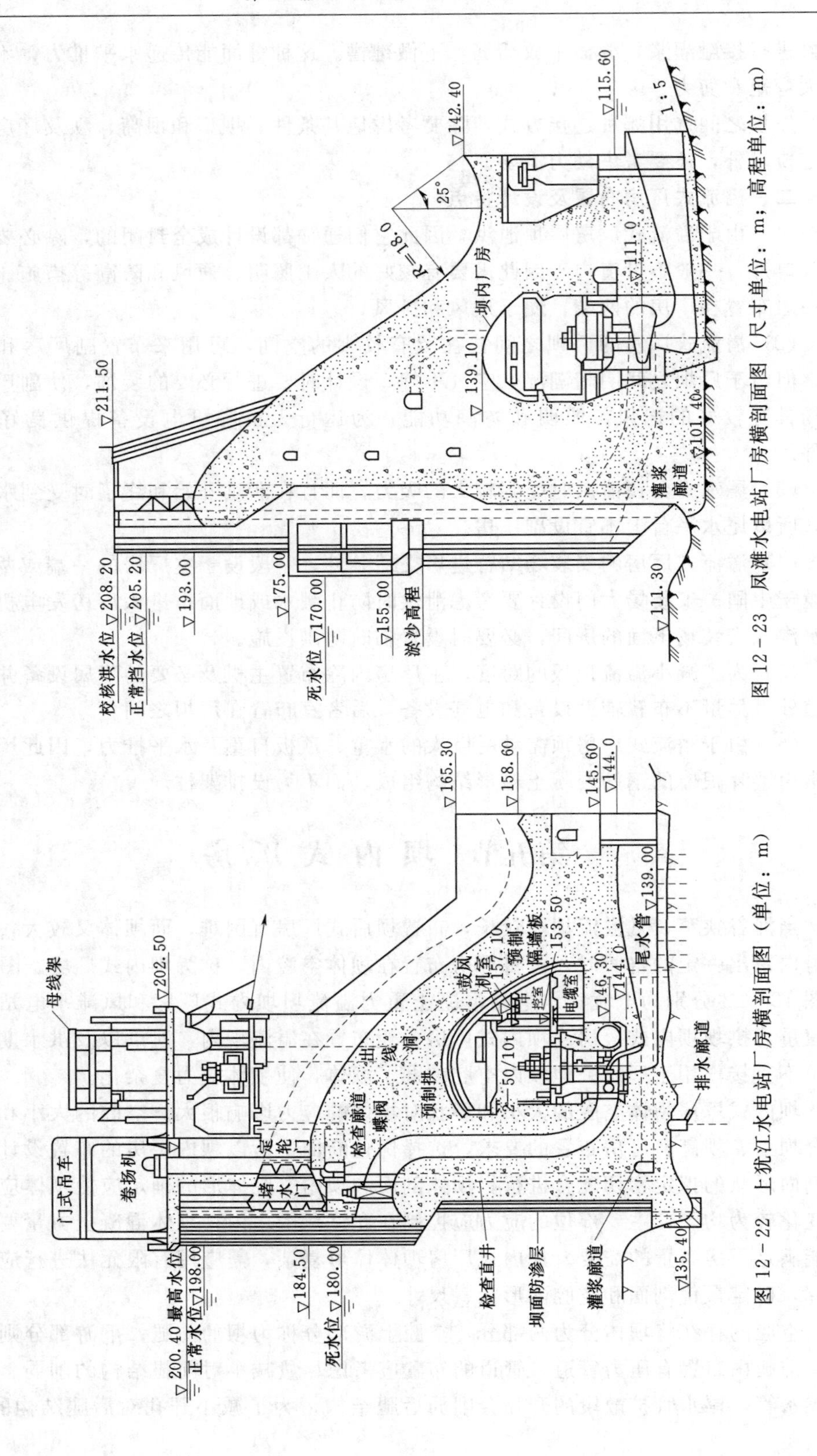

图 12-22 上犹江水电站厂房横剖面图（单位：m）

图 12-23 凤滩水电站厂房横剖面图（尺寸单位：m；高程单位：m）

通常采取减小开孔宽度的措施。根据经验，应控制开孔的宽度不大于坝段宽度的30%～40%。对于分段的重力坝该取值应大些，对于整体无横缝的重力坝取值可稍小些，对于重力拱坝应更小些。为了减小开孔宽度，尾水管出口段往往采用窄高型的断面。

坝内式厂房机组容量的确定、机电设备的选择和布置必须与坝内空腔的大小相适应，主厂房的高度或宽度往往需要采取一定的措施予以压缩，例如采用双小车桥吊或双桥吊吊运转子以降低桥吊轨顶高程，采用伞式发电机以缩短水轮发电机的轴长等。

坝内式厂房副厂房的布置要视坝体空腔的大小而定。当厂房空腔宽度较大，副厂房可平行布置在同一空腔内主厂房的上、下游侧。当厂房空腔宽度较小时，可将大部分副厂房布置在坝外。

坝内式厂房布置需特别注意防渗、防潮、通风、照明等问题。坝内空腔周围需设防渗隔墙，空腔壁与隔墙间布置排水沟管，主厂房顶部设顶棚，上铺防水层。坝内式厂房应有完善的通风、照明系统。

资源 12－10

图 12－22 为上犹江水电站厂房横剖面图。该电站进水口的布置与溢流式相似，进水口布置在溢流堰之下，用油压启闭机操作的蝴蝶阀代替事故闸门，蝶阀室顶即溢流堰顶，用盖板封闭，蝶阀安装及吊出检修时需放下溢流堰检修门，打开盖板。由于蝶阀价格较高，水头损失较大，检修时操作不便，河谷宽度允许增加溢流坝闸墩宽度以将进水口布置在闸墩之下时，一般不采用这种布置方式。电站厂房设计空腔较大，所以将副厂房平行布置在同一空腔内主厂房的下游侧。由图 12－22 可知，该电站大坝前腿较厚，而压力管道直径较小，因此可将压力管道垂直布置向水轮机引水；由于大坝后腿也较厚，该厂房水轮机的尾水管设计是尾水管在肘管段和扩散段的范围内保持标准形状，扩散段出口段断面渐变为宽 4m、高 5m 的矩形。在厂房防渗、防潮方面，该电站厂房在其上游坝面专门覆盖了厚 4cm 的沥青防渗层，为了防潮，坝内空腔周围还设有防渗隔墙，空腔壁与隔墙间布置了排水沟管，主厂房顶部还设有顶棚，并在其上面铺了防水层。

图 12－23 为风滩水电站厂房横剖面图。该电站通过计算和试验研究，将厂房空腔形状设计为接近一椭圆形，其长轴倾向下游，倾角为 60°，与实体坝的主应力方向基本一致，空腹高度约为坝高的 1/3，空腹的顶拱为一两心圆曲线，空腹的宽度约为大坝底宽的 1/3。由图 12－23 可知，电站大坝前腿相对较薄，所以压力管道采用水平布置，以减小对前腿的削弱；为了减小尾水管对大坝后腿结构的影响，该电站尾水管的扩散段断面设计成了窄高型。由于该电站厂房设计空腔宽度较小，所以电站将大部分副厂房布置在坝外，这使电站的运行有所不便。

资源 12－11

第六节　冲击式水轮机厂房

资源 12－12

冲击式水轮机适用于高水头、小流量的水电站，因此，当水电站水头超过 400～600m 时，受空蚀条件的限制，反击式（混流式）水轮机已不大适用，这时多采用冲击式水轮机。与反击式水轮机相比，冲击式水轮机的安装高程高，尾水道结构简单而引水压力管道较复杂，这必然影响到厂房的布置与结构。冲击式水轮发电机组有立轴和卧轴两种，大中型机组常采用立轴。本节以我国四川磨房沟二级水电站为例，讨论装置立轴水斗式水轮机组的地面厂房的布置及设计特点。

磨房沟二级水电站设计水头458m，装置3台1.25万kW机组，水轮机型号为CJP_2－L－170/2×15，如图12－24和图12－25所示。由于该水电站的水头较高，管线较长，压力管道采用联合供水方式向水轮机引水。水电站由一根露天压力管道供水，采用斜向引进方式。压力管道在厂房前拐76°的弯，然后分岔为3根进入厂房。这种布置的优点在于如果压力管道破裂，顺山坡冲下来的水流可从厂房一端排入河道，不致直冲厂房。该水电站的副厂房布置在主厂房的上游侧，主变场布置在厂房一端进厂公路旁。公路沿等高线方向由厂房端部接入主厂房的安装场。厂房附近山坡陡峻，高压开关站布置在厂房上游侧，距主变压器约300m处公路旁。

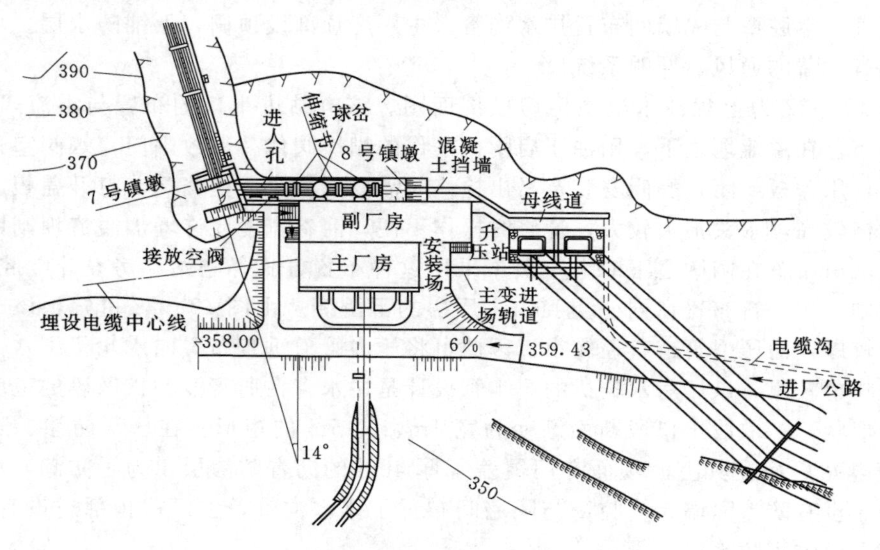

图12－24　磨房沟二级水电站厂区布置图

水斗式水轮机喷嘴喷出的水束对水斗做功后落入尾水渠，使尾水渠水面发生波动。特别是当折流板动作使水束偏向直接冲入尾水渠时，水面波动更为剧烈。要保证转轮不受振荡水面的阻挡，转轮的底缘必须比波动水面至少高出h_p（h_p为排出高度）。由于水斗式水轮机无尾水管，转轮高于下游水位的一段水头无法利用。若降低安装高程，平水期和枯水期虽可多利用水头来发电，但洪水期则可能受阻。当下游水位变幅很大时，这个矛盾更为突出。由图12－25水电站厂房横剖面图可知，该电站水轮机安装高程虽远高于下游正常尾水位（因常按下游设计洪水位时转轮不受阻来确定安装高程），为此尾水渠中甚至还设置了跌水消能措施，但转轮却仍低于下游500年一遇的洪水位。由于水轮机安装高程高，使得水轮机层与安装场及进厂公路同高（高程为359.43m），发电机层高于安装场（高程为365.16m）。

主副厂房内各层机电设备的布置原则与装置反击式水轮机的厂房相同。主厂房中，发电机层下游侧布置调速系统，上游侧布置机旁盘和励磁盘。发电机采用定子埋入式布

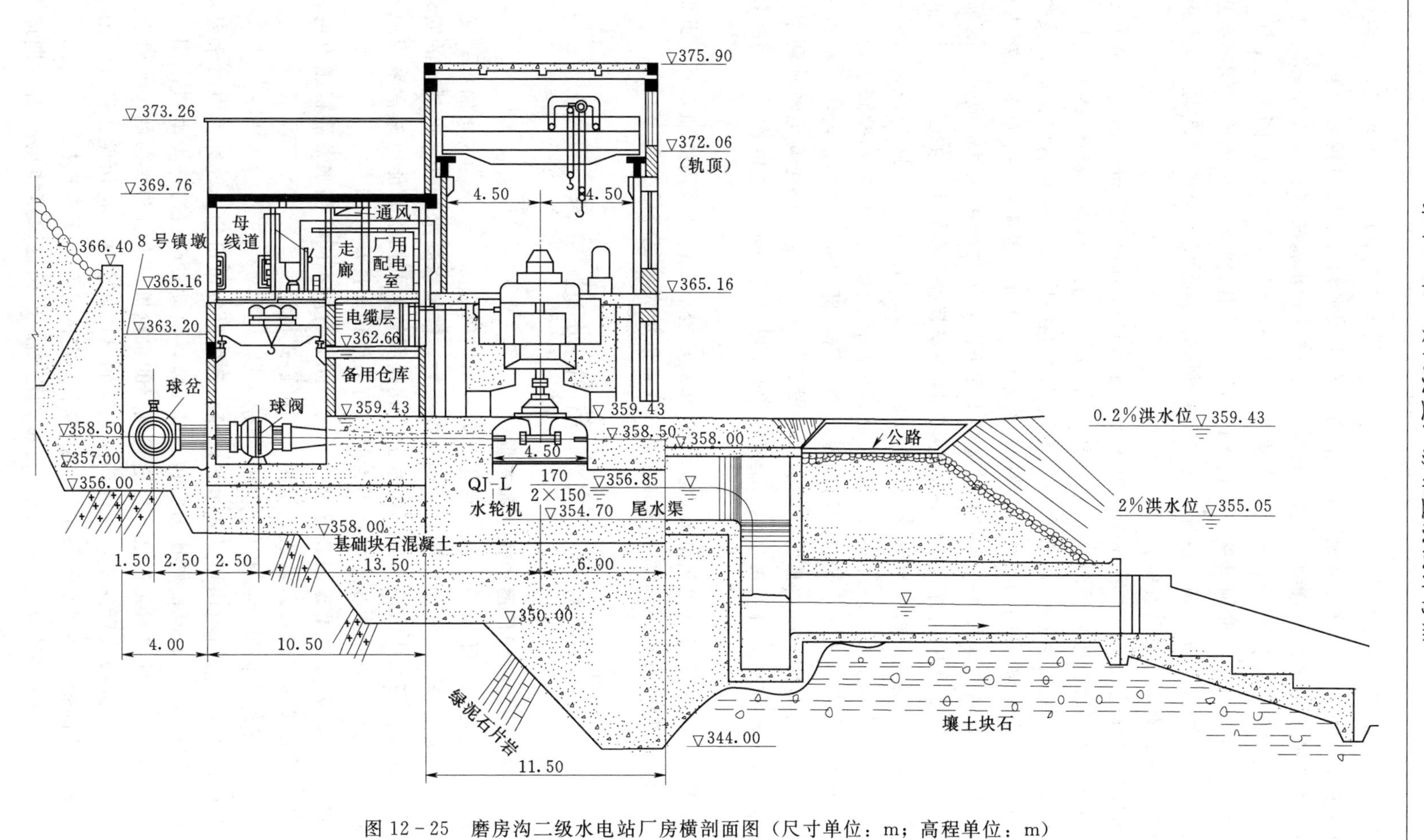

图 12-25　磨房沟二级水电站厂房横剖面图（尺寸单位：m；高程单位：m）

置，发电机引出线挂在水轮机层天花板上（即发电机层楼板下）向上游出线。发电机机座为立柱式，对于重量较轻又无轴向水推力的水斗式水轮发电机组较为适宜。电站安装场面积以机组扩大性检修时安放发电机定子、转子和水轮机转轮3大件来确定。安装场与主变场间设有轨道，主变压器可推入安装场检修。与发电机层同高的上游副厂房主要布置电气设备及控制设备、如近区配电室、厂用配电室、母线道、发电机电压配电装置等，端部（安装场上游侧）为中央控制室，其下设有电缆层、副厂房底层及安装场下层主要布置辅助设备。

3根压力管道进入厂房后各设球阀一台，球阀后压力管道又分为两支，分别通至两个喷嘴。为了装置喷嘴及针阀，水轮机层相应位置上开有深1.56m的针阀坑，平时覆以盖板。球阀体积较大，当水轮机有两个以上喷嘴时，球阀后的岔管、支管较长，所以球阀常布置在主厂房以外单独的球阀室内。这种布置还有一个好处，就是万一球阀破裂，水流可由球阀室一端的大门直接排往下游，不致给主厂房造成过大的损失。其缺点是阀室内需有单独的起重设备来满足球阀的安装和检修要求，如图12-25所示。

主厂房下部块体结构中有3条宽4.6m、高2.5m的尾水渠，这3条尾水渠在主厂房外约5m处合并为一条，通往下游河道。尾水闸门槽设于厂外，检修水轮机时检修人员可由尾水渠进入。水轮机下面的尾水渠常需局部加固，尤其是射流经折流板偏向后直接冲击的范围，以免被翻滚的水流冲毁。另外，如果条件允许可考虑利用尾水坑拆卸、安装水轮机，并经由尾水渠运输，则可减少机组大解体的次数，缩短检修时间。

如果水斗式水轮发电机组的发电机尺寸和重量较小，也可采用横轴布置，此时还可采用两台水轮机带动一台发电机的装置方式，以加大单机容量。

第七节　抽水蓄能机组厂房

一、抽水蓄能机组厂房的类型和布置

资源12-13

抽水蓄能电站由于水泵工况的空化系数较水轮机工况大得多，因而抽水蓄能机组的允许吸出高度较小，常为负值，且绝对值很大，致使水泵水轮机（水泵）的安装高程很低。所以，高水头大流量且下游水位变化幅度较大的抽水蓄能电站常采用地下厂房，中低水头且下游水位变化幅度不大时，可采用地面厂房。

抽水蓄能电站厂房型式因装置机组型式不同而有所不同。抽水蓄能机组有两种主要型式：两机式和三机式。两机式机组又称可逆式机组。

1. 装置可逆式机组的抽水蓄能电站厂房

资源12-14

两机式抽水蓄能机组由可逆式水泵水轮机和电动发电机组成，即发电时水泵水轮机当作水轮机使用，将水能转换为旋转的机械能，电动发电机当作发电机使用，将机械能转换为电能，抽水时则反之。可逆式机组的水轮机尾水管与水泵的吸水管合二为一，尾水管出口即吸水管的进口，因而尾水管的出口处需装置拦污栅。另外，由于水泵水轮机安装高程低，尾水管在出厂房后需以一定的仰角与下库连接。

图12-26为广州抽水蓄能电站厂房横剖面图。广州抽水蓄能电站由一期地下厂

房和二期地下厂房组成，每个厂内都装有4台单级混流可逆式水轮发电机组，单机容量为30万kW，总装机容量240万kW。电站厂房洞室宽21m、高47.64m、长146.5m，副厂房和安装场分别布置在主机间的左右两端，水电站水轮机工况的最大水头为537.2m，水泵设计工况的最大扬程为550.1m，水泵水轮机前装有球阀。厂房拱顶采用喷锚支护加固的岩石自承拱，采用岩锚吊车梁。在主厂房下游35m处设有主变洞，在218.75m高程处安放主变压器，主厂房与主变洞之间设有母线廊道。

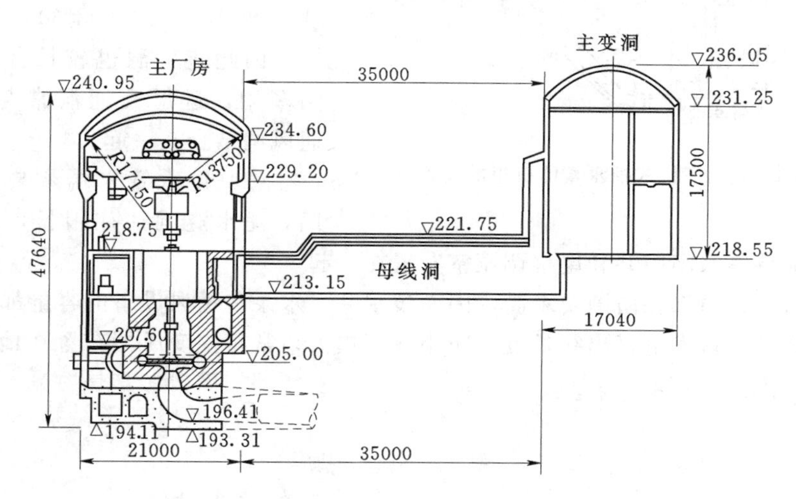

图12-26　广州抽水蓄能电站厂房横剖面图（尺寸单位：mm；高程单位：m）

2. 装置三机式机组的抽水蓄能电站厂房

三机式抽水蓄能机组由发电电动机、水轮机和水泵3台机器组成，它们串联在同一轴上，在同一轴上还装有固定式或离合式的联轴器。三机式机组在抽水时，电动机（即发电机）驱动水泵抽水，而将水轮机的活动导叶（或球阀）关闭，利用压缩空气将尾水管中水位压低，使水轮机转轮在空气中运行；发电时将联轴器脱开，水轮机带动发电机发电，水泵不转。

卧轴三机式机组的装置方式为：水轮机一固定式（或离合式）联轴器一发电电动机一离合式联轴器一水泵，如图12-27所示。

立轴三机式机组的装置方式为：发电电动机（在上端）一固定式联轴器一水轮机一离合式联轴器一水泵（在下端），如图12-28所示。水泵的允许吸出高度低，所以安装在最下端。

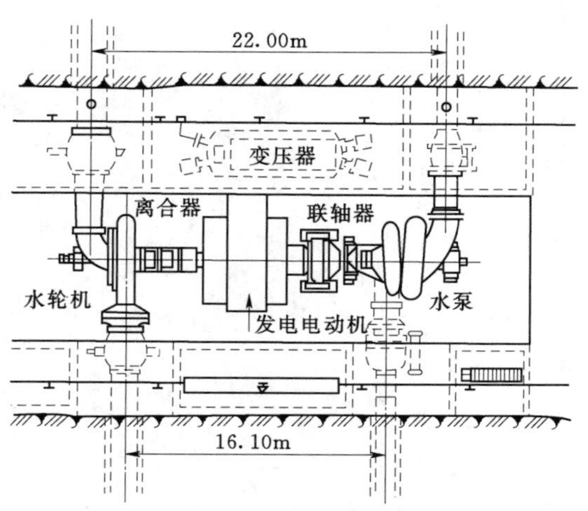

图12-27　卧轴三机式抽水蓄能机组的装置方式

二、抽水蓄能机组厂房特点

抽水蓄能电站的地下厂房和常规

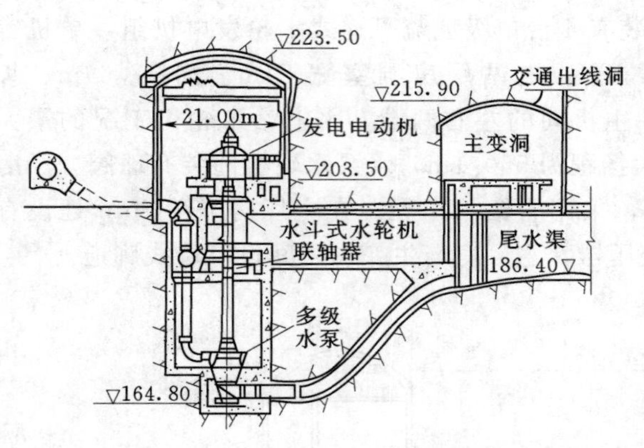

图 12-28 立轴三机式抽水蓄能机组的装置方式

水电站地下式厂房相比，在布置、结构和施工上的要求基本相同，只是水泵水轮机的安装高程过低及机组运行情况不同，抽水蓄能机组厂房主要有以下特点：

(1) 进厂交通洞多为斜洞（坡度一般小于 7%～8%），且长度很大，因此施工洞也较长。为了使一洞多用，进厂交通洞常与出线洞、通风洞结合在一起。

(2) 尾水管末端须装设工作闸门，尾水隧洞往往很长，须设尾水调压室，常将尾水闸门井和尾水调压室布置在一起。

(3) 防水、防渗和防潮要求高，因而集水井、水泵和通风设备的容量都较大。

(4) 为了缩短发电机出线长度，减小电能损失，常将主变压器布置在地下，有时高压开关站也布置在地下。

思考题

12-1 总结不同类型厂房的副厂房、主变压器场、开关站可布置在哪些地方？

12-2 地下式厂房位置选择主要考虑哪些因素？

12-3 简述地下式厂房洞室布置的一般要求。

12-4 冲击式水轮机厂房与反击式水轮机厂房相比，在布置设计上有哪些特点？

12-5 简述抽水蓄能机组厂房的特点。

第十三章 厂 房 结 构 设 计

学习提示

内容： 介绍水电站厂房的结构特点，地面厂房的整体稳定和地基应力计算，发电机支承结构计算，蜗壳和尾水管结构计算，吊车梁和排架柱计算，垫层蜗壳组合结构三维有限元计算分析。

重点： 厂房结构组成，厂房荷载的传力途径，荷载类型及组合，厂房整体稳定和地基应力计算，发电机支承结构计算，蜗壳和尾水管结构计算。

要求： 熟悉厂房结构的组成，荷载传递途径；掌握厂房结构主要组成部分的结构计算方法。

第一节 水电站厂房的结构特点

一、水电站厂房的结构组成

水电站厂房结构一般分为上部结构、下部结构两部分。上部结构包括屋盖结构、构架、吊车梁、楼板、围护结构等，基本上为板梁柱结构，与一般工业厂房类似。下部结构包括发电机支承结构、蜗壳、尾水管和尾水墩墙等结构。水电站厂房的结构组成如图 13-1 所示。

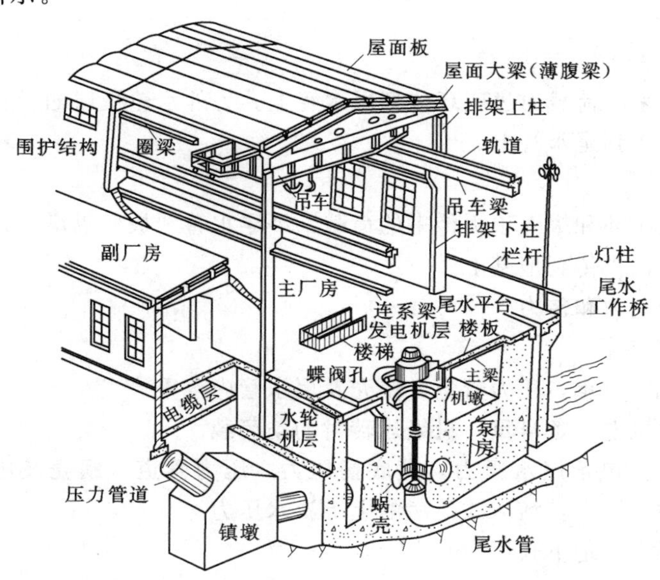

图 13-1 水电站厂房的结构组成

资源 13-1

1. 屋盖结构

（1）屋面板。直接承受风、雨、雪和自重等屋面荷载，并传给屋架或屋面大梁。

（2）屋架或屋面大梁。承受屋面板传递的全部荷载及屋架或屋面大梁自重，并传到排架柱。

2. 吊车梁

承受吊车荷载以及吊车在起重部件时，启动或制动时产生的纵、横向水平荷载，并传给排架柱。

3. 排架柱

承受屋架或屋面大梁、吊车梁、外墙传来的荷载和排架柱自重，并传给厂房下部结构的大体积混凝土。

4. 发电机层和安装间楼板

发电机层楼板承受着自重、机电设备静荷载和人群的活荷载，这些荷载通过梁传给下部排架柱，并部分传到厂房下部结构的发电机机墩。安装间楼板承受自重、检修或安装时机组荷载和活荷载，并传到基础或下部排架柱。

5. 围护结构

（1）外墙。承受风荷载和自重，并传给圈梁和连系梁。

（2）抗风柱。承受厂房两端山墙传来的风荷载，并将它传给屋架或屋面大梁和基础或厂房下部结构的大体积混凝土块体。

（3）圈梁和连系梁。承受梁上砖墙传下的荷载和自重，并传给排架柱。

6. 发电机支承结构

承受从发电机层楼板传来的荷载和水轮发电机组等设备重量、水轮机轴向水压力、水轮发电机组运行产生的动荷载和机墩自重，并将它们传给座环和蜗壳外围混凝土。

7. 蜗壳和水轮机座环

将机墩传下来的荷载通过座环传到尾水管上。另外水轮机层的设备重量和活荷载通过蜗壳顶板也传到尾水管上。

8. 尾水管

承受水轮机座环和蜗壳顶板传来的荷载，经尾水管顶板、隔墩、边墩和底板构成的尾水管框架结构再传到地基上。

二、厂房的受力和传力

1. 厂房主要荷载

（1）厂房结构自重，压力管道、蜗壳及尾水管内水重。

（2）厂房内机电设备自重，机组运转时的动荷载。

（3）水压力。包括尾水压力，基底扬压力，压力管道、蜗壳及尾水管内的水压力，永久缝内的水压力，河床式厂房的上下游水压力。

（4）围岩压力（地下式厂房）。

（5）活荷载。包括吊车运输荷载，人群荷载及运输工具荷载等。

（6）温度荷载。

(7) 风荷载。

(8) 雪荷载。

(9) 严寒地区的冰荷载。

(10) 地震荷载。

厂房在施工安装期、运转期和检修期的荷载是不同的。在结构计算中应根据厂房在不同工作条件下可能同时发生的荷载进行组合，并取最不利的组合作为设计的控制工况。

2. 厂房的传力途径

作用于厂房的各种静、动荷载，通过各承重构件的传力途径如图13－2所示。

资源13－2

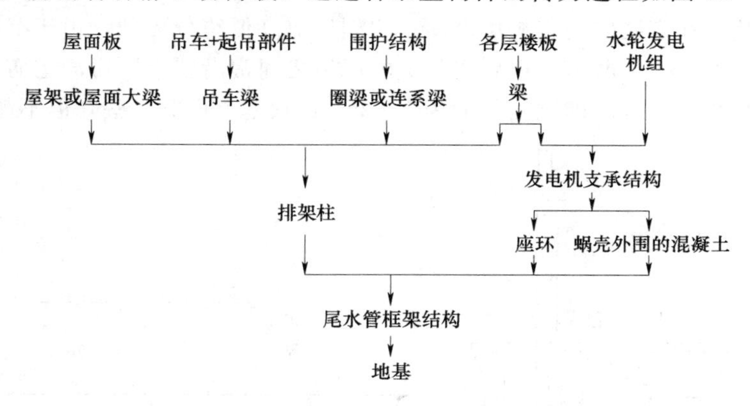

图13－2　厂房结构传力系统图

三、厂房混凝土浇筑的分期和分块

1. 厂房混凝土浇筑的分期

因机组安装的需要，厂房混凝土浇筑分为两期，称为一期和二期混凝土。一期混凝土包括尾水管、上下游边墙、排架柱、吊车梁、部分楼板、屋面等，在施工时先期浇筑。二期混凝土需等尾水管圆锥钢板内衬和金属蜗壳等安装完毕后，再进行浇筑。二期混凝土包括蜗壳外围混凝土、尾水管直锥段外包混凝土、机墩、部分楼层的楼板等。

2. 混凝土浇筑分块

水电站厂房下部结构的混凝土属于大体积混凝土块体，且结构几何形状复杂，为了便于施工和确保工程质量，每期混凝土还需要进行分块浇筑。厂房一期、二期混凝土的浇筑分块，视具体情况而定，一般原则如下：

(1) 分块应保证主要设备安装方便。

(2) 应分在构件内力最小部位，这常与施工方便有矛盾，不易做到。

(3) 分块的大小应与混凝土的浇筑强度及方法相适应。

(4) 在保证质量的前提下，混凝土分块尽量大些、高些，以加快施工进度。

(5) 分块应尽量使工作过程具有最大的重复性，以简化施工和重复利用模板。浇筑时应采用跳仓浇筑，以避免扰动邻仓尚未达到足够强度的混凝土。

图13－3表示厂房混凝土浇筑的分期和分块，图中数字“Ⅰ”“Ⅱ”分别代表一

期、二期混凝土，其下标序数表示浇筑的先后次序。

四、厂房结构的分缝和止水

1. 分缝

厂房结构受温度荷载的影响，引起结构热胀冷缩，可能产生很大的温度应力，导致部分结构开裂。因此需设缝（伸缩缝或温度缝），减小结构的尺寸，从而降低温度荷载对结构的影响。另外，由于基础的不均匀沉降，会导致上部结构墙壁和构件开裂，故也需设缝（沉降缝）。伸缩缝和沉降缝均为永久缝，通常两缝合一，称为沉降伸缩缝。根据施工条件设置的混凝土浇筑缝，称为施工缝，是一种临时缝。

岩基上大型厂房通常一台机组段设一永久缝，中小型水电站可增至2～3台机组设一条永久缝。在安装间与主机房之间、主副厂房高低跨分界处，由于荷载悬殊，需设沉降缝，如图13-4所示。坝后式厂房的厂坝之间常沿整个厂房的上游外侧设一条贯通地基的纵缝。永久缝的宽度一般为1～2cm，软基上可宽一些，但不超过6cm。

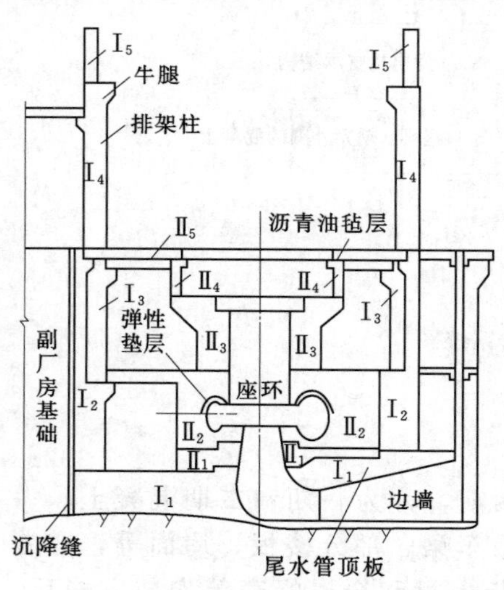

图13-3　厂房混凝土浇筑分期与分块图

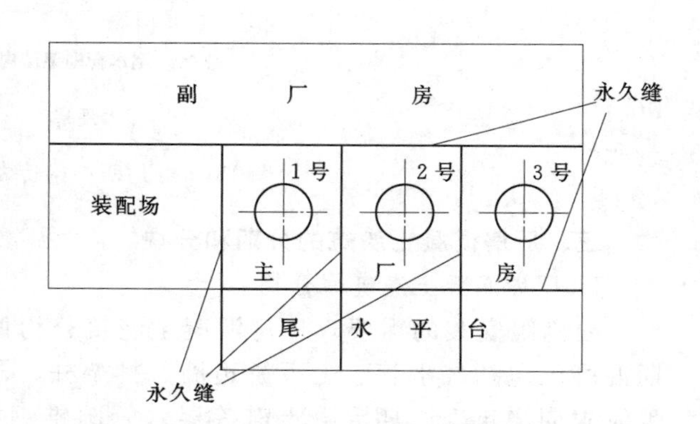

图13-4　主副厂房、安装间、尾水平台间的分缝

2. 止水

为了防止厂房下部结构永久缝被上下游水流渗入，需在迎水面设置一道止水，重要部位需设两道止水，中间设沥青井，次要部位可不设沥青井。止水布置主要取决于厂房类型、结构特点、地基特性等，应采用可靠、耐久且经济的止水形式。

第二节　地面厂房的整体稳定和地基应力计算

资源13-3

地面厂房整体稳定分析应根据地基情况、结构特点及施工条件进行，具体内容包括建基面抗滑稳定性计算、厂房基础面法向应力计算、厂房抗浮稳定性验算，非岩基上厂房尚应进行地基承载力、变形和稳定性等验算。当厂房地基内部存在不利于厂房整体稳定的软弱结构面时，还应进行厂房沿软弱结构面的深层抗滑稳定性计算。

厂房的整体稳定和地基应力计算一般采用材料力学法。位于复杂地基上的大型电站厂房，除用材料力学法计算外，可采用有限元法或其他合适的方法进行复核计算。

一、荷载及其组合

（一）荷载

作用在厂房上的荷载可分为基本荷载和特殊荷载两类。

（1）基本荷载。厂房结构及其永久设备自重；回填土石重；正常蓄水位或设计洪水位情况下的静水压力；相应于正常蓄水位或设计洪水位情况下的扬压力；相应于正常蓄水位或设计洪水位情况下的浪压力；泥沙压力；土压力；冰压力；其他出现机会较多的荷载。

（2）特殊荷载。校核洪水位或检修水位情况下的静水压力；相应于校核洪水位或检修水位情况下的扬压力；相应于校核洪水位或检修水位情况下的浪压力；地震力；其他出现机会较少的荷载。

相应的各种荷载的计算可参考相关规范。

（二）荷载组合

厂房整体稳定分析的荷载组合可按表 13－1 规定采用。厂房稳定和地基应力计算要考虑厂房施工、运行和扩大检修期的各种不利情况。

（1）正常运行。对河床式厂房来说，a_1 组合情况下厂房承受的水头最大，a_2 组合情况下基底扬压力最大，都对厂房整体稳定不利。对坝后式厂房和岸边式厂房而言，引起稳定问题的水平荷载为下游水压力，故正常运行工况中取下游设计洪水位或下游最低水位进行组合。

（2）机组检修。机组检修工况下机组设备重不考虑，厂房只承受结构自重和水重。

（3）施工期（机组未安装）。厂房施工一般是先完成一期混凝土浇筑和上部结构，以后顺序逐台安装机组并浇筑二期混凝土，整个周期较长，所以需进行机组未安装时的稳定计算。在该情况下，二期混凝土和设备重不计，水重应根据实际情况确定。

（4）厂房基础设有排水孔时，特殊组合中还要考虑排水失效的情况。

（5）机组检修工况、施工期工况和地震工况如按冬季计及冰压力，则不计浪压力。

（6）土压力应根据厂房外是否有土石回填而定，一般河床式厂房上、下游侧没有填土。

（7）浪压力与冰压力不同时存在，可根据实际情况采用。

（8）下游相应水位是指上游发生洪水时，下游可能出现的对厂房最不利的水位（包括枢纽泄洪或不泄洪情况）。

二、计算方法和要求

厂房整体稳定和地基应力计算应以中间机组段、边机组段和安装间段作为一个独立的整体，按荷载组合分别进行。边机组段和安装间段，除上下游水压力作用外，还可能受侧向水压力的作用，所以必须核算双向水压力作用下的整体稳定性和地基应力。

表 13-1　　　　厂房整体稳定分析的荷载组合

荷载组合	计算工况		水位选取	荷载类别											备注
				结构自重	永久设备重	回填土石重	水重	静水压力	扬压力	浪压力	泥沙压力	土压力	冰压力	地震力	
基本组合	正常运行	a_1	上游正常蓄水位和下游最低水位	√	√	√	√	√	√	√	√	√	√		
		a_2	上游设计洪水位和下游相应水位	√	√	√	√	√	√	√	√	√			
		b	上游水位和下游设计洪水位	√	√	√	√	√	√			√			
		b	上游水位和下游最低水位	√	√	√	√	√	√			√			
	机组检修	a_2	上游正常蓄水位和下游检修水位	√		√	√	√	√	√	√	√			
		b	上游水位和下游检修水位	√		√	√	√	√			√			
特殊组合	施工期（机组未安装）	a	上游正常蓄水位或设计洪水位和下游相应水位或最不利水位	√		√	√	√	√	√	√	√	√		（1）水重应根据实际情况确定；（2）坝后式为下游度汛水位
		b	下游设计洪水位	√		√	√	√	√			√			
	完建	a	上游和下游均无水	√	√	√						√			
		b	上游和下游均无水	√	√	√						√			
	非常运行	a	上游校核洪水位和下游相应水位	√	√	√	√	√	√	√	√	√			
		b	下游校核洪水位	√	√	√	√	√	√			√			
	地震	a	上游正常蓄水位和下游最低水位	√	√	√	√	√	√	√	√	√		√	
		b	下游正常水位	√	√	√	√	√	√			√		√	

注　表中 a 适用于河床式厂房，a_1 厂房承受的水头最大，a_2 基底扬压力最大；b 适用于坝后式和岸边式厂房。

（一）抗滑稳定性计算

厂房抗滑稳定性可按抗剪断强度公式或抗剪强度公式计算。

1. 抗剪断强度计算公式

$$K'=\frac{f'\sum W+c'A}{\sum P} \tag{13-1}$$

式中：K' 为按抗剪断强度计算的抗滑稳定安全系数；f'为滑动面的抗剪断摩擦系数；c'为滑动面的抗剪断黏结力，kPa；A 为基础面受压部分的计算面积，m^2；$\sum W$ 为全部荷载对滑动面的法向分力值，包括扬压力，kN；$\sum P$ 为全部荷载对滑动面的切向分力值，包括扬压力，kN。

2. 抗剪强度计算公式

$$K=\frac{f\sum W}{\sum P} \tag{13-2}$$

式中：K 为按抗剪强度计算的抗滑稳定安全系数；f 为滑动面的抗剪摩擦系数。

厂房整体抗滑稳定的安全系数按表 13－2 选用。

表 13－2　　抗滑稳定安全系数

地基类	荷载组合		厂房建筑物级别			适用公式
			1	2	3	
非岩基	基本组合		1.35	1.30	1.25	式（13－2）
	特殊组合	Ⅰ	1.20	1.15	1.10	
		Ⅱ	1.10	1.05	1.05	
岩基	基本组合		1.10			式（13－2）
	特殊组合	Ⅰ	1.05			
		Ⅱ	1.00			
	基本组合		3.00			式（13－1）
	特殊组合	Ⅰ	2.50			
		Ⅱ	2.30			

注　特殊组合Ⅰ适用于机组检修、机组未安装、完建和非常运行工况；特殊组合Ⅱ适用于地震工况。

（二）抗浮稳定性计算

厂房抗浮稳定性可按式（13－3）计算。

$$K_f=\frac{\sum W}{U} \tag{13-3}$$

式中：K_f 为抗浮稳定安全系数，任何情况下不得小于 1.1；$\sum W$ 为机组段的全部重量，kN；U 为作用于机组段的扬压力总和，kN。

（三）地基应力计算

1. 计算方法

厂房地基面上的法向应力，可按下式计算：

$$\sigma=\frac{\sum W}{A}\pm\frac{\sum M_x y}{J_x}\pm\frac{\sum M_y x}{J_y} \tag{13-4}$$

式中：σ 为厂房基面上法向应力，kPa；$\sum W$ 为作用于机组段（或安装间段）上全部荷载（包括或不包括扬压力）在厂房基面上的法向分力总和，kN；$\sum M_x$、$\sum M_y$ 分别为作用于机组段（或安装间段）上全部荷载（包括或不包括扬压力）对计算截面形心轴 X、Y 的力矩总和，kN·m；x、y 为计算截面上任意点至形心轴 X、Y 的距离，m；J_x、J_y 分别为计算截面对形心轴 X、Y 的惯性矩，m^4；A 为厂房地基计算截面受压部分的面积，m^2。

2. 计算要求

岩基上厂房地基面上的法向应力应符合下列要求：

(1) 厂房地基面上承受的最大法向应力不应超过地基允许承载力。在地震工况下地基允许承载力可适当提高。

(2) 厂房地基面上承受的最小法向应力（计入扬压力）应满足下列条件：

1）对于河床式厂房，除地震工况外都不应出现拉应力，在地震工况下允许出现不大于 0.1MPa 的拉应力。

2）对于坝后式和岸边式厂房，正常运行工况下不应出现拉应力。机组检修、机组未安装及非常运行工况下，允许出现不大于0.1MPa的局部拉应力。地震工况下，如出现大于0.2MPa的拉应力，应进行专门论证。

非岩基上厂房地基面平均基底应力应不大于地基允许承载力；基底最大应力应不大于1.2倍地基允许承载力。

第三节 发电机支承结构计算

资源13-4

发电机支承结构需承受结构、设备自重以及机组运行中产生的巨大动荷载，必须具有足够的刚度，防止过大的动力变形，确保结构安全。发电机支承结构的形式随着机组容量不同有圆筒式机墩、环形梁柱式机墩、构架式机墩等。大型机组常用圆筒式机墩，下面以此为对象介绍机墩结构计算原理和方法。

一、作用在机墩上的荷载及荷载组合

（一）荷载

机墩结构形式应根据发电机形式、机组特性及厂房结构布置等因素选择。作用在机墩上的荷载，应根据水轮发电机组的形式、结构及传力方式分析确定。一般情况下，机墩承受的作用如下：

（1）垂直静荷载。结构自重、发电机定子重、机架及附属设备重等。

（2）垂直动荷载。发电机转子连轴重、励磁机转子重、水轮机转轮连轴重及轴向水推力。

机组部分重量和轴向水推力资料通常由制造厂家提供，在未取得厂家资料以前，机组重量可参考机组造型参数表数据，轴向水推力 P_s 可由下式估算：

$$P_s=9.81K_s\frac{\pi}{4}D_1{}^2H_{max}\quad(kN)\tag{13-5}$$

式中：D_1 为水轮机转轮标称直径，m；H_{max} 为最大水头，m；K_s 为轴向水推力系数，可由试验获得。

（3）水平动荷载。由机组转动部分质量中心和机组中心偏心距 e 引起的水平离心力 P_m，通过导轴承传给机墩。P_m 可按下式计算：

正常运行时
$$P_m=0.0011eGn_0^2\quad(kN)\tag{13-6}$$

飞逸时
$$P_m=0.0011eGn_p^2\quad(kN)\tag{13-7}$$

式中：e 为机组转动部分质量中心和机组中心偏心距，m；G 为机组转动部分的重量，kN；n_0 为机组额定转速，r/min；n_p 为机组飞逸转速，r/min。

（4）扭矩荷载。机组运行时，转子磁场对定子磁场的引力使定子受到切向力的作用，该力通过定子基础板的固定螺栓形成扭矩。机墩扭矩按下式计算：

机组正常运行时的扭矩

$$T=9.75\frac{P_N\cos\varphi}{n_0}\quad(kN\cdot m)\tag{13-8}$$

式中：P_N 为发电机容量，kVA；$\cos\varphi$ 为发电机功率因数。

发电机短路时，由于巨大的短路电流而产生的突然扭矩是一个冲击荷载，其值比正常扭矩大得多，可按下式计算：

$$T'=9.75\frac{P_N}{n_0 X_z}\quad (\mathrm{kN\cdot m}) \tag{13-9}$$

式中：X_z 为发电机的暂态电抗，Ω。

（二）荷载组合

机墩荷载组合按表 13-3 采用。

表 13-3　机墩荷载组合

设计状况	极限状态	荷载组合	计算工况	荷载名称					
				垂直静荷	垂直动荷	水平动荷		扭矩	
						正常	飞逸	正常	短路
持久状况	承载能力极限状态	基本组合	正常运行	√	√	√		√	
偶然状况		偶然组合	短路	√	√	√			√
			飞逸	√	√		√		
持久状况	正常使用极限状态	标准组合	正常运行	√	√	√		√	

二、圆筒式机墩的结构计算

（一）静力计算

圆筒式机墩按上端自由（不计发电机层楼板的刚度）、下端固定的等截面圆筒计算。作用在机墩上的荷载，可按均布荷载计算，即按实际作用位置分别换算为沿圆筒中心圆周上的垂直均布静、动荷载。根据力的平移法则，将全部垂直荷载简化为作用在圆筒截面中和轴上的轴力 P 和它对中和轴的弯矩 M，如图 13-5 所示。

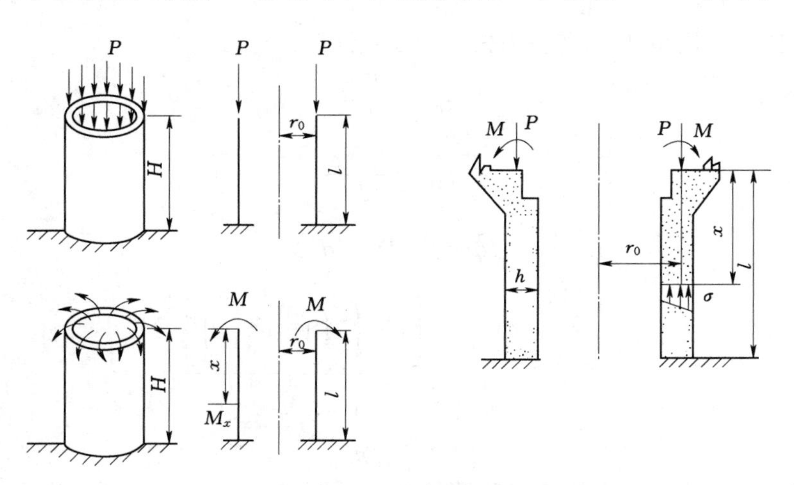

图 13-5　圆筒式机墩结构计算简图

对直接承受动荷载作用的结构在进行静力计算时应考虑动力系数，水轮发电机组垂直、水平动荷载的动力系数为 1.5～2.0，圆筒式机墩取小值，环形梁柱式、构架式机墩取大值。

1. 内力计算

(1) 当圆筒较矮厚，即圆筒高度 $l<\pi/\beta$ 时，可沿圆筒中心周长截取单位宽度，按上端自由、下端固定的偏心受压柱计算。则单宽圆周端截面最大轴力和弯矩为

$$P_{max}=P \tag{13-10}$$

$$M_{max}=M \tag{13-11}$$

(2) 当圆筒较高薄，即圆筒高度 $l\geqslant\pi/\beta$ 时，可按整体薄壁长圆筒计算。筒顶单位周长作用弯矩为 M 时，距端顶 x 处截面弯矩 M_x 为

$$M_x=M\varphi(\beta x) \tag{13-12}$$

其中

$$\varphi(\beta x)=e^{-\beta x}(\cos\beta x+\sin\beta x)$$

$$\beta=\sqrt[4]{\frac{3(1-\mu_c^2)}{r_0^2h^2}}$$

式中：μ_c 为混凝土泊松比；r_0 为圆筒的平均半径，m；h 为圆筒的厚度，m。

距顶端 x 处截面轴力 P_x 为

$$P_x=P \tag{13-13}$$

2. 轴向应力计算

求得截面的 M_x 及 P_x 后，可按偏心受压构件的计算公式求各截面的垂直应力分布。

$$\sigma_x=\frac{P_x}{F}\pm\frac{M_xh}{2J'} \tag{13-14}$$

式中：F 为圆筒单位周长上的受压面积，m^2；J' 为圆筒单位周长上的水平截面对中和轴的截面惯性矩，m^4。

3. 剪应力计算

(1) 扭矩作用下的环向剪应力按下列公式计算：

正常扭矩

$$\tau_{\theta x1}=\frac{Tr\eta}{J_p} \tag{13-15}$$

短路扭矩

$$\tau_{\theta x2}=\frac{T'r\eta'}{J_p} \tag{13-16}$$

其中

$$J_p=\frac{\pi}{32}(D^4-d^4)$$

$$\eta'=\frac{2\left[1+\frac{T_a}{t_1}\left(1-e^{-\frac{t_1}{T_a}}\right)\right]}{1+e^{-\frac{0.01}{T_a}}}$$

$$t_1=30/n_{03}$$

式中：η 为动力系数；r 为计算点距圆筒中心的距离，m；J_p 为圆环截面极惯性矩，m^4；d、D 分别为计算圆环的内外直径，m；η'为短路扭矩的冲击系数；T_a 为发电机的时间因数；n_{03} 为水平扭转自振频率，见式 (13-24)。

(2) 水平离心力作用下的环向剪应力按下列公式计算：

正常扭矩
$$\tau_{\theta x3}=\frac{P_{m}\eta}{F'} \tag{13-17}$$

飞逸
$$\tau_{\theta x4}=\frac{P_{mp}\eta}{F'} \tag{13-18}$$

式中：F'为圆环截面积，m^2；其他符号同前。

4. 机墩强度校核

按第三强度理论进行校核。机墩内外壁最大主拉应力按下式验算：

$$\sigma_{\max}=\frac{1}{2}(\sigma_x-\sqrt{\sigma_x^2+4\tau_{\theta x}^2})\leqslant f_t/K \tag{13-19}$$

式中：f_t 为混凝土的抗拉强度，kPa；K 为混凝土抗拉强度安全系数。当机组正常运行时，$\tau_{\theta x}=\tau_{\theta x1}+\tau_{\theta x3}$；短路时，$\tau_{\theta x}=\tau_{\theta x2}+\tau_{\theta x3}$；飞逸时，$\tau_{\theta x}=\tau_{\theta x4}$。

(二) 动力计算

机墩的动力计算应按照下列原则进行：

(1) 验算共振、振幅和动力系数。

(2) 机墩自振频率与强迫振动频率之差和自振频率之比值应大于 20%，或强迫振动频率与自振频率之差和机墩强迫振动频率之比大于 20%，以防共振。

(3) 机墩强迫振动的振幅应满足：垂直振幅不大于 0.15mm；水平横向与扭振振幅之和不大于 0.2mm。

1. 强迫振动频率计算

引起机墩振动的激振力有很多，如机组转动部分偏心力、水力冲击荷载、尾水涡带、电磁力等。机墩强迫振动频率计算一般考虑以下两种情况：

(1) 机组转动部分偏心引起的振动频率可按下式计算：

$$n_1=n_0(\text{或 } n_p)(\text{r/min}) \tag{13-20}$$

式中：n_0 为机组额定转速，r/min；n_p 为飞逸转速，r/min。

(2) 水力冲击引起的振动频率可按下式计算：

$$n_2=\frac{n_0 Z_0 Z_1}{a}(\text{r/min}) \tag{13-21}$$

式中：Z_0、Z_1 分别为导叶叶片和转轮叶片的片数；a 为 Z_0 与 Z_1 两数的最大公约数。

2. 机墩自振频率计算

机墩自振频率的计算通常简化为单自由度体系的振动，将机墩圆筒本身的重量，用一个作用于筒顶的集中质量来代替，在计算自振频率和动力系数中，假定为无阻尼作用，并认为机墩振动是在弹性范围内的微幅振动。

机墩的自振频率一般分为垂直、水平横向和水平扭转三种。

(1) 垂直自振频率用下式计算：

$$n_{01}=\frac{30}{\sqrt{G_1\delta_1}}=\frac{30}{\sqrt{(\sum P_i+P_0)\frac{H}{E_cF'}+P_a\delta_p}}(\text{r/min}) \tag{13-22}$$

其中 $$G_1=\sum P_i+P_0+P_a$$

式中：G_1 为作用于机墩上的全部垂直荷载，kN；δ_1 为单位垂直力作用下的结构垂直变位，m/kN；H 为机墩的高度，m；F'为机墩截面面积，m^2；E_c 为混凝土的弹性模量，kPa；$\sum P_i$ 为机组垂直荷载，kN；P_0 为机墩自重，kN；P_a 为蜗壳顶板自重，kN；δ_p 为蜗壳顶板在单位垂直力作用下的挠度，m/kN。

（2）水平横向自振频率用下式计算：

$$n_{02}=\frac{30}{\sqrt{G_2\delta_2}}=\frac{30}{\sqrt{(\sum P_i'+0.35P_0)\frac{H^3}{3E_cJ}}}\text{(r/min)} \tag{13-23}$$

其中 $$G_2=\sum P_i'+0.35P_0$$

式中：G_2 为相当于集中在机墩顶端的当量荷载，kN；δ_2 为机墩顶端作用单位水平力时的水平变位，m/kN；$\sum P_i'$为作用在机墩顶端的垂直荷载，kN；J 为机墩水平截面对中和轴的截面惯性矩，m^4。

（3）水平扭转自振频率用下式计算：

$$n_{03}=\frac{30}{\sqrt{I_\phi\Phi}}\text{(r/min)} \tag{13-24}$$

其中 $$I_\phi=\sum P_ir_i^2+0.35P_0r_0^2$$

$$\Phi=\frac{H}{GJ_p}$$

式中：I_ϕ 为相当于集中在机墩顶端的荷载转动惯量，kN·m^2；r_i 为荷载 P_i 至回转中心距离，m；r_0 为机墩的平均半径，m；Φ 为单位扭矩作用下机墩的扭转角，rad/(kN·m)；G 为混凝土的抗剪弹性模数，kN/m^2；J_p 为圆环截面极惯性矩，m^4。

3. 振幅计算

振幅计算包括垂直振幅、水平横向振幅和水平扭转振幅3种。

（1）垂直振幅用下式计算：

$$A_1=\frac{P_1}{\frac{G_1}{g}\sqrt{(\lambda_1^2-\omega_1^2)^2+0.2\lambda_1^2\omega_1^2}} \tag{13-25}$$

式中：P_1 为作用在机墩上的垂直振动荷载，kN；λ_1 为机墩垂直振动的自振圆频率，即 2π 秒内的振动次数，$\lambda_1=0.1047n_{01}$，s^{-1}；ω_1 为机墩垂直振动的强迫振动圆频率，$\omega_1=0.1047n_1$（或 n_2），s^{-1}。

（2）水平横向振幅用下式计算：

$$A_2=\frac{P_2}{\frac{G_2}{g}\sqrt{(\lambda_2^2-\omega_2^2)^2+0.2\lambda_2^2\omega_2^2}} \tag{13-26}$$

式中：P_2 为作用在机墩上的水平振动荷载，即离心力，kN；λ_2 为机墩水平振动的自振圆频率，$\lambda_2=0.1047n_{02}$，s^{-1}；ω_2 为机墩水平振动的强迫振动圆频率，$\omega_2=0.1047n_1$（或 n_2），s^{-1}。

（3）水平扭转振幅用下式计算：

$$A_3=\frac{Tr'}{\frac{I_\phi}{g}\sqrt{(\lambda_3^2-\omega_2^2)^2+0.2\lambda_3^2\omega_2^2}} \tag{13-27}$$

式中：T 为扭矩力矩（正常扭矩或短路扭矩），kN・m；r'为机墩外圆半径，m；λ_3 为机墩水平扭转自振圆频率，$\lambda_3=0.1047n_{03}$，s^{-1}。

4. 动力系数的核算

动力系数 η 可按下式计算：

$$\eta=\frac{1}{1-\left(\frac{n_i}{n_{0i}}\right)^2} \tag{13-28}$$

式中：n_i 为机墩强迫振动频率，r/min；n_{0i} 为机墩在相应 n_i 方向的自由振动频率，r/min。

若用式（13-28）中计算出的 η 值小于 1.5 时，按 1.5 取值。

三、圆筒式机墩配筋

机墩强度计算要求第二主应力的数值不超过混凝土的允许拉应力，以免配置斜向钢筋。主拉应力不满足要求时，应加大机墩截面，提高混凝土等级或适当增加水平或竖向钢筋。

竖向受力筋应按偏心受压柱计算确定。直径不小于 16mm，间距不大于 30cm，沿内外壁各布置一层，兼架立筋的作用。

环向筋起固定竖向筋，抵抗温度应力、混凝土收缩应力及环向力作用。由于机墩水平环向截面大，环向应力相对较小，一般均按构造配筋。直径不小于 12mm，间距不大于 30cm。

四、风罩结构计算

风罩一般是钢筋混凝土薄壁圆筒结构，底部与机墩圆筒顶部固接，顶部与发电机层楼板的连接有整体式、简支式和分离式 3 种，如图 13-6 所示。风罩一般是整体浇筑，也可用预制构件分片组合。

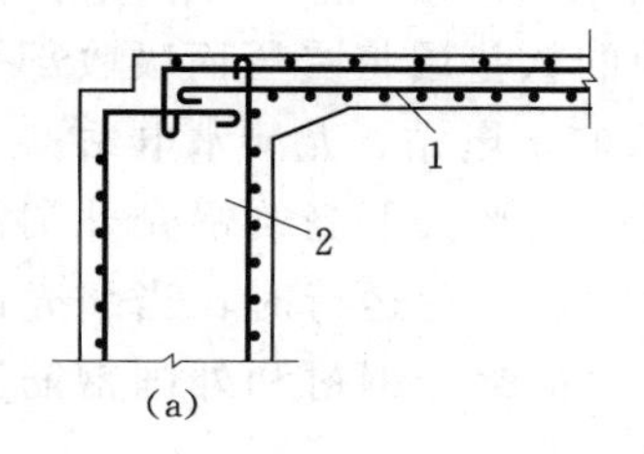

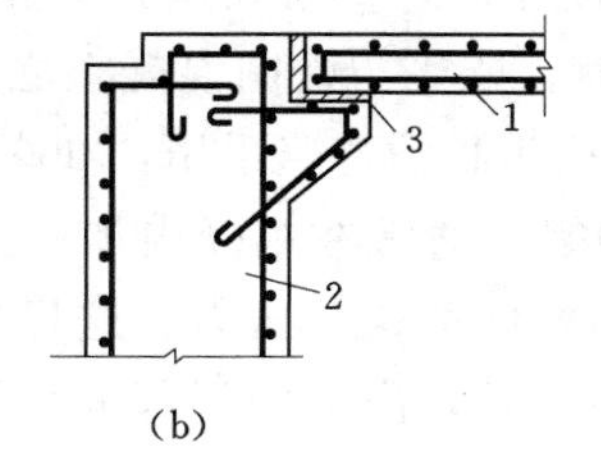

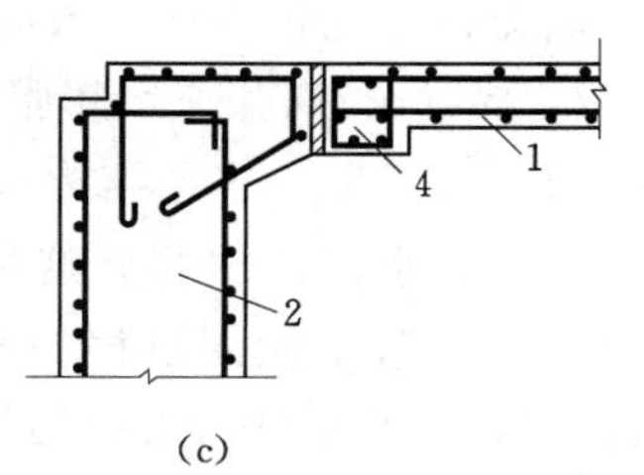

图 13-6　风罩与楼板的连接方式
（a）整体式；（b）简支式；（c）分离式
1—楼板；2—风罩；3—弹性垫层；4—次梁

1. 计算简图

风罩结构计算简图通常有以下 2 种：

(1) 当风罩半径与壁厚之比大于 10，并且高度较大时，可按有限长的薄壁圆筒公式计算，底部固接，顶部自由或径向简支。

(2) 当开孔较多且尺寸较大，破坏圆筒整体性时，按圆周上为单宽的竖向梁计算，底部固接，顶部采用自由、铰接、固接或与发电机层楼板刚接。按刚接计算时，风罩与发电机层楼板一起按 Γ 形框架计算，但环向要适当布筋加强。

2. 荷载

风罩承受的荷载有结构自重、发电机层楼板传来的荷载、发电机上机架支腿与风罩壁之间千斤顶产生的水平推力、发电机产生短路扭矩时发电机层楼板施于风罩的约束扭矩和温度应力。温度应力不与千斤顶力组合。

3. 内力计算及配筋

根据各项荷载算出控制截面的纵向弯矩、水平径向剪力、纵向轴力、环向弯矩和环向轴力后，分别按最不利组合叠加。以纵向弯矩、纵向轴力按偏心受压构件配置风罩纵向钢筋，以环向弯矩按受弯构件配置环向钢筋，环向轴力可忽略不计，并用水平径向剪力校核风罩水平截面的抗剪强度。

第四节　蜗壳和尾水管结构计算

一、蜗壳结构计算

资源 13-5

蜗壳装设在压力钢管或引水室的末端，将水流从圆周方向均匀导入座环。蜗壳根据作用水头大小选用金属蜗壳或钢筋混凝土蜗壳。当最大水头在 40m 以上时宜采用金属蜗壳。

(一) 金属蜗壳外围混凝土结构计算

1. 构造方法

金属蜗壳外围浇筑有混凝土，根据外围混凝土受力状态，金属蜗壳与外围混凝土组合结构有 3 种主要形式。

(1) 垫层蜗壳。垫层蜗壳就是埋置蜗壳时，在蜗壳外表面的上半部铺上柔性材料垫层，蜗壳下半部常用锚钩、拉紧器、千斤顶等定位并将蜗壳支撑固定在混凝土基础上。蜗壳在空壳状态被埋入混凝土时，垫层在蜗壳与混凝土之间形成一个隔层，如图 13-7 所示。当蜗壳充水膨胀时，蜗壳与外围混凝土之间的软垫层将受压而吸收部分蜗壳的膨胀变形。这种结构形式为我国普遍采用，如李家峡水电站、龙滩水电站。

(2) 充水保压蜗壳。这种蜗壳通常在蜗壳内加一定预压水头下浇筑蜗壳外围混凝土，在混凝土凝固过程中都要保持这一压力。这样电站在日后运行时，当蜗壳内水压力高于埋置蜗壳预加的压力时，高出的那部分水压力由蜗壳钢衬和外围钢筋混凝土共同承担。

充水保压蜗壳的主要优点在于：机组运行时，钢蜗壳能紧贴外围混凝土，使座环、蜗壳与大体积混凝土结合成整体，能避免钢蜗壳在运行时因承受动水压力的交变

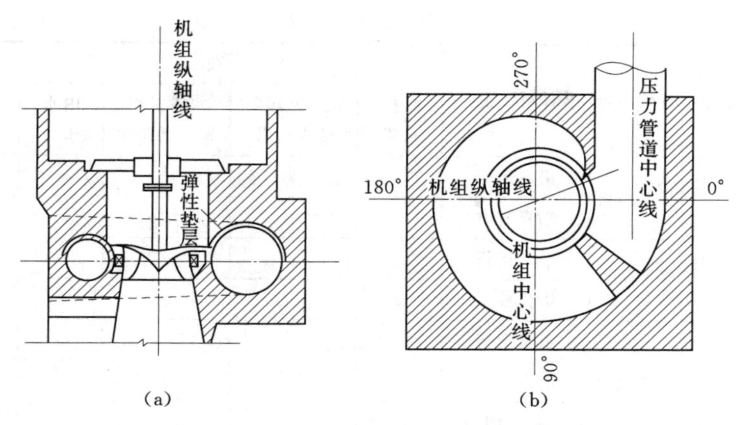

图 13-7　金属蜗壳外围混凝土结构

(a) 纵剖面；(b) 水平剖面

荷载而产生的变形，也增加了其抗疲劳性能；可以依靠外围混凝土减少蜗壳及座环扭转变形。这些都可以减少机组振动和变形，有利于机组稳定运行。这种结构对于大型机组和抽水蓄能机组更加重要，这也是其被广泛采用的理由。在巴西，巨型机组皆采用充水保压蜗壳，例如伊泰普水电站。西欧对大中型机组，亦多采用充水保压蜗壳。我国三峡水电站、二滩水电站等部分机组也有采用。

(3) 完全联合承载蜗壳（或称为直埋式蜗壳）。完全联合承载蜗壳是在钢蜗壳外直接浇筑外围钢筋混凝土，钢蜗壳只承受部分内水压力，可以减薄钢板厚度。尤其对于巨型机组，缓解了钢蜗壳的技术困难；用钢筋替代了部分钢板的作用，可以取得经济效益；这种结构还具有很大的刚度和很高的安全性，对机组运行有利。但这种结构设计时需要更多的研究工作，钢蜗壳与外围混凝土的设计必须紧密配合，统一进行。该种结构在巨型机组中已有了成功的经验，但由于蜗壳内水压力传递到外围混凝土中的荷载较大，其配筋量较多，施工难度较大。

2. 荷载与荷载组合

金属蜗壳外围混凝土及钢筋混凝土蜗壳结构承受的荷载及荷载组合见表 13-4。

3. 计算简图

金属蜗壳外围混凝土结构不考虑与金属蜗壳联合作用时，内力计算可选择几个控制断面，切取平面框架简化计算或按平面有限元计算，对大型工程宜采用三维有限元分析。

当考虑两者联合作用时，内力计算宜分别采用三维有限元分析、结构模型试验或由工程类比确定。

下面介绍平面框架简化计算方法。

从蜗壳进口断面开始选择若干截面，在每个截面上径向切取单位宽度的平面结构，按平面变形问题 Γ 形框架计算内力，这种方法称为平面框架法。蜗壳进口截面往往是控制截面。Γ 形框架横梁（顶板）与座环连接端假定为铰接，蜗壳边墙底部固接于下部块体混凝土上或安装高程处，如图 13-8 所示。

表 13-4 蜗壳荷载组合

蜗壳形式	极限状态	荷载组合	计算工况	荷载名称					
				结构自重	机墩及风罩传来荷载	水轮机层地面活荷载	内水压力	外水压力	温度
金属蜗壳外围混凝土	承载能力极限状态	基本组合	正常运行	√	√	√	√		√
			蜗壳放空	√	√	√			
	正常使用极限状态	标准组合	正常运行	√	√	√		√	√
			蜗壳放空	√	√	√		√	
钢筋混凝土蜗壳	承载能力极限状态	基本组合	正常运行	√	√	√	√	√	√
			蜗壳放空	√	√	√		√	
			施工期	√	√				√
		偶然组合	校核洪水运行	√	√	√	√	√	
	正常使用极限状态	标准组合	正常运行	√	√	√	√	√	√
			蜗壳放空	√	√	√		√	

注 1. 内水压力包括水击压力。
2. 温度作用仅考虑环境年变幅的影响。
3. 施工期温度作用，宜采用温控措施及合理分块浇筑予以降低。

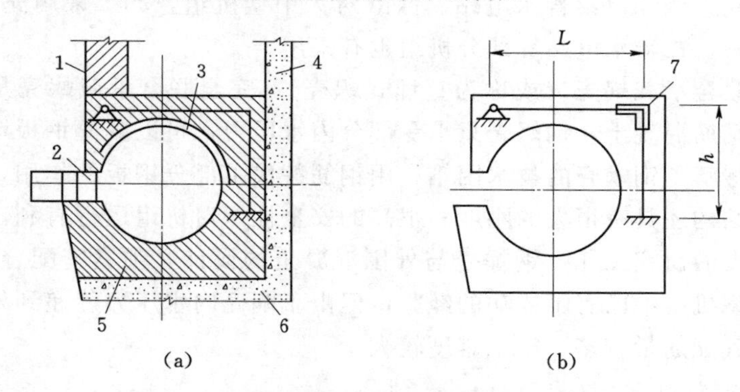

图 13-8 钢蜗壳外围混凝土结构计算简图

(a) 截面图；(b) Γ形框架示意

1—机墩；2—座环；3—弹性垫层；4—外墙；5—二期混凝土；
6—一期混凝土；7—刚性结点

一般取横梁和立柱杆件中心线组成框架计算简图。横梁和立柱相交处截面高度范围内的杆段往往取为刚性段，以考虑结点刚性域的影响。杆件截面高度与跨度之比较大时，计算中应考虑剪切变形的影响。

我国 SL 266—2014《水电站厂房设计规范》建议在下列条件下，应考虑剪切变形及刚性结点的影响：①两端固接的杆件，杆件的截面高度与净跨长度之比 $h/l \geqslant 0.15$；②一端固接一端铰接的杆件，$h/l \geqslant 0.30$。

4. 内力计算

根据计算简图及荷载，用结构力学方法求出杆件内力。

(1) 不考虑剪切变形和结点刚性影响。Γ形框架的内力计算可直接利用有关结构计算手册图表及公式进行。

(2) 考虑剪切变形和结点刚性影响。这种Γ形框架的内力计算，在杆件形常数和载常数计算中，需计入剪切变形和结点刚性影响，再利用有关结构计算手册图表及公式进行。

5. 配筋

由内力计算成果，将蜗壳Γ形框架的横梁按受弯构件配筋，受力筋为径向，构造筋为环向，其数量约为径向受力筋的1/5左右，立柱则按偏心受压构件配筋。

(二) 钢筋混凝土蜗壳

1. 钢筋混凝土蜗壳结构组成

钢筋混凝土蜗壳既承受自重与上部结构传来的荷载，又承受内水压力。由于这种蜗壳过流量大，且防渗要求高、体形复杂，因此对设计施工的要求较高，必须满足强度、抗渗要求。常应用于河床式水电站厂房。蜗壳组成如图13-9所示，包括以下几部分：

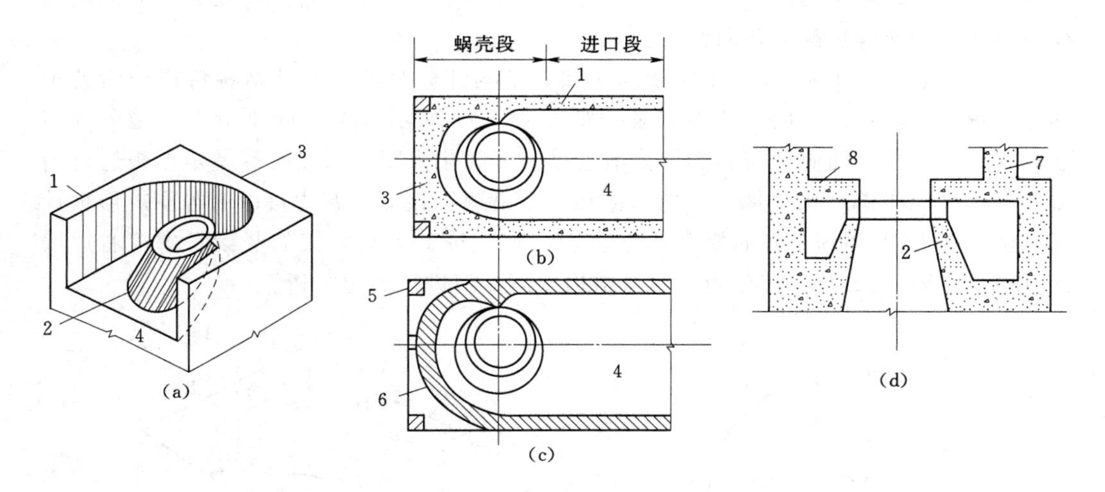

图13-9　钢筋混凝土蜗壳组成图

(a) 立体图形；(b)、(c) 水平剖面；(d) 纵剖面

1—侧墙；2—尾水管锥体；3—下游压力墙；4—进口底板；5—排架柱；6—环形薄墙；7—机墩；8—顶板

(1) 进口段。由顶板、边墙、底部大块体结构或底板组成。当进口段横截面跨度较大时，可在跨中设中墩以改善顶板受力条件。

(2) 蜗壳段。由顶板、侧墙（左右侧墙、下游墙）及底部大块体结构组成。顶板为螺旋形环形板，内周边为圆形，支承于水轮机座环上，外周边支承于侧墙上。蜗壳段侧墙为厚壁块体墙，其形状也为螺旋形，三个边界分别与顶板、底板及下游压力墙相接。

(3) 尾水管锥体。为变厚度变高度圆筒锥体，顶端为支承水轮机座环的水平圆环，支承顶板内周边。顶板与蜗壳底板以此为界，下接尾水管直锥段。

(4) 底板。与尾水管周围混凝土连成整体，一般不予计算。

2. 荷载及荷载组合

钢筋混凝土蜗壳荷载及荷载组合见表 13-4。

3. 计算简图及内力计算

钢筋混凝土蜗壳结构的内力，一般简化为平面框架或环形板墙计算，大型工程宜采用三维有限元分析。对于进口段尚应考虑中墩及上游墙的约束作用。

平面框架计算方法与上述金属蜗壳外围混凝土结构的计算方法相同。环形板墙法一般将钢筋混凝土的顶板和边墙分开计算，顶板取为环形板，边墙取为环形墙，顶板与边墙的连接边缘取为固接。以下介绍环形板墙计算方法。

(1) 顶板。旋形段顶板作为环形板计算或将顶板分成数块，每块均作为环形板的一部分计算，如图 13-10 所示。环形板外周视为固定端，内周根据机墩的型式和座环的支承情况可作为固接、铰接或悬臂。顶板荷载有自重、机墩传来的荷载、水轮机层地板传来的荷载及内水压力等。在有关的计算手册中可查到相应的公式和系数，使计算工作简化。顶板的配筋按径向和环向两个方向进行，根据径向弯矩和径向力配置径向钢筋，切向弯矩配置环向钢筋。

(2) 边墙。对于图 13-11 所示的边墙，结构计算时可根据其结构特征分为若干部分，每一部分选择相应的计算方法。如图 13-11 所示，*ABCD* 部分上下边分别与顶板和底板连接，两侧边与相邻块体墩连接，可简化为四边固接的等厚矩形板进行内力计算；*HFGI* 部分则可取上下两边固接，下游边固接而上游边自由的等厚矩形板计算；至于 *HFGI* 部分上游的蜗壳前室边墙，则可按上下端固接的竖梁考虑；右边墙计算原理相同；*CDHF* 部分为一块体结构，不专门进行内力分析。

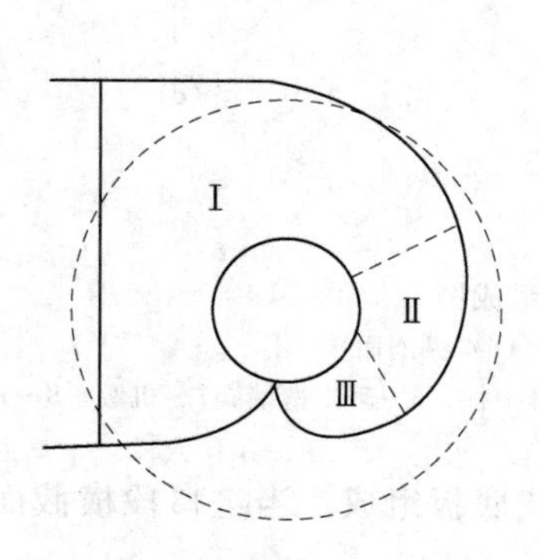

图 13-10　顶板计算分块图

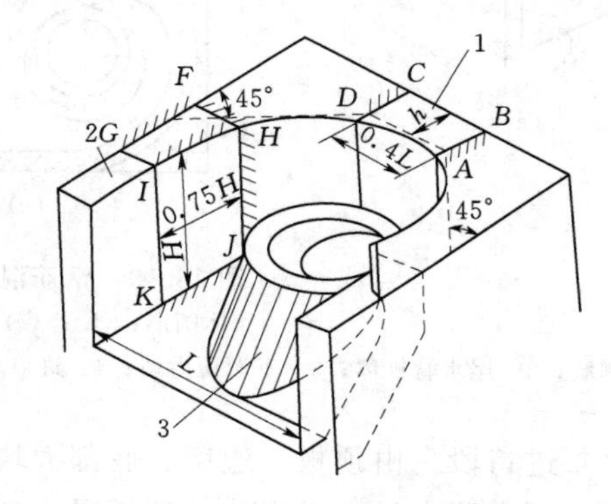

图 13-11　蜗壳墙体计算简图

1—下游边墙；2—左侧边墙；3—尾水管锥体

矩形板的计算见弹性理论有关书籍。不同约束条件、不同荷载分布图形的矩形板内力可查有关图表。

当下游边墙为等厚环形薄墙时，通常将蜗壳进口断面下游边墙取为半个等厚圆柱形壳进行分析，壳体高度为蜗壳进口断面的高度，直径为蜗壳前室的宽度，上下缘分别固接于蜗壳的顶板和底板上，蜗壳内作用梯形分布的轴对称内水压力。此外，边墙上还有竖直力作用。计算通常用简便的结构力学方法进行。通过计算可求出边墙环向截面单位长度上的弯矩和轴力，水平截面单位长度上的弯矩、径向剪力和轴压力。

(3) 尾水管锥体。尾水管锥体为一变厚、变高的厚壁锥形圆筒，上端水平，下端为螺旋形曲面，如图 13-12 (a) 和 (b) 所示。计算时，一般简化为上端自由、下端固接于尾水管弯管和边墩上的等厚等高圆筒。圆筒高度取进水口处锥体最大高度 H，厚度与直径取上下两端平均值，如图 13-12 (c) 所示。

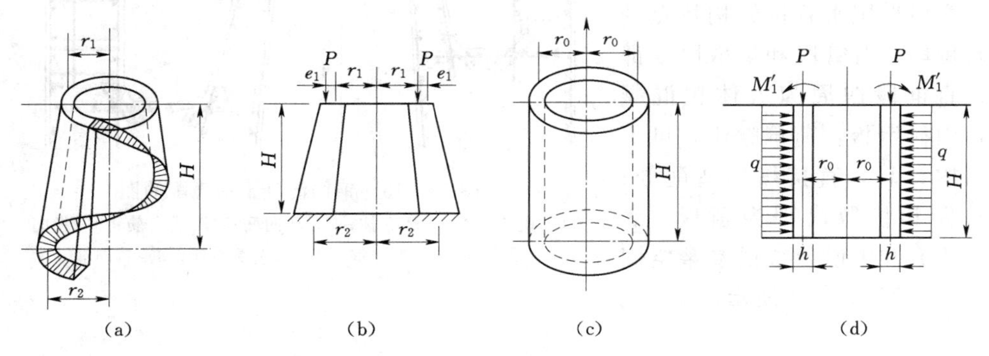

图 13-12 钢筋混凝土蜗壳尾水管锥体计算简图

(a) 厚壁锥形圆筒；(b) 受力示意图；(c) 等厚等高圆筒；(d) 结构计算简图

圆筒顶部承受水轮机座环传来的垂直荷载及自重；圆筒环向作用有蜗壳内水压力与尾水管内水压力之差，近似按均布荷载考虑，作用于正圆筒外壁，如图 13-12 (d) 所示。

4. 配筋

钢筋混凝土蜗壳承受较大的内水压力，除强度计算外，应按不允许开裂进行校核。若钢筋混凝土蜗壳不能满足抗裂要求，可按限制裂缝开展宽度设计，最大裂缝宽度允许值 ω_{max} 按下列数值选取：

(1) 当水力梯度 $i>20$ 时，标准组合 $\omega_{max}\leqslant 0.20$mm。

(2) 当水力梯度 $i\leqslant 20$ 时，标准组合 $\omega_{max}\leqslant 0.25$mm。

(3) 当钢筋混凝土蜗壳内壁设有钢衬时，$\omega_{max}\leqslant 0.3$mm。

另外，按限制裂缝开展宽度设计，对计算温度作用效应取值，宜考虑开裂影响予以适当折减。

蜗壳边墙应配置竖向和水平钢筋，沿内外壁各布置一层。竖向筋按偏心受拉构件计算，由最大弯矩确定钢筋的直径和间距，上下保持不变。水平钢筋按构造要求配置时，可取直径 16mm，间距 30cm。

蜗壳顶板配置径向和环向钢筋，沿上下面各布置一层。径向筋按偏心受拉构件计算，根据顶板内缘处的要求配置钢筋的直径和间距，辐向布置到边墙处，中间根据受力需要加密钢筋，在边墙处顶板径向筋的配置应与边墙的竖向筋协调一致。

顶板与边墙的交角处应布置斜向筋，其直径和间距也与顶板径向筋保持一致。

钢筋混凝土蜗壳配筋示意如图 13-13 所示。

资源 13-6

二、尾水管结构计算

尾水管是水电站水下部分的主要承重结构之一，它的内部形状和尺寸由水轮机制造厂通过水力模型试验确定。直锥形尾水管大多限于容量较小的水轮机中，无需结构计算。为了减小水力损失和厂房开挖，目前大多采用弯肘形尾水管。下面介绍弯肘形尾水管结构计算方法。

1. 尾水管结构

弯肘形尾水管按结构特点分为直锥段、弯管段和扩散段3部分。直锥段四周为大体积混凝土，内衬钢板，荷载较小，可不做结构计算，直接按构造配筋；弯管段和扩散段则为顶板、底板、边墩和中墩组成的复杂空间结构，如图13-14所示。

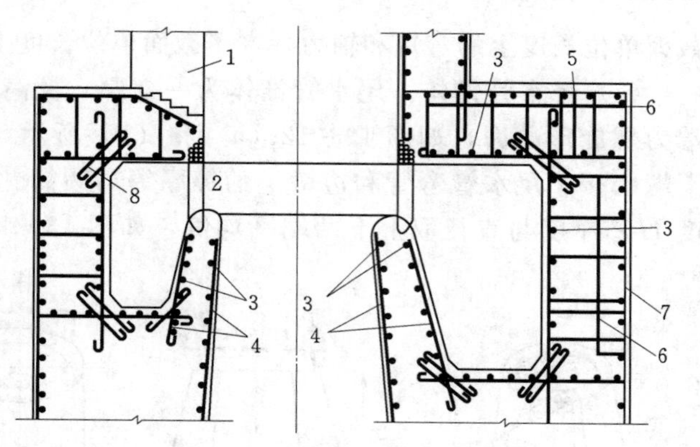

图13-13　钢筋混凝土蜗壳配筋图

1—机墩；2—座环立柱；3—环向筋；4—受力筋；5—径向受力筋；6—架立筋；7—垂直受力筋；8—斜向筋

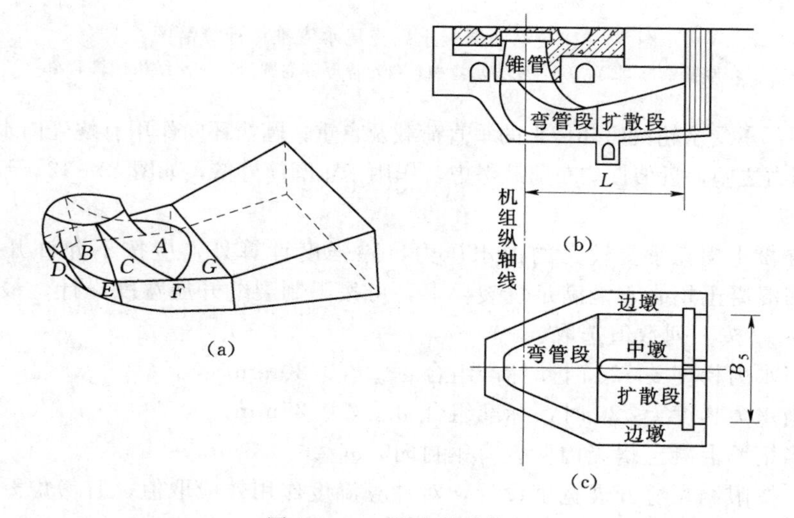

图13-14　尾水管结构图

(a) 立体图形；(b) 纵剖面图；(c) 水平剖面图

扩散段底板结构可分为如下两种型式。

(1) 分离式底板。若基础为坚硬完整的岩基，尾水管底板宜与边墙、中墩及弯管段底板用永久缝分开，整个厂房的荷载由墩子传给地基，改善底板受力条件。当分离式底板设有可靠排水设施时，作用在底板上的浮托力可折减40%～60%。

(2) 整体式底板。修筑在软基或破碎岩基上的尾水管底板与边墩、中墩及弯管段浇筑成整体结构，形成箱形框架结构。大、中型工程整体式尾水管底板厚度大多在1m以上，有的达2～3m。

2. 荷载及荷载组合

尾水管结构承受的荷载及荷载组合见表13-5。

表 13-5　　　　尾水管荷载组合

极限状态	荷载组合	计算工况	荷载与荷载效应										
			结构自重	上部结构及设备重	内水压力		外水压力			扬压力			温度作用
					正常尾水位	校核洪水尾水位	正常尾水位	校核洪水尾水位	检修尾水位	正常尾水位	校核洪水尾水位	检修尾水位	
承载能力极限状态	基本组合	正常运行	√	√	√		√			√			
		检修期	√	√					√			√	
		施工期	√	√									√
	偶然组合	校核洪水位	√	√		√		√			√		
正常使用极限状态	标准组合	正常运行	√	√	√		√			√			
		检修期	√	√					√			√	
		施工期	√	√									√

当尾水管按弹性地基梁或平面框架进行计算时，尾水管结构除承受表 13-5 所述荷载之外，还需承担由厂房整体与地基相互作用产生的地基反力。可由厂房整体地基应力计算得到的地基反力分布图确定。

对整体式尾水管［图 13-15（a）］，其地基反力可作如下假定：①底板刚度较大时（$\beta L<1$），垂直水流方向的地基反力为均匀分布，荷载分布强度为 $q=V/(2L)$，如图 13-15（b）实线所示；②底板刚度中等时（$\beta L=1\sim3$），反力为曲线分布，一般近似地取三角形分布，如图 13-15（b）中虚线所示；③底板刚度相对较小时（$\beta L>3$），反力按三角形分布，如图 13-15（c）所示。

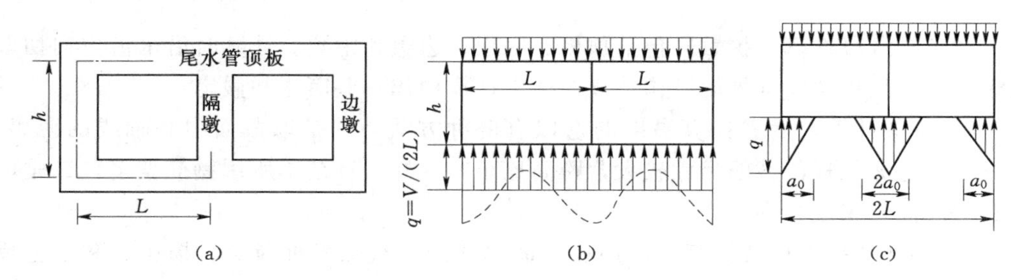

图 13-15　尾水管地基反力分布图

（a）横剖面；（b）均匀或曲线分布；（c）三角形分布

当地基反力为三角形分布时，反力计算如下：

反力荷载宽度
$$a_0=\frac{1.5}{\beta}(\text{当 } \beta L>3 \text{ 时}) \tag{13-29}$$

反力最大强度
$$q=\frac{W-U}{2a_0}=\frac{V}{2a_0} \tag{13-30}$$

特征系数

$$\beta=\sqrt[4]{\frac{Kb}{4E_cJ}} \tag{13-31}$$

式中：b 为底板计算宽度，取 1.0m；K 为基岩弹性抗力系数，kN/m^3；E_c 为底板混凝土弹性模量，kPa；J 为计算宽度内底板截面惯性矩，m^4；L 为底板跨度，m；W 为上部荷载的合力，kN；U 为底板扬压力合力，kN；V 为基础反力合力，kN。

3. 计算简图及内力计算

（1）计算简图。尾水管结构是复杂的空间问题。垂直水流方向的强度简化为分区切取平面框架进行设计，一般可满足精度要求。根据各剖面构件的相对刚度，分别假定按上端固定的倒框架、下端固定或铰接的框架、弹性地基上的框架进行计算，如图 13-16 所示。

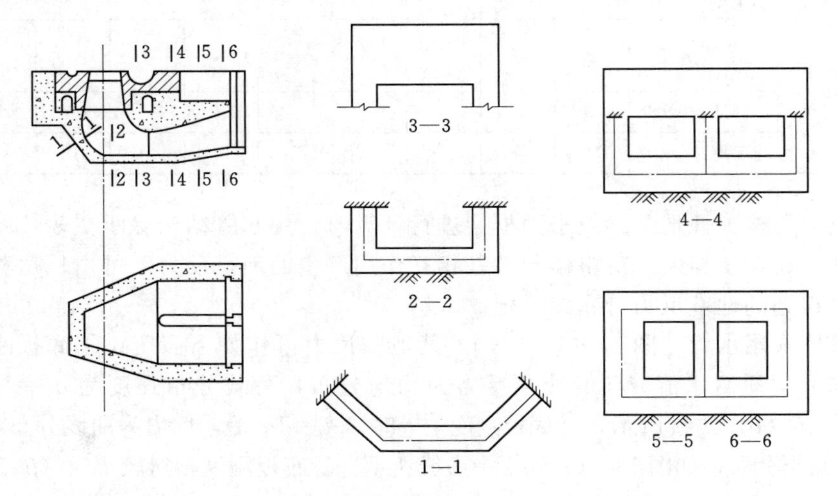

图 13-16 尾水管计算简图

（2）扩散段计算。扩散段包括顶板、底板、边墩和中墩。计算时沿水流方向切取若干截面，按单位宽度平面结构计算。通常计算中作一些简化和假定：

1）框架计算跨度和计算高度的选取有两种方法：一是取截面中心轴线的距离，但尾水管框架的杆件截面尺寸较大，跨高比小，这样计算结果所用钢筋偏多；二是取净跨与净高，采用较多。

2）整体式平面框架计算。作用在平面框架的荷载除各种荷载、扬压力和地基反力外，还需考虑相邻结构作用在上下游面的竖向剪力。该剪力 Q 等于所计算框架上各种竖向力之和，方向相反。因此，应在框架内力计算前，将剪力按材料力学方法分配给中墩、边墩、顶板和底板。

3）当尾水管底板较厚，相对刚度较大时，可假定框架与底板分开计算，如图 13-17 所示。即框架墩子固定在底板上，求出传给底板的荷载（轴向力和弯矩）后，再将底板按弹性地基梁计算。

4）分离式底板（或底板很薄，或不设底板），而墩子又不挖齿槽时，则框架底端按铰接处理，如图 13-18 所示。荷载有上部结构传来的垂直荷载及自重，按平面问

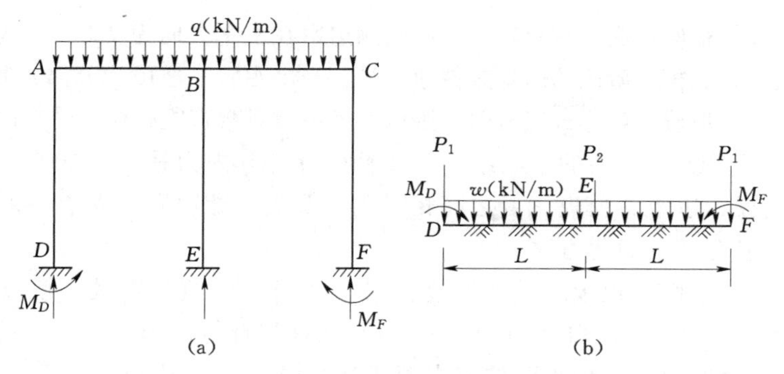

图 13-17　尾水管上部框架与底板分开计算简图

(a) 上部框架计算简图；(b) 底板计算简图

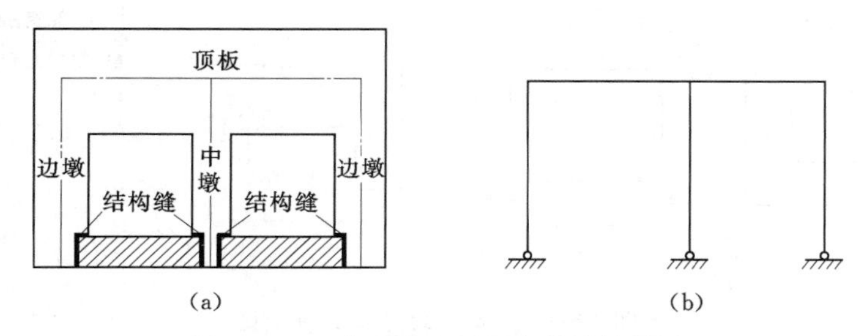

图 13-18　分离式底板尾水管计算简图

(a) 剖面图；(b) 计算简图

题用结构力学方法计算内力，尾水管底板视为独立结构。因检修时抗浮稳定所需，底板上一般设有锚筋与排水孔，底部荷载为自重与扬压力，可作为以锚筋为支点的无梁楼板计算，计算方法可参阅有关书籍。

5）底板为整体式时，切取的刚架为一由边墙、中墩、顶板和底板构成的闭口框架，计算时可视为弹性地基上的刚架，如图 13-19 所示。对于左右对称的刚架，可只取一半计算。

6）当尾水管顶板和底板特别厚时，不能再按平面框架计算。尾水管跨度 L 与截面高度 h 之比 $L/h \leqslant 2.5$ 时，顶板与底板可分别按深梁和弹性地基梁计算，如图 13-20所示。

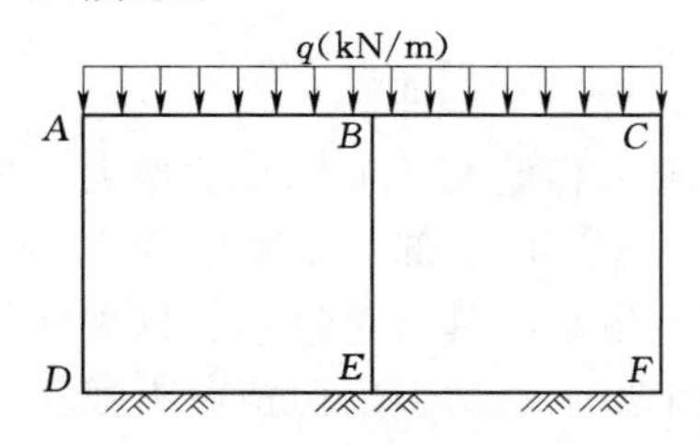

图 13-19　尾水管按弹性地基上刚架计算

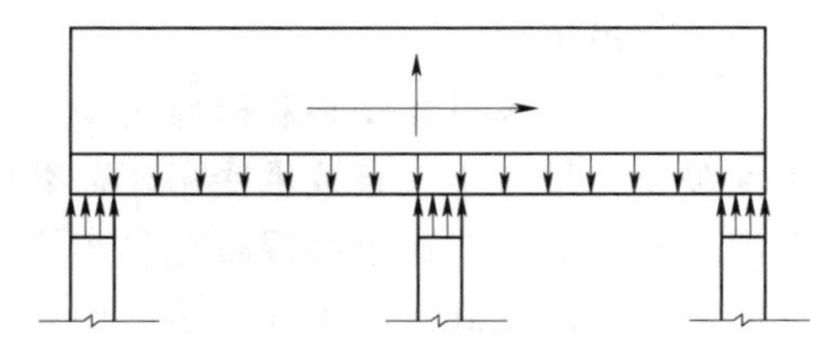

图 13-20　尾水管顶板按深梁计算简图

在工程设计中，框架的内力计算，有现成的计算手册可供参考。

(3) 弯管段计算。尾水管弯管段通常指自中间的隔墩的墩头到锥管以下这一段。该段的结构特点是顶板很厚，底板相对较薄，而两侧边墩在水平方向为变厚度。弯管段上部通常为块体混凝土，底板下游侧的边界条件通常是：当尾水管扩散段为分离式底板或无底板时为自由边；当扩散段用整体式底板时，则可考虑中墩对弯管段底板的简支作用。

实际上弯管段为一复杂的空间结构，要精确计算其内力是很困难的，其计算简图的选取要视底板、边墩、顶板三者之间相对刚度及上下游边界的支承条件而定。在设计实践中，一般有 3 种简化方法：

1）当底板、边墩、顶板的结构厚度比较一致时，底板、边墩、顶板为一整体框架结构，如图 13－21（a）和（b）所示，按平面框架计算内力。

2）当顶板厚度很大，顶板可按简支深梁计算内力，如图 13－21（c）、（d）所示。

3）当顶板比较薄，两边边墩较厚、刚度较大时，按两端固接的梁式板计算。

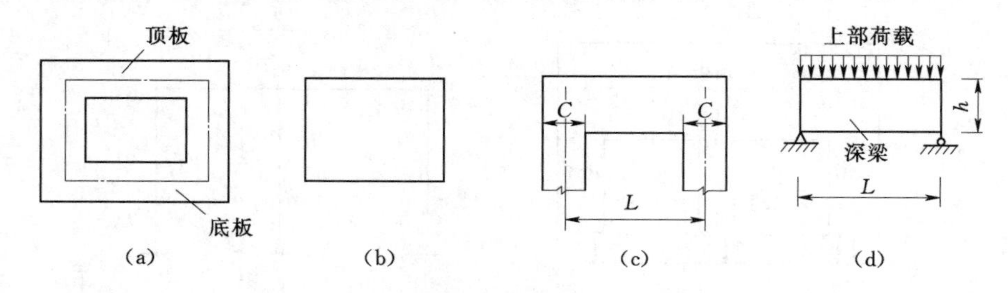

图 13－21　弯管段结构计算简图

（a）横剖面；（b）平面框架；（c）、（d）深梁计算简图

4. 配筋

尾水管各部分尺寸均较大，有的属少筋混凝土，有的仅按构造配筋以抵抗温度应力及混凝土收缩应力。尾水管结构允许发生裂缝，但应限制裂缝开展宽度。扩散段的受力筋按垂直水流方向布置，构造筋顺水流方向布置，一般内外壁各配置一层。

第五节　吊车梁和排架柱计算

厂房上部结构的屋盖、联系梁、发电机层楼板、围护结构设计与一般工业厂房相同，这里不再赘述。吊车梁与排架柱则有其不同于一般工业厂房的使用特点，现将其结构设计原理作简要介绍。

一、吊车梁

资源 13－7

水电站吊车只在安装和检修时使用，其特点是起吊容量大、工作间歇性大、操作速度缓慢。吊车梁是直接承受吊车荷载的承重结构，是厂房上部的重要结构之一。中小型水电站常用普通钢筋混凝土吊车梁。由于预应力吊车梁具有重量小、抗裂性能及耐冲击疲劳性能好、施工和吊装方便等优点，故大中型水电站多采用预应力混凝土吊车梁。在装有特重水轮机转轮连轴或发电机转子连轴的水电站，因吊车梁承受巨大的剪力，可考虑采用钢吊车梁。

1. 荷载

（1）静荷载：即吊车梁自重，包括混凝土重量、钢轨及附件重量（根据厂家资料，初估时可取 1.5～2.0kN/m。）

（2）动荷载。

1）竖向最大轮压 P_{max}。按吊车起吊最重物件（一般为水轮发电机转子连轴）且小车移到主钩极限位置 L_1 时，计算竖向最大轮压，如图 13-22 所示。

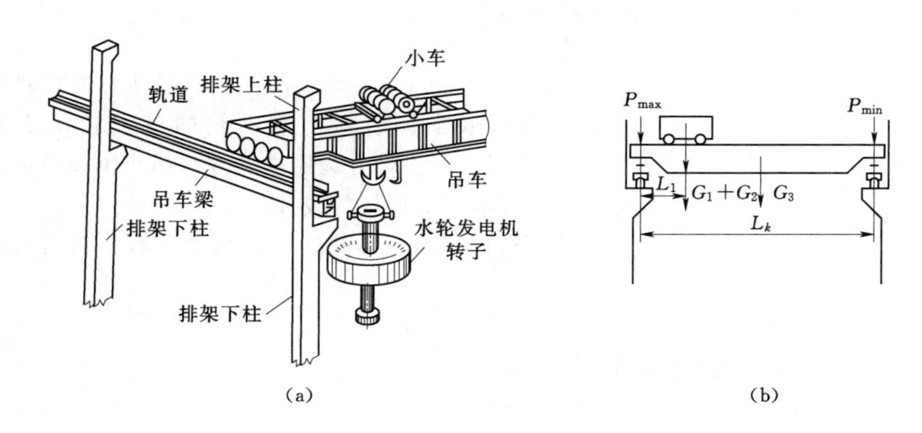

图 13-22　竖向最大轮压计算简图

（a）受力示意图；（b）受力计算简图

一台吊车工作时的竖向最大轮压：

$$P_{max}=\frac{1}{m}\left[(G_1+G_2)\frac{L_k-L_1}{L_k}+\frac{1}{2}(G-G_1)\right] \tag{13-32}$$

两台吊车联合工作时的竖向最大轮压：

$$P_{max}=\frac{1}{2m}\left[(2G_1+G_2+G_3)\frac{L_k-L_1}{L_k}+\frac{1}{2}(G-G_1)\right] \tag{13-33}$$

式中：m 为一台吊车作用在一侧吊车梁上的轮子数；G 为吊车总重，kN；G_1 为小车和吊具重，kN；G_2 为最大起吊物重，kN；G_3 为平衡梁重，kN；L_k 为吊车标准跨度，m；L_1 为起吊最重件时，主钩至吊车轨道的最小距离，m。

此外，在计算吊车梁时，应考虑动力的影响，按式（13-32）和式（13-33）计算的竖向最大轮压乘以动力系数 1.05。

2）横向水平制动力 T_1。当小车沿厂房横向行驶突然刹车时，产生横向水平制动力（图 13-23），作用于轨顶，方向与轨道垂直，并考虑正反两个方向。各方向均考虑一侧吊车承受，不再乘动力系数。

当一台吊车工作时的横向水平制动力：

对软钩吊车
$$T_1=\frac{0.08}{m}(G_1+G_2) \tag{13-34}$$

对硬钩吊车
$$T_1=\frac{0.20}{m}(G_1+G_2) \tag{13-35}$$

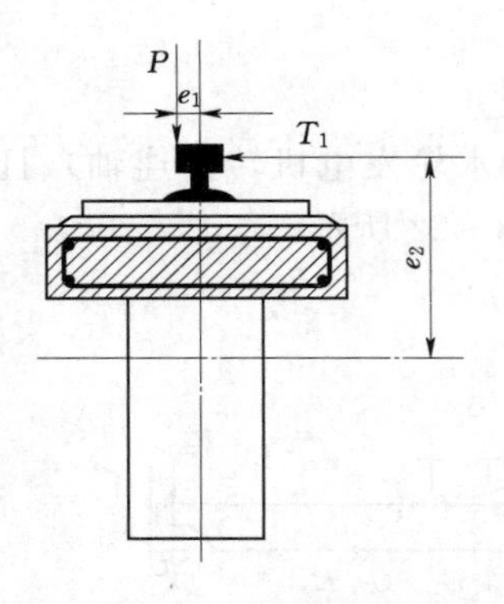

图 13-23　吊车梁承受的横向水平制动力和扭矩

当两台吊车工作时的横向水平制动力：

$$对软钩吊车\ T_1=\frac{0.04}{m}(2G_1+G_2+G_3) \tag{13-36}$$

$$对硬钩吊车\ T_1=\frac{0.08}{m}(2G_1+G_2+G_3) \tag{13-37}$$

3）纵向水平刹车力 T_2。纵向水平制动力的计算比较复杂，一般可取本侧轨道上制动轮的最大轮压之和的10%。T_2 对吊车梁设计并无影响，故在吊车梁设计中不予考虑，但它影响厂房构架的设计。

此外，对预制吊车梁的运输和吊装过程，自重应乘以动力系数1.5。

2. 吊车梁内力计算

吊车梁的内力计算和截面设计包括以下内容：

（1）承受移动竖向轮压作用的内力计算。

（2）承受移动横向水平制动力作用的内力计算。

（3）正、斜截面的强度计算。

（4）扭矩计算。一个轮子产生的扭矩可按下式计算：

$$T=\beta(\alpha P_{\max}e_1+T_1e_2) \tag{13-38}$$

式中：α 为吊车竖向轮压动力系数；β 为组合系数，一台吊车工作时，$\beta=0.8$，两台吊车工作时，$\beta=0.7$；e_1 为吊车轨道安装偏心距，m，一般取0.02m；e_2 为 T_1 对吊车梁截面弯曲中心的距离，m。

（5）挠度计算。电动桥式吊车梁标准组合最大允许挠度：钢筋混凝土吊车梁为 $L_0/600$；钢结构为 $L_0/750$（L_0 为吊车梁计算跨度）。

（6）裂缝宽度验算和局部拉应力计算。钢筋混凝土吊车梁正常使用标限状态最大裂缝宽度不大于0.4mm。

对预制吊车梁须进行施工期的吊装验算。对预应力混凝土吊车梁还需进行局部应力验算。

吊车梁是直接承受吊车荷载的承重结构，除吊车梁自重、轨道及附件等均布恒载外，主要承受移动的竖向集中荷载和横向水平制动力，因此需用影响线求出各计算截面的最大（或最小）内力，画出内力包络图，并据此进行截面强度设计及抗裂或限裂、变形等验算。

二、排架柱

资源 13-8

排架柱是厂房上部的主要承重结构。厂房排架柱一般采用钢筋混凝土结构，以牛腿面为界分上柱和下柱。

1. 特点

与一般工业厂房相比，水电站排架柱具有如下特点：

（1）承受的荷载大且种类繁多。大中型水电站吊车容量常达数百吨，有的达数千吨。安装间荷载常为 50～200kPa，发电机层楼板荷载一般为 20～70kPa。

（2）排架柱高度较高，通常为 20～30m。主厂房一般为单层排架，安装间单层、多层均有。排架柱跨度一般在 10～25m 范围内，且大多是单跨排架。

（3）排架柱的构成多采用实腹柱与屋面大梁现场浇筑的整接型式。有的水电站因特殊需要，屋面采用整片厚板，围护结构采用钢筋混凝土墙，由厚板、墙、柱整体浇筑构成排架。

（4）由于水电站厂房水下结构开有各种类型的孔洞及其他布置上的原因，排架柱往往形成上下游柱脚不同高程的不等高结构。

（5）在施工过程中，机组的安装使排架柱处于独立承载的不利受力状态。

另外，由于水电站厂房布置各不相同，排架柱的型式、尺寸、受荷情况也不相同，设计较难标准化、定型化。

2. 荷载

（1）静荷载。静荷载一般包括屋面自重 g_1、上柱自重 G_1、下柱自重 G_2、吊车梁自重 G_3、楼板自重及设备重；如地面高程高出柱底高程时，在上游侧尚有填土压力或山岩压力等，如图 13-24 所示。

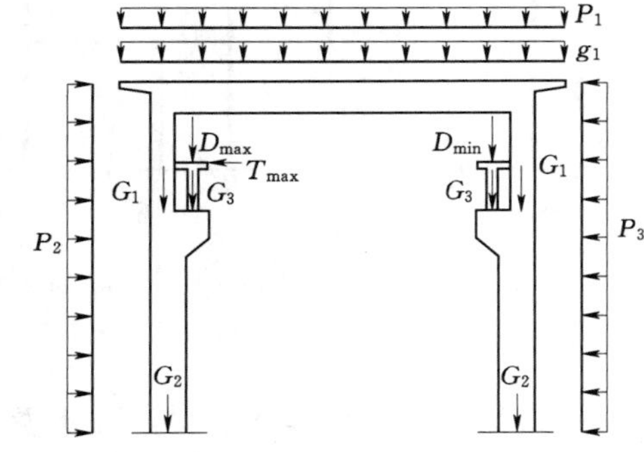

图 13-24　排架荷载图

（2）动荷载。动荷载一般包括屋面活荷载（人群荷载或雪荷载）P_1、吊车竖向荷载 D_{max} 及 D_{min}、横向水平制动力 T_{max}、风荷载 P_2 及 P_3 等，如图 13-24 所示。如厂房建在地震区还有地震荷载。

作用在排架柱上的最大竖向荷载 D_{max} 为吊车梁作用最大轮压 P_{max} 时的支座反力，D_{min} 为另一侧相应的反力。

横向水平制动力 T_{max} 的计算，按下式进行：

$$T_{max}=\frac{D_{max}T_1}{P_{max}} \tag{13-39}$$

荷载组合要选择可能发生的最不利情况进行组合。

3. 排架柱计算简图

厂房排架柱结构为一空间构架，但一般均简化成按纵、横两方向的平面结构分别进行计算。

由于纵向平面排架柱较多，刚度较大，荷载较小，往往可不必计算。但当厂房围护结构为砖墙，开窗面积较大，且吊车梁又是简支的情况下，应进行纵向平面排架柱的计算。

横向平面排架柱由于荷载大，刚度相对较小，为计算的主要内容。

（1）计算单元。横向平面排架柱是由相邻柱距的中线划出一个典型区段作为一个计算单元，如图 13-25 所示。除吊车等移动荷载外，图中阴影线部分就是一个排架

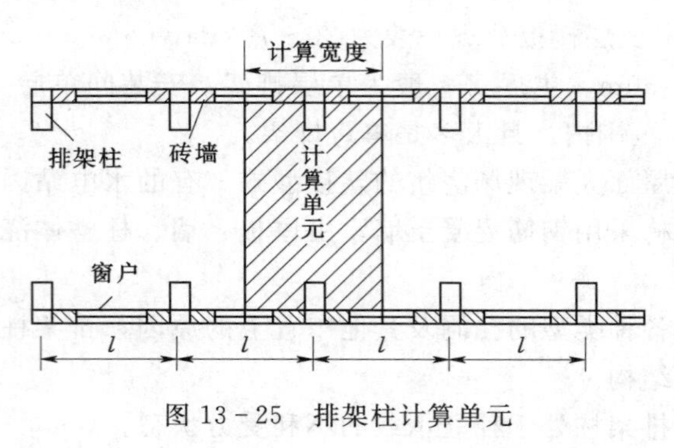

图 13-25 排架柱计算单元

柱的受荷范围。

(2) 计算简图。排架柱由于上、下柱截面不等，为一变截面排架，其计算简图根据柱与屋面大梁、楼板和基础连接的实际情况选取，如图 13-26 所示。

1) 当排架柱与屋面大梁整体浇筑时，柱与梁视为刚接；屋盖采用厚板结构时，也为刚接；当屋盖采用屋架结构时，柱与屋架视为铰接。

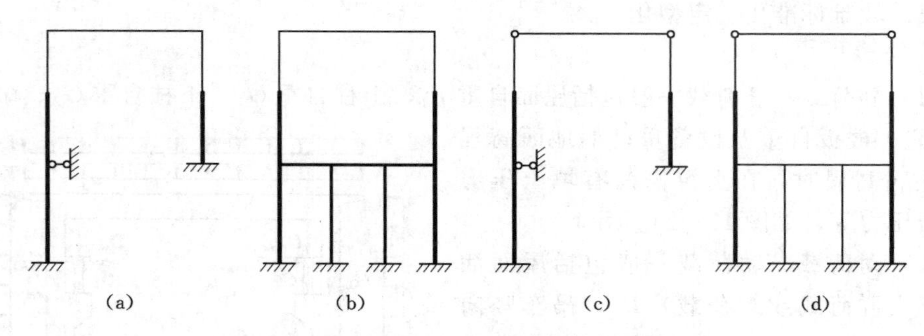

图 13-26 主机间和安装间典型排架计算简图
(a)、(b) 刚接排架；(c)、(d) 铰接排架

2) 排架柱与基础连接。排架柱上游柱脚一般假设固定在水轮机层块体混凝土顶部，并避开进厂钢管或主阀坑等大孔洞。如上游墙较厚，墙柱的刚度比在 12～15 之间时，则上游柱可假设固定在底墙顶部。当厂房下游墙为与尾水闸墩整体浇筑的厚墙时，排架下游柱脚可假设固定在尾水闸墩顶部，否则按固定在水轮机层考虑。

3) 排架柱与楼板连接。主机间发电机层楼板一般为后浇的二期混凝土，且刚度较小，楼板可视为柱的铰支承。安装间楼板刚度较大，且大梁与柱均为一期混凝土整体浇筑，柱与楼板可视为刚接。

4) 计算简图中，横梁的计算工作线取截面形心线（屋架则取其下弦线）。柱取上部小柱的形心线，整个柱为一阶形变截面构件。

(3) 计算宽度。计算排架各杆的刚度时，柱截面计算宽度的取法为：当围护结构为砖墙时，取柱宽；当围护结构为与柱整浇的混凝土墙时，取窗间净距。横杆计算宽度的取法是：当横杆为独立梁（即采用预制屋面板）时，取梁宽；当横杆为整浇肋形结构时，按 T 形截面梁计算刚度。

4. 内力计算

排架柱内力计算可按结构力学一般方法进行，或利用相关的图表查出各杆件的形常数和载常数，然后用迭代法或力法计算内力。

第六节※　垫层蜗壳组合结构三维有限元计算分析简介

蜗壳组合结构是一个包含蜗壳、尾水管、进人孔、吊物孔等多孔洞而又极为不规则形状的空间结构，并且受力情况复杂。上述将蜗壳结构简化为平面框架结构计算的方法具有很大的近似性，而且该方法不能提供环向应力数据，导致设计中环向配筋失去依据，不少工程都因为环向配筋不足而引起径向和垂直裂缝。因此对于蜗壳组合结构非常有必要从空间整体上来进行分析。随着高速、大容量电子计算机的出现，以及有限单元法的发展，使得对复杂结构从空间上进行精细有限元剖分和计算成为了可能。

理论分析、模型试验和数值计算，以及现场测试和工程实践都表明，弹性垫层的物理特性、几何特性以及它的布置都对蜗壳外围混凝土的应力有着密切的关系。以下将结合具体工程，采用 ANSYS 软件建立三维有限元模型，分别计算垫层蜗壳组合结构不同机组运行工况下蜗壳外围混凝土的应力状态，为结构配筋设计提供依据。

1. 工程介绍

某水电站工程主厂房位于右岸地下，埋深 240～320m。厂房包括主安装场、机组段和副安装场，总长 229.15m，其中主安装场长 54m，机组段长 5×31m，副安装场长 20.15m。电站尾水系统设有 3 个上部连通的调压室，除 5 号机组采用单机单洞单室外，其他机组采用两机一室一洞的连接方式。其地下厂房内蜗壳采用钢衬、垫层、外包混凝土组合结构型式，进口直径 8m，钢衬厚度由进口的 55mm 逐渐减小到出口的 36mm。在蜗壳上半圆铺设垫层。混凝土的弹性模量 2.8×10^{4}MPa、泊松比 0.167、重度 25kN/m^{3}。钢衬弹性模量 205×10^{3}MPa、泊松比 0.3、重度 78.5 kN/m^{3}。校核洪水位 634.10m、设计洪水位 631.01m、正常蓄水位 630m。

2. 有限元建模与求解

计算模型包括整个机组支撑结构，以典型机组段为研究对象来建立计算模型。模型模拟包括：钢蜗壳、弹性垫层、蜗壳外围混凝土、机墩、风罩、发电机层和母线层楼板、梁柱以及吊物孔、进人孔、尾水管等各种结构，并模拟结构 30～50m 范围的基岩。为消除由于有限单元结点自由度不同而造成的单元之间不能完全协调带来的误差，计算模型的各部分全部用三维块体单元（Solid45）进行离散。建模的过程与第八章中岔管结构有限元计算类似，即定义单元类型、材料属性、建立三维实体模型、划分网格、设置求解类型（静力分析）、施加荷载和边界约束、求解。

离散后的整体模型共计 91000 个单元。结构部分、蜗壳和垫层有限元网格模型如图 13－27～图 13－29 所示。

厂房上下游基岩为法向约束边界；机组段两侧混凝土横缝为自由边界，岩石为法向约束边界；基岩底部为固定边界。

施加的荷载：结构自重、永久机电设备重（分项系数为 1.05）；静水压力、扬压力（分项系数 1.0）；水击压力（分项系数 1.1）；楼面活荷载、机电设备动力荷载（分项系数 1.2）。

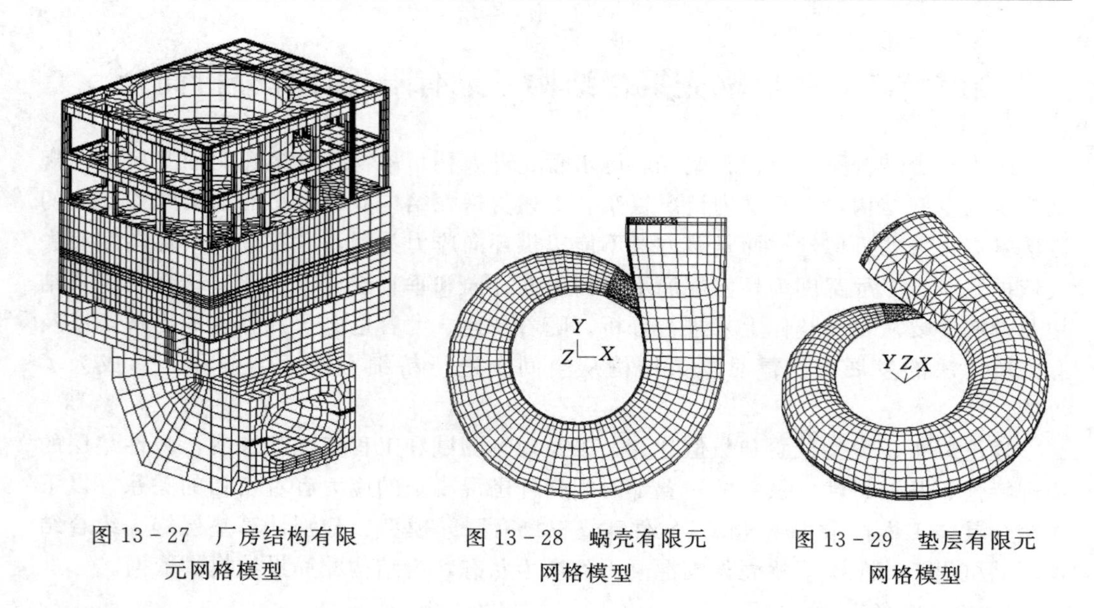

图 13-27　厂房结构有限元网格模型

图 13-28　蜗壳有限元网格模型

图 13-29　垫层有限元网格模型

结构重要性系数取 1.1。对应持久状况、短暂状况和偶然状况的设计状况系数分别按 1.0、0.9、0.8 取值。荷载组合参考表 13-4。

3. 计算结果分析

为了充分了解该电站地下厂房蜗壳组合结构的受力特性，取垫层弹性模量为 2.0MPa、厚度 50mm、垫层包角 190°的方案进行有限元计算。选取安装高程断面，以及蜗壳顶部、腰部、底部等部位进行应力分析，具体位置如图 13-30 和图 13-31 所示。应力值通过 General Postproc（通用后处理器）进行提取。

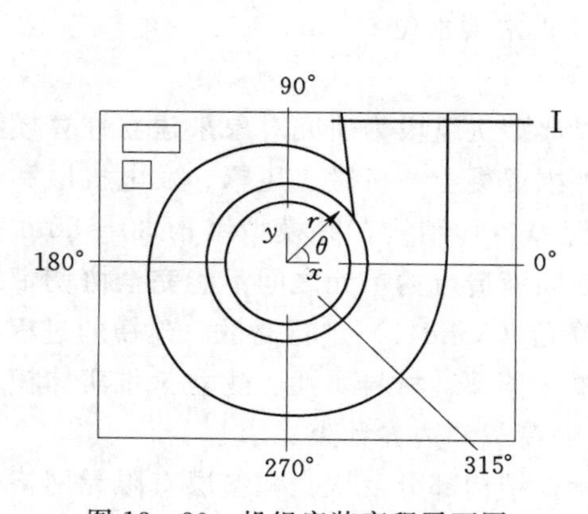

图 13-30　机组安装高程平面图

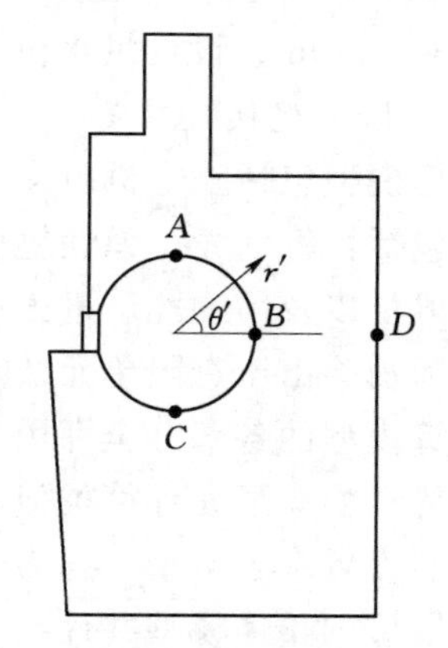

图 13-31　0°垂直剖面图

内水压力传递比计算公式：

$$\varepsilon=\frac{\sigma_r'}{p} \tag{13-40}$$

式中：σ_r'为蜗壳外围混凝土径向正应力（坐标系为图 13-31 所示的局部坐标系），MPa；p 为蜗壳内水压力，MPa。

钢衬承载比计算公式：

$$\eta=\frac{\delta\sigma_0}{rp} \tag{13-41}$$

式中：σ_0 为钢蜗壳环向应力的平均值（坐标系为图 13－31 所示的局部坐标系），MPa；δ 为典型断面处钢蜗壳厚度，m；r 为典型断面处钢蜗壳半径，m。

各断面蜗壳外围混凝土顶部、腰部、底部的径向应力 σ'_r、内水压力传递比和钢衬承载比见表 13－6，蜗壳外围混凝土的环向应力 σ'_θ 见表 13－7，正常运行工况的钢衬环向应力如图 13－32 所示。

表 13－6　　蜗壳外围混凝土的径向应力、内水压力传递比及钢衬承载比

部位	工况	内容	断面					
			Ⅰ	$\theta=0°$	$\theta=90°$	$\theta=180°$	$\theta=270°$	$\theta=315°$
顶部（A）	正常运行	径向应力/MPa	−0.13	−0.06	−0.08	−0.01	−0.07	−0.08
		传递比/%	4.74	2.21	2.94	0.37	2.57	2.94
	半数磁极短路	径向应力/MPa	−0.14	−0.06	−0.09	−0.01	−0.08	−0.08
		传递比/%	4.96	2.21	3.31	0.37	2.94	2.94
腰部（B）	正常运行	径向应力/MPa	−0.71	−0.73	−0.62	−0.60	−0.63	−0.68
		传递比/%	26.10	26.84	22.79	22.06	23.16	25.00
	半数磁极短路	径向应力/MPa	−0.70	−0.72	−0.61	−0.60	−0.62	−0.68
		传递比/%	25.74	26.47	22.43	22.06	22.79	25.00
底部（C）	正常运行	径向应力/MPa	−2.31	−2.08	−1.58	−1.90	−2.10	−2.14
		传递比/%	84.93	76.47	58.09	69.85	77.21	78.68
	半数磁极短路	径向应力/MPa	−2.34	−2.08	−1.58	−1.90	−2.10	−2.14
		传递比/%	86.03	76.47	58.09	69.85	77.21	78.68
正常运行		钢衬承载比/%	53.78	62.47	65.05	62.3	55.18	56.84
半数磁极短路			53.74	62.47	65.07	62.31	55.19	56.84

表 13－7　　蜗壳外围混凝土的环向应力　　单位：MPa

部位	工　况	环向应力					
		Ⅰ	$\theta=0°$	$\theta=90°$	$\theta=180°$	$\theta=270°$	$\theta=315°$
顶部（A）	正常运行	1.00	1.28	0.22	0.94	0.85	0.67
	半数磁极短路	0.81	1.28	0.22	0.92	0.84	0.67
	检修	0.11	0.38	0.07	−0.20	0.25	0.27
腰部（B）	正常运行	−4.07	−4.63	−3.33	−4.98	−3.31	−2.88
	半数磁极短路	−4.02	−4.61	−3.35	−4.95	−3.30	−2.87
	检修	−1.07	−1.30	−1.57	−1.39	−1.09	−0.99

续表

部位	工况	环向应力					
		Ⅰ	$\theta=0°$	$\theta=90°$	$\theta=180°$	$\theta=270°$	$\theta=315°$
腰部（D）	正常运行	0.59	0.59	0.17	0.60	−0.07	−0.06
	半数磁极短路	0.59	0.58	0.16	0.59	−0.07	−0.06
	检修	−0.19	−0.23	−0.31	−0.28	−0.19	−0.29
底部（C）	正常运行	1.63	2.22	1.58	2.07	1.50	1.65
	半数磁极短路	1.61	2.21	1.59	2.07	1.50	1.65
	检修	−0.07	0.03	−0.06	0.02	−0.05	−0.03

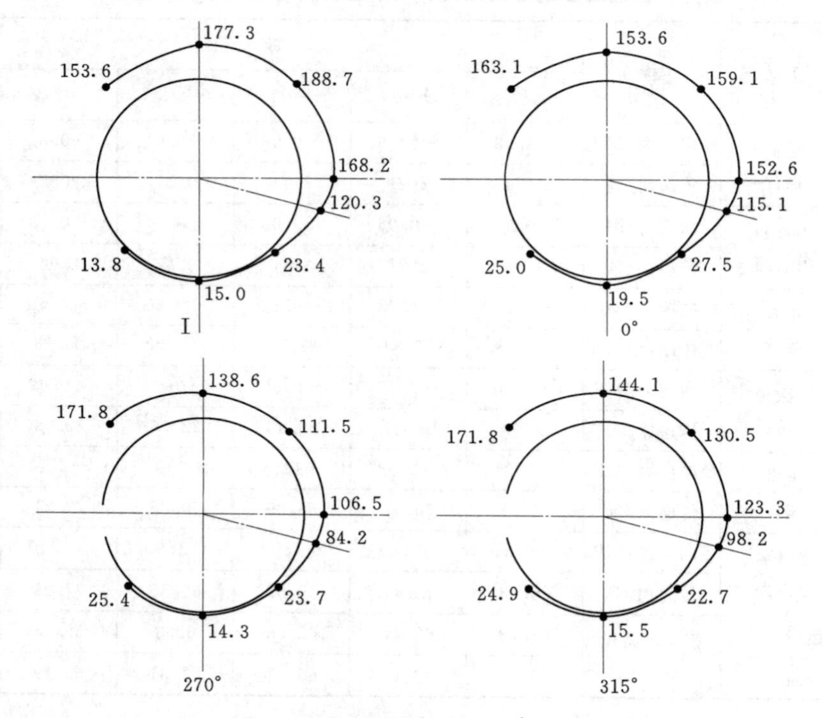

图 13-32 钢衬环向应力 σ_θ'（MPa）

从计算结果可知，钢蜗壳顶部、腰部和底部的内水压力传递比依次增大，在底部最大可达到86.03%。正常运行和半数磁极短路工况时钢衬的承载比为53.74%～65.07%，即从整体角度来看，有35%～47%内水压力是由钢蜗壳外围钢筋混凝土来承担。正常运行和半数磁极短路工况下结构的应力分布基本相同，数值接近。检修工况的应力分布与其他两种工况相差较大，但其拉应力数值相对较小。蜗壳底部 C 点混凝土的应力 σ_θ' 在正常运行和半数磁极短路工况时出现较大的拉应力，最大值达到了2.22MPa。断面Ⅰ、0°和180°的 D 点混凝土应力 σ_θ' 在正常运行和半数磁极短路工况时也出现了较大的拉应力，最大为0.60MPa。考虑到该部位为机组横缝处，混凝土厚度相对较薄，是结构的薄弱部位，应重点关注。从钢衬的环向应力 σ_θ' 图13-32中可以看出，在铺设垫层范围内的钢衬的环向应力 σ'_θ 远大于其他部位，说明该范围内钢衬的抗拉性能得到较大的应用，同时也说明垫层明显地降低了内水压力向外传递。

可见通过三维有限元分析，可以获得垫层蜗壳组合结构等复杂结构的应力、应变分布规律，为结构设计提供更加全面的分析。

思考题

13-1 简述水电站主厂房结构传力系统？

13-2 简述发电机支承结构的主要类型及各自的特点？

13-3 简述机墩的动力计算应遵循的原则？

13-4 风罩与楼板的连接方式有哪几种？

13-5 金属蜗壳与外围混凝土组合结构有哪几种型式？各自的特点是什么？

13-6 尾水管扩散段底板结构有哪几种型式？适应范围如何？

参考文献

[1] 国家能源局. 中国水电100年 [M]. 北京: 中国电力出版社, 2010.
[2] 中国水力发电年鉴编辑部. 中国水力发电年鉴: 第10卷 [M]. 北京: 中国电力出版社, 2005.
[3] 中国水力发电年鉴编辑部. 中国水力发电年鉴: 第14卷 [M]. 北京: 中国电力出版社, 2010.
[4] 中国水力发电年鉴编辑部. 中国水力发电年鉴: 第25卷 [M]. 北京: 中国电力出版社, 2022.
[5] 中国水力发电工程学会. 和谐治水与绿色水电——新中国水利水电事业的效益和贡献 [M]. 北京: 中国电力出版社, 2011.
[6] 董毓新. 中国水利百科全书: 水力发电分册 [M]. 北京: 中国水利水电出版社, 2004.
[7] 郑连第. 中国水利百科全书: 水利史分册 [M]. 北京: 中国水利水电出版社, 2004.
[8] 金钟元. 水力机械 [M]. 北京: 水利电力出版社, 1992.
[9] 刘启钊, 胡明. 水电站 [M]. 4版. 北京: 中国水利水电出版社, 2010.
[10] 刘大凯. 水轮机 [M]. 3版. 北京: 中国水利水电出版社, 2003.
[11] 于波, 肖惠民. 水轮机原理与运行 [M]. 北京: 中国水利水电出版社, 2008.
[12] 中华人民共和国国家质量监督检验检疫总局, 中国国家标准化管理委员会. GB/T 2900.45—2006 电工术语 水电站水力机械设备 [S]. 北京: 中国标准出版社, 2007.
[13] 水电站机电设计手册编写组. 水电站机电设计手册: 水力机械 [M]. 北京: 水利电力出版社, 1983.
[14] 黄源芳, 刘光宁, 等. 原型水轮机运行研究 [M]. 北京: 中国电力出版社, 2010.
[15] 王飚. 水机磨蚀与抗磨蚀水机材料 [M]. 北京: 中国水利水电出版社, 2008.
[16] 张丽, 韩菊红. 水电站 [M]. 郑州: 黄河水利出版社, 2009.
[17] 郑源, 鞠晓明, 程云山. 水轮机 [M]. 北京: 中国水利水电出版社, 2007.
[18] 左光璧. 水轮机 [M]. 北京: 中国水利水电出版社, 1995.
[19] 侯才水, 胡天舒. 水电站 [M]. 北京: 中国水利水电出版社, 2005.
[20] 梁建和, 等. 水轮机及辅助设备 [M]. 北京: 中国水利水电出版社, 2005.
[21] 中华人民共和国国家质量监督检验检疫总局, 中国国家标准化管理委员会. JB/T 7072—2004 水轮机调速器及油压装置系列型谱 [S]. 北京: 机械工业出版社, 2004.
[22] 索丽生, 刘宁. 水工设计手册: 第8卷. [M]. 2版. 北京: 中国水利水电出版社, 2013.
[23] 中华人民共和国水利部. SL 285—2020 水利水电工程进水口设计规范 [S]. 北京: 中国水利水电出版社, 2020.
[24] 中华人民共和国水利部. SL 74—2019 水利水电工程钢闸门设计规范 [S]. 北京: 中国水利水电出版社, 2020.
[25] 徐国宾. 河工学 [M]. 北京: 中国科学技术出版社, 2011.
[26] [苏] ΦΦ古宾. 水力发电站 [M]. 徐锐, 等, 译. 朱厚生, 等, 校. 北京: 水利电力出版社, 1983.
[27] 中华人民共和国水利部. SL/T 269—2019 水利水电工程沉沙池设计规范 [S]. 北京: 中国

水利水电出版社，2019.
[28] 中华人民共和国水利部. SL 205—2015 水电站引水渠道及前池设计规范 [S]. 北京：中国水利水电出版社，2015.
[29] 中华人民共和国水利部. SL 279—2016 水工隧洞设计规范 [S]. 北京：中国水利水电出版社，2016.
[30] 中华人民共和国水利部. SL/T 281—2020 水利水电工程压力钢管设计规范 [S]. 北京：中国水利水电出版社，2021.
[31] 匡会健. 水电站 [M]. 北京：中国水利水电出版社，2005.
[32] 张社荣，张彩秀，等. 预应力钢筒混凝土管（PCCP）的设计、生产、施工及数值分析 [M]. 北京：中国水利水电出版社，2009.
[33] 李围. ANSYS 土木工程应用实例 [M]. 2 版. 北京：中国水利水电出版社，2007.
[34] 吴持恭. 水力学 [M]. 3 版. 北京：高等教育出版社，2003.
[35] 丁浩. 水电站有压引水系统非恒定流 [M]. 北京：水利电力出版社，1986.
[36] 王树人，董毓新. 水电站建筑物 [M]. 2 版. 北京：清华大学出版社，1992.
[37] 中华人民共和国国家发展和改革委员会. DL/T 5186—2004 水力发电厂机电设计规范 [S]. 北京：中国电力出版社，2004.
[38] 中华人民共和国水利部. SL 655—2014 水利水电工程调压室设计规范 [S]. 北京：中国水利水电出版社，2014.
[39] 潘家铮，傅华. 水工隧洞和调压室——调压室部分 [M]. 北京：水利电力出版社，1992.
[40] 郝元麟，余挺，等. 水电站气垫式调压室设计 [M]. 北京：中国水利水电出版社，2017.
[41] 马善定，汪如泽. 水电站建筑物 [M]. 2 版. 北京：中国水利水电出版社，1996.
[42] 中华人民共和国水利部. SL 266—2014 水电站厂房设计规范 [S]. 北京：中国水利水电出版社，2014.
[43] 顾鹏飞，喻远光. 水电站厂房设计 [M]. 北京：水利电力出版社，1987.
[44] 张治滨，等. 水电站建筑物设计参考资料 [M]. 北京：中国水利水电出版社，1997.
[45] 杨述仁，周文铎. 地下水电站厂房设计 [M]. 北京：水利电力出版社，1993.
[46] 练继建，王海军，等. 水电站厂房结构分析 [M]. 北京：中国水利水电出版社，2007.